"十三五"国家重点出版物出版规划项目

名校名家基础学科系列
Textbooks of Base Disciplines from Top Universities and Experts

化学：中心科学——化学平衡篇

（翻译版·原书第 14 版）

[美]	西奥多·L. 布朗（Theodore L.Brown）	
	H. 尤金·勒梅（H.Eugene LeMay，Jr.）	
	布鲁斯·E. 巴斯滕（Bruce E.Bursten）	
	凯瑟琳·J. 墨菲（Catherine J.Murphy）	著
	帕特里克·M. 伍德沃德（Patrick M.Woodward）	
	马修·W. 斯托尔茨福斯（Matthew W.Stoltzfus）	
	迈克尔·W. 露法斯（Michael W.Lufaso）	

王 莹 田冬梅 孙秋菊 译

机械工业出版社

本书入选"十三五"国家重点出版物出版规划项目，属于《化学：中心科学》套书（共三册）中的第二册，主要介绍化学平衡方面的内容。其他两册为《化学：中心科学——物质结构篇》和《化学：中心科学——化学应用篇》。本书英文版原书于1977年首次出版，在国外畅销多年，目前的第14版为原书最新版。

本书内容包括第10章气体、第11章液体和分子间作用力、第12章固体与现代材料、第13章溶液的性质、第14章化学动力学、第15章化学平衡、第16章酸碱平衡、第17章其他溶液平衡，共8章。本书架构新颖，结构完整，按照气体、液体和分子间作用力、固体与现代材料、化学平衡、酸碱平衡等的顺序安排章节，向读者介绍了化学在整个自然科学与人类社会生活中的中心地位。

本书可作为我国高校化学通识教育的教材，也可作为相关研究人员的参考书。

Authorized translation from the English language edition, entitled Chemistry : The Central Science, 14th Edition, 9780134414232 by Theodore L. Brown, H. Eugene LeMay, Bruce E. Bursten, Catherine J. Murphy, Patrick M. Woodward, Matthew W. Stoltzfus, Michael W. Lufaso published by Pearson Education, Inc, publishing as Prentice Hall, Copyright©2018 by any information storage retrieval system, without permission from Pearson Education, Inc.

All rights reserved. This edition is authorized for sale and distribution in the Chinese mainland (excluding Hong Kong SAR, Macao SAR and Taiwan). No part of this book may be reproduced or transmitted in any form or by any means, electronic or mechanical, including photocopying, recording or by any information storage retrieval system, without permission from Pearson Education Limited.

Chinese simplified language edition published by China Machine Press, Copyright © 2023.

本书中文简体字版由Pearson Education Limited（培生教育出版集团）授权机械工业出版社在中国大陆地区（不包括香港、澳门特别行政区及台湾地区）独家出版发行。未经出版者书面许可，不得以任何方式抄袭、复制或节录本书中的任何部分。

本书封底贴有Pearson Education（培生教育出版集团）激光防伪标签。无标签者不得销售。

北京市版权局著作权合同登记号：图字 01-2018-4061

图书在版编目（CIP）数据

化学：中心科学.化学平衡篇：翻译版：原书第14版 /（美）西奥多·L.布朗（Theodore L.Brown）等著；王莹，田冬梅，孙秋菊译.—北京：机械工业出版社，2021.12（2024.10重印）

（名校名家基础学科系列）

书名原文：Chemistry：The Central Science, 14th Edition

"十三五"国家重点出版物出版规划项目

ISBN 978-7-111-71340-1

Ⅰ.①化… Ⅱ.①西…②王…③田…④孙… Ⅲ.①化学—高等学校—教材 Ⅳ.① O6

中国版本图书馆CIP数据核字（2022）第138740号

机械工业出版社（北京市百万庄大街22号 邮政编码100037）

策划编辑：汤 嘉　　　　　责任编辑：汤 嘉
责任校对：郑 婕 梁 静　　封面设计：鞠 杨
责任印制：常天培
北京机工印刷厂有限公司印刷
2024年10月第1版第3次印刷
184mm×260mm·26.25印张·809千字
标准书号：ISBN 978-7-111-71340-1
定价：138.00元

电话服务　　　　　　　　　网络服务
客服电话：010-88361066　机 工 官 网：www.cmpbook.com
　　　　　010-88379833　机 工 官 博：weibo.com/cmp1952
　　　　　010-68326294　金 书 网：www.golden-book.com
封底无防伪标均为盗版　机工教育服务网：www.cmpedu.com

译者的话

本套书根据美国伊利诺伊大学西奥多·L. 布朗、内华达大学 H. 尤金·勒梅、伍斯特理工学院布鲁斯·E. 巴斯滕等人合著的 *Chemistry*：*The Central Science*，*14th Edition* 的英文版翻译而来。该英文版于 1977 年首次出版，在国外畅销多年，第 14 版是最新版。

机械工业出版社曾经出版过这本书英文版原书第 10 版与第 13 版的影印版，为我国读者带来过原汁原味的阅读体验。为了更好地服务读者，特组织团队翻译第 14 版，相信翻译版的问世必将给我国化学通识教育带来新的思路和素材。

本套书是将 *Chemistry*：*The Central Science* 第 14 版一书引进国内后，将其按照物质结构、化学平衡以及化学应用三个方面拆分成了三本书进行翻译的，书名分别为：《化学：中心科学——物质结构篇（翻译版·原书第 14 版）》《化学：中心科学——化学平衡篇（翻译版·原书第 14 版）》《化学：中心科学——化学应用篇（翻译版·原书第 14 版）》。

100 多年前，德国大化学家李比希（Justus von Liebig）就曾经说过"化学是一门基础或中心的科学"，并提出"一切都是化学"（Allesist Chemie），让人们相信化学与自然界的每一种现象都息息相关。进入 20 世纪以来，化学得到了极大的发展，与物理学、生命科学、材料科学、能源科学、环境科学等学科的交叉与融合进一步加强。埃林汉姆（H. J. T. Ellingham）曾经制作了一张自然科学分支关系图，在此图上化学位于物理学、地质学、动物学等学科的正中间。诺贝尔奖得主科恩伯格（Arthur Kornberg）也将化学定义为"医学与生物学的通用语言"。

目前，科学界普遍认为，正是 *Chemistry*：*The Central Science* 1977 年的首次出版和其后的不断修订，促进了人们对化学在自然科学中地位的认同以及"中心科学"这个词的流行。1993 年在北京召开的国际纯粹与应用化学联合会第 34 届学术大会 (34th IUPAC Congress) 的主题便是"化学——21 世纪的中心科学"。美国化学会（ACS）也在 2015 年推出了一本新的期刊（*ACS Central Science*）《ACS 中心科学》，主要刊发化学在其他领域中发挥关键作用的论文。

Chemistry：*The Central Science*，*14th Edition* 于 2017 年出版，是最新版，这个版本对第 13 版内容进行了一定程度的调整，改进了美术设计风格与插图，并根据学生与教师的意见反馈修改了部分练习。第 14 版最大的特点就是建有基于云和网络的在线内容，与纸版内容无缝衔接，实现教材的立体化。

本套书架构新颖，结构完整，按照对化学的宏观认识、原子分子结构、物质状态、化学在不同领域中作用的顺序安排章节，向读者讲述了化学的基本概念和基本理论，介绍了化学在整个自然科学与人类社会生产生活中的中心地位，强调了化学的重要性。与前版相比，第 14 版在保留了内容准确、科学性强的同时增加了许多联系实际的内容，增强了各章节内容之间的关联性与一致性，并将高质量的图像与照片贯穿全文，具有极高的可读性。本套书在每章后都留有数量大、质量高的习题，非常适合各专业学生练习。另外，本套书在一些内容的呈现上与国内惯用方式不同，请读者注意。例如：国内教材中常用"ⅠA、ⅡA、ⅢB"等表示元素周期表的族号，而本套书采用国际纯粹与应用化学联合会（IUPAC）推荐的"第 1 族"到"第 18 族"的编号方式；原版中使用英制或美制单位，本套书在给出单位换算关系的基础上进行了直译，未作修改。

　　本书为《化学：中心科学——化学平衡篇（翻译版·原书第 14 版）》，内容包括第 10 章气体、第 11 章液体和分子间作用力、第 12 章固体与现代材料、第 13 章溶液的性质、第 14 章化学动力学、第 15 章化学平衡、第 16 章酸碱平衡、第 17 章其他溶液平衡，共 8 章。

　　经过两年的努力，本套书终于得以面世。在此，我们首先感谢机械工业出版社在出版过程中所给予的信任、合作与支持，这是本套书得以顺利出版的保证。

　　参与本套书翻译工作的人员有：周丽景（第 1 章～第 3 章）、于湛（第 4 章～第 6 章）、刘丽艳（第 7 章～第 9 章）、孙秋菊（第 10 章～第 12 章）、田冬梅（第 13 章、第 14 章）、王莹（第 15 章～第 17 章）、赵震（第 18 章）、于学华（第 19 章）、肖霞（第 20 章、第 21 章）、孔莲（第 22 章、第 23 章）和范晓强（第 24 章及章末练习题答案）。全书的统稿校对工作由王莹、于湛和赵震完成。感谢刘珂帆、魏艳梅、谷笑雨在校对方面的支持与帮助。

　　他山之石，可以攻玉！我们希望本套书的翻译版对国内普通化学教材国际化进程的加快有所帮助，并促进更多的国外优秀化学教材引入国内课堂。由于时间仓促、译者水平有限，书中可能会有不当甚至错误之处，望读者批评指正。

译　者

前　言

致教师

本书的理念

我们是《化学：中心科学》的作者。对于您选择本书作为您的普通化学课的教学伙伴，我们感到非常高兴和荣幸。我们已经为多届学生教授过普通化学课程，因此我们了解为如此多的学生上课所面临的挑战和机遇。同时，我们也是活跃的科学研究人员，对于化学科学的学习和发现都富有兴趣。作为共同作者，我们各自所独有的、广泛的经验构成了密切协作的基础。在编写本书时，我们的重点是面向学生。我们努力确保全书内容不仅是准确的、最新的，而且是清晰的、可读的，并且努力传播化学的广泛应用以及科学家在做出有助于我们理解真实世界的新发现时所经历的兴奋的过程。我们希望学生明白，化学不是一个独立于现代生活诸多方面的专业知识体系，而是可再生能源、环境可持续性和人类健康提升等一系列社会问题解决方案的核心。

本书第 14 版的出版可以看作是一个教科书保持长期更新的成功案例。我们感谢广大读者多年以来对本书的信任与支持，并努力使每一个新版本更加具有新颖性。在每一个新版本的编写过程中，我们都会再次进行深入地思考，问自己一些深刻的问题，而这些问题是我们在进行写作前必须回答的。进行新版本写作的必要性是什么？不仅在化学教育方面，而且在整个科学教育领域和我们所教授的学生的素质方面有了哪些新的变化？我们如何帮助您的学生不仅学习化学原理，而且乐意成为更像化学家的批判性思考者？上述问题的答案只有部分源自不断变化的化学本身。许多新技术的引入已经改变了各个层次科学教育的面貌。互联网在获取信息和展示学习内容方面的应用，深刻地改变了作为学生学习工具之一的教科书的作用。作为作者，我们面临的挑战是如何保持书籍作为化学知识和实践的主要来源，同时将

其与新技术带来的新的学习方式相结合。这个版本中融入了许多新的计算机技术，包括使用一个基于云的主动学习分析和评估系统 Learning Catalytics™，以及基于网络的工具如 MasteringChemistry™。经过不断完善与发展，MasteringChemistry™ 目前可以更有效地测试和评估学生的表现，同时给予学生即时和有益的反馈。

MasteringChemistry™ 不仅提供基于问题的反馈，而且使用 Knewton 增强的自适应后续作业和动态学习模块，现在可以不断地适应每个学生，提供个性化的学习体验。

作为作者，我们希望本书能够成为学生重要的、不可缺少的学习工具。无论是以纸质书还是以电子书形式，它都可以随身携带并随时使用。本书是学生在课堂之外获取知识、发展技能、学习参考和准备考试等信息的最佳载体，比其他任何工具书都能更有效地为具有化学兴趣的学生提供现代化学的知识脉络和应用领域，并为更高级的化学课程做准备。

如果一本书可以有效地支持身为教师的您，那么它必须是针对学生而写作的。在本书中，我们已经尽最大努力确保写作风格清晰并有趣，确保本书具有足够的吸引力而且更加图文并茂。本书为学生提供了大量的学习辅助内容，包括精心安排的解题思路与过程。我们希望广大读者可以从内容安排、例题的选择以及所采用的学习辅助和激励内容中看出我们作为教师所积累的经验。我们相信，当学生看到化学对他们自己的学习目标和兴趣的重要性时，他们会更加热爱学习化学，因此我们在本书中强化了化学在日常生活中的许多重要应用的介绍。我们希望您能充分利用这些材料。

作为作者，我们的理念是书中的文字内容和支持其使用的补充资料必须与身为教师的您一道协同工作。一本教材只有在得到教师认可的情况下才会对学生有用。本书具有帮助学生学习的功能，可以指导他们理解概念和提高解题技能。本书内容极为丰富，学生很难在一年的课程时间内学习掌握全部内容。您的指导将是本书的最佳使

用指南。只有在您的积极帮助下，学生们才能最有效地利用本书及其补充材料。诚然，学生们关心成绩，但是如果在学习中得到鼓励，他们也会对化学这门科学感兴趣并关注所学到的知识。建议您在教学中强调本书的特色内容，以提高学生对化学的兴趣，如章节中的"化学应用"和"化学与生活"这两部分内容，展示了化学如何影响现代生活及其与健康和生命过程的关系。此外，建议您在教学中强化概念理解并降低简单操作和计算解题等内容的教学重要性，鼓励学生使用丰富的在线资源。

本书的架构与内容

本书前五章主要对化学进行了宏观的、现象层面的概述，所介绍的基本概念如命名法、化学计量法和热化学等，都是在进行普通化学实验前所必须掌握的背景知识。我们认为在普通化学课程的早期介绍热化学是可行的，因为我们对化学过程的理解很多是基于能量变化的。本书在热化学一章中加入键焓，旨在强调物质的宏观特性与原子和化学键层面的亚微观世界之间的联系。我们相信本书已经为普通化学课程中的热力学教学提供了一个有效的、平衡的方法，同时也向学生介绍了一些涉及能源生产和消费等全球性问题的内容。在非常高的水平上向学生教授非常多的内容，同时还要求这个过程越简单越好，行走在这两者之间的狭窄道路上并非一件易事。本书从头至尾都贯彻如下的理念：重点在于传授对概念的理解，而不是让学生只学会如何把数字代进方程里。

接下来的四章（第6章～第9章）是关于电子结构和化学键的。第6章和第9章的"深入探究"栏目为一些学有余力学生提供了径向概率函数和轨道相位内容。我们将后一个讨论放在第9章"深入探究"栏目中，主要针对那些对此内容感兴趣的学生。在第7章和第9章中处理这部分内容及其他内容时，我们对插图进行了重大改进，使其能够更有效地传递其核心信息。

在第10章～第13章中，本书的重点转向物质组成的下一个层次——物质的状态。第10章和第11章讲述气体、液体和分子间作用力，而第12章则专门讨论固体，讲述关于固体状态的现代观点以及学生们可以接触到的一些现代材料。本章提供了一个例子，展示了抽象的化学键概念如何影响现实世界中的事物。这一部分的模块化结构风格使您具有良好的内容选择自主权，您可以将时间与精力集中于您和您的学生最感兴趣的内容，如半导体、聚合物、纳米材料等。本书的这一部分以第13章为结尾，这一章的内容包括溶液的形成和性质。

后续几个章节主要研究了决定化学反应速度和程度的因素，包括动力学（第14章）、化学平衡（第15章～第17章）、热力学（第19章）和电化学（第20章）。这一部分还有一章是关于环境化学（第18章）。第18章将前面章节中所介绍的概念应用于对大气和水圈的讨论，并强调了绿色化学以及人类活动对地球上水和大气的影响。

第21章核化学之后是3个内容介绍性的章节。第22章讨论了非金属，第23章讨论了过渡金属化学包括配位化合物等，第24章涉及有机化学和初步的生物化学内容。最后这四章都是以独立的、模块化的方式展开的，在讲授时可以按任何顺序进行。

本书的各个章节是按照一个被广为接受的顺序安排的，但是我们也意识到，不是每位教师都会按照本书的章节顺序来讲授所有的内容。因此，我们认为教师们可以在不影响学生理解力的情况下对教学顺序进行调整。特别是许多教师喜欢在化学计量法（第3章）之后讲授气体（第10章），而不是将其与物质状态一起讲授。为此，我们编写了气体这一章，方便教师进行教学顺序调整而不影响教材的使用。教师们也可以在第4.4节氧化还原反应之后，提前讲授氧化还原方程及配平问题（第20.1节和第20.2节）。最后，有些教师喜欢在讲授第8章和第9章之后立即讲授有机化学内容（第24章），这几章内容在很大程度上是可以实现无缝衔接的。

我们通过在全书中设置实例，让学生可以更多地接触到有机化学和无机化学的细节。您会发现在所有章节中都有相关的"真实"化学实例来说明化学的原理和应用。当然，有些章节更直接地涉及元素及其化合物的细节性质，特别是第4、7、11、18章和第22章～第24章。我们还在章末练习中加入了有机化学和无机化学练习题。

本版的新内容

与每一个新版本的《化学：中心科学》一样，本版经历了许多变化。身为作者，我们努力保持本书内容的时效性，并使文字、插图和练习题更加清晰和有针对性。在书中诸多变化中，有一些是我们重点用来组织和指导修订过程的。我们主要围绕以下几点开展第14版的修订工作：

- 我们对涉及能量和热化学的内容进行了重大修订。能量的概念在当前版本的第1章就出现了，而此前的版本中直到第5章才会出现。这个变化会使得教师在讲授课程内容次序上面拥有更大的自由度。例如，能量概念的引入有利于在第2章之后立即讲授第6章和第7章，这样的教学次序符合原子理论优先的普通化学教学方法。我们认为更重要的是第5章中加入了键熵的概念，用来强调宏观物理量（如反应熵）与原子和化学键为代表的亚微观世界之间的联系。我们相信这个变化会使热化学概念与其他章节更好地结合起来。学生在对化学键有了更深刻的认识后，可以在学习第8章时重新讨论键熵。

- 在本版中，我们做出了非常大的努力，只为了给学生们提供更清晰的讨论、更好的练习题，以及更好的实时反馈，使我们能够知道他们对书中内容的理解程度。作者团队使用一个具有互动功能的电子书平台，查看学生们阅读本书时遇到不理解的地方时所做标记的段落以及注释和问题。为此，我们将书中许多段落的内容修改得更加清晰。

- 第14版《化学：中心科学》还提供了具有许多新功能的内容增强的在线eText版本。这个版本不仅仅是纸质书籍的电子拷贝，它的新的智能图例从书中提取关键插图，并通过动画和语音使它们变得生动。同样新的智能实例解析将书中关键实例通过解析制成动画，为学生提供比印刷文字更深入和详细的讨论。互动功能还包括可在MasteringChemistry™中分配的后续问题。

- 我们利用MasteringChemistry™提供的元数据为本版修订工作提供有用的信息。本版在第13版基础上，每个实例解析部分后面都增加了实践练习单元。几乎所有的实践练习都是选择题，并明确给出错误答案的干扰因素，帮助学生明确错误的概念和一些常见错误。在MasteringChemistry™中，每个错误答案都可以提供反馈，用来帮助学生认识到他们的错误观念。在本版中，我们仔细检查了

MasteringChemistry™的元数据，以确定那些对学生来说是没有挑战性或很少被使用的练习题。这些练习题要么被修改，要么被替换。对于书中"想一想"和"图例解析"栏目，我们也做了类似的修改工作以使它们更有效并更适合在MasteringChemistry™中使用。最后，我们大大增加了MasteringChemistry™中带有错误答案反馈的章末练习题的数量，一些过时的或很少使用的章末练习（每章约10题）也被替换了。

- 最后，我们做了一些细微但却非常重要的改动，可以帮助学生快速参考重要的概念并评估他们学习的知识。这些关键点使用斜体字标示，并在上面和下面留有空格，以便于突出显示。新增加的技能提升模块"如何……"为解决特定类型的问题提供了循序渐进的指导，如绘制路易斯结构、氧化还原方程式配平以及给酸命名等。这些模块包括一系列带有数字标号的操作步骤，在书中很容易找到。最后，每个学习目标都与具体的章末练习题相关联，可以帮助学生准备小测验和正式的考试，测试他们对每个学习目标的掌握情况。

本版的变化之处

前面的"本版的新内容"部分详细介绍了本版中的一些变化之处，然而，除了上述内容之外，我们在编纂这一新版本时提出的总体目标也需要额外向读者阐述。《化学：中心科学》历来以其清晰的文字、内容的科学准确性和时效性、数量庞大的章末练习题以及可满足不同层面读者需求而受到好评。在进行第14版修改时，我们在坚持这些特点的基础上，将全书布局继续采用开放、简洁的设计。

第14版的美术设计方案延续了前两版的设计，更多、更有效地利用图像作为学习工具，将读者更直接地吸引到图像中来。我们修订了全书的美术设计风格，提高了图像的清晰度并采用更简洁的现代式外观。这包括采用新的白色背景注解框，清晰、简洁的指向符，更丰富、更饱和的颜色，增加了3D渲染图像的比例。为了提高图像的简洁性，本版对书中每张图都进行了编辑审查，对图像及图内文字标记都进行了许多小的修改。本版对"图例解析"进行了仔细的审查，并使用MasteringChemistry™中的

统计数据，修改或替换了许多内容，吸引并激发学生对每个图中蕴含的概念进行批判性思考。本版对"想一想"栏目进行了类似的修订，激发学生对书中内容进行更深层次的阅读，培养其批判性思维。

每1章第1页的"导读"栏目提供了对每一章内容的概述。概念链接（ ∞ ）继续提供易于察觉的交叉引用，便于查阅书中已经介绍了的相关内容。为学生提供了解决实际问题建议的"化学策略"和"像化学家一样思考"栏目现已更名为"成功策略"更好地体现了对学生学习的帮助。

本版继续强化章末练习题中的概念性练习。在每一章的章末练习题都是以广受好评的"图例解析"开始的。这些练习题在每一章常规的章末练习题之前，并都标有相关章节的编号。这些练习题旨在通过使用模型、图表、插图和其他可视化的素材来帮助学生对概念的理解。每一章的末尾都附有数量较多的"综合练习"，让学生有机会解决本章的概念与前几章的概念相结合的一些问题。从第4章开始的每一章末尾都有"综合实例解析"，这突出了解决综合问题的重要性。总体来看，本版在章末练习题中加入了更多的概念性习题，并确保其中一部分具有一定难度，同时实现了习题内容和难度的平衡。在MasteringChemistry™ 中，许多习题被重新调整以方便使用。我们广泛利用学生们使用MasteringChemistry™ 的元数据来分析章末练习题，并对部分练习题进行适当的修改，本版也为每章总结了"学习成果"。

本版继续在书中加入广受好评的"化学应用"和"化学与生活"系列栏目，栏目中的新文章强化了与每一章主题相关的世界事件、科学发现和医学突破等内容。本书在保持对化学的积极方面关注的同时，也没有忽视在日益科技化的世界中可能出现的各种各样的问题。本书的目标是帮助学生熟悉化学世界，并了解化学如何影响我们的生活方式。

化学教材页码随着版本的增加而增加，这也许是一种理所当然的趋势，但是作为作者的我们并不认可这种趋势。本版中新增的大部分内容都是替换以前版本中关联度不强的内容。下面列出了本版内容上的几个重大变化：

第1章，及其后的每一章都以一个新的章节起始照片和对应的背景故事开始，为后续内容提供一个现实世界的背景。第1章增加了一个关于能源本质的新节（第1.4节）。本版将能源纳入第1章，为后面各章的学习顺序提供了更大的灵活性。第1章"新闻中的化学"的"化学应用"栏目已经完全重写，其中的内容描述了化学与现代社会事务交织的各种方式。

在第2章中，我们改进了用于描述发现原子结构的关键实验——密立根油滴实验和卢瑟福金箔实验的插图。在第2章中第一次出现的元素周期表已更新，增加了113号元素（钀，Nihonium）、115号元素（镆，Moscovium）、117号元素（础，Tennessine）和118号元素（氫,Oganesson）等元素。

第5章是全书中修订最多的章节。我们修订了第5章的开始部分，用于与第1章中介绍的能源基本概念相呼应。本章新增了两个插图，图5.3给出了静电势能与离子固体的成键变化之间的联系，图5.16提供了一个现实世界的类比，帮助学生理解自发反应和反应焓之间的关系。用于说明放热反应和吸热反应的图5.8修改为显示反应前后变化的情况。新增加了第5.8节键焓，给出如何从原子层面理解反应焓。

第6章增加了一个新的"实例解析"，分析了玻尔模型中主量子数是如何决定氢原子的轨道半径的，以及当发射或吸收光子时，电子会发生哪些变化。

第8章中关于键焓的内容已移至第5章，并在第5章得到了充分讨论。在第11章中，我们对各种分子间作用力的内容进行了集中修改，用来明确化学家通常以能量单位而不是力的单位来考虑这些作用力。与前版不同，第14版中图11.14采用表格形式，清楚地表明分子间相互作用的能量是可以叠加的。

第12章加入了一个新的标题为"汽车中的现代材料"的"化学应用"栏目，讨论了混合动力汽车中使用的各种材料，包括半导体、离子固体、合金、聚合物等。以及新增加一个标题为"微孔和介孔材料"的"化学应用"栏目，探讨了不同孔径材料及其在离子交换和催化转化中的应用。

第15章新加入一个关于温度变化和勒夏特列原理的"深入探究"栏目，解释了放热反应和吸热反应中温度变化影响平衡常数规律的基础理论。

第16章新加入一个"深入探究"栏目，表明多元酸各型体与pH值的关系。

第 17 章新加入一个标题为"饮用水中的铅污染"的"深入探究"栏目，探讨了美国密歇根州弗林特市的水质危机背后的化学问题。

本版对第 18 章部分内容进行修订，给出了大气中二氧化碳含量和臭氧层空洞的最新数据。图 18.4 显示了臭氧的紫外吸收光谱图，使学生能够了解这种物质在过滤来自太阳的有害紫外辐射方面的作用。新加入的一个实例解析（18.3）可以帮助学生掌握计算碳氢化合物燃烧产生的二氧化碳量时所需的步骤。

我们对第 19 章的前一部分内容进行了大幅度的改写，帮助学生更好地理解自发、非自发、可逆和不可逆过程的概念及其关系。这些改进使得熵的定义更加清晰。

致学生

《化学：中心科学》第 14 版是为了向你介绍现代化学而编写的。实际上，身为作者的我们是受你的化学老师委托来帮助你学习化学的。根据学生和教师在使用本书前几版后所给出的反馈意见，我们认为自己已经很好地完成了这项工作。当然，我们希望本书在未来的版本中能够继续得到发展，因此我们邀请你写信告诉我们你喜欢本书的哪些方面，这样我们就会知道这个版本在哪些方面对你的帮助最大。同时，我们也希望了解本书的任何不足之处，以便于在后续版本中进一步改进这些方面。我们的地址与联系方式在本前言的最后处。

对学习和研究化学的建议

学习化学既需要掌握许多概念，又需要具备分析能力。本书为你提供了许多工具来帮助你在这两点上取得成功。如果你想要在化学课程中取得成功，那么你就必须养成良好的学习习惯。科学课程特别是化学课程是不同于其他类型课程的，对你的学习方法也有不同的要求。为此，本书提供以下提示，帮助你在化学学习中取得成功：

不要掉队！ 随着课程的进展，新的内容将建立在已经学过的内容基础上。如果你的学习进度和解题能力落后于其他同学，你会发现很难跟上正在学习的内容以及对当前内容的课堂讨论。有经验的教师知道，如果学生在上课前预习课本中相关章节，就能从课堂上学到更多东西，同时记忆也更加深刻。你知道吗，考试前"填鸭式"的学习方式已被证明是学习包括化学在内所有学科的无效方法。在这个竞争激烈的世界里，好的化学成绩对任何人来说都是十分重要的。

集中精力学习。 尽管你需要学习的内容看起来令人难以承受，但是掌握那些特别重要的概念和技能才是至关重要的，因此请注意你的老师所强调的那些内容。当你完成"实例解析"和家庭作业时，请回顾一下解答这些内容涉及哪些原理和解题技巧。请充分利用每一章开头的"导读"栏目，它能够帮助你了解每一章的重要内容。通常情况下，依靠仅仅阅读一章是不足以成功地学习本章的概念和掌握解决问题的能力的，你往往需要多次阅读书中一些特定内容。请不要忽略"想一想""图例解析""实例解析""实践练习"栏目，这些都是你了解自己是否掌握知识的指南，掌握这些内容也是对考试的良好准备。章末的"学习成果"和"主要公式"也会帮助你集中精力学习。

课上做好笔记。 你的课堂笔记可以为你提供一个清晰而简明的记录，指明你的老师认为什么是最重要的学习内容。将你的课堂笔记与教材结合起来，是确定需要学习哪些内容的最好方法。

课前做好预习。 在上课前预习会使你更容易做好笔记。首先阅读前面的"导读"和章末的"总结"，然后快速阅读本次课的内容，并跳过"实例解析"和补充内容。你需要注意节标题和分节标题，这可以让你快速了解本次课的授课内容。千万不要认为在课前预习中你需要立刻学习和掌握所有内容。

做好准备来上课。 现在，教师们比以往任何时候都会更充分地利用课堂时间，而不是将其简单地作为师生之间的单向交流渠道。相反，他们希望学生们上课时就已经做好了在课堂上解决问题和进行批判性思维的准备。在任何授课环境中，如果你想在课程中取得好成绩但是没有准备好就来上课，这一定不是一个好主意，这样的课堂当然也不是主动学习课堂。

课后做好复习。 课后当你复习时，你需要注意概念以及这些概念如何在"实例解析"中应用。一旦你觉得自己理解了"实例解析"中的内容，就可以通过相应的"实践练习"模块来检验你的学习效果。

学习化学语言。学习化学的过程中你会遇到许多新的术语。注意这些术语并了解其含义或其所代表的事物是非常重要的。掌握如何根据化合物的名称来鉴别它们是一项重要的技能，可以帮助你在考试中避免错误，例如，氯元素和氯化物的含义差别极大。

需要做作业。你的老师会为你布置一些作业题，做这些作业题为你回忆和掌握书中的基本观点提供必要的练习。你不能仅仅通过用眼睛看来学习，你还需要动笔做题来参与。当你真心地努力解题之前，请尽量不要查看"答案手册"（如果你有的话）。如果在练习中你卡在某道题上，请向你的老师、助教或其他学生求助。在一道练习题上花费超过20min的时间是很少有效果的，除非你知道这道题具有特别的挑战性。

学习像科学家一样思考。本书是由热爱化学的科学家撰写的。我们鼓励你利用本书中的一些特点来提升你的批判性思维能力，如偏重概念学习的练习题和"设计实验"练习题。

利用在线资源。有些事物很容易通过观察来学习，而另外一些事物以三维方式展现才能获得最佳的学习效果。如果你的老师将MasteringChemistry™与你的教科书相关联，请利用这个在线平台所提供的独特工具，它可让你在化学学习中取得更多的收获。

说一千道一万，最根本的还是要努力学习、有效学习，并充分利用包括本书在内的所有工具。我们希望帮助你更多地了解化学世界，以及为什么化学是中心科学。如果你真的学好了化学，你就能成为聚会的主角，给你的朋友和父母留下深刻印象，并且也能以优异的成绩通过课程考试。

致谢

一本教材的出版发行是一个团队的成功。除了作者之外，许多人也参与其中并贡献了他们辛勤的劳动和才能，以保证这个版本呈现在读者面前。虽然他们的名字没有出现在本书的封面上，但他们的创造力、时间和支持在本书的编写和制作的各个阶段都发挥了作用。

每位作者都从与同事的讨论以及同国内外教师和学生的通信中获益良多。作者的同事们也提供了巨大的帮助，他们审阅了我们的书稿，分享他们的见解并提供改进建议。在第14版中，还有一些审阅人帮助我们，他们通读书稿，寻找书稿中存在的技术上的不准确之处和印刷错误。我们为拥有这些出色的审阅人而由衷地感到幸运。

第 14 版审阅人

Carribeth Bliem，北卡罗来纳大学教堂山分校
Stephen Block，威斯康星大学麦迪逊分校
William Butler，罗切斯特理工大学
Rachel Campbell，佛罗里达湾岸大学
Ted Clark，俄亥俄州立大学

Michelle Dean，肯尼索州立大学
John Gorden，奥本大学
Tom Greenbowe，俄勒冈大学
Nathan Grove，北卡罗来纳大学威尔明顿分校
Brian Gute，明尼苏达大学德卢斯分校
Amanda Howell，阿巴拉契亚州立大学
Angela King，维克森林大学
Russ Larsen，爱荷华大学

Joe Lazafame，罗切斯特理工大学
Rosemary Loza，俄亥俄州立大学
Kresimir Rupnik，路易斯安那州立大学
Stacy Sendler，亚利桑那州立大学
Jerry Suits，北科罗拉多大学
Troy Wood，纽约州立大学水牛城分校
Bob Zelmer，俄亥俄州立大学

第 14 版准确性审阅人

Ted Clark，俄亥俄州立大学
Jordan Fantini，丹尼森大学

Amanda Howell，阿巴拉契亚州立大学

第 14 版焦点小组参与人

Christine Barnes，田纳西大学诺克斯维尔分校
Marian DeWane，加利福尼亚大学尔湾分校

Emmanue Ewane，休斯顿社区大学
Tom Greenbowe，俄勒冈大学
Jeffrey Rahn，东华盛顿大学

Bhavna Rawal，休斯顿社区大学
Jerry Suits，北科罗拉多大学

MasteringChemistry™ 峰会参与人

Phil Bennett，圣达菲社区学院
Jo Blackburn，里奇兰德学院
John Bookstaver，圣查尔斯社区学院
David Carter，安吉洛州立大学
Doug Cody，那桑社区学院
Tom Dowd，哈珀学院
Palmer Graves，佛罗里达国际大学
Margie Haak，俄勒冈州立大学

Brad Herrick，科罗拉多矿业学院
Jeff Jenson，芬利大学
Jeff McVey，德克萨斯州立大学圣马科斯分校
Gary Michels，克瑞顿大学
Bob Pribush，巴特勒大学
Al Rives，维克森林大学
Joel Russell，奥克兰大学
Greg Szulczewski，阿拉巴马大学塔斯卡卢萨分校

Matt Tarr，新奥尔良大学
Dennis Taylor，克莱姆森大学
Harold Trimm，布鲁姆社区大学
Emanuel Waddell，阿拉巴马大学亨茨维尔分校
Kurt Winklemann，佛罗里达理工大学
Klaus Woelk，密苏里大学罗拉分校
Steve Wood，杨百翰大学

《化学：中心科学》历次版本审阅人

S.K. Airee，田纳西大学
John J. Alexander，辛辛那提大学
Robert Allendoerfer，纽约州立大学布法罗分校
Patricia Amateis，弗吉尼亚理工大学
Sandra Anderson，威斯康星大学
John Arnold，加州大学
Socorro Arteaga，埃尔帕索社区大学
Margaret Asirvatham，科罗拉多大学
Todd L. Austell，北卡罗来纳大学教堂山分校
Yiyan Bai，休斯顿社区大学
Melita Balch，伊利诺伊大学芝加哥分校
Rebecca Barlag，俄亥俄大学
Rosemary Bartoszek-Loza，俄亥俄州立大学
Hafed Bascal，芬利大学
Boyd Beck，斯诺学院
Kelly Beefus，阿诺卡拉姆齐社区学院
Amy Beilstein，中心学院
Donald Bellew，新墨西哥大学

Victor Berner，新墨西哥初级学院
Narayan Bhat，德克萨斯大学泛美分校
Merrill Blackman，西点军校
Salah M. Blaih，肯特州立大学
James A. Boiani，纽约州立大学杰纳苏分校
Leon Borowski，戴波罗谷社区学院
Simon Bott，休斯顿大学
Kevin L. Bray，华盛顿州立大学
Daeg Scott Brenner，克拉克大学
Gregory Alan Brewer，美国天主教大学
Karen Brewer，弗吉尼亚理工大学
Ron Briggs，亚利桑那州立大学
Edward Brown，田纳西州立李大学
Gary Buckley，卡梅隆大学
Scott Bunge，肯特州立大学
Carmela Byrnes，德州农工大学
B. Edward Cain，罗切斯特理工学院
Kim Calvo，阿克伦大学

Donald L. Campbell，威斯康辛大学
Gene O. Carlisle，德州农工大学
Elaine Carter，洛杉矶城市学院
Robert Carter，马萨诸塞大学波士顿港分校
Ann Cartwright，圣哈辛托中央学院
David L. Cedeño，伊利诺伊州立大学
Dana Chatellier，特拉华大学
Stanton Ching，康涅狄格学院
Paul Chirik，康奈尔大学
Ted Clark，俄亥俄州立大学
Tom Clayton，诺克斯学院
William Cleaver，佛蒙特大学
Beverly Clement，博林学院
Robert D. Cloney，福特汉姆大学
John Collins，布劳沃德社区学院
Edward Werner Cook，通克西纳社区学院
Elzbieta Cook，路易斯安那州立大学
Enriqueta Cortez，南德克萨斯大学
Jason Coym，南阿拉巴马大学
Thomas Edgar Crumm，宾州印第安纳大学

Dwaine Davis，佛塞斯社区学院
Ramón López de la Vega，佛罗里达国际大学
Nancy De Luca，马萨诸塞大学洛厄尔北校区
Angel de Dios，乔治城大学
John M. DeKorte，格兰德勒社区学院
Michael Denniston，乔治亚大学
Daniel Domin，田纳西州立大学
James Donaldson，多伦多大学
Patrick Donoghue，阿帕拉契州立大学
Bill Donovan，阿克伦大学
Stephen Drucker，威斯康星大学欧克莱尔分校
Ronald Duchovic，印第安纳大学 - 普渡大学韦恩堡分校
Robert Dunn，堪萨斯大学
David Easter，西南德勒州立大学
Joseph Ellison，西点军校
George O. Evans II，东卡罗来纳州立大学
James M. Farrar，罗切斯特大学
Debra Feakes，德克萨斯州立大学圣马科斯分校
Gregory M. Ferrence，伊利诺伊州立大学
Clark L. Fields，北科罗拉多大学
Jennifer Firestine，林登沃德大学
Jan M. Fleischner，新泽西学院
Paul A. Flowers，北卡罗来纳州彭布鲁克分校
Michelle Fossum，莱尼学院
Roger Frampton，潮水社区学院
Joe Franek，明尼苏达大学大卫分校
Frank，加州州立大学
Cheryl B. Frech，中央俄克拉荷马大学
Ewa Fredette，冰碛谷学院
Kenneth A. French，布林学院
Karen Frindell，圣罗莎初级学院
John I. Gelder，俄克拉荷马州立大学
Robert Gellert，格兰德勒社区学院
Luther Giddings，盐湖社区学院
Paul Gilletti，梅萨社区学院
Peter Gold，宾州州立大学
Eric Goll，布鲁克代尔社区学院
James Gordon，中央卫理公会大学
John Gorden，奥本大学
Thomas J. Greenbowe，俄勒冈大学
Michael Greenlief，密苏里大学
Eric P. Grimsrud，蒙大拿州立大学

John Hagadorn，科罗拉多大学
Randy Hall，路易斯安那州立大学
John M. Halpin，纽约大学
Marie Hankins，南印第安纳大学
Robert M. Hanson，圣奥拉夫学院
Daniel Haworth，马凯特大学
Michael Hay，宾夕法尼亚州立大学
Inna Hefley，布林学院
David Henderson，三一学院
Paul Higgs，贝瑞大学
Carl A. Hoeger，加州大学圣地亚哥分校
Gary G. Hoffman，佛罗里达国际大学
Deborah Hokien，玛丽伍德大学
Robin Horner，费耶特维尔社区技术学院
Roger K. House，莫瑞谷社区学院
Michael O. Hurst，乔治亚南方大学
William Jensen，南达科他州立大学
Janet Johannessen，莫里斯郡学院
Milton D. Johnston, Jr.，南佛罗里达大学
Andrew Jones，南阿尔伯塔理工学院
Booker Juma，费耶特维尔州立大学
Ismail Kady，东田纳西州立大学
Siam Kahmis，匹兹堡大学
Steven Keller，密苏里大学
John W. Kenney，东部新墨西哥州立大学
Neil Kestner，路易斯安那州立大学
Carl Hoeger，加州大学圣地亚哥分校
Leslie Kinsland，路易斯安那大学
Jesudoss Kingston，爱荷华州立大学
Louis J. Kirschenbaum，罗德岛大学
Donald Kleinfelter，田纳西大学诺克斯维尔分校
Daniela Kohen，卡尔顿大学
David Kort，乔治梅森大学
Jeffrey Kovac，田纳西大学
George P. Kreishman，辛辛那提大学
Paul Kreiss，安妮阿伦德尔社区学院
Manickham Krishnamurthy，霍华德大学
Sergiy Kryatov，塔夫斯大学
Brian D. Kybett，里贾纳大学
William R. Lammela，拿撒勒学院
John T. Landrum，佛罗里达国际大学
Richard Langley，奥斯汀州立大学

N. Dale Ledford，南阿拉巴马大学
Ernestine Lee，犹他州立大学
David Lehmpuhl，南科罗拉多大学
Robley J. Light，佛罗里达州立大学
Donald E. Linn, Jr.，印第安纳大学 - 普渡大学印第安纳波利斯分校
David Lippmann，德克萨斯理工大学
Patrick Lloyd，布碌仑社区学院
Encarnacion Lopez，迈阿密戴德学院沃尔夫森分校
Michael Lufaso，北佛罗里达大学
Charity Lovett，西雅图大学
Arthur Low，塔尔顿州立大学
Gary L. Lyon，路易斯安那州立大学
Preston J. MacDougall，中田纳西州立大学
Jeffrey Madura，杜肯大学
Larry Manno，特里顿学院
Asoka Marasinghe，莫海德州立大学
Earl L. Mark，艾梯理工学院
Pamela Marks，亚利桑那州立大学
Albert H. Martin，摩拉维亚学院
Przemyslaw Maslak，宾州州立大学
Hilary L. Maybaum，ThinkQuest 公司
Armin Mayr，埃尔帕索社区学院
Marcus T. McEllistrem，威斯康星大学
Craig McLauchlan，伊利诺斯州立大学
Jeff McVey，德克萨斯州立大学圣马科斯分校
William A. Meena，山谷社区学院
Joseph Merola，弗吉尼亚理工学院
Stephen Mezyk，加州州立大学
Diane Miller，马凯特大学
Eric Miller，圣胡安学院
Gordon Miller，爱荷华州立大学
Shelley Minteer，圣路易斯大学
Massoud (Matt) Miri，罗彻斯特理工大学
Mohammad Moharerrzadeh，鲍伊州立大学
Tracy Morkin，埃默里大学
Barbara Mowery，纽约大学
Kathleen E. Murphy，德门大学
Kathy Nabona，奥斯汀社区学院
Robert Nelson，乔治亚南方大学
Al Nichols，杰克逊维尔州立大学
Ross Nord，东密歇根大学
Jessica Orvis，乔治亚南方大学
Mark Ott，杰克逊社区学院
Jason Overby，查尔斯顿学院
Robert H. Paine，罗彻斯特理工学院

Robert T. Paine，新墨西哥大学

Sandra Patrick，马拉斯比纳大学学院

Mary Jane Patterson，布拉斯波特学院

Tammi Pavelec，林登沃德大学

Albert Payton，布劳沃德社区学院

Lee Pedersen，北卡罗来纳大学

Christopher J. Peeples，塔尔萨大学

Kim Percell，费尔角社区学院

Gita Perkins，埃斯特雷拉山社区学院

Richard Perkins，路易斯安那州立大学

Nancy Peterson，中北学院

Robert C. Pfaff，圣约瑟夫大学

John Pfeffer，海莱社区学院

Lou Pignolet，明尼苏达大学

Bernard Powell，德克萨斯大学

Jeffrey A. Rahn，东华盛顿大学

Steve Rathbone，布林学院

Scott Reeve，阿肯色州立大学

John Reissner，Helen Richter，Thomas Ridgway，
北卡罗来纳大学，阿克伦大学，辛辛那提大学

Gregory Robinson，乔治亚大学

Mark G. Rockley，俄克拉荷马州立大学

Lenore Rodicio，迈阿密戴德学院

Amy L. Rogers，查尔斯顿学院

Jimmy R. Rogers，德克萨斯大学阿灵顿分校

Kathryn Rowberg，普渡大学盖莱默分校

Steven Rowley，米德尔塞克斯社区学院

James E. Russo，惠特曼大学

Theodore Sakano，罗克兰社区学院

Michael J. Sanger，北爱荷华大学

Jerry L. Sarquis，迈阿密大学

James P. Schneider，波特兰社区学院

Mark Schraf，西弗吉尼亚大学

Melissa Schultz，伍斯特学院

Gray Scrimgeour，多伦多大学

Paula Secondo，西康涅狄格州立大学

Michael Seymour，霍普学院

Kathy Thrush Shaginaw，维拉诺瓦大学

Susan M. Shih，杜佩奇学院

David Shinn，夏威夷州立大学希罗分校

Lewis Silverman，密苏里大学哥伦比亚分校

Vince Sollimo，伯灵顿社区学院

Richard Spinney，俄亥俄州立大学

David Soriano，匹兹堡大学布拉德福德分校

Eugene Stevens，宾汉姆顿大学

Matthew Stoltzfus，俄亥俄州立大学

James Symes，科森尼斯河学院

Iwao Teraoka，纽约科技大学

Domenic J. Tiani，北卡罗来纳大学教堂山分校

Edmund Tisko，内布拉斯加大学奥马哈分校

Richard S. Treptow，芝加哥州立大学

Michael Tubergen，肯特州立大学

Claudia Turro，俄亥俄州立大学

James Tyrell，南伊利诺伊大学

Michael J. Van Stipdonk，卫奇塔州立大学

Philip Verhalen，帕诺拉学院

Ann Verner，多伦多大学斯卡伯勒分校

Edward Vickner，格洛斯特郡社区学院

John Vincent，阿拉巴马大学

Maria Vogt，布卢姆菲尔德学院

Tony Wallner，贝瑞大学

Lichang Wang，南伊利诺伊大学

Thomas R. Webb，奥本大学

Clyde Webster，加州大学河滨分校

Karen Weichelman，路易斯安那大学拉菲特分校

Paul G. Wenthold，普渡大学

Laurence Werbelow，新墨西哥矿业与技术学院

Wayne Wesolowski，亚利桑那大学

Sarah West，圣母大学

Linda M. Wilkes，南科罗拉多大学

Charles A. Wilkie，马凯特大学

Darren L. Williams，西德克萨斯农工大学

Troy Wood，纽约州立大学水牛城分校

Kimberly Woznack，加州宾夕法尼亚大学

Thao Yang，威斯康星大学

David Zax，康奈尔大学

Dr. Susan M. Zirpoli，宾州滑石大学

Edward Zovinka，圣弗朗西斯大学

　　我们还想对培生出版集团的许多团队成员表示感谢，他们的辛勤工作、想象力和合作精神为这个版本的最终出版做出了巨大贡献。化学编辑 Chris Hess 为我们提供了许多新的想法以及持续的热情和对我们的鼓励和支持；开发部主任 Jennifer Har 用她的经验和洞察力来负责整个项目；开发部编辑 Matt Walker，他丰富的经验、良好的判断力和对细节的仔细关注程度对本版修订是非常宝贵的，特别是在保持我们写作的一致性和帮助学生理解方面。培生公司团队在这方面是一流的。

　　我们还要特别感谢以下人员：制作编辑 Mary Tindle，她巧妙地保证了整个出版过程的进展，使我们保持在正确的写作方向上；伊利诺伊大学的 Roxy Wilson，她很好地完成了制作章末练习题答案这项困难的工作。最后，我们要感谢我们的家人和朋友，感谢他们的爱、支持、鼓励和耐心，帮助我们完成了本书第 14 版的写作与出版。

西奥多·L. 布朗
化学系
伊利诺伊大学厄巴纳 -
香槟分校
Urbana, IL 61801
tlbrown@illinois. edu or
tlbrown1@ earthlink.net

H. 尤金·勒梅
化学系
内华达大学
Reno, NV 89557
lemay@unr.edu

布鲁斯·E. 巴斯滕
化学与生物化学系
伍斯特理工学院
Worcester, MA 01609
bbursten@wpi.edu

凯瑟琳·J. 墨菲
化学系
伊利诺伊大学厄巴纳 -
香槟分校
Urbana, IL 61801
murphycj@illinois. edu

帕特里克·M. 伍德沃德
化学与生物化学系
俄亥俄州立大学
Columbus, OH 43210
woodward.55@ osu.edu

马修·W. 斯托尔茨福斯
化学与生物化学系
俄亥俄州立大学
Columbus, OH 43210
stoltzfus.5@osu. edu

目 录

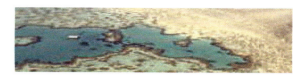

第 **10** 章

气 体

今天或这周天气怎么样？ 了解天气变化，不仅有利于我们选择合适的衣服，还有助于农民合理安排种植和收割，更有益于海员规划航程。大气层中主要为氮气和氧气分子，这些分子在太阳的辐射下随着温度升高发生运动，产生气压差，从而形成了风。

正是这种气体运动造成了气候的变化——和煦的微风、猛烈的风暴、湿气和雨水。就像本章开头照片中的龙卷风是由低海拔处潮湿的热空气与高海拔处干燥的冷空气汇合形成的，这种气流产生的风，风速可达到 500km/h（300mi/h）。

在这一章中，我们分析了气体的物理性质——什么是气压、气体随气压和温度如何改变，以及从分子水平上，如何对温度进行测量？因为气体是物质最简单的状态，所以它们提供了研究大量原子或分子集聚体形态的最好起始点。的确，设计一个简单的气体模型来研究它们的常规行为是一种简单有效的方法。当条件改变时，通过对比实际气体与这种理想气体模型的差异从而进行更深入的探讨。这样，当我们从所有气体的通性开始，不管它们的化学性质如何，我们最终要掌握的是分子的重要的物理行为。

◀ **龙卷风** 是一种以漏斗状云为特征的剧烈旋转的空气柱。龙卷风的直径可超过 3km（2mi），风速接近 500km/h。

10.1 气体的特性

在常温常压条件下，只有少数元素以气体形式存在，其中 He、Ne、Ar、Kr 和 Xe 为单原子形式，H_2、N_2、O_2、F_2 和 Cl_2 以双原子形式存在。许多分子化合物是气体，表 10.1 列出了其中的一部分。值得注意的是，这些气体化合物均由非金属元素组成，分子式组成简单，摩尔质量低。

在一般条件下，以液体或固体形式存在的物质也存在气态状态，通常被称为汽化物。例如，水可以是液态水、固态冰或水蒸气的形式存在。

虽然不同的气体物质可以具有不同的化学性质，但就其物理性质而言，它们的行为是非常相似的。例如，大气中氮气和氧气约占 99%，它们的化学性质完全不同，仅举一个不同之处——氧气能维持人的生命而氮气却不能，但是这两种物质的气体行为都表现为一种气态物质，因为它们的物理性质基本是相同的。

气体的物理性质与固体和液体的物理性质显著不同。例如，气体可自发膨胀填满整个容器，因此，气体的体积等于容器的体积。气体也可以高度压缩，当对气体施加压力时，其体积很容易减小，而固体和液体则不会膨胀填满盛装的容器，也不易压缩。

不考虑气体的特性或相对比例，两种或两种以上气体均可形成一种均匀混合物，大气就是一个很好的例子。两种或两种以上液体或固体能否形成均匀混合物，取决于它们的化学性质。例如，当水和汽油混合时，这两种液体保持分层状态。相比之下，液面之上的水蒸气和汽油蒸气则形成了均匀的气体混合物。

气体的固有特性，如膨胀填满整个容器、可高度压缩、可形成均匀混合物等，是因为分子之间的距离相对较远。例如，在任意给定的气体体积中，分子仅占总体积的 0.1%，其余都是空间，因此，每个分子在很大程度上表现各自的行为，仿佛其他分子不存在。因此，即使气体的分子组成不同，但气体的行为是相近的。

表 10.1　室温状态下一些常见的气体化合物

化学式	名称	特性
HCN	氰化氢	剧毒，轻微的苦杏仁味
H_2S	硫化氢	剧毒，臭鸡蛋味
CO	一氧化碳	有毒、无色、无味
CO_2	二氧化碳	无色、无味
CH_4	甲烷	无色、无味、易燃
C_2H_4	乙烯	无色，可催熟水果
C_3H_8	丙烷	无色、无味、罐装液化气
N_2O	一氧化二氮	无色、甜味，笑气
NO_2	二氧化氮	有毒、红棕色、刺激性气味
NH_3	氨	无色、刺鼻气味
SO_2	二氧化硫	无色、刺激性气味

△ 想一想

氙气是最重最稳定的惰性气体，其摩尔质量为 131g/mol。表 10.1 中列出的是否有比氙气摩尔质量大的气体？

10.2 | 气压

气体分子自由运动，相互碰撞或与容器壁碰撞。在与器壁的撞击过程中就会产生一种力——与器壁反向的外推力。气体产生的压力 P 定义为作用力 F 除以作用力的面积 A：

$$P=\frac{F}{A} \qquad (10.1)$$

气体与任何物质表面接触都施加压力。例如，膨胀的充气气球里的气体会对气球的内表面施加压力。

大气压力和气压计

人、椰子和氮气分子都具有一种被拉向地球中心的吸引力。例如，当一个椰子从树上掉落时，这个力促使椰子加速掉下地面，由于它的势能转化为动能，使得它的速度增加（见 1.4 节）。大气中的气体原子和分子也表现出了重力加速度。然而，由于这些粒子的质量非常小，它们的运动内能（动能）超过了重力引力，所以构成大气的粒子不会堆积在地球表面。然而，重力确实起了作用，它使得整个大气层压向地球表面，产生了大气压力，大气压力是大气在给定的表面上施加的力。

我们可以用一个空的塑料水瓶来演示大气压力的存在。如果你对着空瓶子的瓶口吹气，那么很可能会导致瓶子部分凹陷进去。当打破造成的部分真空时，瓶子就会恢复原来的形状。瓶子的凹陷是因为你吸走了一些空气分子，大气中的空气分子就会在瓶子的外面施加一个力，这个力比瓶子里较少的空气分子所施加的力要大。

我们可以用式（10.1）计算大气压力的大小。任何物体所施加的力 F，等于它的质量 m 和它的加速度 a 的乘积，即 $F=ma$。应用于大气层时，这个力就是重力，通常也称为重量。加速度为重力加速度，$g=9.8\text{m/s}^2$，因此，大气在地球表面产生的重力（大气重量）可由公式 $F=mg$ 计算出。

假设横截面为 1m^2 的空气柱延伸到整个大气层（见图 10.1），这个空气柱的质量大约是 10000kg。则向下的空气柱产生的重力为

$$F=(10000\text{kg})(9.8\text{m/s}^2)=1\times10^5\text{kg}\cdot\text{m/s}^2=1\times10^5\text{N}$$

式中，N 是牛顿的缩写，是力的国际（SI）单位：$1\text{N}=1\text{kg}\cdot\text{m/s}^2$。

大气产生的压力等于作用在横截面的力除以力作用的横截面积 A，如果空气柱的横截面积为 1m^2，在海平面上的气压的大小为：

$$P=\frac{F}{A}=\frac{1\times10^5\text{N}}{1\text{m}^2}=1\times10^5\text{N/m}^2=1\times10^5\text{Pa}=1\times10^2\text{kPa}$$

压力的国际单位为帕斯卡（简写为 Pa），是由帕斯卡（Blaise Pascal 1623—1662）命名的，一名研究压力的法国科学家，他规定 $1\text{Pa}=1\text{N/m}^2$。其相对压力单位为巴（bar）：$1\text{bar}=10^5\text{Pa}=10^5\text{N/m}^2$。因此，可计算出海平面上的气压为 100kPa，也就是 1bar。（值得注意的是，不同地方的实际气压取决于气候条件和海拔高度）。还有一个压力单位是磅/平方英寸（psi, lbs/in². ）⊖。海平面上的气压为 14.7psi。

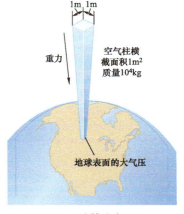

1m 1m

重力

空气柱横截面积1m²
质量10⁴kg

地球表面的大气压

▲ 图 10.1 计算大气压

⊖ PSI 是非国际计量单位 1 磅/平方英寸（psi）= 6.89 千帕（kPa）。

◣ **想一想**

（a）假设你头顶的表面积为 25cm×25cm，在海平面上有多少牛顿的力按压你的头？（b）假如估算这个面积是 100in.^{2} 的话，这个力是多少牛顿？

在 17 世纪，许多科学家和哲学家认为大气没有重量。伽利略的学生托里切利（1608—1647）证明了这是错误的。他发明了气压计（见图 10.2）。气压计由一个长度超过 760mm 的玻璃管制成，它的一端封闭，里面完全充满了汞，并被倒置在盛有汞的盘子里（必须小心，保证不会有空气进入管内）。当玻璃管被倒置在盘子里时，会从管子里流出一些汞，但是管里仍然留有一截汞柱。托里切利认为，盘子里的汞表面受到地球大气压的作用，把汞推到管内，直到由于重力作用下的汞柱向下施加的压力，等于管底部的大气压力。因此，*汞柱的高度 h，是大气压力的一种量度，并随着大气压力的变化而变化。*

标准大气压，是指对应于海平面的大气压，其足以支撑 760mm 高的汞柱。按国际单位表示，这个压力是 1.01325×10^5 Pa。标准大气压定义了一些常用的非国际单位来表示气体压力，如大气压（atm）和毫米汞柱（mm Hg）。后一个单位也被称为托（torr），在托里拆利之后：1Torr = 1mmHg，因此，我们可知

1atm = 760 mm Hg = 760 torr = 1.01325×10^5Pa = 101.325kPa = 1.01325bar

在本章中，我们将以各种单位来表示气体压力，因此你应该能够轻松地将压力从一个单位转换到另一个单位。

▽ **图例解析**　如果大气压增加，那么汞柱的高度会怎样变化呢？

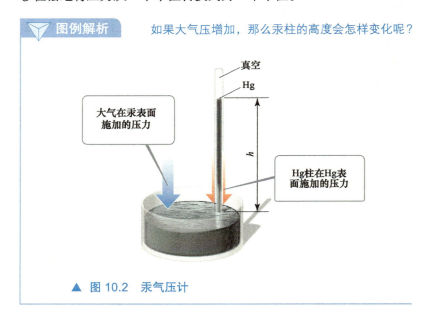

▲ 图 10.2　汞气压计

◣ **想一想**

将气压 745torr 换算成下列单位时，值是多少？（a）mm Hg；（b）atm；（c）kPa；（d）bar。

实例解析 10.1

计算压力

一个潜水员潜入水面以下 31.0m，当水面上的气压是 98kPa 时，她的身体承受多大的压力呢？假设水的密度是 1.00g/cm³ = 1.00 × 10³kg/m³。重力常数是 9.81m/s²，1Pa = 1kg/m·s²。

解析

分析 求潜水员承受的压力，水面上的气压是 98kPa，水的深度是 31.0m。

思路 潜水员承受的总压力等于大气压加上水产生的压力。水的压力可以从式（10.1）计算出，$P = F/A$。潜水员上方的水产生的力 F 由其质量乘以重力加速度给出，$F = mg$，$g = 9.81m/s^2$。

解答 水产生的压力为：

$$P = \frac{F}{A} = \frac{mg}{A}$$

水的质量与它的密度有关，（$d = m/V$，所以 $m = d \times V$），我们可以把水当作一个圆柱型，它的体积等于它的横截面积乘以它的高度：$V = Ah$。当我们将质量（$m = d \times V$）和体积（$V = A \times h$）带入时，得出

$$P = \frac{mg}{A} = \frac{dVg}{A} = \frac{d(Ah)g}{A} = dhg$$

代入已知数，得

$$P = dhg = (1.00 \times 10^3 kg/m^3)(31.0m)(9.81m/s^2)$$
$$= 3.00 \times 10^5 \frac{kg}{m \cdot s^2} = 3.00 \times 10^5 Pa$$

因此，潜水员承受的总压力是

$$P_{总压力} = 98kPa + 300kPa = 398kPa$$

这相当于 3.94atm 的压力。

▶ **实践练习 1**

如果外部压力是 101kPa，用水（$d = 1.00g/cm^3$）来代替汞。那么气压计内水柱的高度是多少呢？（a）0.0558m（b）0.760m（c）1.03 × 10⁴m（d）10.3m（e）0.103m

▶ **实践练习 2**

镓在室温下融化，在很宽的温度范围（30 ～ 2204℃）为液体，这意味着它将是一个适用于高温气压计的液体。考虑到它的密度 $d_{Ga} = 6.0g/cm^3$，如果用镓作为气压计的流体，外部压力为 9.5 × 10⁴Pa，那么柱高是多少？

我们使用各种设备来测量封闭气体的压力。例如，轮胎气压计测量汽车和自行车轮胎内的空气压力。在实验室里，我们有时使用压力计，它的工作原理与气压计类似，如实例解析 10.2 所示。

实例解析 10.2

用气压计测量气体压力

一天，实验室的气压计显示大气压是 764.7torr。一种气体被充入到一个烧瓶中，瓶口连有一个开口的汞压力计（见图 10.3），用米尺测量 U 型管两侧汞柱的高度。在开口端一侧内汞柱的高度是 136.4mm，与烧瓶里的气体连接一侧的高度是 103.8mm，在下列情况下烧瓶内的气压是多少？（a）以大气压为单位（b）以千帕为单位。

解析

分析 我们已知大气压力（764.7torr）和压力计两侧汞柱的高度，要求出烧瓶中的气体压力。回想一下，毫米汞柱是一个压力单位。我们知道，烧瓶内气体压力一定大于大气压，因为与烧瓶连接一侧汞柱的高度（103.8mm）低于与空气连接一侧汞柱的高度（136.4mm）。因此，烧瓶中的气体将汞从它的一端推入到与大气相连的另一端。

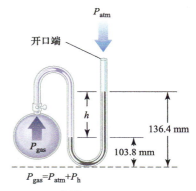

$$P_{gas} = P_{atm} + P_h$$

▲ 图 10.3 汞压力计

思路　我们利用两侧汞柱之间的高度差（见图 10.3 中的 h）来获得气体压力超过大气压的量。由于采用了开放式汞压力计，高度差直接测出了气体与大气之间的压力差，mmHg 或 torr。

解答　（a）气体的压力等于大气压加上 h：	$\begin{aligned} P_{gas} &= P_{atm} + h \\ &= 764.7\text{torr} + (136.4\text{torr} - 103.8\text{torr}) \\ &= 797.3\text{torr} \end{aligned}$
把气体压力转换成以大气压为单位	$P_{gas} = 797.3\text{torr}\left(\dfrac{1\text{atm}}{760\text{torr}}\right) = 1.049\text{atm}$
要计算压力单位为 kPa，我们采用了大气压和 kPa 之间的换算关系：	$1.049\text{atm}\left(\dfrac{101.3\text{kPa}}{1\text{atm}}\right) = 106.3\text{kPa}$

检验　计算出的压力比 1atm 多一点，大约是 101kPa。这是合理的，因为我们预测烧瓶中的压力大于大气压（764.7torr = 1.01atm）。

（a）49.0mm（b）95.6mm（c）144.6mm（d）120.1mm

▶ **实践练习 1**

如果上面烧瓶里的气体被冷却，它的压力就会降低到 715.7torr，那么在开口端一侧内汞柱的高度是多少？（提示：无论压力如何的变化，两侧汞柱的高度之和必须保持不变。）

▶ **实践练习 2**

如果烧瓶内气体的压力增加，开放端一侧汞柱的高度上升了 5mm，那么以 torr 为单位，烧瓶里气体的新压力是多少呢？

10.3 │ 气体定律

定义气体的物理条件或状态需要四个变量：温度、压力、体积和气体量，气体量通常用物质的量表示。这四个变量之间的关系式称为气体定律。由于体积很容易测量，所以要研究的第一个气体定律表示了一个变量对体积的影响，而其余两个变量保持不变。

压力 – 体积关系：波义耳定律

图例解析

随着海拔高度的增加，大气压力会增加还是减少？（忽略温度变化。）

▲ 图 10.4　当气球在大气中上升时，它的体积就会增加

气体体积随着施加在气体上的压力的减小而增加，因此，在地球表面释放的充气气球在上升的过程中会膨胀（见图 10.4），因为大气压力随着海拔高度的增加而减小。

英国化学家罗伯特·波义耳（Robert Boyle1627—1691）是第一个研究气体压力与体积之间定量关系的人。例如，他发现，将气体的压力降低到原来的一半，会导致气体体积增大一倍。相反，压力增大一倍会使体积减小到原来的一半。

波义耳定律总结了这些观察结果，指出：

在恒温条件下，一定量的气体的体积与压力成反比。

当两个测量值成反比，一个量变大时，另一个量就会变小。波义耳定律的数学表达式为：

$$V = 常数 \times \frac{1}{P} \quad 或 \quad PV = 常数 \qquad (10.2)$$

这个常数的值取决于温度和样品的气体量。

图 10.5 左图中显示了在恒温条件下，给定量的气体所得到的 V 与 P 的关系曲线。当 V 相对于 $1/P$ 作图时，就得到了线性关系，如图 10.5 中右图所示。

图例解析　恒温条件下，一定量的气体的 P 和 $1/V$ 的关系是怎样的？

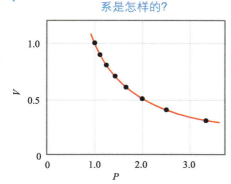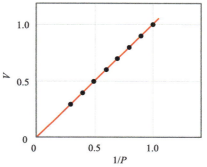

▲ **图 10.5　波义耳定律**　在恒温条件下，一定量的气体的体积与它的压力成反比

　　波义耳定律在科学史上占有特殊的地位，因为波义耳是首个通过实验验证，系统地改变一个变量来确定对另一个变量的影响，然后用得到的实验数据建立了一种经验关系式，被称作"定律"。

　　我们每次呼吸都会应用到波义耳定律。胸腔，可以扩张和收缩，而横膈膜——肺下的肌肉，控制着肺的体积。当胸腔扩张，横膈膜向下移动，就会吸入空气。这两种行为都增加了肺的体积，从而降低了肺内的气体压力。然后，大气压力迫使空气进入肺部，直到肺部的压力等于大气压力。呼气过程与之相反——胸腔收缩，横隔膜向上移动，肺的体积减少，由于压力的增加，迫使空气离开肺部。

▲ **想一想**

　　如果一个密闭容器内气体的体积增加 1 倍，而它的温度保持不变，那么气体的压力会发生怎样变化呢？

温度 – 体积关系：查尔斯定律

　　如图 10.6 所示，气球的体积随着气球内气体温度的增加而增加，随气体温度的降低而降低。气体体积与温度的关系是由法国科学家雅克·查尔斯 [Jacques Charles（1746—1823）] 在 1787 年发现的。一些典型的体积——温度数据如图 10.7 所示。需要注意的是，外推线（虚线）经过 −273℃。还要注意在这个温度下，气体的体积是零。然而，这种情况从来没有出现过，因为在达到这个温度之前，所有的气体都会液化或凝固。

　　1848 年，英国物理学家开尔文勋爵（Lord Kelvin）威廉·汤姆森（William Thomson 1824—1907），提出了一个绝对温度温标，现在被称为开尔文温标。在这个温标中，0 K，叫作绝对零度，等于 −273.15℃。（见 1.5 节）在开尔文温标中，**查尔斯定律**指出：

　　在恒压条件下，一定量的气体的体积与它的绝对温度成正比。

因此，绝对温度升高 1 倍会导致气体体积也扩大 1 倍。查尔斯定律用数学式可表示成如下形式：

$$V = 常数 \times T \quad 或 \quad \frac{V}{T} = 常数 \qquad (10.3)$$

▲ **图 10.6　温度对体积的影响**

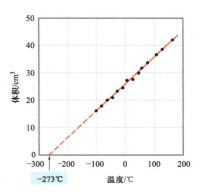

▲ **图 10.7　查尔斯定律**　在恒压条件下，一定量的气体的体积与温度成正比

这个常数的值取决于压力和气体的量。

想一想

　　一定量的气体的温度从 100℃降低到 50℃时，它的体积会减少到原来体积的一半吗？

数量 – 体积关系：阿伏伽德罗定律

　　气体的数量与体积之间的关系是由约瑟夫·路易斯·盖·吕萨克（Joseph Louis Gay-Lussac 1778—1823）和阿梅代奥·阿伏伽德罗（Amedeo Avogadro1776—1856）的研究得出的。

　　盖·吕萨克是科学史上真正被称为冒险家的那些非凡人物之一，1804 年，他乘坐一个热空气"气球"上升到 23000 英尺，这一壮举一直保持了几十年的高度纪录。为了更好地控制气球，盖·吕萨克研究了气体的性质。在 1808 年，他观察到体积相结合的规律：在给定的压力和温度下，相互反应的气体的体积比为最小整数。例如，两体积的氢气与一体积的氧气反应生成两体积的水蒸气。（见 3.1 节）

　　三年后，阿伏伽德罗解释了盖·吕萨克的观察结果，并提出了现在所谓的**阿伏伽德罗假说**：

　　在相同的温度和压力下，体积相同的气体含有相同数量的分子。

　　例如，在 0℃和 1atm 下，任何 22.4L 的气体都包含 6.02×10^{23} 个气体分子（即 1mol），如图 10.8 所示。

　　阿伏伽德罗定律源于阿伏伽德罗的假说：

　　在恒定的温度和压力下，气体的体积与气体的物质的量成正比。

　　即，

$$V = 常数 \times n \quad 或 \quad \frac{V}{n} = 常数 \qquad （10.4）$$

n 为物质的量。因此，如果 T 和 P 保持不变，气体的物质的量增加一倍，体积就会增加一倍。

图例解析　　每个容器内含有多少气体（以 mol 计）？

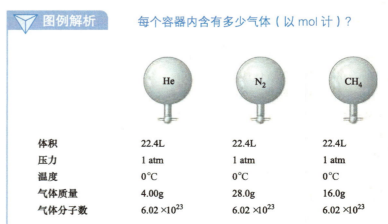

	He	N$_2$	CH$_4$
体积	22.4L	22.4L	22.4L
压力	1 atm	1 atm	1 atm
温度	0℃	0℃	0℃
气体质量	4.00g	28.0g	16.0g
气体分子数	6.02×10^{23}	6.02×10^{23}	6.02×10^{23}

▲ **图 10.8　阿伏伽德罗假说**　在相同的体积、压力和温度下，不同的气体含有相同数量的分子，但质量不同

实例解析 10.3

分析 P、V、n 和 T 变化对气体的影响

假设我们把一种气体密封在一个带有可移动活塞的气缸里，活塞是密封的，这样就不会发生泄漏（见5.2节和5.3节）。改变以下条件时（a）恒定压力下加热气体；（b）恒温下减少体积；（c）在保持温度和体积不变时注入额外的气体，会对下列情况产生怎样的影响：（i）气体的压力（ii）气缸内气体的物质的量（iii）分子间的平均距离。

解析

分析 我们需要考虑每一种变化是如何影响
（1）气体的压力
（2）气缸内气体的物质的量
（3）分子间的平均距离

思路 我们可以用气体定律来计算压力的变化。气缸内气体的物质的量不会改变，除非添加或移除气体。对分子间的平均距离进行分析并不那么简单，对于给定数量的气体分子，分子之间的平均距离随着体积的增大而增大。相反地，对于恒定体积的气体来说，分子间的平均距离随着气体物质的量的增加而减小。因此，分子之间的平均距离就与 V/n 成比例。

解答

（a）因为规定压力是恒定的，所以在这个问题中压力就不是一个变量，气体的总物质的量也保持不变。我们从查尔斯定律知道，在保持恒定压力的同时加热气体会导致活塞运动，体积增大。因此，分子之间的距离会增加。

（b）体积减小导致压力增加（波义耳定律）。将气体压缩成更小的体积不会改变气体分子的总数，所以，气体的总物质的量保持不变。然而，由于体积减小，分子之间的平均距离必须减小。

（c）在汽缸中注入更多的气体意味着更多的分子存在，气缸中气体的物质的量会增加。由于增加了更多的气体分子，所以要保持体积不变，分子之间的平均距离一定要减小。阿伏伽德罗定律告诉我们，如果压力和温度保持恒定，那么当加入更多的气体时，气缸的体积必须增加。此题中，体积和温度都是恒定的，这意味着压力一定会改变。从波义耳定律可知，体积和压力呈反比关系（$PV = $ 常数），我们可以得出结论，如果在注入更多气体时体积不增加，压力就会增加。

▶ **实践练习 1**

25℃时，一个氦气球充气后的体积为 5.60L。如果把气球放入液氮中，使氦气的温度降低到 77K，那么气球的体积会变成多少？（a）17L（b）22L（c）1.4L（d）0.046L（e）3.7L

▶ **实践练习 2**

医院里使用的氧气瓶在 149.6atm 压力下含有35.4L 的氧气。假设把氧气转移到压力为 1.00atm 的容器中，温度保持不变，那么氧气的体积将是多少呢?

10.4 | 理想气体方程

我们之前研究的三个定律都是通过固定四个变量 P，V，T 和 n 中的两个变量来得到的，想知道两个变量之间是如何相互影响的，我们可以把每一个定律都表述成比例关系。用符号 "$\propto$" 表示 "正比于"，就有

波义耳定律：$\quad V \propto \dfrac{1}{P}$（$n$，$T$ 固定）

查尔斯定律：$\quad V \propto T$（n，P 固定）

阿伏伽德罗定律：$V \propto n$（P，T 固定）

我们把这些关系合并成通用的气体定律：

$$V \propto \frac{nT}{P}$$

如果比例常数为 R，那么就得到一个等式：$V = R\left(\dfrac{nT}{P}\right)$
重新整理后

$$PV = nRT \qquad\qquad (10.5)$$

这就是**理想气体方程**（也称为**理想气体定律**）。理想气体是一种假想气体，它的压力、体积和温度关系都完全符合理想气体方程。

表 10.2　不同单位的气体常数 R 值

单位	数值
L · atm/mol · K	0.08206
J/mol · K [①]	8.314
cal/mol · K	1.987
m³ · Pa/mol · K [①]	8.314
L · torr/mol · K	62.36

① 国际单位

在推导理想气体方程的过程中，我们做了两个假设：
- 理想气体的分子之间没有相互作用；
- 分子的总体积比气体所占的体积要小得多。

基于这些原因，我们认为这些分子在容器中不占有空间。在很多情况下，这些假设产生的小误差是可以接受的。若需要精确计算，只要我们知道分子间的相互作用和分子的大小，就可以进行修正。

在理想气体方程中的 R 项是**气体常数**。R 的值和单位取决于 P，V，n 和 T 的单位。在理想气体方程中，T 的值一定是绝对温度（开氏温度而不是摄氏度）。气体的量 n，通常用物质的量表示。压力和体积的单位分别是大气压和升。但是，也可以使用其他单位。除了美国以外的国家，帕斯卡是最常用的压力单位。表 10.2 中列出了 R 在不同单位下的数值。在使用理想气体方程的过程时，必须选择与问题中给出的 P、V、n 和 T 的单位一致的 R 形式。在这一章中，我们最常使用 $R = 0.08206$L · atm/mol · K，因为压力通常是以大气压给出的。

假设在 1.000atm 和 0.00℃（273.15K）条件下，我们有 1.000mol 的理想气体。根据理想气体方程，气体的体积为：

$$V = \frac{nRT}{P}$$

$$= \frac{(1.000\text{mol})(0.08206\text{L} \cdot \text{atm/mol} \cdot \text{K})(273.15\text{K})}{1.000\text{atm}} = 22.41\text{L}$$

0℃ 和 1atm 的条件被称为**标准温度和压力（简写 STP）**。在 STP 时 1mol 理想气体占有的体积为 22.41L，被称为 STP 时理想气体的摩尔体积。

⚠️ **想一想**

如果在 STP 时，1.00mol 理想气体被封闭在一个立方体内，那么这个立方体的边长是多少（以 cm 计）？

在各种情况下，理想气体方程充分考虑了大多数气体的性质。然而，对于任何真实的气体来说，这个方程并不完全准确。因此，在给定的 P，n 和 T 值时，测量得到的体积与从 $PV = nRT$ 中计算出来的体积存在差异（见图 10.9）。尽管真实气体并不总是表现出理想气体的行为，但它们的行为与理想气体行为的偏差很小，除了最精确的工作外，我们可以把偏差忽略不计。

🔻 **图例解析**　哪一种气体最偏离理想气体的行为？

▲ 图 10.9　在 STP 时摩尔体积的对比

▶ **实例解析 10.4**
利用理想气体方程

　　碳酸钙（$CaCO_3$）是石灰岩中的主要化合物，加热分解生成氧化钙（s）和二氧化碳（g）时。分解一种 $CaCO_3$ 样本，生成的二氧化碳被收集在一个 250mL 的烧瓶中。分解完成后，气体的压力为 1.3atm，温度为 31℃。问产生了多少二氧化碳气体（以 mol 计）？

解析

　　分析　我们得到了一种体积为（250mL），压力为（1.3atm），温度为（31℃）的二氧化碳气体，要求计算出二氧化碳的物质的量。

　　思路　因为已经给出了 V，P 和 T，我们可以利用理想气体方程解出未知量 n。

　　解答　在分析和解答气体定律问题时，将已经给出的信息进行列表，然后转换成与 R（0.08206L·atm/mol·K）单位一致的数值。在这种情况下，给出的数据如下：

$$V = 250mL = 0.250L$$
$$P = 1.3atm$$
$$T = 31℃ = (31 + 273)K = 304K$$

　　记住：利用理想气体方程解题时，必须始终使用绝对温度。

　　我们现在重新整理理想气体方程（见式（10.5））来解出 n：

$$n = \frac{PV}{RT}$$

$$n = \frac{(1.3atm)(0.250L)}{(0.08206L·atm / mol·K)(304K)}$$
$$= 0.013mol\ CO_2$$

　　检验　抵消合适的单位，从而确保我们正确地整理了理想气体方程，并转换成正确的单位。

▶ **实践练习 1**

　　在 25℃ 和 1.00atm 下，小型飞艇装有 5.74×10^6L 的氦气。问飞艇内氦气的质量是多少？
　　（a）2.30×10^7g（b）2.80×10^6g（c）1.12×10^7g
　　（d）2.34×10^5g（e）9.39×10^5g

▶ **实践练习 2**

　　网球内通常充有空气或氮气，压力高于大气压，以增加它们的弹跳力。如果一个网球的体积是 $144cm^3$，含有 0.33g 的 N_2 气，那么在 24℃ 时，球内的压力是多少？

成功策略　**涉及多个变量的计算**

　　在这一章中，我们遇到了基于理想气体方程的各种各样的问题，它包含四个变量——P，V，n 和 T 以及一个常数 R，根据问题的类型，我们可能需要解出这四个变量中的任何一个。

　　为了从涉及多个变量的问题中提取有用的信息，我们建议采取以下步骤：

　　1. 汇总信息。 仔细阅读这些问题，以确定哪些变量是未知的，哪些变量给出了数值。每遇到一个数值，把它记下来。在很多情况下，汇总一个已知信息表是非常有用的。

　　2. 转换为一致的单位。 一定要把数值转换成适当的单位。例如，在使用理想气体方程的时候，我们通常用到以 L·atm/mol·K 为单位的 R 值。如果给出一个以 torr 为单位的压力值，在计算中使用这个 R 值之前要把它转换成大气压。

　　3. 如果一个方程涉及到变量，解出方程的未知量。 对于理想气体方程，这些重排式总会使用到：

$$P = \frac{nRT}{V},\ V = \frac{nRT}{P},\ n = \frac{PV}{RT},\ T = \frac{PV}{nR}$$

　　4. 利用量纲分析。 带着单位进行计算。使用量纲分析可以检查是否已经正确地解出了一个方程。

如果方程中消去了相同的单位，剩下的是想要的单位。这就证明了我们已经正确地解出了方程。

　　有时不会为几个变量提供确切的值，使之看起来像一个无法解决的问题。然而，在这些情况下，应该寻找可以用来确定所需变量的信息。举个例子，假设你用理想气体方程来计算一个问题中的压力，给出了 T 值，没有给出 n 或 V 值，但题中表明"样品每升含有 0.15mol 的气体"。你可以将其列成表达式：

$$\frac{n}{V} = 0.15mol/L$$

解出理想气体方程的压力式：

$$P = \frac{nRT}{V}$$

整理如下：

$$P = \left(\frac{n}{V}\right)RT$$

因此，虽然没有给出 n 和 V 的值，也可以解出方程。

　　正如我们一直强调的，要想达到熟练地解决化学问题，最重要的就是做实践练习和每章末尾的练习。通过利用所说的系统步骤，就能在解决涉及多个变量的问题时减少困难。

理想气体方程和气体定律的关联

我们在 10.3 节中讨论的气体定律是理想气体方程的特例。例如，当 n 和 T 保持不变时，nRT 的乘积包含三个常量，所以它一定是一个常数：

$$PV = nRT = 常数 \quad 或 \quad PV = 常数 \qquad (10.6)$$

请注意，这种重排方式就是波义耳定律（Boyle's law）。我们看到，如果 n 和 T 是恒定不变的常数，那么 P 和 V 的值就会改变，但是 PV 的乘积必须保持不变。我们可以用波义耳定律来确定气体的体积在压力改变时是如何变化的。例如，一个装有移动活塞的气缸在 18.5atm 和 21℃ 的时候能装 50.0L 的氧气，如果温度保持在 21℃，而压力降低到 1.00atm，那么气体的体积是多少呢？由于气体在 n 和 T 恒定不变时，PV 是一个常数，我们知道：

$$P_1 V_1 = P_2 V_2 \qquad (10.7)$$

式中，P_1 和 V_1 是初始值，P_2 和 V_2 是最终值。等式两边同时除以 P_2，给出最终体积 V_2：

$$V_2 = V_1 \times \frac{P_1}{P_2} = (50.0\text{L}) \left(\frac{18.5\text{atm}}{1.00\text{atm}} \right) = 925\text{L}$$

答案是合理的，因为气体随着压力的减小而体积膨胀。

以类似的方式，我们可以从理想气体方程开始，推导出任意两个变量 V 和 T（查尔斯定律），n 和 V（阿伏伽德罗定律），或 P 和 T 之间的关系。

经常遇到的情况是，对于一定物质的量的气体，P、V 和 T 都是变量。由于这种情况下 n 是定值，理想气体方程给出了：

$$\frac{PV}{T} = nR = 常数$$

如果分别用下标 1 和下标 2 来表示初始条件和最终条件，我们可以写出一个常被称为联合气体定律的方程：

$$\frac{P_1 V_1}{T_1} = \frac{P_2 V_2}{T_2} \qquad (10.8)$$

 实例解析 10.5
计算温度变化对压力的影响

25℃ 时，气溶胶罐中的气体压力为 1.5atm。假设气体服从理想气体方程，那么当气溶胶罐被加热到 450℃ 时，气压是多少？

解析

　　分析　我们已知初始压力（1.5atm）和温度（25℃）的气体，要求出在更高的温度（450℃）下的压力。

　　思路　气体的体积和物质的量不会改变，所以我们可以使用关联压力和温度的关系式。把温度转换成开尔文温度，把给定的信息列表，就有

	P	T
初始	1.5atm	298K
最终	P_2	723K

　　解答　要确定 P 和 T 是如何相互关联的，我们从理想气体方程开始，将不改变的量（n，V 和 R）与另一侧的变量（P 和 T）分开。

$$\frac{P}{T} = \frac{nR}{V} = 常数$$

因为 P/T 的商是一个常数，可以写成

$$\frac{P_1}{T_1} = \frac{P_2}{T_2}$$

（下标 1 和下标 2 分别代表初始状态和最终状态）。重新排列以解 P_2 并带入给定的值：

$$P_2 = (1.5\text{atm}) \left(\frac{723\text{K}}{298\text{K}} \right) = 3.6\text{atm}$$

　　检验　这个答案感觉是合理的——增加气体的温度就会使它的压力增大。

评价　从这个例子中很清楚地知道为什么气溶胶罐警告不要焚烧

▶ **实践练习 1**

如果在炎热的夏天，温度为 35℃（95°F）时，把汽车轮胎充到 32psi（磅每平方英寸）的压力情况下，那么在寒冷的冬天，温度是零下 15℃（5°F）的时候，胎压是多少（以 psi 计）？假设测量之间没有气体泄漏，轮胎的体积没有改变。

（a）38psi（b）27psi（c）−13.7psi（d）1.8psi
（e）13.7psi

▶ **实践练习 2**

天然气罐的压力维持在 2.20atm。在温度为 −15℃时，气罐内的气体体积是 $3.25 \times 10^3 m^3$。当温度为 31℃时，相同数量的气体的体积是多少呢？

 实例解析 10.6
联合气体定律的使用

在海平面上（1.0atm），有一体积为 6.0L 的气球在缓慢上升，直到压力为 0.45atm。在上升过程中，气体的温度从 22℃下降到 −21℃，计算气球在最终高度时的体积。

解析

分析　当压力和温度都发生变化时，我们需要确定气体的新体积。

思路　把温度转换成开尔文温度，将信息列表。

	P	V	T
初始	1.0atm	6.0L	295K
最终	0.45atm	V_2	252K

由于 n 为常数，我们可以利用式（10.8）。

解答　重新整理式（10.8）来解出 V_2：

$$V_2 = V_1 \times \frac{P_1}{P_2} \times \frac{T_2}{T_1}$$

$$= (6.0\text{L})\left(\frac{1.0\text{atm}}{0.45\text{atm}}\right)\left(\frac{252\text{K}}{295\text{K}}\right) = 11\text{L}$$

检验　结果是合理的。计算涉及初始体积乘以压力和温度的比值。直觉上，我们预计降低压力会使体积增加，而降低温度则会产生相反的效果。因为压力的变化比温度的变化影响更大，所以我们预计压力变化在确定最终体积时占主导地位，结果也是如此。

▶ **实践练习 1**

气体在 20℃ 和 720torr 时的体积为 0.75L，在 41℃ 和 760torr 时气体的体积是多少？

（a）1.45L（b）0.85L（c）0.76L（d）0.66L
（e）0.35L

▶ **实践练习 2**

在 0℃ 和 1.0atm 下，带有可移动活塞的气缸中装有 0.50mol 氧气，活塞运动压缩气体，使最终体积为初始体积的一半，最终压力是 2.2atm，气体的最终温度是多少℃？

10.5 | 理想气体方程的进一步应用

在这一节中，我们首先使用理想气体方程来确定气体密度与摩尔质量之间的关系，然后计算化学反应中生成或消耗的气体体积。

气体密度和摩尔质量

回想一下，密度是单位体积的物质的质量（$d = m/V$）。（见 1.5 节）我们可以把理想气体方程重排下，以获得类似的单位体积内的物质的量：

$$\frac{n}{V} = \frac{P}{RT}$$

如果方程两边同时乘以摩尔质量，M，也就是 1mol 物质的克数（见 3.4 节），得到

$$\frac{nM}{V} = \frac{PM}{RT} \tag{10.9}$$

左边的项就等于密度，也就是每升的克数：

$$\frac{物质的量}{升} \times \frac{克}{物质的量} = \frac{克}{升}$$

因此，气体的密度可由方程右边的表达式给出。

$$d = \frac{nM}{V} = \frac{PM}{RT} \qquad (10.10)$$

这个方程告诉我们，气体的密度取决于它的压力、摩尔质量和温度。摩尔质量和压力越高，气体的密度越大。温度越高，气体密度越小。

虽然气体是均匀的混合物，但未混合时，密度较低的气体会处

 实例解析 10.7

计算气体的密度

在 714torr 和 125℃下，四氯化碳的密度是多少？

解析

分析　要计算一种气体的密度，已知它的名称、压力和温度。从气体名称上，我们可以写出这种物质的化学式，并确定它的摩尔质量。

思路　我们可以利用式（10.10）来计算它的密度。但是，在计算之前，必须把给定的量转换成合适的单位，摄氏度（℃）转换为开尔文温度（K），压力转换成大气压（atm）。另外还须计算 CCl_4 的摩尔质量。

解答　绝对温度是 125 + 273 = 398K，压力是（714torr）（1atm/760torr）= 0.939atm。CCl_4 的摩尔质量是 12.01 + 4×35.45 = 153.8g/mol。所以，

$$d = \frac{Pm}{RT} = \frac{(0.939atm\ 153.8g/mol)}{(0.08206L \cdot atm / mol \cdot K)(398K)} = 4.42g/L$$

检验　如果我们把摩尔质量（g/mol）除以密度（g/L），就得到了 L/mol，数值大约是 154/4.4=35。在接近大气压的情况下，对于加热到 125℃的气体的摩尔体积来说，这是正确的，因此，我们可以得出结论，答案是合理的。

▶ **实践练习 1**
　　在一个压力为 910torr、温度为 255K 的装甲烷的容器里，CH_4 的密度是多少？
　　(a) 0.92 g/L (b) 697 g/L (c) 0.057 g/L (d) 16 g/L (e) 0.72 g/L

▶ **实践练习 2**
　　土星最大的卫星——土卫六，其表面大气的平均摩尔质量为 28.6g/mol，表面温度为 95K，压力为 1.6atm。假设符合理想气体的行为，计算土卫六大气的密度。

▲ 图 10.10　二氧化碳比空气的密度大，所以向下流动

于密度较大的气体之上。例如，CO_2 的摩尔质量比 N_2 或 O_2 的高，因此其密度大于空气的密度。基于这个原因，从二氧化碳灭火器中释放出的 CO_2 会盖在火上，阻止氧气进入可燃物质。"干冰"就是固体 CO_2，在室温下直接转化为 CO_2 气体，由此产生的"雾"（实际上是由二氧化碳冷却而凝结的水滴）则是由较重且无色的二氧化碳带下来的（见图 10.10）。

两种相同摩尔质量的气体在压力相同但温度不同时，热的气体比冷的气体密度小，因此热气体就会上升。冷热空气间的密度差异就是热气球上升的原因。它也是许多天气现象产生的原因，比如雷暴期间形成的大雷雨云。

▲ **想一想**
　　在相同的温度和压力条件下，水蒸气的密度是大于还是小于 N_2 的？

式（10.10）可以重新整理，解出气体的摩尔质量：

$$M = \frac{dRT}{P} \qquad (10.11)$$

因此，我们可以用实验测得的气体密度来确定气体分子的摩尔质量，如实例解析 10.8 所示。

实例解析 10.8
计算气体的摩尔质量

一个大的真空烧瓶的起始质量为 134.567g，在 31℃时，往这个烧瓶中充入未知摩尔质量的气体至压力为 735torr，它的质量为 137.456g。在此温度下，把烧瓶排空，然后充满水，它的质量为 1067.9g（这个温度下水的密度为 0.997g/mL），假设理想气体方程适用，计算气体的摩尔质量。

解析

分析　已经给出了气体的温度（31℃）和压力（735torr），加上能确定它的体积和质量的信息，要求计算出它的摩尔质量。

思路　当烧瓶装满水时获得的数据可以用来计算容器的体积。在充满气体时，空烧瓶和装入气体的烧瓶的质量可以用来计算气体的质量。从这些数据中，我们计算出气体的密度，然后应用式（10.11）来计算气体的摩尔质量。

解答　气体的体积等于烧瓶所能容纳的水的体积，可从水的质量和密度计算出来。水的质量是充满水的烧瓶和空瓶的质量差：

$$1067.9g - 134.567g = 933.3g$$

整理方程给出密度（$d = m/V$），就有

$$V = \frac{m}{d} = \frac{(933.3g)}{(0.997g/mL)} = 936mL = 0.936L$$

气体的质量等于装满气体的烧瓶的质量和空烧瓶的质量差：

$$137.456g - 134.567g = 2.889g$$

知道了气体的质量（2.889g）和它的体积（0.936L），我们可以计算气体的密度：

$$d = 2.889g /0.936L = 3.09g/L$$

将压力和温度分别转化为 atm 和 K 之后，可以利用式（10.11）来计算摩尔质量：

$$M = \frac{dRT}{P}$$
$$= \frac{(3.09g/L)(0.08206L\cdot atm / mol\cdot K)(304K)}{(0.967atm)}$$
$$= 79.7g/mol$$

检验　这些单位转化正确，得到的摩尔质量值对于室温下的气态物质来说是合理的。

▶ **实践练习 1**
一个未知碳氢化合物的密度在 STP 时为 1.97g/L，它的摩尔质量是多少？
（a）4.04g/mol（b）30.7g/mol（c）44.1g/mol
（d）48.2g/mol

▶ **实践练习 2**
干燥空气的密度在 21℃和 740.0torr 时为 1.17g/L，计算它的平均摩尔质量。

化学反应中的气体体积

我们常常关心在化学反应中涉及的气体的种类和数量，因此，能计算出在反应中消耗或产生的气体的体积是很有用的。这样的计算是基于物质的量的概念和化学平衡方程式（见 3.6 节）。化学平衡方程式中的系数告诉了我们反应中反应物和产物的相对数量（单位为物质的量）。理想气体方程将气体的物质的量与 P，V 和 T 联系了起来。

实例解析 10.9
气体变量和化学反应计量的关系

汽车气囊因氮化钠，NaN_3，快速分解而产生氮气而膨胀：

$$2NaN_3 (s) \longrightarrow 2Na(s) + 3N_2 (g)$$

如果气囊的体积为 36L，充满氮气时，压力为 1.15atm 和温度为 26℃，那么必须分解多少克的 NaN_3 呢？

解析

分析　这是一个多步骤的问题。给出了 N_2 的体积、压力和温度，及产生 N_2 的化学反应方程式。我们必须使用这些信息来计算获得 N_2 所需的 NaN_3 克数。

思路　我们需要利用气体数据（P，V 和 T）以及理想气体方程来计算气囊正常打开产生的 N_2 物质的量。然后可以利用平衡方程式来确定所需 NaN_3 的物质的量。最后，可以把 NaN_3 的物质的量转化成克数。

解答
转换顺序为：

利用理想气体方程确定 N_2 物质的量:	$n = \dfrac{PV}{RT} = \dfrac{(1.15\text{atm})(36\cancel{L})}{(0.08206\cancel{L}\cdot\text{atm/mol}\cdot\cancel{K})(299\cancel{K})}$ $= 1.7\text{mol } N_2$
用平衡方程式中的系数来计算 NaN_3 的物质的量:	$(1.7\cancel{\text{mol } N_2})\left(\dfrac{2\text{mol NaN}_3}{3\cancel{\text{mol } N_2}}\right) = 1.1\text{mol NaN}_3$
最后，用 NaN_3 的摩尔质量，把 NaN_3 的物质的量转换成克:	$(1.1\cancel{\text{mol NaN}_3})\left(\dfrac{65.0\text{g NaN}_3}{1\cancel{\text{mol NaN}_3}}\right) = 72\text{g NaN}_3$

检验 在每步计算中都正确消去了单位，留下了答案中的正确单位，$NaN_3(g)$。

▶ **实践练习 1**

氧化银在加热时分解:

$$2Ag_2O(s) \xrightarrow{\triangle} 4Ag(s) + O_2(g)$$

加热 5.76g 的 Ag_2O，反应产生的 O_2 收集在一个真空烧瓶中，如果烧瓶的体积为 0.65L，气体的温度为 25℃，那么气体的压力是多少?

（a）0.94atm （b）0.039atm （c）0.012atm

（d）0.47atm （e）3.2atm

▶ **实践练习 2**

在工业上制备硝酸的第一步是，氨与氧在一种合适的催化剂存在下发生反应，生成一氧化氮和水蒸气:

$$4NH_3(g) + 5O_2(g) \rightarrow 4NO(g) + 6H_2O(g)$$

这个反应中，在 850℃ 和 5.00atm 条件下需要多少升的 $NH_3(g)$ 与 1.00mol 的 $O_2(g)$ 发生反应?

10.6 | 气体混合物和分压

到目前为止，我们主要考虑的是纯气体——仅由一种气态物质组成的气体。我们如何处理两种或多种气体的混合物呢? 在研究气体的性质时，约翰·道尔顿（John Dalton）（见 2.1 节）给出了一个重要观点:

气体混合物的总压力等于每种气体单独存在时的压力之和

气体混合物中某种特定成分所产生的压力称为该成分的**分压**。道尔顿的观点被称为**道尔顿定律**。

如果以 P_t 表示气体混合物的总压，P_1、P_2、P_3 等为每种气体的分压，我们可以写出道尔顿的分压定律为:

$$P_t = P_1 + P_2 + P_3 + \cdots \tag{10.12}$$

这个方程表示每种气体的行为都是独立于其他气体的，我们可以从下面的分析中看到。以 n_1，n_2，n_3 等表示混合物中每种气体的物质的量，n_t 为气体的总物质的量。如果每种气体都遵循理想气体方程，我们可以写出:

$$P_1 = n_1\left(\frac{RT}{V}\right); P_2 = n_2\left(\frac{RT}{V}\right); P_3 = n_3\left(\frac{RT}{V}\right); \ 等$$

在一种容器中的所有气体均占据相同的体积，且在相对较短的时间内达到相同的温度。用这些条件来简化式（10.12），我们得到

$$P_t = (n_1 + n_2 + n_3 + \cdots)\left(\frac{RT}{V}\right) = n_t\left(\frac{RT}{V}\right) \tag{10.13}$$

也就是说，在温度和体积保持恒定的情况下，气体的总压力是由气体的总物质的量决定的，不管这个总物质的量代表的是一种气体的还是气体混合物的。

想一想

　　如果温度和体积保持不变，那么当把一定量的 O_2 充入到容器中时，如何影响 N_2 的分压呢？如何影响总压力呢？

 实例解析 10.10

道尔顿分压定律的应用

　　6.00g O_2（g）和 9.00g CH_4（g）的混合物被放入一个 15.0L 的容器中，在 0℃时，每种气体的分压是多少，容器的总压是多少？

解析

　　分析　我们要计算在相同体积和相同温度下两种气体的压力

　　思路　由于每种气体的行为都是独立的，我们可以利用理想气体方程，来计算假设其他气体不存在时每种气体的压力。根据道尔顿定律，总压就是这两个分压的总和

　　解答　我们首先把每种气体的质量转化为物质的量：

$$n_{O_2} = (6.00\text{g } O_2)\left(\frac{1\text{mol } O_2}{32.0\text{g } O_2}\right) = 0.188\text{mol } O_2$$

$$n_{CH_4} = (9.00\text{g } CH_4)\left(\frac{1\text{mol } CH_4}{16.0\text{g } CH_4}\right) = 0.563\text{mol } CH_4$$

　　用理想气体方程来计算每个气体的分压

$$P_{O_2} = \frac{n_{O_2}RT}{V} = \frac{(0.188\text{mol})(0.08206\text{L·atm/mol·K})(273\text{K})}{15.0\text{L}}$$
$$= 0.281\text{atm}$$

$$P_{CH_4} = \frac{n_{CH_4}RT}{V} = \frac{(0.563\text{mol})(0.08206\text{L·atm/mol·K})(273\text{K})}{15.0\text{L}}$$
$$= 0.841\text{atm}$$

　　根据道尔顿的分压定律（见式（10.12）），容器内的总压力为分压的总和：

$$P_t = P_{O_2} + P_{CH_4}$$
$$= 0.281\text{atm} + 0.841\text{atm} = 1.122\text{atm}$$

　　检验　在体积为 15L 的容器内，对于约 0.2mol O_2 和略大于 0.5mol CH_4 的混合气体来说，大约 1atm 的压力看起来是正确的，因为 1mol 的理想气体在 1atm 和 0℃时的体积约为 22L。

▶ **实践练习 1**

　　一个 15L 的气缸中包含 4.0g 的氢气和 28g 的氮气。如果温度为 27℃，那么混合物的总压是多少？

　　（a）0.44atm（b）1.6atm（c）3.3atm（d）4.9atm（e）9.8atm

▶ **实践练习 2**

　　在 10.0L 的容器中，2.00g H_2(g) 和 8.00g N_2(g) 的混合气体在 273K 时的总压是多少？

分压和摩尔分数

　　因为混合物中的每种气体的行为都是独立的，我们可以把混合物中每种气体的量与它的分压联系起来。对于理想气体而言，我们可以写出：

$$\frac{P_1}{P_t} = \frac{n_1RT/V}{n_tRT/V} = \frac{n_1}{n_t} \tag{10.14}$$

n_1/n_t 比值称为气体 1 的摩尔分数，表示为 X_1。**摩尔分数**，X，是一个无量纲的数值，表示混合物中一种组分的物质的量与混合物中总物质的量的比值。因此，对于气体 1：

$$X_1 = \frac{\text{化合物1的物质的量}}{\text{总物质的量}} = \frac{n_1}{n_t} \tag{10.15}$$

将式（10.14）和式（10.15）结合起来

$$P_1 = \left(\frac{n_1}{n_t}\right)P_t = X_1P_t \tag{10.16}$$

氮气在空气中的摩尔分数是 0.78，也就是说，空气中有 78% 的分子是 N_2。这意味着，如果气压为 760torr，N_2 的分压是

$$P_{N_2} = (0.78)(760torr) = 590torr$$

这个结果很直观：因为 N_2 占了混合物的 78%，它就占总压的 78%。

实例解析 10.11
摩尔分数和分压的关系

在研究某些气体对植物生长的影响时，需要组成为 1.5mol%CO_2、18.0mol% O_2 和 80.5mol% Ar 的合成混合气。(a) 如果混合气的总压是 745torr，计算混合物中 O_2 的分压；(b) 如果这个混合气被密闭在温度为 295K 的 121L 空间中，需要多少 O_2（以 mol 计）？

解析

分析 对于（a）我们需要根据 O_2 的摩尔百分比和混合气的总压来计算 O_2 的分压。对于（b）我们需要根据混合气的体积（121L），温度（295K）以及从（a）得出的分压来计算混合气中 O_2 的物质的量。

思路 我们用式（10.16）来计算分压，然后在理想气体方程中使用 P_{O_2}、V 和 T 来计算 O_2 的物质的量。

解答

（a）摩尔百分数是摩尔分数乘以 100。因此，O_2 的摩尔分数是 0.180。式（10.16）给出：

$$P_{O_2} = (0.180)(745torr) = 134torr$$

（b）将已知变量转换成合适的单位，就有：

$$P_{O_2} = (134torr)\left(\frac{1atm}{760torr}\right) = 0.176atm$$

$$V = 121L$$

$$n_{O_2} = ?$$

$$R = 0.08206\frac{L \cdot atm}{mol \cdot K}$$

$$T = 295K$$

求解理想气体方程的 n_{O_2}，就有：

$$n_{O_2} = P_{O_2}\left(\frac{V}{RT}\right)$$
$$= (0.176atm)\frac{121L}{(0.08206 L \cdot atm / mol \cdot K)(295K)} = 0.880mol$$

检验 检查单位，答案看起来是正确的数量级。

▶ **实践练习 1**

在标准温度和压力下，一个装有 N_2 的 4.0L 容器和一个装有 H_2 的 2.0L 容器，通过一个阀门连接起来。如果打开阀门，允许两种气体混合，那么混合物中氢气的摩尔分数是多少？（a）0.034（b）0.33（c）0.50（d）0.67（e）0.96

▶ **实践练习 2**

根据旅行者 1 号（Voyager 1）收集的数据，科学家们估算了土星最大的卫星——泰坦大气层的组成。泰坦表面的压力是 1220torr。大气包括 82mol% N_2、12mol% Ar 和 6mol% CH_4。计算每种气体的分压。

10.7 | 气体的分子动力学理论

理想气体方程描述了气体是如何运动的，但没有描述为什么它们会如此运动。为什么气体在恒压条件下加热会膨胀？或者为什么在恒温压缩时，气体的压力会增加？为了了解气体的物理性质，需要一个模型来帮助我们描绘气体粒子在压力和温度等条件改变时所发生的变化。这种模型，被称为气体分子动力学理论，它是在大约 100 年的时间内发展起来的，直到 1857 年，鲁道夫·克劳修斯（Rudolf Clausius）（1822—1888）发表了一套完整的、令人满意的理论。

分子动力学理论（分子运动理论）总结如下：

1. 无规则运动。气体由大量的分子组成，这些分子作连续、无规则的运动。（在这里分子一词被用来表示任何气体中最小的粒子，尽管一些气体，如惰性气体，由单个原子组成。我们从分子动力学理论中了解到的气体行为，同样适用于原子气体）。

2. 分子体积忽略不计。相对于气体的总体积而言，所有气体分子的总体积是可以忽略不计。

3. 分子间力忽略不计。气体分子之间的吸引力和排斥力是可以忽略不计。

4. 平均动能恒定不变。在碰撞过程中，能量可以在分子间传递，但只要温度保持不变，分子的平均动能就不会随时间而改变。

5. 平均动能与温度成正比。分子的平均动能与绝对温度成正比。任何给定温度下，所有气体分子都具有相同的平均动能。

分子动力学理论从分子水平上解释了压力和温度。气体压力是由气体分子与容器壁之间的碰撞造成的（见图 10.11）。压力的大小取决于分子撞击器壁的频率和强度。

气体的绝对温度是衡量其分子平均动能的量度。如果两种气体的温度相同，那么它们的分子就具有相同的平均动能（见分子动力学理论总结的第 5 条）。如果气体的绝对温度加倍，其分子的平均动能同样加倍，因此，分子运动随着温度的升高而加剧。

容器内的压力来自于气体分子与容器壁间的碰撞

▲ 图 10.11　气体压力的分子来源

分子速率分布

尽管气体中的分子总体上具有平均动能，因此也具有平均速率，但单个分子仍可以不同的速率运动。每个分子与其他分子频繁碰撞，在每次碰撞中动能都是守恒的，但其中一个碰撞分子可能高速偏转，而另一个则几乎停止。结果是，在任何瞬间，气体中的分子都有很宽的速率范围。（见图 10.12a）显示了氮气分子在 0℃ 和 100℃ 下的速率分布。可以看到，100℃ 时很大一部分分子以较高的速率运动。这意味着 100℃ 时分子具有较高的平均动能。

▽ **图例解析**　估算在 100℃时速率小于 300m/s 的分子分数。

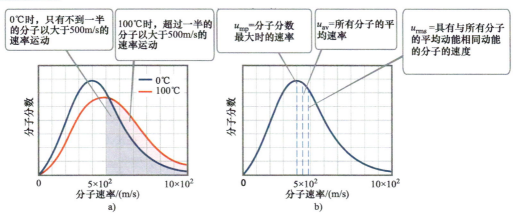

▲ 图 10.12　**氮气分子的速率分布**　a）温度对分子速率的影响。一定速率范围所对应曲线下的面积，给出了具有这些速率的分子的相对分数。b）气体分子的最可能速率（u_{mp}）、平均速率（u_{av}）和均方根（u_{rms}）速率。这里给出的是氮气在 0℃时的数据

在气体分子速率分布图中，曲线的峰值代表最可几速率，u_{mp}（见图 10.12b）。例如，图 10.12a 中，0℃时气体的最可几速率是 4×10^2m/s，100℃时最可几速率是 5×10^2m/s。图 10.12b 还给出了分子的均方根（rms）速率，u_{rms}，这是具有与气体分子平均动能相同动能的分子的速率。均方根（rms）速率与平均速率 u_{av}。不完全相同，然而，两者之间的差别很小。例如，图 10.12b 中，均方根速率约为 4.9×10^2m/s，平均速率约为 4.5×10^2m/s。

如果计算均方根速率（见 10.8 节中所述），你就会发现，在 100℃时，气体的均方根速率约为 6×10^2m/s，而在 0℃时，均方根速率略小于 5×10^2m/s。请注意，当我们进一步提高温度时，分布曲线就会变宽。这就告诉我们，分子速率的范围随着温度的增加而增加。

均方根速率也很重要，这是因为气体分子的平均动能等于 $\frac{1}{2}m(u_{rms})^2$（见 1.4 节），由于质量不随温度而变化，而随着温度的升高，平均动能 $\frac{1}{2}m(u_{rms})^2$ 增加，这意味着分子的均方根速率（还有 u_{av} 和 u_{mp}）也随着温度的升高而增大。

> ◢ **想一想**
>
> 假设在 298K 时有三种气体：HCl、H_2 和 O_2，按平均速率增加的顺序进行排列。

分子动力学理论在气体定律中的应用

从分子动力学理论的角度，可以很容易地理解各种气体定律所描述的气体性质。下面的例子说明了这一点：

1. 在恒定温度下体积增加会导致压力减小。 恒温意味着气体分子的平均动能保持不变，分子的均方根速率保持不变。当体积增大时，分子必须移动更长的距离才能发生碰撞，导致单位时间内与器壁的碰撞次数减少，意味着压力减小，因此，分子动力学理论解释了波义耳定律。

2. 恒定体积下温度升高会导致压力增大。 温度升高意味着分子的平均动能和均方根速率 u_{rms} 增加。

深入探究 | **理想气体方程**

理想气体方程可以从分子动力学理论中给出的 5 点总结中推导出来。然而，与其进行推导，不如从定性的角度来考虑理想气体方程是如何从这几点总结中得到的。分子与器壁碰撞产生的合力，以及这些碰撞产生的压力（单位面积的力，见 10.2 节），取决于分子撞击器壁的强度（每次碰撞产生的冲击力）和碰撞发生的速率：

$P \propto$ 每次碰撞产生的冲击力 × 碰撞速率

对于一个以均方根速率运动的分子来说，与器壁碰撞所产生的冲击力取决于分子的动能；也就是说，依赖于分子质量和速度的乘积：mu_{rms}。而碰撞速率与单位体积内的分子数 n/V 以及它们的速率也就是 u_{rms} 成正比

由于我们讨论的只是以这种速率运动的分子，因此，就有

$$P \propto mu_{rms} \times \frac{n}{V} \times u_{rms} \propto \frac{nm(u_{rms})^2}{V} \quad (10.17)$$

由于平均动能，$\frac{1}{2}m(u_{rms})^2$，与温度成正比，因此 $m(u_{rms})^2 \propto T$。在式（10.17）中进行替换得：

$$P \propto \frac{nm(u_{rms})^2}{V} \propto \frac{nT}{V} \quad (10.18)$$

如果插入一个比例常数，以气体常数 R 表示，就可以得到理想气体方程：

$$P = \frac{nRT}{V} \quad (10.19)$$

相关练习：10.75, 10.76

由于体积没有变化，所以温度升高导致分子运动更快，单位时间内分子与器壁碰撞次数增多。此外，每次碰撞的动量增加（分子更有力地撞击器壁），更多更强的碰撞意味着压力增加，而这个理论就解释了这种压力增加的问题。

 实例解析 10.12
分子动力学理论的应用

在 STP 起始条件下，保持温度不变，把 O_2 压缩成较小的体积。这种变化对下列情况有什么影响？（a）分子的平均动能（b）平均速率（c）单位时间分子与器壁的碰撞次数（d）在单位时间内分子在单位面积的器壁上发生碰撞的次数（e）压力

解析

　　分析　我们需要将气体分子动力学理论的概念应用到恒定温度下的压缩气体中。

　　思路　我们需要判断（a）~（e）中每个量如何受恒定温度下体积变化的影响。

　　解答　（a）因为 O_2 分子的平均动能仅由温度决定，所以这个能量不会因压缩而改变；（b）因为分子的平均动能不会改变，它们的平均速率仍旧保持不变；（c）单位时间内分子与器壁的碰撞次数增加，由于分子的移动空间更小，但其平均速率与以前相同，在这种情况下，它们就会更频繁地撞击器壁；（d）在单位时间内与单位面积上的碰撞次数增加，这是由于单位时间内与器壁碰撞的总次数增加，而器壁的面积减少；（e）虽然分子与器壁碰撞的平均冲击力保持不变，但压力增加是由于在单位时间内单位面积上有更多的碰撞。

　　检验　这种概念练习没有数字答案来检查。在这种情况下我们所能检查的就在解答问题的过程中所做的推理。（e）中压力的增加与波义耳定律是一致的。

▶ **实践练习 1**

考虑两个体积和温度均相同的气缸，一个装有 1.0mol 丙烷 C_3H_8，另一个装有 2.0mol 的甲烷 CH_4。下列哪种说法是对的？

（a）C_3H_8 和 CH_4 分子有相同的 U_{rms}；

（b）C_3H_8 和 CH_4 分子具有相同的平均动能；

（c）两个气缸内分子与缸壁碰撞的速率都是一样的；

（d）两个气缸内的气体压力都是一样的。

▶ **实践练习 2**

N_2 分子的均方根速率在以下条件下是如何变化的？（a）温度升高（b）体积增加（c）在相同的温度下与 Ar 气混合

10.8 | 分子逸出和扩散

根据气体分子动力学理论，*任何气体分子的平均动能* $\frac{1}{2}m(u_{rms})^2$，在给定温度下有一个特定值，因此，对于温度相同的两种气体来说，质量小的粒子（如 He）构成的气体的平均动能与由质量较大粒子（如 Xe）构成的气体的平均动能相同。由于 He 气中的粒子质量小于 Xe 气中的粒子质量，因此，He 粒子必须具有比 Xe 粒子更高的均方根速率。这一结论的定量表达式如下：

$$u_{rms} = \sqrt{\frac{3RT}{\mu}} \qquad (10.20)$$

式中，μ 为粒子的摩尔质量，粒子的摩尔质量 μ 可以从分子动力学理论中推导出来。由于 μ 在分母中，气体粒子质量越小，其均方根速率就越高。

图 10.13 给出了 25℃时几种气体的分子速率分布。请注意，对于摩尔质量低的气体来说，这些分布也显示了它们是如何向更高速率移动的。

还可以导出气体分子的最可几速率：

$$u_{mp} = \sqrt{\frac{2RT}{\mu}} \qquad (10.21)$$

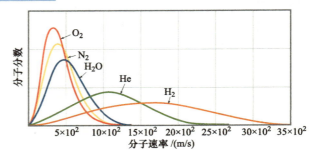

图例解析   哪种气体的摩尔质量最大？哪种最小？

▲ 图 10.13   25℃时，摩尔质量对分子运动速率的影响

想一想

300K 时，O_2（g）的 u_{rms} 与 u_{mp} 的比值是多少？温度改变时这个比值会改变吗？对于不同气体，这个比值会不同吗？

分子速度与质量的关系有两个有趣的结果。第一种是**逸出**，即气体分子通过一个小孔逸出（见图 10.14）。第二种是**扩散**，即一种物质扩散至整个空间或另一种物质中。例如，香水分子扩散到整个房间。

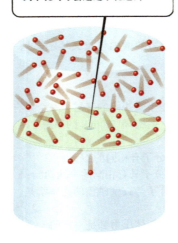

上半部的气体分子只有在刚好碰到小孔时才会通过小孔逸出

▲ 图 10.14   逸出

格雷厄姆扩散定律

1846 年，托马斯·格雷厄姆（Thomas Graham 1805—1869）发现气体的扩散速率与它的摩尔质量的平方根成反比。假设有两个容器内分别装有两种气体，这两种气体具有相同的温度和压力，彼此间通过一个小孔相连通。

实例解析 10.13
均方根速度的计算

计算在 25℃时 N_2 分子的均方根速率。

解析

分析   已知气体种类与温度，利用这两个量计算均方根速率。

思路   用式（10.20）来计算均方根速率。

解答   必须把式中的每个量转换成国际单位。我们还将使用 R 的单位 J/mol·K（见表 10.2）使这些单位正确地抵消。

$T = 25 + 273 = 298K$

$\mu = 28.0g/mol = 28.0 \times 10^{-3}kg/mol$

$R = 8.314J/mol \cdot K = 8.314kg \cdot m^2/s^2 \cdot mol \cdot K$

（$1J = 1kg \cdot m^2/s^2$）

$$u_{rms} = \sqrt{\frac{3RT}{\mu}}$$

因为

$$= \sqrt{\frac{3(8.314kg \cdot m^2/s^2 \cdot mol \cdot K)(298K)}{28.0 \times 10^{-3}kg/mol}} = 5.15 \times 10^2 m/s$$

注解   这相当于 1150mi/h 的速率。因为空气分子的平均分子量比 N_2 稍微大一点，所以空气分子的均方根速率比 N_2 小一点。

▶ **实践练习 1**

请填写下列语句中的空白：在 300K 的 H_2 样本中，分子的均方根速率比 O_2 分子在同一温度下的均方根速率大_____倍，而 $u_{rms}(H_2)/u_{rms}(O_2)$ 随温度的增加_____

（a）4，不会改变（b）4，增加（c）16，不会改变（d）16，减少（e）信息不足，无法解答

▶ **实践练习 2**

在 25℃的 He 气体样品中，一个原子的均方根速率是多少？

如果两种气体的逸出速率分别是 r_1 和 r_2，且它们的摩尔质量分别是 M_1 和 M_2，**格雷厄姆定律**表明：

$$\frac{r_1}{r_2} = \sqrt{\frac{\mu_2}{\mu_1}} \tag{10.22}$$

说明轻的气体有高的逸出速率。

分子从容器中逸出的唯一方法是"撞击"图 10.14 中隔板上的小孔。分子运动的速度越快，它们撞击隔板的频率就越高，分子撞击小孔逸出的可能性就越大。这意味着逸出速率与分子的均方根速率成正比。由于 R 和 T 为常数，从式（10.22）得出：

$$\frac{r_1}{r_2} = \frac{u_{rms1}}{u_{rms2}} = \sqrt{\frac{3RT/\mu_1}{3RT/\mu_2}} = \sqrt{\frac{\mu_2}{\mu_1}} \tag{10.23}$$

正如格雷厄姆定律所预测的那样，氦气从容器中通过小孔逸出的速度比其他分子量较大的气体更快（见图 10.15）。

实例解析 10.14

格雷厄姆定律的应用

一种由同核双原子分子组成的未知气体，其逸出速率是 O_2 在相同温度下逸出速率的 0.355 倍。计算这种未知气体的摩尔质量，并确定它是哪种气体。

解析

分析 我们已经知道这种未知气体相对于 O_2 的逸出速率，要求计算出它的摩尔质量，并确定是哪种气体，因此，我们需要将相对逸出速率与相对摩尔质量关联起来。

思路 我们用式（10.22）来求出这种未知气体的摩尔质量。如果用 r_x 和 μ_x 分别表示气体的逸出速率和摩尔质量，就可以写出：

$$\frac{r_x}{r_{O_2}} = \sqrt{\frac{\mu_{O_2}}{\mu_x}}$$

解答 从给出的条件可知：

$$r_x = 0.355 \times r_{O_2}$$

所以，

$$\frac{r_x}{r_{O_2}} = 0.355 = \sqrt{\frac{32.0\text{g/mol}}{\mu_x}}$$

$$\frac{32.0\text{g/mol}}{\mu_x} = (0.355)^2 = 0.126$$

$$\mu_x = \frac{32.0\text{g/mol}}{0.126} = 254\text{g/mol}$$

由于我们已经知道未知气体是由同核双原子分子组成的，所以它肯是一种元素。摩尔质量必须是未知气体中原子质量的两倍，由此可知，未知气体的原子量为 127g/mol，所以是 I_2。

▶ **实践练习 1**

在一个气体分离系统中，装有氢气和二氧化碳混合气的容器与另一个更大的压力很低的容器相连接，这两个容器之间通过一个分子可以逸出的多孔膜隔开。如果每种气体的初始分压都是 5.00atm，在二氧化碳的分压下降到 4.50atm 之后，容器中氢气的摩尔分数是多少？

（a）52.1%（b）37.2%（c）32.1%（d）4.68%（e）27.4%

▶ **实践练习 2**

计算 N_2 和 O_2 的逸出速率之比。

扩散与平均自由程

虽然扩散，像逸出一样，质量较小的分子比质量大的分子扩散更快，但分子碰撞扩散比逸出更复杂。

格雷厄姆定律 [式（10.22）] 近似计算了相同条件下两种气体扩散速率的比值。从图 10.13 的水平轴可以看出，分子的运动速率相当高。例如，室温下氮气分子的均方根速率为 515m/s。尽管速率如此之快，但如果有人在房间的一端打开一瓶香水，过一段时间 - 也许几分钟，在房间的另一端才能检测到气味。这就告诉我们，气体扩

图例解析　在这幅图中，压力和温度不变，但体积改变，理想气体方程中的其他哪个量也必须改变？

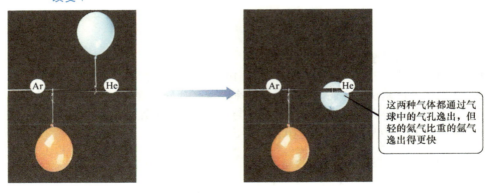

这两种气体都通过气球中的气孔逸出，但轻的氦气比重的氩气逸出得更快

▲ 图 10.15　格雷厄姆逸出定律的图示

化学应用 气体分离

轻的分子比重的分子以更高的平均速度移动，这一事实有许多有趣的应用。例如，在第二次世界大战期间，开发原子弹需要科学家将丰度低的铀同位素 ^{235}U（0.7%）从丰度较高的 ^{238}U（99.3%）中分离出来。这种分离是通过将铀转化为挥发性化合物，UF_6 来完成的，然后允许其通过多孔隔膜（见图 10.16）。由于孔径的原因，这个过程不是简单的逸出。然而，通过孔的速度取决于摩尔质量，这种方式与逸出是基本相同的。$^{235}UF_6$ 和 $^{238}UF_6$ 的摩尔质量的微小差异导致分子以略微不同的速度移动：

$$\frac{r_{235}}{r_{238}} = \sqrt{\frac{352.04}{349.03}} = 1.0043$$

因此，最初在隔膜对面的气体中的 ^{235}U 含量非常少。这个过程在重复了数千次后，使得这两种同位素几乎完全分离。

由于需要大量步骤来充分分离同位素，气体扩散设施属于最大规模的结构。美国最大的扩散工厂位于肯塔基州的帕多卡（Paducah, Kentucky）市郊，包含了大约 400mile 的管道，用于分离的建筑占据了超过 75 英亩的土地。

一种越来越流行的分离铀同位素的方法是采用离心机的技术。在这个过程中，含有 UF_6 蒸气的圆柱形转子在一个真空管内高速旋转。$^{238}UF_6$ 分子移向旋转壁，而 $^{235}UF_6$ 分子则停留在中间。气流将 $^{235}UF_6$ 从离心机的中心移到另一台离心机。使用离心机的工厂比使用逸出的工厂能耗更少，而且建造可以更紧凑、更模块化。就像伊朗和朝鲜等国家为核能和核武器浓缩 ^{235}U 同位素，这类工厂如今经常出现在新闻中。

相关练习: 10.85, 10.86

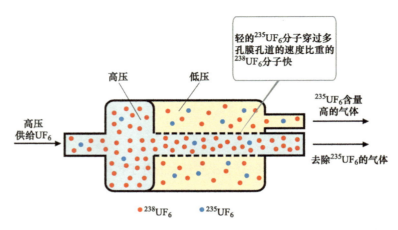

轻的 $^{235}UF_6$ 分子穿过多孔膜孔道的速度比重的 $^{238}UF_6$ 分子快

高压　　低压

$^{235}UF_6$ 含量高的气体

高压供给 UF_6

去除 $^{235}UF_6$ 的气体

● $^{238}UF_6$　　● $^{235}UF_6$

▲ 图 10.16　**通过气体扩散浓缩铀**　轻的 $^{235}UF_6$ 分子通过多孔隔膜的速度略快于 $^{238}UF_6$。膜两边的压差驱动逸出。为了便于说明，此处显示的单个步骤被放大了

散至整个空间的速率比分子的运动速率慢得多。[⊖] 这种差异是由于分子碰撞造成的，这种碰撞在大气压力下频繁发生——每个分子每秒大约 10^{10} 次，发生碰撞是由于真实的气体分子有一定的体积。

由于分子碰撞，气体分子的运动方向不断变化，所以，一个分子从一点扩散到另一点由许多短的线段构成，这是因为碰撞会在分子的任意方向上随机进行（见图 10.17）。

分子在碰撞之间行进的平均距离，称为分子的**平均自由程**，它随压力而变化，正如下面的分析说明的那样。想象一下你穿过一个购物中心。当商场很拥挤（压力大）时，你在撞到某个人之前可以走的平均距离很短（短的平均自由程）。当商场空无一人（压力小）时，你在撞到某个人之前可以走很长的路（长的平均自由程）。在海平面上，空气分子的平均自由程大约是 60nm。而在海拔约 100km 的地方，气压低得多，空气分子的平均自由程大约是 10cm，比在地球表面上长了 100 多万倍。

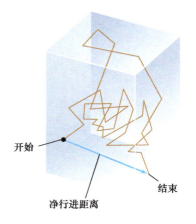

▲ 图 10.17　气体分子的扩散　为了清晰起见，容器中没有显示其他气体分子

　想一想

下列变化会使气体中分子的平均自由程增大、减小还是不影响？
（a）提高压力
（b）提高温度

10.9 | 真实气体：偏离理想气体行为

真实气体偏离理想气体行为的程度，可以通过重排理想气体方程来解出 n：

$$\frac{PV}{RT} = n \qquad (10.24)$$

这种形式告诉我们，对于 1mol 的理想气体，在任何压力下，PV/RT 等于 1。在图 10.18 中，针对几种 1mol 的真实气体，画出 PV/RT 作为 P 的函数曲线。在高压下（一般在 10atm 以上），偏离理想行为（$PV/RT = 1$）的程度更大，而且每种气体也各不相同。

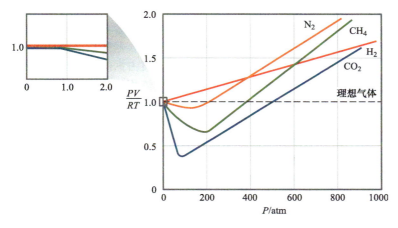

◀ 图 10.18　压力对几种真实气体行为的影响　所有情况下均为 1mol 气体的数据。N_2、CH_4 和 H_2 为 300K 的数据；由于高压下 CO_2 在 300K 时发生液化，故为 313K 的数据

⊖香水穿过房间的速度也取决于温度梯度和人的流动对空气的扰动情况。然而，即使在这些因素的影响下，分子穿越房间的时间仍然比人们从均方根速率预估的时间要长得多。

换句话说，*真实气体在高压下并不表现出理想气体行为。* 然而，在较低的压力下（通常低于 10atm），与理想气体行为的偏差很小，我们可以使用理想气体方程，而不会产生严重的偏差。

偏离理想气体行为的程度也取决于温度。随着温度的升高，真实气体更接近于理想气体行为（见图 10.19）。*一般来说，偏离理想气体行为的程度会随着温度的降低而增加*，接近于气体液化温度时更明显。

▽ 图例解析　　判断对错：随着温度的升高，氮气更接近理想气体。

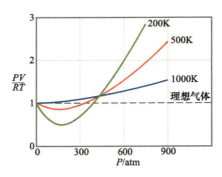

▲ 图 10.19　温度和压力对氮气行为的影响

△ 想一想

你认为氮气在哪种情况下会偏离理想气体行为呢？（a）100K 和 1atm（b）100K 和 5atm（c）300K 和 2atm

气体的分子动力学理论的基本假设使我们深入了解为什么真实气体偏离理想气体行为。假设理想气体的分子不占据空间，彼此之间也没有吸引力。*然而，真实的分子却有一定的体积，并且相互吸引。* 正如图 10.20 所示，真实的分子可以移动的空间小于容器体积。在低压下，气体分子的总体积相对于容器体积可以忽略不计，所以，分子可用的未被占据的体积本质上是容器的体积。在高压下，气体分子的总体积相对于容器体积来说是不可忽略的。现在，分子可用的未被占据的体积小于容器体积，因此，在高压下，气体体积往往比理想气体方程的预测值略大。

在高压下，非理想气体行为的另一个原因是，当分子在高压下挤在一起时，分子间的吸引力就会在短距离的分子间发挥作用。由于这些吸引力，分子对容器壁的撞击减小了。如果我们能阻止气体的运动，如图 10.21 所示，就会看到一个与器壁碰撞的分子受到周围分子的吸引力。这些吸引力减弱了分子与器壁之间的碰撞力，因此，气体压力小于理想气体的压力。这种效应降低了 PV/RT 的值，使之低于理想气体的值，正如图 10.18 和图 10.19 所示。

气体分子占据了总体积的一小部分　气体分子占据了总体积的一大部分

低压　　高压

▲ 图 10.20　气体在低压下比在高压下更接近于理想气体行为

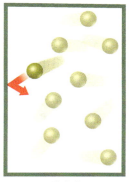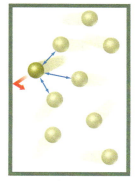

图例解析　如果突然间分子间的力是排斥力而不是吸引力，你认为气体的压力会怎么改变呢？

理想气体　　　　真实气体

▲ 图 10.21　在任何真实气体中，分子间的吸引力将压力降低到低于理想气体中的值

　　然而，当压力足够高时，体积效应占主导地位，PV/RT 就增加到理想值以上。

　　温度决定了气体分子之间的吸引力是如何有效地在低压下引起偏离理想气体行为的。图 10.19 显示出在压力低于 400atm 时，冷却会增加气体偏离理想气体行为的程度。随着气体的冷却，分子的平均动能降低。动能的下降意味着这些分子没有足够的能量来克服分子间的引力作用，而且分子更可能互相粘在一起而不是互相碰撞远离。

　　当气体温度升高时，如图 10.19 所示，从 200K 到 1000K，PV/RT 与理想值 1 的负偏差就没有了。如前所述，在高温下出现的偏差主要是来自分子有一定体积的影响。

 想一想

　　解释图 10.19 中 N_2 在 300atm 以下与理想气体行为的负偏差。

范德瓦尔斯方程

　　研究高压气体的工程师和科学家往往不能使用理想气体方程，因为偏离理想气体行为太大了。荷兰科学家约翰内斯·范德瓦尔斯（Johannes van der Waals，1837—1923）提出了一个用来预测真实气体行为的有用的方程式。

　　正如我们所看到的，相对于理想气体，真实气体由于分子间的作用力而具有较低的压力，并且由于分子的体积有限而具有较大的体积。范德瓦尔斯认识到，如果对压力和体积进行修正，就有可能保持理想气体方程的形式，即 $PV = nRT$。他为这些修正引入了两个常数：a 为衡量气体分子相互吸引的强度；b 为衡量分子所占据的有限体积。他对气体行为的描述称为**范德瓦尔斯方程**：

$$\left(P+\frac{n^2a}{V^2}\right)(V-nb)=nRT \qquad （10.25）$$

"n^2a/V^2" 项表示吸引力。该方程通过增加 n^2a/V^2 项来调高压力，因为分子间的引力趋向于使压力降低（见图 10.21）。增加的项为 n^2a/V^2 的形式，因为分子对之间的吸引力随着单位体积分子数的平方 $(n/V)^2$ 的增大而增大。

"nb" 项表示气体分子所占的小而有限的体积（见图 10.20），范德瓦尔斯方程减去 "nb"，向下调整体积，给出理想情况下分子可用的体积。常数 a 和 b，叫作范德瓦尔斯常数，是实验确定的不同气体的正数值。请注意，在表 10.3 中，a 和 b 通常随着分子质量的增加而增加。更大、更重的分子具有更大的体积，并且趋向于具有更大的分子间吸引力。

表 10.3　气体分子的范德瓦尔斯常数

物质	a/ ($L^2 \cdot$ atm/mol^2)	b/ (L/mol)
He	0.0341	0.02370
Ne	0.211	0.0171
Ar	1.34	0.0322
Kr	2.32	0.0398
Xe	4.19	0.0510
H_2	0.244	0.0266
N_2	1.39	0.0391
O_2	1.36	0.0318
F_2	1.06	0.0290
Cl_2	6.49	0.0562
H_2O	5.46	0.0305
NH_3	4.17	0.0371
CH_4	2.25	0.0428
CO_2	3.59	0.0427
CCl_4	20.4	0.1383

实例解析 10.15
范德瓦尔斯方程的应用

如果 10.00mol 的理想气体在 0.0℃时控制体积为 22.41L，压力可达 10.00atm。用范德瓦尔斯方程和表 10.3 来估算 1.000mol 22.41L 的 Cl_2(g) 在 0.0℃时的压力。

解析

分析　我们需要确定一个压力，因为要使用范德瓦尔斯方程，必须确定方程中常数的合适的值。

思路　重排式（10.25）来分离出 P。

解答　带入 $n = 10.00$mol，$R = 0.08206$L·atm/mol·K，$T = 273.2$K，$V = 22.41$L，$a = 6.49$L^2·atm/mol^2，$b = 0.0562$L/mol：

$$P = \frac{(10.00\text{mol})(0.08206\text{L·atm/mol·K})(273.2\text{K})}{22.41\text{L} - (10.00\text{mol})(0.0526\text{L/mol})}$$
$$- \frac{(10.00\text{mol})^2(6.49\text{L}^2\text{·atm/mol}^2)}{(22.41\text{L})^2}$$
$$= 10.26\text{atm} - 1.29\text{atm} = 8.97\text{atm}$$

注解　请注意，10.26atm 是根据分子体积校正的压力。这个值高于理想值 10.00atm，由于分子自由移动的体积小于容器体积 22.41L。因此，分子更频繁地与器壁碰撞，压力高于真实气体的压力。

1.29atm 是对分子间力作了相反的修正。分子间作用力的修正值是两个校正值中较大的，因此，8.97atm 的压力比理想气体的要小。

▶　**实践练习 1**

利用范德瓦尔斯方程计算 2.975mol N_2 气装在 0.7500L 的烧瓶中在 300.0℃时的压力，然后使用理想气体方程重复计算。在这些参数的合理范围内，理想气体方程高估还是低估了压力？如果是，会是多少？

（a）低估了 17.92atm（b）高估了 21.87atm
（c）低估了 0.06atm（d）高估了 0.06atm

▶　**实践练习 2**

在 0.000 ℃时，将 1.000mol CO_2（g）装在一个 3.000L 容器内，分别用（a）理想气体方程和（b）范德瓦尔斯方程计算气体的压力。

综合实例解析
概念综合

氰是一种毒性极强的气体，其质量百分比为 46.2%C 和 53.8%N。在 25℃和 751torr 时，1.05g 的氰化物占据了 0.500L 体积，（a）氰的分子式是什么？（b）预测它的分子结构；（c）它的极性。

解析

分析 我们需要从元素分析数据和有关气体性质的数据中确定气体的分子式。然后需要预测分子的结构，由此来判断它的极性。

思路 （a）我们可以用这个化合物的百分比组成来计算它的经验式（见 3.5 节），然后，可以通过比较经验式的质量和摩尔质量来确定分子式。

（b）为了确定分子结构，我们必须确定 Lewis 结构。（见 8.5 节）然后可以使用 VSEPR 模型来预测结构。（见 9.2 节）

（c）为了确定分子的极性，我们必须分析单个键的极性和分子的整体几何形状。

解答 （a）为了确定经验式，假设我们有 100g 的样品，计算出样品中每个元素的物质的量：

$$物质的量C = (46.2gC)\left(\frac{1molC}{12.01gC}\right) = 3.85molC$$

$$物质的量N = (53.8gN)\left(\frac{1molN}{14.01gN}\right) = 3.84molN$$

两个元素的物质的量比基本上是 1:1，经验式为 CN。利用式（10.11）来确定摩尔质量：

$$\mu = \frac{dRT}{P} = \frac{(1.05g/0.500L)(0.08206L\cdot atm/mol\cdot K)(298K)}{(751/760)atm}$$
$$= 52.0g/mol$$

经验式 CN 的摩尔质量是 12.0 + 14.0 = 26.0g/mol。用摩尔质量除以经验式的摩尔质量，得到（52.0g/mol）/（26.0 g/mol）= 2.00。

由此可见，分子中每个元素的原子数是经验式的两倍，得出分子式为 C_2N_2。

（b）这个分子有 2(4) + 2(5) = 18 个价层电子。通过反复查验，我们找到了一个具有 18 个价电子的 Lewis 结构，其中每个原子都是一个八隅体，而形式电荷尽可能地低。如下结构满足这些条件（这种结构在每个原子上电荷为 0）。

$$:N \equiv C - C \equiv N:$$

Lewis 结构表明每个原子有两个电子隅（每个氮原子都有一对非成键的电子和一个三键，而每个碳原子都有一个三键和一个单键）。因此，每个原子周围的电子隅的几何形状是线性，使得整个分子也呈线性。

（c）由于这个分子是线性的，由碳氮键极性产生的两个偶极相互抵消，分子没有极性。

本章小结和关键术语

气体的特性（见 10.1 节）

室温下为气体的物质往往是摩尔质量低的分子。我们遇到的最常见的气体是空气，主要由 N_2 和 O_2 组成的混合物，一些液体和固体也可以气态形式存在，气态时称之为**蒸气**。气体是可压缩的，可以以任何比例相混合，这是由于气态的分子彼此相距很远的缘故。

气压（见 10.2 节）

要描述气体的状态或状况，必须指明四个变量：压力（P）、体积（V）、温度（T）和数量（n）。体积通常以升为单位，温度以绝对温度 [开尔文（kelvins）] 为单位，气体量以物质的量为单位。**压力**是指单位面积上受到的力，SI 单位为**帕斯卡（pascals）**，Pa 表示（$1Pa = 1N/m^2$），还有一个相关单位，**帕（bar）**，1 帕等于 10^5Pa。化学中，**标准大气压**常确定为**大气压（atm）**和 **Torr**（也称为毫米汞柱）。一个大气压等于 101.325KPa，或者 760torr。气压计常用来测量大气压力，压力计可用来测量密闭气体的压力。

气体定律（见 10.3 节）

研究揭示了几个简单的气体定律：在恒温条件下，一定量的气体的体积与压力成反比（**波义耳定律**）。

在恒压条件下，一定量的气体的体积与它的绝对温度成正比（**查尔斯定律**）。在相同的温度和压力下，体积相等的气体含有相同数量的分子（**阿伏伽德罗假说**）。在恒温恒压条件下，气体的体积与气体的物质的量成正比（**阿伏伽德罗定律**）。每个气体定律都是理想气体方程的特例。

理想气体方程（见 10.4 节和 10.5 节）

理想气体方程，$PV = nRT$，是**理想气体**的状态方程。这个方程中的 R 是**气体常数**。当一个或多个变量改变时，我们可以使用理想气体方程来计算某个变量的变化。大多数气体在压力小于 10atm、温度接近 273K 及以上时符合理想气体方程。273K（0℃）和 1atm 的条件是**标准温度和压力（STP）**。在理想气体方程的所有应用中，我们必须记住温度转换为绝对温度（开尔文温度）。

利用理想气体方程，我们可以把气体的密度与它的摩尔质量联系起来：$M = dRT/P$，也可以利用理想气体方程来解决化学反应中涉及气体作为反应物或产物的问题。

气体混合物和分压（见 10.6 节）

在气体混合物中，总压力为每种气体在相同条件下单独存在时所具有的**分压**之和（**道尔顿的分压定**

律）。混合物中各组分的分压等于它的摩尔分数乘以总压力：$P_1 = X_1 P_t$。**摩尔分数 X** 是混合物中一种组分的物质的量与所有组分总物质的量的比值。

气体的分子动力学理论（见 10.7 节）

气体的分子动力学理论以一系列关于气体性质的观点描述了理想气体的性质。简而言之，这些观点如下：分子处于连续的无规则运动中；与盛放气体的容器的体积相比，气体分子的体积可以忽略不计；气体分子既不相互吸引也不相互排斥；气体分子的平均动能与绝对温度成正比，如果温度保持不变，平均动能就不改变。

在某一特定时刻，单个气体分子并不都具有相同的动能。它们的速率分布范围很宽，其分布随气体的摩尔质量和温度的变化而变化。**均方根（rms）速度**，u_{rms}，与绝对温度的平方根成正比，与摩尔质量的平方根成反比：$u_{rms} = \sqrt{3RT/\mu}$，气体分子的最可几速率为：$u_{mp} = \sqrt{2RT/\mu}$

分子逸出和扩散（见 10.8 节）

遵循气体分子动力学理论，即气体逸出（通过一个小孔逃逸）的速率与它的摩尔质量的平方根成反比（**格雷厄姆定律**）。

一种气体可以**扩散**至第二种气体所占据的空间，这种现象与分子运动的速度有关。由于运动的分子彼此频繁发生碰撞，所以平均自由程——碰撞之间运动的平均距离——很短。分子间的碰撞抑制了气体分子的扩散速率。

真实气体：偏离理想气体行为（见 10.9 节）

随着压力的增加和温度的降低，偏离理想气体行为的程度增大。真实气体偏离理想气体的行为，是由于（1）分子具有一定的体积；（2）分子之间存在相互吸引力。这两种效应使得真实气体的体积大于理想气体的体积，而压力却小于理想气体的压力。**范德瓦尔斯方程**，基于分子固有的体积和分子间的作用力的考虑，对理想气体方程进行了修正，也是一种气体状态方程。

学习成果　　学习本章后，应该掌握：

- 计算压力，并能转换单位，重点是 torr 和大气压（见 10.2 节）

  相关练习：10.15、10.17、10.19、10.21
- 利用理想气体方程计算 *P*、*V*、*n* 或 *T*（见 10.4 节）

  相关练习：10.33、10.39、10.43
- 解释气体定律与理想气体方程的关系，并应用气体定律进行计算（见 10.3 节和 10.4 节）

  相关练习：10.25、10.39、10.41
- 计算气体的密度或分子量（见 10.5 节）

  相关练习：10.47、10.51、10.53
- 计算化学反应中消耗或生成的气体体积（见 10.5 节）

- *相关练习：10.55，10.57*
- 根据给出的气体混合物的分压或可以计算出分压的条件来计算总压（见 10.6 节）

  相关练习：10.7，10.61，10.63
- 描述气体分子动力学理论，以及它是如何解释气体的压力和温度、气体定律，以及气体逸出和扩散的速率（见 10.7 节和 10.8 节）

  相关练习：10.9，10.75，10.79，10.85
- 解释为什么分子间的引力和分子体积会导致真实气体在高压或低温下偏离理想气体的行为（见 10.9 节）

  相关练习：10.89，10.91，10.114

主要公式方程

- $PV = nRT$　　　　　　　　　　（10.5）

  理想气体方程

- $\dfrac{P_1 V_1}{T_1} = \dfrac{P_2 V_2}{T_2}$　　　　　　　（10.8）

  结合气体定律，表示 *P*、*V* 和 *T* 是如何与常数 *n* 联系起来的

- $d = \dfrac{PM}{RT}$　　　　　　　　（10.10）

  气体的密度或摩尔质量

- $P_t = P_1 + P_2 + P_3 + \cdots$　　（10.12）

  将气体混合物的总压与其各组分的分压联系起来（道尔顿的分压定律）。

- $P_1 = \left(\dfrac{n_1}{n_t}\right) P_t = X_1 P_t$　　　（10.16）

  分压与摩尔分数的关系

- $u_{rms} = \sqrt{\dfrac{3RT}{\mu}}$　　　　　（10.20）

  气体分子的均方根均方根速率的定义

- $\dfrac{r_1}{r_2} = \sqrt{\dfrac{\mu_2}{\mu_1}}$　　　　　　（10.22）

  将两种气体的相对逸出速率与其摩尔质量联系起来

- $\left(P + \dfrac{n^2 a}{V^2}\right)(V - nb) = nRT$　　（10.25）

  范德瓦尔斯方程

本章练习

图例解析

10.1 火星的平均气压为 0.007atm，在火星上用吸管喝水比在地球上更容易吗？请解释。（见 10.2 节）

10.2 在装有可移动活塞的容器里装有一种气体，如图中画出的。（a）重新画出容器，以显示压力保持不变时，气体温度从 300K 增加到 500K 时的状态；（b）重新画出容器，以显示温度保持不变时，把活塞的外压从 1.0atm 增加到 2.0atm 时的状态。

（c）重新画出容器，以显示压力保持不变（假设气体不液化）时，气体温度从 300K 降至 200K 时的状态。（见 10.3 节）

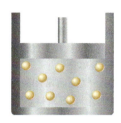

10.3 考虑这里描述的气体。如果体积和温度保持不变，而移走足量的气体以减小 2 倍压力，这幅图会是什么样子呢？（见 10.3 节）

（a）含有相同数量的分子

（b）含有一半的分子

（c）含有两倍的分子

（d）没有足够的数据说明

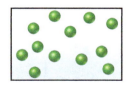

10.4 假设在一个容器中发生反应 $2CO(g)+O_2(g)=2CO_2(g)$，在恒定温度下发生反应时，连接的活塞会移动以保持压力恒定。下列哪个说法描述了容器的体积因反应而变化：（a）体积增加了 50%；（b）体积增加了 33%；（c）体积保持不变；（d）体积减小了 33%；（e）体积减小了 50%。（见 10.3 节和 10.4 节）

10.5 假设有一定量的理想气体，如果气体的压力增加了一倍，而体积保持不变，那么它的温度会发生什么变化呢？（见 10.4 节）

10.6 这里显示的是有两个充气容器和一个空容器，所有容器都连接在一个中空的水平管上。当阀门打开时，允许气体在恒定温度下进行混合，每个容器中原子是如何分布的？假设容器的体积相等，忽略连接管的体积。在阀门打开后，哪种气体具有更大的分压？（见 10.6 节）

10.7 附图代表了三种不同气体的混合物。（a）按照分压增大的顺序对三种组分进行排序；（b）如果混合物的总压是 1.40atm，计算每种气体的分压。（见 10.6 节）

10.8 在一张图上，定性地画出下列分子速率分布图：（a）−50℃时的 Kr（g）（b）0℃时的 Kr（g）（c）0℃时的 Ar（g）（见 10.7 节）

10.9 观察下图。（a）如果曲线 A 和 B 指的是两种不同的气体，He 和 O_2，在相同的温度下，哪条曲线对应的是 He 气？（b）如果 A 和 B 表示的是同一气体在两个不同温度下的曲线，哪个曲线代表较高的温度？（c）对两条曲线而言，哪个速率最快？最可几速率、均方根速率还是平均速率？（见 10.7 节）

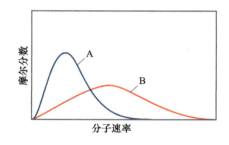

10.10 考虑以下气体：

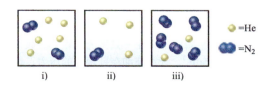

如果这三个样品都在相同的温度下，按下列要求对它们进行排序。（见 10.6 节和 10.7 节）（a）总压（b）氦的分压（c）密度（d）粒子的平均动能。

10.11 在一根 1m 长玻璃管充入 Ar，压力为 1atm 时用棉塞塞住两端，如下图所示。在管的一端充入 HCl 气体，而在另一端同时充入 NH_3 气。当这两种气体通过棉塞在管道内扩散并相遇时，由于生成 $NH_4Cl(s)$，出现一个白色的环。你认为环在哪个位置生成：a、b 还是 c？（见 10.8 节）

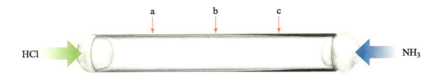

HCl　　　　　　　a　　　　b　　　　c　　　　　　NH₃

10.12　下图显示了装在 1L 容器内的 1mol 气体在温度升高时压力的变化。这四条线对应的是一种理想气体和三种真实气体：CO_2、N_2 和 Cl_2。（a）在室温下，这三种真实气体的压力都小于理想气体的。哪个范德瓦尔斯常数，a 或 b，解释了分子间作用力对降低真实气体的压力的影响？（b）利用表 10.3 中的范德瓦尔斯常数，说明图中的三条线（A、B 和 C）分别与 CO_2、N_2 和 Cl_2 中的哪个相对应。（见 10.9 节）

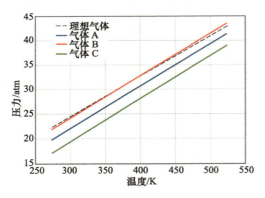

气体的特性；气压（见 10.1 节和 10.2 节）

10.13　下列哪种说法是错误的？
（a）气体的密度比液体的低得多；
（b）气体比液体容易压缩得多；
（c）因为液态水和液态四氯化碳不能混合，所以它们的蒸气也不能混合；
（d）气体所占有的体积是由其盛放的容器体积来决定的。

10.14　你更愿意看到报告中的气体密度单位为（a）g/mL、g/L 还是 kg/cm^3？（b）哪种单位适合用来表示大气压力：N，Pa，atm，kg/m^2？（c）在室温和常压下，哪种最可能是气体：F_2，Br_2 还是 K_2O？

10.15　假设一个体重达 130lb、穿着高跟鞋的女人把所有的重量瞬间都放在一只脚的后跟上。如果鞋跟的面积是 0.50in²，计算施加在鞋跟上的压力，单位分别为（a）psi；（b）kpa；（c）atm。

10.16　一个书架由四条腿固定在硬地板上，每条腿与地面接触的横截面为 3.0×4.1cm。书架加上放在上面的书籍的总质量为 262kg。计算书架施加在地面上的压力（以 Pa 计）。

10.17　（a）甘油的密度是 1.26g/mL，而汞的密度是 13.6g/mL，与 760mm 汞柱压力相等的甘油柱的高度是多少米？（b）当大气压力为 750torr 时，如果潜水员在水面下 15ft 处，她的身体会承受多大的压力？单位为 atm，假设水的密度是 1.00g/cm³ = $1.00×10^3 kg/m^3$。重力常数是 9.81m/s²，且 1Pa =

1kg/m·s²。

10.18　（a）化合物 1- 碘十二烷是一种非挥发性液体，密度为 1.20g/mL。汞的密度是 13.6g/mL。当气压为 749torr 时，你认为装入 1- 碘代十二烷做成的气压计中的柱高是多少？（b）当大气压力是 742torr 时，如果潜水员在水面以下 21ft 的地方，他的身体要承受多大压力，以 atm 为单位？

10.19　在珠穆朗玛峰顶部（29028ft）处气压约是 265torr。将此压力转换为（a）atm；（b）mm Hg；（c）Pa；（d）bars；（e）psi。

10.20　完成下列单位转换：（a）0.912atm 以 torr 为单位；（b）0.685bar 以 kPa 为单位；（c）655mm Hg 以 atm 为单位；（d）1.323 105Pa 以 atm 为单位；（e）2.50atm 以 psi 为单位。

10.21　在美国，气压通常用英寸汞柱来表示（in. Hg）。在芝加哥一个美丽的夏日，气压为 30.45in.Hg，（a）将压力单位转换为 torr；（b）将压力单位转换为 atm。

10.22　2005 年的威尔玛飓风是大西洋盆地有史以来最强烈的飓风，低压读数为 882mbar。将该读数转换成下列单位。（a）atm；（b）torr；（c）英寸汞柱。

10.23　如果大气压力为 0.995atm，图中所画出的三种情况下，每种封闭气体的压力是多少？假设灰色液体为汞。

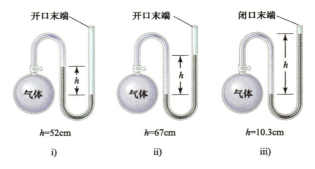

开口末端　　　　　开口末端　　　　　闭口末端
气体　　　　　　　气体　　　　　　　气体
h=52cm　　　　　h=67cm　　　　　h=10.3cm
i)　　　　　　　　ii)　　　　　　　　iii)

10.24　一个开放式汞压力计连接到一个气体容器上，如实践练习 10.2 所示。在下列情况下，封闭气体的压力是多少，以 torr 为单位？（a）与气体相连一侧的汞柱比与大气相通一侧的汞柱高出 15.4mm，大气压力为 0.985atm；（b）与气体相连一侧的汞柱比与大气相通一侧的汞柱低 12.3mm；大气压力为 0.99atm。

气体定律（见 10.3 节）

10.25　一个带有可移动活塞的气缸里，装有 25℃的气体，下列哪种操作会使气压加倍？（a）在保持温度不变的情况下，将活塞提升到两倍的体积；

（b）加热气体，使其温度从25℃上升到50℃，同时保持体积不变；（c）在保持温度不变的情况下，推动活塞使体积减半。

10.26 21℃时，一定量的气体压力为752torr，体积为5.12L。（a）当温度保持不变时，计算压力增加到1.88atm时气体所占的体积；（b）当压力保持不变时，计算温度上升到175℃时气体所占的体积。

10.27 （a）阿蒙顿定律（Amonton's law）描述了压力和温度之间的关系。利用查尔斯定律（Charles's law）和波义耳定律（Boyle's law）推导出P和T之间的比例关系；（b）如果在75°F时测量汽车轮胎充气压力到32.01b/in.²（psi），如果轮胎在行驶过程中热至120°F，胎压将是多少？

10.28 氮气和氢气反应生成氨气，反应式如下：

$$N_2(g) + 3H_2(g) \Longrightarrow 2NH_3(g)$$

在一定的温度和压力下，1.2L的N_2和3.6L的H_2反应。如果N_2和H_2全消耗完，那么在相同的温度和压力下，生成多少体积的NH_3？

理想气体方程（见10.4节）

10.29 （a）缩写STP代表什么条件？（b）理想气体在STP下的摩尔体积是多少？（c）室温通常定为25℃，在25℃和1atm压力下，计算理想气体的摩尔体积是多少？（d）如果测量的压力是bars为单位，而不是atm，则计算相应的R值，以L·bar/mol·K为单位。

10.30 在导出理想气体方程时，我们假定气体原子/分子的体积可以忽略不计。考虑到氖的原子半径为0.69Å，并且知道一个球体的体积为$4\pi r^3/3$，计算STP时氖气样品中，Ne原子所占据的空间的比例。

10.31 假设你有2个1L的烧瓶，已知一个装有摩尔质量为30g/mol的气体，另一个装有摩尔质量为60g/mol的气体，二者温度相同。烧瓶A内气体压力为$x$atm，气体质量为1.2g。烧瓶B内压力为0.5$x$atm，气体质量为1.2g。哪个烧瓶中装有摩尔质量为30g/mol的气体，哪个烧瓶中装有摩尔质量为60g/mol的气体？

10.32 假设你有两个烧瓶，二者温度相同，一个体积为2L，另一个体积为3L，2L的烧瓶含有4.8g气体，气体压力是$x$atm。3L的烧瓶内含有0.36g气体，气体压力为0.1$x$atm。这两种气体的摩尔质量是否相同？若否，哪个装有摩尔质量较高的气体？

10.33 完成下列理想气体表：

P	V	n	T
2.00atm	1.00L	0.500mol	?K
0.300atm	0.250L	?mol	27℃
650torr	?L	0.333mol	350K
?atm	585mL	0.250mol	295K

10.34 计算下列中每种理想气体的量：（a）气体的体积，以升为单位，如果1.50mol理想气体在−6℃

温度时的压力为1.25atm；（b）气体的绝对温度，如果3.33×10^{-3}mol气体在750torr时占有478mL体积；（c）气体压力（以atm计），如果0.00245mol气体在138℃时占有413mL体积；（d）气体的量，以mol为单位，如果126.5L气体在54℃时的压力为11.25kPa。

10.35 经常在体育赛事的上空飞越的固特异（Goodyear）小飞艇，容纳约175000ft³的氦。如果氦气的温度为23℃，压力为1.0atm，小飞艇中的氦气的质量是多少？

10.36 霓虹灯是由玻璃管制成，其内径为2.5cm，长度为5.5m。如果灯内含有35℃、1.78torr的氖气，那么霓虹灯里的氖有多少克呢？（圆管的体积是$\pi r^2 h$）

10.37 （a）深呼吸时气体体积为2.25L，温度为37℃，压力为735torr，计算分子数；（b）成年蓝鲸的肺容量为5.0×10^3L，计算一个成年蓝鲸肺里的空气（假设平均摩尔质量为28.98g/mol）在0.0℃和1.00atm时的质量，假设空气表现出理想气体行为。

10.38 （a）如果臭氧，O_3，在平流层施加的压力为3.0×10^{-3}atm，温度为250K，1L中含有多少个臭氧分子？（b）二氧化碳在地球大气中约占0.04%。如果你在一个温度为27℃的日子里，从海平面（1.00atm）收集了2.0L的气体，问其中有多少个CO_2分子？

10.39 潜水员的气瓶中含有0.29kg O_2，压缩成2.3L，（a）计算瓶内气体温度为9℃时的压力；（b）在26℃和0.95atm时，这种氧气所占的体积是多少？

10.40 一种体积为250mL的气溶胶罐内包含2.30g丙烷气体（C_3H_8）作为喷射剂。（a）如果罐温为23℃，罐里的压力是多少？（b）丙烷在STP时占多大体积？（c）罐的标签上写到，暴露在130°F以上的温度可能会导致罐破裂。在这个温度下，罐里的压力是多少？

10.41 将35.1g固体CO_2（干冰）加到温度为100K、体积为4.0L的容器中。如果把容器已抽真空（全部气体被除去），密封后加热至室温（$T = 298$K），使所有固体CO_2转化为气体，容器内的压力是多少？

10.42 在化学讲座中使用的一个334mL的气缸含有5.225g的氦气，温度为23℃。假设符合理想的气体行为，必须释放多少克氦气才能将压力降到75atm？

10.43 氯被广泛用于净化城市供水和处理游泳池中的水。假设895torr和24℃下，一定量的Cl_2气体积为8.70L。（a）含有多少克的Cl_2？（b）在STP时，Cl_2的体积是多少？（c）压力为8.76×10^2Torr时，多少温度下氯气的体积为15.00L？（d）如果温度为58℃，在多大压力下体积等于5.00L？

10.44 许多气体是用高压容器装运的。考虑一个容积为55.0gal的钢罐装有O_2，在23℃时压力为16500kPa，（a）罐里O_2的质量是多少？（b）在STP时，气体的体积是多少？（c）在多少温度时罐内的压力等于 150.0atm？（d）如果把气体转移到 24℃、体积为 55.0L 的容器中，气体的压力是多少（以 kPa 计）？

10.45 在科学文献中报道的一项实验中，雄性蟑螂被用来在微型跑步机上以不同的速度奔跑，同时测量它们的耗氧量。在 1 小时内，以 0.08km/hr 速度奔跑的蟑螂，在 24℃、1atm 下平均消耗 0.8mL/g 昆虫的氧气。（a）一只 5.2g 蟑螂以这样的速度运动，在 1 小时内会消耗多少 O_2（以 mol 计）？（b）同一只蟑螂被一个孩子抓住，放在一个带盖子的 1qt 水果罐中，并拧紧盖子。假设与研究中保持相同水平进行连续运动，在 48 小时内，蟑螂是否会消耗超过 20% 的可用氧气？（空气含有 21mol% 的 O_2）。

10.46 运动员的体能由"最大摄氧量"来衡量，这是人在连续运动（例如，跑步机上）消耗氧气的最大体积。一个普通男性的"最大摄氧量"为 45mL O_2/kg 体重 /min，但是一个世界级的男性运动员可以拥有的"最大摄氧量"为 88mL O_2/kg 体重 /min，（a）计算一个平均体重为 185lb，"最大摄氧量"为 47.5mL O_2/kg 体重 /min 的普通男性在 1h 内消耗多少 mL O_2？（b）如果这个人锻炼减掉了 20lb，并把"最大摄氧量"提高到 65.0mL O_2/kg 体重 /min，他在 1h 内能消耗多少 mL O_2？

理想气体方程的进一步应用（见 10.5 节）

10.47 按 1.00atm 和 298K 时密度从低到高的顺序排列下列气体：CO、N_2O、Cl_2、HF。

10.48 按 1.00atm 和 298K 时，密度从低到高的顺序排列下列气体：SO_2、HBr、CO_2。

10.49 以下哪种说法最能解释一个氦气球在空气中上升的原因？

（a）氦气为单原子，而几乎所有组成空气的分子，如氮气和氧气，都是双原子；

（b）氦原子的平均速度大于空气分子的平均速度，与气球壁碰撞的速度越大，气球就越上升；

（c）由于氦原子的质量比平均空气分子的低，所以氦气的密度比空气小。因此，气球的质量比装有同体积空气的质量要小；

（d）由于氦的摩尔质量低于平均空气分子，所以氦原子的运动速度更快。这意味着氦的温度大于空气温度，热气体就会上升。

10.50 以下哪种说法最能解释为什么 STP 时 N_2 比 Xe 气的密度小？

（a）因为 Xe 是一种稀有气体，所以 Xe 原子相互排斥的倾向较小，所以它们在气态中的堆积更加密集；

（b）Xe 原子的质量比 N_2 分子的高，由于 STP 时两种气体在单位体积内的分子数是相同的，所以 Xe 气的密度一定更高；

（c）Xe 原子比 N_2 分子大，因此所占的气体空间更大；

（d）由于 Xe 原子比 N_2 分子的质量大得多，它们移动得更慢，因此对气体容器施加的向上力就较小，

从而使气体看上去密度更大。

10.51 （a）计算 NO_2 气体在 0.970atm 和 35℃时的密度；

（b）如果 2.50g 气体在 685torr 和 35 ℃时占有 0.875L 体积，计算气体的摩尔质量。

10.52 （a）计算 707Torr 和 21℃时，六氟化硫气体的密度；（b）一种蒸汽在 12℃和 743torr 时的密度是 7.135g/L，计算其摩尔质量。

10.53 杜马球技术用于测定一种未知液体的摩尔质量，将这种液体在低于 100℃的沸水浴中煮沸，并测定充满杜马球的蒸气质量。根据以下数据，计算未知液体的摩尔质量：未知蒸气的质量为 1.012g，球的体积为 354cm³，压力为 742torr，温度为 99℃。

汽化的未知物质填充的杜马球

沸水

10.54 挥发性物质的摩尔质量用练习 10.53 中描述的杜马球法测定。一种未知蒸气的质量为 0.846g，球的体积为 354cm³，压力为 752torr，温度为 100℃，计算这种未知蒸气的摩尔质量。

10.55 镁可用作真空外壳中的"吸气剂"，与最后一丝氧气反应（镁通常通过金属丝或金属带传输电流来加热的）。如果外壳的体积为 0.452L，27℃下氧的分压为 3.5×10^{-6} torr，根据下面的方程，计算需要多少质量的镁参与反应？

$$2Mg(s) + O_2(g) \longrightarrow 2\,MgO(s)$$

10.56 氢化钙，CaH_2，与水反应生成氢气：

$$CaH_2(s) + 2H_2O(l) \longrightarrow Ca(OH)_2(aq) + 2H_2(g)$$

在需要一种简单的、便捷的方法来产生 H_2 的时候，这种反应有时被用来给救生筏、气象气球等充气。如果 H_2 的压力为 825torr，需要多少克 CaH_2 才能在 21℃时产生 145L 的 H_2。

10.57 葡萄糖，$C_6H_{12}O_6$，在我们体内代谢氧化产生二氧化碳，从肺部排出：

$$C_6H_{12}O_6(aq) + 6O_2(g) \longrightarrow 6CO_2(g) + 6\,H_2O(l)$$

（a）在体温（37℃）和 0.970atm 压力时，计算此反应中消耗 24.5g 的葡萄糖产生干燥 CO_2 的体积；（b）在 1.00atm 和 298K 时，计算需要多少体积氧气量才能使 50.0g 葡萄糖完全氧化。

10.58 雅克·查尔斯（Jacques Charles）和约瑟夫·路易斯·盖 - 吕萨克（Joseph Louis Guy-Lussac）都是狂热的气球爱好者。在 1783 年的首次飞行中，雅克·查尔斯使用了一个气球，气球中含有约 31150L

的 H_2。他利用铁与盐酸反应产生 H_2：

$$Fe(s) + 2HCl(aq) \longrightarrow FeCl_2(aq) + H_2(g)$$

温度为 22℃时，需要多少 kg 的铁才能产生这个体积数的 H_2？

10.59 锌与硫酸反应时产生氢气：

$$Zn(s) + H_2SO_4(aq) \longrightarrow ZnSO_4(aq) + H_2(g)$$

如果 24℃时在水中能收集 159mL H_2，如果气压为 738torr，那么需要消耗多少 g 的锌？（水的蒸气压见附录 B）

10.60 乙炔气，$C_2H_2(g)$，可由电石和水反应来制备：

$$CaC_2(s) + 2H_2O(l) \longrightarrow Ca(OH)_2(aq) + C_2H_2(g)$$

如果 23℃时 1.524g CaC_2 参与反应，气体的总压为 753torr，计算从水中收集的 C_2H_2 体积。（水的蒸气压在附录 B 中列出）。

分压（见 10.6 节）

10.61 观察下图中所示的设备。

（a）当两个容器之间的阀门打开，气体可以混合时，N_2 气的体积是如何变化的？混合后 N_2 的分压是多少？（b）当气体混合时，O_2 气的体积是如何变化的？氧气在混合物中的分压是多少？（c）气体混合后，容器内的总压力是多少？

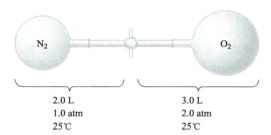

	N₂	O₂
	2.0 L	3.0 L
	1.0 atm	2.0 atm
	25℃	25℃

10.62 考虑两种气体的混合物，A 和 B，被封闭在一个容器中。第三种气体 C，在相同的温度下被添加到同一容器中。气体 C 的增加如何影响以下情况：（a）气体 A 的分压；（b）容器中的总压力；（c）气体 B 的摩尔分数。

10.63 在 25℃时，10.00L 的容器中含 0.765mol 的 $He(g)$、0.330mol 的 $Ne(g)$ 和 0.110mol 的 $Ar(g)$ 的混合气体。

（a）计算混合气中每种气体的分压；（b）计算混合气体的总压。

10.64 一名深海潜水员使用的气瓶体积为 10.0L，包含 51.2g O_2 和 32.6g He。如果气体的温度为 19℃，计算每种气体的分压和总压。

10.65 目前，大气中二氧化碳气体的浓度为 407ppm（按体积计算，为百万分之几；也就是说，每 10^6L 大气中有 407L 二氧化碳）。大气中二氧化碳的摩尔分数是多少？

10.66 一台等离子屏幕电视包含数千个微小的单元，里面充满了 Xe、Ne 和 He 气体，当施加电压时，这些气体会发出特定波长的光。一种特殊的等离子体单元为 0.900mm × 0.300mm × 10.0mm，在 1∶1 Ne∶He 混合物中含有 4% 的 Xe，总压为 500torr。计算该单元中 Xe、Ne 和 He 原子的数量，并说明在计算中需要给出的假设。

10.67 将一块质量为 5.50g 的干冰（固体二氧化碳）放入一个 10.0L 的容器中，容器内已装有压力 705torr 和温度 24℃的空气。24℃条件下，计算 CO_2 气体的分压和容器内的总压。

10.68 将 5.00mL（密度为 0.7134g/mL）的乙醚 $C_2H_5OC_2H_5$ 加入到含 N_2 和 O_2 混合物的 6.00L 容器中，分压为 $P_{N_2} = 0.751$atm 和 $P_{O_2} = 0.208$atm。温度为 35.0℃时乙醚完全蒸发。（a）计算乙醚的分压；（b）计算容器内的总压。

10.69 200℃时，一种含有二氧化碳和水蒸气物质的量比为 3∶1 的硬质容器，总压为 2.00atm。如果容器冷却到 10℃，所有的水蒸气都会凝结，二氧化碳的压力是多少？忽略冷却过程中形成的液态水的体积。

10.70 32℃时，如果将 5.15g 的 Ag_2O 密封在充有 760torr N_2 的 75.0mL 的试管中，加热到 320℃，则 Ag_2O 分解成氧气和银。假设试管的体积保持不变，管内的总压是多少？

10.71 在水深 250ft 的地方，压力是 8.38atm。当潜水用混合气体中的氧气分压为 0.21atm 时，氧气的摩尔百分比是多少？这和气压为 1atm 的空气是一样的吗？

10.72 （a）在 15.08g O_2、8.17g N_2 和 2.64g H_2 的混合物中，每个组分的摩尔分数是多少？（b）如果混合气放置在 15℃的 15.50L 的容器中，这个混合气中每个组分的分压是多少？

10.73 原本放在 1.00L 容器中 5.25atm 压力、26℃温度的 N_2，被转移到 20℃、12.5L 容器中。原来放在 5.00L 容器中压力 5.25atm、温度 26℃的 O_2 被转移到同一容器中，新容器的总压是多少？

10.74 原本装在 5.0L 容器中温度为 21℃的 3.00g $SO_2(g)$，被转移到 26℃、10.0L 的容器中。原本放在 2.50L 容器中的温度为 20℃、2.35g 的 $N_2(g)$，同样被转移到这个 10L 的容器中。（a）在这个大一些的容器中，$SO_2(g)$ 的分压是多少？（b）这个容器中，$N_2(g)$ 的分压是多少？（c）这个容器内的总压力是多少？

气体分子动力学理论；逸出和扩散（见 10.7 节和 10.8 节）

10.75 确定下列每项变化是否增加、减少还是不影响气体分子与容器壁碰撞的速率：（a）增加容器的体积；（b）增加温度；（c）增加气体的摩尔质量。

10.76 指出下列关于气体分子动力学理论的说法中哪个是正确的。（a）在给定温度下，一种气体分子的平均动能与 $m^{1/2}$ 成正比；（b）假设气体分子间不产生相互作用力；（c）给定温度下，气体中所有分子都具有相同的动能；（d）气体分子的体积与气体的总体积相比可以忽略不计；（e）所有气体分子在相同的温度下以相同的速率运动。

10.77 WF_6 是已知最重的气体之一。在 300K 时，WF_6 的均方根速率比 He 慢多少？

10.78 有一个体积固定和质量已知的真空容器，导入一种已知质量的气体。在恒定温度下，随着时间的推移不断监测压力，你会惊讶地发现压力在慢慢下降。测量充满气体的容器的质量，发现质量应该是气体加上容器的，并且质量不会随着时间的推移而变化，因此就没有泄漏。对你的观察给出解释。

10.79 把装有氮气的 5.00L 容器的温度从 20℃ 提高到 250℃，如果体积保持不变，定性预测这一变化将如何影响以下情况：

（a）分子的平均动能；（b）分子的均方根速率；（c）分子与容器壁碰撞的平均强度；（d）每秒分子与器壁碰撞的总次数。

10.80 假设有两个 1L 的烧瓶，一个在 STP 时装有 N_2，另一个在 STP 中装有 CH_4。对比分析两个体系的下列参数：（a）分子数；（b）密度；（c）分子的平均动能；（d）通过针孔逸出的速率。

10.81 （a）25℃ 时，按分子平均速度增加的顺序排列以下气体：Ne、HBr、SO_2、NF_3、CO；（b）计算 25℃ 时 NF_3 分子的均方根速率；（c）计算 270K 时平流层中臭氧分子的最可几速率。

10.82 （a）300K 时，按平均分子速率的增加顺序排列如下气体 CO、SF_6、H_2S、Cl_2、HBr；（b）计算 300K 时 CO 和 Cl_2 分子的均方根速率；（c）计算 300K 时 CO 和 Cl_2 分子的最可几速率。

10.83 下列哪个或哪几个说法是正确的？

（a）O_2 比 Cl_2 逸出的速度更快；

（b）逸出和扩散是同一过程的不同说法；

（c）香水分子通过逸出过程进入你的鼻子；

（d）气体密度越高，平均自由程越短。

10.84 在恒压下，气体分子的平均自由程（λ）与温度成正比。在恒温下，λ 与压力成反比。如果对比两种不同的气体分子，在相同的温度和压力下，λ 与气体分子直径的平方成反比。把这些事实结合起来，建立一个气体分子的平均自由程与比例常数（称为 R_{mfp}，就像理想气体常数）的公式，确定 R_{mfp} 的单位。

10.85 氢有两种自然同位素：^1H 和 ^2H。氯也有两种自然同位素，^{35}Cl 和 ^{37}Cl。因此，氯化氢气体有四种不同类型的分子：$^1H^{35}Cl$、$^1H^{37}Cl$、$^2H^{35}Cl$、$^2H^{37}Cl$。将这四种分子按逸出速率增加的顺序排序。

10.86 正如在第 10.8 节"化学应用"中所讨论的，浓缩铀可以通过多孔膜上的气体 UF_6 的逸出来产生。假设开发一个反应时为了让气态铀原子 U（g）透过。计算 ^{235}U 和 ^{238}U 的逸出率，并与论文给出的 UF_6 的比率进行比较。

10.87 硫化砷（Ⅲ）很容易升华，甚至在低于 320℃ 熔点也升华。在相同的温度和压力条件下，气相分子以 0.28 倍 Ar 原子的逸出速率通过一个小孔逸出。硫化砷（Ⅲ）在气相时的分子式是什么？

10.88 在恒压条件下，允许一种未知分子质量的气体通过一个小开口逸出。1.0L 的气体需要 105s 才能逸出。在相同的实验条件下，1.0L 的 O_2 气需要 31s 才能逸出。计算未知气体的摩尔质量。（请记住，逸出速率越快，1.0L 气体逸出所需时间越短；换句话说，速率是扩散时间内扩散的量）。

非理想气体行为（见 10.9 节）

10.89 （a）列出气体偏离理想气体行为的两个实验条件；（b）列出气体偏离理想气体行为的两个原因。

10.90 木星的表面温度为 140K，质量是地球的 318 倍。水星的表面温度在 600～700K 之间，质量是地球的 0.05 倍。在哪个星球上，大气更可能服从理想气体定律？请解释理由。

10.91 关于范德瓦尔斯常数 a 和 b，哪种说法是正确的？

（a）a 的大小与分子体积有关，而 b 与分子之间的引力有关；

（b）a 的大小与分子之间的引力有关，而 b 的大小与分子的体积有关；

（c）a 和 b 的大小取决于压力；

（d）a 和 b 的大小取决于温度。

10.92 根据它们各自的范德瓦尔斯常数（见表 10.3），Ar 或 CO_2 哪种气体在高压下表现得更接近理想气体呢？

10.93 在实例解析 10.16 中，我们发现 1mol 的 Cl_2 在 0℃ 时体积为 22.41L，与理想气体行为稍有偏差。计算 1.00mol Cl_2 在 25℃、5.00L 较小体积下产生的压力。（a）首先使用理想气体方程；（b）使用范德瓦尔斯方程进行计算。（范德瓦尔斯常数在表 10.3 中给出）；（c）当气体限制在 5.00L 而不是 22.4L 时，为什么理想气体的结果与范德瓦尔斯方程的计算结果差别更大呢？

10.94 如果 1.00mol CCl_4 占有 33.3L 体积，计算 CCl_4 在 80℃ 时的压力，假定（a）CCl_4 符合理想气体方程；（b）CCl_4 符合范德瓦尔斯方程。（范德瓦尔斯常数值在表 10.3 中给出）；（c）在这些情况下，你认为是 Cl_2 还是 CCl_4 更偏离理想气体行为呢？解释理由。

10.95 表 10.3 给出范德瓦尔斯常数 b 的单位是 L/mol。这意味着我们从 b 可以计算出原子或分子的大小，利用 Xe 的 b 值计算其原子半径，并将其与图 7.7 中给出的值，也就是 1.40 Å 进行比较。回顾一下，球的体积是（4/3）πr^3。

10.96 表 10.3 给出了范德瓦尔斯常数 b 的单位为 L/mol。这意味着我们可以从 b 参数中计算原子或分子的大小。请参阅 7.3 节中的讨论。我们从表 10.3 的参数 b 计算出的范德瓦尔斯半径是否与之前讨论的成键或非成键原子半径密切相关呢？解释理由。

附加练习

10.97　托里切利（Torricelli）发明了气压计，其结构中使用了汞，因为汞的密度非常高，这样就有可能制造出比以密度较低的流体为基础的气压计更紧凑的气压计。当大气压力为 $1.01 \times 10^5 Pa$ 时，观察到汞柱的高度为760mm，计算汞的密度。假设装有汞的玻璃管是一个具有恒定截面积的圆柱体。

10.98　一个体积为 $1.0mm^3$ 的气泡来自湖底，湖底的压力为3.0atm。假设温度不变，湖面压力为730torr。计算气泡到达湖面时的体积。

10.99　一个15.0L的储罐装满氮气，压力为 $1.00 \times 10^2 atm$。假设温度保持恒定，储罐压力不能低于1.00atm，在压力达到1.00atm时能充多少个气球（每个2.00L）？

10.100　为了使钨丝的蒸发速率降到最低，将 $1.4 \times 10^{-5}mol$ 的氩气充入 $600cm^3$ 的灯泡中。23℃时灯泡中氩气的压力是多少？

10.101　CO_2 作为一种"温室气体"，被认为是导致全球变暖的主要原因，是在化石燃料燃烧时生成的，例如在电厂燃烧煤、石油或天然气。减少大气中 CO_2 含量的一个潜在方法是将 CO_2 作为压缩气体储存在地下地层中。设想一个1000兆瓦的燃煤发电厂，每年产生约 6×10^6 吨 CO_2。（a）假设符合理想气体行为，压力1.00atm，温度27℃时，计算该电厂产生的 CO_2 体积；（b）如果 CO_2 以液体形式储存在地下，温度为10℃，压力为120atm，密度为 $1.2g/cm^3$，其体积是多少？（c）如果在30℃和70atm下作为气体储存在地下，所占的体积是多少？

10.102　丙烷 C_3H_8 在适当的压力下液化，允许大量储存在容器中。（a）在3.00atm和27℃下，计算110L容器中丙烷气体的物质的量；（b）计算液态丙烷储存在相同体积内的物质的量，液体的密度为0.590g/mL；（c）计算液态物质的量与气态物质的量的比值。根据气体分子动力学理论进行讨论。

10.103　羰基镍（Ni（CO）₄）是已知毒性最大的物质之一。目前，在8小时工作日中，实验室空气最大允许浓度按体积计算为1ppb（十亿分之一），这意味着每 $10^9 mol$ 气体中就有1mol的Ni(CO)₄。假设在24℃和1.00atm压力下，在一个 $12ft \times 20ft \times 9ft$ 的实验室里，羰基镍（Ni（CO）₄）的允许质量是多少？

10.104　当一个大真空烧瓶充满氩气时，它的质量增加了3.224g。当同样的烧瓶再次被抽真空，然后充入一种未知摩尔质量的气体时，质量增加了8.102g，（a）根据氩的摩尔质量，估算未知气体的摩尔质量；（b）你在估算答案时，做了什么假设？

10.105　考虑图中所示灯泡的排列。每种灯泡里都装有一种气体，压力已给出。假设温度保持不变，当所有的旋塞阀打开时，这个系统的压力是多少？（连接灯泡的毛细管的体积我们可以忽略不计）。

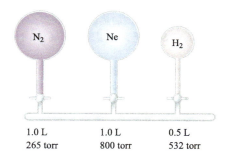

N₂	Ne	H₂
1.0 L	1.0 L	0.5 L
265 torr	800 torr	532 torr

10.106　假设汽车发动机的单缸容积为 $524cm^3$。（a）如果汽缸充满空气时温度为74℃，压力为0.980atm，那么存在多少 O_2（以mol计）？（干燥的空气中 O_2 的摩尔分数为0.2095）；（b）多少g的 C_8H_{18} 可烧掉这些 O_2，假设完全燃烧时生成 CO_2 和 H_2O？

10.107　假设呼出的一口气由74.8% N_2、15.3% O_2、3.7% CO_2 和6.2%水蒸气组成。

（a）如果气体的总压力是0.985atm，计算混合气中每个组分的分压；（b）如果呼出气体的体积为455ml，温度为37℃，计算呼出二氧化碳的物质的量；（c）需要代谢多少克葡萄糖（$C_6H_{12}O_6$）才能产生如此数量的 CO_2？（化学反应与 $C_6H_{12}O_6$ 燃烧反应相同。见3.2节和练习10.57）。

10.108　在室温下，1.42g氩气和未知质量的 O_2 气混合装入一个烧瓶中。氩气的分压为42.5torr，氧气的分压为158torr，氧气的质量是多少？

10.109　一种理想气体装在一个未知体积的灯泡中，压力为1.50atm。旋塞阀用于将这个灯泡与一个预先抽空、体积为0.800L的空灯泡连接起来，如下图所示。当旋塞打开时，气体就会涌入空灯泡中。如果在此过程中温度保持不变，最终压力为695torr，那么最初充满气体的灯泡的体积是多少？

10.110　0℃下，测量了一种未知摩尔质量的气体的密度随压力的变化，如下表所示。（a）确定这种气体的准确摩尔质量（提示：d/P 对 P 作图）；（b）为什么 d/P 不是一个常数，而是压力的函数？

压力 /atm	1.00	0.666	0.500	0.333	0.250
密度 /（g/L）	2.3074	1.5263	1.1401	0.7571	0.5660

10.111　装有旋塞阀的真空玻璃容器的质量为337.428g。充满Ar时，它的质量是339.854g。在相同的温度和压力条件下，将它抽空后再重新充入Ne

和 Ar 的混合气，它的质量是 339.076g。在气体混合物中，Ne 的摩尔百分比是多少？

10.112　有一种处于 −33℃ 的气体，你希望将均方根速率提高 2 倍，应该加热该气体到多少温度？

10.113　在 STP 下，考虑以下气体：Ne、SF_6、N_2、CH_4。

（a）哪种气体最有可能偏离分子动力学理论中关于分子间没有吸引力或排斥力的假设？

（b）哪种气体的行为最接近理想气体？

（c）在给定的温度下，哪种具有最高的均方根速率？

（d）相对于气体所占空间，哪种分子体积最大？

（e）哪种具有最高的平均分子动能？

（f）哪种气体会比 N_2 逸出得更快？

（g）哪种气体具有最大的范德瓦尔斯参数 b？

10.114　如果出现以下情况，分子间引力对气体性质的影响会变得更显著还是更不显著？

（a）气体在恒温下压缩成较小的体积；（b）气体的温度在体积恒定时升高？

10.115　除了氦气之外，哪种稀有气体最容易偏离理想气体行为？使用表 7.8 中的密度数据证实你的答案。

10.116　结果表明，范德瓦尔斯常数 b 等于 1mol 气体分子实际占据的总体积的四倍。使用此数字，计算一个容器中 Ar 原子实际占据的体积分数，（a）在 STP 下；（b）在 200atm 压力和 0℃ 下（为了简单起见，假设理想气体方程仍然适用）。

10.117　大量氮气用于生产合成氨，其主要用作肥料。假设 120.00kg 的 $N_2(g)$，在 280℃ 时被储存在一个 1100.0L 的圆金属桶中。（a）计算气体的压力，假设符合理想气体行为；（b）利用表 10.3 中的数据，根据范德瓦尔斯方程计算气体的压力；（c）在这个问题条件下，哪一种修正占主导地位，是气体分子的固有体积还是相互作用的引力？

综合练习

10.118　环丙烷是一种与氧气一起用作全身麻醉剂的气体，其质量由 85.7%C 和 14.3%H 组成。（a）如果 1.56g 环丙烷在 0.984atm 和 50.0℃ 下体积为 1.00L，那么环丙烷的分子式是什么？（b）从它的分子式来看，你认为环丙烷在中高压和室温下是否会偏离理想气体行为？解释一下；（c）如果通过针孔逸出，环丙烷比甲烷 CH_4 更快还是更慢？

10.119　考虑 25.0mL 液体甲醇（密度 =0.850g/mL）和 12.5L 氧气在 STP 时进行燃烧反应。反应产物为 $CO_2(g)$ 和 $H_2O(g)$。如果反应完全，且水蒸气可以凝结下来，计算生成的液体 H_2O 的体积。

10.120　一种除草剂发现只含有 C、H、N 和 Cl。在氧气过量的情况下，100.0mg 的除草剂在 STP 时完全燃烧产生 83.16mL 的 CO_2 和 73.30ml 的水蒸气。分离分析实验表明该样品还含有 16.44mg 的 Cl。

（a）确定这个物质的百分比组成；（b）计算其经验式；（c）要计算出其真实分子式，你还需要知道哪些其他信息？

10.121　把 4.00gCaO 和 BaO 混合物放入一个含有 CO_2 气体、压力 730torr、温度 25℃ 的 1.00L 容器中。CO_2 与 CaO 和 BaO 反应，生成 $CaCO_3$ 和 $BaCO_3$。当反应完全时，剩余 CO_2 的压力为 150torr。

（a）计算参加反应的二氧化碳的物质的量；

（b）计算混合物中 CaO 的质量百分比。

10.122　氨和氯化氢反应生成固体氯化铵：

$$NH_3(g) + HCl(g) = NH_4Cl(s)$$

如图所示，两个 2.00L、25℃ 的烧瓶由一个阀门连接起来。一个烧瓶装有 5.00g $NH_3(g)$，另一个装有 5.00g $HCl(g)$。当旋塞阀打开时，两种气体发生反应，直到一个完全被消耗掉。（a）反应完成后，体系中剩余哪种气体？（b）反应完成后，体系的最后压力是多少？（忽略氯化铵形成的体积）；（c）生成多少质量的氯化铵？

5.00 g	5.00 g
2.00 L	2.00 L
25℃	25℃

10.123　天然气管道用于向美国各地区输送天然气（甲烷 CH_4）。STP 时测量可知，每天输送的天然气总量约为 2.7×10^{12}L。计算这么多量的甲烷燃烧的总焓变。（注：每天实际燃烧的甲烷少于这一数量。其中一些气体被输送到其他地区）。

10.124　二氧化氯气体（ClO_2）是一种商用的漂白剂，其通过氧化来漂白材料。在这些反应过程中，ClO_2 自身就会减少。（a）ClO_2 的 Lewis 结构是什么？（b）为什么你认为 ClO_2 会如此容易地减少呢？（c）当 ClO_2 分子获得一个电子时，形成亚氯酸根离子 ClO_2^-。绘制 ClO_2^- 的 Lewis 结构；（d）预测 ClO_2^- 离子中 O-Cl-O 的键角；（e）氯气和亚氯酸钠反应制备二氧化氯的方法如下：

$$Cl_2(g) + 2NaClO_2(s) \longrightarrow 2ClO_2(g) + 2NaCl(s)$$

如果 21℃ 下，15.0gNaClO_2 与 2.00L Cl_2 在 1.50atm 下反应，可以制备多少克 ClO_2？

10.125　在许多中东油田，天然气非常丰富。然而，由于需要将天然气液化，其主要为甲烷，在常压下沸点为 −164℃，所以将天然气运往世界其他地区的成本很高，一种可行的方法是将甲烷氧化成甲醇，CH_3OH，沸点为 65℃，因此更容易运输。假设在常压和 25℃下，把 $10.7 \times 10^9 ft^3$ 的甲烷氧化成甲醇。（a）如果 CH_3OH 的密度为 0.791g/mL，生成甲醇的体积是多少？（b）写出甲烷和甲醇氧化生成 CO_2（g）和 H_2O（l）的化学平衡方程式。计算刚提到的 $10.7 \times 10^9 ft^3$ 甲烷完全燃烧和同等量甲醇完全燃烧的总焓变，就像（a）中计算的那样。（c）甲烷液化时密度为 0.466g/mL，25℃时甲醇的密度为 0.791g/mL。比较液态甲烷和液态甲醇单位体积燃烧的焓变。从能量生产的角度看，哪种物质的单位体积燃烧焓更高？

10.126 固体碘与气态氟可反应制得气态五氟化碘：

$$I_2(s) + 5F_2(g) \longrightarrow 2IF_5(g)$$

一个装有 $10.0gI_2$ 的 5L 烧瓶内又充入了 10.0g 的 F_2，持续进行反应，直到其中一种试剂被完全消耗掉。反应完成后，烧瓶内的温度为 125℃。

（a）烧瓶中 IF_5 的分压是多少？（b）烧瓶中 IF_5 的摩尔分数是多少？（c）画出 IF_5 的 Lewis 结构；（d）在烧瓶中反应物和产物的总质量是多少？

10.127 用过量的盐酸处理 6.53g 碳酸镁和碳酸钙的混合物，在 28℃ 和 743torr 下，结果生成 1.72L 的二氧化碳气体。

（a）写出盐酸和混合物的两个组分发生反应的化学平衡方程式；（b）从这些反应中，计算生成的二氧化碳的总物质的量；（c）假设反应完全，计算混合物中碳酸镁的质量百分比。

设计实验

给你一个装有未知的非放射性的惰性气体的气缸，要求确定它的摩尔质量，并根据这个值来辨别气体。你可以使用的工具是几个空的、充气后大小和西柚差不多的聚酯薄膜气球（气体通过聚脂薄膜气球扩散的速度比传统的乳胶气球要慢得多），一台分析天平和三种不同规格（100mL、500mL 和 2L）带刻度的玻璃烧杯。（a）为确定气体的摩尔质量并辨别出气体种类，需要多少个重要的参数？（b）设计一个或一系列的实验，可以让你确定未知气体的摩尔质量。给出你需要使用的工具、算法和想法。（c）如果你能接触到更多的分析仪器，请提出第二种方法，可以用你在前几章中所学到的任何实验方法来辨别气体。

第 **11** 章

液体和分子间作用力

莲生长在水生环境中， 要想在这样的环境中茁壮成长，莲叶的表面一定是高度防水的。科学家称具有这种特性的表面为"超疏水"表面。莲叶的"超疏水"表面特性不仅使莲叶能漂浮在水面上，而且使落在莲叶上的水能凝结成水滴而滚落下去。水滴在滚落时吸附污染物，保持叶子的清洁，即使是生长在泥泞的池塘或湖泊中也是如此。由于莲花的自清洁特性，在许多东方文化中，莲花被视为纯洁的象征。

是什么力使莲叶表面具有如此高效的防水性？尽管发现这种植物的自清洁特性已经有几千年的历史了，但直到 20 世纪 70 年代，当扫描电子显微镜显示出叶子的粗糙表面图像（见图 11.1）时，这种作用才被完全理解。这种粗糙的表面有助于减少水和叶子之间以及污染物和叶子之间的接触，这样污染物就不易粘上了。

◀ **由于莲的叶子** 具有很强的防水能力，所以莲叶上的任何水分都会呈圆滴状，进而减少与叶子表面的接触。

▲ 图 11.1　莲叶表面上水滴的显微图像

另一个导致植物具有自清洁特征的重要因素是叶子分子和水分子之间的成分差异。叶子表面被碳氢分子所覆盖，对水分子没有吸引力。因此，水分子优先与其他水分子结合在一起，从而减少与叶子的接触。

莲叶效应启发科学家设计超疏水的表面，例如自清洁窗户和防水衣物。要理解莲叶效应和其他涉及**液体和固体**的现象，我们必须**了解分子间的作用力**，这种力存在于分子之间。只有了解这些力的性质和强度，我们才能理解物质与其在液体或固体状态下的物理性质之间的关系

11.1 ｜气体、液体和固体分子的对比

正如我们在第 10 章中所学到的，气体中的分子彼此分离并处于一个恒定的无序运动状态。气体分子动力学理论的一个关键原则是假设我们可以忽略分子之间的相互作用（见 10.7 节）。液体和固体的性质与气体的性质有很大差别，这是由于液体和固体中的分子间作用力比气体分子间的作用力要强得多。表 11.1 给出了气体、液体和固体性质的对比。

在液体中，分子间的相互引力很强，足以使粒子紧密地结合在一起。因此，与气体相比，液体的密度大得多，几乎不能压缩。与气体不同，液体有一定的体积，与容器的大小和形状无关。然而，液体中的这种吸引力还不够强，不足以阻止粒子相互移动。因此，任何液体都可以被倒进去，并呈现出它所占据的容器的形状。

在固体中，分子间的吸引力更强，足以使粒子更紧密地结合在一起，并将它们固定在各自的位置。和液体一样，固体不能被压缩，因为分子之间的自由空间很小。与气体相比，固体或液体中的粒子靠得更近，所以我们通常把固体和液体称为**凝聚相**。我们将在第 12 章中研究固体。就目前而言，足以证明固体的粒子不能自由地进行长程运动，从而使固体变得坚硬[⊖]。

表 11.1　物质的状态特性

气体	液体	固体
假定同时占据整个容器	假定它占据部分容器	保持原来的形状和体积
可膨胀充满整个容器	不会膨胀充满整个容器	不会膨胀充满整个容器
可压缩	几乎不可压缩	几乎不可压缩
易流动	易流动	不流动
气体中的扩散很快	液体中的扩散缓慢	固体中的扩散极其缓慢

⊖ 固体中的原子能够在位置上产生振动。随着固体温度的升高，振动运动加剧。

图例解析   对于一种给定的物质，你认为这种物质在其液态下的密度会更接近于气态还是固态的密度呢？

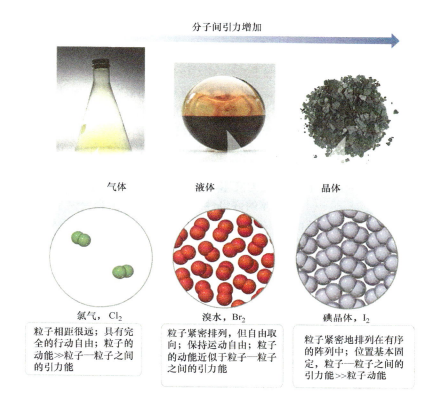

分子间引力增加

气体

液体

晶体

氯气，Cl_2

溴水，Br_2

碘晶体，I_2

粒子相距很远；具有完全的行动自由；粒子的动能≫粒子一粒子之间的引力能

粒子紧密排列，但自由取向；保持运动自由；粒子的动能近似于粒子一粒子之间的引力能

粒子紧密地排列在有序的阵列中；位置基本固定，粒子一粒子之间的引力能≫粒子动能

▲ 图 11.2 **气体、液体和固体**   氯气、溴水和碘晶体都是由双原子分子组成，具有共价键作用。然而，由于分子间作用力的不同，在室温和标准压力下，它们以三种不同的状态存在：Cl_2 是气体，Br_2 是液体，I_2 是固体

图 11.2 比较了物质的三种状态。*物质的状态在很大程度上取决于粒子（原子、分子或离子）的动能和粒子间引力能之间的平衡。动能与温度有关，趋向于保持粒子间的分离和运动，而粒子间引力趋向于把粒子聚集在一起。*在室温下气体物质的粒子间引力比液体物质的要弱得多；液体物质的粒子间引力又比固体物质的弱。卤素在室温下的不同状态——碘是固体，溴是液体，氯是气体——从 I_2 到 Br_2，再到 Cl_2，是分子间作用力强度逐渐降低的直接结果。

我们可以通过加热或冷却将一种物质从一种状态转变为另一种状态，从而改变粒子的平均动能。例如：NaCl 在室温下为固态，1atm 下 1074K 时熔化，1686K 时沸腾；Cl_2 在室温下为气态，1atm 下 239K 时液化，172K 时凝固。当气体的温度降低时，粒子的平均动能降低，粒子间引力促使粒子更紧密地聚集到一起，形成液体，然后将它们固定在适当的位置，形成固体。

图例解析

红虚线表示的 H—Cl 之间的距离与 HCl 分子中的 H—Cl 之间的距离相比会怎样呢?

强的分子内作用力(共价键)

H — Cl　　H — Cl

弱的分子间作用力

▲ 图 11.3　分子间和分子内的相互作用

增加气体的压力也可以促使气态转变为液态,这是因为增加的压力会使分子更紧密地聚集在一起,从而使分子间作用力更强。例如,丙烷(C_3H_8)在室温和 1atm 下是一种气体,而液态丙烷(LP)则是室温下储存在更高压力下的液体。

11.2 | 分子间作用力

分子间作用力的强度范围很宽,但通常比分子内的作用力——离子键、金属键或共价键弱得多(见图 11.3)。因此,与破坏共价键相比,很小的能量就能使液体气化或固体熔化。例如,仅需 16kJ/mol 就能克服 HCl 液体中的分子间作用力,使其汽化。相反,破坏 HCl 分子内共价键所需的能量为 431kJ/mol。因此,当 HCl 从固体转变为液体再到气体时,HCl 分子保持完整。

液体的许多性质(包括沸点)都反映了分子间作用力的大小。当气泡从液体内形成时,液体就会沸腾。液体分子必须克服分子间作用力,才能分离并形成蒸气。分子间作用力越大,液体沸腾的温度就越高。同样,固体的熔点随着分子间作用力强度的增加而增大。如表 11.2 所示,粒子间通过化学键结合的物质的熔点和沸点往往远高于粒子间由分子间作用力结合的物质的熔点和沸点。

想一想

当水沸腾时,气泡是如何形成的?

在电中性的分子之间存在着三种类型的分子间作用力:
- 色散力
- 偶极 - 偶极相互作用(也叫作诱导力)
- 氢键

前两种力合称为范德瓦尔斯力(van der Waals forces),来源于约翰内斯·范德瓦尔斯(Johannes van der Waals 1837—1923),他提出了预测气体偏离理想气体行为的方程式(见 10.9 节)。另外一种离子 - 偶极相互作用在溶液中也是非常重要的。

所有分子间的相互作用都是静电作用,包括正负离子之间的引力,就像离子键一样(见 8.2 节)。那么,为什么分子间作用力比离子键弱得多呢? 回顾式(8.4),静电相互作用随着电荷量的增加而增强,随着电荷间距的增加而减弱。

表 11.2　典型物质的熔点和沸点

作用力	物质	熔点 /K	沸点 /K
化学键			
离子键	氟化锂(LiF)	1118	1949
金属键	铍(Be)	1560	2742
共价键	金刚石(C)	3800	4300
分子间作用力			
色散力	氮气(N_2)	63	77
偶极 - 偶极相互作用	氯化氢(HCl)	158	188
氢键	氟化氢(HF)	190	293

与分子间作用力相关的电荷通常比离子化合物中的电荷小得多。例如，从 HCl 分子的偶极矩可估算出氢和氯两端的电荷量分别为 +0.178 和 −0.178（见实例解析 8.5）。此外，分子之间的距离往往大于由化学键连接在一起的原子之间的距离。

色散力

你可能会认为在电中性、非极性原子和分子之间没有静电作用力。但是，某种具有相互作用的引力一定存在，因为氦、氩和氮等非极性气体可以液化。德裔美国物理学家弗里茨·伦敦（Fritz London）在 1930 年首次提出这种引力的存在。伦敦认为，原子或分子中的电子运动可以产生瞬间或短暂的偶极矩。

例如，在氦原子的集聚体中，每个原子核周围电子的平均分布是球对称的，如图 11.4a 所示。原子是非极性的，因此没有永久的偶极矩。然而，电子的瞬时分布可能与平均分布不同。如果我们能在任何特定的时刻冻结电子的运动，那么两个电子都可能位于原子核的一侧。在这一时刻，就有一个瞬时偶极矩，如图 11.4b 所示。电子在一个原子中的运动会影响到其近邻电子的运动。一个原子的瞬时偶极可诱导相邻原子产生瞬时偶极，使得原子相互吸引，如图 11.4c 所示。这种引力产生的相互作用称为**色散力**（也叫作伦敦色散力或诱导偶极 - 诱导偶极相互作用）。只有当分子之间靠得很近时，这种作用力才明显。

色散力的强度大小取决于分子中电荷分布是否容易变形产生瞬时偶极的程度。电荷分布易变形的程度称为分子的**极化率**。我们可以把分子的极化率看作是其电子云"风暴"的一种度量：极化率越大，电子云就越容易产生瞬时偶极。因此，极化率越高的分子色散力越大。

一般来说，极化率随着原子或分子中电子数目的增加而增加。因此，色散力的强度会随着原子或分子大小的增大而增加。通常分子大小和质量是类似的，所以色散力的强度往往随着分子量的增加而增大。

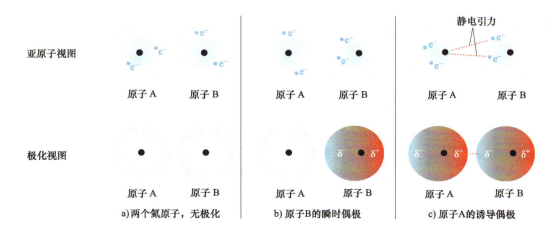

▲ **图 11.4　色散力**　一对氦原子在三个瞬间的电荷分布"快照"

图例解析 为什么在每个周期，卤素的沸点都大于惰性气体？

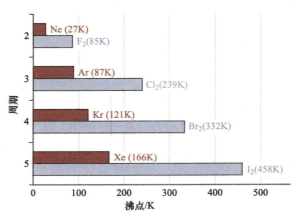

▲ 图 11.5 **卤素和惰性气体的沸点** 这张图显示了随着原子 / 分子量的增加而产生更强的色散力，从而使沸点增高

我们可以在卤素和惰性气体的沸点（见图 11.5）中看到，色散力是唯一的分子间作用力。在这两个族中，原子 / 分子的质量都随着元素周期表的下移而增加。较高的原子 / 分子质量转化为更强的色散力，导致沸点更高。

想一想

将 CCl_4、CBr_4 和 CH_4 按照沸点升高的顺序依次排列。

分子形状也影响色散力的大小。例如，n- 正戊烷⊖ 和新戊烷（见图 11.6）的分子式相同，均为 C_5H_{12}。但正戊烷的沸点比新戊烷高出 27K。这种差异可归结于这两种分子的不同形状。对于正戊烷来说，分子间的吸引力更大，这是由于分子可以在近似圆柱形分子的整个长度范围内接触，而新戊烷分子则在更紧凑和近似球形的分子间接触，接触面更少。

偶极 - 偶极相互作用

极性分子中永久偶极矩的存在提高了**偶极 - 偶极相互作用**。这些相互作用来自一个分子的部分正极端和邻近分子的部分负极端之间的静电引力。当两个分子的正（或负）极端接近时，也会发生排斥。偶极 - 偶极相互作用只有当分子靠得非常接近时才有效。

为了观察偶极 - 偶极相互作用的影响，我们比较了两种分子量相近的化合物的沸点：乙腈（CH_3CN，分子量 41amu，沸点 355K）和丙烷（$CH_3CH_2CH_3$，分子量 44amu，沸点 231K）。乙腈是一种极性分子，偶极矩为 3.9D，所以存在偶极 - 偶极相互作用。然而，丙烷是非极性的，不存在偶极 - 偶极相互作用。由于乙腈和丙烷的分子量相近，所以这两个分子的色散力也是相似的。因此，乙腈的沸点较高可归因于偶极 - 偶极相互作用。

线性分子——较大的表面积增加了分子间的接触，提高了色散力

n–正戊烷 (C_5H_{12})
沸点 = 309.4K

球形分子——较小的表面积减少了分子间的接触，减弱了色散力

新戊烷 (C_5H_{12})
沸点 =282.7K

▲ 图 11.6 **分子形状影响分子间作用力** 正戊烷分子间的接触比新戊烷分子的多。因此，正戊烷分子间作用力更强，具有较高的沸点

⊖ n- 正戊烷中的 n 是 "normal" 一词的缩写。表示碳原子直链排列的碳氢化合物（见 2.9 节）。

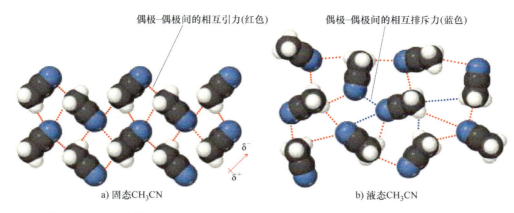

偶极-偶极间的相互引力(红色)　　偶极-偶极间的相互排斥力(蓝色)

δ^-
δ^+

a) 固态CH₃CN　　　b) 液态CH₃CN

▲ 图 11.7　偶极 - 偶极相互作用　a）固态 CH_3CN　b）液态 CH_3CN

为了更好地理解这些力，考虑 CH_3CN 分子在固态和液态时是如何聚集在一起的。在固态时（见图 11.7a），每个分子中带负电荷的氮原子端紧密排列在邻近分子的带正电荷的—CH_3 端。在液态时（见图 11.7b），分子之间可以自由移动，它们的排列更加无序。这意味着，在任何时刻都存在着偶极 - 偶极间的相互吸引和排斥作用。然而，不仅吸引力多于排斥力，而且相互吸引的分子比相互排斥的分子花费更多的时间来接近对方。总体效果是一个足够强的净吸引力，足以使液态 CH_3CN 中的分子分离出来形成气体。

对于质量和大小大致相等的分子，分子间作用力的强度随着极性的增加而增加，正如我们在图 11.8 中看到的顺序。注意，沸点是如何随着偶极矩的增加而增大的。

氢键

图 11.9 给出了氢与 4A~7A 族之间的元素形成的二元化合物的沸点。

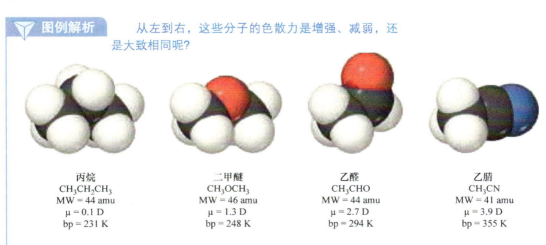

图例解析　从左到右，这些分子的色散力是增强、减弱，还是大致相同呢?

丙烷	二甲醚	乙醛	乙腈
$CH_3CH_2CH_3$	CH_3OCH_3	CH_3CHO	CH_3CN
MW = 44 amu	MW = 46 amu	MW = 44 amu	MW = 41 amu
μ = 0.1 D	μ = 1.3 D	μ = 2.7 D	μ = 3.9 D
bp = 231 K	bp = 248 K	bp = 294 K	bp = 355 K

极性增加
诱导力(偶极-偶极间的相互作用)增加

▲ 图 11.8　几种简单有机物的分子量、偶极矩和沸点

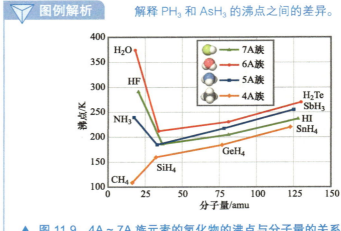

图例解析 解释 PH_3 和 AsH_3 的沸点之间的差异。

▲ 图 11.9 4A ~ 7A 族元素的氢化物的沸点与分子量的关系

含有 4A 族元素（CH_4 到 SnH_4，均为非极性）的二元氢化物的沸点从上往下逐渐增加。这是预期的趋势，因为极化率随着分子量的增加而增大，进而使得色散力也逐渐增大。5A 族、6A 族和 7A 族中较重的元素也遵循同样的趋势，但 NH_3、H_2O 和 HF 的沸点要比预期的高得多。事实上，这三种化合物还有许多其他的特性，也不同于分子量和极性相似的其他物质。例如，水具有高熔点、高比热容和高蒸发热，这些性质都表明分子间作用力非常强。

HF、H_2O 和 NH_3 中的强分子间作用力是氢键作用的结果。**氢键**是一个与电负性大的原子（通常是 F、O 或 N）相连的氢原子与相邻的另一个分子或基团中电负性较大的原子之间的静电吸引作用。因此，一个分子中的 H—F、H—O 或 H—N 键可以与另一个分子中的 F、O 或 N 原子形成氢键。图 11.10 给出了氢键的几种情况，包括 H_2O 分子中的 H 原子与相邻 H_2O 分子中的 O 原子之间形成的氢键。请注意，在每种情况下，氢键中的 H 原子均与非键电子对作用。

氢键被认为是一种特殊类型的偶极—偶极之间的引力。因为 N、O 和 F 都是电负性大的原子，氢和这些原子中的任何一个形成的键都是强极性的，氢为带正电端（在右边标记"+"来表示偶极的正电端）：

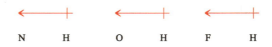

氢原子没有内层电子。因此，偶极的正电端为几乎裸露的带正电的氢核，带正电的氢核能被相邻分子中带负电的原子所吸引。由于氢核体积很小，它可以非常接近带负电的原子，进而产生很强的相互作用。

氢键在许多化学体系起着重要的作用，尤其是在生物学的化学体系中更明显。例如，氢键有助于稳定蛋白质的三维结构，这对蛋白质的功能至关重要。氢键也有助于构建 DNA 的双螺旋结构，这是其遗传功能的关键。

氢键的一个显著作用反映在冰和液态水的密度上。在大多数物

图例解析

要形成氢键，键中的非氢原子（N、O 或 F）必须满足什么条件?

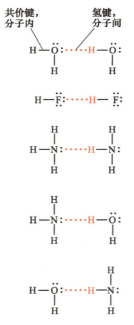

▲ 图 11.10 氢键 一个氢原子与同一分子中的 N、O、F 原子或其他分子中的 N、O、F 原子之间形成氢键

▶ 实例解析 11.1
认识能形成氢键的物质

　　在这些物质中，氢键在决定其物理性质方面更能起到重要作用的是哪一种物质：甲烷 CH_4、肼 H_2NNH_2、— 氟甲烷 CH_3F、硫化氢 H_2S？

解析

　　分析　给出了 4 种化合物的化学分子式，要求预测它们是否形成氢键。所有的化合物都含有 H，但氢键通常只发生在氢与 N、O 或 F 形成共价键的情况下。

　　思路　分析 4 种分子式，看看是否含有直接与 H 成键的 N、O 或 F。在邻近分子中也需要有 1 个带非键合电子对的带负电性原子（通常是 N、O 或 F），可画出分子的 Lewis 结构来判断。

　　解答　从上述条件可排除 CH_4 和 H_2S 因为它们不含与 N、O 或 F 连接的 H，也可以排除 CH_3F，其 Lewis 结构显示一个中心 C 原子被三个 H 原子和一个 F 原子包围（碳总是形成四个键，而氢和氟各形成一个键），由于分子含有一个 C—F 键而没有 H—F 键，因此不能形成氢键。然而，在 H_2NNH_2 中含有 N—H 键，Lewis 结构显示在每个 N 原子上含有一对非键电子对，这就告诉我们分子间可形成氢键：

```
H   H              H    H
|   |              |    |
:N — N :······ H — N — N:
|   |              |    |
H — H              H
```

　　检验　尽管我们一般可以通过判断 N、O、F 与 H 是否共价结合来识别形成氢键的性质，但绘制出 Lewis 结构提供了一种检验结果的方法。

▶ **实践练习 1**
　　在室温下，下列哪种物质最有可能为液体？
　　（a）甲醛，H_2CO　（b）一氟甲烷，CH_3F
　　（c）氰化氢，HCN　（d）过氧化氢，H_2O_2
　　（e）硫化氢，H_2S

▶ **实践练习 2**
　　二氯甲烷（CH_2Cl_2）、磷化氢（PH_3）、氯化胺（NH_2Cl）、丙酮（CH_3COCH_3）这些物质中，哪一种更可能存在氢键？

　　质中，固态中的分子比液态中的分子堆积得更密集，使得固相比液相更加致密。相比之下，0℃时冰的密度（0.917g/mL）小于 0℃时液态水的密度（1.00g/mL），因此冰漂浮在液态水上。

　　冰的低密度可用氢键来理解。在冰中，H_2O 分子呈有序、开放的排列，如图 11.11 所示。

▽ **图例解析**　冰中 H—O…H 的键角大约是多少？其中 H—O 是共价键，O…H 是氢键。

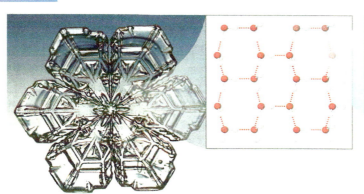
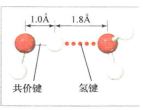

▲ **图 11.11　冰中的氢键**　冰结构中的空穴使得水在固态时的密度比液态时的小

▲ 图 11.12 水被冷冻后发生膨胀

这种排列优化了分子间的氢键，每个 H_2O 分子与 4 个相邻的 H_2O 分子形成氢键。然而，这些氢键形成时也产生了空穴，如图 11.11 中间图所示。当冰融化时，分子运动导致结构坍塌，在液体中氢键的形成比固体中更加随机，但强度仍足以使分子紧密地聚集在一起。因此，液态水比冰具有更紧密的结构，这意味着一定质量的水比相同质量的冰所占据的体积更小。

水冻结时体积膨胀（见图 11.12）被我们认为是理所当然的现象，这导致在寒冷的天气里冰山漂浮、水管爆裂。冰的密度低于液态水的密度，这也对地球上的生命产生了深远的影响。由于冰的漂浮作用，当湖面结冰时，冰就会覆盖在水面上，从而隔绝了水。如果冰比水的密度大，湖面上结成的冰就会沉到湖的底部，湖水就会结冰。在这种情况下，大多数水生生物都无法生存。

想一想

要使水蒸发，必须克服哪种主要的引力作用？

离子 - 偶极相互作用

离子和极性分子之间存在**离子 - 偶极相互作用**（见图 11.13）。阳离子被偶极子的负电端吸引，而阴离子则被吸引到正电端。当离子电荷或偶极矩的大小增加时，引力的大小也会增加。这种作用力对于极性液体中离子物质的溶解尤其重要，如 NaCl 水溶液。（见 4.1 节）

想一想

在哪种溶质和溶剂间存在离子 - 偶极相互作用：溶解在水中的 CH_3OH 还是溶解在水中的 $Ca(NO_3)_2$？

图例解析

为什么 H_2O 中的 O 朝向 Na^+ 离子呢？

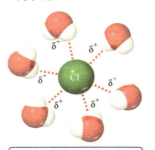

极性分子的正电端朝向带负电荷的阴离子

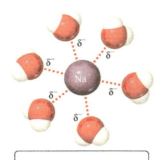

极性分子的负电端朝向带正电荷的阳离子

▲ 图 11.13 离子—偶极子作用力

分子间作用力的比较

我们可以从物质的组成和结构来辨别物质中的分子间作用力。色散力存在于所有物质中。这些分子间作用力的强度不仅随着分子量的增加而增加，同时也取决于分子的形状。对于极性分子而言，存在着偶极 - 偶极相互作用，但其对分子间引力的贡献通常小于色散力。例如，在液态 HCl 中，色散力大约占分子间总引力的 80% 以上，而偶极—偶极作用力则占剩余的比例。当存在氢键时，它对整个分子间的作用力起到重要的作用。

通常，色散力的能量为 0.1 ~ 30kJ/mol，如此宽的范围说明分子极化率的范围同样宽范。与之相比，偶极 - 偶极相互作用和氢键的键能分别为 2 ~ 15kJ/mol 和 10 ~ 40kJ/mol。离子 - 偶极相互作用比上述分子间作用力都强，能量一般超过 50kJ/mol。所有这些分子间作用力都比共价键和离子键弱得多，后两者的能量为 1mol 几百千焦。

图例解析　两个分子间的多重色散力的作用能是否大于两个分子间氢键的键能呢?

分子间相互作用种类	原子 如: Ne、Ar	非极性分子 如:BF₃、CH₄	不含OH、NH或HF基团的极性分子 如: HCl、CH₃CN	含OH、NH或HF基团的极性分子 如: H₂O、NH₃	溶解在极性液体中的离子固体 如: 溶在 H₂O 中的NaCl
色散力 (0.1~30 kJ/mol)	√	√	√	√	√
偶极-偶极相互作用 (2~15 kJ/mol)			√	√	
氢键 (10~40 kJ/mol)				√	
离子-偶极相互作用 (>50 kJ/mol)					√

▲ **图 11.14　分子间作用力的列表** 多种类型的分子间作用力可在一种物质或混合物中起作用。请注意,色散力存在于所有物质中

图 11.14 给出了一种鉴别体系中分子间作用力的系统方法。

重要的是,所有这些作用力的影响都是叠加的。例如,乙酸(CH₃COOH)和 1- 丙醇(CH₃CH₂CH₂OH)具有相同的分子量,均为 60amu,两种物质都能形成氢键。然而,两个乙酸分子间可以形成两个氢键,而两个 1- 丙醇分子间只能形成一个氢键(见图 11.15)。因此,乙酸的沸点更高。这些作用力的影响非常重要,尤其是对于大的极性分子如蛋白质分子,其分子表面上有多个偶极和氢键基团。这些分子间由于存在多种作用力,可以在溶液中高度集聚在一起。

在比较分子间作用力的相对强度时,考虑以下因素:

1. 当两种物质的分子具有相近的分子量和形状时,色散力大致相等。 分子间作用力的大小差异是由于偶极 - 偶极间作用力不同造成的。分子间作用力随着分子极性的增加而增强,能形成氢键的分子间作用力最强。

2. 当两种物质的分子量相差很大且不存在氢键时,色散力决定了哪种物质具有更强的分子间作用力。 分子量大的物质,其分子间作用力更强。

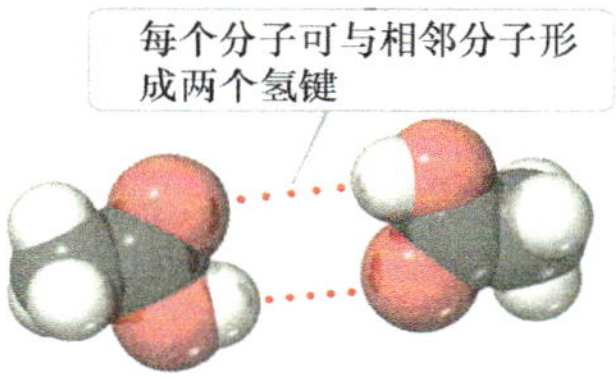

11.3 | 液体的选择性

以上所讨论的分子间作用力可以帮助我们理解许多常见的液体性质。在本节中,我们将探讨黏度、表面张力和毛细管现象三种性质。

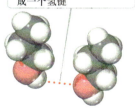

每个分子可与相邻分子形成两个氢键

乙酸: CH₃COOH
MW = 60 amu
bp = 391 K

每个分子可与相邻分子形成一个氢键

1-丙醇,CH₃CH₂CH₂OH
MW = 60 amu
bp = 370 K

▲ **图 11.15　乙酸和 1- 丙醇中的氢键** 氢键数越多,分子结合越紧密,沸点越高

实例解析 11.2
预测分子间作用力的类型和相对强度

按沸点升高的顺序排列 $BaCl_2$、H_2、CO、HF 和 Ne。

解析

分析 我们需要评价这些物质的分子间作用力，并根据这些信息来确定沸点的相对高低。

思路 沸点的高低部分取决于物质中分子间作用力的大小。我们需要根据不同类型分子间作用力的相对强度来进行排序。

解答 离子化合物的作用力比分子物质的要强，所以 $BaCl_2$ 的沸点最高。其他物质的分子间作用力取决于分子量、极性和氢键作用。H_2 的分子量为 2amu，CO 的分子量为 28amu，HF 的分子量为 20amu，Ne 的分子量为 20amu。氢气是非极性的，且分子量最低，因此它的沸点应该是最低的。CO、HF 和 Ne 的分子量相近，但 HF 可以形成氢键，所以在这三物质中 HF 的沸点最高。其次是 CO，极性很小，分子量最高。最后是 Ne，它是非极性的，沸点应该也低。因而，预测这些物质的沸点顺序为：

$$H_2 < Ne < CO < HF < BaCl_2$$

检验 文献中报导的沸点是：H_2，20K；Ne，27K；CO，83K；HF，293K；$BaCl_2$，1813K，与我们预测的结果一致。

▶ **实践练习 1**

按分子间作用力增强的顺序排列 Ar、Cl_2、CH_4 和 CH_3COOH。

（a）$CH_4 < Ar < CH_3COOH < Cl_2$
（b）$Cl_2 < CH_3COOH < Ar < CH_4$
（c）$CH_4 < Ar < Cl_2 < CH_3COOH$
（d）$CH_3COOH < Cl_2 < Ar < CH_4$
（e）$Ar < Cl_2 < CH_4 < CH_3COOH$

▶ **实践练习 2**

（a）分析下列物质的分子间作用力；（b）选出沸点最高的物质：CH_3CH_3、CH_3OH 和 CH_3CH_2OH。

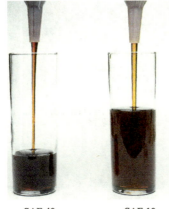

SAE 40
数字越大
黏度越高
倒出越慢

SAE 10
数字越小
黏度越低
倒出越快

▲ **图 11.16 黏度比较** 汽车工程师协会（SAE）建立了一个数字标度来表示机油的黏度

黏度

有些液体如糖浆和机油，流动非常缓慢；另外一些液体如水和汽油，则很容易流动。液体流动的阻力称为**黏度**。液体的黏度越大，流动速度就越慢。黏度可通过测量一定量的液体流过一根垂直的细管（见图 11.16）所需要的时间来确定，还可以通过测量钢球在液体中下落的速度来确定。液体的黏度越高，钢球下落得越慢。黏度的国际单位（SI 单位）为 $kg/(m \cdot s)$。

液体的黏度与其分子之间流动的难易程度有关，这不仅取决于分子之间的作用力，还与分子的形状和柔顺性有关，后者决定着分子是否容易缠结（例如，长分子会像意大利面一样缠绕在一起）。同系列相关化合物的黏度随着分子量的增加而增加（见表 11.3）。

表 11.3 同系列碳氢化合物在 20℃时的黏度

物质	化学式	黏度 / [kg/(m·s)]
正己烷	$CH_3CH_2CH_2CH_2CH_2CH_3$	3.26×10^{-4}
正庚烷	$CH_3CH_2CH_2CH_2CH_2CH_2CH_3$	4.09×10^{-4}
正辛烷	$CH_3CH_2CH_2CH_2CH_2CH_2CH_2CH_3$	5.42×10^{-4}
正壬烷	$CH_3CH_2CH_2CH_2CH_2CH_2CH_2CH_2CH_3$	7.11×10^{-4}
正癸烷	$CH_3CH_2CH_2CH_2CH_2CH_2CH_2CH_2CH_2CH_3$	1.42×10^{-3}

化学应用 离子液体

阳离子和阴离子之间的强静电引力作用解释了为什么大多数离子化合物在室温下是固体，具有高的熔点和沸点。然而，如果离子电荷不太高，且阳离子与阴离子之间的距离足够大，那么离子化合物的熔点可能很低。例如，NH_4NO_3 的熔点为 170℃，其中阳离子和阴离子都是大的多原子离子。当铵离子被更大的乙基铵离子 $CH_3CH_2NH_3^+$ 取代时，熔点则下降到 12℃，硝酸乙基铵在室温下成为液体。硝酸乙基铵是离子液体的一个例子：室温下为液体的盐。

$CH_3CH_2NH^+$ 不仅比 NH_4^+ 大，而且也不对称。一般来说，离子化合物中的离子越大越不规则，形成离子液体的可能性就越大。在形成离子液体的阳离子中，最广泛使用的是 1- 丁基 -3- 甲基咪唑阳离子（简写为 bmim⁺，见图 11.17 和表 11.4），它有两个不同长度的臂从一个五元环上延伸出去，这个结构特点使 bmim⁺ 具有不规则的形状，使分子难以在固体中聚集。

表 11.4　四种 1- 丁基 -3- 甲基咪唑（bmim⁺）盐的熔点和分解温度

阳离子	阴离子	熔点 /℃	分解温度 /℃
bmim⁺	I⁻	−72	265
bmim⁺	Cl⁻	41	254
bmim⁺	PF₆⁻	10	349
bmim⁺	BF₄⁻	−81	403

离子液体中常见的阴离子包括 PF_6^-、BF_4^- 和卤化物离子。

离子液体有许多有用的性质。与大多数分子液体不同，它们是非挥发性的（也就是说，它们不会轻易蒸发）和不易燃烧。它们在高达 400℃的温度下仍保持液态。大多数分子物质只在较低的温度下才是液体，大多数情况下，温度为 100℃或更低。

由于离子液体是很多物质的良溶剂，因此可用于各种反应和分离。这些特性使它们成为许多工业生产中挥发性有机溶剂的替代品。与传统的有机溶剂相比，离子液体展现出用量少，操作安全和易回收再利用等优点，从而减少了工业化学过程对环境的影响。

相关练习：11.31，11.32，11.82

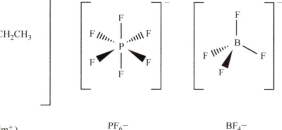

1–丁基–3–甲基咪唑阳离子 (bmim⁺)　　　PF₆⁻ 阴离子　　　BF₄⁻ 阴离子

▲ 图 11.17　离子液体中具有代表性的离子

物质的黏度随着温度的升高而降低，这可从辛烷的黏度变化中看出：

0℃时 7.06×10^{-4} kg/m·s

40℃时 4.33×10^{-4} kg/m·s

温度较高时，分子的平均动能增大，克服了分子间的引力作用使黏度降低。

表面张力

对某些昆虫来说，水的表面就像是有弹性的皮肤，它们能在水面上"行走"就证明了这一点。这是由于液体表面分子间作用力的不平衡造成的。如图 11.18 所示，水内部的分子在各个方向上都受到相同的引力作用，但水表面的分子却受到净向内的力。这种力趋

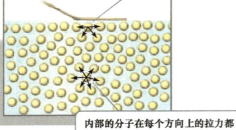

表面的分子都没有向上的力来抵消向下的拉力，这意味着每个表面分子都"感受"到一个向下的净拉力

内部的分子在每个方向上的拉力都被反方向的拉力所平衡，这意味着内部分子在任何方向上都"感觉"不到拉力

▲ 图 11.18 从分子角度观察表面张力 水的高表面张力使水黾不下沉

向于将表面分子拉向内部，从而减少表面积，使表面的分子紧密地聚集在一起。

由于球体的表面积最小，因此水滴几乎呈球形。这就解释了当水接触到非极性分子形成的表面时，如荷叶或者新打蜡的汽车，会有"凝结成珠"的现象。

增大液体的表面积时必须要克服这种净向内的力，这种力可通过测定表面张力来得到。**表面张力**是指增加单位表面积时所需要的能量。例如，20 ℃时水的表面张力为 $7.29 \times 10^{-2} J/m^2$，这意味着必须提供 $7.29 \times 10^{-2} J$ 的能量才能使水的表面积增加 $1 m^2$。

水分子间由于存在强的氢键作用，因此表面张力很高。汞的表面张力更高（$4.6 \times 10^{-1} J/m^2$），因为汞原子之间为更强的金属键作用。

想一想

随着温度的升高，你认为液体的表面张力会增加、减少、还是保持不变？

毛细管现象

把相近的分子结合在一起的分子间力称为*内聚力*，如水中的氢键。把物质黏合到表面上的分子间力称为*黏附力*。放置在玻璃管内的水会黏附到玻璃上，因为水和玻璃之间的黏附力大于水分子之间的内聚力。玻璃成分主要是 SiO_2，为强极性的表面，因此，水的曲面或弯月面呈 U 形（见图 11.19）。但对于汞而言，情况则不同。汞原子彼此之间

图例解析 如果在试管的内表面涂上蜡，那么水的弯月面形状会发生改变吗？汞的弯月面形状会发生改变吗？

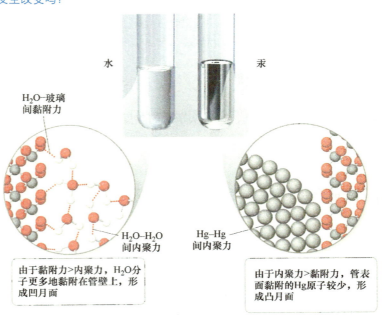

▲ 图 11.19 玻璃管中水和汞的弯月面形状

成键，但不与玻璃成键。因此，内聚力比黏附力大得多，弯月面呈倒U形。

把一个小直径的玻璃管或毛细管放入水中，水在管内上升。液体在很窄的管子内上升的现象称为**毛细管现象**也称毛细管作用，毛细作用。液体与管壁之间的黏附力趋向于增加液体的表面积。液体的表面张力则趋向于减少表面积，从而拉动液体在管内爬升，直到液体的重力与内聚力和黏附力相等为止。

毛细管现象广泛存在。例如，毛巾可以吸收液体，而“保持干燥”的合成纤维则通过毛细管作用将汗水从皮肤上吸走。毛细管作用也在植物传输水和溶解的营养物质方面发挥作用。

11.4 | 相变

装在玻璃容器中的液态水没盖上盖子最终会蒸发掉。放在温暖房间里的冰块很快就融化了。固体二氧化碳（一种叫作干冰的产品）在室温下就会升华，也就是说，它从固体直接转变为气体。通常情况下，一种物质状态——固态、液态或气态——可以转变成其他两种状态中的任何一种。图 11.20 给出了这些转换的名称，称为**相变**或*状态变化*。

图例解析

能量在凝华、凝结和凝固过程中如何变化?

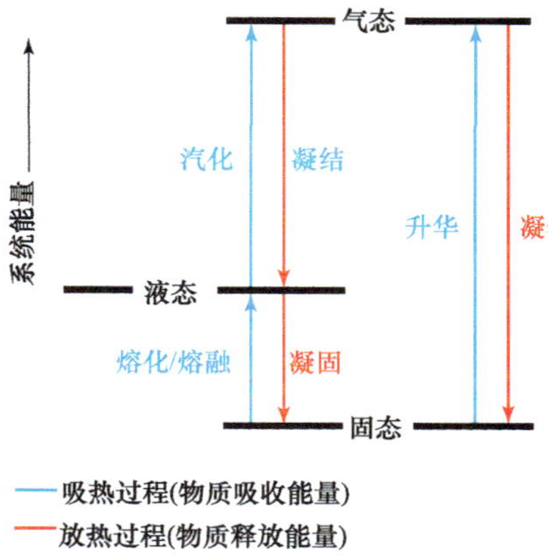

气态
液态
固态
系统能量
汽化
凝结
升华
凝华
熔化/熔融
凝固
吸热过程(物质吸收能量)
放热过程(物质释放能量)

▲ 图 11.20 相变及相关名称

伴随相变的能量变化

每个相变都伴随着体系能量的变化。例如，在固体中，粒子（分子、离子或原子）彼此之间的位置都基本固定，并且排列紧密，以维持体系的能量最小化。随着固体温度的升高，粒子能量增加，在其平衡位置发生振动。当固体熔化时，粒子之间开始自由运动，这意味它们的平均动能增加。

熔化有时称作熔融。粒子运动自由度的增大需要能量，通过熔化热或熔化焓来衡量，表示为 ΔH_{fus}。例如，冰的熔化热为 6.01kJ/mol：

$$H_2O(s) \longrightarrow H_2O(l) \qquad \Delta H_{fus} = 6.01kJ/mol$$

随着液体温度的升高，粒子的运动更加剧烈，使得一些粒子逃逸到气相中。结果，液面之上的气相粒子浓度随着温度的升高而增加。这些气相粒子形成了一种气压，叫作*蒸气压*。我们在第 11.5 节中将探讨蒸气压。现在我们只需了解蒸气压随着温度的升高而增加，直到它与液面上方的外压，通常是大气压相等为止。此时，液体沸腾了——液体中生成气泡。将一定量的液体转化为蒸气所需要的能量叫作**汽化热**或*汽化焓*，用 ΔH_{vap} 表示，以水为例，其汽化热为 40.7kJ/mol。

$$H_2O(l) \longrightarrow H_2O(g) \qquad \Delta H_{vap} = 40.7kJ/mol$$

图 11.21 给出了四种物质的 ΔH_{fus} 和 ΔH_{vap}。ΔH_{vap} 大于 ΔH_{fus}，这是由于液体转变成气体的过程中，粒子必须克服所有的粒子间引

力作用，而固体转变到液体的过程中，一些引力仍然在起作用。

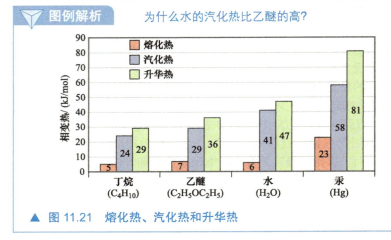

▲ 图 11.21 熔化热、汽化热和升华热

固体粒子可以直接进入气态。这种转变所需的焓变称为升华热，表示为 ΔH_{sub}。如图 11.20 所示，ΔH_{sub} 是 ΔH_{fus} 和 ΔH_{vap} 之和。因此，对水而言，它的 ΔH_{sub} 约为 47kJ/mol。

相变在我们的日常生活中展现出重要的应用。例如，当我们用冰块来冷却饮料时，冰的熔化热会使液体冷却。当我们走出游泳池或热淋浴时，会感到凉爽，这是由于水从皮肤表面蒸发时，从体内带走了水的汽化热。我们通过这种机制来调节身体温度，特别是在温暖的天气里进行剧烈运动时更是如此（见 5.5 节）。冰箱也依赖于汽化的冷却效应。其装置中含有一种可加压液化的封闭气体，液体蒸发时吸收热量，从而使冰箱内部冷却下来。

在液体制冷剂蒸发时，吸收的热量如何变化呢？根据热力学第一定律（见 5.2 节），当气体凝结成液体时，必须释放出吸收的热量。发生这种相变时，释放出的热量通过冰箱后部的冷却盘管散发出去。对于某种物质来说，凝结热等于汽化热，符号相反。同样道理，凝华放出热量，升华吸收热量，*凝华热*等于升华热；凝固放出热量，熔化吸收热量，*凝固热*等于熔化热（见图 11.20）。

想一想

放在室温下的冰转变为液态水时，发生的相变叫什么？这个转变是放热还是吸热？

加热曲线

当我们在 −25℃和 1atm 下加热一块冰时，冰的温度会升高。只要温度低于 0℃，冰仍保持固态。当温度达到 0℃时，冰开始融化。由于熔融是一个吸热过程，我们提供的热量用于在 0℃时将冰转化为液态水，*在转变过程中温度保持不变*，直到所有的冰全部融化。一旦所有的冰全部融化了，需要提供更多的热量才能使水温升高。

温度与加热量的关系图称为*加热曲线*。图 11.22 给出了从 −25℃的冰 $H_2O(s)$，转变为 125℃的蒸气 $H_2O(g)$ 的加热曲线。当以恒定的速度加热时，加热曲线形成了以下特征区域：

AB 线：加热使冰 $[H_2O(s)]$ 的温度从 −25℃上升到 0℃。

BC 线：由于冰在恒定温度 0℃时融化，因此加热使 $H_2O(s)$ 转化为 $H_2O(l)$。

CD 线：加热使 $H_2O(l)$ 的温度从 0℃提高到 100℃。

DE 线：由于水在 100℃的恒定温度下沸腾，因此加热使 $H_2O(l)$ 转化为 $H_2O(g)$。

EF 线：加热使 $H_2O(g)$ 的温度从 100℃提高到 125℃。

我们可以计算出加热曲线上每个区域的焓变。*AB*、*CD* 和 *EF* 线表示一个相从一个温度加热到另一个温度。正如我们在第 5.5 节中所看到的，升温所需的加热量可由比热容、质量和温度变化的公式 [见式（5.21）] 给出。物质的比热容越大，就必须增加更多的热量才能达到一定的温度。由于水的比热容大于冰的比热容，*CD* 线的斜率小于 *AB* 线的斜率。斜率低意味着一定质量的液态水升高 1℃度所需的热量大于相同质量的冰升高 1℃所需的热量。

BC 和 *DE* 线表示在恒定温度下一个相到另一个相的转换。在这些相变过程中，温度保持不变，因为所加的能量用来克服分子间的引力，而不是增加它们的平均动能。对于 *BC* 线，焓变可以用 ΔH_{fus} 来计算，而对于 *DE* 线可使用 ΔH_{vap} 来计算。

如果我们把 1mol 125℃的水蒸气冷却，其过程就是图 11.22 中从右向左进行。首先降低 $H_2O(g)$ 的温度（$F \rightarrow E$），然后冷凝成 $H_2O(l)$（$E \rightarrow D$），以此类推。

有时，当我们从液体中移走热量时，可以暂时把它冷却到冰点以下而不形成固体，这种现象称为*过冷*。这是因为当热量被迅速移走时，分子来不及排列成固体的有序结构。过冷液体是不稳定的，进入溶液的灰尘颗粒或着轻微搅拌就足以使物质迅速凝固。

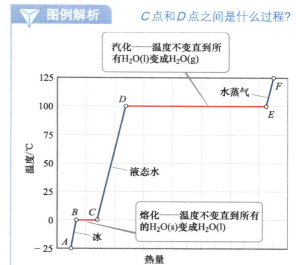

图例解析 *C* 点和 *D* 点之间是什么过程？

汽化——温度不变直到所有 $H_2O(l)$ 变成 $H_2O(g)$

水蒸气

液态水

熔化——温度不变直到所有的 $H_2O(s)$ 变成 $H_2O(l)$

冰

热量

▲ 图 11.22 **水的加热曲线** 在 1atm 恒定压力下，1.00mol 的 $H_2O(s)$ 从 -25℃加热到 125℃的 $H_2O(g)$ 时发生的变化。虽然一直在加热，但在两个相变（红线）过程中体系温度没有变化

临界温度和压力

通常情况下，对气体施加压力时会液化。假设我们有一个装有活塞的气缸，气缸内装有 100℃的水蒸气，如果我们提高水蒸气的压力至 760torr[⊖]，就会形成液态水。但是，当温度为 110℃时，直到压力为 1075torr 时，才会形成液态水。温度为 374℃时，只有当压力为 1.655×10^5torr（217.7atm）下才形成液态水。超过这个温度，施加任何压力都不会使气体液化。相反，当增大压力时，气体更容易被压缩。气体发生液化的最高温度称为**临界温度**。**临界压力**是指在临界温度下气体液化所需的压力。

临界温度为液体存在的最高温度。在临界温度以上，分子的动能大于形成液体的分子间引力作用，因此无论气体怎么压缩，都不能使分子紧密地结合在一起。

⊖ 1torr = 133.322Pa。

实例解析 11.3

计算温度和相变的 ΔH

计算在 1atm 恒定压力下，1.00mol 的冰从 –25℃ 转化为 125℃ 水蒸气时的焓变。冰、液态水和水蒸气的比热容分别为 2.03J/（g·K）、4.18J/（g·K）和 1.84J/（g·K）。对 H_2O 而言，ΔH_{fus} = 6.01kJ/mol，ΔH_{vap} = 40.67kJ/mol。

解析

分析　我们的目的是计算出 1mol 冰从 –25℃ 转化为 125℃ 水蒸气所需的总热量。

思路　我们可以计算每个段的焓变，然后把它们加起来，得到总焓变（盖斯定律，见 5.6 节）。

解答

从图 11.22 中的 AB 线可知，我们给冰提供足够的热量，使其温度升高 25℃。25℃ 的温度变化与 25K 的温度变化相同，因此我们利用冰的比热容来计算这一过程中的焓变。

$$AB : \Delta H = (1.00mol)(18.0g/mol)[2.03J/(g·K)](25K)$$
$$= 914J = 0.91kJ$$

对于图 11.22 中的 BC 线，在 0℃ 时冰转化为水，我们可以直接利用摩尔熔化焓。

$$BC : \Delta H = (1.00mol)(6.01kJ/mol) = 6.01kJ$$

CD、DE 和 EF 线的焓变可以用类似的方法计算。

$$CD : \Delta H = (1.00mol)(18.0g/mol)[4.18J/(g·K)](100K)$$
$$= 7520J = 7.52kJ$$

$$DE : \Delta H = (1.00mol)(40.67kJ/mol) = 40.7kJ$$

$$EF : \Delta H = (1.00mol)(18.0g/mol)[1.84J/(g·K)](25K)$$
$$= 830J = 0.83kJ$$

总焓变是各个步骤的焓变之和。

$$\Delta H = 0.91kJ + 6.01kJ + 7.52kJ + 40.7kJ + 0.83kJ = 56.0kJ$$

检验　总焓变的组成相对于图 11.22 中水平线的长度（热量）是合理的。请注意，整个过程中汽化热是最大的。

热和比热容（d）H_2O（g）的汽化热和比热容（e）H_2O（l）的熔化热和比热容

▶ **实践练习 1**

要计算将 1mol 100℃ 的 H_2O（g）转变为 80℃ 的 H_2O（l）的焓变，需要知道水的哪些条件？

（a）熔化热（b）汽化热（c）H_2O（g）的汽化

▶ **实践练习 2**

把 100.0g 水从 50.0℃ 冷却成 –30.0℃ 的冰的过程中，焓变是多少？（使用实例解析 11.3 中给出的相变焓和比热容）。

分子间作用力越大，物质的临界温度越高。

部分实验测定的临界温度和压力列于表 11.5 中。请注意，非极性、低分子量的物质具有较弱的分子间作用力，其临界温度和压力低于极性物质或高分子量的物质。此外，由于分子间氢键的作用，水和氨具有非常高的临界温度和压力。

　想一想

为什么 H_2O 的临界温度和压力比相关物质 H_2S 的临界温度和压力高得多（见表 11.5）？

由于提供了关于气体液化条件的信息，所以临界温度和压力对工程师和其他从事气体工作的人来说往往是非常重要的。

表 11.5　部分物质的临界温度和压力

物质	临界温度 /K	临界压力 /atm
氮气，N_2	126.1	33.5
氩气，Ar	150.9	48.0
氧气，O_2	154.4	49.7
甲烷，CH_4	190.0	45.4
二氧化碳，CO_2	304.3	73.0
三氢化磷，PH_3	324.4	64.5
丙烷，$CH_3CH_2CH_3$	370.0	42.0
硫化氢，H_2S	373.5	88.9
氨气，NH_3	405.6	111.5
水，H_2O	647.6	217.7

　　有时我们想要液化一种气体，而有时我们又想避免使它液化。当气体超过其临界温度时，试图通过施加压力来液化气体是没有用的。例如，O_2 的临界温度为 154.4K，必须先冷却到这个温度以下，才能通过施加压力使其液化。相反，氨气的临界温度为 405.6K，因此，在室温（约 295K）下，通过施加足够的压力就可以将其液化。

　　当温度超过临界温度，且压力超过临界压力时，液相和气相就无法区分开，这种物质就处于一种叫作超临界流体的状态。超临界流体可以膨胀充满整个容器（像气体一样），但是分子仍然彼此间隔很近（像液体一样）。

　　和液体一样，超临界流体可以作为溶剂溶解很多物质。采用*超临界流体萃取*，可以分离混合物的各个组分。超临界流体萃取已经成功地用于化学、食品、制药和能源工业中复杂混合物的分离。超临界 CO_2 是一种很受欢迎的选择，因为它相对便宜，如果在闭环系统中使用，可能就是一种减少二氧化碳排放到大气中的方法。

11.5 │ 蒸气压

　　分子可通过蒸发从液体表面逸出到气相。假设我们将一定量的乙醇（CH_3CH_2OH）加入一个真空的封闭容器中，如图 11.23 所示，乙醇很快就开始蒸发，因此，液面上蒸气产生的压力增加。

◀ 图 11.23　液面上的蒸气压

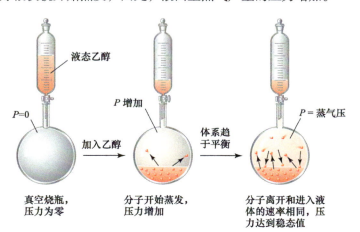

液态乙醇

$P=0$　　　　P 增加　　　　P = 蒸气压

加入乙醇　　体系趋于平衡

真空烧瓶，　　分子开始蒸发，　　分子离开和进入液
压力为零　　　压力增加　　　　　体的速率相同，压
　　　　　　　　　　　　　　　　力达到稳态值

图例解析

当升高温度时，分子逸出进入气相的速率是增加还是减小呢？

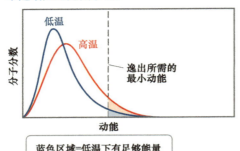

▲ 图 11.24 温度对液体中动能分布的影响

在一定时间内，蒸气的压力达到一个恒定值，我们称之为蒸气压。

任何时候，液体表面上的乙醇分子都有足够的动能来克服其周围的引力作用，从而逸出到气相中。然而，随着气相分子数量的增加，气相分子撞击液体表面并被液体重新捕获的可能性增加，如图 11.23 中右侧烧瓶中所示。最终，分子回到液面的速率与逸出液面的速率相等，气相中的分子数达到一个稳定值，所产生的蒸气压也成为恒定值。

两个相反的过程以相等的速率同时发生的情况称为**动态平衡**（或者简称平衡）。我们在第 4.1 章中遇到的化学平衡也是一种动态平衡，在这种动态平衡中，化学反应过程相反。

当蒸发和凝结以相同的速率发生时，液体及其蒸气处于动态平衡状态。在平衡状态下好像什么都没有发生，因为体系中的任何物理量都没有改变。但事实上发生着很多变化，因为液态中分子连续不断地进入到气态中，同时气态中分子又连续不断地进入到液态中。*当液体和其蒸气达到动态平衡时，液体的蒸气压就是其蒸气所产生的压力。*

挥发性、蒸气压和温度

图例解析

乙二醇在正常沸点时的蒸气压是多少？

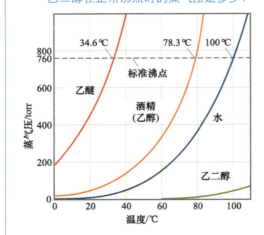

▲ 图 11.25 四种液体的蒸气压与温度的关系

当汽化发生在一个敞开的容器中，比如碗里的水蒸发时，蒸气就从液体中逸出。此时如果有的话，也仅是很少量的气体会在液面被重新捕获。平衡永远不会达到，蒸气继续形成，直到水蒸发干为止。蒸气压高的物质（如汽油）比蒸气压低的物质（如机油）蒸发得更快。容易蒸发的液体称为**易挥发性**的液体。

热水比冷水蒸发得更快，因为蒸气压随着温度的升高而增加。为了理解为什么这个说法是正确的，我们从液体分子以不同速度运动开始探讨。图 11.24 给出了两种温度条件下分子在液体表面的动能分布曲线（与第 10.7 节所示气体曲线相似）。随着温度升高，分子的运动更加活跃，更多的分子可以从其邻近分子中挣脱出来进入气相，蒸气压增大。

图 11.25 显示了挥发性相差很大的四种常见物质的蒸气压随温度的变化。请注意，在任何情况下，蒸气压随温度的升高而非线性地增加。液体中的分子间作用力越弱，分子就越容易逸出，因此，在给定的温度下，蒸气压就越高。

 想一想

你认为哪种化合物在 25℃时更易挥发：CCl_4还是CBr_4？

蒸气压和沸点

液体的**沸点**是指液体表面上的蒸气压等于外部压力时的温度。在这个温度下，分子的热能足以使液体内部的分子脱离其周围的引力作用，进入气相。因此，在液体中就形成气泡。沸点随着外部压力的增加而增大。液体在 1atm（760torr）压力下的沸点称为**正常沸点**。从图 11.25 中我们看到水的正常沸点为 100℃。

在沸水中煮制食物所需的时间取决于水的温度。如果在一个开放的容器中煮制，本应 100℃沸腾，但可能在更高的温度下才会沸腾。压力锅的工作原理是，当蒸气压力超过预定压力时，蒸气才能逸出。因此，水面上的压力高于大气压。压力越高，导致水在更高的温度下才能沸腾，从而使食物变得更热、熟得更快。

压力对沸点的影响也解释了为什么在高海拔下煮制食物比在海平面上要花费更长的时间。因为在海拔较高的地方，大气压力较低，水在低于 100℃的温度下就沸腾，因此，食物通常需要更长的时间才能煮熟。

深入探究　**克劳修斯 - 克拉贝龙方程**（The Clausius-clapeyron Equation）

请注意，图 11.25 中的曲线具有特殊的形状：对于每种物质，蒸气压均随着温度的升高而急剧上升。克劳修斯 - 克拉贝龙方程给出了蒸气压与温度之间的关系：

$$\ln P = \frac{-\Delta H_{vap}}{RT} + C \qquad （11.1）$$

式中，P 为蒸气压，T 为绝对温度，R 为气体常数 8.314J/（mol·K），ΔH_{vap} 为摩尔汽化焓，C 是常数。从这个方程可看出，$\ln P$ 和 $1/T$ 为线性关系，直线的斜率等于 $\Delta H_{vap}/R$。利用这种线性关系，我们可以求出物质的摩尔汽化焓：

$$\Delta H_{vap} = -斜率 \times R$$

如何使用克劳修斯 - 克拉贝龙方程呢，以图 11.25 给出的乙醇蒸气压数据为例，绘制 $\ln P$ 和 $1/T$ 之间的关系图，如图 11.26 所示。可见 $\ln P$ 和 $1/T$ 之间呈线性关系，直线的斜率为负值。利用直线的斜率求出乙醇的 ΔH_{vap} 值，为 38.56kJ/mol。我们也可以外推这条直线，来获得高于或低于已知蒸气压的温度范围外的乙醇的蒸气压。

相关练习：11.84 ~ 11.86

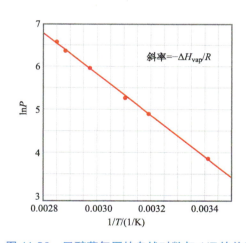

▲　图 11.26　乙醇蒸气压的自然对数与 $1/T$ 的关系

 实例解析 11.4
沸点与蒸气压之间的关系

利用图 11.25 中的数据，估算乙醚在外压为 0.80atm 时的沸点。

解析

　分析　要求通过蒸气压与温度的关系图，求出物质在特定压力下的沸点。沸点是蒸气压等于外部压力时的温度。

　思路　我们需要将 0.80atm 的单位转换为 torr，因为这是图上显示的压力单位。我们估算出该压力在图上的位置，水平移动到蒸气压曲线，然后从蒸气压曲线上作垂直线来求出温度。

解答 压力等于（0.80atm）×（760torr/atm）＝610torr。从图 11.25 中可以看到，这个压力下的沸点约为 27℃，接近室温。

注解 我们利用真空泵把液面上的压力降到 0.8atm 左右，烧瓶内的乙醚在室温下就能沸腾。

▶ 实践练习 1

在山上，下列哪种情况下，放在敞开容器里的水会沸腾。

（a）临界温度超过室温

（b）蒸气压等于大气压
（c）温度为 100℃
（d）提供足够的能量来破坏共价键
（e）以上这些都不正确

▶ 实践练习 2

利用图 11.25 确定乙醇在 60℃沸腾时的外部压力是多少。

11.6 │ 相图

液体与其蒸气之间的平衡并不是物质状态之间唯一的动态平衡。在适当的条件下，固体也可以与其液体甚至蒸气之间存在平衡，在平衡状态下固相和液相共存时的温度为固体的熔点或液体的凝固点。固体也可以蒸发，因此具有蒸气压。

相图是概括物质不同状态之间平衡存在条件的一种图解方法。这种图还可以让我们预测在任何给定的温度和压力下物质存在的相态。

图 11.27 显示了存在三种状态物质的相图。图中包含三条重要的曲线，每条曲线都代表着不同相在平衡状态下共存的温度和压力。体系中存在的唯一物质则是相图中所研究的物质。图中显示的压力要么是施加于**体系**的压力，要么是物质产生的压力。

图例解析 假设图中固相的压力在温度恒定时降低。如果固体最终升华，那么温度必须满足的条件是什么呢？

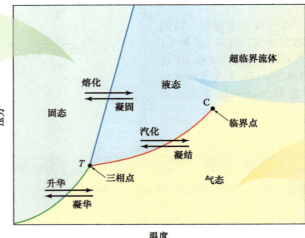

▲ 图 11.27 **纯物质的一般相图** 绿线是升华曲线，蓝线是熔化曲线，红线是蒸气压曲线

这些曲线可描述如下：

1. 红色曲线是液体的*蒸气压曲线*，代表液相和气相之间的平衡态。在这条曲线上，蒸气压为 1atm 的点是物质的正常沸点，蒸气压曲线在**临界点（C）**处结束，对应于物质的临界温度和临界压力。超过临界点的温度和压力时，液相和气相无法区分开，此时物质为*超临界流体*。

2. 绿色曲线，即*升华曲线*，将固相和气相分离开，代表固体在不同温度条件下升华时蒸气压的变化。这条曲线上的每一点代表了固体和气体之间的平衡条件。

3. 蓝色曲线，即*熔化曲线*，将固相和液相分离开，代表固体的熔点随压力的增加而变化。这条曲线上的每一点代表固体和液体之间的平衡。对于大多数物质来说，随着压力的增加，这条曲线通常稍微向右倾斜，因为固体比液体的密度大。压力增加通常有利于形成更致密的固相。因此，固体在压力较高的情况下熔化就需要更高的温度。气压为 1atm 的熔点是**正常熔点**。

T 点，三条曲线相交的地方，为**三相点**，此时三个相都处于平衡状态。而在这三条曲线上任意其他点都代表着两相之间的平衡。相图中不在曲线上的点都对应一个存在的相。例如，气相在低压和高温条件下是稳定的，而固相在低温和高压条件下是稳定的，液相在这两个区域之间是稳定的。

H₂O 和 CO₂ 的相图

图 11.28 为 H_2O 的相图。由于相图所示压力范围很大，所以采用对数刻度表示压力。H_2O 的熔化曲线（蓝线）是不正常的，随着压力的增加稍微向左倾斜，说明压力增大熔点减小。这种反常现象的发生，是因为水是极少数的液体结构比固体结构更致密的物质之一，正如我们在第 11.2 节中所学到的。

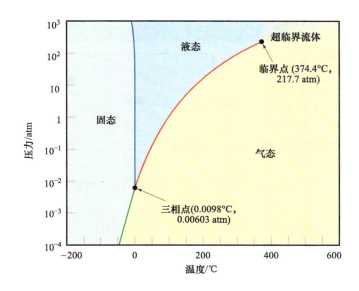

◀ 图 11.28 H₂O 的相图 注意，温度用线性刻度来表示，压力用对数刻度来表示

▶ 图 11.29　CO₂ 的相图　温度用线性刻度来表示，压力用对数刻度来表示

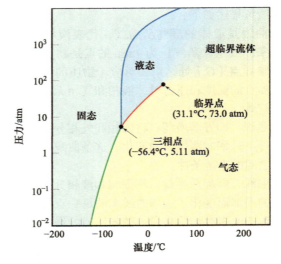

如果压力保持在 1atm 不变，就有可能通过改变温度，实现从固态到液态，再到气态的相转变，就像我们每天遇到水时所期望的那样。H_2O 的三相点落在相对较低的压力下，即 0.00603atm。低于这个压力，液态水是不稳定的，冰受热可升华成水蒸气。水的这种特性被用来"冷冻干燥"食物和饮料。首先把食物或饮料冷冻到 0℃ 以下，然后放置在一个低压室（低于 0.00603atm）中，接下来加热使水升华，得到脱水的食物或饮料。

CO_2 的相图如图 11.29 所示。熔化曲线（蓝线）的形状很典型，随着压力的增加向右倾斜，这说明 CO_2 的熔点随着压力的增大而升高。由于三相点的压力较高，为 5.11atm，故 CO_2 在 1atm 时并不以液体形式存在，这意味着固体 CO_2 在加热时不会熔化，而是直接升华。所以，CO_2 没有正常的熔点，相反却有正常的升华点，−78.5℃。由于二氧化碳在常压下吸收热量时直接升华而不是熔化，所以固体二氧化碳（干冰）是一种使用方便的冷却剂。

 实例解析 11.5
解释相图

利用图 11.30 中所示的甲烷 CH_4 的相图回答下列问题。（a）临界点的温度和压力大约是多少？（b）三相点的温度和压力大约是多少？（c）甲烷在 1atm 和 0℃ 时是固态、液态还是气态？（d）如果保持 1atm 压力不变的情况下加热固态甲烷，它会熔化还是升华？（e）如果在 1atm 和 0℃ 时压缩甲烷，直到发生相变，那么当压缩完成时，甲烷处于何种状态？

解析

　　分析　要求确定相图的关键特征，并利用它推断当特定的压力和温度发生变化时会发生什么相变。

　　思路　我们必须确定图中的三相点和临界点，并确定在特定的温度和压力下存在哪个相。

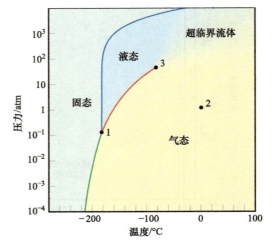

▶ 图 11.30　CH_4 的相图　注意，温度用线性刻度来表示，压力用对数刻度来表示

解答

（a）临界点是液体、气体和超临界流体共存的相点。在相图上记为"3"的点，大约位于 -80℃和 50atm。

（b）三相点是固体、液体和气态共存的相点。在相图中被标记为"1"的点，大约位于 -180℃和 0.1atm。

（c）相图中 0℃与 1atm 的交点标记为"2"的点，在相图的气态区域内。

（d）如果从 P = 1atm 的固相区水平移动（这意味着保持压力不变），首先在 $T \approx -180$℃时进入液相区，然后在 $T \approx -160$℃时进入气相区。当压力为 1atm 时，固体甲烷会熔化。（要使甲烷升华，压力必须低于三相点时的压力）。

（e）从标记为"2"的点，即 1atm 和 0℃，垂直向上移动，第一个发生的相变是从气体转变为超临界流体。这种相变是在超过临界压力（约 50atm）时发生的。

检验 临界点的压力和温度高于预期的三相点的压力和温度。甲烷是天然气的主要成分，在 1atm 和 0℃时它是气体，似乎是合理的。

▶ **实践练习 1**

根据甲烷的相图（见图 11.30），在 10^{-2}atm 的压力下，把甲烷从 -250℃加热到 0℃时，会发生什么变化？

（a）在 -200℃左右升华 （b）在 -200℃左右熔化

（c）在 -200℃左右沸腾 （d）在 -200℃左右凝结

（e）在 -200℃左右达到三相点

▶ **实践练习 2**

根据甲烷的相图回答以下问题：

（a）甲烷的正常沸点是多少？

（b）固体甲烷在多大的压力范围内才能升华？

（c）在多少温度以上，液体甲烷不能存在？

11.7 | 液晶

1888 年，奥地利植物学家弗里德里希·雷尼策（Friedrich Reinitzer）发现有机化合物胆甾醇苯甲酸酯具有一种有趣而不寻常的性质，如图 11.31 所示。胆甾醇苯甲酸酯固体在 145℃时熔化，形成黏稠的乳白色液体；然后在 179℃时乳白色液体变得清澈透明，并在 179℃以上保持着这种状态。冷却的时候，在 179℃从透明液体变成黏稠的乳白色液体，之后在 145℃凝固。

雷尼策的工作是我们称之为液晶的最早发表的研究报告。今天我们用液晶这个术语来描述某些物质在液体和固体之间所表现出的一种黏性和乳白色的中间态。这个中间态具有一定程度的固体结构和液体的自由流动性。由于液晶表现出固体有序结构，因此液晶相是黏性的，并且具有介于固体和液体之间的性质。就像雷尼策的样品一样，表现这些特征的温度区显示出温度突变。和固相、液相和气相一样，液晶相在相图上也存在一个明显的特征区。

如今，液晶被用于压力和温度传感器以及数字手表、电视和计算机等设备中的液晶显示器（LCDs）。它们之所以能应用在这些方面，是因为液晶相中的分子间作用力较弱，很容易受到温度、压力和电场变化的影响。

液晶的种类

能形成液晶的物质通常由具有一定刚性的棒状分子组成。在液相中，这些分子随机取向排列。相反，在液晶相中，分子以特殊的取向方式排列，如图 11.32 所示。根据取向排列特征，液晶分为向列相液晶、近晶 A 相液晶、近晶 C 相液晶和胆甾相液晶。

145 ℃ < T < 179 ℃
液晶相

T > 179 ℃
液相

▲ **图 11.31 胆甾醇苯甲酸酯的液晶态和液态**

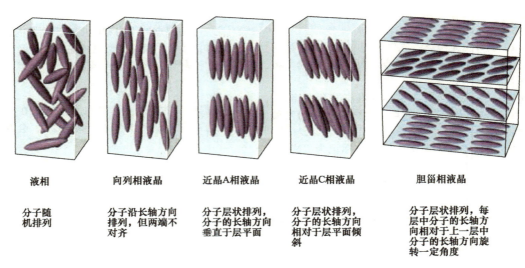

液相	向列相液晶	近晶A相液晶	近晶C相液晶	胆甾相液晶
分子随机排列	分子沿长轴方向排列，但两端不对齐	分子层状排列，分子的长轴方向垂直于层平面	分子层状排列，分子的长轴方向相对于层平面倾斜	分子层状排列，每层中分子的长轴方向相对于上一层中分子的长轴方向旋转一定角度

▲ 图 11.32 向列相、近晶相和胆甾相液晶中的分子取向 在任何物质的液相中，分子都是随机排列的，而在液晶相中，分子是部分取向排列的

在**向列相液晶**中，分子沿长轴方向排列，指向同一方向，但两端不对齐。在**近晶 A 相**和**近晶 C 相液晶**中，分子看似保持着向列相液晶中的长轴取向，但却排列成层。

图 11.33 给出了两种具有液晶相的分子。这些分子的长度比它们的宽度大得多。双键，包括苯环中的双键，都增加了分子的刚性，而呈平面状的苯环有助于分子互相堆积在一起。极性— OCH_3 和— COOH 基团增加了偶极 - 偶极间的相互作用，促进了分子的线性排列。因此，分子很自然地沿着它们的长轴方向进行排列，而且它们可以绕着它们的轴进行旋转，并可以彼此平行滑动。

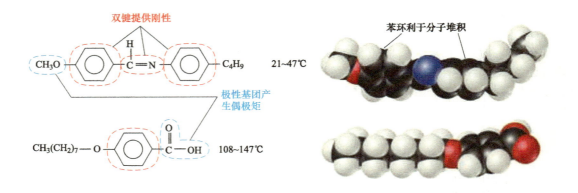

▲ 图 11.33 两种典型液晶材料的分子结构和液晶相温度范围

在近晶相液晶中，分子间作用力（色散力、偶极—偶极相互作用力和氢键）限制了分子之间相互滑动的能力。

在**胆甾相液晶**中，分子排列成层状，同一层内分子长轴彼此平行排列[⊖]。从一层到下一层时，分子的方向旋转固定的角度，从而形成螺旋形。这些液晶之所以如此命名，是因为许多胆甾醇的衍生物都采用这种结构。

胆甾相液晶中分子的排列方式使其在可见光下产生特殊的彩色图案。当温度和压力发生变化时，分子的排列方式也会发生改变，进而颜色也随之发生变化。在传统方法不可行的情况下，可使用胆甾相液晶来监测温度变化。例如，可用于检测微电子电路中的热点，这些热点的存在表明电路存在缺陷。此外，也可以用其制成温度计用于测量婴儿的体表温度。由于胆甾相液晶显示器消耗的功率很小，所以它们也在被研究用于电子纸中（见图 11.34）。由于施加电场改变了液晶分子的取向方向，进而影响到设备的光学特性，因此这些应用开发是很可能实现的。

▲ 图 11.34　**基于胆甾相液晶技术的电子纸**　电子纸模仿普通墨水在纸上书写的样子（像书或杂志上的一页）。它有许多潜在用途，包括墙上的薄显示器、电子标签和电子图书阅读器

 实例解析 11.6

液晶性质

下列这些物质中哪一种最可能具有液晶特性？

i)　$CH_3-CH_2-\overset{\underset{|}{CH_3}}{\underset{|}{C}}-CH_2-CH_3$　　　ii)　$CH_3CH_2-\bigcirc-N=N-\bigcirc-C(=O)-OCH_3$　　　iii)　$\bigcirc-CH_2-C(=O)-O^-Na^+$

解析

分析　有三个不同结构的分子，要求确定哪一个分子最有可能是液晶物质。

思路　需要确定可带来液晶特性的所有结构特征。

解答　分子（i）不可能是液晶物质，因为没有双键和 / 或三键，分子是柔性的而不是刚性的。分子（iii）是离子型，一般离子型材料的熔点很高，使得这种物质不可能是液晶物质。分子（ii）具有长轴的特征和液晶分子中常见的结构特征：分子呈棒状，双键和苯环提供刚性，极性 $COOCH_3$ 基团产生偶极矩。

▶ **实践练习 1**

下列中的哪一种可产生液晶相？
（a）短而柔的分子；
（b）分子间完全缺乏有序排列；
（c）分子间的三维有序排列；
（d）高度支化的分子；
（e）棒状分子。

▶ **实践练习 2**

分析癸烷（$CH_3CH_2CH_2CH_2CH_2CH_2CH_2CH_2CH_2CH_3$）没有表现出液晶特性的原因。

⊖胆甾相液晶有时被称为手性向列相液晶，因为每个层面内的分子排列方式类似于向列相液晶。

CS_2 的熔点为 $-110.8\ ℃$，沸点为 $46.3\ ℃$，$20\ ℃$ 时密度为 $1.26g/cm^3$，非常容易燃烧。问：（a）这种化合物的名称是什么？（b）列出 CS_2 分子间的作用力；（c）写这种化合物在空气中燃烧的平衡方程式（需要给出最可能的氧化产物）；（d）CS_2 的临界温度和临界压力分别为 552K 和 78atm，与表 11.5 中 CO_2 的相应数值进行比较，讨论二者差别的可能原因。

解析

（a）该化合物被命名为二硫化碳，类似于其他二元化合物，如二氧化碳（见 2.8 节）。

（b）因为没有氢原子，所以不可能有氢键。如果我们画出 Lewis 结构式，可以看到碳原子与每个硫原子形成双键：

$$\ddot{S}=C=\ddot{S}$$

利用 VSEPR 模型（见 9.2 节），我们可确定该分子为线性分子，没有偶极矩（见 9.3 节）。因此，不存在偶极 - 偶极相互作用。分子间只有色散作用。

（c）最可能的燃烧产物是 CO_2 和 SO_2（见 3.2

节）。在某些条件下，可能生成 SO_3，但这不太可能。因此，我们给出下面的燃烧方程式：

$$CS_2(1)+3O_2(g)\longrightarrow CO_2(g)+2SO_2(g)$$

（d）CS_2 的临界温度和临界压力（分别为 552K 和 78atm）均高于表 11.5 给出的 CO_2 的相应值（分别为 304K 和 73atm）。临界温度的差别尤其显著。CS_2 的值更高是由于 CS_2 分子间的色散力比 CO_2 的更强。这是由于硫的体积比氧大，因此它的极化率就大，分子间作用力就强。

本章小结和关键术语

气体、液体和固体分子的对比（见 11.1 节）

室温下，气体或液体物质通常由分子组成。在气体中，分子间的引力作用与分子的动能相比，可以忽略不计。因此，分子之间的距离较大，并进行着连续的、无序运动。在液体中，**分子间的引力作用很强**，进而使分子之间靠得很近。不过，分子之间仍可以自由运动，不受彼此的干扰。在固体中，分子间的引力作用更强，不仅限制了分子的运动，还迫使其在三维空间排列中占据特定的位置。

分子间作用力（见 11.2 节）

中性分子之间存在三种类型的分子间作用力：**色散力**、**偶极 - 偶极相互作用和氢键**。色散力存在于所有分子（和原子，如 He，Ne，Ar 等）之间。随着分子量的增加，分子的**极化率**增大，导致色散力作用更强。此外，分子形状也是一个重要的因素。偶极 - 偶极相互作用随着分子极性的增加而增强。氢键仅在含有 O—H、N—H 和 F—H 键的化合物中形成，氢键一般比偶极 - 偶极相互作用或色散力强。**离子 - 偶极相互作用**在离子化合物溶解于极性溶剂形成的溶液中非常重要。

液体的选择性（见 11.3 节）

分子间作用力越大，液体的黏度或流动的阻力就越大。表面张力是液体趋向于保持最小表面积的量度。液体的表面张力也随着分子间作用力的增加而增加。液体与小直径管壁间的黏附力以及液体的内聚力解释了产生毛细管作用的原因。

相变（见 11.4 节）

一种物质可能存在不止一种物质状态或相。**相变**就是从一种相态到另一种相态的转变。固体转变到液

体（熔化）、固体转变到气体（升华）和液体转变到气体（汽化）的变化都是吸热过程。因此，**熔化（熔融）热、升华热**和**汽化热**均为正值。相反的过程（凝固、凝结和液化）都是放热的。

如果温度高于**临界温度**，施加压力不能使气体液化。在临界温度下气体液化所需的压力称为临界压力。当温度和压力分别超过临界温度和临界压力时，液相和气相相融合成一体，形成超临界流体。

蒸气压（见 11.5 节）

液体的**蒸气压**是蒸气与液体处于**动态平衡**时的分压。在平衡状态下，分子从液态进入到气态的速率与分子从气态回到液态的速率相等。液体的蒸气压越高，越容易蒸发，也越易挥发。蒸气压随温度的升高而增大。当蒸气压等于外部压力时，**液体就会发生沸腾**。因此，液体的**沸点**与压力有关。**正常的沸点**是指蒸气压等于 1atm 时的温度。

相图（见 11.6 节）

物质的固相、液相和气相之间的平衡随温度和压力的变化展示在**相图**上。每一条线代表两个相之间的平衡。随着压力的增加，通过熔点的线通常略微向右倾斜，这是因为固体通常比液体的密度大。压力 1atm 处的熔点为**正常熔点**。相图上三相共存的点称为**三相点**。**临界点**对应于临界温度和临界压力。超过临界点的物质为超临界流体。

液晶（见 11.7 节）

液晶是一种高于固体熔点的温度下表现出一个或多个有序相的物质。在**向列相液晶**中，分子沿着一个方向排列，但分子两端却不对齐。在**近晶相液晶**中，分子

的两端对齐，排列成层状结构。在**近晶 A 相液晶**中，分子的长轴对齐，垂直于层面。在**近晶 C 相液晶**中，分子的长轴相对于层面倾斜一定角度。**胆甾相液晶**为多层排列的螺旋状结构，每层中，分子像向列相液晶

一样平行排列，但分子的长轴排列方向从一层到另一层旋转一定角度，呈螺旋状。具有液晶性能的物质通常由具有一定刚性的长棒状分子和极性基团组成，极性基团通过偶极 - 偶极间的相互作用促进分子的排列。

学习成果　　*学习本章后，应该掌握：*

- 根据分子或离子的组成和结构，识别分子间存在的引力作用（色散力、偶极 - 偶极相互作用、氢键、离子 - 偶极相互作用），并比较这些作用力的相对强度。（见 11.2 节）
  相关练习：11.17, 11.18, 11.25, 11.26
- 解释极化率的概念及其与色散力的关系。（见 11.2 节）
  相关练习：11.19 ~ 11.22
- 解释黏度，表面张力和毛细作用的概念。（见 11.3 节）
  相关练习：11.35, 11.36
- 列出纯净物各种状态变化的名称，并指出哪些是吸热的，哪些是放热的。（见 11.4 节）
  相关练习：11.39, 11.40
- 解释加热曲线，计算与温度变化和相变有关的

熔变。（见 11.4 节）
  相关练习：11.45, 11.46
- 给出临界压力、临界温度、蒸气压、正常沸点、正常熔点、临界点和三相点的定义。（见 11.4 ~ 11.6 节）
  相关练习：11.47, 11.48, 11.51, 11.52
- 解释并绘制相图。说明水的相图与其他大多数物质的相图有何不同，原因是什么。（见 11.6 节）
  相关练习：11.57 ~ 11.60
- 描述向列相液晶、近晶相液晶和胆甾相液晶的分子排列与一般液体的有何不同以及它们之间有何不同，列出有利于形成液晶相的分子特征。（见 11.7 节）
  相关练习：11.65, 11.69, 11.71

本章练习

图例解析

11.1　（a）下图最可能描述的是晶体、液体还是气体？（b）解释一下。（见 11.1 节）

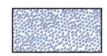

11.2　（a）在下列情况下，都显示了哪种分子间的引力？

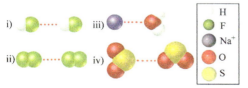

	H
	F
	Na+
	O
	S

（b）预测在这四种作用中哪一种最弱？（见 11.2 节）

11.3　（a）你认为甘油（$C_3H_5(OH)_3$）的黏度比 1- 丙醇（正丙醇）（C_3H_7OH）的黏度大还是小？（b）解释原因。（见 11.3 节）

甘油　　　　正丙醇

11.4　在 1atm 压力和 −170℃ 温度下，如果将 42.0kJ 热量提供给 32.0g 液体甲烷样品，当系统达

到平衡时，甲烷的最终状态是哪种？温度是多少？假设没有热量散失到周围环境中。甲烷的正常沸点为 −161.5℃，液态甲烷和气态甲烷的比热容分别为 3.48J/（g・K）和 2.22J/（g・K）。（见 11.4 节）

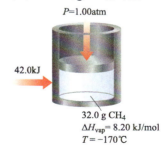

P=1.00atm

42.0kJ

32.0 g CH4
ΔH_{vap}= 8.20 kJ/mol
T = −170℃

11.5　利用下图中 CS_2 的数据，确定（a）CS_2 在

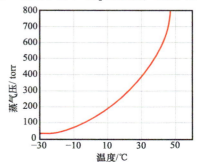

30℃的蒸气压近似值；（b）蒸气压等于300torr时的温度；（c）CS₂的正常沸点。（见11.5节）

11.6 下面给出的丙醇和甲基乙基醚的分子式相同（C_3H_8O），但化学结构不同。（a）哪种分子可参与形成氢键？（b）哪种分子的偶极矩更大？（c）这两种分子中，一种分子的正常沸点为97.2℃，另一种分子的为10.8℃。各是哪种分子？（见11.2节和11.5节）

丙醇 　　　　　甲基乙基醚

11.7 假设一种物质的相图如下：

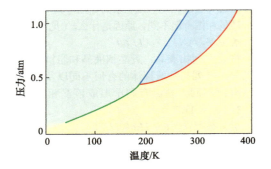

（a）估算出这种物质的正常沸点和凝固点；（b）在下列条件下，这种物质的物理状态是什么？（i）$T = 150K$ $P = 0.2atm$（ii）$T = 100K$ $P = 0.8atm$（iii）$T = 300K$，$P = 1.0atm$（c）这种物质的三相点在哪里？（见11.6节）

11.8 在三种不同的温度（T_1、T_2 和 T_3）下，一种液晶分子的排列方式如下：

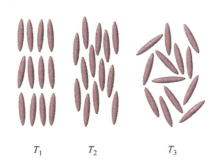

T_1 　　　 T_2 　　　 T_3

（a）在哪个温度或哪几个温度下该物质处于液晶态？在这些温度时，描述是什么类型的液晶态？

（b）这三种温度中哪一种温度最高？（见11.7节）

气体、液体和固体分子的对比（见11.1节）

11.9 分别按以下顺序列出物质的三种状态：（a）分子的无序性增大；（b）分子间的引力增加；（c）物质最容易被压缩。

11.10 （a）固体、液体和气体中，分子的平均动能与分子间的平均引力能相比如何？（b）为什么升高温度可使一种固态物质连续从固体转变为液体，再到气体？（c）如果你把气体置于极高的压力下，情况会怎样？

11.11 当一种金属例如铅熔化时，原子的平均动能（a）和原子之间的平均距离（b）会怎样变化？

11.12 室温下，Si 是固体，CCl_4 是液体，而 Ar 是气体。把这些物质按照下列要求排序：（a）分子间相互作用增加，（b）沸点升高。

11.13 在标准温度和压力下，Cl_2 和 NH_3 气体的摩尔体积分别为22.06L/mol和22.40L/mol。

（a）考虑各自的分子量、偶极矩和分子形状，为什么它们的摩尔体积几乎相同？（b）冷却到160K时，两种物质都形成结晶。当把这些气体冷却到160K时，你认为摩尔体积会减少还是增加？（c）在160K时，Cl_2 和 NH_3 结晶的密度分别为2.02g/cm³ 和0.84g/cm³。计算它们的摩尔体积；（d）固态的摩尔体积和气态的摩尔体积相近吗？解释一下；（e）你认为液态的摩尔体积更接近于固态还是气态的摩尔体积？

11.14 苯甲酸（C_6H_5COOH）在122℃熔化，130℃时液态的密度为1.08g/cm³。在15℃时固态苯甲酸的密度为1.266g/cm³。（a）这两种状态中的哪一种分子间的平均距离更大？（b）如果把1cm³ 的液体苯甲酸转变成固体，与液体的体积相比，固体的体积增大还是减小？

分子间作用力（见11.2节）

11.15 （a）哪种类型的分子间作用力存在于所有分子之间？（b）哪种类型的分子间作用力只存在于极性分子之间？（c）哪种类型的分子间作用力只存在于形成极性键的氢原子和临近的小的电负性原子之间？

11.16 （a）哪种相互作用更强，分子间作用力还是分子内作用力？（b）当液体转化为气体时，哪种作用力被破坏？

11.17 说明下列物质从液体转化为气体时所必须克服的分子间作用力：（a）SO_2（b）CH_3COOH（c）H_2S

11.18 哪种类型的分子间作用力能解释下列物质间差别？（a）CH_3OH 在65℃沸腾；CH_3SH 在6℃沸腾；（b）Xe 在120K、常压下为液体，而 Ar 在相同条件下为气体；（c）Kr 的原子量为84amu，在120.9K下沸腾，而 Cl_2 的分子质量约71amu，在238K下沸腾；（d）丙酮在56℃沸腾，而2-甲基丙烷在-12℃沸腾。

丙酮 　　　　　　　　　　2-甲基丙烷

11.19 （a）按极化率增大的顺序排列以下分子：$GeCl_4$、CH_4、$SiCl_4$、SiH_4 和 $GeBr_4$；（b）预测（a）中

这些物质的沸点高低顺序。

11.20　判断对错：（a）对于分子量相近的分子，色散力随着分子极性的增加而增强；（b）对于惰性气体，从元素周期表中的位置从上往下时，色散力减小，沸点增加；（c）就给定物质的总吸引力而言，如果存在偶极 - 偶极相互作用，其作用力一般大于色散力；（d）当其他条件相同时，线性分子间的色散力大于近似球型分子间的色散力；（e）原子越大，极化率越高。

11.21　下列每对分子中，哪一个色散力较大？（a）H_2O 和 H_2S（b）CO_2 和 CO（c）SiH_4 和 GeH_4。

11.22　下列每对分子中，哪一种分子间色散力更强？（a）Br_2 和 O_2（b）$CH_3CH_2CH_2CH_2SH$ 和 $CH_3CH_2CH_2CH_2CH_2SH$（c）$CH_3CH_2CH_2Cl$ 或 $(CH_3)_2CHCl$

11.23　下图所示的丁烷和 2- 甲基丙烷都是非极性的，具有相同的分子式，C_4H_{10}，但丁烷的沸点（−0.5℃）比 2- 甲基丙烷沸点（−11.7℃）更高。解释原因。

丁烷　　　　　　2-甲基丙烷

11.24　正 丙 醇（$CH_3CH_2CH_2OH$）和 异 丙 醇 [$(CH_3)_2CHOH$] 的沸点分别为 97.2℃ 和 82.5℃，它们的空间排布如下。解释为什么两者分子式（C_3H_8O）相同，但正丙醇的沸点更高。

正丙醇　　　　　　异丙醇

11.25　（a）一个分子中必须含有哪些原子才能与其他同类分子形成氢键？（b）下列哪种分子可以与其他同类分子形成氢键？CH_3F、CH_3NH_2、CH_3OH、CH_3Br。

11.26　解释下列每对物质沸点不同的原因：（a）HF（20℃）和 HCl（−85℃）；（b）$CHCl_3$（61℃）和 $CHBr_3$（150℃）；（c）Br_2（59℃）和 ICl（97℃）。

11.27　乙二醇（$HOCH_2CH_2OH$），是防冻剂中的

主要物质，其正常沸点为 198℃，而乙醇（CH_3CH_2OH）在常压下 78℃ 沸腾。乙二醇二甲醚（$CH_3OCH_2CH_2OCH_3$）正常沸点为 83℃，甲乙醚（$CH_3CH_2OCH_3$）的正常沸点为 11℃。（a）解释为什么用 −CH_3 取代氧上的氢原子会使沸点降低；（b）造成这两种醚沸点差异的主要原因是什么？

11.28　根据分子间作用力的种类，预测下列每对物质中哪个具有较高沸点：（a）丙烷（C_3H_8）和正丁 烷（C_4H_{10}）（b）二 乙 醚（$CH_3CH_2OCH_2CH_3$）和 1- 丁醇（$CH_3CH_2CH_2CH_2OH$）（c）二氧化硫（SO_2）和三氧化硫（SO_3）（d）光气（Cl_2CO）和甲醛（H_2CO）。

11.29　查找并比较水和 H_2S 的正常沸点和正常熔点。基于这些物理性质，（a）哪一种物质具有更强的分子间作用力？（b）存在什么样的分子间作用力？

11.30　四氯化碳（CCl_4）和氯仿（$CHCl_3$）是常见的有机液体。四氯化碳的正常沸点为 77℃，氯仿的正常沸点为 61℃。下列哪一个是对这些数据的最好解释？（a）氯仿可以形成氢键，但四氯化碳不能；（b）四氯化碳的偶极矩大于氯仿；（c）四氯化碳比氯仿更容易极化。

11.31　一些含有四面体型多原子组成的阴离子 BF_4^- 的盐是离子液体，而含有更大四面体阴离子 SO_4^{2-} 的盐不是离子液体。解释原因。

11.32　1- 烷基 -3- 甲基咪唑阳离子的一般结构式是

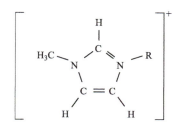

其 中，R 是 — $CH_2(CH_2)_nCH_3$ 烷 基。1- 烷基 -3- 甲基咪唑阳离子与 PF_6^- 阴离子形成的盐的熔点如下：R = CH_2CH_3（m.p.= 60℃），R = $CH_2CH_2CH_3$（m.p.= 40℃），R = $CH_2CH_2CH_2CH_3$（m.p.= 10℃），R = $CH_2CH_2CH_2CH_2CH_3$（m.p. = −61℃）。为什么随着烷基链的长度增加，熔点降低？

液体的选择性（见 11.3 节）

11.33　（a）表面张力与温度的关系是什么？（b）黏性与温度的关系是什么？（c）为什么高表面张力的物质也会有高的黏度？

11.34　根据它们的组成和结构，将 CH_2Cl_2、$CH_3CH_2CH_3$ 和 CH_3CH_2OH 按下列顺序排列：（a）分子间作用力增加；（b）黏度增加；（c）表面张力增加。

11.35　液体可以像毛细管一样与平整表面产生相互作用，液体的内聚力比液体与表面之间的黏附力强还是弱？

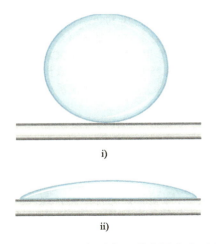

i)

ii)

（a）在上面的两张图中，哪张图中表面和液体间的黏附力超过液体的内聚力？（b）哪张代表水在非极性表面的情况？（c）哪张代表水在极性表面的情况？

11.36 肼（H_2NNH_2）、过氧化氢（HOOH）和水（H_2O）与其他分子量相当的物质相比，都具有极高的表面张力。（a）绘制这三种化合物的路易斯结构；（b）这些物质有什么共同的结构特性？这又如何解释具有高表面张力呢？

11.37 水和几种醇的沸点、表面张力和黏度如下表所示：

	沸点 /℃	表面张力 /（J/m²）	黏度 /（kg/m·s）
水，H_2O	100	7.3×10^{-2}	0.9×10^{-3}
乙醇，CH_3CH_2OH	78	2.3×10^{-2}	1.1×10^{-3}
正丙醇，$CH_3CH_2CH_2OH$	97	2.4×10^{-2}	2.2×10^{-3}
正丁醇，$CH_3CH_2CH_2CH_2OH$	117	2.6×10^{-2}	2.6×10^{-3}
乙二醇，$HOCH_2CH_2OH$	197	4.8×10^{-2}	26×10^{-3}

（a）从乙醇到正丙醇，再到正丁醇，沸点、表面张力和黏度都增加。这种增长的原因是什么？（b）正丙醇和乙二醇具有相似的分子量（60amu 与 62amu），但乙二醇的黏度大于正丙醇的10倍以上，为什么？（c）如何解释水的表面张力最高，但黏度最低。

11.38 （a）你认为正戊烷 $CH_3CH_2CH_2CH_2CH_3$ 的黏度比正己烷 $CH_3CH_2CH_2CH_2CH_2CH_3$ 的大还是小？（b）你认为新戊烷（CH_3）$_4C$ 的黏度比正戊烷的小还是大？（见图 11.6，参考这些分子的形状。）

相变（见 11.4 节）

11.39 指出下列情况下相变的名称，并说明是放热的还是吸热的：（a）当受热时冰变成水；（b）温暖的夏天，湿衣服晾干了；（c）寒冷的冬日，出现在窗户上的霜冻；（d）一杯冰柠檬水的杯壁上出现了水珠。

11.40 指出下列情况下相变的名称，并指出是放热的还是吸热的：（a）溴蒸气冷却时变成溴水；（b）碘晶体放在通风柜里时，会从蒸发皿中消失；（c）在敞开的容器里搅拌酒精时，酒精会慢慢消失；（d）熔融的火山岩变成了坚硬的岩石。

11.41 （a）物质的"熔化热"代表什么相变？（b）熔化热是吸热的还是放热的？（c）比较一种物质的熔化热和汽化热，哪一种通常更大？

11.42 氯化乙烷（C_2H_5Cl）在 12℃沸腾，加压把液体 C_2H_5Cl 喷到空气中一个 25℃的物体表面时，物体表面明显变冷。（a）对比 C_2H_5Cl（g）与 C_2H_5Cl（l）的比热容，能说明什么？（b）假设表面散失的热量被氯化乙烷吸收。如果要计算物体表面的最终温度，必须考虑什么焓变？

11.43 在炎热的气候中，饮用水多年来一直通过从帆布袋或多孔陶罐表面蒸发来冷却。那么蒸发 60g 水时能使多少克水从 35℃冷却到 20℃？（在此温度范围内，水的蒸发热为 2.4kJ/g。水的比热容为 4.18J/g·K）。

11.44 CCl_2F_2 化合物被称为氯氟烃或 CFC。这些化合物曾经被广泛用作制冷剂，但现在被对环境危害较小的化合物所取代。CCl_2F_2 的汽化热为 289J/g。必须蒸发多少克这种物质才能将 15℃的 200g 水冻结？[水的熔化热为 334J/g，水的比热容为 4.18J/（g·K）]。

11.45 乙醇（C_2H_5OH）在 -114℃熔化，78℃沸腾，乙醇的熔化摩尔焓为 5.02kJ/mol，汽化摩尔焓为 38.56kJ/mol。固体乙醇和液体乙醇的比热容分别为 0.97J/（g·K）和 2.3J/（g·K）。（a）在 35℃下将 42.0g 乙醇转化为 78℃的气体需要多少热量？（b）-155℃时，将相同量的乙醇转化为 78℃的气体需要多少热量？

11.46 碳氟化合物 $C_2Cl_3F_3$ 的正常沸点为 47.6℃，$C_2Cl_3F_3$（l）和 $C_2Cl_3F_3$（g）的比热容分别为 0.91J/（g·K）和 0.67J/（g·K）。该化合物的汽化热为 27.49kJ/mol。计算将 35.0g $C_2Cl_3F_3$ 从 10℃的液体转换为 105.00℃的气体所需要的热量。

11.47 指出下列说法是否正确：（a）物质的临界压力是它在室温下变成固体的压力；（b）物质的临界温度是液相形成的最高温度；（c）一般来说，物质的临界温度越高，其临界压力就越低；（d）一般来说，物质中分子间作用力越大，其临界温度和压力就越高。

11.48 一些卤代甲烷的临界温度和压力如下：

化合物	CCl_3F	CCl_2F_2	$CClF_3$	CF_4
临界温度 /K	471	385	302	227
临界压力 /atm	43.5	40.6	38.2	37.0

（a）列出每种化合物的分子间作用力；（b）预测这一系列化合物分子间作用力从小到大的顺序；（c）根据表中的变化趋势预测 CCl_4 的临界温度和压力。利用《CRC 化学和物理手册》等资料，查阅实验测定 CCl_4 的临界温度和压力，给出存在偏差的原因。

蒸气压（见 11.5 节）

11.49　下列哪一项影响液体的蒸气压？（a）液体的体积（b）表面积（c）分子间的引力（d）温度（e）液体的密度。

11.50　丙酮（H_3CCOCH_3）的沸点为 56℃。根据图 11.25 中的数据，你认为在 25℃时丙酮的蒸气压比乙醇的高还是低？

11.51　（a）按挥发性增加的顺序排列下列物质：CH_4、CBr_4、CH_2Cl_2、CH_3Cl、$CHBr_3$ 和 CH_2Br_2；（b）在这个序列中，沸点是如何变化的？（c）从分子间作用力的角度解释（b）的答案。

11.52　判断对错。（a）CBr_4 比 CCl_4 更易挥发（b）CBr_4 的沸点高于 CCl_4（c）与 CCl_4 相比，CBr_4 具有较弱的分子间作用力（d）在相同温度下，CBr_4 比 CCl_4 具有更高的蒸气压。

11.53　（a）分别放在不同加热器上的两锅水，一锅中的水剧烈沸腾，而另一锅中的水则平稳沸腾。从这两锅水的温度能说明什么？（b）一个大容器中的水和一个小容器的水的温度相同，从两个容器中水的相对蒸气压能说明什么？

11.54　你在高山上烧水沏茶。然而，当你喝茶时，并没有觉得那么热。你一遍又一遍地尝试，但水就是不够热，不能沏一杯热茶。对这一结果的最佳解释是哪一个？（a）高山上可能非常干燥，杯子中的水迅速蒸发，使之冷却下来；（b）高山上可能风非常大，杯子中的水快速蒸发，使之冷却下来；（c）在高山上气压明显低于 1atm，所以水的沸点比海平面处的低得多；（d）在高山上，气压明显低于 1atm，所以水的沸点比海平面的高得多。

11.55　利用图 11.25 中的蒸气压曲线，（a）估算乙醇在外部压力为 200torr 时的沸点；（b）估算乙醇在 60℃下沸腾时的外部压力；（c）估算乙醚在外部压力为 400torr 时的沸点；（d）估算乙醚在 40℃下沸腾时的外部压力。

11.56　附录 B 列出了水在不同外压时的蒸气压。（a）依据附录 B 中的数据，绘制出蒸气压（单位：torr）与温度（单位：℃）的关系图。从绘出的图中，估算水在 37℃时的蒸气压；（b）解释 760.0torr、100℃的数据点的意义；（c）高于海平面 5000ft（1ft ＝ 0.3048m）的一座城市的气压为 633torr。在这个城市里，你要把水加热到什么温度才能把它煮沸呢？（d）低于海平面 500ft 一个城市气压为 774torr。在这个城市里，你要把水加热到什么温度才能把它煮沸呢？

相图（见 11.6 节）

11.57　（a）相图中临界点的意义是什么？（b）为什么气相和液相的分隔线在临界点结束？

11.58　（a）相图中三相点的意义是什么？（b）你能通过测量容器中水蒸气、液态水和冰在 1atm 处于平衡时的温度来测量水的三相点吗？解释一下。

11.59　参考图 11.28，描述下列情况下发生的相变：（a）0.005atm、−0.5℃的水蒸气在恒温下被缓慢压缩，直到压力达到 20atm；（b）100.0℃、0.50atm 的水在恒压下进行冷却，直到温度达到 −10℃。

11.60　参照图 11.29，描述 CO_2 在下列情况下从 −80℃加热至 −20℃的相变（a）恒定压力 3atm；（b）恒定压力 6atm。

11.61　氖的相图如下：

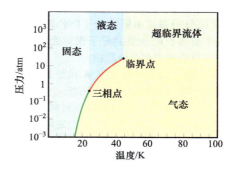

使用相图回答以下问题。

（a）它的正常熔点大约是多少？（b）在多大的压力范围内，固体氖会升华？（c）在室温（$T=$ 25℃）下，氖可以通过加压来液化吗？

11.62　使用氖的相图回答下列问题。（a）它的正常沸点大约是多少？（b）根据 Ne 和 Ar 的临界点，对氖和氩的分子间作用力的强度有什么看法（见表 11.5）？

11.63　地球上，三种状态（固态、液态和气态）的水都很容易被发现，部分原因是水的三相点（$T=$ 0.01℃，$P=$ 0.006atm）处在地球的温度和压力范围内。土星最大的卫星——土卫六的大气中含有大量的甲烷。土卫六表面的气候条件大概为 $P=$ 1.6atm 和 $T=$ −178℃。从甲烷的相图（见图 11.30）来看，这个条件离三相点不远，这就增加了在土卫六上发现固态、液态和气态甲烷的可能性，让人期待。（a）你希望在土卫六表面找到甲烷的状态是哪种？（b）穿过大气层向上移动时，压力会降低。如果我们假设温度不发生变化，那么当我们离开土卫六的表面时，希望会看到什么样的相变呢？

11.64　25℃时，镓是一种密度为 $5.91g/cm^3$ 的固体。它的熔点为 29.8℃，低至把它放在手中就能熔化。熔点以上的液态镓密度为 $6.1g/cm^3$。根据这些信息，你期望在镓的相图中能发现什么异常特征呢？

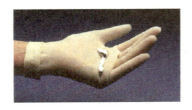

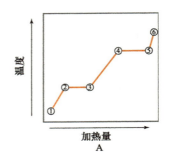

液晶（见 11.7 节）

11.65 依据分子的排列和自由运动，向列相液晶和普通液相有什么相似之处？有什么不同之处？

11.66 Reinitzer 对胆甾醇苯甲酸酯的哪些观察表明这种物质具有液晶相？

11.67 判断下列观点是正确还是错误的：（a）液晶态是物质的另一种相态，就像固态、液态和气态一样；（b）液晶分子一般呈球形；（c）具有液晶性质的分子在一定的温度和压力下呈现出液晶相；（d）具有液晶性质的分子表现出弱的分子间作用力，低于预期值；（e）只含有碳和氢的分子很可能形成液晶相；（f）分子可以表现出多个液晶相。

11.68 两条加热曲线如图 A 和图 B 所示，在这两种情况下，点 1 均对应于晶态固相。

（a）其中一张图给出的是液晶材料的数据曲线，是哪一张？（b）在图 A 中，2—3 点之间的线段对应什么过程？（c）在图 B 中，2—3 点之间的线段对应什么过程？（d）在图 A 中，3—4 点之间的线段对应什么过程？（e）在图 B 中，3—4 点之间的线段对应什么过程？

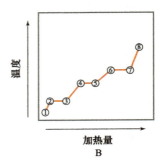

11.69 对于给定的物质，其液晶态往往比液态更黏稠，为什么？

11.70 描述胆甾相液晶与向列相液晶有何区别。

11.71 经常出现的情况是，近晶相液晶通常只在熔点之上出现，随着温度的升高，转变成向列相液晶。解释这种行为。

11.72 近晶相液晶可以说比向列相液晶具有更高的有序性，从什么意义上说是正确的？

附加练习

11.73 当分子间引力作用增大时，你认为以下各量是增加还是减小？（a）蒸气压；（b）汽化热；（c）沸点；（d）凝固点；（e）黏度；（f）表面张力；（g）临界温度。

11.74 下表列出了在 1atm 下不同温度时氧气的浓度。O_2 的正常熔点是 54K。

温度 /K	浓度 /（ mol/L ）
60	40.1
70	38.6
80	37.2
90	35.6
100	0.123
120	0.102
140	0.087

（a）固体氧存在的温度范围是多少？（b）液体氧气存在的温度范围是多少？（c）表中氧气是气体的温度范围是多少？（d）估算 O_2 的正常沸点是多少？

（e）O_2 分子中起作用的分子间作用力是什么？

11.75 假设有两种无色的分子液体，一种在 -84℃沸腾，另一种在 34℃下沸腾，两种都是在常压条件下沸腾的。下列哪一种说法是正确的？对于不正确的说法，请修改。（a）高沸点的液体比低沸点的液体具有更大的分子间作用力；（b）低沸点的液体一定是由非极性分子组成；（c）低沸点液体分子的分子量比高沸点液体的低；（d）这两种液体在其正常沸点时具有相同的蒸气压；（e）这两种液体在 -84℃时蒸气压都是 760mmHg（1mmHg = 133.322Pa）。

11.76 图示的平面化合物为 1，2- 二氯乙烯的两个异构体。

$$H \quad\quad H$$
$$\backslash \quad\quad /$$
$$C = C$$
$$/ \quad\quad \backslash$$
$$Cl \quad\quad Cl$$

顺式异构体

$$Cl \quad\quad H$$
$$\backslash \quad\quad /$$
$$C = C$$
$$/ \quad\quad \backslash$$
$$H \quad\quad Cl$$

反式异构体

（a）这两种异构体中，哪一种具有较强的偶极 - 偶极相互作用？

（b）一种异构体的沸点为 60.3 ℃，另一种为 47.5 ℃，它们分别是哪一种异构体的沸点？

11.77 下表给出了液体卤化物的一些物理性质。

液体	实验测定的偶极矩 /D	正常沸点 /℃
CH_2F_2	1.93	−52
CH_2Cl_2	1.60	40
CH_2Br_2	1.43	97

下列哪种说法能最好地解释这些数据？

（a）偶极矩越大，分子间作用力越强，因此对于具有最大偶极矩的分子来说，沸点是最低的；（b）从 F、Cl 到 Br，色散力增加，因为沸点也按这个顺序增加，色散力对分子间相互作用的贡献一定比偶极—偶极间的作用力大得多；（c）电负性的趋势是 F>Cl>Br，因此，离子性最强的化合物（CH_2F_2）沸点最低，而共价性最强的化合物（CH_2Br_2）的沸点最高；（d）对于这些非极性化合物来说，沸点随着分子量的增加而增大。

11.78 下表给出了苯和苯的衍生物的正常沸点。

化合物	结构	正常沸点 /℃
C_6H_6（苯）		80
C_6H_5Cl（氯苯）		132
C_6H_5Br（溴苯）		156
C_6H_5OH（苯酚，或羟基苯）		182

（a）这些化合物中哪些具有色散力？（b）这些化合物中哪些具有偶极 - 偶极相互作用？（c）这些化合物中哪些存在氢键作用？（d）为什么溴苯的沸点比氯苯的沸点高？（e）为什么苯酚的沸点是最高的？

11.79 在原子层面上看，DNA 双螺旋（见图 24.30）像一个扭曲的梯子，其中梯子的"梯级"由氢键结合在一起的分子组成。糖和磷酸盐基团组成了梯子的两侧。下图所示为腺嘌呤 - 胸腺嘧啶（AT）碱基对和鸟嘌呤 - 胞嘧啶（GC）碱基对的结构：

胸腺嘧啶　　腺嘌呤

胞嘧啶　　鸟嘌呤

可以看到，AT 碱基对由两个氢键连接在一起，GC 碱基对由三个氢键连接在一起。加热时，哪个碱基对更稳定？为什么？

11.80 在室温和常压下，乙二醇（$HOCH_2CH_2OH$）和戊烷（C_5H_{12}）都是液体，分子量大致相同。（a）其中一种液体比另一种液体黏稠得多，你认为哪个更黏稠？（b）其中一种液体的正常沸点（36.1 ℃）比另一种液体的沸点（198 ℃）低得多，哪种液体的正常沸点较低？（c）其中一种液体是汽车发动机防冻剂的主要成分，你认为哪种液体可用作防冻剂？（d）这两种液体中有一种用于制造聚苯乙烯泡沫的"发泡剂"，因为它非常容易挥发，你认为哪种用作发泡剂？

11.81 利用下列物质的正常沸点

丙烷	C_3H_8	−42.1 ℃
丁烷	C_4H_{10}	−0.5 ℃
戊烷	C_5H_{12}	36.1 ℃
己烷	C_6H_{14}	68.7 ℃
庚烷	C_7H_{16}	98.4 ℃

预测辛烷（C_8H_{18}）的正常沸点，并解释沸点的变化趋势。

11.82 离子液体的一个吸引人的特征是其蒸气压低，这反而使它们不易燃烧。为什么你认为离子液体比大多数室温分子液体拥有更低的蒸气压呢？

11.83 （a）当你剧烈运动时，就会流汗。流汗是如何帮助你的身体降温的？（b）一烧瓶水与真空泵相连。真空泵打开运行一会儿，水就开始沸腾。几分钟后，水开始凝结。解释为什么会发生这些变化。

11.84 下表给出了六氟苯（C_6F_6）的蒸气压与温度的关系：

温度 /K	蒸气压 /torr
280.0	32.42
300.0	92.47
320.0	225.1
330.0	334.4
340.0	482.9

（a）以适当的方式绘制这些数据图，确定是否遵循，克劳修斯 - 克拉贝龙方程 [见式（11.1）]。如果遵循，利用所绘制的图确定 C_6F_6 的 ΔH_{vap}；（b）利用这些数据确定化合物的沸点。

11.85 假设测定了一种物质在两个不同温度下的蒸气压。（a）利用克劳修斯 - 克拉贝龙方程 [见式（11.1）]，导出蒸气压 P_1 和 P_2 与测量它们的绝对温度 T_1 和 T_2 之间的关系式：

$$\ln \frac{P_1}{P_2} = -\frac{\Delta H_{vap}}{R}\left(\frac{1}{T_1} - \frac{1}{T_2}\right)$$

（b）汽油是一种碳氢混合物，其中一种组分是辛烷（$CH_3CH_2CH_2CH_2CH_2CH_2CH_2CH_3$）。辛烷在 25 ℃时蒸气压为 13.95torr，75℃时的蒸气压为 144.78torr。利用这些数据和（a）中等式计算辛烷的汽化热；（c）利用（a）中等式和（b）中给出的数据，计算辛烷的正常沸点。将你的答案与练习 11.81 的答案进行比较；（d）计算辛烷在 −30℃时的蒸气压。

11.86 以下数据显示了二氯甲烷（CH_2Cl_2）和甲基碘（CH_3I）达到某些蒸气压时的温度：

蒸气压 /torr	10.0	40.0	100.0	400.0
CH_2Cl_2 的温度 /℃	−43.3	−22.3	−6.3	24.1
CH_3I 的温度 /℃	−45.8	−24.2	−7.0	25.3

（a）这两种物质中哪一种会有更大的偶极 - 偶极相互作用？哪一种会有更大的色散力？基于你的答案，解释为什么很难预测哪种化合物会更易挥发；（b）你认为哪种化合物会有更高的沸点？在参考书中检查你的答案，比如《CRC 化学和物理手册》；（c）随着温度的升高，这两种物质的挥发性顺序发生了变化。要发生这种现象，这两种物质的量必须有什么不同？（d）通过绘制适当的图表来证实你对（c）部分的回答。

11.87 萘（$C_{10}H_8$）是传统的樟脑丸的主要成分。其正常熔点为 81℃，正常沸点为 218℃，在 1000Pa 时，其三相点为 80℃。利用这些数据，构建萘的相图，标记出相图中所有区域。

11.88 带液晶显示屏（LCD）的手表在南极暴露于低温下不能正常工作。解释为什么液晶显示屏在低温下不能正常工作。

11.89 如图所示为一特定液晶物质的相图，通过与非液晶物质的相图的分析比较，指出每个区域存在的相态。

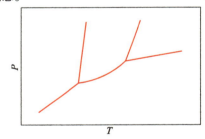

综合练习

11.90 表 11.3 中，我们看到了一系列碳氢化合物的黏度随分子量的增加而增加，从六碳分子到十碳分子的黏度增加了一倍。

（a）八碳的碳氢化合物，辛烷，有一个异构体，异辛烷。预测异辛烷的黏度会比辛烷的黏度大还是小，为什么？（b）预测表 11.4 中碳氢化合物的沸点从最低到最高的顺序；（c）表 11.4 中，碳氢化合物液体的表面张力从正己烷到癸烷逐渐增加，但只增加了很少的量（与黏度翻倍相比，总体上增加了 20%）。以下哪种说法最可能解释这一现象？（i）分子的柔性对黏度的影响要比表面张力大得多（ii）黏度只取决于分子量，但表面张力取决于分子量和分子间的作用力（iii）大的分子可形成较大的液滴，因此表面张力较低（d）壬烷在 20℃时的粘度为 7.11×10^{-4} kg/（m·s），正辛醇 $CH_3(CH_2)_7OH$ 的分子量几乎与壬烷的相同，但其粘度在 20℃时却为 1.01×10^{-2} kg/（m·s）。以下哪种说法最可能解释这一现象？（i）液体分子间作用力越强，黏度就越小（ii）液体分子间作用力越强，黏度就越大。

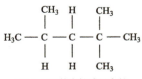

2,2,4-三甲基戊烷或异辛烷

11.91 丙酮 [（CH_3）$_2CO$] 被广泛用作工业溶剂。（a）画出丙酮分子的 Lewis 结构，并预测每个碳原子的几何形状；（b）丙酮是极性分子还是非极性分子？（c）丙酮分子间存在什么类型的分子间作用力？

（d）1- 丙醇（$CH_3CH_2CH_2OH$）的分子量与丙酮相近，而丙酮在 56.5℃沸腾，1- 丙醇在 97.2℃沸腾。解释二者间的这种差别。

11.92　下表列出了几种有机化合物的摩尔汽化热，参照表中给出的物质，说明汽化热在以下几方面是如何变化的：（a）摩尔质量；（b）分子形状；（c）分子极性；（d）氢键作用。

从分子间存在的作用力的性质方面解释这些差异。（你会发现，画出每种化合物的结构式有助于分析）。

化合物	摩尔汽化热 /（kJ/mol）
$CH_3CH_2CH_3$	19.0
$CH_3CH_2CH_2CH_2CH_3$	27.6
$CH_3CHBrCH_3$	31.8
CH_3COCH_3	32.0
$CH_3CH_2CH_2Br$	33.6
$CH_3CH_2CH_2OH$	47.3

11.93　乙醇（C_2H_5OH）在 19℃时的蒸气压为 40.0torr。将 1.00g 乙醇样品放置在温度为 19℃的 2.00L 容器中。如果容器是密闭的，只允许乙醇与其蒸气间达到平衡，那么液体乙醇还剩多少克？

11.94　丁烷（C_4H_{10}）液体储存在钢瓶中，常用作燃料。丁烷的正常沸点为 -0.5℃。（a）假设把钢瓶放在阳光下，温度达 35℃，你认为瓶内的压力大于还是小于大气压呢？为什么瓶内的压力取决于它里面液体丁烷的量呢？（b）假设打开钢瓶的阀门，允许少量丁烷迅速逸出。你认为瓶内剩余液体丁烷的温度会如何变化？解释原因；（c）如果丁烷的摩尔汽化热为 21.3kJ/mol，需要提供多少热量才能使 250g 丁烷汽化？在 755torr 和 35℃时，这么多丁烷所占的体积是多少？

11.95　使用附录 B 和 C 的资料，计算所需丙烷 C_3H_8（g）的最小用量。这些丙烷燃烧后所产生的热量必须能将 -20℃、5.50kg 的冰转化为 75℃的液态水。

11.96　挥发性液体的蒸气压可以通过将一定体积的气体在已知温度和压力下缓慢沸腾来测定。在一个实验中，5.00L 的氮气在 26.0℃时通过 7.2146g 液态苯（C_6H_6）。实验后残留的液体重 5.1493g。假设气体被苯蒸气饱和，总气体的体积和温度保持不变，那么苯的蒸气压是多少（以 torr 计）？

11.97　空气的相对湿度等于空气中水的分压与相同温度下水的平衡蒸气压之比乘以 100%。当空气的相对湿度为 58%，温度为 68°F（1°F = 5K/q）时，在 12ft × 10ft × 8ft（1ft = 0.3048m）的房间里有多少水分子？

▼

设计实验

分子间作用力对于预测分子物质的物理性质是非常重要的。然而，有时很难解释或预测这些性质的变化趋势，因为所有可能存在的分子间作用力都同时在起作用，这些相互作用的能量范围很宽。以氨 NH_3 为例，在 P = 1atm、T = 25℃时为气体，氨气可在 -33.5℃液化（P = 1atm）。

甲胺 CH_3NH_2 为氨的衍生物，在 P = 1atm，T = 25℃时也是一种气体，在 -6.4℃（P = 1atm）可以液化。

利用这些实验数据来判断哪种分子具有更强的分子间作用力，氨还是甲胺？解释说明。基于你的解释，你还能用这些分子或相关分子来做什么实验以验证你的判断？

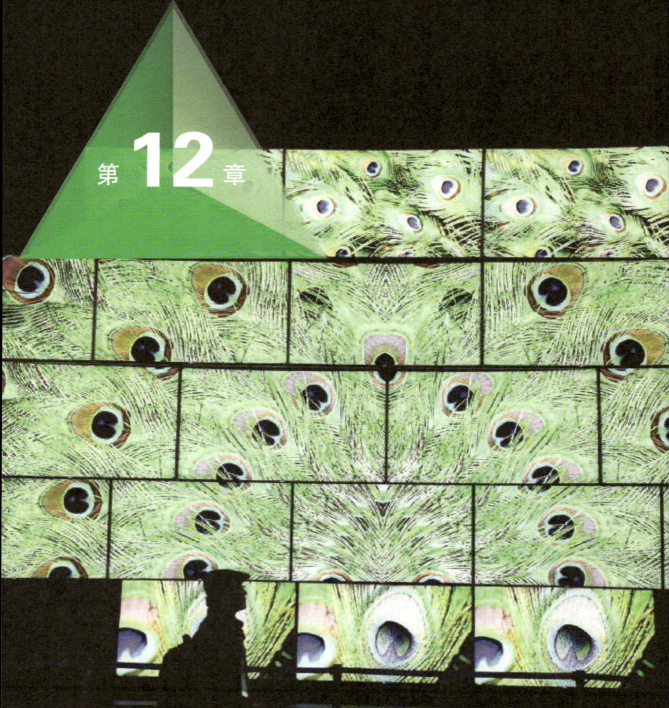

第 **12** 章

固体与现代材料

计算机和手机这样的现代设备都是由具有非常特殊物理特性的固体制成的，例如，集成电路作为许多电子设备的核心部件，是由硅等半导体、铜等金属以及氧化铪等绝缘体制成的。

科学家和工程师几乎完全转向到把固体材料用于很多其他技术领域的研究中。例如用于磁铁和飞机涡轮机的合金、用于太阳能电池和发光二极管的半导体，以及用于包装和生物医学用的聚合物材料。化学家在新材料的发现和对新材料的开发中做出了贡献，要么发现了新的物质，要么开发了加工天然材料的方法，使之具有特殊的电、磁、光学、催化或机械性能。在这一章中，我们将探讨固体的结构和性质。与此同时，我们将研究一些现代技术中使用的固体材料。

导读

12.1 ▶ **固体的分类** 根据原子结合的成键作用类型来研究固体的分类。这种分类方法有助于我们对固体的性质做出一般性的预测。

12.2 ▶ **固体的结构** 学习在晶态固体中，原子有序地排列并重复排布，但在无定形固体中，这种排布是缺失的。学习晶格和晶胞，它们决定了晶体的重复排列模型。

12.3 ▶ **金属晶体** 考察金属的性质和结构，了解在许多金属的结构中，原子尽可能紧密地聚集在一起。考察各种类型的合金，这是一种包含多种元素并显示金属特性的材料。

12.4 ▶ **金属键** 从电子海模型和分子轨道模型考察金属键及其对金属性能的影响。了解原子轨道的重叠如何形成金属键。

12.5 ▶ **离子晶体** 通过阳离子和阴离子之间的相互吸引，来检验晶体颗粒的结构和性质。了解离子晶体的结构如何依赖于离子的相对大小及其化学计量。

12.6 ▶ **分子晶体** 研究当分子被较弱分子间力结合在一起时形成的晶体。

12.7 ▶ **原子晶体** 了解晶体中的原子是由扩展的共价键网络连接在一起。了解半导体与金属的电子结构和性能的不同之处。

12.8 ▶ **聚合物** 学习聚合物——长链状的分子，其中小分子的结构重复了很多次。探讨分子形态和聚合物链间的相互作用如何影响聚合物的物理性质。

12.9 ▶ **纳米材料** 探索当晶体变得非常小时，材料的物理和化学性质是如何变化的。当材料的尺寸为 1 ~ 100nm 时，这些影响开始显现了，了解碳富勒烯、碳纳米管和石墨烯的低维碳形态。

◀ **量子点显示器** 在某些型号的高清电视中，显示屏像素的量子点是市场上的一项新技术。与前几代液晶（LCD）显示器相比，这种显示器的光学性能得到了改善。量子点是在 1 ~ 10nm 范围内具有尺寸效应的半导体纳米晶体。

12.1 | 固体的分类

固体可以像钻石一样坚硬，也可以像石蜡一样柔软。有些容易导电，而另一些则不导电。一些固体的形状很容易控制，而另一些则很脆，难以抵抗形状的变化。固体的物理性质和结构是由固定原子的化学键类型来决定的。我们可以根据这些键对固体进行分类（见图 12.1）。

金属晶体由一种共用价电子组成的离域"海"连接在一起。这种结合方式使得金属可以导电。这也决定了大多数金属相对坚固而不易碎。**离子晶体**是通过阳离子和阴离子之间的相互静电吸引而结合在一起。离子键和金属键的差异使得离子晶体的电学性能和力学性能与金属晶体有很大不同：离子晶体导电性不好，而且易碎。**原子晶体**是相邻原子间以共价键相结合而形成的空间网状结构。这种键合方式使得材料非常坚硬，如金刚石，也是半导体具有独特性能的原因。**分子晶体**通过在第 11 章中学习的分子间作用力：色散力，偶极 - 偶极相互作用和氢键结合在一起。由于这些作用力相对较弱，分子晶体往往较软，熔点较低。

我们还将考虑两类不完全属于上述类别的固体：聚合物和纳米材料。**聚合物**由长链原子（通常是碳）构成，链内的原子通过共价键相互连接，相邻链之间主要通过较弱的分子间作用力连接在一起。聚合物通常比分子晶体更坚固，熔点更高，比金属晶体、离子晶体或原子晶体更有韧性。**纳米材料**是指单个晶体的尺寸降至 1~100nm 范围的晶体。正如我们将看到的，当晶体尺寸变得如此小时，传统材料的性质就会发生改变。

金属晶体
由金属键连接在一起的原子网络结构 (Cu, Fe)

离子晶体
由阳离子-阴离子相互作用连接在一起的离子网络结构 (NaCl, MgO)

原子晶体
由共价键连接在一起的原子网络结构(C, Si)

分子晶体
由分子间作用力结合在一起的离散分子的网络结构 (HBr, H₂O)

▲ 图 12.1 　按照主要键合类型进行的固体分类和实例

12.2 | 固体的结构

晶体与无定形固体

　　固体中含有大量的原子。例如，1 克拉钻石的体积为 57mm³，含有 1.0×10^{22} 个碳原子。我们如何去描述这么大的一个原子聚集体呢？幸运的是，许多固体的结构在三维空间中都是不断重复的模式。我们可以把固体看成是由大小相同的结构单元堆积而成，就像用相同的砖块堆砌成的墙一样。

　　原子以一种有序的重复排列的固体称为**晶体**。晶体通常具有平坦的表面，或者多面，相互间形成一定的角度。构成这些平面的原子有序排列使得晶体具有高度规则的形状（见图 12.2）。例如，晶体氯化钠、石英和钻石等。

　　无定形固体（来自于希腊语"无形态"）缺少晶体中的有序排列。从原子层面上来看，无定形固体的结构与液体的结构相似，但分子、原子或离子却不能像在液体中一样自由运动。无定形固体没有晶体那样有明确的表面和形状，常见的无定形固体有橡胶、玻璃和黑曜石（火山玻璃）。

黄铁矿 (FeS_2)，一种晶体固体

黑曜石（约70% 的 SiO_2），一种非晶体固体

晶胞与晶格

　　在晶体中，存在一个相对较小的重复单元，称为**晶胞**，它是由独特的原子排列组成的，体现出了晶体的结构。晶体的结构可以通过在三维空间中不断重复地堆放这个晶胞来构建，因此，它由（a）晶胞的大小和形状以及（b）原子在晶胞内的位置来决定。

　　晶胞排列的点的几何形状称为**晶格**。实际上，晶格是晶体结构的抽象（即不是真实的）框架。我们可以想象，要形成完整的晶体结构，首先要构建框架，然后用相同的原子或原子团填充每个晶胞。

　　在描述晶体的结构之前，我们需要了解晶体晶格的特性。常用的是从二维晶格开始，因为它们比三维晶格更容易想象。图 12.3 给出了一个二维排列的**晶格点阵**。每个晶格点具有相同的环境。晶格点的位置由**晶格向量 a 和 b** 来决定。从任意晶格点开始，通过将这两个晶格向量的整数倍相加，就可以移动到任何其他晶格点。[⊖]

　　由晶格向量形成的平行四边形，图 12.3 中的阴影区域，定义为晶胞。在二维空间中，晶胞必须平铺或组合在一起，这样它们就可以完全覆盖整个晶格的区域而没有任何空隙。在三维空间中，晶胞必须叠加在一起，才能填满所有空间。

　　在二维晶格中，晶胞只能采取如图 12.4 所示的五种形状中的一种。最普遍的晶格是单斜晶格。在这种晶格中，晶格向量具有不同的长度，它们之间的夹角 γ 可以是任意大小，这使晶胞可以成为任意形状的平行四边形。*正方形晶格、矩形晶格、六边形晶格*[⊜] 和菱形晶格具有各自的 γ 角和晶格向量 ab 长度，它们之间的关系如

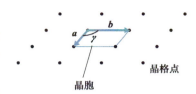

▲ **图 12.2　晶体和无定形固体** 晶体中原子以有序的、周期性的方式重复排列，从而形成了宏观上清晰的表面。而无定形固体缺少这种有序性，如黑曜石（火山玻璃）

▲ **图 12.3　二维晶格点阵** 通过将晶格向量 a 和 b 相加，就产生了无限的晶格点。晶胞是由晶格向量定义的平行四边形

　　⊖ 向量是一个包含方向和大小的量。图 12.3 中向量的大小由它们的长度表示，它们的方向用箭头表示。

　　⊜ 你可能想知道为什么六边形晶胞不像一个六边形。记住晶胞是一个平行四边形，其大小和形状是用晶格向量 a 和 b 确定的。

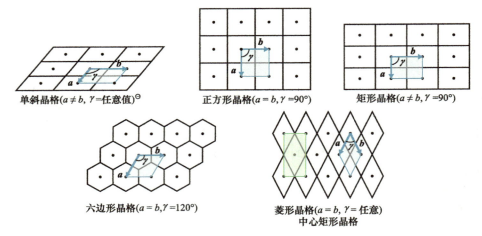

单斜晶格($a \neq b$, $\gamma =$任意值)$^{\ominus}$　　正方形晶格($a = b$, $\gamma = 90°$)　　矩形晶格($a \neq b$, $\gamma = 90°$)

六边形晶格($a = b, \gamma = 120°$)　　菱形晶格($a = b$, $\gamma =$任意)　中心矩形晶格

▲ 图 12.4 **五种二维晶格** 每个晶格的原始晶胞用蓝色阴影表示。对于菱形晶格，中心矩形晶格用绿色阴影表示。与原始菱形晶胞不同，中心晶胞的每个晶胞有两个晶格点

▽ **图例解析**

为什么有一个中心矩形晶格，而不是中心正方形晶格？

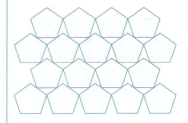

▲ 图 12.5 **并非所有形状都平铺空间**

平铺意味着完全覆盖一个表面，这对于一些几何图形来说是不可能的，如图所示的五边形。

图 12.4 所示。对于菱形晶格而言，可以画出另一个晶胞，即在其四角和中心有晶格点的矩形（如图 12.4 中绿色所示）。正因为如此，菱形晶格通常被称为中心矩形晶格。

图 12.4 中给出了晶格的五种基本形状：正方形、矩形、六边形、斜方形（菱形）和任意平行四边形。其他多边形，如五边形，不能填满整个空间而不留下间隙，如图 12.5 所示。

要真正理解晶体，我们必须考虑三维空间。三维晶格由三个晶格向量 **a**、**b**、**c** 确定（见图 12.6 所示）。这些晶格向量决定了一个晶格，它是一个平行六面体（一个六面图形，每个面都是平行四边形），由晶胞边 **a**、**b**、**c** 的长度和这些边之间的夹角 α、β、γ 来描述。三维晶格有七种可能的形状，如图 12.6 所示。

△ **想一想**

假设取二维晶格的向量 **a** 和 **b** 来形成一个三维晶格，然后添加第三个向量 **c**，它的长度与前两个向量不同，并且垂直于前两个向量，会形成以下七个三维晶格中的哪一种？

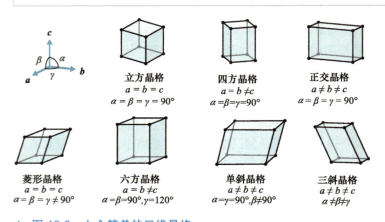

立方晶格
$a = b = c$
$\alpha = \beta = \gamma = 90°$

四方晶格
$a = b \neq c$
$\alpha = \beta = \gamma = 90°$

正交晶格
$a \neq b \neq c$
$\alpha = \beta = \gamma = 90°$

菱形晶格
$a = b = c$
$\alpha = \beta = \gamma \neq 90°$

六方晶格
$a = b \neq c$
$\alpha = \beta = 90°, \gamma = 120°$

单斜晶格
$a \neq b \neq c$
$\alpha = \gamma = 90°, \beta \neq 90°$

三斜晶格
$a \neq b \neq c$
$\alpha \neq \beta \neq \gamma$

▲ 图 12.6 **七个简单的三维晶格**

_____

$\ominus$ 用黑斜表示向量如 **α**、**β**，用白体 α、β 表示向量的长度。

如果我们在一个晶胞的每个角上放置一个格点，就会得到一个**简单晶格**。图 12.6 中的所有七个晶格都是简单晶格。也可以通过在晶胞中特定位置放置额外的晶格点来生成所谓的中心晶格。图 12.7 给出了一个立方晶格的例子。**体心立方晶格**除了八个角的晶格点之外，在晶胞的中心还有一个晶格点。**面心立方晶格**除了八个角上的晶格点外，在晶胞六个面的每一面中心都有一个晶格点。中心晶格也存在其他类型的晶胞。对于本章所讨论的晶体，只考虑图 12.6 和图 12.7 所给出的晶格。

填充晶格

晶格本身并不能确定晶体的结构。要生成一个晶体结构，需要将一个原子或原子团与每个晶格点关联起来。在最简单的情况下，晶体结构由相同的原子组成，每个原子直接位于晶格点上。当这种情况发生时，晶体结构和晶格点具有相同的模式。许多金属元素采用这种结构，我们将在第 12.3 节中看到这一点。只有在所有原子都相同的晶体中才会发生这种情况。换句话说，只有元素可以形成这种类型的结构。对于化合物而言，即使我们在每个晶格点上都放一个原子，这些晶格点也不会是完全相同，因为原子并不都是一样的。

在大多数晶体中，原子与晶格点并不完全一致。相反，一组被称为**基元**的原子，与每个晶格点相关联。晶胞包含一个特定的原子基元，而晶体结构是通过不断地重复晶胞建立的。图 12.8 说明了基于六边形晶胞和两个碳原子基元的二维晶体。由此产生的无限二维蜂巢结构是一种叫作*石墨烯*的二维晶体，这种材料有很多有趣的特性，以至于它的现代发现者在 2010 年获得了诺贝尔物理学奖。每个碳原子与三个相邻的碳原子成键，相当于一个无限大的相互连接的六边形环的薄片。

石墨烯的晶体结构说明了晶体的两个重要特征。首先，我们看到晶格点上没有原子。虽然我们在本章讨论的大多数结构在晶格点上都有原子，但是有许多例子，比如石墨烯，情况并非如此。因此，要建立一个结构，必须知道基元中的原子相对于晶格点的位置和取向。其次，还要知道相邻晶胞的原子之间可能形成的键，原子间形成的键不需要与晶格向量平行。

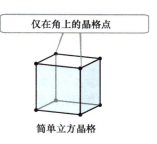

仅在角上的晶格点

简单立方晶格

角上的晶格点+晶胞中心的一个晶格点

体心立方晶格

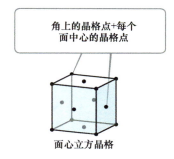

角上的晶格点+每个面中心的晶格点

面心立方晶格

▲ 图 12.7 三种立方晶格

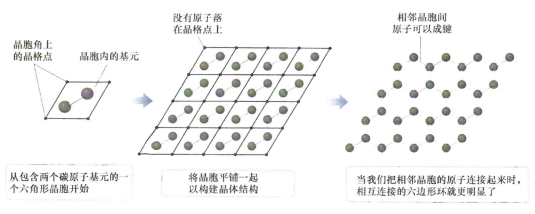

晶胞角上的晶格点　晶胞内的基元

没有原子落在晶格点上

相邻晶胞间原子可以成键

从包含两个碳原子基元的一个六角形晶胞开始

将晶胞平铺一起以构建晶体结构

当我们把相邻晶胞的原子连接起来时，相互连接的六边形环就更明显了

▲ 图 12.8 从单个晶胞构建石墨烯的二维结构

当光波穿过一个小的狭缝时，就会像光波扩散一样被散射，这种物理现象叫作衍射。当光穿过许多均匀间隔的狭缝（衍射光栅）时，散射波相互作用形成一种明暗相间的复杂图样，称为衍射图。明的区域对应光波的相长重叠，暗的区域对应光波的相消重叠（见 9.8 节，"原子和分子轨道中的相"）。当光的波长和狭缝的宽度相近时，光的衍射效率最高。

晶体中原子间的层间距通常约为 2～20 Å，X 射线的波长也在这个范围内，因此，晶体可以作为 X 射线的有效衍射光栅。X 射线衍射则是由规则排列的原子、分子或离子的 X 射线散射引起的。我们对晶体结构的许多了解正是通过观察 X 射线穿过晶体时所产生的衍射图得到的，这种技术被称为 *X 射线晶体学*。如图 12.9 所示，一束单色 X 射线穿过晶体，产生的衍射图被记录下来。许多年来，都是采用胶片来探测 X 射线衍射。如今，晶体学家使用阵列探测器，用一种类似于数码相机的设备来捕捉和测量衍射线的强度。

图 12.9 中，探测器上的斑点图取决于晶体中原子的特殊排列。发生相长衍射生成光斑的间距和对称性提供了晶胞的大小和形状信息。光斑的强度提供了可用于确定晶格内原子位置的信息。当这两种信息结合在一起时，就给出了能确定这种晶体的原子结构的信息。

X 射线晶体学被广泛地用于确定晶体中分子的结构，用于测量 X 射线衍射的仪器，被称为 *X 射线衍射仪*，这种仪器现在由计算机控制，使得衍射数据的收集高度自动化。即使测量了数千个衍射点，也可以非常准确和快速（有时在几个小时内）地确定晶体的衍射图。然后通过计算机程序分析衍射数据，确定晶体中分子的排列和结构。X 射线衍射技术是钢铁、水泥、制药等行业的一项重要技术。

相关练习：12.113–12.115

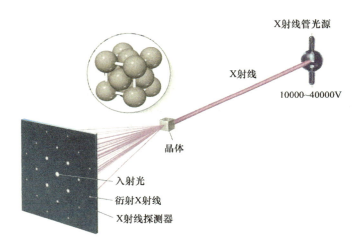

▲ **图 12.9 晶体的 X 射线衍射** 一束单色 X 射线光束穿过晶体时，X 射线发生衍射，产生的衍射图被记录下来。当晶体旋转时，另一个衍射图被记录下来。对很多衍射图的分析就给出了原子在晶体中的位置

12.3 | 金属晶体

金属晶体，简称为金属，完全由金属原子组成。金属中键合强度很大，不能归因于色散力，原子间也没有足够的价电子可形成共价键，因此这种键合方式，称为金属键，它是由价电子在整个固体中离域而成。也就是说，价电子与任何特定的原子或键不相关，而是遍布在整个固体中。事实上，我们可以把金属想象成大量的正离子沉浸在一个离域价电子的"海洋"中。

金属的化学键反映在它的性质上。你或许拿过一根铜线或一根铁螺栓，甚至见过一片新切割的金属钠表面。这些物质虽然彼此不同，但有某些相似之处，使我们能够将它们归类为金属。干净的金属表面具有独特的光泽，当你触摸金属时有一种特殊的冷感，这与它们的高导热性（导热能力）有关。金属还具有很高的导电性，这意味着带电粒子可以在金属中很容易穿过。金属的导热性通常与其导电性相对应。例如，在所有元素中，银和铜的导电性和导热性均是最强的。

大多数金属都是可塑的，这意味着它们可以被锤打成薄片，而延展性则意味着它们可以拉成金属丝（见图 12.10）。这些性质表明原子之间可以相互滑动。离子晶体和原子晶体并没有这种性质，它们非常易碎。

▲ 图 12.10 **可塑性和延展性**
金箔显示出金属特有的可塑性，铜丝表现出金属的延展性

⚠ 想一想

在施加机械力时，金属中原子很容易相互滑动，你能想到为什么离子晶体中的原子不会这样呢？

金属晶体的结构

许多金属的晶体结构很简单，可以通过在每个晶格点上放置一个原子而产生。三个立方晶格相对应的结构如图 12.11 所示。具有简单立方结构的金属很罕见，放射性元素钋是为数不多的例子之一。体心立方的金属包括铁、铬、钠和钨，面心立方的金属包括铝、铅、铜、银和金。

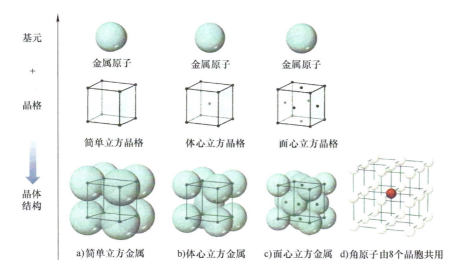

a)简单立方金属　b)体心立方金属　c)面心立方金属　d)角原子由8个晶胞共用

▲ 图 12.11 **a）简单立方，b）体心立方和 c）面心立方的金属结构**　每种结构都可由单个原子基元和相应的晶格组合而成。d）角原子（用红色表示的那个原子）在 8 个相邻的立方晶胞中共用

图例解析

你认为哪一个晶胞代表最密堆积的球体？

8个角
1/8个原子

a) 简单立方金属
每个晶胞1个原子

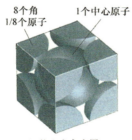

8个角
1/8个原子

1个中心原子

b) 体心立方金属
每个晶胞2个原子

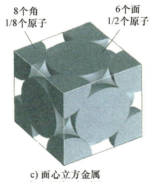

8个角
1/8个原子

6个面
1/2个原子

c) 面心立方金属
每个晶胞4个原子

▲ 图 12.12 一种立方结构的金属晶胞的空间填充示意图 仅显示每个原子在晶胞内的部分

表 12.1 任何原子作为晶胞内位置函数的分数

原子的位置	共用原子的晶胞数目	晶胞内原子的分数
角	8	1/8 或 12.5%
边	4	1/4 或 25%
面	2	1/2 或 50%
其他任何地方	1	1 或 100%

注：重要的只是原子中心的位置。靠近晶胞边缘，但又不是在角、边或面上的原子被认为 100% 位于晶胞内。

请注意，在图 12.11 最下面的图中，晶胞的角上和面上的原子并不完全位于晶胞内。这些角原子和面原子被相邻的晶胞所共用。位于晶胞角上原子被 8 个晶胞所共用，只有 1/8 原子位于一个晶胞中。由于一个立方体有 8 个角，因此每个简单立方晶胞包含（1/8）×8＝1 个原子，如图 12.12a 所示。与此类似，每个体心立方晶胞（图 12.12b）包含 2 个原子，（1/8）×8＝1 个来自于角上，1 个位于晶胞的中心。位于晶胞面上的原子由 2 个晶胞共用，就像其在面心立方金属中一样，只有一半的原子属于每个晶胞，因此，一个面心立方晶胞（见图 12.12c）包含 4 个原子，（1/8）×8＝1 个来自于角上，（1/2）×6＝3 个来自于面上。

表 12.1 总结了一个晶胞内每个原子的分数如何取决于原子在晶胞内的位置。

密堆积

价电子的缺少及共用有利于金属中原子紧密结合在一起。由于我们把原子的形状看成是一个球体，因此我们可以从球体如何堆积来理解金属的结构。堆积一层大小相等的球体的最有效方法是用六个相邻球体包围每个球体，如图 12.13 中最上面的图所示。要形成一个三维结构，我们需要在这个层的上面堆放另外一层。为了最大限度地提高填充效率，第二层球必须位于第一层球形成的凹陷中。我们既可以把第二层原子放到黄点标记的凹陷处，也可以放到红点标记的凹陷处（可以看到，球体太大就不能同时填满两组凹陷），为了便于探讨，我们先把第二层放在黄色凹陷中。

对第三层，我们有两种选择来放置球体。一种可能是将第三层直接放置在第一层球体正上方的凹陷中，如图 12.13 中左侧那样，侧视图中红色虚线所示。继续这种堆积方式，第四层将直接位于第二层球体的正上方，正如左边看到的 ABAB 堆积方式，称为**六方密堆积**（hcp）。第二种可能是，第三层的球体可以直接位于第一层中标记为红点的凹陷处。在这种排列中，第三层中的球体不直接位于前两层中任何一层的球体之上，如图 12.13 右下角的红色虚线所示。如果在后续层中重复这种堆积，将得到一个 ABCABC 堆积方式，如在右侧图中显示的那样，称为**立方密堆积**（ccp）。在六方密堆积和立方密堆积中，每个球体都有 12 个等距的近邻：同一层中有 6 个，上层有 3 个，下层有 3 个。我们说每个球体的**配位数**是 12。配位数是晶体结构中紧邻给定原子的原子数。

什么样的二维晶格描述了单层密堆积原子的结构?

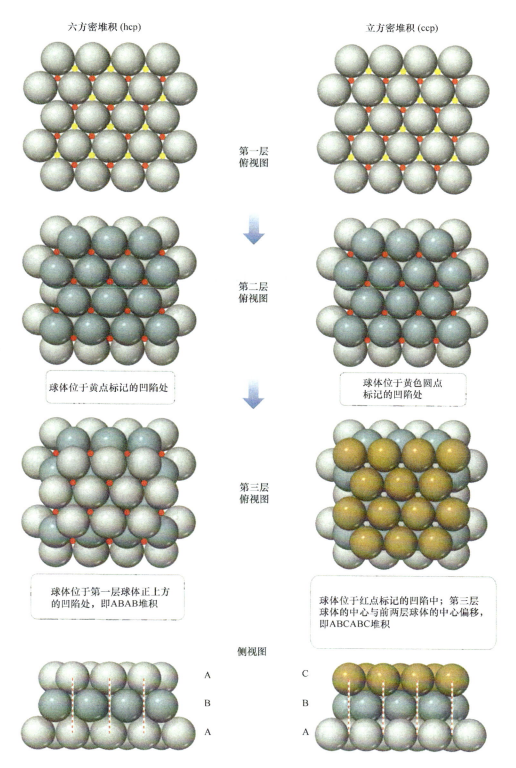

六方密堆积 (hcp)　　　　　　　立方密堆积 (ccp)

第一层
俯视图

第二层
俯视图

球体位于黄点标记的凹陷处

球体位于黄色圆点
标记的凹陷处

第三层
俯视图

球体位于第一层球体正上方
的凹陷处，即ABAB堆积

球体位于红点标记的凹陷中；第三层
球体的中心与前两层球体的中心偏移，
即ABCABC堆积

侧视图

A

B

A

C

B

A

▲ **图 12.13　相同大小球体的密堆积**　六方密堆积（左）和立方密堆积（右）是同样有效的堆积方式。 红色的点和黄色的点表示原子之间的凹陷位置

▶ 图 12.14　六方密堆积金属 a）和立方密堆积金属 b）的晶胞　实线表示晶胞边界，颜色用于区分不同层的原子

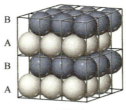
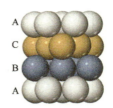

侧视图　　　　　　　　　侧视图

晶胞视图　　　　　　　　　晶胞视图
a)六方密堆积金属　　　　　b)立方密堆积金属

　　六方密堆积金属的扩展结构如图 12.14a 所示。在简单的六方晶胞中有两个原子，每层有一个原子。两个原子都不直接位于晶格点上，而是位于晶胞的角上。晶胞中两个原子与 hcp 堆积的 ABAB 两层堆积序列是一致的。

　　虽然不很明显，但由于立方密堆积而形成的结构有一个晶胞，它与我们前面遇到的面心立方密堆积是完全相同的（见图 12.11c）。ABC 的层堆积与面心立方密堆积之间的关系如图 12.14b 所示。在这个图中，我们看到层堆积垂直于立方体晶胞的对角线。

 实例解析 12.1
计算致密度

　　把球体堆积在一起，不可能不在球体之间留下一些空隙。致密度是指晶胞中的原子所占的比例分数。计算一个面心立方金属的致密度。

解析

　　分析　必须确定晶胞中原子所占有的体积，并将这个数除以晶胞的体积。

　　思路　我们可以通过每个晶胞内的原子个数乘以球体的体积 $\frac{4}{3}\pi r^3$ 来计算原子所占的体积。要确定晶胞的体积，首先必须确定原子相互接触的方向，然后根据原子半径，利用几何图形来给出立方晶胞的边长 a。只要我们知道了边长，那么晶胞体积就是 a^3。

　　解答　如图 12.12 所示，面心立方金属的晶胞中包含 4 个原子。因此，原子所占的体积是：

$$所占体积 = 4 \times \left(\frac{4\pi r^3}{3}\right) = \frac{16\pi r^3}{3}$$

　　对于面心立方金属，原子沿着晶胞表面的对角线接触：

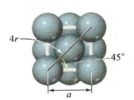

　　因此，晶胞表面的对角线就等于原子半径 r 的四倍。利用简单的三角函数和等式 $\cos(45°) = \frac{\sqrt{2}}{2}$，可以得到：

$$a = 4r\cos(45°) = 4r\left(\sqrt{2}/2\right) = (2\sqrt{2})r$$

　　最后，将立方晶胞内原子所占的体积除以晶胞的体积 a^3 来计算致密度。

$$致密度 = \frac{原子体积}{晶胞体积} = \frac{\left(\frac{16}{3}\right)\pi r^3}{(2\sqrt{2})^3 r^3}$$

$$= 0.74 或 74\%$$

▶ **实践练习 1**

考虑图 12.4 的二维正方晶格的情况，二维结构的"致密度"就是原子的面积除以晶胞的面积，再乘以 100%。以晶格点为中心的半径为 $a/2$ 原子的正方晶格的致密度是多少？

（a）3.14% （b）15.7% （c）31.8% （d）74.0%

（e）78.5%

▶ **实践练习 2**

在体心立方金属中，通过计算原子所占空间的分数来确定致密度。

 想一想

对于金属结构，致密度（见实例解析 12.1）随着最近邻原子数（配位数）的减少是升高还是降低呢？

合金

合金是一种含有多个元素并具有金属特性的材料。金属合金化具有重要的意义，因为它是改善纯金属元素性能的主要手段之一。例如，几乎铁的所有常见用途都涉及合金（如不锈钢）。青铜是由铜和锡合金化而成，而黄铜则是铜和锌的合金。纯金太软故不能用于珠宝，但金合金的硬度要高得多（参见"化学应用：金的合金"）。其他常见的合金见表 12.2。

合金可分为四类：替代式合金、填隙式合金、多相合金和金属间化合物。替代式合金和填隙式合金都是均匀的混合物，其成分随机均匀地分散（见图 12.15），（见 1.2 节），形成均匀混合物的固体称为固溶体。当固溶体中的原子占据了通常由溶剂原子占据的位置时，就有了所谓的**替代式合金**。当溶质原子占据了溶剂原子间"空穴"中的间隙位置时，就有了所谓的**填隙式合金**（见图 12.15）。

当两种金属成分具有相似的原子半径和化学键特性时，就会形成替代式合金。例如，银和金在所有可能的成分范围内都可形成合金。当两种金属的半径值相差超过 15% 时，溶解通常很有限。

要形成填隙式合金，溶质原子的键合原子半径必须比溶剂原子小得多。通常地，填隙元素为非金属元素，可以与相邻金属原子形成共价键。

表 12.2 一些常见的合金

名称	主要元素	典型成分（按质量计）	性质	应用
伍德合金	铋	50% Bi, 25% Pb, 12.5% Sn, 12.5% Cd	低熔点（70℃）	保险丝插头、自动喷头
铜锌合金	铜	67% Cu, 33% Zn	韧性好，需抛光	五金零件
青铜	铜	88% Cu, 12% Sn	在干燥的空气中坚韧且化学稳定	早期文明的重要合金
不锈钢	铁	80.6% Fe, 0.4% C, 18% Cr, 1% Ni	耐腐蚀	炊具、外科器械
水管焊料	铅	67% Pb, 33% Sn	低熔点（275℃）	焊接接头
纯银合金	银	92.5% Ag, 7.5% Cu	表面光亮	餐具
银汞合金	银	70% Ag, 18% Sn, 10% Cu, 2% Hg	容易加工	牙齿填充材料
锡合金	锡	92% Sn, 6% Sb, 2% Cu	低熔点（230℃）	餐具、珠宝

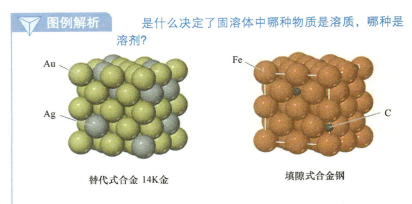

▷ 图例解析 是什么决定了固溶体中哪种物质是溶质，哪种是溶剂？

Au

Ag

替代式合金 14K 金

Fe

C

填隙式合金钢

▲ 图 12.15 替代式合金和填隙式合金中溶质和溶剂原子的分布 这两种合金都是固溶体，因此是均匀的混合物

填隙组分形成额外键的存在使得金属晶格变得更硬、更强，但延展性变弱。例如，钢比纯铁硬得多是一种含碳量高达 3% 的铁合金。可以加入其他元素形成合金钢。例如，可以添加钒和铬来增加强度，并提高抗疲劳以及抗腐蚀能力。

◢ 想一想

你认为合金 $PdB_{0.15}$ 是替代式合金还是填隙式合金？

铁最重要的合金之一是不锈钢，它含有约为 0.4% 碳、18% 铬和 1% 镍。目前，钢中元素的比例可在很大范围内变化，赋予材料各种特殊的物理和化学性质。

在**多相合金**中，成分分布并不均匀。例如，多相合金含有两相（见图 12.16）。一个相为基础的体心立方铁，另一相为化合物 Fe_3C，称为渗碳体。一般来说，多相合金的性能取决于熔融混合共混物所形成固体的组成和方法。例如，通过快速冷却熔融混合物而形成多相合金的性能与通过缓慢冷却同一混合物所形成合金的性能明显不同。

金属间化合物是化合物而不是混合物。由于它们是化合物，所以有明确的性质，它们的组成不能改变。此外，金属间化合物中不同类型的原子是有序的，而不是随机分布的。金属间化合物中原子的有序排列通常比在金属组成中具有更好的结构稳定性和更高的熔点。这些特性对于高温应用很有吸引力，但不利的一面是金属间化合物往往比取代合金更脆。

▶ 图 12.16 用显微镜观察多相合金体结构 暗区为体心立方铁金属，明区为渗碳体、Fe_3C

金属铁

Fe₃C

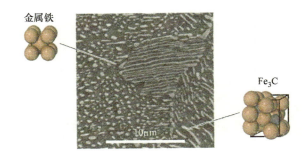

10μm

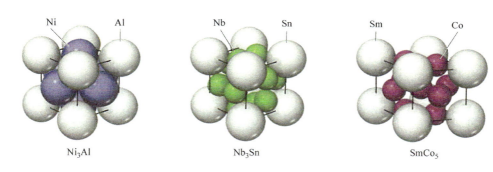

图例解析　右边画出的晶胞图中，如果经验表达式为SmCo₅，为什么我们会看到 8 个 Sm 原子和 9 个 Co 原子？

▲ 图 12.17　三个金属间化合物

金属间化合物在现代社会中发挥着很多重要的作用。金属间化合物 Ni_3Al 因其在高温条件下的强度和低密度，成为喷气式飞机发动机的重要组成部分。剃须刀刀片表面通常涂覆 Cr_3Pt 以增加硬度，使刀片保持锋利的时间更久。这两种化合物的结构如图 12.17 所示，化合物 Nb_3Sn 是一种超导体，这种物质在冷却至临界温度以下时，可以无电阻导电。对于 Nb_3Sn 来说，只有当温度降至 18K 以下时才能观察到超导性。超导体被广泛应用于医学成像的 MRI 扫描仪磁体中（见 6.7 节"核自旋和磁共振成像"）。需要将磁体冷却至如此低的温度是核磁共振设备操作费用昂贵的原因之一。六方金属间化合物 $SmCo_5$ 如图 12.17 右边所示，用于制造轻质耳机和高保真扬声器中的永磁体。一种结构相同的类似化合物 $LaNi_5$ 则用作镍 - 金属氢化物电池中的阳极。

化学应用　**金的合金**

长期以来，金一直是装饰物品、珠宝和硬币的首选金属。金的流行是由于它具有不寻常的颜色（对金属而言），耐受许多化学反应，且很容易加工的性质。然而，纯金对于包括珠宝在内的许多应用来说太软了，为了增加它的强度和硬度以及改善其颜色，金通常与其他金属进行合金化。在珠宝销售行业，纯金被称为 24K。随着金质量百分比的下降，克拉数也随之减少。珠宝中最常用的合金为 14K，即（14/24）×100=58% 金，18K 为（18/24）×100 = 75% 金。

金的颜色因其合金化的金属不同而有差别。金通常与银或铜形成合金。这三种元素均为面心立方结构，半径相近（Au 和 Ag 的半径大小几乎相同，Cu 约小 11%），并且结晶类型相同，能形成几乎任何成分组成的替代式合金。这些合金的颜色随着成分的变化如图 12.18 所示。与等量的银和铜（蓝点）形成的金合金呈现出金黄色，我们联想到 18K 金首饰。红色（14K）或玫瑰金是一种富含铜的合金（红点）。富含银的合金呈现出绿色，最终变成了银色，

这是银为主要成分的缘故。

相关练习: 12.43, 12.44, 12.117

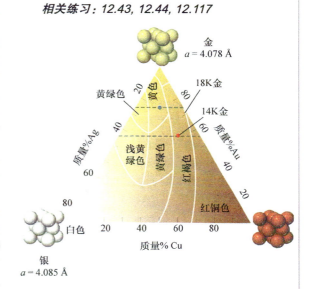

▲ 图 12.18　金 - 银 - 铜合金的颜色与成分的关系

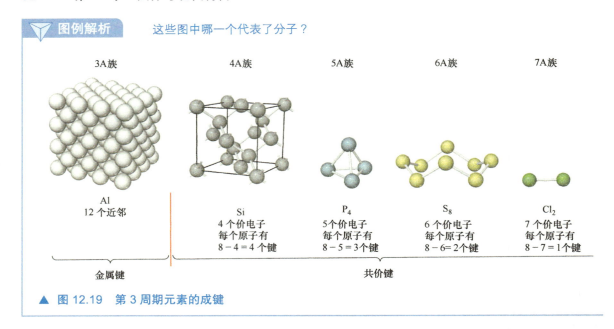

图例解析　**这些图中哪一个代表了分子？**

| 3A族 | 4A族 | 5A族 | 6A族 | 7A族 |

Al
12 个近邻

Si
4 个价电子
每个原子有
8−4＝4 个键

P₄
5 个价电子
每个原子有
8−5＝3个键

S₈
6 个价电子
每个原子有
8−6＝2个键

Cl₂
7 个价电子
每个原子有
8−7＝1个键

金属键　　　共价键

▲ 图 12.19　第 3 周期元素的成键

12.4 | 金属键

考虑元素周期表第 3 周期（Na-Ar）的元素。氩有八个价电子，为一个完整的八面体，因此它不形成任何键。氯、硫和磷则形成分子（Cl_2、S_8 和 P_4），其中原子之间分别形成单键、双键和三键（见图 12.19）。硅形成一个延伸的网状固体，其中每个原子与四个等距的相邻原子成键。这些元素均形成 8-N 键，其中 N 为价电子的数目，利用八隅体规则，可以很容易理解这种特性。

沿元素周期表向左移动时，如果 8-N 的趋势继续下去，我们就能预测铝（三个价电子）会形成五个键。然而，与许多其他金属一样，铝采用紧密堆积的结构，有 12 个近邻原子。镁和钠也采用金属结构。那么，是什么原因使得这种成键机理发生突变呢？如前所述，答案是金属没有足够的价层电子，无法通过形成定域的电子对来满足它们的成键的要求。为了应对这一缺陷，价电子是全体共享的。原子紧密堆积的结构有利于电子的离域共享。

电子海模型

电子海模型是解释金属一些最重要特性的一个简单模型，它将金属描绘成价电子"海洋"中的金属阳离子阵列（见图 12.20）。电子以静电吸引阳离子而被束缚在金属内，并均匀分布在整个结构中。然而，电子是可移动的，没有一个电子会限制在特定的金属离子上。在金属线上施加电压时，带负电的电子通过金属线流向带正电的电线末端。

金属的高导热率也是由电子运动引起的。电子响应温度梯度的运动，使得动能在整个固体中快速传递。

金属的变形能力（它们的可塑性和延展性）可从金属原子与许多相邻原子成键的事实来解释。在金属的重塑过程中，原子位置的改变，部分是通过电子的重新分布来实现的。

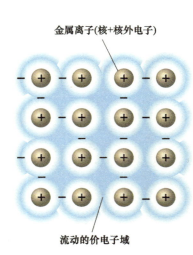

金属离子(核+核外电子)

流动的价电子域

▲ 图 12.20　**金属键的电子海模型**　价电子离域形成一个自由电子的海洋，围绕并束缚着一个延伸的金属离子阵列

分子轨道模型

尽管电子海模型应用时非常简单、实用，但它并不能充分解释金属的许多性质。例如，按照该模型，随着价电子数的增加，金属原子之间的键合强度会稳步提高，从而导致熔点的相应增加。然而，靠近过渡金属系列中间的元素，而不是末端元素，在其各自的周期中具有最高熔点（见图 12.21）。这一趋势意味着金属结合的强度随着电子数的增加先增加，然后降低。在金属的其他物理特性中也可以看到类似的变化趋势，如沸点、熔化热和硬度。

为了更准确地描述金属的成键方式，我们必须借助于分子轨道理论。在 9.7 节和 9.8 节中，我们学习了分子轨道是如何由原子轨道的叠加产生的，简要回顾一下分子轨道理论的一些规则：

1. 原子轨道结合在一起形成分子轨道，可延伸到整个分子；
2. 分子轨道可以包含 0、1 或 2 个电子；
3. 分子中分子轨道数等于结合在一起形成分子轨道的原子轨道数；
4. 在成键分子轨道中加入电子会使键增强，而在反键分子轨道中增加电子会使键削弱。

晶体和小分子的电子结构既有相似之处，也有不同之处。为了说明这一点，研究锂原子链的分子轨道图是如何随着链长的增加而变化的（见图 12.22）。

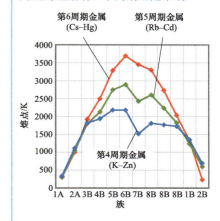

图例解析

下面每种情况中，你认为每个周期中哪种元素的熔点最高？它在这个周期的起始端、中间端还是末端？

▲ 图 12.21　第 4、5、6 周期金属的熔点

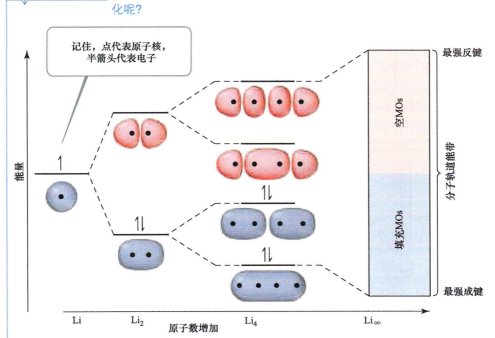

图例解析　分子轨道之间的能量间隔如何随着链中原子数的增加而变化呢？

记住，点代表原子核，半箭头代表电子

▲ 图 12.22　单个分子中的离散能级在固体中成为连续的能带　蓝色表示被占据的轨道，粉色表示空的轨道

　　每个锂原子在其价态层中包含一个半填满的 2s 轨道。Li$_2$ 分子轨道与 H$_2$ 分子的分子轨道类似：一个填满的成键分子轨道和一个空的反键分子轨道，原子只存在一个节面。对于 Li$_4$ 而言（见 9.7 节），有四个分子轨道，范围从轨道相互作用完全结合的最低能量轨道（零节点平面）到所有相互作用都是反键的最高能量轨道（三个节点平面）。

　　随着链长的增加，分子轨道数增加。无论链长如何，最低能量轨道总是成键能力最强的而最高能量轨道总是反键能力最强的。此外，由于每个锂原子只有一个价层原子轨道，因此分子轨道数等于链中的锂原子数。因为每个锂原子仅有一个价电子，一半的分子轨道被完全占据，另一半则是空的，与链长无关$^{\ominus}$。

　　电子能带结构　如果链很长时，就会有很多分子轨道，轨道之间的能量间隔就变得非常小。当链长趋于无穷大时，能量状态就变成一个连续的**能带**。对于一个大到可以用肉眼（甚至是光学显微镜）看到的晶体来说，原子的数量是非常大的。因此，晶体的电子结构就像由能带组成的无限链的电子结构一样，如图 12.22 右侧所示。

　　大多数金属的电子结构比图 12.22 中所示的要复杂得多，我们必须考虑每个原子上不止一种的原子轨道。而每种轨道都能产生自己的能带，所以晶体的电子结构通常由一系列的能带组成。块状固体的电子结构是**能带结构**。

　　典型金属的能带结构如图 12.23 所示。所描述的电子填充状态

图例解析　如果金属是钾而不是镍，哪一个能带（ 4s、4p 或 3d ）将被部分占据？

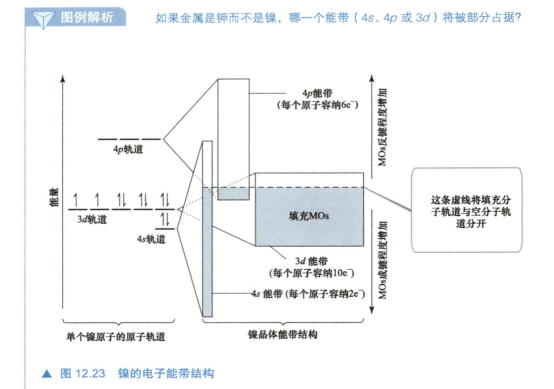

▲ 图 12.23　镍的电子能带结构

$\ominus$ 严格来说，仅适用于原子数目为偶数的链。

对应于金属镍，其他金属的基本特征是类似的。镍原子的电子构型为 [Ar] $4s^2 3d^8$，如图左侧所示。每个轨道形成的能带显示在右侧。$4s$、$4p$ 和 $3d$ 轨道是相互独立的，每个轨道都会产生一个分子轨道能带。在实际情况中，这些重叠的能带并不完全相互独立，但对我们而言，这种简化是合理的。

4s、$4p$ 和 $3d$ 能带的能量范围各不相同（用图 12.23 右侧矩形的高度来表示），它们所能容纳的电子数也不同（由矩形的面积表示）。每个 $4s$、$4p$ 和 $3d$ 能带分别可以容纳 2、6 和 10 个电子，按照泡利不相容原理，每个轨道只能容纳 2 个电子（见 6.7 节）。$3d$ 能带的能量范围小于 $4s$ 和 $4p$ 带的范围，这是因为 $3d$ 轨道较小，因此与相邻原子的轨道重叠较低。

从图 12.23 中可以理解金属的许多特性。我们可以把能带看作是部分填充的电子容器。能带的不完全填充会产生特殊的金属性能。已占据填充轨道顶端附近的轨道上的电子仅需要很少的能量就会"跃迁"到空的高能带中。在任何激发源的影响下，例如施加电势或输入热能，电子先移动到空位上，然后自由地穿过晶格，提高了金属的导电性和导热性。

没有能带的叠加，金属的周期性特性就无法解释。在没有 d 能带和 p 能带的情况下，我们预测碱金属（1A 族）的 s 能带是半填充的，而碱土金属（2A 族）的 s 能带是完全填满的。如果这是真的，镁、钙、锶等金属就不是好的电导体和热导体，这与实验观察结果并不一致。

虽然采用电子海模型或分子轨道模型可以定性地理解金属的导电性，但过渡金属的许多物理性质，例如图 12.21 所示的熔点，只能用后一种模型来解释。分子轨道模型预测，随着价电子数增加，成键轨道越来越多，成键会变得更强。当位于过渡金属系列的中间元素时，电子填充到反键轨道上，键会变弱。原子间强键作用使得金属具有更高的熔点和沸点，更高的熔化热，更高的硬度等。

> ### 想一想
> 哪个元素，W 还是 Au，在反键轨道中有更多的电子？你认为哪个熔点更高？

12.5 | 离子晶体

离子晶体通过阳离子和阴离子之间的静电引力，即离子键而结合在一起（见 8.2 节）。离子化合物的高熔点和高沸点证明了离子键的强度。离子键的强度取决于离子的电荷数和离子大小，如第 8 章和第 11 章所述，阳离子和阴离子之间的吸引力随着离子电荷数的增加而增加。因此，带 1+ 和 1- 电荷的 NaCl 在 801℃熔化，而带 2+ 和 2- 电荷的 MgO 在 2852℃熔化。从表 12.3 中碱金属卤化物的熔点可以看出，阳离子和阴离子之间的相互作用也随着离子的减小而增加。这些趋势反映了 8.2 节讨论的晶格焓的变化。

表 12.3 碱金属卤化物的性质

化合物	阳 - 阴离子距离 /Å	晶格焓 / (kJ/mol)	熔点 /℃
LiF	2.01	1030	845
NaCl	2.83	788	801
KBr	3.30	671	734
RbI	3.67	632	674

虽然离子晶体和金属晶体都具有较高的熔点和沸点，但离子键与金属键的不同是导致它们性能差异的重要原因。由于离子化合物中价电子仅限于阴离子，而不是离域化，所以离子化合物通常是绝缘体。它们往往很脆，这一性质可用电荷相近的离子间的相互排斥作用来解释。在施加剪切力之前，原子平面为阳离子挨着阴离子排列。当剪切力作用于离子晶体时，如图 12.24 所示，原子平面发生滑动，使排列变成阳离子 - 阳离子，阴离子 - 阴离子。由此产生的相互排斥作用导致这些平面彼此分离，这种性质可用来雕刻某些宝石（如主要由 Al_2O_3 组成的红宝石）。

离子晶体的结构

像金属晶体一样，离子晶体倾向于采用原子对称紧密排列的结构。然而，与金属晶体不同的是，我们必须把不同半径和电荷相反的球体组合在一起。由于阳离子通常比阴离子小得多（见 7.3 节），离子化合物中配位数比紧密堆积的金属中配位数要小。即使阴离子和阳离子大小相同，在金属中看到的紧密堆积排列也不能实现，除非让相同电荷的离子相互接触。但这样，同类离子之间的排斥使这种排列不稳定。最有利的结构是阳离子 - 阴离子距离尽可能接近离子半径允许的距离，但阴离子 - 阴离子和阳离子 - 阳离子间的距离最大。

想一想

离子化合物中所有原子能否像图 12.11 所示的金属结构那样位于晶格点上呢？

图 12.25 显示了三种常见的离子结构类型。氯化铯（CsCl）结构基于简单立方晶格。阴离子位于晶胞角的晶格点上，阳离子位于晶胞的中心点上。（请记住，在基本的晶胞内没有晶格点）。通过这种排列，阳离子和阴离子都被立方体内的八个相反离子所包围。

氯化钠（NaCl；又称岩盐结构）和闪锌矿（ZnS）结构基于面心立方晶格。在这两种结构中，阴离子位于晶胞的角和面的晶格点上，但两种结构的两个原子排列略有不同。在 NaCl 中，Na^+ 沿着晶胞的边缘从 Cl^- 位移，而在 ZnS 中，Zn^{2+} 沿着晶胞的对角线从 S^{2-} 离子位移。这种差异导致了配位数的不同。在氯化钠中，每个阳离子和每个阴离子都被 6 个相反离子包围，形成一个八面体的配位环境。在闪锌矿中，每个阳离子和每个阴离子都被四个相反离子包围着，形成一个四面体的配位环境。阳离子配位环境如图 12.26 所示。

图例解析

为什么金属不会像下面描述的那样分裂成离子物质呢？

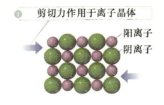

① 剪切力作用于离子晶体

阳离子
阴离子

② 原子层在剪切力作用下发生滑动

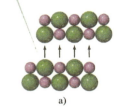

③ 电荷相近的离子之间的排斥作用导致层间的分离

a)

b)

▲ 图 12.24 离子晶体的脆性表面 a）当剪切力（蓝色箭头）作用于离子晶体时，晶体沿如图所示的原子平面分离。b）离子晶体的这种性质被用来制造宝石，如红宝石

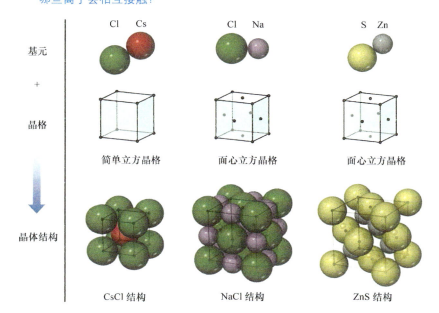

图例解析　在这三种结构中，阴离子间相互接触吗？如果没有，哪些离子会相互接触？

▲ 图 12.25　**CsCl、NaCl 和 ZnS 的结构**　每种结构类型都可以通过两个原子的基元和适当的晶格组合而产生

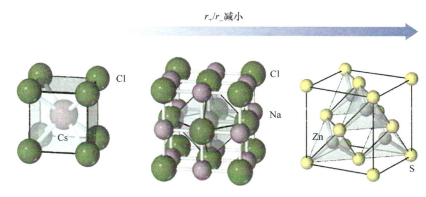

	CsCl	NaCl	ZnS
阳离子半径, r_+/Å	1.81	1.16	0.88
阴离子半径, r_-/Å	1.67	1.67	1.70
r_+/r_-	1.08	0.69	0.52
阳离子配位数	8	6	4
阴离子配位数	8	6	4

▲ 图 12.26　**CsCl、NaCl 和 ZnS 中的配位环境**　为了清晰地显示配位环境，缩小了离子尺寸

这些结构的每个晶胞中包含多少个阳离子？多少个阴离子？

阴离子和阳离子的比率增加

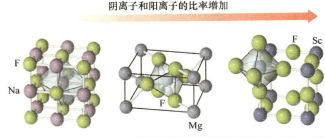

	NaF	MgF$_2$	ScF$_3$
阳离子配位数	6	6	6
阳离子配位几何体	八面体	八面体	八面体
阴离子配位数	6	3	2
阴离子配位几何体	八面体	平面三角形	线形

▲ 图 12.27　配位数取决于化学计量　为了清楚地显示配位环境，缩小了离子尺寸

对于给定的离子化合物，我们可能会问哪种结构最有利。有许多影响因素，但最重要的两个因素是离子的相对大小和化学计量比。考虑第一个因素：离子大小。请注意，在图 12.26 中，从 CsCl 到 NaCl 到 ZnS 的配位数从 8 变为 6 再到 4。对这三种化合物来说，阳离子的离子半径变小，而阴离子的离子半径变化很小，这在一定程度上推动了这一趋势。当阳离子和阴离子大小相近时，有利于形成大的配位数，常常形成 CsCl 的结构。随着阳离子的相对尺寸越来越变小，最终它不再能维持阳离子 - 阴离子的接触，同时也无法保持阴离子间的相互接触。当这种情况发生时配位数从 8 下降到 6，氯化钠结构变得更加有利。随着阳离子尺寸的进一步减小，最终配位数必须进一步减少，从 6 减少到 4，从而使闪锌矿的结构变得更有利。记住，在离子晶体中，相反电荷的离子相互接触，但相同电荷的离子则不接触。

阳离子和阴离子的相对数量也有助于确定最稳定的结构。图 12.26 中所有结构都有相同数量的阳离子和阴离子。这些结构（氯化铯、氯化钠、闪锌矿）只能在阳离子和阴离子数量相等的离子化合物中实现。当情况并非如此时，就会产生其他晶体结构。例如，NaF、MgF$_2$ 和 ScF$_3$（见图 12.27）。氟化钠具有氯化钠结构，阳离子和阴离子的配位数为 6，这可能是因为 NaF 和 NaCl 非常相似。然而，在氟化镁结构中，每个阳离子都有两个阴离子，从而形成了一个称为金红石结构的四方晶体结构。阳离子配位数仍为 6，而氟配位数仅为 3。在氟化钪结构中，每个阳离子有 3 个阴离子，阳离子配位数仍为 6，但氟配位数已降至 2。当阳离子 / 阴离子比率下降时，每个阴离子周围的阳离子减少，因此阴离子配位数必然减少。可以采用经验公式来定量地描述离子化合物的这种关系。

$$\frac{\text{化学式的阴离子数}}{\text{化学式的阳离子数}} = \frac{\text{阴离子的配位数}}{\text{阳离子的配位数}} \qquad (12.1)$$

想一想

在氧化钾晶体结构中，氧离子与 8 个钾离子配位，钾离子的配位数是多少？

实例解析 12.2
计算离子晶体的密度

碘化铷的晶体结构与氯化钠的相同。（a）晶胞中有多少碘离子？（b）晶胞中有多少铷离子？（c）利用 Rb⁺（1.66Å, 85.47g/ mol）和 I⁻（2.06 Å, 126.90 g/mol）的离子半径和摩尔质量来估算碘化铷的密度是多少 g/cm³。

解析

分析和思路

（a）我们需要计算氯化钠结构的晶胞中阴离子的数量，记住晶胞的角、边和面上的离子只是部分在晶胞内。

（b）我们可以采用同样的方法来确定晶胞中阳离子的数量。可以写出经验公式来验证答案，以确保阳离子和阴离子的电荷是平衡的。

（c）由于密度是一种强度特性，晶胞的密度与块状晶体的密度相同。要计算密度，我们必须将每个晶胞的原子质量除以晶胞的体积。为了确定晶胞的体积，我们需要先确定离子接触的方向，然后用离子半径来估计晶胞的边长。一旦我们知道了晶胞的边长，利用边长的立方计算就能确定它的体积。

解答

（a）碘化铷的晶体结构类似 NaCl，Rb⁺ 取代 Na⁺，I⁻ 离子取代 Cl⁻。从图 12.25 和图 12.26 中 NaCl 结构来看，晶胞的每个角上和每个面的中心都有一个阴离子。从表 12.1 我们可以看到，角上的离子是由 8 个晶胞平均共享的（每个晶胞 1/8 个离子），而在这些表面上的离子是由两个晶胞平均共享。（每个晶胞 1/2 个离子）。一个立方体有八个角和六个面，所以 I⁻ 离子的总数是 8（1/8）+6（1/2）=4 个。

（b）对于铷离子可采用同样的方法，我们看到在每个晶胞的边上以及中心均有一个铷离子，利用表 12.1 可以看到，位于晶胞边上的离子被 4 个晶胞共用（每个晶胞占 1/4 离子），而晶胞中心的阳离子却未共用。一个立方体有 12 条边，因此，铷离子的总数是 12（1/4）+1=4。这个答案是合理的，为了保持电荷平衡，Rb⁺ 离子的数量必须与 I⁻ 的离子数相同。

（c）在离子化合物中，阳离子和阴离子相互接触。在 RbI 中，阳离子和阴离子沿晶胞的边接触，如下图所示。

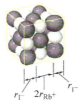

晶胞边的长度为 $r(I^-) + 2r(Rb^+) + r(I^-) = 2r(I^-) + 2r(Rb^+)$。代入离子半径得到 2（2.06 Å）+ 2（1.66 Å）= 7.44 Å。立方晶格的体积就是边长的立方，将 Å 转换为 cm，得到：

体积 =（7.44 × 10⁻⁸ cm）³ = 4.12 × 10⁻²² cm³

从（a）和（b）两部分，我们知道每个晶胞中有 4 个铷离子和 4 个碘离子，根据这个条件和摩尔质量，可计算每个晶胞的质量：

$$质量 = \frac{4(85.47g/mol)+4(126.90g/mol)}{6.022\times10^{23}mol^{-1}} = 1.411\times10^{-21}g$$

密度就是晶胞的质量除以晶胞的体积：

$$密度 = \frac{质量}{体积} = \frac{1.411\times10^{-21}g}{4.12\times10^{-22}cm^3} = 3.43g/cm^3$$

检查 大多数固体的密度介于锂的密度（0.5g/cm³）和铱（22.6g/cm³）之间，因此这个结果是合理的。

▶ **实践练习 1**

已知离子半径和摩尔质量分别为 Sc³⁺（0.88 Å, 45.0g/mol）和 F⁻（1.19 Å, 19.0g/mol），估算 ScF₃ 的密度是多少？其结构如图 12.27 所示。

（a）5.99g/cm³
（b）1.44 × 10²⁴g/mol
（c）19.1g/cm³
（d）2.39g/cm³
（e）5.72g/cm³

▶ **实践练习 2**

从铯的离子半径（1.81Å）和氯的离子半径（1.67Å），估算 CsCl（见图 12.25）的立方晶胞边长和密度（提示：CsCl 中的离子沿体对角线接触，从立方体的一个角穿过体心到对面角的一个向量。利用三角学原理可知，立方体的体对角线长度是边的 √3 倍）。

12.6 | 分子晶体

分子晶体由原子或中性分子组成，通过偶极 - 偶极相互作用、色散力或氢键连接在一起。由于这些分子间作用力很弱，所以分子晶体很柔软，熔点相对较低（通常低于200℃）。在室温下，大多数是气态或液态，但在低温下形成分子晶体，如：Ar、H_2O 和 CO_2。

分子晶体的性质在很大程度上取决于分子间作用力的强度。以蔗糖（白砂糖，$C_{12}H_{22}O_{11}$）的性质为例，每个蔗糖分子都有 8 个 —OH，可以形成多个氢键。因此，蔗糖在室温下以晶体的形式存在，其熔点为 184℃，相对于分子晶体的熔点来说是较高的。

分子形状也很重要，因为它决定了分子在三维空间中聚集的效率。例如，苯（C_6H_6）是一种高度对称的平面分子（见 8.6 节）。它的熔点比甲苯高。甲苯是苯的一个氢原子被—CH_3 取代的化合物（见图 12.28）。甲苯分子的对称性较低，使得它们无法像苯分子那样有效地在晶体中聚集。因此，无法靠分子间作用力使之紧密聚集，熔点较低。相反，甲苯的沸点比苯的沸点高，说明液态甲苯中的分子间作用力大于液态苯的分子间作用力。苯酚为另一种取代苯，如图 12.28 所示，其熔点和沸点均高于苯的熔点和沸点，这是由于苯酚中的—OH 能形成氢键的缘故。

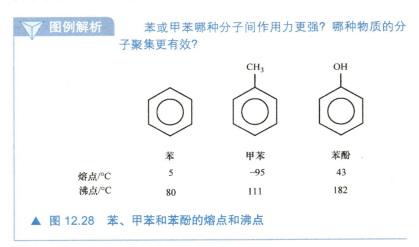

图例解析 苯或甲苯哪种分子间作用力更强？哪种物质的分子聚集更有效？

	苯	甲苯	苯酚
熔点/℃	5	−95	43
沸点/℃	80	111	182

▲ 图 12.28 苯、甲苯和苯酚的熔点和沸点

12.7 | 原子晶体

原子晶体通过共价键使原子连接在一起形成空间网状结构。由于共价键比分子间作用力强得多，所以这些晶体比分子晶体更硬，熔点也更高。金刚石和石墨是碳的同素异构体，是两种最常见的原子晶体，其他原子晶体还有硅、锗、石英（SiO_2）、碳化硅（SiC）和氮化硼（BN）等。在这些物质中，原子间的键合是完全共价的，比离子键的共价要多。

在金刚石中，每个碳原子以四面体形式与其他四个碳原子相连（见图 12.29）。如果碳原子同时取代锌离子和硫离子，那么金刚石的结构可以从闪锌矿结构（见图 12.26）中得到。碳原子为 sp^3 杂化，由强的碳 - 碳单共价键结合在一起。这些键的强度和方向性使得金刚石成为已知的最坚硬的材料，为此，工业级钻石用于要求

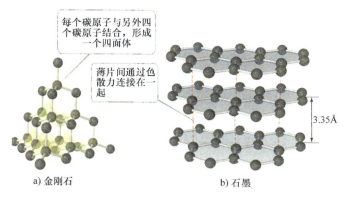

每个碳原子与另外四个碳原子结合，形成一个四面体

薄片间通过色散力连接在一起

3.35Å

a) 金刚石　　　　b) 石墨

▲ 图 12.29 　 a）金刚石和 b）石墨的结构

最苛刻切割作业的锯片。坚硬的、相互连接的键合网络也解释了为什么金刚石是最著名的热导体之一，但却不导电。金刚石的熔点很高，为 3550℃。

在石墨中（见图 12.29b），碳原子形成共价键合层，层间通过分子间作用力连接在一起。石墨层与图 12.8 所示石墨烯中的层相同。石墨为六角形晶胞，包含偏移的两层，因此上一层碳原子位于下一层六边形的中间。每个碳原子与同层中的其他三个碳原子通过共价键连接，构成相互连接的六边形环，平面内相邻碳原子之间的距离为 1.42Å，与苯的 C—C 间距离 1.395 Å 非常接近。事实上，这种成键类似于苯，随着离域的 π 键延伸，层层叠叠（见 9.6 节）。电子通过离域的轨道自由移动，使石墨成为层间传导的良好导电体（实际上，石墨常用作电池的导电电极）。这些 sp^2 杂化的碳原子片层彼此间隔 3.35Å，且通过色散力结合在一起。故而，在摩擦时，这些层很容易相互滑动，使石墨有一种油腻的感觉。当杂质原子被困在层间时，就会增强这种作用，这在商品材料中是典型的情况。

石墨可用作润滑剂和铅笔中的"铅芯"。石墨和金刚石都是纯碳材料，但物理性能的巨大差异则是由于它们在三维结构和键合方式的差异造成的。

半导体

金属导电性能极好。然而，许多晶体在一定程度上可以导电，但远不及金属的导电性能，这就是为什么这些材料被称为**半导体**的原因。半导体的两个例子如硅和锗，它们位于元素周期表中碳的正下方。和碳一样，这些元素都有 4 个价电子，通过与四个相邻原子形成共价单键满足了八隅体规则要求的配体数。因此，硅、锗以及灰锡与金刚石一样具有无限大的共价键网络。

当原子的 s 轨道和 p 轨道重叠时，形成成键分子轨道和反键分子轨道。每对 s 轨道重叠形成一个成键分子轨道和一个反键分子轨道，而每对 p 轨道重叠则形成三个成键分子轨道和三个反键分子轨道（见 9.8 节）。延伸的键合网络形成了我们在第 12.4 节中看到的相同类型的金属能带。然而，与金属不同的是，在半导体中填充态和空态之间会产生能量间隙，就像成键轨道和反键轨道之间的能隙一样（见 9.6 节）。

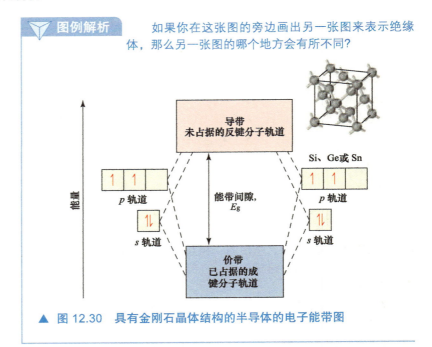

图例解析 如果你在这张图的旁边画出另一张图来表示绝缘
体，那么另一张图的哪个地方会有所不同？

▲ 图 12.30 具有金刚石晶体结构的半导体的电子能带图

由成键分子轨道形成的能带称为**价带**，反键轨道形成的能带
称为**导带**（见图 12.30）。在半导体中，价带充满电子，导带则是
空的。这两个能带被能带间隙 E_g 分隔开。在半导体领域中，能量
以电子伏特（eV）为单位；$1eV = 1.602 \times 10^{-19}$ 了。能带间隙超过
3.5eV 就非常大，以至于该材料不是半导体；而是一个绝缘体，不
导电。

半导体可分为两类：仅含一种原子的元素半导体和含两种或两
种以上元素的化合物半导体，元素半导体都来自 4A 族。当我们沿
着周期表向下移动时，键长增加，轨道重叠减弱。这种减弱的重叠
降低了价带顶部和导带底部之间的能量差。结果表明，能带间隙从
金刚石（5.5eV，一种绝缘体）到硅（1.11eV）到锗（0.67eV）到
灰锡（0.08eV）逐渐减小。在 4A 组最重的元素铅中，能带间隙完
全消失，因此，铅具有金属的结构和性能。

化合物半导体保持着与元素半导体相同的*平均价电子数*——每
个原子 4 个。例如，在砷化镓 GaAs 中，每个 Ga 原子提供 3 个电
子，每个 As 原子提供 5 个电子，平均每个原子提供 4 个——与硅
或锗的数目相同。因此，GaAs 是一种半导体。其他如 InP，In 提
供 3 个价电子，P 提供 5 个；CdTe，Cd 提供 2 个价电子，Te 提供 6 个。
在这两种情况下，每个原子的平均价电子都是 4 个，GaAs、InP 和
CdTe 均是闪锌矿的晶体结构。

化合物半导体的能带间隙随着族数之差的增大呈增加趋势。例
如，Ge 中 $E_g = 0.67eV$，但在 GaAs 中 $E_g = 1.43eV$，如果将族数差
值增大至 4，如 ZnSe（2B 族和 6A 族），则能带间隙增加到 2.70eV。
这种变化是元素半导体中纯共价键向化合物半导体中极性共价键转
变的结果。随着元素电负性差值的增加，键的极性增大，能带间隙
提高。

表 12.4　几种元素半导体和化合物半导体的能带间隙

材料	结构类型	E_g, eV[†]
Si	金刚石	1.11
AlP	闪锌矿	2.43
Ge	金刚石	0.67
GaAs	闪锌矿	1.43
ZnSe	闪锌矿	2.58
Sn[‡]	金刚石	0.08
InSb	闪锌矿	0.18
GdTe	闪锌矿	1.50

13 Al	14 Si	15 P

30 Zn	31 Ga	32 Ge	33 As	34 Se
48 Cd	49 In	50 Sn	51 Sb	52 Te

[†] 能带间隙在室温时的值，$1eV = 1.602 \times 10^{-19}$ J。

[‡] 这些数据是灰锡的，它是锡的半导体同素异构体。锡的另一个同素异构体是白锡，为一种金属。

电子工程师通过控制轨道重叠和键的极性来调整化合物半导体的能带间隙，这广泛应用在电气和光学器件中。表 12.4 给出了几种元素半导体和化合物半导体的能带间隙。

实例解析 12.3

半导体能带间隙的定性比较

GaP 的能带间隙比 ZnS 的大，还是小？比 GaN 的大，还是小？

解析

分析　能带间隙的大小取决于元素在周期表中的垂直位置和水平位置。当满足下列条件之一时，能带间隙将增大：

（1）这些元素位于元素周期表中较高的位置，增强的轨道重叠导致成键轨道和反键轨道能量分裂更大；（2）元素之间的水平间距增大，导致电负性的差值和键的极性增加。

思路　我们必须查看元素周期表，并比较每种情况下元素的相对位置。

解答　镓位于第四周期 3A 族，磷位于第三周期 5A 族。锌和硫分别与镓和磷处于同一周期。而 2B 族的锌位于镓的左边，6A 族的硫位于磷的右边。因此，可以认为 ZnS 的电负性差值较大，导致 ZnS 的能带间隙大于 GaP 的能带间隙。

对于 GaP 和 GaN，正电性更强的元素是镓。因此我们只需要比较电负性更强的元素 P 和 N 的位置，氮位于 5A 族磷之上。

因此，基于轨道重叠的增加，我们预计 GaN 的能带间隙比 GaP 的能带间隙大。

检验　查阅外部文献表明，GaP 的能带间隙为 2.26eV，ZnS 的能带间隙为 3.6eV，GaN 的能带间隙为 3.4eV。

▶ **实践练习 1**

这些说法中哪一个是错误的？

（a）沿着元素周期表的 4A 族下移时，元素固体的导电性增加；（b）沿着周期表 4A 族下移时，元素固体的能带间隙减小；（c）化合物半导体的价电子数平均为每个原子 4 个价电子；（d）半导体能带间隙的能量范围为 0.1 ～ 3.5eV；（e）一般来说，化合物半导体中键的极性越大，能带间隙就越小。

▶ **实践练习 2**

ZnSe 的能带间隙比 ZnS 的能带间隙大还是小？

半导体掺杂

半导体的导电性受存在的少量杂质原子的影响。在材料中加入适量的杂质原子的过程称为**掺杂**。思考一下，当几个磷原子（称为掺杂剂）取代硅晶体中硅原子时会发生什么现象呢？

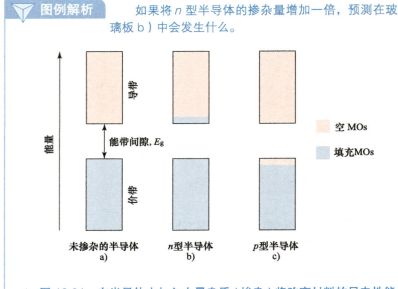

图例解析　如果将 *n* 型半导体的掺杂量增加一倍，预测在玻璃板 b) 中会发生什么。

能量

能带间隙, E_g

导带

价带

空 MOs

填充MOs

未掺杂的半导体
a)

n 型半导体
b)

p 型半导体
c)

▲ 图 12.31　在半导体中加入少量杂质（掺杂）将改变材料的导电性能

　　在纯净的 Si 中，所有的价带分子轨道都被填充满，所有的导带分子轨道都是空的，如图 12.31a 所示。由于磷有 5 个价电子，而硅只有 4 个价电子，掺杂磷原子产生的"额外"电子被迫占据导带（见图 12.31b）。这种掺杂材料被称为 *n* 型半导体，*n* 表示导带中带负电荷的电子数目增加。这些额外的电子可在导带中轻松地移动。因此，只要硅中磷含量达到百万分之几（ppm），硅自身的导电性就会提高一百万倍！

　　添加微量的掺杂剂将使电导率发生急剧变化，这意味着必须非常小心地控制半导体中杂质的含量。半导体工业使用"9-9"硅制造集成电路，就是说硅的纯度必须是 99.999999999%（小数点后 9 个 9）才能在技术上有用！通过精确控制掺杂剂的种类和含量，掺杂提供了一个控制电导率的方法。

　　当然也可以用价电子比主体材料少的原子掺杂半导体。思考一下，如果几个铝原子取代硅晶体中的硅原子会发生什么呢。铝只有 3 个价电子，而硅有 4 个，所以，当硅被铝掺杂时，在价带中存在电子空位，称为空穴（见图 12.31c）。由于没有带负电荷的电子，空穴可认为是带正电荷的。任何邻近的电子跳进这个空穴都会留下一个新空穴。因此，带正电的空穴像粒子一样在晶格中移动。⊖ 这样的材料称为 *p* 型半导体，*p* 表示材料中带正电的空穴数目增加了。

　　与 *n* 型导电性一样，只有百万分之几的 *p* 型掺杂剂就可使得导电性增加百万倍——但在这种情况下，价带中的空穴是导电的（见图 12.31c）。

　　n 型半导体与 *p* 型半导体连接是构成二极管、晶体管、太阳能电池和其他器件的基础。

⊖ 这种运动类似于观察人们在教室里换座位；你可以看到人们（电子）在座位（原子）周围移动，或者看到空座位（空穴）在"移动"。

实例解析 12.4
识别半导体的类型

哪个元素掺杂到硅中会产生 n 型半导体：Ga、As 或 C?

解析

分析 n 型半导体意味着掺杂原子必须比主体材料具有更多的价电子。这种情况下，硅是主体材料。

思路 我们必须查阅元素周期表，确定与 Si、Ga、As 和 C 有关的价电子数。价电子数比硅多的元素在掺杂后会产生 n 型半导体材料。

解答 Si 位于 4A 族，所以有 4 个价电子。Ga 位于 3A 族，所以有 3 个价电子。As 位于 5A 族，所以有 5 个价电子；C 位于 4A 族，所以有 4 个价电子。因此，As 掺杂到硅中，就会产生 n 型半导体。

▶ **实践练习 1**

这些掺杂的半导体中，哪个能产生 p 型材料？（选项所表示的是主体材料原子：掺杂原子）。

（a）Ge:P （b）Si:Ge （c）Si:Al （d）Ge:S （e）Si:N

▶ **实践练习 2**

化合物半导体可以掺杂成 n 型和 p 型材料，但是科学家必须确保恰当的原子被取代。例如，如果用 Ge 掺杂到 GaAs 中，Ge 取代了 Ga，形成 n 型半导体；如果 Ge 取代了 As，将得到 p 型材料。提供一种掺杂 CdSe 来得到一个 p 型材料的方法。

化学应用 | **固态照明**

人工照明如此广泛，以至于我们认为这是理所当然的。如果白炽灯能被发光二极管（LED）所取代，就可以节省大量的能源。LED 是由半导体制成的，这提供了一个近距离观察 LED 工作的好途径。

LED 的核心是 p-n 二极管，它是由 n 型半导体与 p 型半导体连接而构成的。在它们的结点处，只有很少的电子或空穴携带电荷穿过它们之间的界面，电导率降低。

当施加适当的电压时，电子从 n 掺杂一侧的导带运动到 p-n 结中，然后遇到从 p 掺杂一侧的价带运动来的空穴，电子进入空穴，它们的能量转化为光，光子的能量等于能带间隙（见图 12.32）。通过这种方式，电能就转换成光能。

由于发出光的波长取决于半导体的能带间隙，所以 LED 产生的光的颜色可以通过选择适当的半导体来控制。大多数红色 LED 是由 GaP 和 GaAs 混合而成的。GaP 的能带间隙为 2.26eV（3.62×10^{-19}J），相当于波长 549nm 的绿色光子的能量；GaAs 的能带间隙为 1.43eV（2.29×10^{-19}J），相当于波长为 867nm 的红外光子的能量（见 6.1 节和 6.2 节）。通过形成这两种化合物的固溶体，利用 $GaP_{1-x}As_x$ 的化学计量，可以将能带间隙调整到任何中间值。因此，$GaP_{1-x}As_x$ 是红色、橙色和黄色 LED 的首选固溶体。绿色 LED 由 GaP 和 AlP（E_g=2.43eV，λ=510nm）的混合物制成。

红光 LED 已经上市几十年了，但是要制造白光，就需要一个高效的蓝光 LED。第一台蓝光 LED 于 1993 年在日本一家实验室进行了展示。之后不到 20 年，2010 年，价值超过 100 亿美元的蓝色 LED 在全球销售了。蓝光 LED 基于 GaN（E_g = 3.4eV，λ=365nm）和 InN（E_g = 2.4eV，λ=517nm）的组合。现在有许多颜色的 LED，从条形码扫描器到交通灯的所有领域都可以使用（见图 12.33 ）。

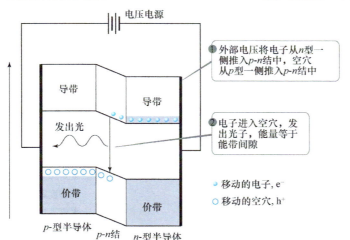

电压电源

❶外部电压将电子从 n 型一侧推入 p-n 结中，空穴从 p 型一侧推入 p-n 结中

❷电子进入空穴，发出光子，能量等于能带间隙

导带

导带

发出光

价带

价带

p-型半导体　　p-n结　　n-型半导体

● 移动的电子，e^-
○ 移动的空穴，h^+

▲ **图 12.32 发光二极管** 发光二极管的核心是 p-n 结，其中施加的电压将电子和空穴结合在一起，发出光

由于发光的半导体器件可以做地非常小，而且几乎不发热，所以在许多应用中，LED 正在取代标准的白炽灯和荧光灯。

相关练习：12.73–12.76

▲ 图 12.33 LED 在我们周围随处可见

12.8 | 聚合物

在自然界中，我们发现了许多分子量很高，甚至高达数百万 amu 的物质，这些物质组成了许多生命有机体和组织的结构，例如植物中富含的淀粉和纤维素，以及动植物中均存在的蛋白质等。1827 年，永斯·雅各布·贝采利乌斯（Jöns Jakob Berzelius）首次提出了 polymer 一词（来自希腊语 polys 和 meros，分别是"许多"和"部分"的意思），表示低分子量的单体分子通过聚合（连接在一起）形成高分子量的分子。

历史上，天然聚合物如羊毛、皮革、丝绸和天然橡胶，被加工成有用的材料。在过去 70 年左右的时间里，化学家们通过控制化学反应已经掌握了使单体聚合得到合成聚合物。许多合成聚合物都含有碳 - 碳键的骨架，这是由于碳原子之间能彼此牢固结合形成稳定的化学键。

塑料是聚合物，一般在加热和加压的条件下，可以加工成各种形状。塑料有以下几种类型。

▲ 图 12.34 回收标志 今天生产的大多数塑料容器都带有一个回收标志，表明所用的聚合物类型以及可回收适用性

热塑性塑料可以被重新加工。例如，装牛奶的塑料容器是由热塑性聚合物聚乙烯制成的。这些容器可以熔化，聚合物可以被回收用于其他用途。在美国，每年回收的塑料超过 200 万吨。如果你查看塑料容器的底部，就会看到一个包含数字的回收符号，如图 12.34 所示。下面的数字和字母缩写表示制造容器的聚合物种类，归纳在表 12.5 中。通过这些符号的组合来对容器进行分类。一般来说，这个数字越小，材料越容易回收。

与热塑性塑料不同，热固性塑料（也称为热固树脂）是通过不可逆的化学过程成型的，因此不能重新加工。在包括绝缘泡沫和床垫在内的商品生产中，所用的硫化橡胶和聚氨酯均是热固性塑料的常见例子。

另一种塑料是弹性体，它是一种表现出橡胶或弹性行为的材料。在受到拉伸或弯曲时，如果弹性体的形变没有超过其弹性限度，在外力消除后就会恢复其形状。橡胶是最常见的弹性体。

表 12.5 在美国使用的可回收聚合物的种类

数量	缩写	聚合物
1	PET 或 PETE	聚对苯二甲酸乙二醇酯
2	HDPE	高密度聚乙烯
3	PVC	聚氯乙烯
4	LDPE	低密度聚乙烯
5	PP	聚丙烯
6	PS	聚苯乙烯
7	None	其他

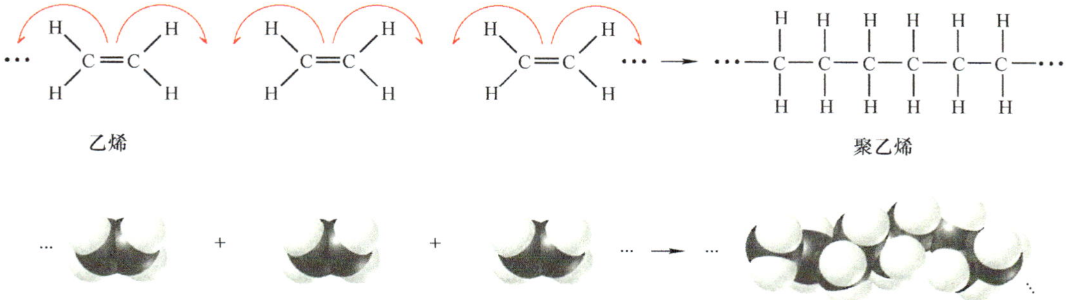

▲ 图 12.35 乙烯单体聚合生成聚乙烯

一些聚合物如尼龙和聚酯，都是热塑性塑料，可以拉成像头发一样的纤维，相对于其横截面积而言长度很大。这些纤维可以编织成纤维织物和绳索，制成衣服、轮胎、帘布以及其他用品。

聚合物的制备

聚合反应的一个很好的例子就是乙烯分子形成聚乙烯（见图 12.35）。在这个反应中，乙烯分子的双键“打开”，双键的两个电子分别与另外两个乙烯分子形成新的 C—C 单键。这种通过单体的多重键连接在一起的聚合，称为**加聚反应**。

我们可以把聚合反应方程式写成如下形式：

$$n\mathrm{CH_2{=}CH_2} \longrightarrow \left[\begin{array}{c} \mathrm{H}\quad\mathrm{H} \\ |\quad\ \ | \\ -\mathrm{C}-\mathrm{C}- \\ |\quad\ \ | \\ \mathrm{H}\quad\mathrm{H} \end{array}\right]_n$$

式中，n 代表反应生成聚合物分子的单体分子（这里是乙烯）数目，可以从数百到数千。在聚合物中，重复单元（上面方程式中括号里面的单元）沿着整个链不断地重复出现。链的末端由碳氢键或其他键所封端，所以末端的碳有四个键。

聚乙烯是一种重要的材料，其年产量超过 1900 亿磅。虽然它的组成很简单，但这种聚合物并不容易制造。经过多年的研究，才确定了合适的生产条件。如今，人们已经知道了多种不同物理性质的聚乙烯结构。

其他化学组成的聚合物在物理和化学性质方面提供更多的多样性。表 12.6 列出了通过加成聚合得到的其他几种常见聚合物。

用于合成具有商业价值聚合物的第二个反应是缩聚反应。在缩聚反应中，两个分子通过消除一个小分子，如 H_2O，而连接成一个大分子。例如，一种胺（含有—NH_2 的化合物）与一种羧酸（含有—COOH 的化合物）反应，在 N 和 C 之间形成化学键，再加上一个 H_2O 分子（见图 12.36）。

由两种不同单体合成的聚合物称为**共聚物**。在许多尼龙的制备过程中，一个两端都带有—NH_2 的二胺化合物，与一个两端都带有—COOH 的二酸化合物进行反应。例如，含 6 个碳原子且两端各有一个氨基的己二胺与同样含有六个碳原子的己二酸反应，形成共聚物尼龙 6,6（见图 12.37）。

表 12.6 具有商业价值的聚合物

聚合物	结构	用途
加聚物		
聚乙烯	$\left[-CH_2-CH_2-\right]_n$	胶卷、包装物、瓶子
聚丙烯	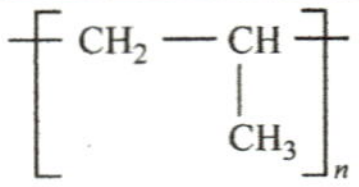 $\left[CH_2-\underset{\underset{CH_3}{\mid}}{CH}\right]_n$	厨具、纤维、电器
聚苯乙烯	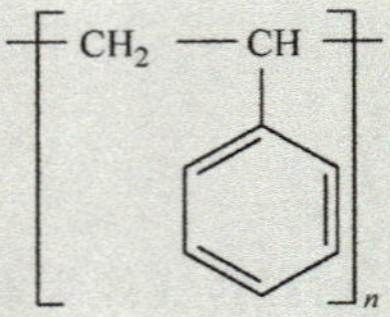 $\left[CH_2-CH(C_6H_5)\right]_n$	包装物、一次性食品容器、绝缘物
聚氯乙烯	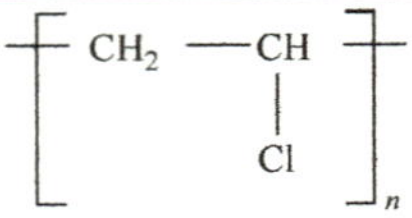 $\left[CH_2-\underset{\underset{Cl}{\mid}}{CH}\right]_n$	管件、水管
缩聚物		
聚氨酯	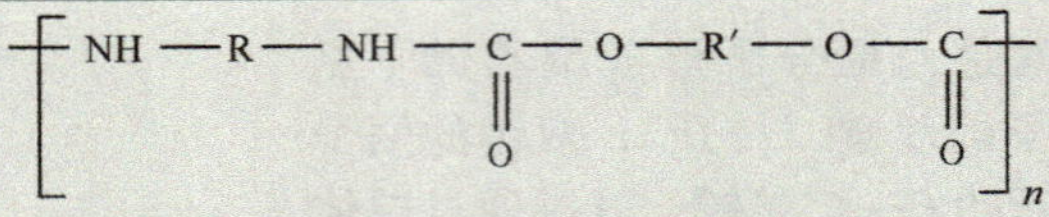 $\left[NH-R-NH-\underset{\underset{O}{\parallel}}{C}-O-R'-O-\underset{\underset{O}{\parallel}}{C}\right]_n$ $R, R' = -CH_2-CH_2-$（例）	泡沫家具填料、绝缘喷漆、汽车零件、鞋类、防水涂料
聚对苯二甲酸乙二醇酯（聚酯）	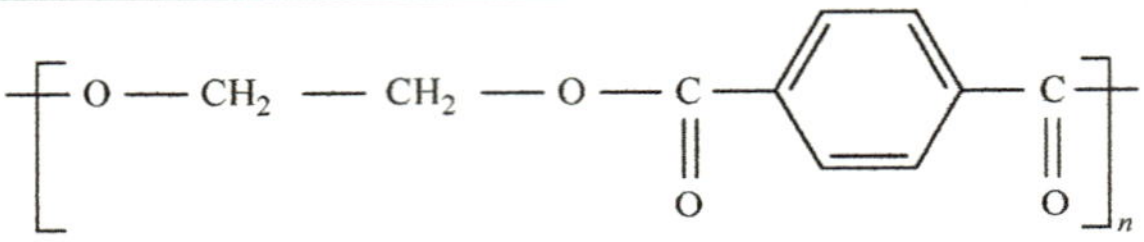 $\left[O-CH_2-CH_2-O-\underset{\underset{O}{\parallel}}{C}-(C_6H_4)-\underset{\underset{O}{\parallel}}{C}\right]_n$	轮胎帘线、磁带、服装、软饮料瓶
尼龙 6,6	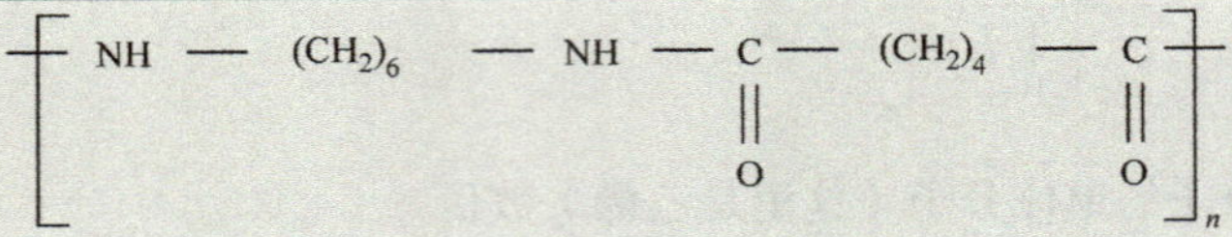 $\left[NH-(CH_2)_6-NH-\underset{\underset{O}{\parallel}}{C}-(CH_2)_4-\underset{\underset{O}{\parallel}}{C}\right]_n$	家具、服装、地毯、钓鱼线、牙刷刷毛
聚碳酸脂	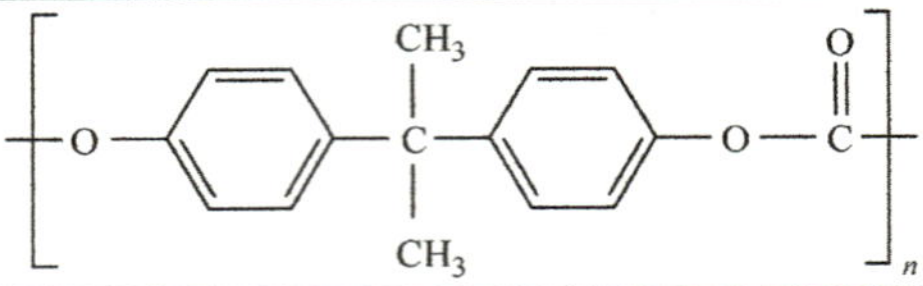 $\left[O-(C_6H_4)-\underset{\underset{CH_3}{\overset{CH_3}{\mid}}}{C}-(C_6H_4)-O-\underset{\underset{O}{\parallel}}{C}\right]_n$	防碎眼镜、CD、DVD、防弹玻璃、温室

二胺分子两端的氨基与二酸分子两端的羧基发生缩合反应，释放出水分子，分子间形成 N—C 键。

表 12.6 列出了尼龙 6,6 和其他一些通过缩聚反应得到的常见聚合物。注意，这些聚合物的骨架不仅含有 C 原子，还含有 N 或 O 原子。

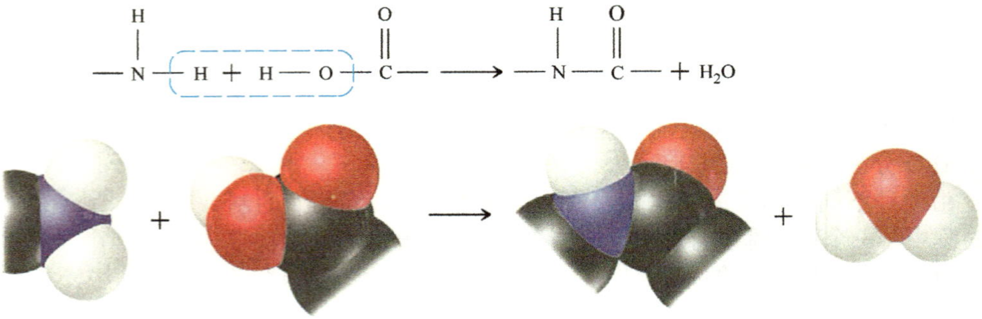

▶ 图 12.36 缩聚反应

$$n \ \overset{\overset{\displaystyle H}{|}}{H-N} \overset{}{\underset{6}{\left(CH_2\right)}} \overset{\overset{\displaystyle H}{|}}{N-H} + n \ \overset{\overset{\displaystyle O}{\|}}{HOC} \overset{}{\underset{4}{\left(CH_2\right)}} \overset{\overset{\displaystyle O}{\|}}{COH} \longrightarrow \overset{\overset{\displaystyle H}{|}}{\underset{}{\left[N \right.}} (CH_2)_6 \overset{\overset{\displaystyle H}{|}}{N} \overset{\overset{\displaystyle O}{\|}}{C} (CH_2)_4 \overset{\overset{\displaystyle O}{\|}}{\underset{n}{\left. C \right]}} + 2n H_2O$$

二胺   己二酸   尼龙6,6

▲ 图 12.37　共聚物尼龙 6,6 的合成

化学应用   汽车中的现代材料

世界上有十亿多辆机动车。提高对材料的结构和性能的基本认识有助于开发更安全、更强大、更舒适和更省油的机动车辆。让我们来看看这些现代材料（见图 12.38）。

金属和金属合金已经应用在汽车的零部件中。例如，铝是散热器、进气管和发动机缸体的主要部件。钢通常是用于车架和车身的主体材料。不锈钢用于消声器、排气消声器和催化转换器。

催化转化器内部含有铂族金属小颗粒，这些颗粒被沉积在蜂窝状结构陶瓷上。陶瓷由涂覆在堇青石（$Mg_2Al_4Si_5O_{18}$）上的离子晶体氧化铝（Al_2O_3）组成。氧传感器使用氧化物半导体来监测废气中的空气/燃料比，这是由基于原子晶体硅的发动机控制计算机来控制的。汽车中也有聚合物，聚酯用作座椅罩和地毯，聚碳酸酯用作光学反射器，聚丙烯用在保险杠和汽车电池中。

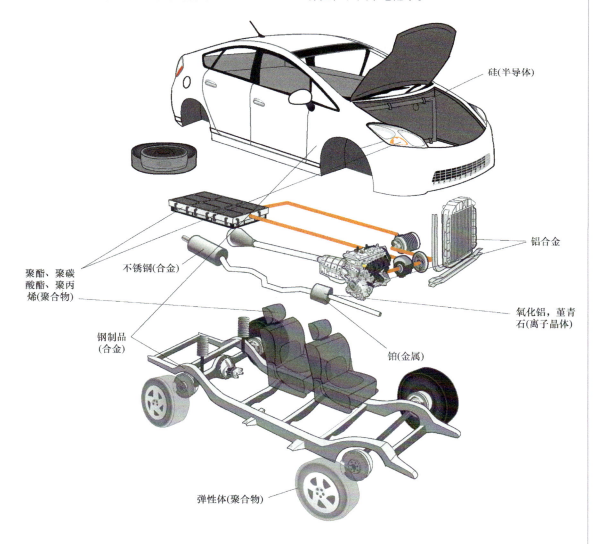

▲ 图 12.38　汽车上的现代材料部件

▲ 图 12.39 聚乙烯链的一段
这段由 28 个碳原子组成。在商用聚乙烯中，链的长度范围为 10^3 到 10^5 个 CH_2 单元

▲ 图 12.40 聚合物链间的相互作用 在圆圈区域中，相邻的链段之间的作用力使得链排列有序，类似于晶体的排列，尽管没那么规整

想一想

这种分子是加聚物还是缩聚物更好的原料呢？

聚合物的结构与物理性能

聚乙烯和其它聚合物的简单结构式只是假象。由于聚乙烯中每个碳原子周围有四个键，原子以四面体的方式排列，所以分子链不像我们所书写的那样笔直。此外，原子可以相对自由地围绕 C—C 单键进行旋转。因此，分子链并非笔直和刚性的，而是柔性的，容易折叠（见图 12.39）。分子链的柔韧性使得由这类聚合物制成的任何材料都非常柔韧。

合成聚合物和天然聚合物通常由不同分子量的大分子（或大的分子）聚集而成。按照形成条件的不同，分子量可能分布在一个很宽的范围内，或者集中在一个平均值的左右。在一定程度上由于这种分子量的分布，聚合物主要是无定形（非晶）材料，可以在一定的温度范围内软化，而不是表现出具有明确熔点的结晶相，然而，可以在固态的某些区域表现出短程有序，链排列成如图 12.40 所示的规整排布。这种有序程度用聚合物的**结晶度**来表示。当熔融的聚合物通过小孔被拉出时，这种机械拉伸或拉力作用使得分子链伸直对齐，通常可以提高聚合物的结晶度。聚合物链与链之间的作用力将链固定在有序的结晶区域内，使聚合物密度更大、硬度更高，溶解性更差，耐热性更好。表 12.7 显示了聚乙烯的性能随结晶度的增加而变化。

聚乙烯的线性结构有利于分子间的相互作用，使之容易结晶。然而，聚乙烯的结晶度在很大程度上取决于平均分子量。聚合产生具有不同 n 值（单体分子数）大分子的混合物，因此，分子量也不同。低密度聚乙烯（LDPE）用于制成薄膜和片材，平均分子量在 10^4 amu 范围内，密度小于 $0.94\,g/cm^3$，具有大量的支链结构。也就是说，聚合物的主链上存在侧链。这些侧链抑制了结晶区的形成，降低了材料的密度。高密度聚乙烯（HDPE）用于生产瓶子、桶和管道等，平均分子量在 10^6 amu 范围内，密度为 $0.94\,g/cm^3$ 或更高。这种结构侧链较少，因此结晶度较高。

表 12.7 聚乙烯的性能与结晶度的关系

属性	结晶度				
	55%	62%	70%	77%	85%
熔点 /℃	109	116	125	130	133
密度 / (g/cm³)	0.92	0.93	0.94	0.95	0.96
刚度	25	47	75	120	165
屈服应力	1700	2500	3300	4200	5100

这些测试结果表明，聚合物的机械强度随结晶度的增加而增大。刚度试验的物理单位是 psi $\times 10^{-3}$（psi= 磅每平方英寸）；屈服应力试验的物理单位是 psi。关于这些实验的确切含义和意义不在本书讨论的范围内。

▲ 图 12.41 **聚合物链的交联**
交联基团（红色）束缚了聚合物链的相对运动，使材料比没有交联时更硬，柔性更差

▲ **想一想**

由乙烯和醋酸乙烯单体组成的共聚物，其熔点和结晶度随醋酸乙烯酯百分比的增加而降低，给出解释。

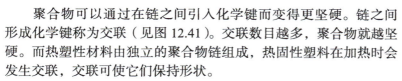

聚合物可以通过在链之间引入化学键而变得更坚硬。链之间形成化学键称为交联（见图 12.41）。交联数目越多，聚合物就越坚硬。而热塑性材料由独立的聚合物链组成，热固性塑料在加热时会发生交联，交联可使它们保持形状。

交联重要的一个例子是**硫化天然橡胶**，这一过程是查尔斯·固特异（Charles Goodyear）在 1839 年发现的。天然橡胶是由来自于巴西橡胶树（*Hevea brasiliensis*）的内层树皮产生的液体树脂制成的。化学上，它是异戊二烯 C_5H_8 的聚合物（见图 12.42）。由于碳碳双键不易旋转，因而与碳相连基团的取向是刚性的。在天然橡胶中，链在双键的同一侧伸展出去，如图 12.42a 所示。

天然橡胶不能使用，因为太软而且极易发生化学反应。固特异偶然发现，添加硫磺后加热混合物会使橡胶变硬，并降低了其对氧化和其他化学降解反应的敏感性。

a)

b)

▲ 图 12.42 **硫化天然橡胶** a）单体异戊二烯生成高分子天然橡胶 b）在橡胶中添加硫磺在链之间生成 C—S 键和 S—S 连接链

▲ 图 12.43 塑料电子器件
柔性有机太阳能电池由导电聚合物制成

硫磺通过在一些双键上发生反应使聚合物链交联，将橡胶变成热固性聚合物，如图 12.42b 所示。大约 5% 的双键发生交联会生成一种柔韧的弹性橡胶。当橡胶被拉伸时，交联有助于防止链的滑动，从而保持橡胶的弹性。由于加热是该过程中的一个重要步骤，固特异用罗马火神 Vulcan 的名字命名了它。

大多数聚合物含有 sp^3 杂化的碳原子，缺少离域的 π 电子（见 9.6 节），因此它们通常是绝缘体且无色（这说明存在很宽的能带间隙）。然而，如果聚合物的主链发生共振（见 8.6 节和 9.6 节），电子就会在很长的距离内发生离域，从而使得聚合物表现出半导体的行为。这种"塑料电子器件"（见图 12.43）目前在轻质柔性有机太阳能电池、有机晶体管、有机发光二极管和其他基于碳而不是硅等半导体器件方面具有重要意义。

12.9 | 纳米材料

前缀"nano"的意思是 10^{-9}（见 1.4 节）。当人们谈到"纳米技术"时，通常指的是制造 1 ~ 100nm 尺寸的器件。事实证明，半导体和金属的性能在这个尺寸范围内发生了变化。**纳米材料——在 1 ~ 100nm 尺寸范围内的材料——**正在世界各地的实验室中进行火热的研究，而化学在这项研究中起着核心作用。

纳米级半导体

图 12.22 显示，在小分子中，电子占据各自离散的分子轨道，而在宏观晶体中，电子占据着离域的能带。一个分子在什么时候会变得如此之大，以至于表现出好像有离域的能带，而不是定域的分子轨道呢？对于半导体来说，理论和实验都告诉我们答案大约在 1 ~ 10nm 之间（大约 10 ~ 100 个原子之间）。确切的数字取决于特定的半导体材料。适用于原子中电子的量子力学方程可以应用于半导体中的电子（和空穴），以估计材料从分子轨道跃迁到能带的尺寸。由于这些效应在 1 ~ 10nm 尺寸很重要，所以直径在这个范围内的半导体粒子称为*量子点*。

减小半导体晶体尺寸的最引人注目的效果之一，是在 1 ~ 10nm 范围内能带间隙会随着尺寸的变化而发生显著变化。当粒子变小时，能带间隙变大，肉眼可以观察到这种效应，如图 12.44 所示。从宏观上看，半导体磷化镉看上去是黑色的，因为它的能带间隙很窄（$E_g = 0.5eV$），吸收了所有波长的可见光。当晶体变得越来越小时，材料的颜色逐渐改变，直到看起来是白色！之所以看起来是白色的，是因为此刻没有吸收可见光。能带间隙这么大，只有高能紫外光才能激发电子进入导带（$E_g > 3.0eV$）。

利用溶液中的化学反应来制作量子点是最容易实现的，例如，可以在水中混合 $Cd(NO_3)_2$ 和 Na_2S 来得到 CdS，即使不做任何处理，也会沉淀出大量的 CdS 晶体。然而，如果先在水中加入一种带负电荷的聚合物（比如多聚磷酸盐，—$(OPO_2^-)_n$—），Cd^{2+} 会与聚合物结合，像聚合物形成的"意大利面条"中的微小"肉丸"。在加入硫化物时，CdS 粒子长大，但聚合物阻止它们形成大的晶体。要想产生大小和形状一致的纳米晶体，需要对反应条件进行大量细微的调整。

正如我们在第 12.7 节中所学到的，一些半导体器件在施加电压时会发光。而使半导体发光的另外一种方法是用光子能量大于半导体带隙能量的光去照射，这一过程称为光致发光。

▣ **图 12.44　不同粒子尺寸的 Cd_3P_2 粉体**　箭头表示粒子尺寸减小，带隙能量相应增加，导致颜色不同

价带电子吸收光子并跃迁到导带。如果激发态的电子再返回到它在价带中留下的空穴时，会发出一个光子，其能量等于带隙能。在量子点的情况下，带隙随晶体大小而调整，所以，彩虹的所有颜色都可以从一种材料中得到，如图 12.45 所示的 CdSe。

> ⚠ **想一想**
>
> 大尺寸的 ZnS 晶体具有光致发光特性，能发射相当于带隙能量为 340nm 波长的紫外光。是否有可能通过制备合适尺寸的纳米晶体来改变发光，使发射的光子处于可见区域？

由于量子点非常明亮，稳定性好，并且足够小，即使被涂上生物相容性的表面层也能被活细胞吸收，所以目前正研究将其应用于电子学、激光以及医学成像等方面。

半导体不一定在所有的三维空间中都要小到纳米级才能显示出新特性。它们可以放在基底上相对较大的二维空间中，厚度可以几纳米厚以生成量子阱。量子线也是通过各种化学途径制成的，其中半导体线的直径只有几纳米，但长度很长。在量子阱和量子线中，纳米尺度范围的测量显示出量子行为，但在长维度中，其性质似乎与块体材料很相似。

纳米金属

金属的尺度在 1 ~ 100nm 范围也有与众不同的性质。从根本上说，这是因为在室温下，金属中电子的平均自由程（见 10.8 节）通常在 1 ~ 100nm 左右。因此，当金属的粒径大小为 100nm 或更小时，可能会发生不同寻常的效应，因为"电子海"遇到了"海岸"（粒子表面）。

> ▽ **图例解析**
>
> 随着量子点尺寸的减小，发射光的波长是增加还是减小呢？

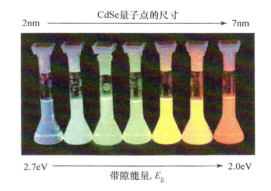

▲ **图 12.45　光致发光取决于纳米粒子的大小**　当被紫外光照射时，这些含有半导体 CdSe 纳米粒子的溶液发出与它们各自的带隙能量相对应的光。发射光的波长取决于 CdSe 纳米粒子的大小

化学应用 微孔和介孔材料

大孔材料具有肉眼可见的孔洞。例如，日常使用的合成海绵（见图 12.46a）和汽车催化转化器的蜂窝状堇青石芯（见图 12.46b），孔径分别在毫米尺寸和数十微米范围内。*微孔和介孔材料*的孔要小得多，肉眼看不到。**微孔**材料的孔径可达 2nm，**介孔**材料的孔径在 2～50nm 之间。

微孔材料和介孔材料由于其大量的孔洞，相对体积而言，比表面积很大。另一方面，**纳米材料**由于其颗粒尺寸小，相对于体积也具有较大的比表面积。这些材料的尺寸效应特性促使研究人员着手探讨它们的基础理论和应用。

沸石，天然存在，也可人工合成，是 1756 年被发现以来熟知的一类铝硅酸盐。沸石拥有数百种微孔和中孔，具有多种孔道相连的多面体空洞结构，类似于蜂巢（见图 12.46c）。离子和分子通过与含有铝、硅和氧原子的刚性骨架之间的弱相互作用而被吸附在沸石内表面。改变化学组成和合成方法，可以制备不同孔径和空洞大小的沸石。

沸石可以由占据空洞作用弱的离子来合成。当接触到与内表面作用更强的离子时，作用弱的离子比作用强的离子优先交换。这种效应构建了我们所谓的离子海绵。例如，2011 年日本福岛第一核电站（Fukushima Daiichi）遭受地震和海啸破坏后，使用钠沸石来清除受污染地区的放射性铯（134Cs 和 137Cs）。铯离子被吸附到沸石的空洞中，发生了离子交换（Cs^+ 替代了 Na^+）。另外还有处理含钙、镁和铁离子浓度相对较高的井水，即所谓的硬水。硬水加热后会在管道内部形成沉淀物，随着时间的推移，造成管道流量减少。硬水可以通过含有钠离子的沸石进行"软化"，钠离子被硬水中的钙离子替代或交换。用含高浓度钠离子的水溶液定期冲洗沸石，去除钙离子，使沸石再生，可继续使用。

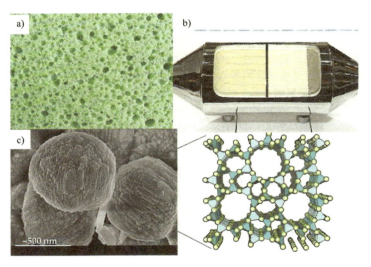

▲ 图 12.46 **多孔材料** 海绵 a）和汽车催化转化器的芯。b）是大孔材料。ZSM-5 沸石。c）是一种孔径在 0.5nm 左右的微孔材料

尽管人们还没有完全理解，但数百年来人们已经知道，当金属被精细地分割时，它们是不同的。早在中世纪，彩色玻璃窗的生产者就发现分散在熔融玻璃中的黄金能使玻璃变成美丽的深红色（见图 12.47）。很久以后，在 1857 年，迈克尔·法拉第（Michael Faraday）提出了小的金颗粒的分散体可以变得稳定，并且颜色很深——他制造的一些原始的胶体溶液仍保存在伦敦的英国法拉第博物馆的皇家学院（Royal Institution of Great Britain's Faraday Museum）（见图 12.48）。

金属纳米粒子的其他物理化学性质也不同于块体材料的性质。例如，直径小于 20nm 的金颗粒在远低于块状金的温度下就能熔化，当颗粒直径在 2～3nm 之间时，黄金就不再是一种"贵重的"、不活泼的金属了。在这个尺寸范围内，会发生化学反应。

▲ 图 12.47　法国夏特雷斯大教堂的彩色玻璃窗　金色纳米颗粒是这个窗户呈现红色的原因，这可以追溯到 12 世纪

▲ 图 12.48　19 世纪 50 年代迈克尔·法拉第（Michael Faraday）制造的胶体金纳米粒子溶液　在伦敦的皇家学院展出

尽管银比黄金更易反应，但在纳米尺度上，银具有与金类似的美丽颜色。目前，世界各地的研究实验室对利用金属纳米粒子独特的光学特性在生物医学成像和化学检测方面的应用表现出极大的兴趣。

纳米尺寸的碳

我们已经知道碳元素的用途非常广泛。它在 sp^3 杂化的固态形式下是金刚石；在 sp^2 杂化的固态形式下是石墨。在过去的三十年里，科学家们发现 sp^2 杂化的碳也可以形成离散分子、一维的纳米管和二维的纳米板。每种形式的碳都表现出非常有趣的特性。

直到 80 年代中期，纯固体碳被认为只以两种形式存在：原子晶体金刚石和石墨。然而，1985 年，由赖斯大学（Rice University）的理查德·斯莫利（Richard Smalley）和罗伯特·柯尔（Robert Curl）以及英国苏塞克斯大学（University of Sussex）的哈里·克罗托（Harry Kroto）带领的研究人员用强激光脉冲蒸发石墨样品，并利用氦气将气化后的碳引入质谱仪（见 2.4 节，"质谱仪"）。质谱图显示出与碳原子簇对应的峰，其中有一个特别强的峰，对应于 60 个碳原子组成的分子，C_{60}。

由于 C_{60} 簇是优先形成的，所以该小组提出了一种完全不同的碳结构形式，即接近球形的 C_{60} 分子。他们提出，C_{60} 的碳原子组成一个"球"，有 32 个面，12 个五边形，20 个六边形（见图 12.49），就像一个足球。这种分子形状让人想起美国工程师兼哲学家 R·巴克敏斯特富勒（R. Buckminster Fuller）发明的球形屋顶，因此 C_{60} 被戏称为"巴克敏斯特富勒烯"（buckminsterfullerene），简称"巴克球"。自 C_{60} 被发现以来，其他由纯碳构成的相关分子也被发现，现在把这些分子称为富勒烯。

在氦气气氛中电蒸发石墨可以制备出相当数量的巴克球，由此产生的烟尘约有 14%，由 C_{60} 和相关分子 C_{70} 组成，C_{70} 的结构更长。从 C_{60} 和 C_{70} 冷凝的富碳气体还含有其他富勒烯，大多含有更多的碳原子，如 C_{76} 和 C_{84}。2000 年首次检测到最小的富勒烯 C_{20}。这种小的球状分子比大的富勒烯的反应活性更强。由于富勒烯是一种分子，所以它们可溶解在各种有机溶剂中，而金刚石和石墨则不能溶解。这种溶解性就能使富勒烯从烟尘的其他成分中分离出来，甚至彼此分离开。另外还可以研究他们在溶液中的反应。

▽ **图例解析**

在 C_{60} 中每个碳原子形成多少个键？据于此，你认为 C_{60} 中的键更像金刚石中的键还是石墨中的键？

▲ 图 12.49　巴克敏斯特富勒烯，C_{60}　该分子具有高度对称的结构，其中 60 个碳原子位于二十面体截面的顶点。最下面的图仅显示碳原子之间的键

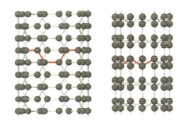

▲ 图 12.50 碳纳米管的原子模型 左图:"扶手椅式"纳米管,表现出金属性能。右图:"锯齿形"纳米管,既可以是半导体,也可以是金属,取决于管的直径

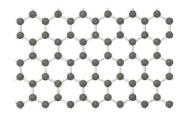

▲ 图 12.51 部分二维石墨烯片

在发现 C_{60} 后不久,化学家们发现了碳纳米管(见图 12.50)。可以把它想象成卷起来的石墨片,在一端或两端被半个 C_{60} 分子覆盖。碳纳米管的制备方式与 C_{60} 类似。它们可以是多壁的,也可以是单壁的。多壁碳纳米管由多层管套在一起构成,而单个碳纳米管由单个管组成。单壁碳纳米管可达到 1000nm,甚至更长,但直径只有 1nm 左右。根据石墨片的直径和卷起的方式,碳纳米管既可以作为半导体,也可以作为金属。

碳纳米管不用任何掺杂就可以制成半导体或者金属,这在固态材料中是独一无二的,世界各地的实验室都在制造和测试碳基电子设备。碳纳米管的机械性能也在研究中。碳纳米管的碳 - 碳成键结构意味着尺寸相近的金属纳米线中可能出现的缺陷几乎不存在。单个碳纳米管的实验表明,如果钢和碳纳米管的尺寸一样,那么它们比钢更强。碳纳米管与聚合物纺成纤维,给复合材料增加了很大强度和韧性。

二维结构的碳,即石墨烯,是最近被实验分离和研究的低维形式的碳材料。60 多年来,它的性质一直是理论预测的主题,但直到 2004 年,英国曼彻斯特大学(University of Manchester)的研究人员才分离并鉴定出具有蜂窝状结构的单个碳原子薄片,如图 12.51 所示。令人惊讶的是,他们用于分离单层石墨烯的技术是用胶带连续剥离薄石墨层。然后,将单层石墨烯转移到涂有精确厚度的二氧化硅的硅片上。当一层石墨烯留在晶片上时,用光学显微镜可以看到类似干涉的明暗对比图案。如果没有这种简单而有效的方法扫描单个石墨烯晶体,它们可能仍未被发现。随后,研究表明石墨烯可以沉积在其他晶体的清洁表面上。带领这项研究的曼彻斯特大学的科学家安德烈·海姆(Andre Geim)和康斯坦丁·诺沃肖洛夫(Konstantin Novoselov)因此获得了 2010 年诺贝尔物理学奖。

石墨烯的性能非常卓越。它非常牢固,具有前所未有的热导率,在这两类碳纳米管中名列前茅。石墨烯是一种半金属,这意味着它的电子结构类似于半导体,其能带间隙完全为零。石墨烯的二维特性,再加上是半金属,电子可以在不受另一个电子、原子或杂质散射的情况下,长距离进行移动,可达到 0.3μm。石墨烯可以承受比铜高 6 个数量级的电流密度。尽管它只有一个原子厚,但也能吸收 2.3% 的阳光。科学家目前正在探索如何将石墨烯融入各种技术的方法,包括电子器件、传感器、电池和太阳能电池。

综合实例解析
概念综合

能导电的聚合物称为导电聚合物。有些聚合物可以制成半导体,另一些则接近于金属。聚乙炔是半导体聚合物的一个典型例子,它也可以通过掺杂来提高其电导率。

聚乙炔是由乙炔反应而成,看起来很简单,但实际上很难做到:

$$H-C\equiv C-H \qquad \left[CH=CH \right]_n$$

乙炔 聚乙炔

(a)在乙炔和聚乙炔中,碳原子的杂化方式以及这些原子周围的几何形状是怎样的?

(b)写出从乙炔制备聚乙炔的平衡方程式;

(c)室温室压条件下(298K,1.00atm),乙炔为气体。在此条件下 5.00L 的乙炔气体能制备出多少克的聚乙炔?假设乙炔表现出理想气体的行为,并且聚合反应的产率为 100%。

（d）利用表 8.4 中的平均键焓，预测乙炔反应生成聚乙炔是吸热反应还是放热反应？

（e）一种聚乙炔样品可吸收 300～650nm 的光，那么它的能带间隙是多少电子伏特？

解析

分析 对于问题（a），我们需要回忆一下关于 sp、sp^2 和 sp^3 杂化和几何的知识（见 9.5 节）。对于问题（b），需要写出一个平衡方程式。对于问题（c），需要利用理想气体方程（见 10.4 节）。对于问题（d），需要回顾一下吸热和放热的定义，以及如何使用键焓来预测整个反应焓（见 8.8 节）。对于问题（e），需要将光的吸收与材料中填充态和空态之间的能级差联系起来。（见 6.3 节）

思路 对于问题（a），我们应该画出反应物和产物的化学结构。对于问题（b），我们需要确保方程是平衡的。

对于问题（c），我们需要使用理想气体方程（$PV = nRT$），将气体的体积转化为气体的物质的量，然后，我们需要利用问题（b）的答案将乙炔气体的物质的量转化为聚乙炔的物质的量。最后，再转化为聚乙炔的克数。对于问题（d），我们需要回顾一下 $\Delta H_{rxn} = \sum$（断裂的键焓）$- \sum$（成键的键焓）。（见 8.8 节）对于问题（e），我们需要明白材料吸收的最低能量就是告诉了其能带间隙 E_g（对于半导体或绝缘体而言），并结合 $E = h\nu$ 和 $c = \lambda\nu$（$E = hc/\lambda$），求出 E_g。

解答

（a）碳通常形成四个键。因此，在乙炔中，每个 C 原子必须与 H 形成一个单键，与其他 C 原子形成三个键。因此，每个 C 原子都有两个电子对，必须进行 sp 杂化。sp 杂化也意味着乙炔的 H — C — C 的键角为 180°，分子是线性的。

我们可以写出聚乙炔的部分结构如下：

每个碳都是一样的，但是现在它周围有三个成键电子对。

因此，每个碳原子的杂化为 sp^2，每个碳具有 120° 的键角，为平面三角形。

（b）可以写出：

注意，所有乙炔分子中的所有原子都生成了聚乙炔产物。

$$n\,C_2H_2(g) \longrightarrow \underset{n}{\big[\!\!-CH=CH-\!\!\big]}$$

（c）我们可以使用理想气体方程如下：

乙炔的摩尔质量为 26.0g/mol，因此，0.204mol 的质量为：

注意，从问题（b）的答案可知，乙炔中的所有原子都生成了聚乙炔。

由于质量守恒，假设产率为 100%，那么制备的聚乙炔的质量也必须为 5.32g。

$$PV = nRT$$
$$(1.00\,\text{atm})(5.00\,\text{L}) = n(0.08206\,\text{L} \cdot \text{atm/K} \cdot \text{mol})(298\,\text{K})$$
$$n = 0.204\,\text{mol}$$

$$(0.204\,\text{mol})(26.0\,\text{g/mol}) = 5.32\,\text{g 乙炔}$$

（d）考虑 $n=1$ 的情况。我们注意到问题（b）部分方程的反应物有一个 C≡C 三键和两个 C — H 单键。产物有一个 C == C 双键，一个 C — C 单键（连接到相邻的单体）和两个 C — H 单键。因此，我们破坏了一个 C≡C 三键，形成了一个 C == C 双键和一个 C — C 单键。

因此，聚乙炔生成的焓变为：

由于 ΔH 是一个负数，所以反应释放热量，为放热反应。

$$\Delta H_{rxn} = （C≡C 键焓）-（C==C 键焓）-（C—C 键焓）$$
$$=（839\text{kJ/mol}）-（614\text{kJ/mol}）-（348\text{kJ/mol}）$$
$$= -123\text{kJ/mol}$$

（e）聚乙炔样品吸收许多波长的光，但我们关心的是波长最长的光，它的能量最低。

我们知道，这个能量对应于导带底部和价带顶部之间的能量差，因此相当于能带间隙 E_g。现在必须把这个值的单位转换成电子伏特。

由于 $1.602 \times 10^{-19}\text{J} = 1\text{eV}$，可见：

$$E = hc/\lambda$$
$$= (6.626\times10^{-34}\text{J}\cdot\text{s})(3.00\times10^8\,\text{m}\cdot\text{s}^{-1})/(650\times10^{-9}\text{m})$$
$$= 3.06\times10^{-19}\text{J}$$

$$E_g = 1.91\text{eV}$$

本章小结和关键术语

固体的分类（见 12.1 节）

固体的结构和性质可以根据把原子聚集在一起的力来分类。**金属晶体**由共享价电子组成的电子海结合在一起。离子晶体通过阳离子和阴离子之间的相互吸引而结合在一起。**原子晶体**由一个扩展的共价键网络构成的。**分子晶体**是由弱的分子间力结合在一起的。**聚合物**含有很长的原子链，彼此间由共价键相互连接。这些原子链通常由较弱的分子间力聚集在一起。**纳米材料**是指单个晶体尺寸在 1～100nm 左右的固体。

固体的结构（见 12.2 节）

在**晶态固体**中，粒子以规整重复的方式排列。然而，在**非晶固体**中，粒子没有长程有序。在晶态固体中，最小的重复单元称为**晶胞**。晶体中的所有晶胞都含有相同的原子排列。晶胞排列的点的几何图形称为**晶格**。为了生成晶格结构，与每个**晶格点**相关联的一个原子或原子团为一个**基元**。

在二维空间中，晶胞是一个平行四边形，其大小和形状由两个**晶格向量**（**a 和 b**）确定。有五种简单的晶格，晶格点仅位于晶胞的角上，即：正方形、六角形、矩形、菱形和斜形。在三维空间中，晶胞由三个晶格向量（**a，b，c**）确定的平行六面体，有七种简单晶格：立方、正方、六角菱形、斜方、正交、单斜和三斜。在立方晶胞的中心增加一个晶格点就形成一个**体心立方晶格**，而在晶胞的每个面的中心增加一个晶格点将形成一个**面心立方晶格**。

金属晶体（见 12.3 节）

金属晶体通常是电和热的良好导体，具有可塑性，这意味着它们可以被锤打成薄片，而延展性则意味着它们可以被拉成金属线。金属晶体往往形成原子紧密堆积的结构。有两种堆积形式，即**立方密堆积**和**六方密堆积**。两种原子的**配位数**都是 12。

合金是一种具有典型金属特性的材料，由多种元素组成，合金中的元素可以是均匀分布的，也可以是非均匀分布的。含有均匀分布元素混合物的合金可以是替代式合金，也可以是填隙式合金。在**替代式合金**中，少数元素的原子通常占据多数元素原子占据的位置。在**填隙式合金**中，少数元素的原子，通常是较小的非金属原子，占据大多数元素原子之间的"空穴"的间隙位置。在**多相合金**中，元素分布不均匀，而是存在两个或多个具有特征成分的不同相。**金属间化合物**是具有固定成分和特定性能的合金。

金属键（见 12.4 节）

电子海模型可以定性地解释金属的性质，在这种模型中，电子可以在整个金属中自由地移动。在分子轨道模型中，金属原子的价电子轨道相互作用形成不完全被价电子填充的**能带**。因此，块体固体的电子结构称为**能带结构**。构成能带的轨道在金属原子上是离域的，它们的能量间隔是相近的。在金属中，价态层 s、p、d 轨道形成能带，这些能带相互重叠，形成一个或多个部分填充的能带。由于一个能带内轨道间的能量差异非常小，所以将电子跃迁到高能轨道所需的能量非常少。这就导致了高的电导率和热导率，以及其他典型的金属性能。

离子晶体（见 12.5 节）

离子晶体是由阳离子和阴离子通过静电引力而结合在一起形成的。由于这些引力作用很强，离子化合物往往具有较高的熔点。随着离子电荷的增加和离子尺寸的减小，引力变得更强。吸引力（阳离子 - 阴离子）和排斥力（阳离子 - 阳离子和阴离子 - 阴离子）的存在有助于解释为什么离子化合物是易碎的。与金属一样，离子化合物的结构趋向于对称，但为了尽量减少相同电荷离子之间的直接接触，其配位数（通常为 4 到 8）必然小于密堆积金属中的配位数。确切的结构取决于经验公式中离子的相对大小和阳离子 - 阴离子的比例。

分子晶体（见 12.6 节）

分子晶体是通过分子间作用力把原子或分子结合在一起的。由于这些力相对较弱，分子晶体往往较软，且具有较低的熔点。熔点取决于分子间作用力的强度，以及分子聚集的效率。

原子晶体（见 12.7 节）

原子晶体是通过共价键将原子连接在一个大的网络中形成的。这些晶体比分子晶体硬得多，熔点也更高。例如，金刚石和石墨，金刚石中的碳以四面体相互配位，而在石墨中，碳原子以 sp^2 杂化形成六边形层。**半导体**是一种能导电的晶体，但导电程度远低于金属，而**绝缘体**根本不导电。

元素半导体，如 Si 和 Ge，以及化合物半导体，如 GaAs、InP 和 CdTe，都是原子晶体。在半导体中，填充成键分子轨道构成**价带**，空反键分子轨道构成**导带**。价带和导带由带隙能 E_g 隔开。带隙的大小随着键长的减小和电负性差的增大而增大。

通过**掺杂**可将半导体的导电能力提高几个数量级。n 型半导体是一种通过掺杂使导带中有多余电子的半导体；p 型半导体是一种通过掺杂使价带中有缺失电子（称为**空穴**）的半导体。

聚合物（见 12.8 节）

聚合物是由大量小分子组成的具有高分子量的分子，这些小分子称为**单体**。**塑料**通常是可以通过加热和加压制成各种形状的材料。**热塑性聚合物**通过加热可以被重新加工成型，相反，**热固性塑料**是通过不可逆的化学过程形成的，不易重新加工成型。**弹性体**是一种表现出弹性行为的材料，也就是说，它在拉伸或弯曲后可以恢复到原来的形状。

在**加聚反应**中，分子通过打开存在的 π 键形成新的键。例如，当乙烯的碳 - 碳双键打开时，就形成聚乙烯。在**缩聚反应**中，这些单体是通过消除它们之间的小分子而连接起来的。例如，各种尼龙是通过消去胺和羧酸之间的水分子而形成的。由两种不同单体形成的聚合物称为**共聚物**。

聚合物大多是无定形的，但有些材料具有一定的

结晶度。对于一个给定化学组成的聚合物，结晶度取决于分子量的大小和聚合物主链的支化程度。**交联**对聚合物的性能也有很大的影响，交联是指短的原子链连接到聚合物的长链上。橡胶在**硫化**过程中由硫原子的短链交联而成。

纳米材料（见 12.9 节）

当材料的一维或多维尺寸变得足够小，通常小于 100nm 时，材料的性能就会发生变化。具有这种长度尺寸的材料称为**纳米材料**。量子点是直径为 1 ~ 10nm 的半导体粒子。在这个尺寸范围内，材料的带隙能量与尺寸大小有关。

金属纳米粒子在 1~100nm 范围内具有不同的物理和化学性质。例如，黄金纳米颗粒比块体黄金更活泼，不再呈现金黄色。纳米科学已经产生了许多以前未知的 sp^2 杂化碳的形式。例如，富勒烯 C_{60}，只含有碳原子的大分子。碳纳米管是卷起的石墨片，可以是半导体，也可以是金属，这取决于薄片是如何卷起的。石墨烯是石墨的单独一层，是一种二维形式的碳材料。目前，这些纳米材料正在电子器件、电池、太阳能电池和医药等领域得到广泛应用。

学习成果　学习本章后，应该掌握：

- 根据化学键 / 分子间的作用力对固体进行分类，并了解不同键合方式与物理性质之间的关系（见 12.1 节）
  相关练习：12.12–12.16
- 描述晶体和无定型固体之间的区别（见 12.2 节）
  相关练习：12.19,12.20
- 定义和描述晶胞、晶格、晶格向量和晶格点之间的关系（见 12.2 节）
  相关练习：12.21, 12.22
- 解释为什么晶格的数量是有限的。识别 5 种二维晶格和 7 种三维晶格。描述以体心晶格和面心晶格中晶格点的位置（见 12.2 节）
  相关练习：12.21, 12.22, 12.25–12.28
- 描述金属的特性和性能（见 12.3 节）
  相关练习：12.3, 12.31–12.33
- 根据晶胞图计算离子晶体和金属晶体的经验公式和密度。根据已有的原子 / 离子的半径估计立方晶胞的长度（见 12.3 节和 12.5 节）
  相关练习：12.34–12.37,12.39,12.40
- 解释均质合金和多相合金的区别。说明替代式合金、填隙式合金和金属间化合物之间的区别（见 12.3 节）
  相关练习：12.41–12.46
- 解释金属键的电子海模型（见 12.4 节）
  相关练习：12.49
- 利用金属键的分子轨道模型形成金属的电子能带结构，定性地预测金属的熔点、沸点和硬度的变化趋势（见 12.4 节）
  相关练习：12.51, 12.55, 12.56
- 从离子半径和经验公式预测离子晶体的结构（见 12.5 节）
  相关练习：12.63,12.64
- 由离子晶体的结构预测经验式（见 12.5 节）
  相关练习：12.57, 12.58
- 根据分子间作用力和结晶堆积方式解释分子晶体的熔点和沸点数据（见 12.6 节）
  相关练习：12.64
- 识别半导体和绝缘体的价带、导带和带隙（见 12.7 节）
  相关练习：12.8
- 根据周期表的变化趋势说明半导体的相对带隙能量。给定一个发光二极管的带隙，计算它发出的光子的波长（见 12.7 节）
  相关练习：12.71, 12.72, 12.75–12.80
- 预测如何通过 n 型和 p 型掺杂来控制半导体的导电性（见 12.7 节）
  相关练习：12.73, 12.74
- 解释术语：单体、塑料、热塑性、热固性塑料、弹性体、共聚物和交联（见 12.8 节）
  相关练习：12.81
- 描述聚合物是如何由单体形成的，并识别分子的特征，使其能够反应形成聚合物。解释加聚反应和缩聚反应的区别（见 12.8 节）
  相关练习：12.85–12.87
- 解释聚合物链之间的相互作用如何影响聚合物的物理性质（见 12.8 节）
  相关练习：12.91–12.94
- 描述当晶体尺寸减小到纳米尺寸时，半导体和金属的特性是如何变化的（见 12.9 节）
  相关练习：12.96, 12.97, 12.100
- 描述富勒烯、碳纳米管和石墨烯的结构和独特的性能（见 12.9 节）
  相关练习：12.101, 12.102

主要公式

$$\frac{化学式的阴离子数}{化学式的阳离子数} = \frac{阴离子的配位数}{阳离子的配位数} \quad (12.1)$$

阳离子与阴离子的配位数与离子化合物的经验式的关系

本章练习

图例解析

12.1 两个固体如下图所示。一个是半导体，一个是绝缘体。分别是哪个？解释你的判断。（见 12.1 节和 12.7 节）

12.2 对于下列两种二维结构
（a）绘制晶胞；（b）确定二维晶格的类型（如图 12.4 所示）；（c）确定每个晶胞中每种类型的圆（白色或黑色）的数量。（见 12.2 节）

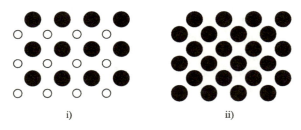

i)　　　　　　　　ii)

12.3 对于下列两个加工过程草图，哪个过程是指金属的延展性，哪个过程是指金属的可锻性？（见 12.3 节）

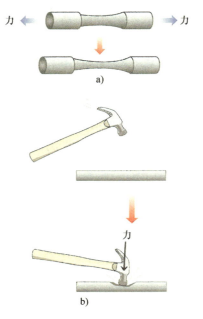

12.4 晶格中哪一种原子排列方式表示密堆积？（见 12.3 节）

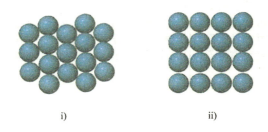

i)　　　　　　　　ii)

12.5（a）附图中是什么类型的堆积形式？（b）堆积内部每个炮弹的配位数是多少？（c）在堆积的可见一侧，编号炮弹的配位数是多少？（见 12.3 节）

12.6 晶格中哪种阳离子（黄色）和阴离子（蓝色）排列更稳定？说明原因。（见 12.5 节）

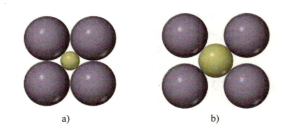

a)　　　　　　　　b)

12.7 你认为这些分子碎片中哪个可能具有导电性？说明原因。（见 12.6 节和 12.8 节）

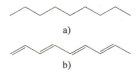

a)

b)

12.8 给出了一种掺杂半导体的电子结构。（a）A 带和 B 带，哪个是价带？（b）哪个是导带？（c）图中的哪个区域表示带隙？（d）哪个能带由成键分子轨道组成？（e）这是 n 型半导体还是 p 型半导体？（f）如果半导体是锗，下列哪一种元素可以作掺杂剂：Ga、Si 或 P？（见 12.7 节）

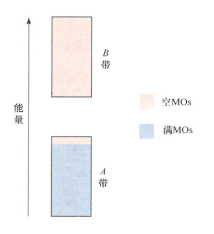

12.9 对于下列两个不同聚合物你认为哪个结晶性更好？哪个熔点更高？（见 12.8 节）

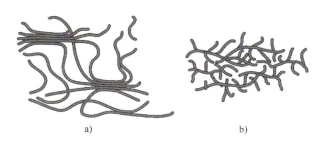

12.10 下图显示了嵌入在聚合物基体中的四种不同的 CdTe 纳米晶体样品的光致发光。光致发光是由于样品受到紫外线照射而产生的。每个小瓶中的纳米晶体有不同的平均尺寸。大小分别为 4.0nm、3.5nm、3.2nm 和 2.8nm。（a）哪个小瓶含有 4.0nm 纳米晶体？（b）哪一瓶含有 2.8nm 的纳米晶体？（c）尺寸大于 100nm 的 CdTe 晶体的带隙为 1.5eV。从这些晶体发出的光的波长和频率是多少？这是什么类型的光？（见 12.7 节和 12.9 节）

固体的分类（见 12.1 节）

12.11 共价键既存在于分子晶体中，也存在于原子晶体中。以下哪种说法最能解释为什么这两种晶体在硬度和熔点上有如此大的差别？

（a）分子晶体中的分子比原子晶体具有更强的共价键；

（b）分子晶体中的分子是通过弱的分子间作用力而结合在一起的；

（c）原子晶体中的原子比分子晶体中的原子更易极化；

（d）分子晶体比原子晶体密度高。

12.12 硅是集成电路的基本元件。硅的结构与金刚石相同。（a）Si 是分子晶体、金属晶体、离子晶体、还是原子晶体？（b）硅容易反应生成二氧化硅，SiO_2 相当坚硬，不溶于水。SiO_2 最可能是分子晶体、金属晶体、离子晶体还是原子晶体？

12.13 分别在（a）分子晶体；（b）原子晶体；（c）离子晶体；（d）金属晶体中的粒子（原子、分子或离子）之间存在哪种引力作用？

12.14 哪一种（或几种）晶体具有下列特征？（a）电子在晶体中的高迁移率；（b）柔性，相对较低的熔点；（c）熔点高，导电性差；（d）共价键网络。

12.15 指出每种化合物的晶体类型（分子晶体、金属晶体、离子晶体或原子晶体）：（a）$CaSO_4$；（b）Pd；（c）Ta_2O_5（熔点，1872℃）；（d）咖啡因（$C_8H_{10}N_4O_2$）；（e）甲苯（C_7H_8）；（f）P_4。

12.16 指出每种化合物的晶体类型（分子晶体、金属晶体、离子晶体或原子晶体）：（a）InAs；（b）MgO；（c）HgS；（d）In；（e）HBr。

12.17 有一熔点为 700℃ 的灰色固体，具有导电性且不溶于水。这种物质可能是哪种类型固体（分子晶体、金属晶体、原子晶体或离子晶体）？

12.18 有一熔点为 100℃ 的白色物质，该物质溶于水，它的晶体和溶液都不是导体。这种物质可能是哪种类型晶体（分子晶体、金属晶体、原子晶体或离子晶体）？

固体的结构（见 12.2 节）

12.19 （a）在原子水平上，画出表示晶体的示意图；（b）再在原子水平上画出表示无定形固体的示意图。

12.20 无定形二氧化硅，SiO_2 的密度约为 2.2g/cm³，而另一种 SiO_2 形态的石英晶体的密度为 2.65g/cm³。对于二者在密度上的差异，下列说法中哪种是最好的解释？

（a）无定形二氧化硅是一种原子晶体，但石英是金属；

（b）无定形二氧化硅以简单的立方晶格结晶；

（c）石英比无定形二氧化硅坚硬；

（d）石英一定具有比无定形二氧化硅更大的晶胞；

（e）与石英中的原子相比，无定形二氧化硅的原子在三维空间中的致密度更低。

12.21 给出了大小相同的两个不同圆的两种堆积方式。对于每种结构（a）绘制二维晶胞；（b）确定晶格向量之间的夹角 γ，并分析晶格向量的长度是相同还是不同；（c）确定二维晶格的类型（见图 12.4）。

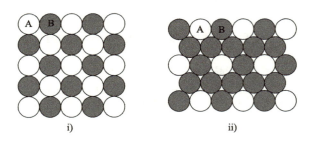

i)　　　　ii)

12.22 下图显示了两个相同大小的不同圆的堆积图案。对于每种结构（a）绘制二维晶胞；（b）确定晶格向量之间的夹角 γ，并分析晶格向量的长度是相同还是不同；（c）确定二维晶格的类型（见图 12.4）。

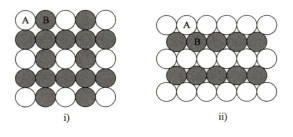

i)　　　　ii)

12.23 想象一下简单的立方晶格。抓住它的顶部，向上拉伸。所有角度保持 90° 不变的话，会得到哪种基本晶格？

12.24 想象一下简单立方晶格。抓住相对角，沿着体对角线拉伸，同时保持边长不变。晶格矢量之间的三个角保持相等，但不再是 90°，会得到什么样的基本晶格？

12.25 哪种简单三维晶格的晶胞中的内角都不是 90°？

（a）正交的（b）六方的（c）菱形的（d）三斜的（e）菱形的和三斜的

12.26 除了立方晶胞外，其他哪些晶胞的边长都是相等的？（a）正交的（b）六方的（c）菱形的（d）三斜的（e）菱形的和三斜的

12.27 在一个一种元素的体心立方晶格的晶胞中，可以包含的最小原子数是多少？（a）1（b）2（c）3（d）4（e）5

12.28 在一个一种元素的面心立方晶格的晶胞中，可以包含的最小原子数是多少？（a）1（b）2（c）3（d）4（e）5

12.29 图示为砷化镍的晶胞。（a）这种晶体属于何种晶格？（b）经验式是什么？

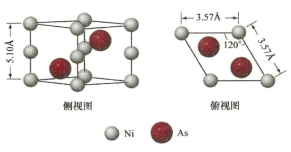

侧视图　　　　俯视图

○ Ni　● As

12.30 图中所示为含钾、铝和氟化合物的晶胞。（a）这种晶体属于什么类型的晶格（所有的三个晶格向量都相互垂直）？（b）经验式是什么？

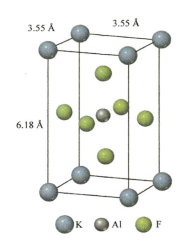

● K　● Al　● F

金属晶体（见 12.3 节）

12.31 元素 K、Ca、Sc 和 Ti 的密度分别为 0.86、1.5、3.2 和 4.5g/cm³。其中一种元素的结晶为体心立方结构，另外三个为面心立方结构。哪种晶体是体心立方结构？解释原因。

12.32 你认为这些晶体是否具有金属性质：（a）$TiCl_4$；（b）NiCo 合金；（c）W；（d）Ge；（e）ScN。

12.33 观察如图所示金属元素的常见三种不同

结构的晶胞。

（a）哪种结构对应原子的最密堆积？（b）哪种结构对应于原子最疏松堆积？

　结构A　　　　　结构B　　　　　结构C

12.34 金属钠（原子量 22.99g/mol）为体心立方结构，密度为 0.97g/cm³。（a）利用这个条件以及阿伏伽德罗常数（$N_A = 6.022 \times 10^{23}$/mol）来估算钠的原子半径；（b）如果钠的反应不那么剧烈，它就能浮在水面上。假设它的结构是立方密堆积，利用（a）的答案来估算钠的密度，它还会漂浮在水上吗？

12.35 铱以面心立方晶胞结晶，其边长为 3.833Å。（a）计算铱原子的原子半径；（b）计算金属铱的密度。

12.36 钙在 467℃呈体心立方结构结晶。（a）每个晶胞中含有多少钙原子？（b）每个 Ca 原子有多少个最近邻原子？（c）从钙原子半径（1.97Å）估算晶胞边 a 的长度；（d）估算此温度下金属钙的密度。

12.37 钙在室温下以面心立方晶胞结晶，其边长为 5.588Å。（a）计算钙原子的原子半径；（b）估算此温度下金属钙的密度。

12.38 如果一种立方晶胞是由原子半径为 1.82Å 的一种原子组成的，计算以下各种立方晶胞的体积，单位为 Å³。（a）简单立方晶胞；（b）面心立方晶胞。

12.39 金属铝以面心立方晶胞结晶。（a）一个晶胞中有多少个铝原子？（b）每个铝原子的配位数是多少？（c）从铝的原子半径（1.43Å）估算晶胞的边长 a；（d）计算金属铝的密度。

12.40 一种元素以面心立方晶格结晶。晶胞边长为 4.078Å，晶体密度为 19.30g/cm³。计算该元素的原子量，并确定该元素是何种元素。

12.41 下列关于合金和金属间化合物的说法中哪个是错误的？（a）青铜是一种合金；（b）"合金"只是"由两种或两种以上的金属组成的固定成分的化合物"的另一种说法；（c）金属间化合物是由两种或两种以上金属组成的化合物，不是合金；（d）如果把两种金属混合在一起，在原子水平上分离成两种或两种以上不同的组成相，就得到了一种非均质合金；（e）即使组成合金的原子尺寸上有很大的差别，也可以形成合金。

12.42 判断对错：（a）替代式合金是固溶体，填隙式合金是异质合金；（b）替代式合金的"溶质"原子可以取代晶格中的"溶剂"原子，而填隙式合金的"溶质"原子则位于晶格中的"溶剂"原子之间；

（c）替代式合金中原子的原子半径相近，但在填隙原子中，填隙原子比晶格原子小得多。

12.43 对于下列每种合金组成，请说明它是替代式合金、填隙式合金还是金属间化合物：（a）$Fe_{0.97}Si_{0.03}$（b）$Fe_{0.60}Ni_{0.40}$（c）$SmCo_5$

12.44 对于下列每种合金组成，请说明它是替代式合金、填隙式合金还是金属间化合物：（a）$Cu_{0.66}Zn_{0.34}$；（b）Ag_3Sn；（c）$Ti_{0.99}O_{0.01}$。

12.45 判断下列说法是否正确。（a）替代式合金比间隙合金具有更大的延展性；（b）填隙式合金倾向于在离子半径相似的元素之间形成；（c）非金属元素从不存在于合金中。

12.46 判断下列说法是否正确。（a）金属间化合物有固定的成分；（b）铜是黄铜和青铜的主要组成部分；（c）在不锈钢中，铬原子占据间隙位置。

12.47 哪种或哪些元素与黄金合金化后，来制造以下类型的"彩色黄金"用于珠宝行业？并指出形成了哪种类型的合金：（a）白金；（b）玫瑰金；（c）绿金。

12.48 温度的升高导致大多数金属发生热膨胀，这意味着金属在受热时体积增大。热膨胀是如何影响晶胞长度的？温度的升高对金属的密度有什么影响？

金属键（见 12.4 节）

12.49 判断下列说法是否正确：（a）金属具有很高的导电性，因为金属中的电子是离域的；（b）金属具有很高的导电性，因为它比其他固体密度大；（c）金属的导热系数很大，因为它们受热时会膨胀；（d）金属的导热系数很小，因为离域电子很难热传递动能给金属。

12.50 想象有一根金属棒，一半在阳光下，一半在黑暗中。在阳光明媚的日子里，在阳光下的金属棒部分感觉很热。如果触摸放在黑暗中的那部分，会感到热还是冷？用导热系数来解释原因。

12.51 2 个锂原子和 4 个锂原子的线性链的分子轨道图如图 12.22 所示。构建 6 个锂原子链的分子轨道图，并利用它回答以下问题：（a）图中有多少个分子轨道？（b）在最低能量的分子轨道中有多少个节点？（c）在最高能量的分子轨道上有多少个节点？（d）在最高占有轨道（HOMO）中有多少个节点？（e）最低占有轨道（LUMO）中有多少个节点？（f）这种情况下的 HOMO–LUMO 能隙与 4 个原子的情况相比是怎样的呢？

12.52 对 8 个锂原子的线性链重复 12.51 的练习内容。

12.53 你认为哪个元素更有延展性，

（a）Ag 或 Mo？（b）Zn 或 Si? 在每种情况下，解释推理过程。

12.54 下列哪种说法不符合碱金属的金属 - 金属键相对较弱这一事实？

（a）碱金属比其他金属密度小；

（b）碱金属很软，可以用刀切割；

（c）碱金属比其他金属具有更强的活性；

（d）碱金属相对于其他金属具有较高的熔点；

（e）碱金属具有较低的电离能。

12.55 按熔点增加的顺序排列如下金属：Mo、Zr、Y、Nb。并解释原因。

12.56 下列各组中，你认为哪种金属的熔点最高：（a）金、铼和铯（b）铷、钼和铟（c）钌、锶和镉

离子晶体和分子晶体（见 12.5 节和 12.6 节）

12.57 陶辉石，是一种由 Sr、O 和 Ti 组成的矿物，具有图中所示的立方晶胞。（a）这种矿物的经验式是什么？（b）有多少氧与钛配位？（c）为了观察其他离子的完整配位环境，必须要考虑相邻晶胞，有多少氧与锶配位？

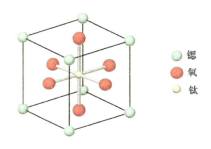

锶
氧
钛

12.58 含有 Co 和 O 的化合物的晶胞如下所示。Co 原子在角上，O 原子完全在晶胞内。这种化合物的经验式是什么？Co 金属的氧化态是什么 ？

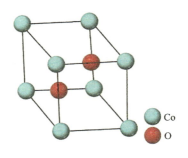

Co
O

12.59 硫锰矿是一种由锰（Ⅱ）硫化物（MnS）组成的矿物。该矿物为岩盐结构。在 25℃下，MnS 晶胞的边长为 5.223Å，确定 MnS 的密度（g/cm³）。

12.60 硒铅矿是一种由硒化铅（PbSe）组成的矿物。该矿物为岩盐结构。PbSe 在 25℃下的密度为 8.27g/cm³。计算 PbSe 晶胞的边长。

12.61 朱砂（HgS）的一种特殊形式是闪锌矿结构。晶胞边长为 5.852Å。

（a）计算这种形式的 HgS 的密度；（b）硒汞矿（HgSe）也形成具有闪锌矿结构的晶体。这种矿物中晶胞边长为 6.085Å，是什么原因导致了硒汞矿中大的晶胞长度？（c）这两种物质中哪一种的密度较高？如何解释这种密度的差异？

12.62 在常温常压下，RbI 晶体具有 NaCl 型结构。

（a）用离子半径预测立方晶胞边长；

（b）用这个数值估算密度；

（c）在高压下，晶体结构转换成 CsCl 型，用离子半径预测在高压下形成 RbI 的立方晶胞边长；

（d）用这个数值估算密度，并将它与（b）中估算的密度进行比较。

12.63 CuI、CsI 和 NaI 采用不同类型的结构如图 12.26 所示。（a）根据离子半径，Cs^+（$r = 1.81$Å），Na^+（$r = 1.16$Å），Cu^+（$r = 0.74$Å）和 I^-（$r = 2.06$Å），预测哪种化合物将以何种结构结晶；（b）这些结构中碘的配位数是多少？

12.64 金红石和萤石结构，如图所示（阴离子为绿色）是离子化合物中最常见的两种结构类型，其阳离子与阴离子之比为 1：2。（a）对于 CaF_2 和 ZnF_2，离子半径，Ca^{2+}（$r = 1.14$Å）、Zn^{2+}（$r = 0.88$Å）和 F^-（$r = 1.19$Å），预测哪种化合物更有可能以萤石结构结晶，哪种化合物具有金红石结构；（b）这些结构中的阳离子和阴离子的配位数是多少？

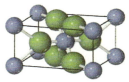

金红石

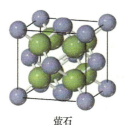

萤石

12.65 Mg^{2+} 离子的配位数通常为 6。假设这一说法成立，确定以下化合物中的阴离子配位数：（a）MgS（b）MgF_2（c）MgO

12.66 Al^{3+} 离子的配位数通常在 4 和 6 之间。使用阴离子配位数确定下列化合物中的 Al^{3+} 配位数：（a）在 AlF_3 中，氟离子是二配位的；（b）在 Al_2O_3 中，氧离子是六配位的；（c）在 AlN 中，氮离子是四配位的。

12.67 判断下列说法是否正确。

（a）虽然分子晶体和原子晶体都有共价键，但分子晶体的熔点要低得多，因为它们的共价键要弱得多；

（b）在其他条件相同的情况下，高度对称的分子比不对称的分子更容易形成熔点更高的晶体。

12.68 判断下列说法是否正确。

（a）对于分子晶体，熔点一般随着共价键强度的增加而增大；

（b）对于分子晶体，熔点一般随着分子间作用力强度的增加而增大。

原子晶体（见 12.7 节）

12.69 原子晶体和离子晶体的熔点都可以超过室温，两者的纯净物都可能是电的不良导体。然而，在其他方面，它们的属性是完全不同的。

（a）哪种晶体更易溶于水？

（b）哪种晶体可以通过化学取代成为一种相当好的导体？

12.70 下列哪些性质是原子晶体、金属晶体或两者兼有的典型特征：

（a）延展性；（b）硬度；（c）高熔点。

12.71 下列各对半导体，哪对具有较大的带隙：（a）CdS 和 CdTe（b）GaN 和 InP（c）GaAs 和 InAs

12.72 下列每对半导体，哪对具有较大的带隙：（a）InP 和 InAs（b）Ge 和 AlP（c）AgI 和 CdTe

12.73 如果想通过掺杂 GaAs 来制造一个 n 型半导体，用一种元素来代替 Ga，你会选择哪种元素？

12.74 如果你想通过掺杂 GaAs 来制造一个 p 型半导体，用一种元素代替 As，你会选择哪种元素？

12.75 在室温下，硅的带隙为 1.1eV。

（a）这个能量的光子对应光的波长是多少？（b）在所示的图中这个波长处画一条垂直线，显示太阳的光与波长的关系。硅能吸收来自太阳的全部、部分还是不吸收可见光呢？（c）通过曲线下的面积来估算硅吸收太阳光的百分比，如果你把整个曲线下的面积看做"100%"，那么曲线下的面积中被硅吸收的大约占百分比多少？

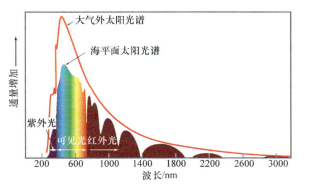

12.76 碲化镉是一种重要的太阳能电池材料。

（a）CdTe 的带隙是多少？（b）这个能量的光子对应于什么波长的光？（c）在练习 12.75 所示的图中，在这个波长处画一条垂直线，显示太阳的光与波长的关系；（d）相比于硅，CdTe 吸收太阳光更多还是更少？

12.77 半导体 CdSe 的带隙为 1.74eV。由 CdSe 制成的 LED 会发出什么波长的光？这属于电磁波谱的哪个区域？

12.78 第一批 LED 由 GaAs 制成，带隙为 1.43eV。用砷化镓制成的 LED 发出的光波长为多少？这种光对应于什么区域的电磁光谱：紫外光、可见光还是红外光？

12.79 GaAs 和 GaP 形成的固溶体与母体材料具有相同的晶体结构，As 和 P 在整个晶体中随机分布。GaP_xAs_{1-x} 对于任何 x 值都存在。如果我们假设带隙在成分 $x = 0$ 和 $x = 1$ 之间呈线性变化，估计 $GaP_{0.5}As_{0.5}$ 的带隙（GaAs 和 GaP 带隙分别为 1.43eV 和 2.26eV）对应的光波长是多少？

12.80 红色发光二极管由 GaAs 和 GaP 固溶体组成，GaP_xAs_{1-x}（见练习 12.79）。最初的红色发光二极管发射波长为 660nm 的光。如果我们假设带隙随成分在 $x = 0$ 和 $x = 1$ 之间呈线性变化，估计这些 LED 中使用的成分（x 的值）。

聚合物（见 12.8 节）

12.81 （a）什么是单体？（b）乙醇、乙烯和甲烷这三种分子中哪一个可以用作单体？

12.82 正癸烷的分子式是 $CH_3(CH_2)_8CH_3$。癸烷不是聚合物，而聚乙烯则被认为是聚合物，区别是什么？

12.83 说明对于聚合物的分子量：100amu、10,000amu、100,000amu、1000,000amu，是否都是一个合理的值？

12.84 下列说法是否正确：对于加聚反应，不存在反应的副产物（假设 100% 的收率）。

12.85 酯是由羧酸和醇之间的缩合反应而形成的化合物，这种缩合反应消除了水分子。阅读第 24.4 节中关于酯类的讨论，然后给出一个生成酯的反应的例子。这种反应如何被扩展成聚酯（聚酯）？

12.86 由丁二酸（HOOCCH₂CH₂COOH）和乙二胺（H₂NCH₂CH₂NH₂）通过缩合反应生成聚合物，写出其化学平衡方程式。

12.87 加聚反应形成的聚合物最初被用作保鲜膜。它具有以下结构 $\pm CCl_2—CH_2\mp_n$，画出单体的结构。

12.88 写出表示下列合成的化学反应方程式。

（a）从氯丁二烯合成聚氯丁二烯（聚氯丁二烯用于公路路面密封件、伸缩缝、传送带、电线和电缆套）；

$$CH_2=CH-C=CH_2$$
$$|$$
$$Cl$$

氯丁二烯

（b）由丙烯腈合成聚丙烯腈（聚丙烯腈用于家具、工艺纱线、服装和许多其他物品）。

$$CH_2=CH$$
$$|$$
$$CN$$

丙烯腈

12.89 聚合物凯夫拉是一种缩合聚合物，用作汽车轮胎的增强材料，弓箭的弦以及防弹背心。

重复单元

画出合成凯夫拉纤维的两种单体的结构。

12.90 蛋白质是由氨基酸通过缩合反应形成的一种天然高分子材料，氨基酸的一般结构如下：

在这种结构中，R 代表 H、CH_3，或其他基团；有 20 种不同的天然氨基酸，每种氨基酸都有 20 个不同的 R 基。（a）画出由如图所示的氨基酸通过缩聚反应形成蛋白质的一般结构；（b）当只有少数几个氨基酸发生反应形成链时，这种产物就被称为"肽"，而不是蛋白质；只有当链中含有 50 个或更多的氨基酸分子时，才被称为蛋白质。对于三种氨基酸（有三个不同的 R 基：R_1、R_2 和 R_3），画出它们的缩合反应产生的肽；（c）R 基在肽或蛋白质中的存在顺序对其生物活性有着很大影响。为了区分不同的肽和蛋白质，化学家称第一个氨基酸为"N 端"氨基酸，最后一个称为"C 端"氨基酸。根据（b）中的图，能清楚知道"N 端"和"C 端"的意思。三种不同的氨基酸可以合成多少种不同的肽？

12.91（a）什么分子特性使聚合物具有柔韧性？（b）如果交联一种聚合物，它的柔韧性比以前更强还是更弱？

12.92 什么分子结构特征使高密度聚乙烯比低密度聚乙烯的密度更大？

12.93 如果想制造一种塑料包装膜，是应合成结晶度高的聚合物还是结晶度低的聚合物？

12.94 判断下列说法是否正确：
（a）弹性体是具有橡胶性质的固体；
（b）热固性塑料不能被重新成型；
（c）热塑性塑料聚合物可以被回收利用。

纳米材料（见 12.9 节）

12.95 当晶体具有纳米尺寸时，解释为什么"带"可能不是晶体中键合最精确的描述。

12.96 CdS 的带隙为 2.4eV。如果大的 CdS 晶体被紫外线照射，它们发出的光等于带隙能量。（a）发出的光是什么颜色的？（b）大小合适的 CdS 量子点能够发出蓝光吗？（c）能够发出红光吗？

12.97 判断下列说法是否正确：
（a）半导体的带隙在 1～10nm 范围内，随着粒径的减小而减小；
（b）半导体发出的光，在外界刺激下，由于半导体的粒径减小，波长变长。

12.98 判断下列说法是否正确：
如果想要发射蓝光的半导体，则可以使用与蓝色光子能量相对应带隙的材料，或者可以使用一种带隙较小但尺寸与纳米粒子相同的材料。

12.99 黄金采用面心立方结构，晶胞边长为 4.08Å（见图 12.11）。一个直径为 20nm 的金球体中有多少金原子？回想一下，球体的体积为 $\frac{3}{4}\pi r^2$。

12.100 由于担心被处罚，用于电视的理想量子点不能含有任何镉。因此产生了一种潜在的材料是 InP，它采用闪锌矿（ZnS）结构（面心立方），晶胞边长为 5.869Å。

（a）如果量子点的形状像一个立方体，那么在一个边长为 3.00nm 的立方晶体中有多少个原子？5.00nm 的立方晶体中呢？（b）如果（a）中的一种纳米粒子发出蓝光，而另一种纳米粒子发出橙色光，哪种颜色是由边长为 3.00nm 的晶体发出的？那边长为 5.00nm 的呢？

12.101 哪种说法正确地描述了石墨烯和石墨的区别？

（a）石墨烯是一种分子，而石墨则不是；（b）石墨烯是单层碳原子，石墨包含许多更大层的碳原子；（c）石墨烯是绝缘体，石墨是金属；（d）石墨是纯碳，石墨烯不是；（e）碳在石墨烯中 sp^2 杂化，在石墨中 sp^3 杂化。

12.102 有什么证据支持巴克球是真正的分子而不是延展材料的观点？

（a）巴克球是由碳制成的；
（b）巴克球具有明确的原子结构和分子量；
（c）巴克球具有确切的熔点；
（d）巴克球是半导体；
（e）多个上面的选项。

附加练习

12.103 已知氯化物的熔点如下：NaCl（801℃），MgCl₂（714℃），PCl₃（-94℃），SCl₂（-121℃）

（a）对于每种化合物，说明它的晶体类型（分子、金属、离子或原子晶体）；

（b）预测以下哪种化合物具有较高的熔点：CaCl₂ 或 SiCl₄。

12.104 面心立方晶格不包含在 14 个三维晶格中，说明面心立方晶格可以重新定义为具有更小晶胞的体心立方晶格。

12.105 想象一下简单立方晶格，从它的顶部直接往下推。接下来，向右拉伸另一面，所有角度保持 90°，这能形成什么样的简单晶格？

12.106 纯铁以体心立方结构结晶，但少量杂质可稳定面心立方结构。哪种类型的铁有较高的密度？

12.107 将碳引入金属晶格通常会产生一种较硬、较少延展性的物质，其电导率和热导率较低。解释一下为什么会这样。

12.108 Ni₃Al 因其强度高、密度低而被用于飞机发动机的涡轮。

镍金属具有面心立方晶格的立方紧密堆积结构，而 Ni₃Al 为立方有序结构，如图 12.17 所示。镍的立方晶胞边长为 3.53Å，Ni₃Al 的为 3.56Å。利用这些数据计算和比较这两种材料的密度。

12.109 对于图 12.17 中所示的每个金属间化合物，确定晶胞中每种类型原子的数目。答案是否与经验式：Ni₃Al，Nb₃Sn 和 SmCo₅ 中的比例一致呢？

12.110 下列化合物属于哪种类型？简单立方、体心立方还是面心立方？（a）CsCl；（b）Au；（c）NaCl；（d）Po；（e）ZnS。

12.111 朱砂（HgS）被用作一种朱红色颜料，对于块状固体，其带隙在室温附近为 2.20eV。这个能量的光子对应于什么波长的光（以纳米为单位）？

12.112 铝的电导率比在周期表中相邻的硅的电导率大了约 10⁹ 倍。铝为面心立方结构，硅为金刚石结构。一个同学告诉你密度是铝属于金属而硅不属于金属的原因。因此，如果你把硅放在高压下，它也会像金属一样。与同学讨论这个想法，需要查找有关 Al 和 Si 的数据。

12.113 碳化硅 SiC，具有如图所示的三维结构。

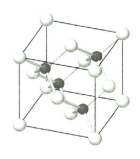

（a）说出另一个具有相同结构的化合物。

（b）你认为碳化硅中的键是离子的、金属的还是共价的？（c）碳化硅的成键和结构如何使其具有较高的热稳定性（至 2700℃）和特殊的硬度？

12.114 由于大量的紧密间隔排列的能级，能带被认为是连续的。铜晶体的能级范围约为 1×10⁻¹⁹J。假设能级间距相等，能级间距可用能量范围除以晶体中原子的数目来近似表示。

（a）一个边长 0.5mm 的立方体形状的铜金属中有多少个铜原子？铜的密度为 8.96g/cm³；（b）确定（a）部分中铜金属中能级之间的平均间距（用 J 表示）；（c）这个间距是大于、小于、还是相当于氢原子中能级之间的 1×10⁻¹⁸J 的能量水平？

12.115 与金属不同的是，半导体在加热时，它们的电导率会增加（达到某个点）。作出解释。

12.116 氧化钠（Na₂O）采用立方结构，以绿色球体表示 Na 原子，以红色球体表示 O 原子。

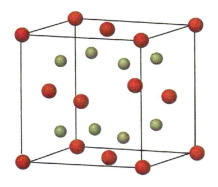

（a）晶胞中每种类型的原子分别有多少个？

（b）确定钠离子的配位数，描述钠离子配位环境的形状；

（c）晶胞边长为 5.550Å，确定 Na₂O 的密度。

12.117 特氟龙是一种由 F₂C=CF₂ 聚合而成的聚合物。

（a）画出该聚合物的一段结构（b）制备特氟龙

需要什么类型的聚合反应？

12.118 聚酰胺链之间的氢键在决定如尼龙 6,6（见表 12.6）等的性能方面起着重要作用。画出尼龙 6,6 两个相邻链的结构式，并指出它们之间可能发生氢键作用的位置。

12.119 解释为什么 X 射线可以用来测量晶体中的原子距离，而可见光不能。

12.120 在对 X 射线衍射的研究中，威廉和劳伦斯布拉格确定了衍射波长（λ）、衍射的角度（θ）以及晶体中引起衍射的原子平面之间的距离（d）之间的关系，用 $n\lambda = 2d\sin\theta$ 表示，来自波长为 1.54Å 的铜 X 射线管的 X 射线由晶体硅以 14.22 度的角度衍射。利用布拉格方程，假设 $n = 1$（一阶衍射），计算晶体中产生衍射的原子平面之间的距离。

12.121 锗与硅具有相同的结构，但由于锗原子和硅原子的大小不同，所以晶胞大小也不同。如果要重复前面问题中描述的实验，但是用 Ge 晶体代替 Si 晶体，你认为 X 射线以更大还是更小的角度 θ 进行衍射？

12.122 （a）金刚石密度为 3.5g/cm³，石墨密度为 2.3g/cm³。根据巴克敏斯特富勒烯的结构，你认为它相对于其他形式的碳的密度是多少？（b）巴克敏斯特富勒烯的 X 射线衍射研究表明，它具有面心立方 C_{60} 分子的晶格。晶胞的边长为 14.2 Å，计算巴克敏斯特富勒烯的密度。

12.123 用比带隙能量更高的光照射半导体时，你认为半导体的电导率会如何变化？（a）保持不变（b）增加（c）下降

综合练习

12.124 用于描述金合金的克拉是以质量百分比为基础的。（a）如果形成一种 50mol% 银和 50mol% 金的合金，合金的克拉数是多少？使用图 12.18 来估计这种合金的颜色；（b）如果形成的合金是 50mol% 铜和 50mol% 金，那么合金的克拉数是多少？这种合金的颜色是什么？

12.125 按质量计，尖晶石是一种含铝 37.9%、镁 17.1%、氧 45.0% 的矿物，密度为 3.57g/cm³。晶胞是立方的，边长为 8.09Å，晶胞中每种类型的原子有多少个？

12.126 （a）金刚石中的 C—C—C 键角是多少？（b）石墨（一层）中的键角是多少？（c）石墨片相互堆叠涉及哪些原子轨道？

12.127 利用表 8.4 中列出的键熵值，估算在以下情况下发生的摩尔熵变：（a）乙烯的聚合反应；（b）尼龙 6,6 的形成；（c）聚对苯二甲酸乙酯（PET）的形成。

12.128 虽然聚乙烯可以随意扭曲和转动，但最稳定的形式是以碳主链取向的线性形式，如下图所示：

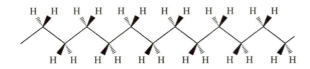

图中的实心楔形表示从纸平面伸出来的碳键，虚线楔形表示位于纸平面里面的键。

（a）每个碳原子的轨道杂化方式是怎样的？化学键之间的夹角是多少？

（b）现在假设聚合物是聚丙烯而不是聚乙烯。画出聚丙烯的结构，其中（i）—CH₃ 基团都位于纸张平面的同一侧（这种形式称为等规聚丙烯）；（ii）—CH₃ 基团位于平面的两侧（间规聚丙烯）；（iii）—CH₃ 基团随机分布在纸平面两侧（无规聚丙烯）。哪一种形式的结晶度和熔点最高，哪一种最低？用分子间相互作用和分子形状来解释。

（c）聚丙烯纤维已被用于运动服。据说，这种产品在通过织物将湿气从身体排到外面方面优于棉或聚酯衣物。从与水分子间的相互作用的角度解释聚丙烯与聚酯或棉花（在分子链上有许多—OH 基团）之间的区别。

12.129 （a）在表 12.6 所示的聚氯乙烯中，哪些键的平均键熵最低？（b）当受到高压和加热时，聚氯乙烯会转化成金刚石。在这个转换过程中，哪个键最可能首先断裂？（c）利用表 8.3 中的平均键熵值，估计 PVC 转化为金刚石的总熵变。

12.130 硅具有金刚石结构，晶胞的边长为 5.43Å，每个晶胞有 8 个原子。（a）1cm³ 的材料中有多少个硅原子？（b）假设 1cm³ 的硅样品掺杂百万分之一的磷，将会使电导率增加一百万倍，需要多少毫克的磷？

12.131 合成离子晶体的一种方法是在高温下加热两种反应物。FeO 与 TiO_2 的反应生成 $FeTiO_3$。假设反应完成，确定制备 2.500g $FeTiO_3$ 所需两种反应物的用量。

（a）写出化学平衡反应方程式；

（b）计算 $FeTiO_3$ 的相对分子质量；

（c）确定 $FeTiO_3$ 的物质的量；

（d）确定所需 FeO 的物质的量和质量（g）；

（e）测定所需 TiO_2 的物质的量和质量（g）。

12.132 查找硅原子的直径（用 Å 表示）。最新的半导体芯片已经制造出了小于 14nm 的线。这相当于多少个硅原子？

设计实验

聚合物是由杜邦公司在 20 世纪 20 年代末开始商业化生产的。当时，一些化学家仍然无法相信聚合物是分子。他们认为共价键不会"延续"数百万个原子，聚合物实际上是由一些分子间作用力很弱的分子簇聚集在一起而形成的。

设计一个实验来证明聚合物确实是大分子，而不是由弱分子间力连接在一起的小分子簇。

第 **13** 章

ding the way in microfluidic applicat

mitos micromixer chip 30

溶液的性质

在第 10 ～ 12 章中，我们探讨了纯气体、液体和固体的性质。然而，在日常生活中我们遇到的物质，如苏打水、空气和玻璃，往往是混合物。在本章我们研究均匀混合物。

在前几章中，我们把这种均匀混合物称为溶液（见 1.2 节和 4.1 节）。

每当想到溶液时，我们通常会想到液体，如本章开篇图片中所示的那些。然而，溶液也可以是固体或气体。例如，标准纯银是含有约 7% 铜的铜银均匀混合物，为固溶体。我们呼吸的空气是几种气体的均匀混合物，为气溶体。由于液态的溶液是最常见的，我们将在这一章中重点探讨。

溶液中的每一种物质都是溶液的组成部分，参见第 4 章。溶剂通常是含量最高的组分，其他组分都称为溶质。通过溶液与纯组分的性质对比，本章我们要特别关注以水为溶剂，以气体、液体或固体为溶质的水溶液。

◀ **有色流体** 这种有色染料溶液可以制成微流控芯片，诸如许多医学诊断实验室使用的芯片，可用于检测每个通道内流动的液体是否功能正常。

13.1 | 溶解过程

当一种物质均匀地完全分散于另一种物质中时，溶液就形成了。物质形成溶液的能力取决于两个因素：（1）物质在不受某种限制的情况下混合和扩散到更大体积的自然趋势；（2）溶解过程中分子间相互作用的类型。

混合的自然趋势

假设现有 $O_2(g)$ 和 $Ar(g)$ 被隔板隔开（见图 13.1）。如果隔板被移走，两种气体就会混合成溶液。分子间的相互作用小到接近于理想气体。由于分子运动导致它们向更大的体积扩散，形成气体溶液。

气体的混合是一个自发过程，意味着这种混合是自发的且不利用系统外部提供的任何能量。当分子混合后会更加随机地分布，熵这一热力学量就会增加。熵的概念将在第 19 章详细阐述，现在我们只需了解熵会随着系统无序程度的增加，或者系统的能量分散到更多的粒子上而增加。因此，上述两种气体的混合导致了系统的熵增加。然而，系统的焓在气体混合后变化却很小，因为气体粒子之间几乎没有分子间作用力。所有的分子间作用力（色散力、偶极-偶极相互作用、氢键）及其相应的能量都是系统焓的一部分。随着气体粒子分子间相互作用的增加，系统焓下降。此外，系统的熵增加和焓下降取决于过程是否是自发的。因此，混合过程中熵增加有利于溶液的形成。

如果没有受到足够强的来自于分子间作用力或是来自于物理屏障的约束，不同类型的分子聚集在一起时将自发地混合。通常的分子间作用力太弱，不足以约束分子，只有容器的约束才能阻碍这种自发混合。然而，当溶剂或溶质是固体或液体时，分子间作用力对于溶液的形成就变得很重要。例如，尽管离子键将钠离子和氯离子结合在一起形成固体氯化钠（见 8.2 节），但离子和水分子之间的引力抵消离子键的强度后仍然使氯化钠固体溶解于水。而氯化钠不溶于汽油，则是因为离子和汽油分子之间的作用力太弱。

▽ **图例解析**

气体动力学的哪部分内容能解释下面两种气体的混合？

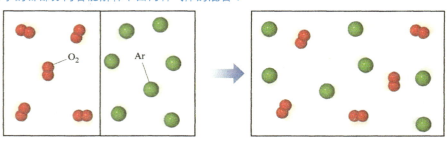

▲ 图 13.1　两种气体自发混合形成均匀混合物

△ **想一想**

如果将一滴食用色素放入水中并观察色素的分散，熵是增加还是减少？

分子间作用力对溶液形成的影响

在第 11 章中讨论的任何分子间作用力都适用于溶液的溶质和溶剂粒子之间。图 13.2 对这些作用力进行了总结。例如，当一种非极性物质（如 C_7H_{16}）溶解于另一种非极性物质（如 C_5H_{12}）时，色散力起主导作用，而对于离子型化合物溶于水形成的溶液，则是离子 - 偶极作用力起主导作用。

溶液的形成涉及三种分子间作用力：

1. 为了将溶质粒子分散于溶剂，必须克服溶质粒子之间的*溶质 - 溶质*相互作用。

2. 为了给溶剂中的溶质粒子腾出空间，必须克服溶剂粒子之间的*溶剂 - 溶剂*相互作用。

3. 当粒子相互混合时，溶剂和溶质粒子之间的*溶剂 - 溶质*相互作用随之发生。

一种物质能够溶解于另一种物质的程度取决于上述这三种相互作用的相对量值的大小。当溶剂 - 溶质相互作用的量值大于或相当于溶质 - 溶质和溶剂 - 溶剂相互作用的量值时，溶液就形成了。例如，庚烷（C_7H_{16}）和戊烷（C_5H_{12}）可以在任意比例下互溶。这里，可以把庚烷称为溶剂，则把戊烷称为溶质，也可以任意互换。两种物质都是非极性的，并且溶剂 - 溶质相互作用的大小（色散力）与溶质 - 溶质和溶剂 - 溶剂相互作用相当。这样就没有作用力阻碍混合，混合的趋势（熵增加）导致溶液自发形成。

将盐溶解在水中是我们日常生活中常见的形成溶液的例子。固体 NaCl 易溶于水中，因为极性的 H_2O 分子和离子之间的溶剂 - 溶质相互作用强到足以克服 NaCl 固体中离子之间的溶质 - 溶质相互作用和 H_2O 分子之间的溶剂 - 溶剂相互作用。当把 NaCl 添加到水中时（见图 13.3），水分子通过将偶极的正电端朝向 Cl^-，负电端朝向 Na^+ 而将自身定位在 NaCl 晶体的表面上，这些离子 - 偶极相互作用强到足以将表面的离子拉离固体，从而克服溶质 - 溶质相互作

▽ **图例解析**

在离子 – 偶极子相互作用下，水分子中的哪一个原子指向 Na^+？为什么？

色散力　　　　　　　偶极子—偶极子　　　　　氢键　　　　　　　离子—偶极子

庚烷　　　戊烷　　　　丙酮　　　三氯甲烷　　　乙醇　　　水
（C_7H_{16}）（C_5H_{12}）　　（C_3H_6O）　（$CHCl_3$）　（C_2H_5OH）（H_2O）

▲ 图 13.2　溶液中的分子间的相互作用

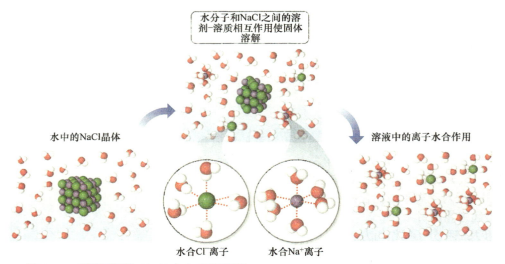

水分子和NaCl之间的溶剂-溶质相互作用使固体溶解

水中的NaCl晶体

溶液中的离子水合作用

水合Cl⁻离子

水合Na⁺离子

▲ 图 13.3 离子型固体 NaCl 在水中的溶解

用。为了溶解固体，还必须克服溶剂 - 溶剂相互作用，为离子"融合"到水分子中创造空间。

一旦与固体分离，Na⁺ 和 Cl⁻ 离子即被水分子包围。溶质和溶剂分子之间的相互作用称为**溶剂化**。当溶剂是水时，这种相互作用被称为**水合作用**。

▲ **想一想**

为什么 NaCl 不溶于非极性溶剂，如正己烷 C_6H_{14}？

溶解过程中的能量学

溶解过程通常伴随着焓的变化。例如，NaCl 溶于水这个过程是略吸热的，$\Delta H_{溶液}$ = 3.9kJ/mol。可以利用盖斯定律来分析溶质 - 溶质、溶剂 - 溶剂和溶质 - 溶剂相互作用对溶解焓的影响（见 5.6 节）。

我们可以假设溶解过程分为三个部分，每个部分都有相应的焓变：有一组 n 个彼此独立的溶质粒子（焓变 $\Delta H_{溶质}$）和一组彼此独立的 m 个溶剂粒子（焓变 $\Delta H_{溶剂}$），并把这些溶质和溶剂粒子混合（焓变 $\Delta H_{混合}$）。

1.（溶质）$_n$ $\rightleftharpoons$ n 溶质 $\Delta H_{溶质}$

2.（溶剂）$_m$ $\rightleftharpoons$ m 溶剂 $\Delta H_{溶剂}$

3. n 溶质 +m 溶剂 $\rightleftharpoons$ 溶液 $\Delta H_{混合}$

4.（溶质）$_n$+（溶剂）$_m$ $\rightleftharpoons$ 溶液 $\Delta H_{溶液}=\Delta H_{溶质}+\Delta H_{溶剂}+\Delta H_{混合}$

如上，总焓变 $\Delta H_{溶液}$ 为上述三步焓变之和：

$$\Delta H_{溶液} = \Delta H_{溶质} + \Delta H_{溶剂} + \Delta H_{混合} \qquad （13.1）$$

▼ **图例解析**

对于放热的溶液形成过程，如何比较 $\Delta H_{混合}$ 与 $\Delta H_{溶剂} + \Delta H_{溶质}$ 的大小？

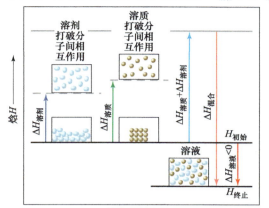
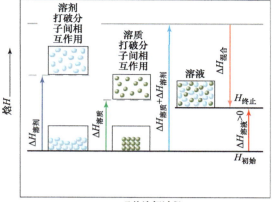

放热溶解过程 　　　　　　　　　　　　　　　　吸热溶解过程

▲ 图 13.4 　伴随溶解过程的焓变

　　溶质粒子彼此分离通常需要吸收能量来克服它们之间的相互作用。因此该过程是吸热的（$\Delta H_{溶质} > 0$）。同样，分离溶剂分子要容纳溶质分子也需要能量（$\Delta H_{溶剂} > 0$）。第三部分则是由溶质粒子和溶剂粒子之间的相互吸引力引起的放热反应（$\Delta H_{混合} < 0$）。

　　式（13.1）中的三个焓变项的加和是负值还是正值，取决于所探讨系统的实际数值（见图 13.4）。因此，溶液的形成既可以是放热的也可以是吸热的。例如，当向水中加入硫酸镁（$MgSO_4$）时，溶解过程是放热的：$\Delta H_{溶液} = -91.2kJ/mol$。相反，硝酸铵（$NH_4NO_3$）的溶解则是吸热的：$\Delta H_{溶液} = 26.4kJ/mol$。这两种特殊的盐是用于治疗运动损伤的即时热包和冰袋的主要成分（见图 13.5）。这种即时热包或冰袋都是由一袋水和一袋固体盐独立密封包装，目的是避免使用前就发生混合而生成 $MgSO_4$ 或 NH_4NO_3 水溶液，造成提前放热或吸热。当包装被挤压时，密封破坏，原先隔离的固体和水混合形成溶液，从而引发温度升高或降低，所以热包会有温热感，而冰袋会有冰冷感。

　　焓变可以用来判断溶解过程发生的程度（见 5.4 节）。放热过程倾向于自发进行。另一方面，如果 $\Delta H_{溶液}$ 过于吸热，则溶质可能不会显著地溶解于选定的溶剂中。因此，对于溶液来说，溶剂——溶质相互作用必须足够强，以使 $\Delta H_{混合}$ 在量值上与 $\Delta H_{溶质} + \Delta H_{溶剂}$ 相当。这一事实进一步解释了为什么离子型溶质不溶于非极性溶剂。非极性溶剂分子与离子之间只有弱的相互作用，而且这种弱的相互作用不能提供将离子彼此分离所需的能量。

　　同理，极性液体溶质不溶于非极性液体溶剂，比如水不溶于辛烷（C_8H_{18}）。当水被彻底分散于辛烷中时，水分子之间存在着很强的氢键作用（见 11.2 节），必须要克服这种强的吸引力才能发生溶解，而 H_2O 分子和 C_8H_{18} 分子之间的相互作用并不足以克服使 H_2O 分子彼此分开所需的能量。

▲ 图 13.5 　硫酸镁即时热包

> ◤ **想一想**
>
> 判断以下过程是放热的还是吸热的：
> （a）破坏溶剂——溶剂相互作用以形成游离的粒子；
> （b）由游离的粒子形成溶剂——溶质相互作用。

溶液的形成和化学反应

探讨溶液时，我们要仔细区分导致溶解过程发生的是物理过程还是化学反应。例如，金属镍在与盐酸水溶液接触时溶解是因为发生了以下反应：

$$Ni(s) + 2HCl(aq) \rightarrow NiCl_2(aq) + H_2(g) \qquad (13.2)$$

在这种情况下，溶解得到的溶质之一不是金属 Ni，而是它的盐 $NiCl_2$。如果将溶液蒸发至干，则得到 $NiCl_2 \cdot 6H_2O(s)$（见图 13.6）。这种在晶格中具有一定数量水分子的化合物如 $NiCl_2 \cdot 6H_2O(s)$ 被称为水合物。而当 $NaCl(s)$ 溶解于水时不发生化学反应，将溶液蒸发至干则重新得到 $NaCl$。本章重点探讨的是不发生化学反应且蒸发时可以重新得到溶质的溶液。

13.2 ｜ 饱和溶液和溶解度

当固体溶质开始溶解于溶剂中时，溶液中溶质的浓度增加，导致一些已经溶解的溶质粒子与未溶解的溶质固体表面相互碰撞，并且重新附着的可能性也会增加。这个过程与溶解过程相反，称为**结晶**。因此，在含有未溶解溶质的溶液中同时存在两个相反的过程。这种情况可以用以下化学方程式表示：

$$溶质 + 溶剂 \underset{结晶}{\overset{溶解}{\rightleftharpoons}} 溶液 \qquad (13.3)$$

当这两种相反过程的速率相等时，一种**动态平衡**即建立起来，溶液中溶质的量不再增加（见 4.1 节）。

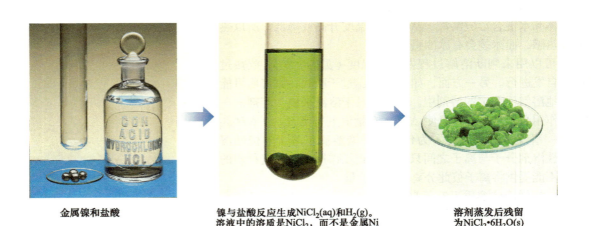

金属镍和盐酸　　　　　　　镍与盐酸反应生成$NiCl_2$(aq)和H_2(g)。　　溶剂蒸发后残留
　　　　　　　　　　　　　溶液中的溶质是$NiCl_2$，而不是金属Ni　　为$NiCl_2 \cdot 6H_2O$(s)

▲ **图 13.6　金属镍和盐酸的反应不是一个简单的溶解过程**　产物为每个镍离子晶格中含有 6 个结晶水的 $NiCl_2 \cdot 6H_2O(s)$

处于平衡状态且含有尚未溶解的溶质的溶液是**饱和溶液**。如果向饱和溶液中继续添加溶质，多余的溶质也不会溶解。在一定量的溶剂中形成饱和溶液所需的溶质的量称为该溶质的**溶解度**。也就是说，

假设有过量的溶质，其溶解度是指在特定温度下，
定量特定溶剂中所能溶解溶质的最大量。

例如，0℃时 NaCl 在水中的溶解度为每 100mL 水溶解 35.7gNaCl。这是在该温度下得到稳定的平衡溶液时所溶解 NaCl 的最大量。

如果溶解的溶质的量少于形成饱和溶液所需的溶质的量，则溶液是**不饱和**的。因此，0℃时每 100mL 水中含有 10.0g NaCl 的溶液是不饱和的，因为它有溶解更多溶质的能力。

在合适的条件下，还有可能形成比饱和溶液含有更多溶质的溶液，这种溶液是**过饱和**的。例如，在高温下制备饱和乙酸钠溶液，然后缓慢冷却，尽管溶解度随着温度的降低而降低，但所有溶质都可以保持溶解状态。因为过饱和溶液中溶质的浓度高于平衡浓度会引起结晶，所以是不稳定的。为了发生结晶，溶质粒子必须适当地排列以形成晶体。添加溶质的小晶体（晶种）当作模板，就可以形成含有过量溶质晶体的过饱和溶液（见图 13.7）。

想一想

如果将溶质添加到饱和溶液中会发生什么？

图例解析

第三个烧杯中的溶液含有多少克乙酸钠？

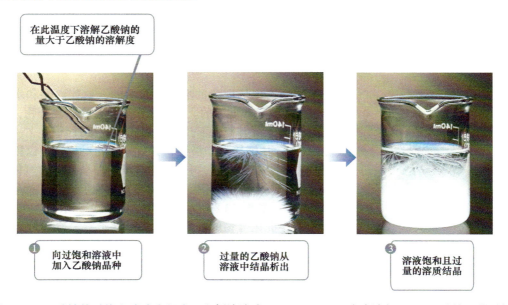

在此温度下溶解乙酸钠的量大于乙酸钠的溶解度

① 向过饱和溶液中加入乙酸钠晶种

② 过量的乙酸钠从溶液中结晶析出

③ 溶液饱和且过量的溶质结晶

▲ **图 13.7　乙酸钠从过饱和溶液中析出**　左侧溶液为 100℃，100mL 水中溶解 170g 乙酸钠，然后缓慢冷却至 20℃所得。在 20℃时乙酸钠的溶解度是每 100mL 水中溶解 46g，因此溶液过饱和。乙酸钠晶种的加入导致过量溶质从溶液中结晶

表 13.1 20 ℃，1atm 下气体在水中的溶解度

气体	摩尔质量 /（g/mol）	溶解度 / M
N_2	28.0	0.69×10^{-3}
O_2	32.0	1.38×10^{-3}
Ar	39.9	1.50×10^{-3}
Kr	83.8	2.79×10^{-3}

13.3 │ 影响溶解度的因素

一种物质溶解于另一种物质的程度取决于这两种物质的性质（见 13.1 节），此外还取决于温度，对于气体来说还取决于压力。

溶质——溶剂相互作用

物质混合的自然趋势以及溶质和溶剂粒子之间的各种相互作用都会影响溶解度。通过关注溶质和溶剂之间的相互作用，可以了解溶解度的变化。表 13.1 中的数据表明，各种气体在水中的溶解度随着分子量的增加而增加。气体分子和溶剂分子之间的相互作用主要是色散力，它随着分子大小和分子量的增加而增加（见 11.2 节）。因此，数据表明气体在水中的溶解度随着溶质（气体）和溶剂（水）之间相互作用的增加而增加。总之，当其它因素一定时，溶质和溶剂分子之间的相互作用越强，溶质在溶剂中的溶解度越大。

由于极性溶剂分子和极性溶质分子之间存在对溶解有利的偶极子 - 偶极子相互作用，极性液体倾向于溶解在极性溶剂中。水既是极性的，又能形成氢键（见 11.2 节）。因此，极性分子，尤其是能与水分子形成氢键的那些极性分子有易溶于水的倾向。例如，具有下图所示结构式的极性分子丙酮，能与水以任意比例混合。因为丙酮具有强极性的 C ═ O 键，以及 O 原子上可与水形成氢键的非键合电子对。

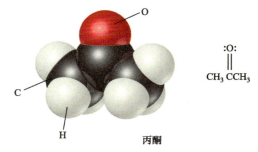

丙酮

能以任何比例混合的液体是**混溶**的，比如丙酮和水，不能相互溶解的液体是**非混溶**的。汽油是碳氢化合物的混合物，与水不混溶。碳氢化合物由于以下几个因素成为非极性物质：C—C 键是非极性的，C—H 键接近非极性，并且分子的对称性足以抵消大部分弱 C—H 键的偶极作用。极性的水分子和非极性的碳氢化合物分子之间的相互作用没有足够强到可以形成溶液。*非极性液体往往不溶于极性液体*，如图 13.8 所示的己烷（C_6H_{14}）和水。

许多有机化合物的极性基团都连接于碳氢原子骨架的非极性结构，例如表 13.2 中给出的一系列含有极性基团—OH 的有机化合物。具有这种分子特征的有机化合物称为醇。O—H 键能够形成氢键。例如，乙醇（CH_3CH_2OH）既可以在自身分子之间形成氢键，又可以与水分子形成氢键（见图 13.9）。结果表明，在 CH_3CH_2OH 和 H_2O 的混合物中，溶质 - 溶质、溶剂 - 溶剂以及溶质 - 溶剂之间这几种相互作用并无太大差异。混合时分子所处的环境也没有发生明显变化。因此，组分混合时的熵增加在溶液的形成中起着重要作用，乙醇与水完全混溶。

己烷

水

▲ 图 13.8 己烷，一种碳氢化合物，不溶于水 己烷位于上层，因为它的密度小于水

表 13.2　醇在水中和己烷中的溶解度

醇	在水中的溶解度	在己烷中的溶解度
CH_3OH（甲醇）	∞	0.12
CH_3CH_2OH（乙醇）	∞	∞
$CH_3CH_2CH_2OH$（丙醇）	∞	∞
$CH_3CH_2CH_2CH_2OH$（丁醇）	0.11	∞
$CH_3CH_2CH_2CH_2CH_2OH$（戊醇）	0.030	∞
$CH_3CH_2CH_2CH_2CH_2CH_2OH$（己醇）	0.0058	∞

注：以 20℃，每 100g 溶剂中溶解醇的物质的量，mol 表示。∞ 符号表示醇在溶剂中完全溶解。

两个乙醇分子间的氢键　　　　乙醇分子和水分子之间的氢键

▲ 图 13.9　—OH 涉及的氢键

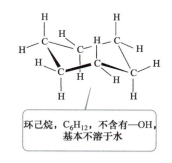

环己烷，C_6H_{12}，不含有—OH，基本不溶于水

葡萄糖中含有能与水分子形成氢键的—OH，提高了其溶解度

氢键位点

▲ 图 13.10　分子结构与溶解度的关系

　　注意表 13.2 中，醇的碳原子数影响其在水中的溶解度。随着碳原子数的增加，极性的—OH 只占整个分子的一小部分，此时分子主要表现为碳氢化合物。醇在水中的溶解度随碳原子数的增加相应地降低。另一方面，醇在非极性溶剂如己烷（C_6H_{14}）中的溶解度随非极性碳氢化合物的碳链长度的增加而增大。

　　提高物质在水中溶解度的一种方法是增加该物质所含极性基团的数量。例如，增加溶质中—OH 的数量可以提高溶质和水分子形成氢键的程度，从而增加溶质的溶解度。葡萄糖（$C_6H_{12}O_6$，见图 13.10）的六碳骨架上有五个—OH，这使它的分子极易溶于水：17.5℃，1.00L 水中的溶解度为 830g。相比之下，环己烷（C_6H_{12}）的结构虽然与葡萄糖相似，但所有—OH 都被 H 取代，使其基本上不溶于水（25℃，1.00L 水中只能溶解 55mg 环己烷）。

　　通过多年来对不同溶剂 - 溶质组合的研究，得出一个重要结论：

　　具有相似分子间作用力的物质往往彼此相溶。

化学与生活　**脂溶性维生素与水溶性维生素**

　　维生素具有独特的化学结构，影响其在人体不同部位的溶解度。例如，维生素 C 和 B 族维生素可溶于水，而维生素 A、D、E 和 K 可溶于非极性溶剂和脂肪组织（非极性的）。由于其水溶性，维生素 B 和维生素 C 在体内的储存低得几乎不能被感知，所以我们应该在日常饮食中摄入含有这些维生素的食物。相反，脂溶性维生素却以足够大的存储量让人即使在长时间经历缺乏维生素饮食后仍然不会患维生素缺乏症。

　　有些维生素可溶于水，而另一些维生素不溶于水，都有其结构依据。请看图 13.11 中的维生素 A（视黄醇），这是一个具有长碳链结构的醇。就像表 13.2 中列出的那些长碳链醇，—OH 只占整个分子的一小部分，具有这种结构的维生素几乎是非极性的。与此相反，维生素 C 分子较小，并具有多个可与水形成氢键的—OH，类似于葡萄糖的结构。

相关练习：13.7，13.48

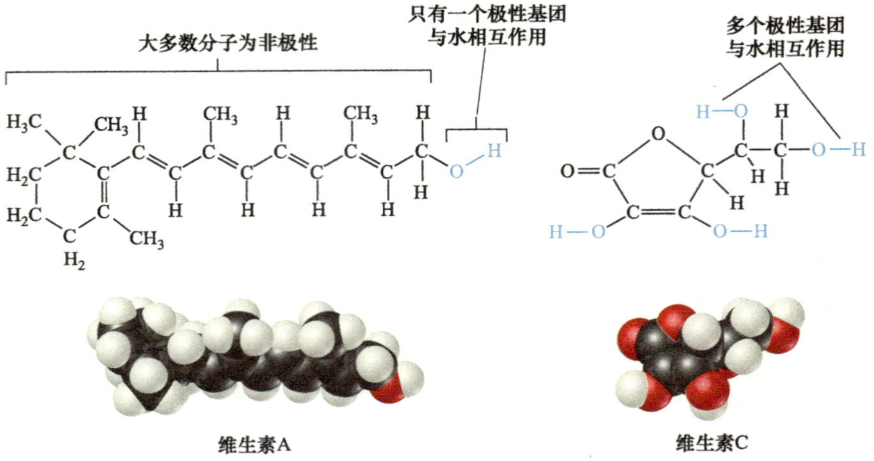

大多数分子为非极性 | 只有一个极性基团与水相互作用 | 多个极性基团与水相互作用

维生素A

维生素C

▲ 图 13.11 维生素 A 和维生素 C 的分子结构

上述原理通常被简单地概括为"*相似相溶*"。非极性物质易溶于非极性溶剂；离子型和极性溶质更易溶于极性溶剂；原子晶体，如金刚石和石英不溶于极性或非极性溶剂，因为内部的结合力强。

> **想一想**
>
> 假设葡萄糖中 –OH 上的氢被甲基 –CH₃ 取代（见图 13.10）。你能判断取代后分子的水溶性比葡萄糖高、比葡萄糖低，还是与葡萄糖相同吗？

压力的影响

固体和液体的溶解度不会明显地受压力影响，而*气体在任何溶剂中的溶解度都随溶剂上方气体分压的增加而增大*。我们可以通过图 13.12 中二氧化碳气体在气相和液相中的分布来理解压力对气体溶解度的影响。达到平衡时，气体分子进入溶液的速率等于溶质分子从溶液中逸出进入气相的速率。图 13.12 左侧容器中相同数量的

实例解析 13.1
判断溶解的类型

判断下列每一种物质是更易溶于非极性溶剂四氯化碳（CCl_4）还是水中。C_7H_{16}、Na_2SO_4、HCl 和 I_2。

解析

分析 已知两种溶剂，一种是非极性的（CCl_4），另一种是极性的（H_2O），要确定哪一个是每种给定物质的更好溶剂。

思路 通过考察溶质的分子式，先判断它们是离子型的还是分子型的。对于分子型溶质，再判断它们是极性的还是非极性的。然后用非极性溶剂更易溶解非极性溶质，而极性溶剂更易溶解极性溶质的原理进行判断。

解答 C_7H_{16} 是碳氢化合物，所以它是分子型且为非极性的。Na_2SO_4 是一种既含有金属又含有非金属的化合物，是极性的。HCl 是包含两种不同电负

性非金属的双原子分子，是极性的。I_2 是含有两个相等电负性原子的双原子分子，是非极性的。因此，我们可以判断 C_7H_{16} 和 I_2（非极性溶质）更易溶于非极性的 CCl_4，而 Na_2SO_4 和 HCl（离子型极性共价溶质）更易溶于水。

▶ **实践练习 1**

蜡是一种复杂的混合物，通常为 CH_3—CH_2—CH_2—CH_2—CH_2—。下列哪一种溶剂对它的溶解性最好？

a) 己烷

b) 苯

c) 丙酮

d) 四氯化碳

e) 水

a)

b)

c)

d)

▶ **实践练习2**

将下列物质按在水中溶解度的递增顺序进行排序:

上下箭头代表上述两个相反的过程。

现在假设我们对活塞施加更大的压力并压缩溶液上方的气体,如图 13.12 中间容器所示。如果将气体体积减小到其原始值的一半,那么气体的压力就会增加到其原始值的两倍左右。压力增加导致气体分子与液体表面碰撞并进入液相的速率增加。因此,气体在溶液中的溶解度增加,直至再次建立平衡,即溶解度增加,直到该气体分子进入溶液的速率等于它们从溶液中逸出的速率。因此,气体在液体溶剂中的溶解度与溶液上方的气体分压成正比(见图 13.13)。

▽ **图例解析**

如果溶液上方气体的分压加倍,恢复平衡后溶液中气体的浓度将如何变化?

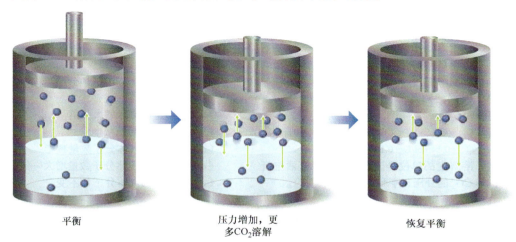

平衡

压力增加,更多 CO_2 溶解

恢复平衡

▲ 图 13.12 **压力对气体溶解度的影响**

图例解析

摩尔质量最大的气体会有最高、还是最低的溶解度？

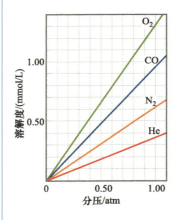

▲ 图 13.13 气体在水中的溶解度与其分压成正比 溶解度的单位以 mmol/L 表示

可以用**亨利（Henry's）定律**表示压力与气体溶解度之间的关系：

$$S_g = kP_g \qquad (13.4)$$

式中，S_g 是气体在溶剂中的溶解度（通常用物质的量浓度表示），P_g 是溶液上方的气体分压，k 为比例常数叫作*亨利定律常数*，其值取决于溶质、溶剂和温度。例如，在 25 ℃ 和 0.78atm 下，N_2 在水中的溶解度为 $4.75 \times 10^{-4}\ M$，此条件下的亨利定律常数为（4.75×10^{-4} mol/L）/ 0.78atm = 6.1×10^{-4} mol/L·atm。如果 N_2 的分压增大一倍，根据亨利定律，N_2 在 25℃ 水中的溶解度将增加到 $9.50 \times 10^{-4}\ M$。

可以将压力对溶解度的影响应用于生产中，工人在 CO_2 的压力大于 1atm 下给碳酸饮料装瓶。当打开瓶子时，溶液上方的 CO_2 分压降低，CO_2 的溶解度降低，因此 $CO_2(g)$ 以气泡的形式从溶液中逸出（见图 13.14）。

▲ 图 13.14 气体的溶解度随压力的降低而降低 当碳酸饮料被打开时，溶液上方 CO_2 的分压减小，因此 CO_2 以气泡的形式从溶液中逸出

实例解析 13.2
亨利定律的相关计算

计算在 25℃，软饮料瓶内液面上方 CO_2 分压为 4.0atm 时的 CO_2 浓度。此温度下 CO_2 在水中的亨利定律常数为 3.4×10^{-2} mol/L·atm。

解析

分析 已知 CO_2 的分压 P_{CO_2} 和亨利定律常数 k，求溶液中 CO_2 的浓度。

思路 根据已知条件和亨利定律，式（13.4），来计算溶解度 S_{CO_2}。

解答 $S_{CO_2} = kP_{CO_2} = (3.4 \times 10^{-2}$ mol/L·atm$)(4.0$ atm$)$
 $= 0.14$ mol/L $= 0.14 M$

检验 溶解度的单位是正确的，答案有两位有效数字，与 CO_2 的分压和亨利定律常数相符合。

▶ **实践练习 1**

常温下将液面上方的气体分压增大一倍，下列哪一项陈述是正确的？
　（a）亨利定律常数增大一倍
　（b）亨利定律常数减半
　（c）液体中的气体分子数量减半
　（d）液体中的气体分子数量增大一倍
　（e）液体中的气体分子数不变

▶ **实践练习 2**

当瓶口敞开且溶液在 25℃ 时达到平衡，此时，CO_2 分压为 3.0×10^{-4} atm，计算软饮料中 CO_2 的浓度。

▽ 图例解析

比较 80℃下 KCl 和 NaCl 的溶解度的大小？

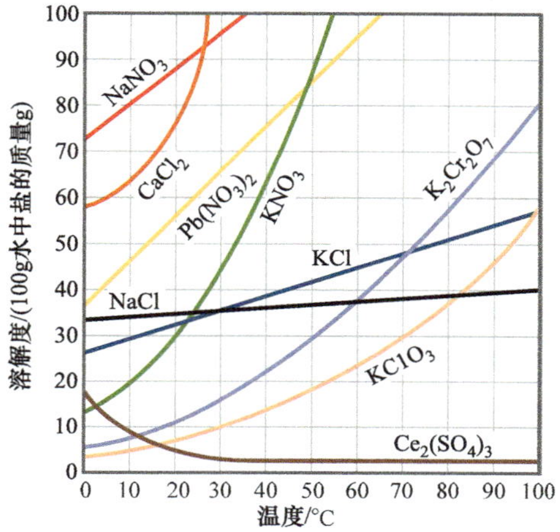

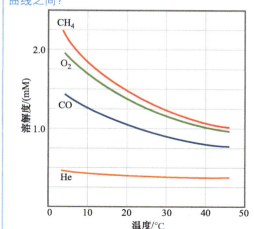

▲ 图 13.15　不同温度下一些离子型化合物的溶解度

▽ 图例解析

预测 N_2 的曲线应该在下图中哪两种气体的曲线之间？

▲ 图 13.16　不同温度下四种气体在水中的溶解度　溶解度以气相总压为 1atm 时，1L 溶液中含溶质的 mmol 表示

温度的影响

如图 13.15 所示，大多数固体溶质在水中的溶解度随着溶液温度的升高而增大。而这一规则也有例外，如图 13.15 所示的 $Ce_2(SO_4)_3$，其溶解度曲线随温度的升高而向下倾斜。

与固体溶质相比，气体在水中的溶解度随着温度的升高而降低（见图 13.16）。如果一杯冷自来水被加热，可以在玻璃杯内部看到气泡，因为部分溶解的空气从溶液中逸出。

类似地，当碳酸饮料被加热时，CO_2 的溶解度降低，CO_2（g）会从溶液中逸出。

化学与生活　血液气体和深海潜水

由于气体的溶解度随着压力的增加而增大，呼吸压缩空气的潜水员（见图 13.17）必须注意气体在他们血液中的溶解度。虽然气体在海平面溶解有限，但它们的溶解度在分压更大的深层海水中却相当可观。因此，潜水员必须缓慢上浮，以防止溶解的气体迅速从溶液中释放，并在体内的血液和其他体液中形成气泡。这些气泡影响神经脉冲并导致"减压病"——一种痛苦且可能致命的疾病。N_2 是主要问题，因为它是空气中含量最多的气体，并且只能通过呼吸系统从体内除去，而 O_2 则可以在新陈代谢中消耗掉。

深海潜水员有时会用 He 替代他们呼吸的空气中的 N_2，因为 He 在生物体液中的溶解度比 N_2 低得多。例如，在 100ft 深处工作的潜水员约承受 4atm 的压力。在该压力下，95%He 和 5%O_2 的混合气体产生约 0.2atmO_2 的分压，这是 1atm 下标准空气中的 O_2 的分压。

▲ 图 13.17　气体的溶解度随压力的增加而增大　潜水员使用压缩气体时必须注意气体在血液中的溶解度

如果 O_2 的分压变得太大，则呼吸的冲动降低，CO_2 不会从体内排出，从而导致 CO_2 中毒。CO_2 在体内浓度过高时，会作为神经毒素干扰神经传导和传输。

相关练习：*13.59，13.60，13.107*。

如果仔细思考，就可以理解为什么气体和离子型固体在水中的溶解度随温度变化有不同的响应。当加热含有气体的水溶液时，会给气体粒子提供足够的能量，使它们从溶液中逸出并进入气相。因此，温度升高降低了气体的溶解度。另一方面，如果加热离子型固体和水的混合物，则可以给固体提供能量，使其能够分解为离子组分，然后进行水合。因此，温度升高增加了离子型固体的溶解度。

13.4 │ 溶液浓度的表示

溶液的浓度可以用定性或定量的方式表达。*稀释*和*浓缩*这两个术语是用定性的方式来描述溶液的。若溶解向相对较小的溶质浓度进行则称为稀释，若溶解向相对较大的溶质浓度进行则称为浓缩。化学家们用各种方式定量地表达浓度，接下来我们将研究其中的几个方式。

质量分数、ppm 和 ppb

最简单的浓度定量表达式之一是溶液中组分的**质量分数**，由下式给出

$$组分的质量分数\% = \frac{溶液中组分的质量}{溶液的总质量} \times 100 \qquad (13.5)$$

因为百分比是指"每百"，所以按质量计 36% 的 HCl 溶液是每 100g 溶液含有 36g HCl。

我们常用**百万分之（ppm）**或**十亿分之（ppb）**表示极稀溶液的浓度。这些数量与质量分数类似，只是分别用 10^6（百万）或 10^9（十亿）代替 100，作为与溶质质量与溶液质量之比的乘积。因此，百万分之被定义为：

$$组分的ppm = \frac{溶液中组分的质量}{溶液的总质量} \times 10^6 \qquad (13.6)$$

溶质浓度为 1ppm 的溶液即每百万（10^6）g 溶液含 1g 溶质，或者每 kg 溶液含 1mg 溶质。水的密度是 1g/mL，1kg 溶液，体积非常接近 1L。因此，1ppm 也相当于 1L 水溶液含有 1mg 溶质。

环境中毒性或致癌物质可承受的最高浓度通常以 ppm 或 ppb 表示。例如，美国饮用水中砷的最高允许浓度为 0.010ppm：即 1L 水中含有 0.010mg 的砷，该浓度对应 10ppb。

> ▲ **想一想**
>
> 　1L SO_2 的水溶液含有 0.00023g SO_2。以 ppm 表示 SO_2 的浓度是多少？以 ppb 表示呢？

实例解析 13.3
关于质量的浓度计算

（a）将 13.5g 葡萄糖（$C_6H_{12}O_6$）溶解于 0.100kg 水中配制成溶液。此溶液中溶质的质量分数是多少？

（b）某地下水试样 2.5g 中含有 5.4μg Zn^{2+}，Zn^{2+} 的 ppm 浓度是多少？

解析

分析（a）已知溶质的质量（13.5g），溶剂的质量（0.100kg = 100g）。由此计算溶质的质量分数。

（b）此题已知溶质的质量（μg），因 1μg 为 1×10^{-6} g，$5.4\mu g = 5.4 \times 10^{-6}$ g。

思路（a） 我们可以通过式（13.5）来计算质量分数。溶液的质量是溶质（葡萄糖）与溶剂（水）的质量之和。

（b）用式（13.6）来计算 ppm。

解答（a） 葡萄糖的质量分数$\% = \dfrac{\text{葡萄糖的质量}}{\text{溶液的总质量}} \times 100$

$$= \frac{13.5g}{(13.5+100)g} \times 100 = 11.9\%$$

（b）$ppm = \dfrac{\text{溶质的质量}}{\text{溶液的质量}} \times 10^6$

$$= \frac{5.4 \times 10^{-6}g}{2.5g} \times 10^6 = 2.2ppm$$

注解 此溶液中水的质量分数为（100 − 11.9）% = 88.1%

▶ **实践练习 1**

将 1.50g NaCl 溶解于 50.0g 水配制成 NaCl 溶液，计算溶质的质量分数。

（a）0.0291%（b）0.0300%（c）0.0513%
（d）2.91%（e）3.00%

▶ **实践练习 2**

某商用漂白液含质量分数为 3.62% 的次氯酸钠（NaOCl）溶质。一瓶 2.50kg 的此漂白液含 NaOCl 的质量是多少？

摩尔分数、物质的量浓度和质量摩尔浓度

浓度表达式通常基于溶液中一种或多种组分的物质的量。回顾第 10.6 节，溶液组分的*摩尔分数*由下式给出：

$$\text{组分的摩尔分数} = \frac{\text{组分的物质的量}}{\text{所有组分的总物质的量}} \quad (13.7)$$

符号 X 常用于表示摩尔分数，下标表示关注的组分。例如，盐酸溶液中 HCl 的摩尔分数表示为 X_{HCl}。因此，如果溶液含有 1.00mol HCl（36.5g）和 8.00mol 水（144g），则 HCl 的摩尔分数为 $X_{HCl} =$（1.00mol）/（1.00mol + 8.00mol）= 0.111。摩尔分数没有单位，因为分子和分母的单位相互抵消。溶液中所有组分的摩尔分数之和必等于 1。因此，在 HCl 水溶液中，$X_{H_2O} = 1.000 − 0.111 = 0.889$。如第 10.6 节中所述，摩尔分数在处理气体问题时非常有用，但在探讨溶液问题时却应用有限。

回顾第 4.5 节，溶液中溶质的*物质的量浓度*（M）定义如下：

$$\text{物质的量浓度} = \frac{\text{溶质的物质的量}}{\text{溶液的体积（L）}} \quad (13.8)$$

例如，如果将 0.500mol Na_2CO_3 溶解于足量的水中形成 0.250L 溶液，则溶液中 Na_2CO_3 的物质的量浓度为（0.500mol）/（0.250L）= 2.00M。正如前文我们所探讨的关于滴定的内容中，物质的量浓度有效地将溶液的体积与所含溶质的量关联起来（见 4.6 节）。

溶液的**质量摩尔浓度**也是一个基于溶质的物质的量的浓度单位，以 m 表示。质量摩尔浓度代表 1kg 溶剂中所含溶质的物质的量：

$$\text{质量摩尔浓度} = \frac{\text{溶质的物质的量}}{\text{溶剂的质量（kg）}} \quad (13.9)$$

因此，如果将 0.200mol NaOH（8.00 g）和 0.500kg 水（500g）混合成溶液，则该溶液中 NaOH 的浓度为（0.200mol）/（0.500kg）= 0.400m（即 0.400mol/kg）。

物质的量浓度和质量摩尔浓度的定义很相似，容易混淆。

- 物质的量浓度取决于*溶液的体积*。
- 质量摩尔浓度取决于*溶剂的质量*。

当水作溶剂时，稀溶液的物质的量浓度和质量摩尔浓度在数值上大致相同，因为 1kg 溶剂与 1kg 溶液的体积几乎相同，1kg 溶液的体积大约为 1L。

溶液的质量摩尔浓度不随温度的变化而变化，因为质量不会随温度的变化而变化。然而溶液的物质的量浓度却随温度的变化而变化，因为溶液的体积会随温度的变化而发生膨胀或收缩。因此，当溶液的温度在某个范围内发生变化时，质量摩尔浓度常常是首选。

> ▲ **想一想**
>
> 如果水溶液很稀，它的质量摩尔浓度是大于、小于、还是几乎等于其物质的量浓度？

实例解析 13.4
质量摩尔浓度的计算

在 25℃时，将 4.35g 葡萄糖（$C_6H_{12}O_6$）溶解于 25.0mL 水配制成溶液。计算溶液中葡萄糖的质量摩尔浓度。水的密度为 $1.00g \cdot mL^{-1}$。

解析

分析 此题要计算以质量摩尔浓度表示的溶液浓度。要计算质量摩尔浓度，必须求出溶质（葡萄糖）的物质的量和溶剂（水）的质量（kg）。

思路 根据 $C_6H_{12}O_6$ 的摩尔质量将葡萄糖的质量转换成物质的量，再根据水的密度将水的体积（mL）转换成质量（kg）。质量摩尔浓度等于溶质（葡萄糖）的物质的量除以溶剂（水）的质量（kg）。

解答

根据摩尔质量 180.2g/mol，将葡萄糖的质量转换成物质的量：

$$n_{C_6H_{12}O_6} = (4.35gC_6H_{12}O_6)\left(\frac{1mol}{180.2gC_6H_{12}O_6}\right) = 0.0241mol\ C_6H_{12}O_6$$

因为水的密度为 1.00 g/mL，则溶剂的质量为：

$$(25.0mL)(1.00g/mL) = 25.0g = 0.0250kg$$

最后，用式 13.9 得到质量摩尔浓度：

$$C_6H_{12}O_6\text{的质量摩尔浓度} = \frac{0.0241molC_6H_{12}O_6}{0.0250kgH_2O} = 0.964m$$

▶ **实践练习 1**

假设向一溶液中加入更多溶剂，使溶剂质量变为原来的 2 倍。继续向此新溶液中加入更多的溶质，使溶质的质量变为原来的 2 倍。相比于原溶液，最后形成的溶液的质量摩尔浓度会发生怎样的变化？

（a）变为原来的 2 倍

（b）变为原来的一半

（c）不变

（d）是增大还是减小取决于溶质的摩尔质量

（e）在不知道溶质的摩尔质量的情况下无法判断

▶ **实践练习 2**

将 36.5g 萘（$C_{10}H_8$）溶解于 425g 甲苯（C_7H_8）中配制成溶液，该溶液的质量摩尔浓度是多少？

浓度单位的转换

如果运用第一章中学习的量纲分析法，可以将各种浓度单位进行相互转换，如实例解析 13.5 所示。欲将质量摩尔浓度和物质的量浓度进行转换，必须知道溶液的密度，如实例解析 13.6 所示。

实例解析 13.5
摩尔分数和质量摩尔浓度的计算

以质量计，盐酸水溶液含有 36% 的 HCl。（a）计算溶液中 HCl 的摩尔分数；（b）计算溶液中 HCl 的质量摩尔浓度。

解析

分析 此题要计算溶质 HCl 的浓度，以两种相关联的浓度单位表示，只给了溶液中溶质的质量分数。

思路 根据溶质和溶剂的质量或物质的量（质量分数、摩尔分数和质量摩尔浓度）进行浓度单位的转换，需要假设溶液具有一定的总质量。例如，溶液的质量有 100g，其中 36% 为 HCl，即溶液中含有 36g HCl 和（100−36）g = 64gH₂O。不管是计算摩尔分数还是质量摩尔浓度都必须将溶质（HCl）的质量（g）转换成物质的量。要计算摩尔分数还要将溶剂（H₂O）的质量（g）转换成物质的量（mol），而计算质量摩尔浓度则需将溶剂（H₂O）的质量（g）转换成质量（kg）。

解答

（a）计算 HCl 的摩尔分数，将 HCl 和 H₂O 的质量转换成物质的量，然后用式（13.7）计算：

$$HCl的物质的量 = (36gHCl)\left(\frac{1mol\ HCl}{36.5gHCl}\right) = 0.99mol\ HCl$$

$$H_2O的物质的量 = (64gH_2O)\left(\frac{1mol\ H_2O}{18gH_2O}\right) = 3.6mol\ H_2O$$

$$X_{HCl} = \frac{HCl的物质的量}{H_2O的物质的量 + HCl的物质的量} = \frac{0.99}{3.6 + 0.99} = \frac{0.99}{4.6} = 0.22$$

（b）用式（13.9）计算溶液中 HCl 的质量摩尔浓度。此前在（a）部分已经计算出 HCl 的物质的量和溶剂的质量为 64g = 0.064kg：

需要注意，我们不能轻易地算出溶液的物质的量浓度是因为不知道 100g 溶液的体积。

$$HCl的质量摩尔浓度 = \frac{0.99mol\ HCl}{0.064kg\ H_2O} = 15m$$

▶ **实践练习 1**

40℃时，氧气在水中的溶解度是 1L 溶液含有 1.0mmol O₂。以摩尔分数表示该溶液的浓度是多少？
（a）1.00×10^{-6} （b）1.80×10^{-5} （c）1.00×10^{-2} （d）1.80×10^{-2} （e）5.55×10^{-2}

▶ **实践练习 2**

某市售漂白液含 3.62%（以质量计）的 NaOCl。计算（a）摩尔分数；（b）溶液中 NaOCl 的质量摩尔浓度。

实例解析 13.6
通过溶液的密度计算物质的量浓度

某密度为 0.876g/mL 的溶液含 5.0g 甲苯（C₇H₈）和 225g 苯。计算该溶液的物质的量浓度。

解析

分析 已知溶质的质量（5.0g）、溶剂的质量（225g）以及溶液的密度（0.876g/mL），目的是计算溶液的物质的量浓度。

思路 溶液的物质的量浓度为溶质的物质的量除以溶液的体积（L）[见式（13.8）]。溶质甲苯（C₇H₈）的物质的量可由其质量（g）和摩尔质量求算。溶液的体积可由其质量（溶液的质量 = 溶质的质量 + 溶剂的质量 = 5.0g + 225g = 230g）和密度计算。

解答
溶质的物质的量为：

$$C_7H_8的物质的量 = (5.0gC_7H_8)\left(\frac{1mol\ C_7H_8}{92g\ C_7H_8}\right) = 0.054mol$$

通过溶液的密度将溶液由质量转换为体积：

$$溶液的体积(mL) = (230g)\left(\frac{1mL}{0.876g}\right) = 263mL$$

物质的量浓度为 1L 溶液含溶质的物质的量（mol）：

$$物质的量浓度 = \left(\frac{C_7H_8的物质的量(mol)}{溶液的体积(L)}\right) = \left(\frac{0.054mol\ C_7H_8}{263mL溶液}\right)\left(\frac{1000mL溶液}{1L溶液}\right) = 0.21M$$

检验 上述答案是合理的。物质的量近似取值 0.05mol，体积近似取值 0.25L，得到物质的量浓度 =（0.05mol）/（0.25L）= 0.2M。上述答案的单位（mol/L）是正确的，而且答案 0.21 有两位有效数字，与溶质质量的有效数字（两位）一致。

注解 由于溶剂的质量（0.225kg）和溶液的体积（0.263L）大小相近，物质的量浓度和质量摩尔浓度大小也相近：（0.054mol C₇H₈）/（0.225kg 溶剂）= 0.24m。

▶ **实践练习 1**

枫糖浆密度为 1.325g/mL，100.00g 枫糖浆以 Ca²⁺ 的形式含钙 67mg。此枫糖浆中钙的物质的量浓度是多少？
（a）0.017M （b）0.022M （c）0.89M （d）12.6M （e）45.4M

▶ 实践练习 2

　　某溶液含有质量相等的甘油（$C_3H_8O_3$）和水，溶液密度为 1.10g/mL。计算（a）甘油的质量摩尔浓度；（b）甘油的摩尔分数；（c）水溶液中甘油的物质的量浓度。

13.5 | 依数性

　　溶液的某些物理性质与纯溶剂的物理性质是有重要区别的。例如，纯水在 0℃ 结冰，而水溶液却在更低的温度下结冰。将乙二醇作为防冻剂添加到汽车散热器上以降低溶液的凝固点，就是应用了上述原理。加入溶质还可以使溶液的沸点高于纯水，使发动机可以在更高的温度下运行。

　　凝固点降低和沸点升高这些物理性质只取决于溶质粒子的*数量*（浓度），不取决于溶质粒子的*种类*或*特性*。将这些属性统称为**依数性**（依数的意思是"取决于集合"，即：依数性取决于溶质粒子数的集合效应）。

　　除了凝固点降低和沸点升高以外，另外两个重要的依数性是蒸气压降低和渗透压。我们分别对每一个性质进行探讨，发现了溶质是如何通过浓度和粒子数量影响依数性的。

蒸气压降低

　　密闭容器中液体可与其蒸气建立平衡（见 11.5 节）。*蒸气压*是蒸气与液体达到平衡时（即蒸发速率等于凝结速率时）蒸气施加的压力。无法测量蒸气压的物质是*非挥发性*的，而有蒸气压的物质是*挥发性*的。

　　挥发性液体溶剂和非挥发性溶质混合时，由于伴随着熵增加会自发形成溶液。实际上，此过程中溶剂分子在液体状态下会保持稳定，具有较低的逸出为气态的趋势。因此，*非挥发性溶质存在时溶剂的蒸气压低于纯溶剂的蒸气压*，见图 13.18。

　　理想状态下，在含有*非挥发性溶质*的溶液上方，*挥发性溶剂*的蒸气压与溶液中溶剂的浓度成正比。这种关系可以由**拉乌尔**（**Raoult's**）**定律**定量地表示，其中溶液上方的溶剂蒸气所产生的分压 $p_{溶液}$ 等于溶剂的摩尔分数 $X_{溶剂}$ 与纯溶剂蒸气压 $p^{\circ}_{溶剂}$ 的乘积：

$$p_{溶液} = X_{溶剂} \, p^{\circ}_{溶剂} \tag{13.10}$$

　　例如，20℃ 时纯水的蒸气压为 $p^{\circ}_{H_2O} = 17.5 \text{torr}$。假设在恒定温度下，将葡萄糖（$C_6H_{12}O_6$）加入水中，使所得溶液中水和葡萄糖的摩尔分数分别为 $X_{H_2O}=0.800$ 和 $X_{C_6H_{12}O_6}=0.200$。

　　根据式（13.10），该溶液上方水的蒸气压为纯水蒸气压的 80.0%：

$$p_{溶液} = （0.800）（17.5 \text{ torr}）= 14.0 \text{ torr}$$

非挥发性溶质的存在降低了挥发性溶剂的蒸气压 17.5torr − 14.0torr = 3.5torr

　　蒸气压降低，ΔP 与溶质的摩尔分数 $X_{溶质}$ 成正比：

$$\Delta p = X_{溶质} \, p^{\circ}_{溶剂} \tag{13.11}$$

● 挥发性溶剂粒子

● 非挥发性溶质粒子

加入非挥发性溶质

平衡　　　　　非挥发性溶质的存　　　　气相分子减少导致
　　　　　　　在减小了溶剂的蒸发速率　　重新建立平衡

◀ 图 13.18　**蒸气压降低**　液体溶剂中非挥发性溶质粒子的存在导致液面上方蒸气压降低

因此，对于葡萄糖溶于水形成溶液的例子，我们得到

$$\Delta p = X_{C_6H_{12}O_6} p^\circ_{H_2O} = (0.200)(17.5torr) = 3.50torr$$

添加*非挥发性*溶质引起的蒸气压降低取决于溶质粒子的总浓度，而与它们是分子还是离子无关。记住，蒸气压降低是一种依数性，该性质对于任何溶液都取决于溶质粒子的浓度，而不取决于其种类或特性。

▲ 想一想

向 1kg 水中加入 1mol NaCl 引起蒸气压降低的程度，与向 1kg 水中加入 1mol $C_6H_{12}O_6$ 相比，是相同、更小还是更大？

▶ 实例解析 13.7
溶液蒸气压的计算

25℃时，甘油（$C_3H_8O_3$）是一种密度为 1.26g/mL 的非挥发性非电解质。25℃时，将 50.0mL 甘油加入到 500.0mL 水中配制成溶液，计算溶液的蒸气压。25℃时纯水的蒸气压为 23.8torr（见附录 B），密度为 1.00g/mL。

解析

　　分析　要计算溶液的蒸气压，已知溶质和溶剂的体积，以及溶质的密度。

　　思路　我们可以用 Raoult's 定律 [见式（13.10）] 来计算溶液的蒸气压。溶液中溶剂的摩尔分数 $X_{溶剂}$ 是溶剂（H_2O）的物质的量与溶液总物质的量（$C_3H_8O_3$ 的物质的量 + H_2O 的物质的量）的比值。

　　解答
要计算溶液中水的摩尔分数，必须确定 $C_3H_8O_3$ 和 H_2O 的物质的量：

$$C_3H_8O_3的物质的量 = (50.0mL\,C_3H_8O_3)\left(\frac{1.26g\,C_3H_8O_3}{1mL\,C_3H_8O_3}\right)\left(\frac{1mol\,C_3H_8O_3}{92.1g\,C_3H_8O_3}\right) = 0.684mol$$

$$H_2O的物质的量 = (500.0mL\,H_2O)\left(\frac{1.00g\,H_2O}{1mL\,H_2O}\right)\left(\frac{1mol\,H_2O}{18.0g\,H_2O}\right) = 27.8mol$$

$$X_{H_2O} = \frac{H_2O的物质的量}{H_2O的物质的量 + C_3H_8O_3的物质的量} = \frac{27.8}{27.8 + 0.684} = 0.976$$

再用 Raoult's 定律计算水的蒸气压：

$$p_{H_2O} = X_{H_2O} p^\circ_{H_2O} = (0.976)(23.8torr) = 23.2torr。$$

　　注解　相对于纯水的蒸气压，溶液的蒸气压降低了 23.8torr − 23.2torr = 0.6torr。可以直接用式（13.11）和溶质（$C_3H_8O_3$）的摩尔分数来计算蒸气压的下降值。$\Delta p = X_{C_3H_8O_3} p^\circ_{H_2O} = (0.024)(23.8torr) = 0.57torr$。需要注意的是，相比于纯水与溶液的蒸气压差值，应用式（13.11）计算得到的结果要多给出一位有效数字。

100.0mL 苯中加入多少物质的量非挥发性溶质，才能使蒸气压降低 10.0%？已知苯的密度为 0.8765g/cm³。

（a）0.011237（b）0.11237（c）0.1248（d）0.1282（e）8.765

▶ 实践练习 2

110℃时，纯水的蒸气压为 1070torr，乙二醇水溶液的蒸气压为 1.00atm。假设符合 Raoult's 定律，溶液中乙二醇的摩尔分数是多少？

▶ 实践练习 1

26.1℃时，苯（C_6H_6）的蒸气压为 100.0torr。假设服从 Raoult's 定律，26.1℃时，需要向

深入探究 具有两个或更多挥发性组分的理想溶液

有时候溶液含有两个或更多的挥发性组分。例如，汽油就是几种挥发性液体的混合溶液。为了对这类混合物获得进一步的了解，我们来探讨含有两种挥发性液体 A 和 B 的某一理想溶液（基于这个研究目的，A 和 B 哪个是溶质，哪个是溶剂无关紧要）。根据 Raoult's 定律得到溶液上方的分压：

$$p_A = X_A p_A^\circ \ \text{且} \ p_B = X_B p_B^\circ$$

且溶液上方的总蒸气压为

$$p_总 = p_A + p_B = X_A p_A^\circ + X_B p_B^\circ$$

假设有 1.0mol 苯（C_6H_6）和 2.0mol 甲苯（C_7H_8）的混合物（$X_苯 = 0.33$，$X_{甲苯} = 0.67$）。20℃时，纯物质的蒸气压为 $P_苯^\circ = 75torr$ 且 $P_{甲苯}^\circ = 22torr$。因此，溶液上方的分压为：

$$p_苯 = (0.33)(75 \ torr) = 25 \ torr$$
$$p_{甲苯} = (0.67)(22 \ torr) = 15 \ torr$$

且溶液上方的总蒸气压为：

$$p_总 = p_苯 + p_{甲苯} = 25 \ torr + 15 \ torr = 40 \ torr$$

注意，蒸气中含苯多，则挥发性组分多。

蒸气中苯的摩尔分数由其蒸气压与总压的比值得出 [见式（10.14）和式（10.15）]：

$$\text{蒸气中} X_苯 = \frac{p_苯}{p_总} = \frac{25torr}{40torr} = 0.63$$

尽管苯在溶液的分子组成中仅占 33%，但它在蒸气的分子组成中却占 63%。

当含有两种挥发性组分的理想溶液与其蒸气达到平衡时，挥发性越强的组分在蒸气中相对含量越高。这个事实基于*蒸馏*的原理，一种常用于分离（或部分分离）含有挥发性组分的混合物的技术（见 1.3 节）。蒸馏是一种提纯液体的方式，石油化工厂通过此方法将原油分离为汽油、柴油、润滑油和其他产品（见图 13.19）。蒸馏作为一种常规实验方法也经常小规模应用于实验室。

相关练习: 13.67, 13.68

▲ 图 13.19 工业生产规模下有机混合物中的挥发性组分在这些精馏塔中被分离

理想气体是定义为服从理想气体状态方程的气体（见 10.4 节），**理想溶液**是定义为服从 Raoult's 定律的溶液。气体的理想性来源于没有分子间相互作用，而溶液的理想性则是指相互作用的完全一致性。理想溶液中的分子都以同种方式相互影响。换句话说，溶质 - 溶质、溶剂 - 溶剂和溶质 - 溶剂这几种相互作用没有区别。当溶质的浓度低，溶质和溶剂的分子大小相近，且它们的分子间作用力类型相似时，溶液最接近理想状态。

很多溶液并不完全遵循 Raoult's 定律，因此不是理想溶液。例如，如果溶液中溶质 - 溶剂相互作用弱于溶剂 - 溶剂或溶质 - 溶质相互作用，则蒸气压趋向大于 Raoult's 定律的预测值。当溶液中溶质 - 溶剂相互作用特别强时，比如存在氢键的情况，蒸气压低于 Raoult's 定律的预测值。虽然对这些偏离理想状态的情况应该有所了解，本章的后文还是将其忽略。

沸点升高

在第 11.5 节和第 11.6 节中，我们研究了纯物质的蒸气压以及如何用它们来绘制相图。溶液的相图如何，以及溶液的沸点、凝固点与纯溶剂的相比有何不同？非挥发性溶质的加入降低了溶液的蒸气压。因此，在图 13.20 中，溶液的蒸气压曲线相对于纯溶剂的蒸气压曲线位置下移。

回顾第 11.5 节，液体的正常沸点是它的蒸气压等于 1atm 时的

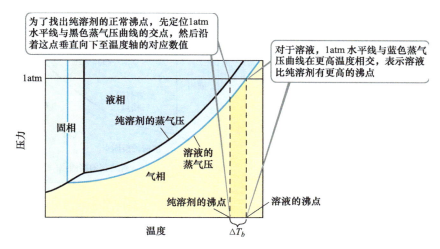

为了找出纯溶剂的正常沸点，先定位1atm水平线与黑色蒸气压曲线的交点，然后沿着这点垂直向下至温度轴的对应数值

对于溶液，1atm 水平线与蓝色蒸气压曲线在更高温度相交，表示溶液比纯溶剂有更高的沸点

▲ 图 13.20　沸点升高相图图解　黑色线表示纯溶剂的相平衡曲线，蓝色线表示溶液的相平衡曲线

温度。由于溶液的蒸气压比纯溶剂低，那么需要更高的温度才能使溶液的蒸气压达到 1atm。*结果，溶液的沸点比纯溶剂的沸点高*。沸点升高效应见图 13.20。

相对于纯溶剂，溶液沸点的升高取决于溶质的质量摩尔浓度。尤其重要的是，不管这些粒子是分子还是离子，沸点升高均与溶质粒子的总浓度成正比。当 NaCl 溶解于水时，每溶解 1mol NaCl，就会生成 2mol 溶质粒子（1mol Na^+ 和 1mol Cl^-）。这个问题我们可以通过定义**范特霍夫（Van't Hoff）**因子 i 来校正，Van't Hoff 因子 i 是当单位溶质分散到特定的溶剂中时形成的粒子数。与纯溶剂相比，溶液沸点的变化是：

$$\Delta T_b = T_b（溶液）- T_b（溶剂）= iK_b m \qquad （13.12）$$

在该式中，T_b（溶液）是溶液的沸点，T_b（溶剂）是纯溶剂的沸点，m 是溶质的质量摩尔浓度，K_b 是溶剂的**摩尔沸点升高常数**（每种溶剂通过实验确定的比例常数），i 是 Van't Hoff 因子。对于非电解质，可以设定 $i = 1$；对于电解质，i 将取决于物质如何在溶剂中解离。例如，假设离子完全解离，NaCl 在水中的 $i = 2$。结果，可以预计 $1m$ NaCl 水溶液的沸点升高是 $1m$ 非电解质如蔗糖溶液的沸点升高的两倍。因此，为了正确地预测特定溶质对沸点升高（或其他任何依数性）的影响，了解溶质是电解质还是非电解质是很重要的（见 4.1 节和 4.3 节）。

凝固点降低

液相和固相的蒸气压曲线在三相点处相交（见 11.6 节）。在图 13.21 中，我们看到溶液的三相点温度低于纯液体的三相点温度，因为溶液的蒸气压比纯液体低。

溶液的凝固点是纯溶剂在与溶液达到平衡状态下形成第一颗晶体时的温度。回顾第 11.6 节，表示固液平衡的曲线从三相点几乎垂直升高。从图 13.21 很容易看出，溶液的三相点温度低于纯液体的，且沿固 - 液平衡曲线的所有点也是如此：*溶液的凝固点比纯液体的低*。

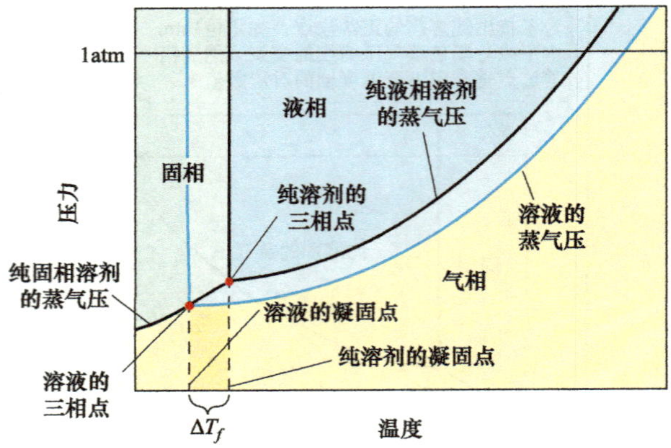

▶ 图 13.21   凝固点降低相图
图解　黑色曲线表示纯溶剂的相
平衡曲线，蓝色曲线表示溶液的
相平衡曲线

与沸点升高一样，凝固点的变化 ΔT_f 与溶质的质量摩尔浓度成正比，同样需考虑 Van't Hoff 因子 i：

$$\Delta T_f = T_f（溶液） - T_f（溶剂） = -iK_f m \qquad （13.13）$$

比例常数 K_f 是**摩尔凝固点降低常数**，类似于沸点升高常数 K_b。值得注意的是，溶液在比纯溶剂的凝固点更低的温度下凝固，因此 ΔT_f 为负值。

表 13.3 给出了几种典型溶剂的 K_b 和 K_f 的值。对于水，表中数据显示 $K_b = 0.51℃/m$，它的意义是任何浓度为 $1m$ 的非挥发性溶质粒子的水溶液的沸点比纯水的沸点高 $0.51℃$。由于溶液通常不是理想溶液，表 13.3 中列出的常数只适用于相当稀的溶液。

对于水，K_f 是 $1.86℃/m$。那么，任何浓度为 $1m$ 的非挥发性溶质粒子（如 $1m$ $C_6H_{12}O_6$ 或 $0.5m$ NaCl）的水溶液的凝固点比纯水的凝固点低 $1.86℃$。

由溶质引起的凝固点降低在生活中有着广泛的应用：这就是防冻液在汽车冷却系统中的工作原理，以及氯化钙（$CaCl_2$）在冬季可以作为融雪剂促进道路上冰雪融化的原因。

▲ 想一想

溶质溶于水后引起沸点升高 $0.51℃$。这是否一定表明溶质的浓度为 $1.0m$（见表 13.3）。

表 13.3   摩尔沸点升高常数和凝固点降低常数

溶剂	正常沸点 /℃	$K_b/(℃/m)$	正常凝固点 /℃	$K_f/(℃/m)$
水，H_2O	100.0	0.51	0.0	1.86
苯，C_6H_6	80.1	2.53	5.5	5.12
乙醇，C_2H_5OH	78.4	1.22	−114.6	1.99
四氯化碳，CCl_4	76.8	5.02	−22.3	29.8
氯仿，$CHCl_3$	61.2	3.63	−63.5	4.68

实例解析 13.8
沸点升高和凝固点降低的计算

汽车防冻剂含乙二醇 $CH_2(OH)CH_2(OH)$，是一种非挥发非电解质。计算含 25.0% 乙二醇的水溶液的沸点和凝固点，以质量计。

解析

分析 已知溶液含以质量计 25.0% 的非挥发非电解质溶质，求溶液的沸点和凝固点。要计算此题，需要计算沸点升高值和凝固点降低值。

思路 计算沸点升高和凝固点降低要用式（13.12）和式（13.13），而且必须用质量摩尔浓度表示溶液的浓度。为了方便计算，先假设有 1000g 溶液。因为溶液含有以质量计 25.0% 的乙二醇，则乙二醇和水的质量分别为 250g 和 750g。根据这些质量，可以计算溶液的质量摩尔浓度，而质量摩尔浓度又可以用来计算摩尔沸点升高常数 ΔT_b 和摩尔凝固点降低常数 ΔT_f（见表 13.3）。将溶剂的沸点加上 ΔT_b，溶剂的凝固点加上 ΔT_f 就可以得到溶液的沸点和凝固点。

解答
溶液的质量摩尔浓度计算如下：

$$质量摩尔浓度 = \frac{C_2H_6O_2的物质的量(mol)}{H_2O的质量(kg)}$$

$$= \left(\frac{250g C_2H_6O_2}{750g H_2O}\right)\left(\frac{1mol C_2H_6O_2}{62.1g C_2H_6O_2}\right)\left(\frac{1000g H_2O}{1kg H_2O}\right) = 5.37m$$

再用式（13.12）和式（13.13）计算沸点和凝固点变化量：

$$\Delta T_b = iK_b m = (1)(0.51°C/m)(5.37m) = 2.7°C$$
$$\Delta T_f = -iK_f m = -(1)(1.86°C/m)(5.37m) = -10.0°C$$

所以，溶液的沸点和凝固点就容易求得了：

$$\Delta T_b = T_b(溶液) - T_b(溶剂)$$
$$2.7°C = T_b(溶液) - 100.0°C$$
$$T_b(溶液) = 102.7°C$$
$$\Delta T_f = T_f(溶液) - T_f(溶剂)$$
$$-10.0°C = T_f(溶液) - 0.0°C$$
$$T_f(溶液) = -10.0°C$$

注解 注意，相比于纯溶剂，溶液是一种温度变化范围很大的液体。

▶ **实践练习 1**
下列哪一种水溶液的凝固点最低？
（a）0.050 m $CaCl_2$（b）0.15 m NaCl（c）0.10 m HCl
（d）0.050 m CH_3COOH（e）0.20 m $C_{12}H_{22}O_{11}$

▶ **实践练习 2**
参考表 13.3，计算含 0.600kg $CHCl_3$ 和 42.0g 桉油精（$C_{10}H_{18}O$）溶液的凝固点。
桉油精是存在于桉树叶中的一种芳香物质。

渗透作用

一些物质，包括生物系统中的许多膜和玻璃纸等合成物质，都是半渗透性的。当与溶液接触时，这些物质仅允许离子或小分子（例如水分子）透过它们的微小孔隙。

考虑这种情况，将半透膜置于两种不同浓度的溶液之间，其中只有溶剂分子能够通过该半透膜。溶剂分子从低浓度溶液（较低溶质浓度但较高溶剂浓度）穿过膜到高浓度溶液（较高溶质浓度但较低溶剂浓度）时的通过速率大于反方向通过速率。因此，溶剂分子从溶质浓度较低的溶液净迁移到溶质浓度较高的溶液中。在这个称为**渗透**的过程中，*溶剂的净迁移总是朝着具有较低溶剂（较高溶质）浓度的溶液移动，就好像溶液被驱使达到相同浓度一样。*

图例解析 如果 U 形管左臂内的纯水被一浓度高于右臂内的溶液取代，将会发生什么？

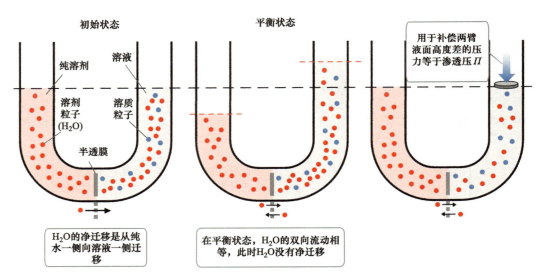

▲ 图 13.22 渗透即溶剂穿过半透膜从一侧向有更高溶质浓度的另一侧迁移的过程 渗透压产生于膜两侧液面高度差引起的不平衡，相当于使液面高度相等需要补偿的压力

图 13.22 显示了由半透膜隔开的水溶液和纯水之间发生的渗透。U 形管左臂内为水，右臂内为水溶液。最初，水通过膜有一个从左到右的净迁移，导致 U 形管两臂中的液面高度不相等。最终，在平衡状态下（见图 13.22 中间图），不平等的液面高度产生的压力差变得非常大，使水的净迁移停止。这种停止渗透的压力就是溶液的**渗透压 Π**。如果对溶液施加与渗透压相等的外部压力，则两臂中的液面可以平衡，如图 13.22 右图所示。

渗透压服从与理想气体状态方程相似的规律，$\Pi V = inRT$。其中 Π 是渗透压，V 是溶液的体积，i 是 Van't Hoff 因子，n 是溶质的物质的量，R 是理想气体常数，T 是绝对温度。从这个等式可以得出：

$$\Pi = i\left(\frac{n}{v}\right)RT = iMRT \qquad (13.14)$$

其中 M 是溶液的物质的量浓度。因为任何溶液的渗透压都取决于溶液的浓度，所以渗透压是一个依数性质。如果两种相同渗透压的溶液被半透膜隔开，那么不会发生渗透，这两种溶液相互之间是等渗的。

如果溶液具有较低的渗透压，它对于浓度更高的溶液而言是*低渗*的。而高浓度的溶液对于稀溶液则是*高渗*的。

想一想

两个 KBr 溶液，一个是 0.50m，另一个是 0.20m，哪个相对于另一个是低渗的？

图例解析　如果病人红细胞周围的液体缺乏电解质，红细胞会发生皱缩还是溶血？

箭头代表水分子的净迁移

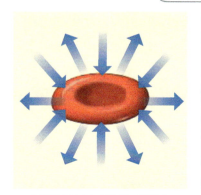
高溶质浓度
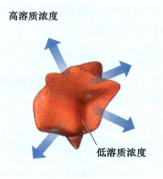
低溶质浓度

低溶质浓度

低溶质浓度

高溶质浓度

在等压介质中红细胞既不膨胀也不收缩　　在高渗环境中红细胞发生皱缩　　在低渗环境中红细胞发生溶血

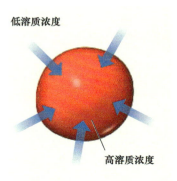

▲ 图13.23　通过红细胞的细胞壁发生的渗透作用　如果水分子迁移出来，红细胞发生皱缩；如果水分子迁移进入红细胞，则发生溶血

渗透在生命系统中起着重要作用。例如，红细胞的细胞膜是半渗透性的。将红细胞放入高渗溶液（相对于细胞内液）中，水将流出细胞（见图13.23），导致细胞萎缩，这个过程称为*皱缩*。将细胞放入低渗溶液（相对于细胞内液）中，水会进入细胞，导致细胞破裂，这个过程称为*溶血*。需要补充体液或营养物质但又无法口服的人，需要通过静脉注射 *IV* 溶液将营养物质直接注入静脉。为了防止红血细胞皱缩或溶血，*IV* 溶液必须与血细胞的细胞内液等渗。

实例解析 13.9
渗透压计算

25℃时血液的平均渗透压是7.7atm。与血液等渗的葡萄糖（$C_6H_{12}O_6$）的物质的量浓度是多少？

解析

分析　要计算与血液等渗的葡萄糖在水中的物质的量浓度，已知血液在25℃时的渗透压是7.7atm。

思路　已知渗透压和温度，可根据式（13.14）求出浓度。葡萄糖为非电解质，$i=1$。

解答

$$\Pi = iMRT$$

$$M = \frac{\Pi}{iRT} = \frac{(7.7\text{atm})}{(1)\left(0.0821\frac{\text{L}\cdot\text{atm}}{\text{mol}\cdot\text{K}}\right)(298\text{K})} = 0.31M$$

注解　在临床情况下，溶液的浓度一般表示为质量分数。0.31M 葡萄糖溶液的质量分数为5.3%。与血液等渗的 NaCl 的浓度为 0.16M，因为水中 NaCl 的 $i=2$（0.155M NaCl 溶液的粒子浓度为 0.310M）。

0.16M NaCl 溶液的质量分数为 0.9%，这种溶液被称为生理盐水溶液。

▶ **实践练习1**
下列哪个操作能使溶液的渗透压升高？
（a）降低溶质浓度　（b）降低温度　（c）增加溶剂　（d）升高温度　（e）以上都不能

▶ **实践练习2**
20℃时，0.0020 M 蔗糖（$C_{12}H_{22}O_{11}$）溶液的渗透压是多少？以 atm 表示。

有许多有趣的关于渗透作用的生物学实例。置于浓盐水中的黄瓜通过渗透作用失去水分变成泡菜。由于渗透作用，食用大量咸的食物的人会将水分保持在组织细胞和细胞间隙中，所产生的肿胀或浮肿称为水肿。水从土壤进入植物根部，部分原因是由于渗透作用。盐渍肉或蜜饯中的细菌因为渗透作用失去水分而萎缩和死亡，得以保存食物。

▲ **想一想**

　　0.10M NaCl 溶液的渗透压是大于、小于还是等于 0.10M KBr 溶液的渗透压？

根据依数性确定摩尔质量

溶液的依数性为确定溶质的摩尔质量提供了有效的方法。如实例解析 13.10 和实例解析 13.11 所示，四个依数性中的任何一个都可以用来计算摩尔质量。

实例解析 13.10

通过凝固点降低和沸点升高计算摩尔质量

某未知溶液由 0.250g 非挥发非电解质的溶质溶于 40.0g CCl_4 配制而成。溶液的沸点比纯溶剂的沸点高 0.357℃。计算溶质的摩尔质量。

解析

分析 目的是根据溶液沸点升高的知识计算溶质的摩尔质量，已知 $\Delta T_b = 0.357$℃，以及溶质和溶剂的质量。表 13.3 给出溶剂（CCl_4）的 K_b 值，$K_b = 5.02$℃/m。

思路 可以根据式（13.12），$\Delta T_b = iK_b m$，来计算溶液的质量摩尔浓度。因为溶质为非电解质，$i = 1$。然后可以用质量摩尔浓度和溶剂的质量（40.0g CCl_4）来计算溶质的物质的量。最后，溶质的摩尔质量等于 1mol 溶质的质量，所以用溶质的质量（0.250g）除以物质的量就算出来了。

解答

根据式（13.12）可以得到

$$质量摩尔浓度 = \frac{\Delta T_b}{iK_b} = \frac{0.357℃}{(1)5.02℃/m} = 0.0711m$$

因此，1kg 溶剂含 0.0711mol 溶质。溶液由 40.0g = 0.0400kg 溶剂 CCl_4 配制而成。从而溶液中溶质的物质的量为：

$$(0.0400kgCCl_4)\left(0.0711\frac{mol溶质}{kgCCl_4}\right) = 2.84\times10^{-3}mol$$

溶质的摩尔质量为 1mol 物质的质量（g）：

$$摩尔质量 = \frac{0.250g}{2.84\times10^{-3}mol} = 88.0g/mol$$

▶ **实践练习 1**

一未知白色粉末可能是白砂糖（$C_{12}H_{22}O_{11}$）、可卡因（$C_{17}H_{21}NO_4$）、可待因（$C_{18}H_{21}NO_3$）、诺福林（$C_8H_{11}NO_2$）或者果糖（$C_6H_{12}O_6$）。当 80mg 此粉末溶解于 1.50mL 乙醇（$d = 0.789$g/cm³，正常凝固点 −114.6℃，$K_f = 1.99$℃/m）时，凝固点降低至 −115.5℃。此白色粉末的密度是多少？

（a）白砂糖；（b）可卡因；（c）可待因；（d）去甲苯福林；（e）果糖。

▶ **实践练习 2**

樟脑（$C_{10}H_{16}O$）于 179.8℃ 融化，且有特别高的凝固点降低常数，$K_f = 40.0$℃/m。当 0.186g 某未知摩尔质量的有机物溶解于 22.01g 液体樟脑中时，生成的混合物的凝固点降至 176.7℃。溶质的摩尔质量是多少？

▶ 实例解析 13.11
由渗透压计算摩尔质量

通过测量某蛋白质水溶液的渗透压来确定该蛋白质的摩尔质量。将 3.50mg 蛋白质溶解于足量水中配制成 5.00mL 溶液。25℃时溶液的渗透压为 1.54torr。此蛋白质可当做非电解质处理，计算其摩尔质量。

解析

    分析   根据渗透压、蛋白质质量和溶液体积这几个已知条件，计算高分子质量蛋白质的摩尔质量。蛋白质可以被看做非电解质，$i=1$。

    思路   已知温度（$T=25℃$）和渗透压（$\Pi=1.54torr$），且知道 R 值，可以根据式（13.14）来计算溶液的物质的量浓度 M。为求 M，必须先将温度由℃转换成 K，将渗透压由 torr 转换成 atm。然后用物质的量浓度和溶液的体积（5.00mL）计算溶质的物质的量。最后，通过溶质的质量（3.50mg）除以物质的量求得摩尔质量。

    解答

用式（13.14）求出物质的量浓度：

$$\text{物质的量浓度} = \frac{\Pi_b}{iRT} = \frac{(1.54\text{torr})\left(\frac{1\text{atm}}{760\text{torr}}\right)}{(1)\left(0.0821\frac{1\cdot\text{atm}}{\text{mol}\cdot\text{K}}\right)(298\text{K})} = 8.28\times10^{-5}\text{mol/L}$$

因为溶液的体积为 5.00 mL = 5.00×10^{-3} L，蛋白质的物质的量为：

$$\text{物质的量} = (8.28\times10^{-5}\text{mol/L})(5.00\times10^{-3}\text{L}) = 4.14\times10^{-7}\text{mol}$$

摩尔质量是 1mol 物质的克数。因为已知试样质量为 3.50mg = 3.5×10^{-3}g，可以通过试样的克数除以刚才求出的物质的量计算摩尔质量：

$$\text{摩尔质量} = \frac{\text{克数}}{\text{物质的量}} = \frac{3.50\times10^{-3}\text{g}}{4.14\times10^{-7}\text{mol}} = 8.45\times10^{3}\text{g/mol}$$

    注解   因为较小的压力更容易测得，测量渗透压为测定大分子的分子量提供了一个有用的方法。

▶ **实践练习 1**

    蛋白质通常是由 2 个、3 个、4 个甚至更多独立蛋白质（单体）相互作用，尤其是相互之间形成氢键或静电相互作用而形成的复合物。蛋白质的整个集合在溶液中可以看成一个单元，而这个组件被称为蛋白质的"四级结构"。假设发现一种新蛋白质，其单体的分子质量为 25000g/mol。在 37℃下测得

7.20g 蛋白质溶于 10.00mL 水中形成的溶液的渗透压为 0.0916atm。溶液中有多少个蛋白质单体形成四级蛋白质结构？此蛋白质可以看做非电解质。

    （a）1（b）2（c）3（d）4（e）8

▶ **实践练习 2**

    将 2.05g 具有均匀聚合物链长的聚苯乙烯试样溶解于足量甲苯中形成 0.100L 溶液。25℃下测得该溶液的渗透压为 1.21kPa。计算聚苯乙烯的摩尔质量。

深入探究 **Van't Hoff 因子**

    溶液的依数性取决于溶质粒子的*总浓度*，无论粒子是离子还是分子。可以计算 0.100m NaCl 溶液的凝固点下降为（2）（0.100m）（1.86℃ /m）= 0.372℃，因为 Na$^+_{(aq)}$ 在水溶液中的浓度为 0.100m，Cl$^-_{(aq)}$ 为 0.100m。然而，测得的凝固点下降值仅为 0.348℃，其他强电解质的情况也类似。例如，0.100m KCl 溶液在 −0.344℃凝固。

    强电解质依数性的计算值和测量值之间的差异是由于离子之间的静电吸引力引起的。当离子在溶液中移动时，带相反电荷的离子相互碰撞并且会有短暂的"粘结在一起"的时刻。当它们粘结在一起时，表现为一种被称作"离子对"的游离粒子（见图 13.24）。这些离子对的存在降低了溶液中粒子的数量，导致凝固点降低（同理还有沸点升高，蒸气压降低和渗透压降低）。

    前文我们一直假设 Van't Hoff 因子 i 等于每个电解质的分子式单位的离子数。然而，这个因子的真实（测定）值是由依数性测定值与假定物质是非电解质时的计算值之比得出的。例如，根据凝固点降低

$$i = \frac{\Delta T_f(\text{测定})}{\Delta T_f(\text{假定非电解质计算})} \qquad (13.15)$$

可以根据盐的每个分子式单位解离出的离子数来确定 i 的极限值。例如，对于 NaCl，Van't Hoff 因子的极限值是 2，因为每个 NaCl 分子式单位可以解离出一个 Na$^+$ 和一个 Cl$^-$；而 K$_2$SO$_4$ 的 Van't Hoff 因子极限值 3，因为每个 K$_2$SO$_4$ 分子式单位解离出 2 个 K$^+$ 和 1 个 SO$_4^{2-}$。当溶液缺少 i 值的信息时，我们就可以使用计算得到的极限值。

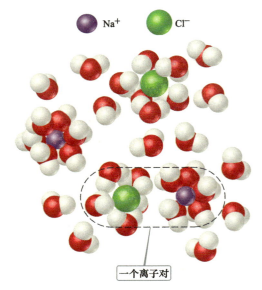

▲ 图 13.24 **离子对和依数性** NaCl 溶液中不仅含有 $Na^+_{(aq)}$ 和 $Cl^-_{(aq)}$，还有离子对

表 13.4 25℃下几种物质的 Van't Hoff 因子的测定值与计算值

化合物	浓度			计算值
	0.100m	0.0100m	0.00100m	
蔗糖	1.00	1.00	1.00	1.00
NaCl	1.87	1.94	1.97	2.00
K_2SO_4	2.32	2.70	2.84	3.00
$MgSO_4$	1.21	1.53	1.82	2.00

表 13.4 中给出了不同稀溶液中几种物质的 Van't Hoff 因子，两个趋势显而易见。首先，稀释影响电解质的 i 值，溶液越稀，i 值越接近分子式单位中的离子数。我们得到一个结论，稀释导致电解质溶液中形成离子对的程度降低。其次，离子带的电荷越高，i 值偏离预期值程度越大，因为形成离子对的程度随离子所带电荷的减少而减弱。这两种趋势符合简单的静电学理论：带电粒子之间的相互作用随它们之间离散程度的增加和其所带电荷的减少而减弱。

相关习题：13.83，13.84，13.103，13.105

13.6 | 胶体

有些物质最初似乎溶解于溶剂中，但随着时间的推移，又从纯溶剂中分离出来。例如，由于重力作用，分散在水中的细粒粘土最终会沉降。重力影响粘土颗粒是由于它们比大多数分子大得多，由数千甚至数百万个原子组成。相反，真溶液中的分散粒子（盐溶液中的离子或糖溶液中的葡萄糖分子）却很小。在这两个极端类型之间是那些分散的粒子，它们比典型的分子大，但又不至于大到在重力的影响下发生组分分离。这些中间类型的分散体称为**胶体分散系**或简称**胶体**。胶体是溶液和非均质混合物的分界线。胶体和溶液一样，可以是气体、液体或固体。表 13.5 列出了胶体的种类。

可以根据颗粒的大小将混合物分类为胶体或溶液。胶体颗粒的直径范围为 5 ~ 1000nm；溶质颗粒的直径小于 5nm。我们在第 12 章中（见 12.9 节）看到的将纳米材料分散于液体中时，就是胶体。胶体颗粒甚至可以由单个的巨大分子组成。例如，血红蛋白分子在血液中携带氧气，其分子尺寸为 $6.5 \times 5.5 \times 5.0$nm，摩尔质量为 64500g/mol。

表 13.5 胶体的种类

胶体的相	分散（类溶剂）物质	被分散（类溶质）物质	胶体的种类	举例
气体	气体	气体	—	无（所有都为溶液）
气体	气体	液体	气溶胶	雾
气体	气体	固体	气溶胶	烟
液体	液体	气体	泡沫	鲜奶油
液体	液体	液体	乳浊液	牛奶
液体	液体	固体	溶胶	油漆
固体	固体	气体	固态泡沫	棉花糖
固体	固体	液体	固态乳浊液	黄油
固体	固体	固体	固溶胶	红玻璃

◄ 图 13.25　实验室中的丁达尔（Tyndall）效应　右侧玻璃杯内为胶体分散系，左侧玻璃杯内为溶液

　　虽然胶体颗粒可能很小，小到甚至在显微镜下看起来分散系都是均匀的，但它们却大到足以使光发生散射。因此，大多数胶体呈现混浊或不透明状态，除非它们非常稀（例如，均质牛奶是分散在水中的脂肪和蛋白质分子的胶体）。此外，它们能使光线散射，所以光束在穿过胶体分散系时仍可以被看到（见图 13.25）。这种由胶体颗粒引起的光散射称为**丁达尔（Tyndall）效应**，它能让我们看到在汽车开过的满是灰尘的土路上穿过的光束和透过树木或云层照射出来的阳光。不是所有波长的光都会被胶体同等程度地散射。大气层中的分子和小尘埃颗粒对可见光谱中蓝色波段光的散射比红色波段光的散射要多。结果就是我们看到的，天空呈现蓝色。日落时分，阳光穿过更多的大气层，蓝光散射加剧，而红光和黄光透过大气层，于是我们就看见了晚霞。

亲水性和疏水性胶体

　　最重要的胶体是分散介质为水的胶体。这些胶体可能是**亲水性**的（"好水"）或**疏水性**的（"厌水"）。亲水性胶体最像我们之前探讨过的溶液。在人体中，巨大的蛋白质分子如酶和抗体通过与周围水分子的相互作用而保持悬浮。亲水性分子以这样的方式发生折叠，疏水基团在折叠分子的内部远离水分子，而亲水的极性基团在表面与水分子相互作用，亲水基团通常含有氧或氮，而且通常带电荷（见图 13.26）。

> **▽ 图例解析**
>
> 带一个负电荷基团的化学组成是什么？
>
> 分子表面的极性且带电荷的亲水性基团帮助分子在水中或其他极性溶剂中保持分散
>
>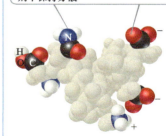
>
> ▲ 图 13.26　亲水性胶体颗粒　亲水基团维持巨大的分子（大分子）并使其悬浮于水中

> **△ 想一想**
>
> 　　有些蛋白质存在于细胞膜的疏水性脂质双层结构中。这些蛋白质的亲水基团会朝向这种脂质"溶剂"吗？

　　疏水性胶体只有通过某种方式稳定后才能分散在水中。否则，缺乏对水的亲和力将导致它们与水分离。其中一种稳定方式就是使疏水的颗粒表面吸附离子（见图 13.27）（**吸附**的意思是粘附在一个表面上，它不同于**吸收**，吸收是进入内部，就像海绵吸水一样）。吸附的离子可以与水相互作用，从而使胶体稳定。同时，与相邻胶体粒子上吸附的离子之间的静电排斥作用使粒子之间不会因为粘结在一起而不易分散在水中。

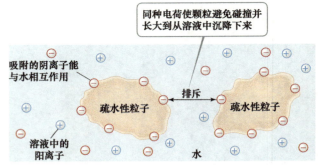

▲ 图 13.27 疏水性胶体在水中由于吸附了阴离子而稳定

疏水性胶体也可以被其表面的亲水基团维持稳定。例如，油滴是疏水性的，它们不会悬浮在水中。相反，它们聚集在一起，形成了水面浮油。硬脂酸钠（见图 13.28），或任何具有一端亲水（极性或带电）一端疏水（非极性）结构的类似物质，都会对水中油的悬浮体起到稳定作用。稳定作用是由于硬脂酸盐离子的疏水端和油滴、亲水端与水相互作用的结果。

胶体稳定作用在人类消化系统中有一个有趣的应用。当饮食中的脂肪到达小肠时，激素会促使胆囊分泌出一种叫做胆汁的液体。在胆汁的成分中，有一些化合物的化学结构类似于硬脂酸钠，也就是说，它们有亲水（极性）端和疏水（非极性）端。这些化合物使肠道中的脂肪乳化，从而使脂溶性维生素能够通过肠壁被消化和吸收。*乳化*一词的意思是"形成乳浊液"，即一种液体悬浮在另一种液体中，牛奶就是这样的例子（见表 13.5）。有助于形成乳浊液的物质叫作乳化剂。如果阅读食品或其他商品的成分表，你会发现上面的乳化剂很多都是化学物质，这些化学物质通常都有亲水端和疏水端。

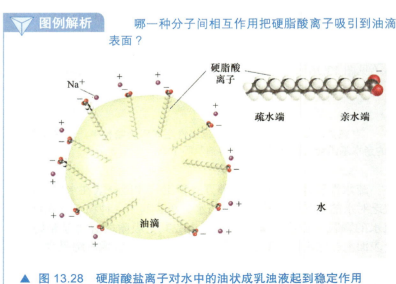

▲ 图 13.28 硬脂酸盐离子对水中的油状成乳浊液起到稳定作用

化学与生活　镰状细胞贫血症

我们的血液中含有一种复杂的蛋白质——血红蛋白，它将氧气从肺部传送到身体的其他部位。患遗传性镰状细胞贫血症时，血红蛋白分子异常，在水中的溶解度较低，尤其是其非氧化形式。结果红细胞中多达85%的血红蛋白从血液中结晶出来。

不溶解的原因是氨基酸的部分结构发生了改变。正常血红蛋白分子中含有带—CH_2CH_2COOH的氨基酸：

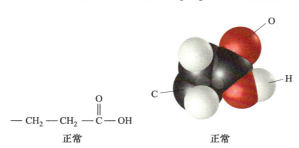

$$—CH_2—CH_2—\overset{\displaystyle O}{\overset{\|}{C}}—OH$$

正常　　　　　　　　　正常

—COOH的极性有助于血红蛋白分子在水中的溶解。在镰状细胞贫血症患者的血红蛋白分子中，缺乏—CH_2CH_2COOH链，取代它的是非极性（疏水性）的—$CH(CH_3)_2$

$$—CH—CH_3$$
$$\overset{\displaystyle |}{CH_3}$$

非正常　　　　　　　　非正常

这种变化会导致血红蛋白缺陷式地聚集成大颗粒，大到不能悬浮于生物体液中，还会导致细胞扭曲成图 13.29 所示的镰刀形状。镰状细胞容易堵塞毛细血管，导致剧烈的疼痛、无力以及重要器官的逐渐恶化。这种疾病是遗传性的，如果父母双方携带有这种缺陷的基因，他们的孩子就很可能具有异常的血红蛋白。

你可能想知道，像镰状细胞贫血症这种危及生命的疾病是如何通过进化在人类持续存在的。答案是带有该基因的人远不易患疟疾。因此，在疟疾盛行的热带气候条件下，那些具有镰状细胞基因的人患疟疾这种衰竭性疾病的机会较低。

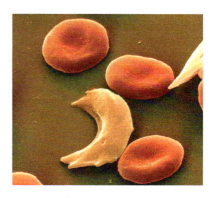

▲ 图 13.29　正常（圆形）和镰状（月牙形）红细胞的扫描电子显微图　正常红细胞的直径大约为 6×10^{-3} mm

液体中的胶体运动

在第 10 章我们学习过气体分子运动的平均速度与摩尔质量成反比，直到发生碰撞。*平均自由程*是分子在碰撞之间运动的平均距离（见 10.8 节）。回顾分子动力学理论关于气体的假设，气体分子处于持续不断的随机运动中（见 10.7 节）。溶液中的胶体粒子由于与溶剂分子碰撞而发生随机运动。与溶剂分子相比，胶体粒子由于质量较大，在每次碰撞中只产生微小的运动。然而，这样的碰撞太多，导致整个胶体粒子的随机运动，称为**布朗（Brownian）运动**。1905 年，爱因斯坦提出了关于胶体粒子位移的均方方程，这是一个史上非常重要的发现。正如所预期的，胶体颗粒越大，它在给定液体中的平均自由程就越短（见表 13.6）。现在，布朗运动原理被应用到从奶酪制作到医学影像等各种各样的问题上。

表 13.6　20℃时，球形无电荷胶体在水中 1h 后的平均自由程计算值

球体半径 /nm	平均自由程 /mm
1	1.23
10	0.390
100	0.123
1000	0.039

综合实例解析

概念综合

将 0.441g $CaCl_2$（s）溶于水中配制成 0.100L 溶液。（a）计算 27℃时该溶液的渗透压，假设溶质完全解离为其组成离子；（b）测得该溶液在 27℃时的渗透压为 2.56atm。解释为什么渗透压的测定值小于（a）中所得的计算值，并计算溶液中溶质的 Van't Hoff 因子 i；（c）$CaCl_2$ 溶液的焓变 ΔH =-81.3kJ/mol。如果溶液的最终温度为 27℃，其初始温度是多少？（假设溶液的密度为 1.00g/mL，比热为 4.18J/g·K，且溶液对环境没有热损失）。

解析

（a）式（13.14）给出渗透压 $\Pi = iMRT$。已知温度 T = 27℃ = 300K，且气体常数 R = 0.0821L·atm/（mol·K）。我们可以通过 $CaCl_2$ 的质量和溶液的体积计算溶液的物质的量浓度：

$$CaCl_2\text{物质的量浓度} = \left(\frac{0.441gCaCl_2}{0.100L}\right)\left(\frac{1molCaCl_2}{110gCaCl_2}\right)$$
$$=0.0397mol/L$$

可溶的离子化合物为强电解质（见 4.1 节和 4.3 节）。那么，$CaCl_2$ 由金属阳离子（Ca^{2+}）和非金属阴离子（Cl^-）组成。完全解离时，每个 $CaCl_2$ 形成 3 个离子（1 个 Ca^{2+} 和 2 个 Cl^-），因此，渗透压的计算值为

$$\Pi = iMRT = (3)(0.0397mol/L)(0.082L \cdot atm/mol \cdot K)(300K)$$
$$= 2.93atm$$

（b）电解质的依数性的实测值通常小于其计算值，因为离子间的静电相互作用限制了其独立运动。这种情况下，Van't Hoff 因子，测定电解质实际解离出离子的程度，由下式得到：

$$i = \frac{\Pi(\text{测定值})}{\Pi(\text{非电解质计算值})}$$

因此，溶液表现为每个 $CaCl_2$ 解离出 2.62 个粒子，而不是计算值 3 个。

$$= \frac{2.56atm}{(0.0397mol/L)(0.0821L \cdot atm/mol \cdot K)(300K)} = 2.62$$

（c）如果溶液中 $CaCl_2$ 的物质的量浓度为 0.0397M，且总体积为 0.100L，则溶质的物质的量为：

因此，形成溶液产生的热量为：

溶液吸收此热量，导致温度升高。温度变化和热量的关系由式（5.22）给出：

$$(0.100L)(0.0397molL) = 0.00397mol$$

$$(0.00397mol)(-81.3kJ/mol) = -0.323kJ$$

$$q = (\text{比热})(\text{克数})(\Delta T)$$

溶液吸收热量为 q = +0.323kJ = 323J。0.100L 溶液的质量为（100mL）（1.00g/mL）= 100g（保留三位有效数字）。那么，温度变化为：

$$\Delta T = \frac{q}{(\text{溶液的比热})(\text{溶液克数})}$$
$$= \frac{323J}{(4.18J/g \cdot K)(100g)} = 0.773K$$

开氏温度和摄氏温度有相同的变化值（见 1.4 节）。因为溶液温度升高 0.773℃，则初始温度为：

$$27.0℃ - 0.773℃ = 26.2℃$$

本章小结和关键术语

溶解过程（见 13.1 节）

当一种物质均匀地分散在另一种物质中时，就形成了溶液。溶剂分子与溶质的相互作用称为**溶剂化作用**。当溶剂是水时，这种相互作用称为**水合作用**。极性的水分子对游离离子的水合作用促进了离子型物质在水中的溶解。溶液生成时的总焓变可以是正的也可

以是负的。正熵变（对应溶液组分的分散增加）和负焓变（指放热过程）都有利于溶液的形成。

饱和溶液和溶解度（见 13.2 节）

饱和溶液与未溶解溶质之间的平衡是动态的；溶解过程和其逆向过程**结晶**是同时发生的。在含有未溶解溶质的平衡溶液中，两个过程以相同的速率发生，

得到**饱和溶液**。如果现有溶质少于形成饱和溶液所需的溶质，则溶液是**不饱和**的。当溶质浓度大于平衡浓度时，溶液**过饱和**。这是一个不稳定状态，如果该过程是以溶质的晶种作为初始状态，会发生部分溶质从溶液中分离。在任何特定温度下形成饱和溶液所需的溶质的量是溶质在该温度下的**溶解度**。

影响溶解度的因素（见 13.3 节）

一种物质在另一种物质中的溶解度，取决于系统由于变得更加分散而引起混乱度增加的趋势，以及溶质 - 溶质、溶剂 - 溶剂的分子间相互作用能量之和与溶质 - 溶剂的分子间相互作用能量的相对大小。极性和离子型溶质倾向于溶解在极性溶剂中，非极性溶质倾向于溶解在非极性溶剂中（"相似相溶"）。能以任意比例混合的液体是**混溶**的；不能显著相互溶解的液体是**不混溶**的。溶质和溶剂之间的氢键作用通常对决定溶解度起重要作用：例如，形成分子间氢键的乙醇和水是混溶的。气体在液体中的溶解度通常与溶液上方气体的压力成正比，如亨利定律所示：$S_g = kP_g$。大多数固体溶质在水中的溶解度随溶液温度的升高而增大。相反，气体在水中的溶解度通常随温度的升高而减小。

溶液浓度的表示（见 13.4 节）

溶液的浓度可以用几种不同方式定量地表示，包括**质量分数 [（溶质质量 / 溶液质量）× 100]**、**百万分之（ppm）**、**十亿分之（ppb）**和摩尔分数。**物质的量浓度 M**，定义为每升溶液中溶质的物质的量；**质量摩尔浓度 m**，定义为每千克溶剂中溶质的物质的量。如果溶液的密度已知，物质的量浓度可以转化为上述其他浓度单位。

依数性（见 13.5 节）

溶液的某种只取决于所存在的溶质粒子的浓度，而与溶质本性无关的物理性质，称为**依数性**。依数性包括蒸气压降低、凝固点降低、沸点升高和渗透压。**Raoult's 定律**可表示蒸气压的降低。理想溶液服从 **Raoult's 定律**。溶质 - 溶剂的分子间相互作用相比于溶剂 - 溶剂、溶质 - 溶质分子间相互作用的差异，导致许多溶液偏离理想溶液的行为。

含有非挥发性溶质的溶液比纯溶剂有更高的沸点。**摩尔沸点升高常数**，K_b 代表溶质粒子的质量摩尔浓度为 $1m$ 的溶液与纯溶剂相比沸点的升高值。类似地，**摩尔凝固点降低常数**，K_f，表示溶质粒子的质量摩尔浓度为 $1m$ 的溶液与纯溶剂相比凝固点的降低值。温度变化由等式 $\Delta T_b = iK_b m$ 和 $\Delta T_f = -iK_f m$ 得出，其中 i 是 **Van't Hoff 因子**，表示溶质在溶剂中解离为多少粒子。当 NaCl 溶解在水中时，溶解 1mol 盐生成 2mol 溶质粒子，因此沸点或凝固点分别比相同浓度的非电解质溶液升高或降低约两倍。类似的原理也适用于其他强电解质。

渗透作用是溶剂分子通过半透膜从较低浓度溶液向较高浓度溶液的迁移。溶剂的净迁移可产生**渗透压** Π，它能以气体压力单位如 atm 来测量。溶液的渗透压与溶液的物质的量浓度成正比：$\Pi = iMRT$。渗透是生命系统中非常重要的过程，细胞膜作为生命系统中的半透膜，允许水通过但限制离子和大分子组分的通过。

胶体（见 13.6 节）

虽然分子尺寸很大，但仍然足够小到可以悬浮在溶剂体系中的颗粒形成**胶体**或**胶体分散系**。介于溶液和非均相混合物之间的胶体有许多实际应用。其中比较有用的一种物理性质，就是对可见光的散射，称为 **Tyndall 效应**。水溶胶体分为**亲水性**和**疏水性**。亲水性胶体在生物体中很常见，其中大分子聚集体（如酶、抗体）能保持悬浮是因为在它们的表面有许多能与水相互作用的极性或带电荷的原子基团。疏水性胶体（如小油滴），可以通过使其表面吸附带电粒子而保持悬浮状态。

胶体胶体粒子在液体中做**布朗运动**，类似于气体分子的随机三维运动。

学习成果　　学习本章后，应该掌握

- 描述焓变与熵变如何影响溶液的形成（见 13.1 节）
  相关习题：13.1，13.21，13.22
- 描述分子间相互作用与溶解度的关系，包括应用"相似相溶"原理（见 13.1 节和 13.3 节）
  相关习题：13.15，13.16
- 描述平衡在溶解过程中的作用以及溶解平衡与溶质的溶解度的关系（见 13.2 节）
  相关习题：13.23，13.24
- 描述温度对固体和气体溶质在液体中的溶解度的影响（见 13.3 节）
  相关习题：13.35，13.36
- 描述气体分压与其溶解度之间的关系（见 13.3 节）
  相关习题：13.37，13.38
- 根据物质的量浓度、质量摩尔浓度、摩尔分数、百分比和 ppm 计算溶液的浓度，并且能够将它们相互转换（见 13.4 节）
  相关习题：13.47，13.48
- 描述什么是依数性，并解释 Van't Hoff 因子（见 13.5 节）
  相关习题：13.61，13.62，13.69，13.70
- 计算溶液上方溶剂的蒸气压（见 13.5 节）
  相关习题：13.63，13.66
- 计算溶液的沸点升高和凝固点降低（见 13.5 节）
  相关习题：13.73，13.74
- 计算溶液的渗透压（见 13.5 节）
  相关习题：13.77，13.78
- 利用溶液的依数性计算溶质的摩尔质量（见 13.5 节）
  相关习题：13.79，13.81
- 解释溶液和胶体的区别（见 13.6 节）

相关习题：*13.85，13.86*
- 解释亲水性胶体和疏水性胶体在水中是如何稳

定的（见 13.6 节）
相关习题：*13.87，13.90*

主要公式

- $S_g = kP_g$

（13.4）Henry's 定律，关于气体溶解度与分压

- 组分的质量分数% = $\dfrac{溶液中组分的质量}{溶液的总质量} \times 100$

（13.5）以质量分数表示浓度

- 组分的ppm = $\dfrac{溶液中组分的质量}{溶液的总质量} \times 10^6$

（13.6）以 ppm 表示浓度

- 组分的摩尔分数 = $\dfrac{组分的物质的量}{所有组分的总物质的量}$

（13.7）以摩尔分数表示浓度

- 物质的量浓度 = $\dfrac{溶质的物质的量}{溶液的体积（L）}$

（13.8）以物质的量浓度表示浓度

- 质量摩尔浓度 = $\dfrac{溶质的物质的量}{溶剂的质量（kg）}$

（13.9）以质量摩尔浓度表示浓度

- $p_{溶液} = X_{溶剂} p^o_{溶剂}$

（13.10）Raoult's 定律，计算溶液上方溶剂的蒸气压

- $\Delta T_b = T_b（溶液）- T_b（溶剂）iK_b m$

（13.12）溶液的沸点升高

- $\Delta T_f = T_f（溶液）- T_f（溶剂）- iK_f m$

（13.13）溶液的凝固点降低

- $\Pi = i\left(\dfrac{n}{v}\right) RT = iMRT$

（13.14）溶液的渗透压

本章练习

图例解析

13.1 按熵增加的顺序将下列容器进行排序：（见 13.1 节）

(a)　　　　(b)　　　　(c)

13.2 下图表示阳离子与周围水分子的相互作用。

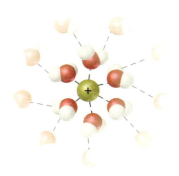

（a）水的哪个原子与阳离子相关？解释之；

（b）下列哪种解释可以说明 Li$^+$ 与溶剂的相互作用大于 K$^+$ 的？

a. Li$^+$ 的质量小于 K$^+$；

b. Li 的电离能高于 K；

c. Li$^+$ 的离子半径小于 K$^+$；

d. Li 的密度低于 K；

e. Li 与水的反应比 K 慢（见 13.1 节）。

13.3 考虑两种离子型固体，它们都由具有不同晶格能的单个带电离子组成。（a）两种固体在水中的溶解度是否相同？（b）如果不同，哪种固体更易溶于水，是晶格能大的还是晶格能小的？假设两种固体的溶剂 - 溶剂相互作用相同。（见 13.1 节）

13.4 关于气体混合物，以下哪*两个*陈述是正确的？（见 13.1 节）

（a）气体总是能与其他气体混合，因为气体粒子之间相距太远，感觉不到明显的分子间吸引或排斥；

（b）就像水和油不能在液相中混合一样，两种气体也不能在气相中混合；

（c）如果冷却气体混合物，将在同一温度下使混合物中所有气体液化；

（d）在某种程度上气体可按任意比例混合，因为这样会使系统的熵增加。

13.5 下列哪种情况最能代表饱和溶液？解释你

的推理。（见 13.2 节）

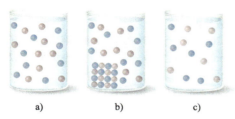

a)　　　　b)　　　　c)

13.6　如果比较稀有气体在水中的溶解度，会发现溶解度按原子量从小到大的顺序递增，Ar < Kr < X_e。下列哪个陈述是最好的解释？（见 13.3 节）

（a）气体越重，下沉到水底越多，在水的顶部为更多的气体分子留下空间；

（b）气体越重，具有越大的色散力，与水分子的相互作用越大；

（c）气体越重，越容易与水形成氢键；

（d）气体越重，在水中形成饱和溶液的可能性越大。

13.7　维生素 E 和维生素 B_6 的结构如下所示。预测哪个更易溶于水，哪个更易溶于脂肪。（见 13.3 节）

维生素 B_6　　　　维生素 E

13.8　取一份处于室温并与空气接触的水样，把它放在真空中。立即可以看到水中冒出气泡，但过一会儿气泡就停止了。如果持续处于真空，会有更多的气泡出现。一个朋友告诉你，第一次冒气泡是水蒸气，因为降低压力降低了水的沸点，导致水沸腾。另一个朋友告诉你，第一次冒气泡是来自于溶解在水里的空气分子（氧气、氮气等）。哪个朋友说的最有可能是正确的？此外，是什么造成了第二轮冒气泡呢？（见 13.4 节）

13.9　图中所示为两个在不同温度下装有相同溶液的同种容量瓶。

（a）溶液的物质的量浓度是否随温度的变化而变化？

（b）溶液的质量摩尔浓度是否随温度的变化而变化？（见 13.4 节）

25℃　　　　55℃

13.10　下面相图中的两条蒸气压曲线，其中一条是挥发性溶剂的，另一条是含有非挥发性溶质的溶液的。（a）哪条是溶液的蒸气压曲线？（b）溶剂和溶液的正常沸点是多少？（见 13.5 节）

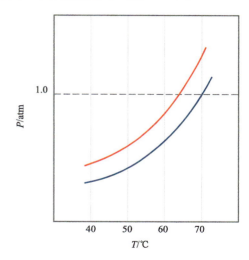

13.11　假设你有一个气球，它是由某种高度柔性的半透膜制成的。气球被含有 $0.2M$ 某溶质的溶液完全充满，并浸入含 $0.1M$ 相同溶质的溶液中：

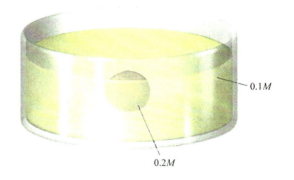

最初，气球内溶液的体积是 0.25L。假设半透膜外溶液的体积很大，如图所示，你认为当系统通过渗透达到平衡时，气球内溶液的体积是多少？（见 13.5 节）

13.12 哪个图最能代表液 - 液乳浊液，如牛奶？彩色球代表不同的液体分子。（见 13.6 节）

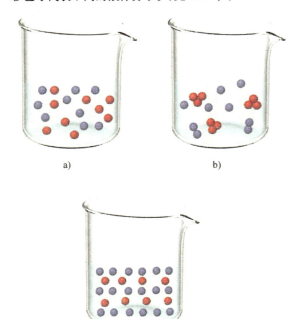

a) b)

c)

溶解过程（见 13.1 节）

13.13 判断下列陈述是正确的还是错误的：（a）如果溶质 - 溶质相互作用强于溶质 - 溶剂相互作用，则溶质将溶解于溶剂；（b）配制溶液时，混合焓总是正数；（c）熵增加有利于混合。

13.14 判断下列陈述是正确的还是错误的：（a）NaCl 溶于水但不溶于苯（C_6H_6），因为苯的密度比水大；（b）NaCl 溶于水但不溶于苯，因为水有较大的偶极矩，而苯的偶极矩为零；（c）NaCl 溶于水但不溶于苯，因为水 - 离子相互作用强于苯 - 离子相互作用。

13.15 指出下列每种溶液中溶质 - 溶剂相互作用的主要类型（见 11.2 节）:（a）CCl_4 溶于苯（C_6H_6）;（b）甲醇（CH_3OH）溶于水;（c）KBr 溶于水;（d）HCl 溶于乙腈（CH_3CN）。

13.16 指出下列每种溶液中溶质 - 溶剂相互作用的主要类型，并按溶质 - 溶剂相互作用从弱到强进行排序:（a）KCl 溶于水;（b）CH_2Cl_2 溶于苯（C_6H_6）;（c）甲醇（CH_3OH）溶于水。

13.17 某离子化合物在水中有非常负的 $\Delta H_{溶液}$ 值。（a）你认为它是极易溶于水还是几乎不溶于水？（b）哪一项有最大的负值：$\Delta H_{溶剂}$、$\Delta H_{溶质}$ 还是 $\Delta H_{混合}$？

13.18 当氯化铵溶于水时，溶液变冷。（a）溶解过程是放热的还是吸热的？（b）为什么会形成溶液？

13.19 （a）在式（13.1）中，离子型固体溶解过程的哪一项焓变对应于晶格能？（b）式中哪个能量项总是放热的？

13.20 对于 LiCl 在水中的溶解，$\Delta H_{溶液} = -37kJ/mol$。你认为哪一项有最大的负值：$\Delta H_{溶剂}$、$\Delta H_{溶质}$ 还是 $\Delta H_{混合}$？

13.21 将两种非极性有机液体己烷（C_6H_{14}）和庚烷（C_7H_{16}）混合。（a）你认为 $\Delta H_{溶液}$ 是一个大的正数、大的负数、还是接近于零？并解释之；（b）庚烷和己烷以任意比例混合。与混合前独立存在的纯液体相比，在混合成溶液的过程中，系统的熵是增加、减少、还是接近于零？

13.22 KBr 相对易溶于水，其溶液的焓为 $\Delta H_{溶液} = +19.8 \ kJ/mol$。下列哪种陈述对该结果提供了最好的解释？

（a）钾盐总是易溶于水；

（b）混合熵（$\Delta S_{混合}$）一定是负的；

（c）与打破水 - 水相互作用的焓变和 K-Br 离子间相互作用的焓变相比，混合焓一定是小的；

（d）与 NaCl 等其他盐相比，KBr 具有更大的摩尔质量。

饱和溶液和溶解度；影响溶解度的因素（见 13.2 节和 13.3 节）

13.23 15℃时，$Cr(NO_3)_3 \cdot 9\,H_2O$ 在水中的溶解度为每 100g 水溶解 208g $Cr(NO_3)_3 \cdot 9H_2O$。35℃时，将 324g $Cr(NO_3)_3 \cdot 9\,H_2O$ 溶解于 100g 水中形成溶液。当此溶液缓慢冷却至 15℃时没有析出。（a）冷却至 15℃的溶液是不饱和的、饱和的还是过饱和的？（b）用金属刮刀刮一下装该溶液的玻璃容器的器壁，就开始出现晶体。这时发生了什么？（c）在平衡状态下，生成晶体的质量是多少？

13.24 20℃时，$MnSO_4 \cdot H_2O$ 的溶解度为每 100mL 水溶解 70g $MnSO_4 \cdot H_2O$。（a）浓度为 1.22M 的 $MnSO_4 \cdot H_2O$ 溶液在 20℃时是饱和的、过饱和的还是不饱和的？（b）给定某未知浓度的 $MnSO_4 \cdot H_2O$ 溶液，通过什么实验可以确定该溶液是饱和的、过饱和的还是不饱和的？

13.25 参考图 13.15，在 40℃时，将下列各离子型固体 40.0g 加入到 100g 水中，是否会得到饱和溶液：（a）$NaNO_3$；（b）KCl；（c）$K_2Cr_2O_7$；（d）$Pb(NO_3)_2$。

13.26 参考图 13.15，30℃时若要形成饱和溶液，需要在 250g 水中加入下列每种盐的质量分别是多少？（a）$KClO_3$；（b）$Pb(NO_3)_2$；（c）$Ce_2(SO_4)_3$。

13.27 探讨水和甘油（$CH_2(OH)CH(OH)CH_2OH$）的溶解，（a）你认为它们能以任意比例混溶吗？（b）列出水分子和甘油分子之间出现的分子间作用力。

13.28 油和水不混溶，最有可能的原因是什么？（a）油分子比水分子密度大；（b）油分子主要由碳和氢构成；（c）油分子的摩尔质量比水分子大；（d）油分子的蒸气压比水高；（e）油分子的沸点比水高。

13.29　常用的实验室溶剂有丙酮（CH_3COCH_3）、甲醇（CH_3OH）、甲苯（$C_6H_5CH_3$）和水。对于非极性溶质，上述哪个是最好的溶剂？

13.30　你认为哪一个更易溶于水，丙氨酸（一种氨基酸）还是正己烷？

丙氨酸

13.31　（a）预测硬脂酸（$CH_3(CH_2)_{16}COOH$）和四氯化碳哪个更易溶于水？（b）预测哪个更易溶于水，环己烷还是二氧烷？

$$\text{二氧烷} \qquad \text{环己烷}$$

13.32　广泛用于止痛药的布洛芬在水中的溶解度有限，不足1mg/mL。分子结构的哪一部分（灰色、白色、红色）导致了其水溶性？分子结构的哪一部分（灰色、白色、红色）导致了其非水溶性？

布洛芬

13.33　下列每组中的哪种物质更易溶于己烷 C_6H_{14}：（a）CCl_4 或 $CaCl_2$；（b）苯（C_6H_6）或甘油（$CH_2(OH)CH(OH)CH_2OH$）；（c）辛酸（$CH_3CH_2CH_2CH_2CH_2CH_2COOH$）或乙酸（$CH_3COOH$）？分别对每组答案进行解释。

13.34　下列每组中哪种物质更易溶于水：（a）环己烷（C_6H_{12}）或葡萄糖（$C_6H_{12}O_6$）；（b）丙酸（CH_3CH_2COOH）或丙酸钠（CH_3CH_2COONa）；（c）HCl 或氯乙烷（CH_3CH_2Cl），分别对每组答案进行解释。

13.35　判断下列每个陈述是正确的还是错误的：

（a）温度越高，大多数气体在水中的溶解度越高；

（b）温度越高，大多数离子晶体在水中的溶解度越高；

（c）当把饱和溶液从高温到低温进行冷却时，如果得到过饱和溶液，就会有晶体从溶液中析出；

（d）如果升高饱和溶液的温度，可以加入更多的溶质使溶液继续浓缩。

13.36　判断下列每个陈述是正确的还是错误的：

（a）比较两个不同温度下的气体在水中的溶解度，你会发现气体在较低温度下更易溶解；

（b）当温度升高，大多数离子晶体在水中的溶解度降低；

（c）当温度升高，大多数气体在水中的溶解度降低，因为水的内部氢键会断裂而与气体分子成键；

（d）当温度升高，一些离子晶体在水中的溶解性变差。

13.37　30℃时，氧气在水中的 Henry's 定律常数为 3.7×10^{-4} M/atm，N_2 在水中的 Henry's 定律常数为 6.0×10^{-4} M/atm。如果两种气体都存在于1.5atm下，分别计算它们的溶解度。

13.38　海平面处空气中 O_2 的分压为0.21atm。利用表13.1中的数据，结合 Henry's 定律，计算20℃，650torr气压下，山地湖表层水中 O_2 的物质的量浓度。

溶液浓度的表示（13.4 节）

13.39　（a）将 10.6g Na_2SO_4 溶于483g水中配成溶液，计算该溶液中 Na_2SO_4 的质量分数；（b）每吨矿石含银2.86g，银的浓度是多少（以 ppm 计）？

13.40　（a）将 0.035mol I_2 溶解在125g CCl_4 中，该溶液中 I_2 的质量分数是多少？（b）1kg 海水中含有 0.0079g Sr^{2+}，Sr^{2+} 的浓度是多少（以 ppm 计）？

13.41　14.6g CH_3OH 溶于184g H_2O 中形成溶液。计算（a）CH_3OH 的摩尔分数；（b）CH_3OH 的质量分数；（c）CH_3OH 的质量摩尔浓度。

13.42　将 20.8g 苯酚（C_6H_5OH）溶于425g乙醇（CH_3OH_2OH）中配制成溶液。计算（a）苯酚的摩尔分数；（b）苯酚的质量分数；（c）苯酚的质量摩尔浓度。

13.43　计算下列水溶液的物质的量浓度：（a）含 0.540g $Mg(NO_3)_2$ 的水溶液 250.0mL；（b）含 22.4g $LiClO_4 \cdot 3H_2O$ 的水溶液 125mL；（c）3.50M HNO_3 由 25.0mL 稀释至 0.250L。

13.44　下列各溶液的物质的量浓度是多少？

（a）0.250mL 溶液中含有 15.0g $Al_2(SO_4)_3$；（b）175mL 溶液中含有 5.25g $Mn(NO_3)_2 \cdot 2H_2O$；（c）将 9.00M H_2SO_4 由 35.0mL 稀释至 0.500L。

13.45　计算下列各溶液的质量摩尔浓度：

（a）8.66g 苯（C_6H_6）溶于 23.6g 四氯化碳（CCl_4）；（b）4.80g NaCl 溶于 0.350L 水。

13.46 （a）1.12mol KCl 溶解于 16.0mol 水中形成溶液的质量摩尔浓度是多少？（b）多少 g 硫（S_8）溶于 100.0g 萘（$C_{10}H_8$）中才能形成 0.12m 的溶液？

13.47 某硫酸溶液每升含有 571.6g H_2SO_4，其密度为 1.329g/cm³。计算该溶液中 H_2SO_4 的（a）质量分数；（b）摩尔分数；（c）质量摩尔浓度；（d）物质的量浓度。

13.48 抗坏血酸（维生素 C，$C_6H_8O_6$）是一种水溶性维生素。将 80.5g 抗坏血酸溶解于 210g 水中形成溶液，55℃时其密度为 1.22g/mL。计算该溶液中抗坏血酸的（a）质量分数；（b）摩尔分数；（c）质量摩尔浓度（d）物质的量浓度。

13.49 乙腈（CH_3CN）的密度是 0.786g/mL，甲醇（CH_3OH）的密度是 0.791g/mL。将 22.5mL CH_3OH 溶解在 98.7mL CH_3CN 中。（a）溶液中甲醇的摩尔分数是多少？（b）溶液中 CH_3OH 的质量摩尔浓度是多少？（c）假设溶质和溶剂的体积是累加的，溶液中 CH_3OH 的物质的量浓度是多少？

13.50 甲苯（C_7H_8）的密度是 0.867g/mL，噻吩（C_4H_4S）的密度是 1.065g/mL。将 8.10g 噻吩溶于 250.0mL 甲苯中配制成溶液。（a）计算溶液中噻吩的摩尔分数；（b）计算溶液中噻吩的质量摩尔浓度；（c）假设溶质和溶剂体积是累加的，那么溶液中噻吩的物质的量浓度是多少？

13.51 计算下列水溶液中溶质的物质的量：（a）0.250M $SrBr_2$ 的水溶液 600ml；（b）0.180m KCl 的水溶液 86.4g；（c）6.45% 葡糖糖（$C_6H_{12}O_6$）的水溶液 124.0g。

13.52 计算下列溶液中溶质的物质的量：（a）1.50M HNO_3 的水溶液 255mL；（b）1.50m NaCl 的水溶液 50.0mg；（c）1.50% 蔗糖（$C_{12}H_{22}O_{11}$）的水溶液 75.0g。

13.53 如何配制下列各水溶液，给定试剂为固体 KBr：（a）$1.5×10^{-2}$ M KBr 水溶液 0.75L；（b）0.180m KBr 水溶液 125g；（c）以质量计 12.0% 的 KBr 水溶液 1.85L（溶液的密度为 1.10g/mL）；（d）刚好能与含有 0.480molAgNO₃ 的溶液反应，得到 16.0gAgBr 沉淀的 0.150M 的 KBr 溶液。

13.54 如何配制下列每种水溶液：（a）给定试剂为固体 $(NH_4)_2SO_4$，配制 0.110 M（NH_4）$_2SO_4$ 溶液 1.50L；（b）给定试剂为固体 Na_2CO_3，配制 0.65m Na_2CO_3 溶液 225g；（c）给定试剂为固体 $Pb(NO_3)_2$，配制以质量计 15.0% 的 $Pb(NO_3)_2$ 溶液 1.20L（溶液密度为 1.16g/mL）；（d）给定试剂为 6.0M HCl，配制 0.50M 且刚好可以中和 5.5g $Ba(OH)_2$ 的 HCl 溶液。

13.55 市售硝酸水溶液的密度为 1.42g/mL，且浓度为 16M。计算溶液中 HNO_3 的质量分数。

13.56 市售浓氨水含以质量计为 28% NH_3，密度为 0.90g/mL。该溶液的物质的量浓度是多少？

13.57 黄铜是一种由铜和锌固体溶液组成的替代合金。一种由以质量计 80.0%Cu 和 20.0%Zn 组成的特定红黄铜样品，其密度为 8750kg/m³。（a）该样品溶液中 Zn 的质量摩尔浓度是多少？（b）样品溶液中 Zn 的物质的量浓度是多少？

13.58 咖啡因（$C_8H_{10}N_4O_2$）是一种存在于咖啡和茶中的兴奋剂。如果一种以氯仿（$CHCl_3$）为溶剂的咖啡因溶液的浓度为 0.0500m，计算（a）咖啡因的质量分数（b）溶液中咖啡因的摩尔分数。

咖啡因

13.59 在人的呼吸周期中，呼气中的 CO_2 浓度达到峰值时以体积计为 4.6%。（a）计算呼气中 CO_2 在其峰值时的分压，假设大气压为 1atm，体温为 37℃；（b）假设体温为 37℃，呼气中 CO_2 在其峰值时的物质的量浓度是多少？

13.60 人呼吸的空气中，CO_2 的量以体积计达到 4.0% 时会导致呼吸急促、剧烈头痛和恶心等症状。假设气压为 1atm，体温为 37℃，此气体中 CO_2 的（a）摩尔分数是多少？（b）物质的量浓度是多少？

依数性（见 13.5 节）

13.61 用非挥发性溶质和液体溶剂配制溶液。指出下列各项陈述是正确的还是错误的：（a）溶液的凝固点高于纯溶剂的凝固点；（b）溶液的凝固点低于纯溶剂的凝固点；（c）溶液的沸点高于纯溶剂的沸点；（d）溶液的沸点低于纯溶剂的沸点。

13.62 用非挥发性溶质和液体溶剂配制溶液。指出下列各项陈述是正确的还是错误的：（a）加入溶剂，溶液的凝固点不变；（b）当溶液凝固时，形成的固体接近纯溶质；（c）溶液的凝固点与溶质的浓度无关；（d）溶液的沸点随溶质浓度的增大而升高；（e）在任何温度下，溶液上方溶剂的蒸气压都比纯溶剂的蒸气压低。

13.63 有两份溶液，一份是将 10g 葡萄糖（$C_6H_{12}O_6$）加入到 1L 水中形成的，另一份是将 10g 蔗糖（$C_{12}H_{22}O_{11}$）加入到 1L 水中形成的。计算每份溶液在 20℃时的蒸气压。此温度下纯水的蒸气压是 17.5torr。

13.64 纯水在 60℃时的蒸气压是 149torr。60℃时，含有等物质的量水和乙二醇（一种非挥发性溶质）的溶液的蒸气压为 67torr。该溶液服从 Raoult's 定律吗？

13.65 （a）338K 时，将 22.5g 乳糖（$C_{12}H_{22}O_{11}$）加入到 200.0g 水中配制成溶液，计算该溶液的蒸气压

（水的蒸气压数据见附录 B）；（b）40℃时，将丙二醇（$C_3H_8O_2$）加入到 0.340kg 水中，此溶液可使蒸气压降低 2.88torr。计算配制该溶液需加入丙二醇的质量。

13.66　（a）在 343K 时，将 28.5g 甘油（$C_3H_8O_3$）溶解于 125g 水中，计算该溶液上方水的蒸气压（水的蒸气压数据见附录 B）；（b）35℃时，将乙二醇（$C_2H_6O_2$）加入到 1.00kg 乙醇（C_2H_5OH）溶剂中，此溶液可使乙醇纯溶剂的蒸气压由 1.00×10^2torr 降低 10.0torr。计算配制该溶液需加入乙二醇的质量。

13.67　在 63.5℃时，H_2O 的蒸气压为 175torr，乙醇（C_2H_5OH）的蒸气压为 400torr。把等质量的 H_2O 和 C_2H_5OH 混合成溶液。（a）溶液中乙醇的摩尔分数是多少？（b）假设溶液为理想状态，63.5℃时溶液的蒸气压是多少？（c）溶液上方蒸气中乙醇的摩尔分数是多少？

13.68　20℃时，苯（C_6H_6）的蒸气压是 75torr，甲苯（C_7H_8）的蒸气压是 22torr。假设苯和甲苯可以混合形成理想溶液。（a）在 20℃，蒸气压为 35torr 时，该混合溶液的组成是什么（摩尔分数计）？（b）溶液上方蒸气中苯的摩尔分数是多少？

13.69　（a）与 0.10m $C_6H_{12}O_6$ 水溶液相比，0.10m NaCl 水溶液的沸点是更高、更低、还是与之相等？（b）实验测得 NaCl 溶液的沸点低于由假设 NaCl 在溶液中完全解离而计算得到的沸点，为什么会这样？

13.70　下列各水溶液均含以质量计为 10% 的溶质：葡萄糖（$C_6H_{12}O_6$）、蔗糖（$C_{12}H_{22}O_{11}$）、硝酸钠（$NaNO_3$）。按沸点升高的顺序将以上溶液进行排序。

13.71　将下列水溶液按沸点升高的顺序排列：0.120m 葡萄糖（$C_6H_{12}O_6$）、0.050m LiBr、0.050m Zn（NO_3）$_2$。

13.72　将下列水溶液按凝固点降低的顺序排列：0.040m 甘油（$C_3H_8O_3$）、0.020m KBr、0.030m 苯酚（C_6H_5OH）。

13.73　利用表 13.3 的数据，计算下列各溶液的凝固点和沸点：（a）0.22m 甘油（$C_3H_8O_3$）溶于乙醇中；（b）0.240mol 萘（$C_{10}H_8$）溶于 2.45mol 氯仿中；（c）1.50g NaCl 溶于 0.250kg 水中；（d）2.04g KBr 和 4.82 g 葡萄糖（$C_6H_{12}O_6$）溶于 188g 水中。

13.74　利用表 13.3 的数据，计算下列各溶液的凝固点和沸点：（a）0.25m 葡萄糖溶于乙醇中；（b）20.0g 癸烷（$C_{10}H_{22}$）溶于 50.0g $CHCl_3$；（c）3.50g NaOH 溶于 175g 水中；（d）0.45mol 乙二醇和 0.15mol KBr 溶于 150g H_2O 中。

13.75　需添加多少 g 乙二醇（$C_2H_6O_2$）到 1.00kg 水中，才能配成在 −5.00℃凝固的溶液？

13.76　在 105.0℃沸腾的水溶液的凝固点是多少？

13.77　25℃时，将 44.2mg 阿司匹林（$C_9H_8O_4$）溶于 0.358L 水中配成溶液。该溶液的渗透压是多少？

13.78　1L 海水中含有 34g 盐。假设溶质完全由 NaCl 组成（实际上 90% 以上的盐是 NaCl），计算 20℃时海水的渗透压。

13.79　肾上腺素是一种激素，它能在压力或紧急情况下触发释放出额外的葡萄糖分子。0.64g 肾上腺素溶于 36.0g CCl_4 配成溶液后，沸点升高了 0.49℃。根据这些数据计算肾上腺素摩尔质量的近似值。

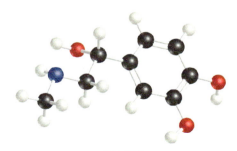

肾上腺素

13.80　月桂醇从椰子油中提取，用于制造洗涤剂。将 5.00g 月桂醇溶于 0.100kg 苯中，配成的溶液在 4.1℃凝固。根据这些数据计算月桂醇的摩尔质量是多少？

13.81　溶菌酶是一种可以破坏细菌细胞膜的酶。含有 0.150g 这种酶的溶液 210mL，在 25℃时的渗透压是 0.953torr，计算溶菌酶的摩尔质量是多少？

13.82　0.250L 某有机化合物的水溶液是由 2.35g 该有机化合物溶于水配成，所得溶液在 25℃时的渗透压为 0.605atm。假设该有机化合物是非电解质，它的摩尔质量是多少？

13.83　0.010M $CaCl_2$ 水溶液在 25℃时的渗透压为 0.674atm。计算该溶液的 Van't Hoff 因子 i。

13.84　根据表 13.4 中给出的数据，下列哪个溶液凝固点降低更多：是 0.030m NaCl 溶液，还是 0.020m K_2SO_4 溶液？

胶体（见 13.6 节）

13.85　（a）仅由气体构成的胶体存在吗？为什么？（b）19 世纪 50 年代，迈克尔·法拉第（Michael Faraday）制备的红宝石色的纳米金粒子胶体至今仍在水中保持稳定。这种颜色鲜艳的胶体看起来像溶液。你可以通过什么实验确定这种有色液体是溶液还是胶体？

13.86　选择最佳答案：一种液体分散在另一种液体中形成的胶体分散系称为（a）凝胶（b）乳浊液（c）泡沫（d）气溶胶

13.87　"乳化剂"是一种帮助疏水性胶体稳定溶解于亲水性溶剂中（或亲水性胶体稳定溶解于疏水性溶剂中）的化合物。下列哪个选项是最好的乳化剂？（a）CH_3COOH（b）$CH_3CH_2CH_2COOH$（c）$CH_3(CH_2)_{11}$ COOH（d）$CH_3(CH_2)_{11}COONa$

13.88　气溶胶是大气的重要组成部分。与"无气溶胶"的大气层相比，存在气溶胶的大气层是增加还是减少了到达地球表面的阳光量？解释你的推断结果。

13.89　加入电解质可以使蛋白质从水溶液中析

出，这个过程称为蛋白质的"盐析"。（a）你认为相同浓度的相同电解质会使所有蛋白质获得相同程度的析出吗？（b）如果一种蛋白质被盐析出来，蛋白质——蛋白质相互作用比加入电解质之前更强还是更弱？（c）你的一个上生物化学课的朋友说盐析是有效的，因为当加入电解质时，蛋白质周围原先发生水合作用的水分子更容易包围电解质。因此，蛋白质的水化膜被剥离，导致蛋白质析出。你在同一个生物化学课上的另一个朋友说，盐析之所以有效，是因为加入的离子紧紧地吸附在蛋白质上，在蛋白质表面形成离子对，使蛋白质在水中的净电荷为零，从而导致析

出。讨论以上两个说法，你需要通过怎样的测试来鉴别这两个说法呢？

13.90 肥皂由硬脂酸钠（$CH_3(CH_2)_{16}COO^-Na^+$）等化合物组成，这种化合物具有疏水性和亲水性两部分。如果把硬脂酸钠的碳氢化合物部位当作尾部，带电部位当作头部。（a）硬脂酸钠的哪一部位，头部还是尾部，更易溶于水？（b）油脂是以疏水化合物为主的复杂混合物。硬脂酸钠的哪一部位，头部还是尾部，最有可能与油脂结合？（c）如果你想用水洗掉大量的油脂，添加硬脂酸钠有助于生成乳化剂，什么样的分子间相互作用可以解释之？

附加练习

13.91 可卡因（$C_{17}H_{21}NO_4$）的"游离碱"型及其质子化盐酸盐型（$C_{17}H_{22}ClNO_4$）如下图所示，游离碱型可以与一个当量的盐酸反应转化为盐酸盐型。为了观察清晰，碳原子和氢原子没有完全示出。每个顶点表示一个碳原子，结合适当数目的氢原子，因此每个碳原子与其他原子之间形成四个键。（a）可卡因的一种形式是相对水溶性的，是游离碱型还是盐酸盐型？（b）可卡因

的另一种形式是相对非水溶性的，是游离碱型还是盐酸盐型？（c）6.70mL乙醇（CH_3CH_2OH）中可溶解游离碱型可卡因1.00g。计算游离碱型可卡因饱和乙醇溶液的物质的量浓度；（d）0.400mL水中可溶解1.00g盐酸盐型可卡因。计算盐酸盐型可卡因饱和水溶液的物质的量浓度；（e）将1.00kg（公斤）游离碱型可卡因转换成盐酸盐型需要多少mL 12.0M的浓HCl？

可卡因（游离碱型）　　　　　　可卡因（盐酸盐型）

13.92 蔗糖（$C_{12}H_{22}O_{11}$）过饱和溶液是将蔗糖溶解在热水中，慢慢冷却至室温，经过很长时间后，过量的蔗糖从溶液中结晶出来。判断下列每个陈述是正确的还是错误的：

（a）过量的蔗糖结晶出来后，剩余溶液是饱和的；

（b）过量的蔗糖结晶出来后，体系不稳定，处于不平衡状态；

（c）过量的蔗糖结晶出来后，蔗糖分子离开晶体表面被水化的速率等于蔗糖分子附着在晶体表面的速率。

13.93 水中大多数的鱼需要至少4ppm的溶解O_2才能生存。（a）以mol/L为单位的浓度是多少？（b）10℃时要使水中O_2的浓度为4ppm，需要水面上方O_2的分压是多少？（该温度下O_2的Henry's定律常数为1.71×10^{-3}mol/L·atm）。

13.94 在美国部分地区，井水中放射性气体氡（Rn）的存在可能对健康造成危害。（a）假设30℃，水面上方有1atm，氡在水中的溶解度为$7.27 \times 10^{-3}M$，那么该条件下氡在水中的Henry's定律常数是多少？（b）由几种气体组成的某样品含有3.5×10^{-6}摩尔分

数的氡。总压为32atm的该气体在30℃下与水混合。计算水中氡的物质的量浓度。

13.95 葡萄糖约占人体血液以质量计为0.10%。计算以（a）ppm；（b）质量摩尔浓度为单位表示的浓度；（c）还需要什么信息才能确定该溶液的物质的量浓度？

13.96 据报道，海水中黄金的浓度在5ppt～50ppt之间。假设海水含13ppt的金，计算1.0×10^3gal海水中含金的质量（以g计）。

13.97 饮用水中铅的最大允许浓度为9.0ppb。（a）计算含pb 9.0ppb溶液的物质的量浓度；（b）有60m³水的游泳池中含铅9.0ppb，该游泳池含铅多少克？

13.98 乙腈（CH_3CN）是一种极性有机溶剂，可广泛地溶解包括多种盐类在内的溶质。1.80M LiBr的乙腈溶液的密度为0.826g/cm³。计算以下列单位表示的溶液的浓度：（a）质量摩尔浓度；（b）LiBr的摩尔分数；（c）LiBr的质量分数。

13.99 用来加热自助餐菜肴的"加热罐"是由乙醇（C_2H_5OH）和石蜡（平均分子式为$C_{24}H_{50}$）均匀

混合而成。620kg 石蜡中需加入多少质量的 C_2H_5OH 才能使乙醇在 35℃时产生 8torr 的蒸气压？纯乙醇在 35℃时的蒸气压是 100torr。

13.100　某溶液中含有 0.115mol H_2O 和未知物质的量的氯化钠，该溶液在 30℃时的蒸气压为 25.7torr。纯水在该温度下的蒸气压是 31.8torr。计算溶液中氯化钠的质量（以 g 计）（提示：氯化钠是一种强电解质）。

13.101　25℃时两个烧杯放在一个密闭的盒子里。其中一个烧杯中装有 30.0mL 0.050M 的非挥发性非电解质水溶液。另一个烧杯中装有 30.0mL 0.035M NaCl 水溶液。来自于这两杯溶液的水蒸气达到平衡状态。（a）哪个烧杯中的液面将上升，哪个烧杯中的液面将下降？（b）假设服从理想状态，达到平衡时两个烧杯内液体的体积是多少？

13.102　乙醇，CH_3CH_2OH，的正常沸点是 78.4℃。该温度下 9.15g 某可溶非电解质溶解在 100.0g

乙醇中，所得溶液的蒸气压为 7.40×10^2torr。溶质的摩尔质量是多少？

13.103　用 Van't Hoff 因子（见表 13.4）计算 0.100m K_2SO_4 水溶液的凝固点，（a）忽略离子间相互作用；（b）考虑离子间相互作用。

13.104　二硫化碳（CS_2）的沸点是 46.30℃，密度是 1.261g/ml。（a）当 0.250mol 某非电解质溶质溶于 400.0mL CS_2 时，溶液于 47.46℃沸腾。CS_2 的摩尔沸点升高常数是多少？（b）当 5.39g 某非电解质未知物溶解于 50.0mL CS_2 时，溶液于 47.08℃沸腾。该未知物质的摩尔质量是多少？

13.105　一种用于润滑剂的锂盐的分子式为 $LiC_nH_{2n+1}O_2$。25℃时每 100g 水中可溶解该盐 0.036g，所得溶液的渗透压为 57.1torr。假设该稀溶液的质量摩尔浓度与物质的量浓度相同，且锂盐在溶液中完全解离，计算该盐分子式中的 n 值。

综合练习

13.106　氟碳化合物（既含碳又含氟的化合物）直到最近才被用作制冷剂。下表所列氟碳化合物在水中的溶解度以质量分数表示，表中所有气体均在 25℃，1atm 压力下。（a）对于每种氟碳化合物，计算其饱和溶液的质量摩尔浓度；（b）哪种分子性质最能预测这些气体在水中的溶解度？摩尔质量、偶极矩还是与水形成氢键的能力；（c）患有严重呼吸疾病的婴儿有时需要进行*液体通气治疗*：给他们呼入一种比空气含 O_2 更多的液体。其中一种液体是氟碳化合物 CF_3 (CF_2)$_7$Br。氧气在这种液体中的溶解度是每 100mL 液体含有 66mL O_2。相比之下，空气的含氧量只有 21%。如果婴儿吸足了空气，而不是 "吸" 足了含饱和 O_2 的该氟碳化合物溶液，假设肺部压力为 1atm，计算婴儿肺部（体积：15mL）含 O_2 的物质的量。

氟碳化物	溶解度 /（质量 %）
CF_4	0.0015
$CClF_3$	0.009
CCl_2F_2	0.028
$CHClF_2$	0.30

13.107　在正常体温（37℃）和常压（1.0atm）下，水中 N_2 的浓度为 0.015g/L。空气中 N_2 的浓度以物质的量计大约是 78%。（a）假设血液是简单的水溶液，计算 1L 血液中溶解 N_2 的物质的量；（b）水深 100ft 处的外部压力为 4.0atm。在这个压力下，空气中的 N_2 在血液中的溶解度是多少？（c）如果一个潜水员突然从这个深度浮出水面，1L 血液中有多少 mL N_2 以微小气泡的形式释放到血液中？

13.108　探讨以下几种有机物的蒸发焓（kJ/mol）：

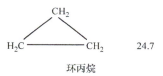

结构	蒸发焓
$CH_3\overset{O}{\underset{\|\|}{C}}CH_3$　丙酮	32.0
$H_2C\overset{O}{—}CH_2$　环氧乙烷	28.5
$CH_3\overset{O}{\underset{\|\|}{C}}—H$　乙醛	30.4
$H_2C\overset{CH_2}{—}CH_2$　环丙烷	24.7

（a）考虑这些物质的相对分子间作用力，解释其蒸发热的变化；（b）若以己烷作为溶剂，你认为这些物质的溶解度会如何变化？若以乙醇作为溶剂呢？用分子间作用力，包括氢键的相互作用来解释你的答案。

13.109 有一系列阴离子如下图所示：

i)　　　　　　　ii)

iii)

iv)　　　　　　　v)

最右边的阴离子被化学家称为"BARF"，因为它的常见缩写和这个词很像。

（a）每个阴离子的中心原子以及中心原子周围的电子对数是多少？

（b）BARF 的中心原子硼（B）周围电子对的几何构型是什么？

（c）哪个阴离子（如果有的话）的中心原子周围有超八隅体构型？

（d）四丁基铵（$CH_3CH_2CH_2CH_2$）$_4N^+$ 是一个体积庞大的阳离子。哪个阴离子与四丁基铵阳离子配对时，会形成一种最易溶于非极性溶剂的盐？

13.110 （a）在密闭容器中，2.050g 金属锌与 15.0mL 1.00M 硫酸反应生成氢气。假设反应完全，写出反应的平衡方程式，计算生成氢气的物质的量；（b）容器内溶液的体积为 122mL，忽略气体在溶液中的溶解度，计算在 25℃时容器内氢气的分压；（c）25℃时水中氢气的 Henry's 定律常数为 7.8×10^{-4} mol/L·atm。估算溶液中剩余氢气的物质的量及系统中溶解的气体分子的比例。在（b）中将溶解的氢气忽略是否合理？

13.111 下表给出了 25℃，气体和水蒸气的总压为 1 atm 时，几种气体在水中的溶解度。（a）在 25℃和标准压力条件下，4.0L 饱和溶液中含有多少体积的 CH_4（g）？（b）碳氢化合物的溶解度（在水中）如下：甲烷 < 乙烷 < 乙烯。这是因为乙烯是极性最强的分子吗？（c）这些碳氢化合物与水存在哪些分子间相互作用？（d）画出三种碳氢化合物的 Lewis 结构，哪些碳氢化合物含有 π 键？根据它们的溶解度，你认为 π 键比 σ 键更易极化还是不易极化？（e）为什么 NO 比 N_2 或 O_2 更易溶于水？（f）H_2S 的水溶性比表中其他气体都要强。H_2S 与水有哪些分子间作用力？（g）SO_2 是表中最易溶于水的气体，SO_2 与水有哪些分子间作用力？

气体	溶解度 / （mM）
CH_4（甲烷）	1.3
C_2H_6（乙烷）	1.8
C_2H_4（乙烯）	4.7
N_2	0.6
O_2	1.2
NO	1.9
H_2S	99
SO_2	1476

13.112 向 0.500L 水中加入一小块锂，（密度 = 0.535g/cm³），测得锂的边长是 1.0mm，发生如下反应：

$$2 Li(s) + 2H_2O(1) \longrightarrow 2LiOH(aq) + H_2(g)$$

假设反应完全，所得溶液的凝固点是多少？

13.113 35 ℃ 时丙酮（CH_3）$_2CO$ 的蒸气压是 360torr，氯仿 $CHCl_3$ 的蒸气压是 300torr。丙酮和氯仿之间可以形成非常弱的氢键，碳上的氯使碳带部分正电荷，导致下述行为的发生：

由相同物质的量的丙酮和氯仿组成的溶液在 35℃时的蒸气压为 250 torr。（a）假设符合理想行为，溶液的蒸气压是多少？（b）根据溶液的行为，预测丙酮和氯仿的混合是放热还是吸热的。

13.114 像硬脂酸钠这样的化合物，通常被称为"表面活性剂"，一旦溶液浓度达到临界胶束浓度（cmc），就会在水中形成胶束。胶束含有几十到几百个分子。临界胶束浓度取决于物质、溶剂和温度。

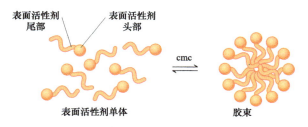

表面活性剂尾部　　表面活性剂头部

cmc

表面活性剂单体　　胶束

达到或超过临界胶束浓度 cmc，溶液的性质大大地改变。

（a）溶液的浊度（光散射量）在 cmc 处急剧增加。给出解释；（b）溶液的离子电导率在 cmc 处发生剧烈变化。给出解释；（c）化学家已经研发出荧光染料，这种染料只有在疏水环境中才能发出明亮的光。当硬脂酸钠浓度接近并超过临界胶束浓度（cmc）时，预测荧光强度与硬脂酸钠浓度的关系。

设计实验

根据图 13.18，有人认为：与纯溶剂相比，溶液中挥发性溶剂分子更不易从气相逸出是由于溶质分子锁住了溶剂分子，从而阻止它到达溶液表面。这是一种常见的误解。请设计一个实验来验证该论点是错误的，即溶质锁住溶剂阻止其蒸发并不是溶液的蒸气压低于纯溶剂的原因。

第 **14** 章

化学动力学

化学反应的发生需要一些时间。 有些反应，如铁的生锈，发生地相对较慢，需要几天、几个月甚至几年才能完成。其他反应，如叠氮化钠的分解，这种用于汽车安全气囊充气的反应发生得快到难以测量。作为化学专业人员，我们需要关注化学反应的速度以及反应的产物。

化学反应发生的速度叫作**反应速率**。控制反应速率的机理之一是调节温度。反应速率随温度的降低而减慢，随温度的升高而加快。人体中控制食物新陈代谢、基本营养物质运输和许多其他重要生理过程的化学反应必须以适当的速度进行。为此，无论外界温度如何变化，我们的体温必须保持相对恒定就相当必要。然而，并不是所有哺乳动物都在这样严格的温度范围下活动。在寒冷的冬季，动物冬眠时的体温通常会大幅度下降，减缓它们的新陈代谢以保持能量。如北极地鼠，一种每年冬眠 7~8 个月的动物。科学家测量了冬眠的北极地鼠的体温，最低可达 -3℃！在这样的低温下，反应速率会减慢几个数量级，这使得北极地鼠可以在如此长的时间里冬眠。

◀ **北极地鼠** 可以通过把体温降到接近冰点来维持超过大半年的冬眠时间。每 2~3 周它们会通过不自觉地颤抖把体温回升到 36℃，以减小由低温冬眠引起的大脑损伤。

化学中处理反应速率的部分被称为**化学动力学**。它在工业规模的化学品生产和医药领域的放射性同位素衰变等过程中发挥着重要作用。

化学动力学在为我们提供反应如何发生的信息方面也有很大帮助——反应过程中化学键断裂和形成的顺序。为了解反应是如何发生的，必须考查反应速率以及影响反应速率的因素。通过研究反应速率实验得到的信息，为我们从分子水平上揭示*反应机理*提供了重要依据：化学反应是从反应物到产物逐步进行的。

本章的目标是了解如何确定反应速率，并研究控制速率的因素。例如，什么因素决定了食物变质的速度？什么因素决定了钢铁生锈的速度？如何在汽车尾气离开排气管前清除其中的有害污染物？虽然本章中不解决这些具体问题，但我们可以从中体会所有化学反应的速率都遵循同样的原理。

14.1 │ 影响反应速率的因素

有四个因素影响任意特定反应的速率：

1. *反应物的物理状态*。反应物必须聚在一起才能发生反应。反应物分子之间的碰撞越容易，反应就越快。反应从广义上可分为*均相反应*：即涉及的所有反应物都为气体或液体；还有*非均相反应*：即反应物处于不同的相。在非均相条件下，反应受限于反应物之间的接触面积。因此，如果增加固体的表面积，涉及固体的非均相反应往往进行得更快。例如，同一种药物的粉剂将比片剂更快地在胃中溶解并进入血液。

2. *反应物浓度*。如果增加一种或多种反应物的浓度，大多数化学反应将进行得更快。例如，钢丝棉在含有 20%O_2 的空气中燃烧缓慢，但在纯氧中则会爆炸形成火焰（见图 14.1）。随着反应物浓度的增加，反应物分子碰撞的频率增加，导致反应速率增大。

3. *反应温度*。反应速率一般随温度的升高而增大。例如，让牛奶变质的细菌反应在室温下比在冰箱的低温条件下进行得更快。温度升高增加了分子的动能（见 10.7 节）。随着分子运动越来越快，碰撞越来越频繁，能量也越来越高，导致反应速率加快。

4. *是否存在催化剂*。催化剂是一种在自身不被消耗的情况下提高反应速率的物质。它们影响引发反应的碰撞类型（因此改变反应机理）。催化剂在生物体中起着重要的作用。

在分子水平上，反应速率取决于分子间碰撞的频率。*碰撞频率越高，反应速率越高*。然而，要使碰撞引起反应发生，必须有足够的能量使原来的化学键断裂，并使新化学键在适当的位置以合适的取向形成。我们将在本章中探讨这些因素。

▽ **图例解析**

如果把一根加热的钢钉放在纯 O_2 中，你认为它会像钢丝棉一样容易燃烧吗？

加热的钢丝棉在含 O_2 20%的空气中会炽热发光，缓慢氧化生成Fe_2O_3。

炽热的钢丝棉在100% O_2中剧烈燃烧，迅速生成Fe_2O_3。

▲ **图 14.1 浓度对反应速率的影响** 两种不同的现象是由于两种反应环境含 O_2 的浓度不同

△ **想一想**

在气态反应中，增加气体的分压将如何影响反应速率？

14.2 | 反应速率

*速度*被定义为在一定时间内发生的变化。这意味着无论何时我们谈论速度，都必须引入时间的概念。例如，汽车的速度表示为汽车在一定时间内位置的变化。在美国，汽车的速度通常是以每小时的英里数为单位来计算的，即距离（以英里计的位置变化）除以一段时间间隔（以小时计）。

同样地，化学反应的速度——反应速率——是指单位时间内反应物或产物浓度的变化。反应速率的单位通常为物质的量浓度每秒（M/s），即浓度的变化量（以物质的量浓度计）除以时间间隔（以 s 计）。

假设有一反应 A ⟶ B，如图 14.2 所示。每个红色球代表 0.01mol A，每个蓝色球代表 0.01mol B，容器的体积为 1.00L。反应开始时有 1.00mol A，所以浓度为 1.00mol/L=1.00M。20s 后，A 的浓度下降到 0.54M，B 的浓度升高到 0.46M。浓度的总和仍然是 1.00M，因为每反应 1mol 的 A，就生成 1mol 的 B。40s 后，A 的浓度为 0.30M，B 的浓度为 0.70M。

该反应的速率可以用反应物 A 减少的速率或产物 B 生成的速率来表示。B 在一个特定时间间隔内生成的*平均*速率是由 B 的浓度变化除以时间变化得到：

$$
\begin{aligned}
\text{B生成的平均速率} &= \frac{\text{B的浓度变化}}{\text{时间变化}} \\
&= \frac{[B]_{t_2} - [B]_{t_1}}{t_2 - t_1} = \frac{\Delta[B]}{\Delta t}
\end{aligned}
\tag{14.1}
$$

我们用中括号括住的化学式，如 [B]，表示物质的量浓度。希腊字母 delta，Δ，读作"变化量"，总是等于终值减去初始值 [见 5.2 节，式（5.3）]，从反应开始到 20 秒期间 B 生成的平均速率（$t_1 = 0s$ 到 $t_2 = 20s$）是

$$
\text{平均速率} = \frac{0.46M - 0.00M}{20s - 0s} = 2.3 \times 10^{-2} M/s
$$

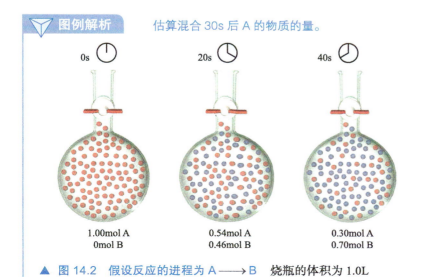

图例解析　估算混合 30s 后 A 的物质的量。

0s	20s	40s
1.00mol A 0mol B	0.54mol A 0.46mol B	0.30mol A 0.70mol B

▲ 图 14.2　假设反应的进程为 A ⟶ B　烧瓶的体积为 1.0L

同样也可以用反应物 A 来表示反应速率。这种情况下，用 A 减少速率可表示为：

$$A减少的平均速率 = -\frac{A的浓度变化}{时间变化} = -\frac{\Delta[A]}{\Delta t} \qquad （14.2）$$

注意这个公式中的负号，我们用它来表示 A 浓度的减小。

按照惯例，速率总是表示为正值。

因为 [A] 减少，$\Delta[A]$ 是负数，我们把等式前再加个负号将 $\Delta[A]$ 转变为正值。

因为每生成 1 个分子 B 就会消耗 1 个分子 A，A 减少的平均速率等于 B 生成的平均速率：

$$平均速率 = -\frac{\Delta[A]}{\Delta t} = -\frac{0.54M - 1.00M}{20s - 0s} = 2.3 \times 10^{-2} M/s$$

实例解析 14.1
计算反应的平均速率

根据图 14.2 中的数据，计算从 20s 到 40s 期间 A 减少的平均速率。

解析

分析 已知 A 在 20s 时的浓度（$0.54M$）和 40s 时的浓度（$0.30M$），要计算此时间间隔内反应的平均速率。

思路 平均速率可由 A 的浓度变化 $\Delta[A]$ 除以时间的变化 Δt 求得。因为 A 是反应物，在计算时需要加一个负号维持反应速率的正值。

解答

$$平均速率 = -\frac{\Delta[A]}{\Delta t} = -\frac{0.30M - 0.54M}{40s - 20s} = 1.2 \times 10^{-2} M/s$$

▶ **实践练习 1**

如果图 14.2 中的反应进行了 60s，A 还剩余 0.16mol。下列哪一项陈述是正确的？

（ i ）60s 后烧瓶中有 0.84mol B；
（ ii ）从 $t_1 = 0s$ 到 $t_2 = 20s$，A 物质的减少量比从 $t_1 = 40s$ 到 $t_2 = 60s$ 期间的减少量大；
（ iii ）从 $t_1 = 40s$ 到 $t_2 = 60s$，反应的平均速率为 $7.0 \times 10^{-3} M/s$。
（ a ）只有一个陈述是正确的
（ b ）陈述（ i ）和（ ii ）是正确的
（ c ）陈述（ i ）和（ iii ）是正确的
（ d ）陈述（ ii ）和（ iii ）是正确的
（ e ）以上陈述全部正确

▶ **实践练习 2**

利用图 14.2 中的数据，计算从 0s 到 40s 期间 B 生成的平均速率。

速率随时间的变化

现在我们来研究氯丁烷（C_4H_9Cl）与水反应生成丁醇（C_4H_9OH）和盐酸的反应：

$$C_4H_9Cl(aq) + H_2O(l) \longrightarrow C_4H_9OH(aq) + HCl(aq) \qquad （14.3）$$

假设我们制备了 $0.1000\ M$ 的 C_4H_9Cl 水溶液，并测定了反应初始零时刻（即反应物混合引发反应的瞬间）之后不同时刻 C_4H_9Cl 的浓度。用表 14.1 前两列的数据可以计算出不同时间间隔内 C_4H_9Cl 减少的平均速率，并列于第三列。注意，前几次测定，每 50 秒间隔内的平均速率下降。后续的测定中，在更大的时间间隔内平均速率继续下降。*这是反应物浓度降低导致反应速率下降的典型例子。*反应中速率的变化也可以从 $[C_4H_9Cl]$ 随时间变化的曲线中看到（见图14.3）。注意曲线的斜率是如何随时间变化而减小的，这表明反应速率正在下降。

表 14.1 C_4H_9Cl 与水反应的速率数据

时间 /s	$[C_4H_9Cl]/M$	平均速率 $/(M/s)$
0.0	0.1000	
		1.9×10^{-4}
50.0	0.0905	
		1.7×10^{-4}
100.0	0.0820	
		1.6×10^{-4}
150.0	0.0741	
		1.4×10^{-4}
200.0	0.0671	
		1.22×10^{-4}
300.0	0.0549	
		1.01×10^{-4}
400.0	0.0448	
		0.80×10^{-4}
500.0	0.0368	
		0.560×10^{-4}
800.0	0.0200	
10,000	0	

瞬时速率

图14.3显示了如何通过反应物或产物浓度随时间的变化量来估算反应的**瞬时速率**，即反应过程中某个特定瞬间的速率。瞬时速率由曲线在某一特定时间点的斜率决定。图14.3中画有两条切线，一条是通过 $t = 0s$ 反应初始点的虚线，另一条是通过 $t = 600s$ 处反应点的实线。切线的斜率给出了这两个时间点的瞬时速率。[⊖] 为了确定 $t = 600s$ 的瞬时速率，我们可以通过绘制水平和垂直的两条直线形成图14.3中的蓝色直角三角形，切线的斜率是三角形垂直边的高度与水平边的长度之比：

$$瞬时速率 = -\frac{\Delta[C_4H_9Cl]}{\Delta t} = -\frac{(0.017-0.042)M}{(800-400)s}$$
$$= 6.3 \times 10^{-5} M/s$$

在后面的内容中，速率一词都指瞬时速率，除非另有说明。$t = 0$ 时的瞬时速率称为反应的初始速率。为了更好地理解平均速率和瞬时速率之间的区别，假设你在2.0h内行驶了98mi，则此行程的平均速度是49mi/h，而你在途中任意时刻的瞬时速度是那一时刻的速度表的读数。

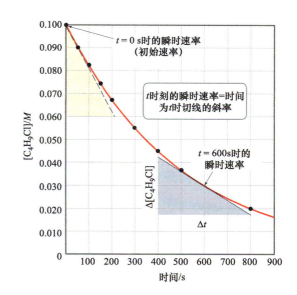

▼ **图例解析**

瞬时速率随反应的进行是增大、减小还是保持不变？

$$C_4H_9Cl(aq)+H_2O(l)\longrightarrow C_4H_9OH(aq)+HCl(aq)$$

$t = 0$ s时的瞬时速率（初始速率）

t时刻的瞬时速率=时间为t时切线的斜率

$t = 600s$时的瞬时速率

$\Delta[C_4H_9Cl]$

Δt

▲ 图14.3 氯丁烷（C_4H_9Cl）浓度随时间的变化

⊖ 可以参考附录A中通过绘图来确定斜率的方法。如果熟悉微积分，可以得出时间间隔趋近于0时的平均速率，即相当于瞬时速率。积分符号中的极限值，即是曲线在时间 t 时导数的负值，$-d[C_4H_9Cl]/dt$。

实例解析 14.2
反应瞬时速率的计算

利用图 14.3，计算在 $t = 0s$ 时 C_4H_9Cl 减少的瞬时速率（初始速率）。

解析

分析 利用反应物浓度随时间变化的曲线图确定瞬时速率。

思路 为得到 $t = 0s$ 时刻的瞬时速率，必须确定曲线在 $t = 0s$ 时的斜率。图中，切线即直角三角形的斜边。而切线的斜率等于纵轴的变化值除以与其对应的横轴的变化值（此例题中为物质的量浓度变化值除以对应时间的变化值）。

解答 切线向下倾斜范围从 $[C_4H_9Cl] = 0.100M$ 到 $0.060M$，对应的时间变化从 0s 到 210s。因此，初始速率为

$$\text{速率} = -\frac{\Delta[C_4H_9Cl]}{\Delta t} = -\frac{(0.060-0.100)M}{(210-0)s} = 1.9 \times 10^{-4}M/s$$

▶ **实践练习 1**

下列哪一项是图 14.3 中 $t = 1000s$ 时反应的瞬时速率？

（a）$1.2 \times 10^{-4}\ M/s$
（b）$8.8 \times 10^{-5}\ M/s$
（c）$6.3 \times 10^{-5}\ M/s$
（d）$2.7 \times 10^{-5}\ M/s$
（e）大于上述答案中的任何一个。

▶ **实践练习 2**

利用图 14.3，确定 $t = 300s$ 时 C_4H_9Cl 减少的瞬时速率。

想一想

根据图 14.3，不做任何计算，按从快到慢的顺序将下列三个速率排序：（i）0s 到 600s 之间反应的平均速率；（ii）$t = 0s$ 时的瞬时速率；（iii）$t = 600s$ 时的瞬时速率。

反应速率和化学计量学

在讨论反应 A → B 时，化学计量学要求 A 减少的速率等于 B 生成的速率。同样地，式（14.3）表明，每生成 1mol C_4H_9OH，就消耗 1mol C_4H_9Cl。因此，C_4H_9OH 的生成速率等于 C_4H_9Cl 的减少速率：

$$\text{速率} = -\frac{\Delta[C_4H_9Cl]}{\Delta t} = \frac{\Delta[C_4H_9OH]}{\Delta t}$$

如果当化学计量关系不是 1:1 的时候会怎样？例如，探讨下述反应 $2HI(g) \rightarrow H_2(g) + I_2(g)$，可以测定 HI 的减少速率或者 H_2 和 I_2 任何一个的生成速率。因为每生成 1mol H_2 或 1mol I_2 就会有 2mol HI 消耗，所以 HI 的减少速率是 H_2 或 I_2 生成速率的两倍。怎么决定该用哪个数据来表示反应速率呢？我们测定的是 HI 还是 I_2 或 H_2，得到的速率会相差 2 倍，这就需要运用化学计量学来解决这个问题。为得到不受选定组分影响的反应速率的值，必须把 HI 的减少速率除以 2（它在化学方程式中的系数）。

$$\text{速率} = -\frac{1}{2}\frac{\Delta[HI]}{\Delta t} = \frac{\Delta[H_2]}{\Delta t} = \frac{\Delta[I_2]}{\Delta t}$$

一般来说，对于反应

$$a\,A + b\,B \longrightarrow c\,C + d\,D$$

可以得到反应速率：

$$\text{速率} = -\frac{1}{a}\frac{\Delta[A]}{\Delta t} = -\frac{1}{b}\frac{\Delta[B]}{\Delta t} = \frac{1}{c}\frac{\Delta[C]}{\Delta t} = \frac{1}{d}\frac{\Delta[D]}{\Delta t} \qquad (14.4)$$

当我们讨论一个反应的速率而不指定某个特定的反应物或生成物时，可以采用式（14.4）中的定义。[⊖]

实例解析 14.3

产物生成和反应物减少的相关速率

（a）在反应 $2O_3(g) \rightarrow 3O_2(g)$ 中，用 O_3 减少表示的反应速率和用 O_2 生成表示的反应速率有什么关系？

（b）如果用 O_2 的生成表示反应速率，在某个特定时刻 $\Delta[O_2]/\Delta t$ 为 $6.0\times10^{-5}M/s$，则在同一时刻，用 O_3 减少表示的反应速率 $-\Delta[O_3]/\Delta t$ 是多少？

解析

分析　已知反应平衡方程式，求用产物生成和反应物减少表示的反应速率之间的关系。

思路　可以利用式（14.4）中化学方程式的系数来表示反应速率之间的关系。

解答

（a）利用化学平衡式中的系数和式（14.4）中的计量关系，有：

$$\text{速率} = -\frac{1}{2}\frac{\Delta[O_3]}{\Delta t} = \frac{1}{3}\frac{\Delta[O_2]}{\Delta t}$$

（b）从（a）部分等式中求出 O_3 减少速率 $-\Delta[O_3]/\Delta t$ 可以得到：

$$-\frac{\Delta[O_3]}{\Delta t} = \frac{2}{3}\frac{\Delta[O_2]}{\Delta t} = \frac{2}{3}(6.0\times10^{-5}M/s) = 4.0\times10^{-5}M/s$$

检验　可以应用化学计量因子将 O_2 的生成速率转换为 O_3 的减少速率：

$$-\frac{\Delta[O_3]}{\Delta t} = \left(6.0\times10^{-5}\frac{\text{mol } O_2/L}{s}\right)\left(\frac{2 \text{mol } O_3}{3 \text{mol } O_2}\right) = 4.0\times10^{-5}\frac{\text{mol } O_3/L}{s}$$
$$= 4.0\times10^{-5}M/s$$

▶ **实践练习 1**

在反应的某一时刻，物质 A 以 $4.0\times10^{-2}M/s$ 的速率减少，物质 B 以 $2.0\times10^{-2}M/s$ 的速率生成，物质 C 以 $6.0\times10^{-2}M/s$ 的速率生成。下列哪一反应符合上述计量关系？

（a）$2A + B \longrightarrow 3C$　（b）$A \longrightarrow 2B + 3C$

（c）$2A \longrightarrow B + 3C$　（d）$4A \longrightarrow 2B + 3C$

（e）$A + 2B \longrightarrow 3C$

▶ **实践练习 2**

如果 N_2O_5 的分解反应 $2N_2O_5(g) \longrightarrow 4NO_2(g) + O_2(g)$ 在某一特定时刻的速率为 $4.2\times10^{-7}M/s$，用（a）NO_2 和（b）O_2 的生成表示该时刻的反应速率。

14.3 | 浓度与速率方程

研究浓度对反应速率影响的其中一种方法，是确定与初始浓度相关的初始速率。例如，我们可以通过测定不同反应时间的 NH_4^+ 或 NO_2^- 的浓度，或收集到的 N_2 体积来探讨反应速率。因为 NH_4^+、NO_2^- 和 N_2 的化学计量系数是一样的，所以这几个速率都相同。

$$NH_4^+(aq) + NO_2^-(aq) \longrightarrow N_2(g) + 2H_2O(l)$$

⊖式（14.4）不适用于除 C 和 D 之外大量生成的物质。例如，有时在生成最终产物之前会有一定浓度的中间体产生。在这种情况下，反应物减少的速率与产物生成的速率之间的关系就不符合式（14.4）。本章我们探讨的所有反应的速率都服从式（14.4）。

深入探究 用光谱法测定反应速率：Beer's（比尔）定律

有多种技术可以用来检测反应过程中反应物和产物的浓度，包括光谱法——一种依据物质吸收或发射光的能力的方法。*光度计*是测定样品在不同波长处透过或吸收多少光的仪器，光谱动力学研究通常是在光度计的样品室中对反应混合物进行检测。进行动力学研究时，将光度计设置在某个特定波长处测定反应物或产物吸收的光。例如 HI（g）分解为 H_2（g）和 I_2（g）的反应中，HI 和 H_2 都是无色的，而 I_2 是紫色的。反应过程中，混合物的紫色会随着 I_2 的生成变得越来越深。因此，选择合适波长的可见光就可以用于该反应的测定（见图 14.4）。

图 14.5 列出了光度计的组件。光度计通过测定一定波长下光源发出的光强度和透过样品的光强度来测定样品的吸光度。随着 I_2 浓度的增加，试样颜色变得更深，反应混合物的吸光度增加，进而光度计检测到的光更少，如图 14.4 所示。

怎样才能把光度计检测到的光与物质的浓度联系起来呢？Beer's 定律为我们提供了途径，它将吸收光的量与吸光物质的浓度联系起来：

$$A = \varepsilon b c \qquad (14.5)$$

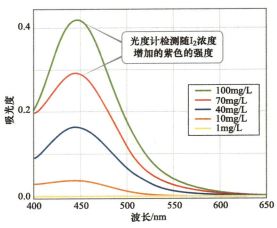

▲ 图 14.4　I_2 在不同浓度下的可见光谱

在这个公式中，A 为测得的吸光度，ε 为摩尔吸收系数（物质在特定波长下的吸光特性），b 为通过样品室的光路的长度，c 为吸光物质的物质的量浓度。因此，浓度与吸光度成正比。许多化工和制药企业利用 Beer's 定律来计算所合成化合物的纯度。你可以在实验课上，利用 Beer's 定律把光的吸收和物质的浓度联系起来。

相关练习：14.101，14.102，设计实验。

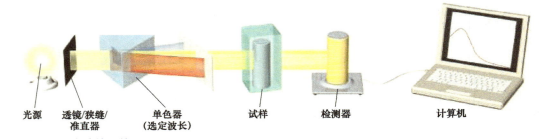

光源　　透镜/狭缝/　　单色器　　　试样　　检测器　　　　计算机
　　　　准直器　　　（选定波长）

▲ 图 14.5　光度计的组件

表 14.2 显示改变任意一个反应物的初始浓度都会改变反应的初始速率。如果在保持 [NO_2^-] 不变的情况下将 [NH_4^+] 加倍，则速率加倍（比较实验1和实验2）。如果将 [NH_4^+] 增加到4倍，而保持 [NO_2^-] 不变（实验1和实验3），则反应速率将为原来的4倍，以此类推。上述结果表明，初始反应速率与 [NH_4^+] 成正比。同理，当改变 [NO_2^-] 而保持 [NH_4^+] 不变时，反应速率将以同样的方式受到影响。因此，反应速率也与 [NO_2^-] 成正比。

表 14.2　25℃时铵与亚硝酸盐离子在水中的反应速率

实验编号	初始 NH_4^+ 浓度 /M	初始 NO_2^- 浓度 /M	初始速率 /（M/s）
1	0.0100	0.200	5.4×10^{-7}
2	0.0200	0.200	10.8×10^{-7}
3	0.0400	0.200	21.5×10^{-7}
4	0.200	0.0202	10.8×10^{-7}
5	0.200	0.0404	21.6×10^{-7}
6	0.200	0.0808	43.3×10^{-7}

以下面的公式来表示反应物浓度对速率的影响

$$速率 = k[NH_4^+][NO_2^-] \qquad (14.6)$$

式（14.6）表示了反应速率如何取决于反应物的浓度，称为**速率方程**。对于一般反应

$$a\,A + b\,B \longrightarrow c\,C + d\,D$$

速率方程通常写成下面的形式

$$速率 = k[A]^m[B]^n \qquad (14.7)$$

注意，通常只有反应物的浓度出现在速率方程中。常数 k 称为**速率常数**。k 的大小随温度而变化，温度如何影响速率，见 14.5 节。指数 m 和 n 通常是数值小的整数，其值不一定等于平衡方程式中 A 和 B 的系数。稍后我们将很快学习到，如果知道反应的 m 和 n，可以对反应发生的每个步骤有更深入的了解。

想一想

速率常数取决于反应物的浓度吗？

如果已知反应的速率方程和一系列反应物浓度下的反应速率，我们就可以计算出 k 的值。例如，根据表 14.2 中实验 1 的数据，将其代入式（14.6）：

$$5.4 \times 10^{-7} M/s = k(0.0100M)(0.200M)$$

$$k = \frac{5.4 \times 10^{-7} M/s}{(0.0100M)(0.200M)} = 2.7 \times 10^{-4} M^{-1} s^{-1}$$

可以验证表 14.2 中的其他组实验结果均能得到与此相同的 k 值。

如果已知反应的速率方程和 k 值，我们就可以计算任何一组浓度下的反应速率。例如，根据式（14.7）和已知条件 $k = 2.7 \times 10^{-4} M^{-1} s^{-1}$，$m = 1$，$n = 1$，可以计算出在 $[NH_4^+] = 0.100M$ 和 $[NO_2^-] = 0.100M$ 下的反应速率：

$$反应速率 = (2.7 \times 10^{-4} M^{-1} s^{-1})(0.100M)(0.100M) = 2.7 \times 10^{-6} M/s$$

想一想

速率常数和速率有相同的单位吗？

反应级数：速率方程中的指数

大多数反应速率方程如下

$$反应速率 = k[\,反应物\,1]^m[\,反应物\,2]^n \cdots \qquad (14.8)$$

指数 m 和 n 称为**反应级数**。我们再来探讨 NH_4^+ 与 NO_2^- 反应的速率方程：

$$反应速率 = k[NH_4^+][NO_2^-]$$

由于 $[NH_4^+]$ 的指数为 1，对于 NH_4^+ 来说速率是一级的，NO_2^- 的速率也是一级的（指数 1 在速率方程中通常不显示）。**总反应级数**是

速率方程中每个反应物的反应级数之和。因此，对于 NH_4^+ 和 NO_2^- 进行的反应，速率方程有 $1 + 1 = 2$ 的总反应级数，该反应为二级反应。

速率方程中的指数表示速率如何受每个反应物浓度的影响。因为 NH_4^+ 与 NO_2^- 反应的速率取决于 $[NH_4^+]$ 的一次幂，当 $[NH_4^+]$ 加倍，反应速率也相应加倍。当 $[NH_4^+]$ 增大至 3 倍，反应速率也增大至 3 倍，以此类推。同样地，当 $[NO_2^-]$ 增至两倍或三倍，速率也会相应增至两倍或三倍。如果一个速率方程对于反应物 A 是二级的，即 $[A]^2$，此时若物质 A 的浓度加倍，会使得反应速率增加至 4 倍，因为 $[2]^2 = 4$，若 A 的浓度增加至 3 倍则速率增大至原来的 9 倍：$[3]^2 = 9$。

下面是另外一些由实验确定的速率方程的例子：

$$2N_2O_5(g) \longrightarrow 4NO_2(g) + O_2(g) \quad \text{速率} = k[N_2O_5] \qquad (14.9)$$

$$H_2(g) + I_2(g) \longrightarrow 2HI(g) \quad \text{速率} = k[H_2][I_2] \qquad (14.10)$$

$$CHCl_3(g) + Cl_2(g) \longrightarrow CCl_4(g) + HCl(g) \quad \text{速率} = k[CHCl_3][Cl_2]^{1/2} \qquad (14.11)$$

虽然有时候速率方程中的指数与平衡方程式中的系数相同，但情况未必都如此，如上述式（14.9）和式（14.11）所示。

对于任何反应，速率方程须由实验来确定。

大多数速率方程的反应级数为 0、1 或 2。偶尔也会遇到反应级数为分数甚至负数的速率方程 [如上述式（14.11）所示]。

> **想一想**
>
> 由实验确定如下反应的速率方程为
>
> $$2NO(g) + 2H_2(g) \longrightarrow N_2(g) + 2H_2O(g)$$
>
> $$\text{反应速率} = k[NO]^2[H_2]$$
>
> 如果 H_2 的浓度加倍，反应速率是原来的 4 倍、2 倍还是保持不变呢？

实例解析 14.4

速率方程与浓度对速率影响的关系

假设反应 $A + B \longrightarrow C$ 的速率方程为速率 $= k[A][B]^2$。图中每个盒子代表一种反应混合物，其中 A 用红色球表示，B 用紫色球表示。将这几个反应按速率递增的顺序进行排序。

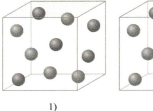 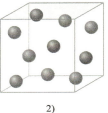 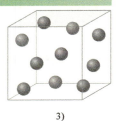

     1)   2)   3)

解析

分析 已知三个盒子中含有不同数量和颜色的小球分别代表不同反应物浓度的混合物。要求利用已知速率方程和反应物组成，按速率递增的顺序为反应排序。

思路 因为三个盒子有相同的体积，我们把盒子里不同种类的小球数代入速率方程就可以算出每个盒子的反应速率。

解答 盒子 1 含有 5 个红球和 5 个紫球，得到

速率方程为：

    盒子 1：速率 $= k(5)(5)^2 = 125k$

盒子 2 含有 7 个红球和 3 个紫球，速率方程为：

    盒子 2：速率 $= k(7)(3)^2 = 63k$

盒子 3 含有 3 个红球和 7 个紫球，速率方程为：

    盒子 3：速率 $= k(3)(7)^2 = 147k$

最慢的反应速率为 $63k$（盒子 2），最快的反应

速率 147k（盒子 3）。

那么，反应速率按递增排序为 2 < 1< 3。

检验 每个盒子都有 10 个球。速率方程表明 [B] 对速率的影响大于 [A]，因为 B 有更大的反应级数。因此，有最大 B 浓度（含最多紫色球）的混合物反应最快。此分析证实了排序为 2 < 1< 3。

▶ **实践练习 1**

假设此例题中反应的速率方程为：速率 = $k[A]^2[B]$。图中三种混合物的反应速率从慢到快排序是怎样的？

（a）1 < 2 < 3
（b）1 < 3 < 2
（c）3 < 2 < 1
（d）2 < 1 < 3
（e）3 < 1 < 2

▶ **实践练习 2**

假设速率方程为：速率 = $k[A][B]$，按递增顺序为此例题中三种混合物的反应速率排序。

速率常数的大小和单位

如果想通过比较反应来判断哪些反应相对较快，哪些反应相对较慢，那么重点就是速率常数。有一条通用法则是，k 值大（约 10^9 或更高）代表反应快，k 值小（10 或更低）代表反应慢。

速率常数的单位取决于速率方程的总反应级数。例如，总反应级数为二级的反应中，速率常数的单位必须满足方程：

$$速率的单位 =（速率常数的单位）（浓度的单位）^2$$

通常浓度单位用物质的量浓度，时间单位用秒，则有

$$速率常数的单位 = \frac{速率的单位}{（浓度的单位）^2} = \frac{M/s}{M^2} = M^{-1}s^{-1}$$

实例解析 14.5

确定反应级数和速率常数的单位

（a）式（14.9）和式（14.11）中反应的总反应级数是多少？
（b）式（14.9）中反应的速率常数的单位是什么？

解析

分析 已知两个反应的速率方程，求（a）每个反应的总反应级数，（b）第一个反应的速率常数的单位。

思路 总反应级数是速率方程中的指数之和。速率常数 k 的单位可由速率的通用单位（M/s）和浓度的通用单位（M），根据代数关系来求得。

解答

（a）式（14.9）中的反应，N_2O_5 的反应级数是 1，总反应级数也是 1。式（14.11）中的反应，$CHCl_3$ 的反应级数是 1，Cl_2 的反应级数是 1/2，总反应级数是 3/2。

（b）由式（14.9）中的速率方程可知

速率的单位 =（速率常数的单位）（浓度的单位）

所以

$$速率常数的单位 = \frac{速率的单位}{浓度的单位} = \frac{M/s}{M} = s^{-1}$$

注意，如果反应级数改变，速率常数的单位也会改变。

▶ **实践练习 1**

下列哪一项是式（14.11）中反应速率常数的单位？

（a）$M^{1/2}s^{-1}$ （b）$M^{-1/2}s^{-1/2}$ （c）$M^{-1/2}s^{-1}$
（d）$M^{-3/2}s^{-1}$ （e）$M^{-3/2}s^{-1/2}$

▶ **实践练习 2**

（a）式（14.10）中反应物 H_2 的反应级数是多少？（b）式（14.10）中速率常数的单位是什么？

用初始速率确定速率方程

我们知道，大多数反应的速率方程具有如下通式

速率 = k [反应物 1]^m[反应物 2]^n...

那么，确定速率方程的任务就是确定反应级数 m 和 n。大多数反应的反应级数都是 0、1 或 2。正如本节前文提到的，我们可以用反应速率对初始浓度的变化来确定反应级数。

当我们使用速率方程时，可知：反应*速率*取决于浓度，但*速率常数*并不是，认识到这点很重要。正如在本章后文中将要看到的，速率常数（还有反应速率）受温度和催化剂存在的影响。

实例解析 14.6

通过初始速率来确定速率方程

在三组不同 A 和 B 的初始浓度下测得反应 A + B ——→ C 的初始速率，结果如下：

实验编号	[A]/M	[B]/M	初始速率 l/(M/s)
1	0.100	0.100	4.0×10^{-5}
2	0.100	0.200	4.0×10^{-5}
3	0.200	0.100	16.0×10^{-5}

利用这些数据，确定（a）反应的速率方程；（b）速率常数；（c）当 [A] = 0.050M，[B] = 0.100M 时反应的速率。

解析

分析 已知表中数据涉及反应物的浓度和反应的初始速率，要确定（a）速率方程，（b）速率常数和（c）表中未列出的一组浓度下的反应速率。

思路 （a）假设速率方程为：速率 = k[A]^m[B]^n。利用已知数据并通过浓度变化对速率的影响来推断反应级数 m 和 n。（b）如果已知了 m 和 n，就可以用速率方程和表中的一组数据来确定速率常数 k。（c）在确定了速率常数和反应级数之后，可以通过速率方程和已知浓度来计算反应速率。

解答

（a）对比实验 1 和实验 2，我们发现 [A] 保持不变而 [B] 加倍。因此，这两组实验表明了 [B] 如何影响反应速率，使我们得以推断 B 的反应级数。

$$\frac{速率1}{速率2} = \frac{k[A_1]^m[B_1]^n}{k[A_2]^m[B_2]^n}$$

由表中的速率值和浓度可知：

$$\frac{4.0 \times 10^{-5}\, M/s}{4.0 \times 10^{-5}\, M/s} = \frac{k[0.100M]^m[0.100M]^n}{k[0.100M]^m[0.200M]^n}$$

$$1 = (1/2)^n$$

等式成立的唯一条件是 n = 0。因此，B 的反应级数是 0，意味着 [B] 独立存在于速率方程之外。

在实验 1 和实验 3 中，[B] 保持不变，因此可以通过 [A] 确定速率方程的反应级数。

$$\frac{速率1}{速率3} = \frac{k[A_1]^m[B_1]^n}{k[A_3]^m[B_3]^n}$$

由表中的速率值和浓度可知：

$$\frac{16.0 \times 10^{-5}\, M/s}{4.0 \times 10^{-5}\, M/s} = \frac{k[0.200M]^m[0.100M]^n}{k[0.100M]^m[0.100M]^n}$$

$$4 = (2)^m$$

当 [A] 增大一倍，速率因此增大至 4 倍，得出 m = 2 且速率方程对于 A 为 2 级。

综上结果，我们得到速率方程为：

$$速率 = k[A]^2[B]^0 = k[A]^2$$

（b）利用速率方程和实验 1 中的数据，得到：

$$k = \frac{速率}{[A]^2} = \frac{4.0 \times 10^{-5}\, M/s}{(0.100M)^2} = 4.0 \times 10^{-3}\, M^{-1}s^{-1}$$

（c）根据从问题（a）得到的速率方程和从问题（b）得到的速率常数，得出：因为 [B] 在速率方程中被消去，即使有一些 B 存在与 A 反应的情况，也与反应速率无关。

$$\text{速率} = k[A]^2$$
$$= (4.0 \times 10^{-3} M^{-1} s^{-1})(0.050 M)^2$$
$$= 1.0 \times 10^{-5} M/s$$

检验　检验速率方程的一个好的办法是用实验 2 或实验 3 中的浓度，看是否能正确计算出速率。如果用实验 3 中的数据，有

$$\text{速率} = k[A]^2 = (4.0 \times 10^{-3} M^{-1} s^{-1})(0.200 M)^2$$
$$= 1.6 \times 10^{-4} M/s$$

可见，速率方程计算值与测得的实验数据相符，所以，结果无论是数值还是单位都是正确的。

▶ **实践练习 1**

　　探讨上述例题中的反应 A + B → C。如果 B 的浓度加倍，B 的减少速率为_____；反之如果 A 的浓度加倍，B 的减少速率为_____。

（a）不变；不变

（b）增加至 2 倍；增加至 2 倍

（c）增加至 4 倍；增加至 2 倍

（d）不变；增加至 4 倍

（e）增加至 4 倍；不变

▶ **实践练习 2**

　　测定的一氧化氮与氢气的反应数据如下：

$$2NO(g) + 2H_2(g) \longrightarrow N_2(g) + 2H_2O(g)$$

实验编号	[NO]/M	[H$_2$]/M	初始反应速率 /(M/s)
1	0.10	0.10	1.23×10^{-3}
2	0.10	0.20	2.46×10^{-3}
3	0.20	0.10	4.92×10^{-3}

（a）确定反应的速率方程；

（b）计算速率常数；

（c）当 [NO] = 0.050M，[H$_2$] = 0.150M 时，计算反应速率。

14.4 | 浓度随时间的变化

　　到目前为止，我们所研究的速率方程都是通过速率常数和反应物浓度来计算反应速率。在本节中我们将会探讨，速率方程也可以被转换成反应物或产物的浓度与时间关系的方程式。完成这一转换所需的数学内容涉及微积分。进行微积分运算在这里不做要求，但是应该会运用推导出的公式。我们将这种转换应用到三个最简单的速率方程：总反应级数一级、总反应级数二级和总反应级数零级。

一级反应

　　一级反应是速率取决于单个反应物浓度一次幂的反应。如果反应的类型

　　A —→ 产物为一级反应，则速率方程为：

$$\text{速率} = \frac{\Delta[A]}{\Delta t} = k[A]$$

速率方程的这种形式，表明了速率如何取决于浓度，称为*微分速率方程*。此处使用的微积分的运算为积分，一个一级反应的微分速率方程可以通过积分转化为*积分速率方程*，将 A 的初始浓度 [A]$_0$ 与它在任意时刻 t 的浓度 [A]$_t$ 关联起来：

$$\ln[A]_t - \ln[A]_0 = -kt \quad \text{或} \quad \ln\frac{[A]_t}{[A]_0} = -kt \quad （14.12）$$

　　式（14.12）中的函数"ln"是自然对数（见附录 A.2）。式（14.12）也可以改写为

$$\ln[A]_t = -kt + \ln[A]_0 \quad （14.13）$$

式（14.12）和式（14.13）可以使用任何浓度单位，只要 $[A]_t$ 和 $[A]_0$ 使用的单位一致。在用于气体反应时，可使用压力作为浓度，服从理想气体状态方程（见 10.4 节）的规定，即在恒定温度下，压力与浓度成正比（n/V）。

对于一个一级反应，式（14.12）或式（14.13）可以有多种应用形式。给定以下任意三个变量，可以求解第四个：k、t、$[A]_0$ 和 $[A]_t$。因此，可以利用这些应用形式来确定：（1）反应开始后任意时刻反应物的剩余浓度；（2）反应达到以某种物质计的反应分数时所需的时间；（3）反应物浓度降至一定程度所需的时间。

实例解析 14.7
一级反应的积分速率方程

12℃时，某杀虫剂在水中的分解服从一级反应动力学，速率常数为 $1.45\,yr^{-1}$。一定量的这种杀虫剂于 6 月 1 日被冲进湖水中，导致湖水中杀虫剂的质量浓度为 $5.0 \times 10^{-7}\,g/cm^3$。假设湖水温度恒定（即温度变化对反应速率没有影响）。（a）第二年 6 月 1 日湖水中杀虫剂的质量浓度是多少？（b）湖水中杀虫剂的质量浓度降至 $3.0 \times 10^{-7}\,g/cm^3$ 需要用多长时间？

解析

分析 已知服从一级反应动力学反应的速率常数，以及质量浓度和时间，要计算一年后反应物（杀虫剂）剩余多少？还要确定达到一个特定杀虫剂质量浓度所需的时间。

思路 （a）已知速率常数、时间和初始反应物质量浓度，可以用式（14.13）来确定 1 年后反应物的质量浓度。（b）已知初始和终止质量浓度，以及速率常数，仍然用式（14.13）来计算降至指定质量浓度所需的时间。

解答

（a）将各种已知量代入式（14.13），得到：

$$\ln[\text{杀虫剂}]_{t=1yr} = -(1.45\,yr^{-1})(1.00\,yr) + \ln(5.0 \times 10^{-7})$$

对等式右侧的第二项 $\ln(5.0 \times 10^{-7})$ 求对数，有

$$\ln[\text{杀虫剂}]_{t=1yr} = -1.45 + (-14.51) = -15.96$$

为得到 $[\text{杀虫剂}]_{t=1yr}$，用反对数，即 e^x 函数计算：

$$[\text{杀虫剂}]_{t=1yr} = e^{-15.96}\,g/cm^3 = 1.2 \times 10^{-7}\,g/cm^3$$

注意，$[A]_t$ 和 $[A]_0$ 的单位必须一致。

（b）将 $[\text{杀虫剂}]_t = 3.0 \times 10^{-7}\,g/cm^3$ 代入式（14.13），得到：

$$\ln(3.0 \times 10^{-7}) = -(1.45\,yr^{-1})(t) + \ln(5.0 \times 10^{-7})$$

解得 t：

$$t = -[\ln(3.0 \times 10^{-7}) - \ln(5.0 \times 10^{-7})]/1.45\,yr^{-1}$$
$$= -(-15.02 + 14.51)/1.45\,yr^{-1} = 0.35\,yr$$

检验 （a）1.00yr 后的剩余质量浓度（$1.2 \times 10^{-7}\,g/cm^3$）应小于原始质量浓度（$5.0 \times 10^{-7}\,g/cm^3$）。（b）给定质量浓度（$3.0 \times 10^{-7}\,g/cm^3$）大于 1.00yr 后的剩余质量浓度，表明达到这个给定质量浓度所需时间必定小于 1 yr。因此，$t = 0.35$ yr 是合理的答案。

▶ **实践练习 1**

25℃时，五氧化二氮 $N_2O_5(g)$ 分解为 $NO_2(g)$ 和 $O_2(g)$ 的反应服从一级反应动力学，速率常数 $k = 3.4 \times 10^{-5}\,s^{-1}$。$N_2O_5(g)$ 试样在 25℃、初始压力为 760torr 下发生分解，压力降至 650torr 消耗多长时

间（以 s 计）？

（a）5.3×10^{-6} （b）2000 （c）4600
（d）34000 （e）190000

▶ **实践练习 2**

510℃时，二甲醚 $(CH_3)_2O$ 的分解反应为一级反应，速率常数 $k = 6.8 \times 10^{-4}\,s^{-1}$：

$$(CH_3)_2O(g) \longrightarrow CH_4(g) + H_2(g) + CO(g)$$

如果二甲醚 $(CH_3)_2O$ 的初始压力为 135torr，1420s 后的压力是多少？

式（14.13）可用于验证反应是否为一级并确定其速率常数。该式可表示为线性关系的一般形式，$y = mx + b$，其中 m 是斜率，b 是截距（见附录 A.4）：

$$\ln [A]_t = -kt + \ln[A]_0$$

$$y \ \ = \ \ mx \ + \ b$$

因此，对于一级反应，$\ln[A]_t$ 对时间 t 的关系曲线是斜率为 $-k$ 和截距为 $\ln[A]_0$ 的直线。不是一级反应则不能得到直线。

再举个例子，甲基异腈（CH_3NC）转化为其异构体乙腈（CH_3CN_2）的反应（见图 14.6）。实验表明，该反应是一级的，速率方程为：

$$\ln[CH_3NC]_t = -kt + \ln[CH_3NC]_0$$

反应在 199℃甲基异腈为气体的温度下进行，图 14.7a 显示了甲基异腈气体的压力随时间的变化。图 14.7b 显示压力对时间的自然对数的曲线是一条直线。这条直线的斜率为 $-5.1 \times 10^{-5} s^{-1}$（读者可以自行验证这一点，你的结果可能与我们的结果略有不同，不准确的原因与点的位置有关）。因为直线的斜率等于 $-k$，所以该反应的速率常数等于 $5.1 \times 10^{-5} s^{-1}$。

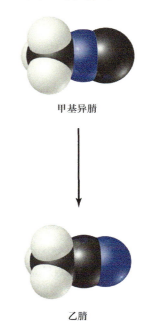

甲基异腈

乙腈

▲ 图 14.6　甲基异腈转化为乙腈的一级反应

二级反应

二级反应是速率取决于反应物浓度的二次幂或两个反应物浓度都为一次幂的反应。为简单起见，我们只考虑 A ⟶ 产物或 A + B ⟶ 产物这两种类型的二级反应，且反应速率只取决于反应物 A：

$$速率 = -\frac{\Delta[A]}{\Delta t} = k[A]^2$$

该微分速率方程可用于推导二级反应的积分速率方程：

$$\frac{1}{[A]_t} = kt + \frac{1}{[A]_0} \qquad (14.14)$$

▼ **图例解析**　如果 $\ln P$ 对 t 作图得到直线，你能得出什么结论?

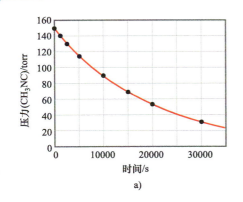

a)

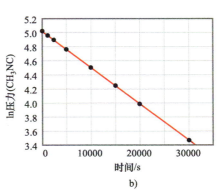

b)

▲ 图 14.7　甲基异腈转化为乙腈的动力学数据

式（14.13）有四个变量，k、t、$[A]_0$ 和 $[A]_t$，其中任何一个变量都可以在其他三个已知的前提下求出。式（14.14）也有线性的形式（$y = mx + b$）。如果反应是二级的，则 $1/[A]_t$ 对 t 作图将生成斜率为 k 和截距为 $1/[A]_0$ 的直线。区分一级和二级反应速率方程的一种方法是用 $\ln[A]_t$ 和 $1/[A]_t$ 都对 t 作图。如果 $\ln[A] - t$ 图是线性的，则反应为一级；如果 $1/[A]_t - t$ 图是线性的，则反应为二级。

实例解析 14.8
通过积分速率方程确定反应级数

下列数据来自 300℃时气相二氧化氮的分解反应 $NO_2(g) \longrightarrow NO(g) + \frac{1}{2}O_2(g)$。对于 NO_2 来说，该反应是一级还是二级反应？

时间 /s	$[NO_2]/M$
0.0	0.01000
50.0	0.00787
100.0	0.00649
200.0	0.00481
300.0	0.00380

解析

分析 已知反应物在反应过程中不同时间的浓度，要确定反应是一级的还是二级的。

思路 以 $\ln[NO_2]$ 和 $1/[NO_2]$ 分别对时间 t 作图。根据哪一个图是线性的，就可以判断反应是一级的还是二级的。

解答 为了以 $\ln[NO_2]$ 和 $1/[NO_2]$ 分别对时间 t 作图，先根据已知数据做以下计算：

时间 /s	$[NO_2]/M$	$\ln[NO_2]$	$1/[NO_2]/(1/M)$
0.0	0.01000	−4.605	100
50.0	0.00787	−4.845	127
100.0	0.00649	−5.037	154
200.0	0.00481	−5.337	208
300.0	0.00380	−5.573	263

如图 14.8 所示，$1/[NO_2]$ 对 t 作图所得曲线是线性的。因此反应符合二级反应速率方程：速率 = $k[NO_2]^2$。由直线的斜率确定反应速率常数 $k = 0.543\ M^{-1}s^{-1}$。

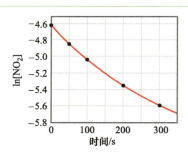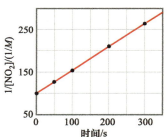

▲ 图 14.8　NO_2 分解反应的动力学数据

▶ **实践练习 1**

某反应 A $\longrightarrow$ 产物，$\ln[A]$ 对 t 作图得到一条斜率为 $-3.0 \times 10^{-2}\ s^{-1}$ 的直线。下列哪一个或哪些陈述是正确的？
（i）反应服从一级反应动力学；
（ii）反应的速率常数为 $3.0 \times 10^{-2}\ s^{-1}$；
（iii）[A] 的初始浓度为 $1.0M$。
（a）只有一个陈述是正确的
（b）陈述（i）和（ii）是正确的
（c）陈述（i）和（iii）是正确的
（d）陈述（ii）和（iii）是正确的
（e）三个陈述都是正确的

▶ **实践练习 2**

实例解析 14.8 中探讨的 NO_2 分解反应对于 NO_2 是二级反应，速率常数 $k = 0.543\ M^{-1}s^{-1}$。

如果密闭容器中 NO_2 的初始浓度为 $0.0500M$，$0.500h$ 后该反应物的浓度是多少？

零级反应

我们已经看到在一级反应中，反应物 A 的浓度随时间呈非线性减小，如图 14.9 中的红色曲线所示。当 [A] 降低时，速率随 A 的减少成比例下降。**零级反应**是 A 的减少速率与 [A] 无关的反应。零级反应的速率方程为

$$速率 = -\frac{\Delta[A]}{\Delta t} = k \qquad (14.15)$$

零级反应的积分速率方程为

$$[A]_t = -kt + [A]_0 \qquad (14.16)$$

式中，$[A]_t$ 是 A 在时间 t 时刻的浓度，$[A]_0$ 是初始浓度。式（14.16）是截距为 $[A]_0$，斜率为 $-k$ 的线性方程，如图 14.9 中的蓝色曲线所示。

最常见的零级反应是气体在固体表面上发生分解。如果固体表面完全被分解的分子所覆盖，那么反应速率就是不变的。这是由于只要还有气体物质，反应分子的数目就是恒定的。

图例解析

在反应进行的哪个时刻对你区分零级反应和一级反应造成困扰？

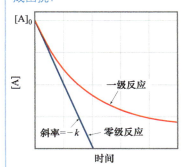

▲ 图 14.9　通过反应物 A 随时间的减少速率对比一级反应和零级反应

半衰期

反应的**半衰期**（$t_{1/2}$）是反应物浓度达到其初始值的一半所需的时间，即 $[A]_{t_{1/2}} = \frac{1}{2}[A]_0$。半衰期是描述反应发生快慢的一种简便方法，尤其是对一级反应。快速的反应具有较短的半衰期。

我们可以用取代法测定一级反应的半衰期。式（14.12）中，用 $[A]_{t_{1/2}} = \frac{1}{2}[A]_0$ 取代 $[A]_t$，用 $t_{1/2}$ 取代 t：

$$\ln\frac{\frac{1}{2}[A]_0}{[A]_0} = -kt_{1/2}$$

$$\ln\frac{1}{2} = -kt_{1/2}$$

$$t_{1/2} = \frac{\ln\frac{1}{2}}{k} = \frac{0.693}{k} \qquad (14.17)$$

从式（14.17）可知，一级反应速率方程的 $t_{1/2}$ 不取决于任何反应物的初始浓度。因此，半衰期在整个反应过程中保持恒定。例如，如果反应物的初始浓度为 $0.120M$，则经过一个半衰期后为 $\frac{1}{2} \times 0.120M = 0.060M$。再经过一个半衰期后，浓度将下降到 $0.030M$，以此类推。式（14.17）也表明，对于一级反应，如果我们知道 k 就可以计算 $t_{1/2}$，知道 $t_{1/2}$ 就可以计算 k。

199℃时，气体甲基异腈的一级重排反应的浓度随时间的变化如图 14.10 所示。因为反应过程中气体的浓度与压力成正比，所以画图时我们选择压力为坐标而不是浓度。第一个半衰期发生在 13600s（3.78h）。13600s 以后，甲基异腈的压力（还有浓度）降到二分之一的一半，即初始值的四分之一。*在一级反应中，反应物浓度每经过一个规律的时间间隔后就减少至原来的一半，这个时间间隔即 $t_{1/2}$。*

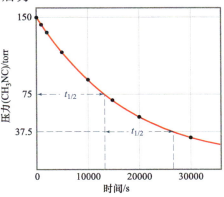

▲ 图 14.10　199℃时甲基异腈重排为乙腈的动力学数据，图中标记为反应的半衰期

想一想

一含有 10.0g 某物质的溶液按一级反应动力学发生反应，在三个半衰期之后该物质还剩下多少克？

化学应用 大气中的溴代甲烷

众所周知，被称为氟利昂（CFC）的化合物是破坏臭氧层的物质，而臭氧层是地球的保护伞。另一种潜在破坏平流层臭氧的简单分子是溴代甲烷，CH_3Br（见图 14.11）。由于溴代甲烷有着广泛的用途，包括对植物种子的抗真菌治疗，在过去的时间里有着巨大的产量（在其生产高峰期的 1997 年，全世界大约年产 1.5 亿 Lb，$1Lb = 0.453kg$）。在平流层，C—Br 键通过吸收短波长辐射发生断裂，生成的 Br 原子进而催化 O_3 的分解。

平流层

对流层

扩散到
平流层

0.8年后分解50%

低层大气

溴代甲烷应用于
抗真菌治疗

▲ 图 14.11 地球大气中溴代甲烷的分布与去向

溴代甲烷可以通过各种机理从低层大气中被除去，包括与海水的缓慢反应：

$$CH_3Br(g) + H_2O(l) \longrightarrow CH_3OH(aq) + HBr(aq) \quad (14.18)$$

为了确定 CH_3Br 对臭氧层破坏的潜在威胁，明确反应 [式（14.18）] 以及在 CH_3Br 扩散到平流层之前将其从低层大气中除去的反应就非常重要。

CH_3Br 在地球低层大气中的平均寿命难以测定，因为它在大气中存在的条件过于复杂，无法在实验室中模拟。然而，科学家们分析了太平洋上空收集的近 4000 份大气样本，以寻找包括溴代甲烷在内的几种微量有机物的存在。通过对这些样本进行测定，可以估算出 CH_3Br 在大气中的停留时间。

假设 CH_3Br 按一级反应动力学历程分解，则在大气中停留的时间与 CH_3Br 在低层大气中的半衰期有关。由实验数据可知，溴代甲烷在低层大气中的半衰期估计为（0.8 ± 0.1）yr，即存在于任意时间的一批 CH_3Br 分子 0.8yr 后平均分解 50%，1.6yr 后分解 75%，以此类推。虽然半衰期 0.8yr 相对较短，但仍然长到可以足够严重地破坏臭氧层。

1997 年达成一项国际协议，到 2005 年之前，发达国家逐渐停止使用溴代甲烷。目前溴代甲烷只在重要的农业用途才获准使用，2013 年全球消费量仅为 20 世纪 90 年代初的 3%。

相关习题：14.122

实例解析 14.9
确定一级反应的半衰期

C_4H_9Cl 与水的反应为一级反应。（a）根据图 14.3 估计反应的半衰期。（b）根据在（a）中得到的半衰期计算速率常数。

解析

分析 根据浓度对时间的曲线图估计反应的半衰期，并且用半衰期计算反应的速率常数。

思路

（a）要估计半衰期，可以选择一个浓度，然后确定此浓度降至一半所需的时间。

（b）用式（14.17）和半衰期计算速率常数。

解答

（a）从图可以看出，$[C_4H_9Cl]$ 的初始浓度为 $0.100M$。此反应的半衰期应为 $[C_4H_9Cl]$ 从初始浓度 $0.100M$ 降至 $0.050M$ 所需的时间，从图中读取该点大约在 340s 处。

（b）根据式（14.17）求 k，有

$$k = \frac{0.693}{t_{1/2}} = \frac{0.693}{340s} = 2.0 \times 10^{-3} s^{-1}$$

检验 两个半衰期之后应为 680s，浓度再降

低二分之一，至 0.025 M。由图可验证该结果是正确的。

▶ **实践练习 1**

前文实践练习中提到的 25℃ 时 $N_2O_5(g)$ 分解为 $NO_2(g)$ 和 $O_2(g)$ 的反应符合一级动力学，速率常数 $k = 3.4 \times 10^{-5} s^{-1}$。某试样从初始时含 2.0 atm N_2O_5 反应至分压为 380 torr 需要多长时间？

（a）5.7h （b）8.2h （c）11h

（d）16h （e）32 h

▶ **实践练习 2**

（a）利用式（14.17）计算实例解析 14.7 中杀虫剂分解反应的半衰期 $t_{1/2}$。

（b）杀虫剂的浓度降至初始值的四分之一需要多长时间？

二级反应和其他反应的半衰期取决于反应物的浓度，因此会随着反应的进行而变化。将式（14.12）中的 $[A]_t$ 用 $[A]_{t_{1/2}} = \frac{1}{2}[A]_0$ 代入，t 用 $t_{1/2}$ 代入，得到一级反应半衰期为式（14.17）。我们发现二级反应的半衰期是通过将式（14.14）做同样的替代得到的：

$$\frac{1}{\frac{1}{2}[A]_0} = kt_{1/2} + \frac{1}{[A]_0}$$

$$\frac{2}{[A]_0} - \frac{1}{[A]_0} = kt_{1/2} \qquad (14.19)$$

$$t_{1/2} = \frac{1}{k[A]_0}$$

在这种情况下，半衰期取决于反应物的初始浓度，初始浓度越低，半衰期越长。

想一想

零级反应的半衰期是否取决于反应物的初始浓度？

14.5 | 温度与速率

大多数化学反应的速率随着温度的升高而增大。例如，生面团在室温下的生发速度比冷藏时快，而植物在温暖的天气里比在寒冷的天气里生长得快。可以通过观测化学发光反应（产生光的反应）来研究温度对反应速率的影响，例如锡亚鲁姆（Cyalume）光棒（见图 14.12）。

实验观测到的温度效应在速率方程中是怎样体现的呢？温度越高速率越快，这是由于速率常数随温度的升高而增大。例如，重新探讨我们在图 14.6 中看到的一级反应，即 $CH_3NC \longrightarrow CH_3CN$。图 14.13 显示该反应的速率常数是温度的函数。速率常数和与之关联的反应速率都随温度的升高而迅速增加，大约是温度每升高 10℃ 反应速率提高 2 倍。

碰撞模型

反应速率受反应物浓度和温度的影响。基于分子动力学理论（见 10.7 节）的**碰撞模型**，从分子水平解释了这两种影响因素。碰撞模型的核心是分子必须碰撞才能发生反应。每秒碰撞的次数越多，反应速率就越大。因此，随着反应物浓度的增加，碰撞次数增加，导致反应速率增大。根据气体的分子动力学理论，升高温度会加快分子运动速度。随着分子运动速度的加快，它们碰撞的力度更大（能量更大），碰撞的频率也更高，而这两种情况都会提高反应速率。

然而，要使反应发生，需要的不仅是简单的碰撞，而且必须是正确的碰撞。事实上，对于大多数反应，只有很小一部分碰撞才会导致反应发生。例如，在常温常

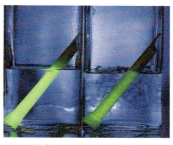

热水　　　　冷水

▲ 图 14.12 温度影响光棒中化学发光反应的速率：化学发光反应在热水中发生更快，产生更多的光

图例解析

你认为曲线最终会降回到更低值吗？为什么？

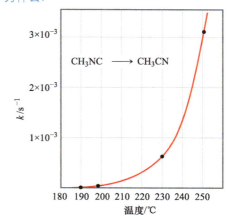

▲ 图 14.13 对于甲基异腈转化为乙腈的反应，速率常数是温度的函数 图中标出的 4 个点用于实例解析 14.11

压下 H_2 和 I_2 的混合物中，每个分子每秒要经历 10^{10} 次的碰撞。如果 H_2 和 I_2 之间的每一次碰撞都导致 HI 的生成，那么反应将在远远小于 1s 的时间内结束。然而，反应在室温下进行得非常缓慢，因为大约每 10^{13} 次碰撞中只有 1 次发生反应。是什么阻止反应发生得更快呢？

取向因素

在大多数反应中，分子间的碰撞只有以一定的方式取向时才会发生化学反应。在碰撞过程中分子的相对取向决定了原子是否处于合适的位置以形成新键。例如，考虑反应：

$$Cl + NOCl \longrightarrow NO + Cl_2$$

如果碰撞将 Cl 原子聚集在一起形成 Cl_2，如图 14.14 上半部所示，就会发生上述反应。相反，在图 14.14 下半部所示的碰撞中，两个 Cl 原子并没有直接碰撞，也没有产物生成。

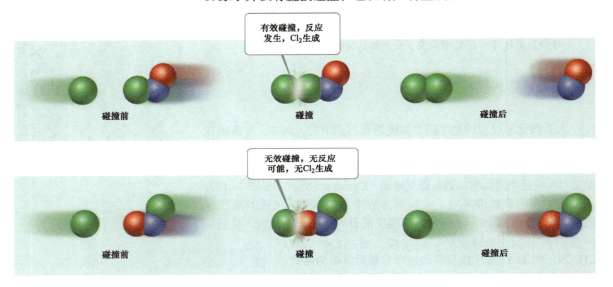

▲ 图 14.14 分子碰撞可能或不可能引发 Cl 与 NOCl 之间的化学反应

活化能

分子碰撞是否会导致反应发生，分子的取向并不是唯一影响因素。1888 年，瑞典化学家斯万特·阿伦尼乌斯（Svante Arrhenius）提出，分子必须具有一定的最低能量才能发生反应。根据碰撞模型，这种能量来自碰撞分子的动能。碰撞时，分子的动能可以用来拉伸、弯曲并最终打破化学键，从而导致化学反应。也就是说，动能用来改变分子的势能。换句话说，如果分子运动太慢，动能太少，它们只是相互反弹而没有发生改变。引发化学反应所需的最低能量称为**活化能** E_a，其值因反应而不同。

反应过程中的情况类似于图 14.15 所示。高尔夫球手击球使球越过小山坡朝球洞的方向移动。小山坡是球和球洞之间的*障碍*。要到达球洞，球手必须给球足够的动能，使球越过障碍的顶部。如果他没有给球足够的能量，球会向上滚到半山腰，然后再朝他滚回

图例解析 下面哪一个过程中高尔夫球手击球更费力：从球到球洞的过程还是从球上升到山坡顶端的过程？

▲ 图 14.15　克服初始和终止状态之间障碍需要的能量

来。同样地，在化学反应中，分子需要一定的最低能量才能打破现有的键，可以把这个最低能量看作一个*能量势垒*。可以想象反应经过一个中间态，例如，在甲基异腈重排生成乙腈的过程中，甲基异腈分子经历一个侧向的 N≡C 基团中间态：

$$H_3C-N\equiv C: \longrightarrow \left[H_3C \cdots \overset{\ddot{C}}{\underset{\ddot{N}}{\|}} \right] \longrightarrow H_3C-C\equiv N:$$

图 14.16 显示，必须提供能量来拉伸 H_3C 基团和 N≡C 基团之间的键，使 N≡C 基团能够旋转。在 N≡C 基团充分扭曲后，C—C 单键开始形成，分子的能量下降。因此，生成乙腈反应的障碍代表使分子通过相对不稳定的中间态所必需的能量，类似于图 14.15 中使球越过山坡的力。分子的起始能量与反应历程中的最高能量之差就是活化能 E_a。在势垒顶部进行原子排列的分子称为**活化络合物**或**过渡态**。

$H_3C-N\equiv C$ 转化为 $H_3C-C\equiv N$ 的过程是放热的。因此，图 14.16 显示产物的能量低于反应物。然而，反应的能量变化 ΔE 对反应速率没有影响。

速率常数取决于 E_a 的大小。

通常 E_a 值越低，

反应的速率常数越大，反应越快。

注意逆反应是吸热的。逆反应的活化能等于图 14.16 中从右侧跨越势垒必须克服的能量：$\Delta E + E_a$。因此，逆反应要达到活化络合物状态所需的能量多于正反应——对于此反应，从右到左进行需要克服的势垒比从左到右更大。

图例解析 克服能量势垒所需的能量大小与此反应的总能量变化大小相比较是怎样的？

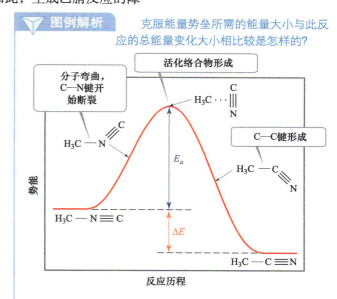

▲ 图 14.16　甲基异腈 (H_3CNC) 转化为其同分异构体乙腈 (H_3CCN) 的反应能量图

想一想

假设能测定图 14.16 中正向和逆向反应的速率常数。哪个方向的速率常数更大？

任何甲基异腈分子都能通过与其他分子碰撞而获得足够的能量来克服能量势垒。回顾一下气体的分子动力学理论，在任何时刻，气体分子的能量分布都在一个较宽的能量范围。（见 10.7 节）。图 14.17 显示了两个不同温度下的动能分布，并将其与反应所需的最低能量 E_a 进行了比较。结果显示，在较高温度下，有更多分子具有比 E_a 更高的动能。

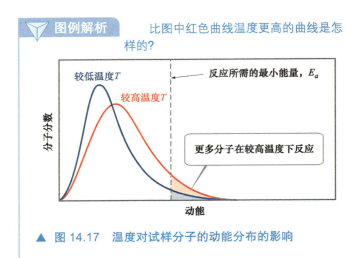

图例解析 比图中红色曲线温度更高的曲线是怎样的？

▲ 图 14.17 温度对试样分子的动能分布的影响

想一想

假设有两个反应，A ——→ B 和 B ——→ C。若可以分离出 B，且让它稳定，那么 B 是反应 A ——→ C 的过渡态吗？

有一些处于气相的分子，其动能大于或等于 E_a 的分子分数可由下述公式得到

$$f = e^{-E_a/RT} \qquad (14.20)$$

式中，R 是气体常数 [8.314 J/（mol·K）]，T 是绝对温度。为了解 f 的大小，我们假设 E_a 为 100kJ/mol，这是很多反应的一个典型值。T 为 300K，则 f 的计算值是 3.9×10^{-18}，相当小！320K 时，$f = 4.7 \times 10^{-17}$。可见，温度仅升高 20℃，具有 100kJ/mol 以上能量的分子的数量就会增加 10 倍以上。

阿伦尼乌斯（Arrhenius）方程

Arrhenius 指出，大多数反应的速率随温度的升高呈非线性增长（见图 14.13）。他发现，大多数反应速率的数据都基于以下三点而服从一个方程：（a）具有 E_a 或更高能量的分子的比例，（b）每秒的碰撞次数，（c）具有适当取向的碰撞比例。这三个因素被归纳为 **Arrhenius 方程**：

$$k = Ae^{-E_a/RT} \qquad (14.21)$$

式中，k 为速率常数，E_a 为活化能，R 为气体常数 [8.314 J/（mol·K）]，T 为绝对温度。当温度改变，**频率因子** A 是恒定的，或者几乎是恒定的。这个因子与碰撞频率和有利于反应的碰撞几率有关。[⊖] 随着 E_a 大小的增加，k 减小，因为具有反应所需能量的分子比例变小了。因此，T 和 A 一定时，速率常数随 E_a 的增大而减小。

活化能的测定

我们可以通过整理 Arrhenius 方程来计算反应的活化能。对式（14.21）两边取自然对数，得到：

⊖ 因为碰撞频率随温度的升高而增大，A 也与温度相关，但是这种相关程度比指数项对温度的依赖性低得多。因此，A 被认为是几乎是恒定的。

实例解析 14.10
活化能与反应速率

探讨具有以下能量图的一系列反应：

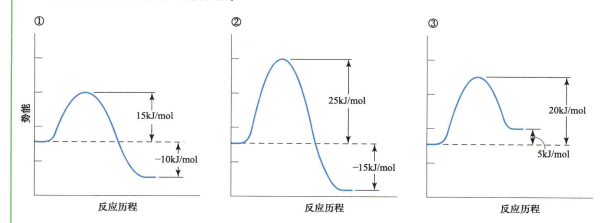

假设三个反应具有几乎相同的频率因子 A，按从小到大的顺序将速率常数排序。

解析

活化能越低，速率常数越大，反应越快。ΔE 值不影响速率常数。因此，速率常数从小到大的顺序为 2 < 3 < 1。

▶ **实践练习 1**

下列哪一项变化会导致反应的速率常数增大？

（i）温度降低；
（ii）活化能降低；
（iii）使 ΔE 值更负。
（a）只有（i）、（ii）或（iii）中的一个可以提高反应速率。
（b）（i）和（ii）
（c）（i）和（iii）
（d）（ii）和（iii）
（e）（i）、（ii）和（iii）三个全都可以提高反应速率

▶ **实践练习 2**

按从小到大的顺序将上述反应的逆反应的速率常数进行排序。

$$\ln k = \ln A \mathrm{e}^{-E_a/RT}$$

$$\ln k = \ln \mathrm{e}^{-E_a/RT} + \ln A$$

$$\ln k = -\frac{E_a}{RT} + \ln A \qquad (14.22)$$

$$y = mx + b$$

该式具有线性关系，$\ln k$ 对 $1/T$ 作图是一条斜率等于 $-E_a/R$，截距等于 $\ln A$ 的直线。因此，可以通过测定一系列温度下的 k，然后用 $\ln k$ 对 $1/T$ 作图，再由所得直线的斜率计算出 E_a。

如果已知反应在两个或两个以上温度条件下的速率常数，也可以利用式（14.22）而非作图的方式来计算 E_a。例如，假设在 T_1 和 T_2 两个不同的温度下反应的速率常数分别是 k_1 和 k_2。对于每个温度，有：

$$\ln k_1 = -\frac{E_a}{RT_1} + \ln A \ \text{和} \ \ln k_2 = -\frac{E_a}{RT_2} + \ln A$$

$\ln k_1$ 减去 $\ln k_2$，得到

$$\ln k_1 - \ln k_2 = \left(-\frac{E_a}{RT_1} + \ln A\right) - \left(-\frac{E_a}{RT_2} + \ln A\right)$$

假设频率因子 A 随温度的变化可以忽略，可化简得到：

$$\ln\frac{k_1}{k_2} = \frac{E_a}{R}\left(\frac{1}{T_2} - \frac{1}{T_1}\right) \tag{14.23}$$

若已知活化能和 T_2 温度下的速率常数 k_2，式（14.23）提供了一个方便的计算 T_1 温度下的速率常数 k_1 的方法。

实例解析 14.11
活化能的测定

右表显示了不同温度下甲基异腈重排反应的速率常数（见图 14.13 中的数据）：

（a）根据这些数据计算反应的活化能。

（b）430.0K 时的速率常数是多少？

温度 /℃	k/s^{-1}
189.7	2.52×10^{-5}
198.9	5.25×10^{-5}
230.3	6.30×10^{-4}
251.2	3.16×10^{-3}

解析

分析　已知几个温度下测定的速率常数 k，要确定某个指定温度下的活化能 E_a 和速率常数 k。

思路　可以由 $\ln k$ 对 $1/T$ 作图的斜率来得到 E_a。一旦知道 E_a，就可以利用式（14.23）和已知数据计算 430.0 K 下的速率常数。

解答

（a）首先要将摄氏温度转换为绝对温度，然后取绝对温度的倒数 $1/T$ 和速率常数的自然对数 $\ln k$。得到下表中的数据：

T/K	$(1/T)/K^{-1}$	$\ln k$
462.9	2.160×10^{-3}	-10.589
472.1	2.118×10^{-3}	-9.855
503.5	1.986×10^{-3}	-7.370
524.4	1.907×10^{-3}	-5.757

$\ln k$ 对 $1/T$ 作图得到一条直线（见图 14.18）。

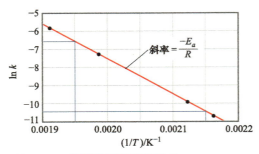

▲ 图 14.18　作图法测定活化能 E_a

直线的斜率可由图中任选两点的坐标值求得：

$$斜率 = \frac{\Delta y}{\Delta x} = \frac{-6.6 - (-10.4)}{0.00195 - 0.00215} = -1.9 \times 10^4$$

因为对数值没有单位，所以此式的分子是无量纲的，分母的单位是 K^{-1}。因此，斜率的单位是 K，斜率等于 $-E_a/R$。气体常数 R 以 $J/(mol \cdot K)$ 为单

位（见表 10.2）。因此得到斜率 $= -\frac{E_a}{R}$

$$E_a = -(斜率)(R) = -(-1.9 \times 10^{-4} K)\left(8.314\frac{J}{mol \cdot K}\right)\left(\frac{1kJ}{1000J}\right)$$
$$= 1.6 \times 10^2 kJ/mol = 160 kJ/mol$$

活化能只保留两位有效数字，是因为受限于图 14.18 中得到数据的精度。

（b）要确定温度 $T_1 = 430.0K$ 下的速率常数 k_1，可以用式（14.23），$E_a = 160kJ/mol$，以及从表中任选一个温度下的已知数据，例如 $T_2 = 462.9K$ 时 $k_2 = 2.52 \times 10^{-5} s^{-1}$：

$$\ln\left(\frac{k_1}{2.52 \times 10^{-5} s^{-1}}\right)$$
$$= \left(\frac{160kJ/mol}{8.314 J/mol \cdot K}\right)\left(\frac{1}{462.9K} - \frac{1}{430.0K}\right)\left(\frac{1000J}{1kJ}\right) = -3.18$$

所以，

$$\frac{k_1}{2.52 \times 10^{-5} s^{-1}} = e^{-3.18} = 4.15 \times 10^{-2}$$
$$k_1 = (4.15 \times 10^{-2})(2.52 \times 10^{-5} s^{-1}) = 1.0 \times 10^{-6} s^{-1}$$

注意 k_1 的单位与 k_2 一致，且 430.0K 时的速率常数小于 462.9K 时的速率常数。

▶ **实践练习 1**

根据实例解析 14.11 中的数据，下列哪一项是 320℃ 时甲基异腈重排反应的速率常数？

（a）$8.1 \times 10^{-15} s^{-1}$　（b）$2.2 \times 10^{-13} s^{-1}$

（c）$2.7 \times 10^{-9} s^{-1}$　（d）$2.3 \times 10^{-1} s^{-1}$　（e）$9.2 \times 10^3 s^{-1}$

▶ **实践练习 2**

保留一位有效数字，实例解析 14.11 数据中频率因子 A 的值是多少？

14.6 | 反应机理

化学反应平衡方程式指出了反应开始时和反应结束时存在的物质。但是，它没有提供关于从分子水平上发生的反应物转化为产物的详细过程的信息。反应发生的过程称为**反应机理**。从最精确的层面上，反应机理描述了化学键断裂和形成的顺序，以及在反应过程中原子的相对位置的变化。

基元反应

前面我们学习到反应的发生是由于反应分子之间的碰撞。例如，甲基异腈（CH_3NC）分子之间的碰撞可以提供能量，使 CH_3NC 重新排列生成乙腈：

类似地，NO 和 O_3 反应生成 NO_2 和 O_2 的反应似乎是一次单一碰撞的结果，该碰撞涉及适当的取向以及具有足够能量的 NO 和 O_3 分子：

$$NO(g) + O_3(g) \longrightarrow NO_2(g) + O_2(g) \qquad （14.24）$$

这两种反应都发生在一个单一的反应或步骤中，称为**基元反应**。

反应物参与基元反应的分子数叫作**反应分子数**。如果只涉及一个反应物分子，是**单分子反应**。甲基异腈的重排就是一个单分子反应。涉及两个分子碰撞的基元反应是**双分子反应**。NO 与 O_3 的反应是双分子反应。涉及三个分子同时碰撞的基元反应是**三分子反应**。与单分子或双分子反应相比，三分子反应的可能性比较罕见。四个或更多分子以任何规律发生同时碰撞的可能性更是微乎其微。因此，这种多分子碰撞不在反应机理研究的范围，我们探讨的反应机理只涉及单分子和双分子基元反应。

> ▲ **想一想**
>
> 此基元反应的反应分子数是多少？
> $$NO(g) + Cl_2(g) \longrightarrow NOCl(g) + Cl(g)$$

多级反应机理

化学平衡方程式表示的总变化，通常是由一系列基元反应组成的多步骤反应历程。例如，低于 225℃ 发生的反应：

$$NO_2(g) + CO(g) \longrightarrow NO(g) + CO_2(g) \qquad （14.25）$$

经历的两个基元反应（或两个基元步骤）中，每个基元反应都是双分子反应。首先，两个 NO_2 分子碰撞，一个氧原子从一个 NO_2 分子转移到另一个 NO_2 分子。然后，产生的 NO_3 与 CO 分子发生碰撞并将氧原子转移给它：

$$NO_2(g) + NO_2(g) \longrightarrow NO_3(g) + NO(g)$$

$$NO_3(g) + CO(g) \longrightarrow NO_2(g) + CO_2(g)$$

图例解析

此能量图中，哪个基元反应的速率更快，中间体转化为产物还是中间体转化回反应物？

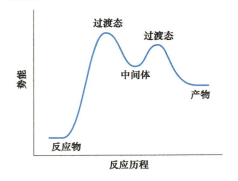

▲ 图 14.19 反应的能量图示，标出了过渡态和中间体

因此，我们说该反应是由两步机理组成的。

多步基元反应历程的化学方程式的加和必能给出总反应历程的化学方程式。

在本例中，两个基元反应的加和是：

$$2NO_2(g) + NO_3(g) + CO(g) \longrightarrow NO_2(g) + NO_3(g) + NO(g) + CO_2(g)$$

通过消除等式两边出现的相同物质来化简此方程式，得到式（14.25），即该反应的总反应方程式。

因为 NO_3 既不是反应物也不是产物，它在一个基元反应中生成并在下一个基元反应中被消耗，称为**中间体**。多步机理涉及一个或多个中间体，中间体与过渡态不同，如图 14.19 所示。中间体可以是稳定的，有时可以被测定甚至分离。而过渡态本质上通常是不稳定的，因此不能被分离。采用先进的"超快"技术有时可以表征过渡态。

实例解析 14.12

反应分子数的确定和中间体的鉴定

假设 O_3 转化为 O_2 的反应是一个两步机理的反应历程

$$O_3(g) \longrightarrow O_2(g) + O(g)$$
$$O_3(g) + O(g) \longrightarrow 2O_2(g)$$

（a）描述此反应机理中每一步基元反应的反应分子数；

（b）写出总反应方程式；

（c）鉴定中间体。

解析

分析 已知两步反应机理，求（a）每一步基元反应的反应分子数，（b）总反应方程式，（c）中间体。

思路 每一步基元反应的反应分子数取决于反应方程式中反应物的分子数。总反应方程式是基元反应方程式的加和。中间体是在反应历程中的某一步生成，又在另一步中消耗，且不存在于总反应方程式中的物质。

解答

（a）第一步基元反应涉及单个反应物，因此为单分子反应。第二步基元反应涉及两个反应物分子，为双分子反应。

（b）将两个基元反应加和得到

$$2O_3(g) + O(g) \longrightarrow 3O_2(g) + O(g)$$

因为 $O(g)$ 以相等数量出现在方程式两侧，消去后得到总反应方程式：

$$2O_3(g) \rightarrow 3O_2(g)$$

（c）中间体为 $O(g)$。它既不是原始反应物也不是最终产物，在反应历程的第一步生成又在第二步消耗掉。

▶ **实践练习 1**

考查下面的两步反应历程：

$$A(g) + B(g) \longrightarrow X(g) + Y(g)$$
$$X(g) + C(g) \longrightarrow Y(g) + Z(g)$$

下列哪一项或哪几项关于反应机理是正确的？

（i）两步都是双分子反应；

（ii）总反应为 $A(g)+B(g)+C(g) \longrightarrow Y(g)+Z(g)$；

（iii）物质 $X(g)$ 为反应历程的中间体。

（a）只有一项是正确的

（b）（i）和（ii）是正确的

（c）（i）和（iii）是正确的

（d）（ii）和（iii）是正确的

（e）以上都是正确的

▶ **实践练习 2**

对于反应

$$Mo(CO)_6 + P(CH_3)_3 \longrightarrow Mo(CO)_5P(CH_3)_3 + CO$$

提出的反应机理为

$$Mo(CO)_6 \longrightarrow Mo(CO)_5 + CO$$
$$Mo(CO)_5 + P(CH_3)_3 \longrightarrow Mo(CO)_5P(CH_3)_3$$

（a）提出的反应机理符合总反应方程式吗？（b）反应历程中每一步的反应分子数是多少？（c）鉴定中间体。

基元反应的速率方程

在 14.3 节中，我们强调速率方程一定要通过实验来确定，而不能由化学平衡方程式的系数来预测。现在我们来探讨为什么会这样。每个反应都由一系列一个或多个基元反应步骤组成，这些步骤的速率方程和相对速率决定了反应的总速率方程。事实上，我们将要探讨的反应的速率方程可以通过反应机理来确定，并与通过实验得到的速率方程进行比较。下一个任务就是推导反应机理，并且验证由反应机理得到的速率方程与实验得到的是否一致。我们首先研究基元反应的速率方程。

研究基元反应的意义非常重要：如果一个反应是基元反应，速率方程直接取决于它的反应分子数。例如，对于单分子反应

$$A \longrightarrow 产物$$

随着 A 分子数的增加，在给定时间内反应分子数成比例地增加。因此，单分子反应的速率方程是一级：

$$速率 = k[A]$$

对于双分子基元反应，速率方程为二级，比如反应

$$A + B \longrightarrow 产物 \qquad 速率 = k[A][B]$$

二级速率方程符合碰撞理论。如果 [A] 增加一倍，那么 A 和 B 分子之间的碰撞次数就会增加一倍；同样地，如果 [B] 加倍，那么 A 和 B 之间的碰撞次数也会加倍。因此，速率方程对于 [A] 和 [B] 都是一级的，而总反应是二级。

所有可行的基元反应的速率方程如表 14.3 所示。注意每个速率方程是如何直接从反应分子数得到的。重要的是要记住，我们不能仅通过总反应方程式来判断反应是否包含一个或几个基元反应步骤。

表 14.3　基元反应和它们的速率方程

反应分子数	基元反应	速率方程
单分子反应	$A \longrightarrow 产物$	速率 $= k[A]$
双分子反应	$A + A \longrightarrow 产物$	速率 $= k[A]^2$
双分子反应	$A + B \longrightarrow 产物$	速率 $= k[A][B]$
三分子反应	$A + A + A \longrightarrow 产物$	速率 $= k[A]^3$
三分子反应	$A + A + B \longrightarrow 产物$	速率 $= k[A]^2[B]$
三分子反应	$A + B + C \longrightarrow 产物$	速率 $= k[A][B][C]$

实例解析 14.13
预测基元反应的速率方程

如果下面的反应以单一基元反应进行，预测其速率方程。

$$H_2(g) + Br_2(g) \longrightarrow 2HBr(g)$$

解析

分析　已知反应方程式，假设该反应为基元反应，求其速率方程。

思路　因为假设的反应为单一基元反应，我们可以根据方程式中反应物的系数得到反应级数，进而写出速率方程。

解答　反应为双分子反应，涉及一个 H_2 分子和一个 Br_2 分子。因此，对于每个反应物来说，速率方程都是一级的，而总反应为二级：

$$速率 = k[H_2][Br_2]$$

注解　该反应的实验研究表明，它实际上具有完全不同于上面的速率方程：

$$速率 = k[H_2][Br_2]^{1/2}$$

因为通过实验得到的速率方程不同于假设反应为单一基元反应所得到的，我们可以得出这样的结论：该反应并不是按照单一基元反应的机理进行的，而是必定涉及两个或更多步基元反应。

▶ **实践练习 1**

探讨下述反应：$2A + B \longrightarrow X + 2Y$。已知该反应机理的第一步具有以下速率方程：

速率 $= k[A][B]$。下列哪一项为反应机理中的第一步（注意物质 Z 为中间体）？

(a) $A + A \longrightarrow Y + Z$
(b) $A \longrightarrow X + Z$
(c) $A + A + B \longrightarrow X + Y + Y$
(d) $B \longrightarrow X + Y$
(e) $A + B \longrightarrow X + Z$

▶ **实践练习 2**

探讨下列反应：$2NO(g) + Br_2(g) \longrightarrow 2NOBr(g)$
(a) 假设反应为单一基元反应，写出该反应的速率方程；(b) 该反应有可能是单一基元反应吗？

多步反应机理的速控步骤

与实例解析 14.13 中的反应一样，大多数反应是经过两个或两个以上基元反应步骤发生的，每一步都有自己的速率常数和活化能。通常一个步骤比另一个步骤慢得多，反应的总速率取决于最慢那步基元反应的速率。最慢那步反应限制了总反应速率，因此叫作**速控步骤**（或*速率限制步骤*）。

为理解反应的速控步骤的概念，我们用一条有两个收费站的公路举例来说明（见图 14.20）。车辆从位置 1 进入收费公路，通过收费站 A，然后在通过收费站 B 之前路过位于中间位置 2，最后到达位置 3。可以把这个收费公路的行程想象成两个基本步骤：

第 1 步：位置 1 → 位置 2 （通过收费站 A）
第 2 步：位置 2 → 位置 3 （通过收费站 B）
总行程：位置 1 → 位置 3 （通过两个收费站）

图例解析   在行程 a）中，车辆在通过收费站 B 时加速，会提高从位置 1 到位置 3 整个行程的速率吗？

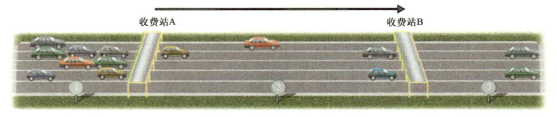

a) 车辆在收费站A处减速，速控步骤为通过收费站A的路段

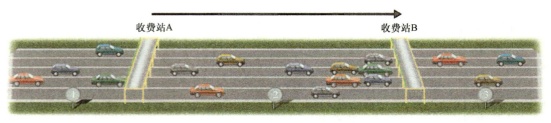

b) 车辆在收费站B处减速，速控步骤为通过收费站B的路段

▲ 图 14.20　在收费公路车流中通行的速控步骤

现在假设收费站 A 的一个或多个通行口发生故障，所以在此处出现了交通堵塞，如图 14.20a 所示。车辆到达位置 3 的速度受收费公路通行的速度限制，因此第 1 步是收费公路通行的速控步骤。但是，如果收费站 A 处的所有通行口都正常工作，而 B 处的一个或多个通行口发生故障，则交通流量会快速通过 A，堵塞在 B 处，如图 14.20b 所示。这种情况下，步骤 2 是速控步骤。

同样地，多步反应中最慢的一步决定了整个反应的速率。与图 14.20a 类似，速控步骤之后的快速步骤的速率不会加快总速率。如果慢速步骤不是第一步，而是如图 14.20b 所示，那么前面的快速步骤会生成中间体，这些中间体会积累起来，然后在慢速步骤中被消耗掉。这两种情况下，速控步骤都控制着总反应的速率。

具有慢速初始步骤的机理

通过多步反应的第一步是决定总反应速率的速控步骤的例子，我们很容易得出反应机理中的慢速步骤与总反应速率方程之间关系的规律。探讨 NO_2 和 CO 反应生成 NO 和 CO_2 这个反应 [见式（14.25）]。低于 225℃时，实验发现该反应的速率方程对于 NO_2 为二级，对于 CO 为零级：速率 = $k[NO_2]^2$。我们能否提出一个符合这个速率方程的反应机理呢？探讨下面两步机理：[⊖]

第 1 步：$NO_2(g) + NO_2(g) \xrightarrow{k_1} NO_3(g) + NO(g)$ （慢速）

第 2 步：$NO_3(g) + CO(g) \xrightarrow{k_2} NO_2(g) + CO_2(g)$ （快速）

总反应：$NO_2(g) + CO(g) \longrightarrow NO(g) + CO_2(g)$

第 2 步比第 1 步快得多，即 $k_2 \gg k_1$，这就告诉我们中间体 $NO_3(g)$ 在第 1 步中缓慢产生并在第 2 步中迅速消耗掉。

因为第 1 步是慢的，第 2 步是快的，所以第 1 步是速控步骤。因此，总反应速率取决于第 1 步的速率，且总反应的速率方程等于第 1 步的速率方程。第 1 步是双分子反应，具有速率方程

$$速率 = k_1[NO_2]^2$$

由该机理预测的速率方程与实验测得的结果一致。反应物 CO 不在速率方程中，因为它在速控步骤之后的步骤中才发生反应。

在这一点上，科学家不会说他们已经"证实"了这个机理是正确的。可以说，由该机理预测的速率方程与实验结果是一致的。我们通常可以设想不同的步骤导致相同的速率方程。然而，如果由提出的机理预测的速率方程与实验结果不一致，就可以确定该机理是不正确的。

实例解析 14.14
多步机理中速率方程的确定

一氧化二氮（N_2O）的分解，被认为是两步机理：

$N_2O(g) \longrightarrow N_2(g) + O(g)$ （慢）

$N_2O(g) + O(g) \longrightarrow N_2(g) + O_2(g)$ （快）

（a）写出总反应方程式。（b）写出总反应的速率方程。

⊖ 注意写在反应式箭头上方的速率常数 k_1 和 k_2。每个速率常数的下标表示所涉及的基元反应步骤。因此，k_1 是第 1 步的速率常数，k_2 是第 2 步的速率常数。下标的负号表示基元反应的逆反应的速率常数。例如，k_{-1} 是第 1 步的逆反应的速率常数。

解析

　　分析　已知多步机理的相对速度，要求写出总反应方程式和总反应的速率方程。

　　思路　（a）将各步基元反应机理加和并消去中间体，就得到总反应方程式。（b）总反应速率方程就是慢速步骤（即速控步骤）的速率方程。

　　解答

　　（a）将两步基元反应的方程式加和得到

$$2N_2O(g) + O(g) \longrightarrow 2N_2(g) + O_2(g) + O(g)$$

消去出现在方程式两侧的中间体 $O(g)$，得到总反应方程式：

$$2N_2O(g) \longrightarrow 2N_2(g) + O_2(g)$$

　　（b）总反应的速率方程就是慢速步骤（即速控步骤）基元反应的速率方程。由于慢速步骤为单分子反应，因此速率方程为一级：

$$速率 = k[N_2O]$$

▶ **实践练习 1**

　　反应 $NO_2(g) + CO(g) \longrightarrow NO(g) + CO_2(g)$ 提出了两步反应机理，

　　第 1 步：$NO_2(g) + NO_2(g) \longrightarrow N_2O_4(g)$ （慢）
　　第 2 步：

$$N_2O_4(g) + CO(g) \longrightarrow NO(g) + CO_2(g) + NO_2(g)$$ （快）

哪个实验能区分提出的两步机理呢？

　　（a）选择不同的 $NO_2(g)$ 初始浓度进行反应并测定初始反应速率；（b）选择不同的 $CO(g)$ 初始浓度进行反应并测定初始反应速率；（c）通过实验鉴定中间体；（d）不可能区分两步反应机理。

▶ **实践练习 2**

　　臭氧与二氧化氮反应生成五氧化二氮和氧气：

$$O_3(g) + 2NO_2(g) \longrightarrow N_2O_5(g) + O_2(g)$$

反应有以下两步机理：

$$O_3(g) + NO_2(g) \longrightarrow NO_3(g) + O_2(g)$$

$$NO_3(g) + NO_2(g) \longrightarrow N_2O_5(g)$$

实验得到的速率方程为：速率 $=k[O_3][NO_2]$。两步反应机理的相对速率如何？

具有快速初始步骤的机理

　　中间体作为速控步骤中的反应物，其速率方程可以被推导，但并不容易。这种情况出现在第 1 步是快速步骤，不是速控步骤的多步机理中。我们探讨这样一个例子，一氧化氮（NO）与溴（Br_2）的气相反应：

$$2NO(g) + Br_2(g) \longrightarrow 2NOBr(g) \tag{14.26}$$

通过实验得到该反应的速率方程，对 NO 为二级，对 Br_2 为一级：

$$速率 = k[NO]^2[Br_2] \tag{14.27}$$

　　我们寻找符合这个速率方程的反应机理。一种可能是反应发生在一个三分子反应步骤中：

$$NO(g) + NO(g) + Br_2(g) \longrightarrow 2NOBr(g) \quad 速率 = k[NO]^2[Br_2] \tag{14.28}$$

　　如实例解析 14.13 的实践练习 2 中所述，这个机理似乎不太可能，因为三分子历程非常罕见。

　　△ **想一想**

　　为什么在气相反应中很少有三分子基元反应？

　　让我们思考一种不涉及三分子步骤的替代机理：

　　第 1 步：$NO(g) + Br_2(g) \underset{k_{-1}}{\overset{k_1}{\rightleftharpoons}} NOBr_2(g)$ （快）

　　第 2 步：$NOBr_2(g) + NO(g) \overset{k_2}{\longrightarrow} 2NOBr(g)$ （慢） $\tag{14.29}$

在这个机理中，第 1 步涉及两个历程：正反应及其逆反应。

因为第 2 步是速控步骤，该步的速率方程决定了总反应速率：

$$\text{速率} = k_2[\text{NOBr}_2][\text{NO}] \qquad (14.30)$$

注意，NOBr_2 是在第 1 步的正反应中生成的中间体。中间体通常不稳定，浓度低且未知。因此，式（14.30）的速率方程取决于未知浓度的中间体是不可取的。相反，我们希望用反应物或者产物来表示反应的速率方程。

借助于一些假设，我们可以用初始反应物 NO 和 Br_2 的浓度来表示中间体 NOBr_2 的浓度。首先假设 NOBr_2 是不稳定的，不会在反应混合物中大量累积。一旦生成 NOBr_2，既可能通过与 NO 反应生成 NOBr，还可能通过分解成 NO 和 Br_2 而消耗掉。这两个可能中的前一个，正好替代机理的第 2 步，是一个慢速历程。其次，第 1 步的逆反应是一个单分子反应历程：

$$\text{NOBr}_2(g) \xrightarrow{k_{-1}} \text{NO}(g) + \text{Br}_2(g)$$

由于第 2 步是慢速的，假设大多数 NOBr_2 按照此反应机理发生分解。那么，第 1 步的正反应和逆反应都比第 2 步快得多，并建立起平衡。在任何动态平衡中，正反应的速率都等于其逆反应的速率：

$$k_1[\text{NO}][\text{Br}_2] = k_{-1}[\text{NOBr}_2]$$
$$\underbrace{\phantom{k_1[\text{NO}][\text{Br}_2]}}_{\text{正反应速率}} \qquad \underbrace{\phantom{k_{-1}[\text{NOBr}_2]}}_{\text{逆反应速率}}$$

求解 $[\text{NOBr}_2]$，整理得

$$[\text{NOBr}_2] = \frac{k_1}{k_{-1}}[\text{NO}][\text{Br}_2]$$

把这个关系式代入式（14.30），有

$$\text{速率} = k_2 \frac{k_1}{k_{-1}}[\text{NO}][\text{Br}_2][\text{NO}] = k[\text{NO}]^2[\text{Br}_2]$$

由实验得到的速率常数 k 等于 $k_2 k_1 / k_{-1}$，该表达式与实验得到的速率方程 [见式（14.27）] 一致。因此，替代机理 [见式（14.29）] 涉及两步，但只有单分子和双分子历程，比式（14.28）中的三分子历程的可能性更高。

一般来说，当一个快速步骤先于一个慢速步骤发生时，可以通过假设在快速步骤中建立了平衡来求解中间体的浓度。

实例解析 14.15
具有快速初始步骤机理的速率方程的推导

证明式（14.26）的下述机理也会得到一个与实验结果一致的速率方程：

第 1 步：$\text{NO}(g) + \text{NO}(g) \underset{k_{-1}}{\overset{k_1}{\rightleftharpoons}} \text{N}_2\text{O}_2(g)$（快，平衡）

第 2 步：$\text{N}_2\text{O}_2(g) + \text{Br}_2(g) \xrightarrow{k_2} 2\text{NOBr}(g)$（慢）

解析

分析 已知一个具有快速初始步骤的反应机理，要求写出总反应的速率方程。

思路 机理中慢速基元步骤的速率方程决定总反应的速率方程。因此，我们首先写出基于慢速步骤的速率方程。这种情况下，中间体 N_2O_2 作为慢速步骤中的反应物。然而，实验得到的速率方程不

包含中间体的浓度，相反，它们表示为反应物浓度，有时是产物浓度。我们必须通过第 1 步中建立起来的平衡关系，把中间体 N_2O_2 的浓度与反应物 NO 的浓度关联起来。

解答 第 2 步为速控步骤，所以总反应速率为

$$速率 = k_2[N_2O_2][Br_2]$$

通过假设第 1 步建立平衡求解中间体 N_2O_2 的浓度。所以，第 1 步的正反应和逆反应的速率相等：

$$k_1[NO]^2 = k_{-1}[N_2O_2]$$

解出中间体 N_2O_2 的浓度，得

$$[N_2O_2] = \frac{k_1}{k_{-1}}[NO]^2$$

将上式代入速率表达式，得

$$速率 = k_2\frac{k_1}{k_{-1}}[NO]^2[Br_2] = k[NO]^2[Br_2]$$

因此，该机理也得出与实验结果一致的速率方程。记住：可能有不止一个与实验得出的速率方程相一致的机理！

▶ **实践练习 1**

探讨下面的假设反应：$2P + Q \longrightarrow 2R + S$。为该反应提出下面的机理：

$$P + P \rightleftharpoons T \quad （快）$$
$$Q + T \longrightarrow R + U \quad （慢）$$
$$U \longrightarrow R + S \quad （快）$$

物质 T 和 U 为不稳定的中间体。根据此反应机理预测速率方程是什么？

（a）速率 $= k[P]^2$ （b）速率 $= k[P][Q]$
（c）速率 $= k[P]^2[Q]$ （d）速率 $= k[P][Q]^2$
（e）速率 $= k[U]$

▶ **实践练习 2**

溴的反应机理的第 1 步为

$$Br_2(g) \underset{k_{-1}}{\overset{k_1}{\rightleftharpoons}} 2Br(g) \quad （快，平衡状态）$$

能将 $Br(g)$ 和 $Br_2(g)$ 的浓度关联起来的速率表达式是什么？

到目前为止，我们只探讨了三种反应机理：一种是发生在单一基元步骤中的反应，另外两种是只有一个速控步骤的简单多步反应。然而，还有其他更复杂的机理。例如，上生物化学课时，你将会学到在推导速率方程时不能忽视中间体浓度的情况。此外，一些机理需要很多步骤，有时需要 35 步甚至更多才能得出与实验数据相符的速率方程！

14.7 | 催化作用

催化剂是一种可以改变化学反应速度而自身不发生永久性化学变化的物质。人体、大气和海洋中的大多数反应都是在催化剂的作用下发生的。很多工业化学研究致力于为具有商业价值的反应寻求更有效的催化剂。还有大量的研究工作致力于寻找抑制或消除某些催化剂的方法，这些催化剂会促进不良反应的发生，如金属腐蚀、导致我们的身体老化和蛀牙。

均相催化

在反应混合物中，与反应物处于同一相的催化剂称为**均相催化剂**。在溶液和气相中都有大量这样的例子。例如，过氧化氢 $H_2O_2(aq)$ 分解为水和氧气：

$$2\ H_2O_2(aq) \longrightarrow 2\ H_2O(l) + O_2(g) \qquad （14.31）$$

在没有催化剂的情况下，这个反应发生得极其缓慢。然而，许多物质能催化该反应，包括溴离子，它在酸性溶液中与过氧化氢反应，生成溴水和水（见图 14.21）。

$$2\ Br^-(aq) + H_2O_2(aq) + 2\ H^+(aq) \longrightarrow Br_2(aq) + 2\ H_2O(l) \qquad （14.32）$$

如果这是完整的反应，溴离子就不是催化剂，因为它在反应过程中发生了化学变化。然而，过氧化氢还与式（14.32）中生成的

　哪一物质形态是使中间量筒内液体显棕色的原因？H_2O、Br_2、Na^+、Br^-，还是 O_2？
棕色物质是催化剂还是中间体？

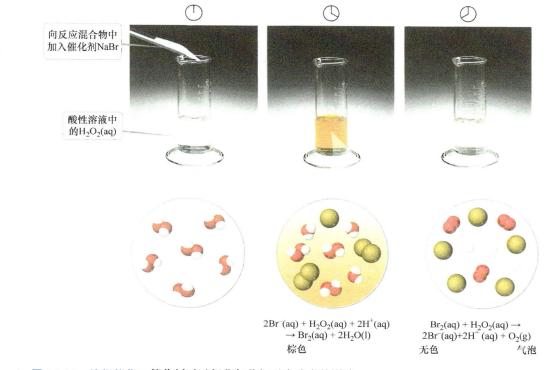

向反应混合物中
加入催化剂NaBr

酸性溶液中
的 $H_2O_2(aq)$

$2Br^-(aq) + H_2O_2(aq) + 2H^+(aq)$
$\rightarrow Br_2(aq) + 2H_2O(l)$
棕色

$Br_2(aq) + H_2O_2(aq) \rightarrow$
$2Br^-(aq) + 2H^+(aq) + O_2(g)$
无色　　　　　　气泡

▲ 图 14.21　均相催化　催化剂对过氧化氢分解反应速度的影响

Br₂（aq）发生反应：

$$Br_2(aq) + H_2O_2(aq) \longrightarrow 2\,Br^-(aq) + 2\,H^+(aq) + O_2(g) \quad （14.33）$$

将式（14.32）和式（14.33）加和就是式（14.31），你可以自己验
证一下。

　　当 H_2O_2 完全分解后，得到无色的 Br^-(aq) 溶液，这意味着 Br^-
离子确实是反应的催化剂，因为它加速了反应而自身没有发生任何
变化。相反，Br_2 是一种中间体，因为它先生成 [见式（14.32）]，
然后反应掉 [见式（14.33）]。我们在图 14.21 中看到的颜色变化说
明，在某些情况下可以很容易地检测到中间体的存在。催化剂和中
间体都没有出现在总反应方程式中。但是请注意，*催化剂在反应开
始时就存在，而中间体是在反应过程中生成的*。

　　催化剂是如何工作的？如果我们想想速率方程的一般形式
[式（14.7），速率 $=k[A]^m[B]^n$，就会得出这样的结论：催化剂影
响 k 的数值，即影响速率常数。基于 Arrhenius 方程 [式（14.21），
$k = Ae^{-E_a/RT}$]，k 由活化能 E_a 和频率因子 A 确定。可以设想，催化剂
通过改变 E_a 和 A 的值来影响反应速率是以这两种方式发生：一是
通过使反应具有比无催化剂时更低的 E_a 值；二是催化剂可以帮助
反应以适当的取向发生碰撞，从而增加 A。这就是催化剂提供的一
种新的反应机理，其中最神奇的催化效果来自降低 E_a 值。一般来
说，*催化剂降低了化学反应的总活化能*。

　　催化剂可以通过降低反应的活化能来为反应提供不同的机理。

例如，在 H_2O_2 的分解反应中，先与 Br^-，然后再与 Br_2 两个反应相继发生。因为这两个反应一起作为 H_2O_2 分解的催化途径，与未催化反应相比，必定能更显著地降低活化能（见图 14.22）。

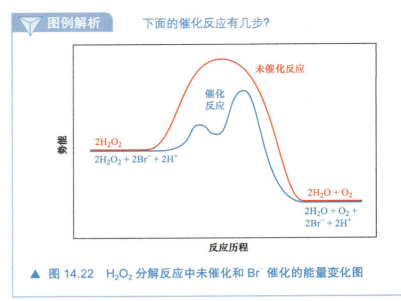

▼ 图例解析　下面的催化反应有几步？

▲ 图 14.22　H_2O_2 分解反应中未催化和 Br^- 催化的能量变化图

多相催化

多相催化剂是一种与反应物分子处于不同相中的催化剂，通常是与气态反应物或液态反应物接触的固体。许多重要的工业反应都是在固体表面催化完成的。例如，通过使用"裂解"催化剂，原油转化为更小的碳氢化合物分子。多相催化剂通常由金属或金属氧化物组成。

多相催化的初始步骤通常是反应物的**吸附**。**吸附**是指分子与表面的结合，而**吸收**是指分子被吸取到物质的内部（见 13.6 节）。发生吸附是由于固体表面的原子或离子具有极强的反应活性。催化反应在表面进行，通常采用特殊的方法用具有较大表面积的催化剂来制备。与物质内部的原子和离子不同，表面原子和离子有未键合空间，可以将来自气相和液相的分子键合到固体表面。

氢气与乙烯反应生成乙烷气体就是多相催化的一个例子：

$$C_2H_4(g) + H_2(g) \longrightarrow C_2H_6(g) \quad \Delta H^\circ = -137 kJ/mol \qquad （14.34）$$

乙烯　　　　　　乙烷

尽管这个反应是放热的，但是在没有催化剂的情况下仍然进行得非常缓慢。然而有细粉末金属如镍、钯或铂存在时，反应在室温下就很容易发生。根据图 14.23 表示的机理，乙烯和氢都吸附在金属表面。吸附时，H_2 的 H—H 键断裂，两个 H 原子先与金属表面结合，但可以相对自由地移动。当一个氢原子遇到被吸附的乙烯分子时，可与其中一个碳原子形成 σ 键，从而有效地破坏碳—碳 π 键，生成的乙基（—C_2H_5）通过金属－碳的 σ 键与金属表面结合。这个 σ 键相对较弱，所以当另一个碳原子也遇到氢原子时，第 6 个 C—H σ 键很容易形成，这样一个乙烷分子（C_2H_6）就从金属表面释放出来了。

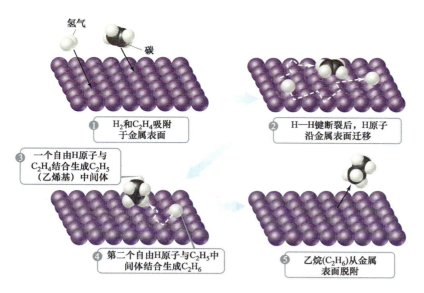

氢气
碳

① H₂和C₂H₄吸附于金属表面

② H—H键断裂后，H原子沿金属表面迁移

③ 一个自由H原子与C₂H₄结合生成C₂H₅（乙烯基）中间体

④ 第二个自由H原子与C₂H₅中间体结合生成C₂H₆

⑤ 乙烷(C₂H₆)从金属表面脱附

◀ **图 14.23　多相催化**　乙烯与氢气在催化剂表面的反应机理

化学应用　催化转换器

多相催化在城市大气污染治理中发挥着重要作用。汽车尾气中易形成光化学烟雾的两种成分是氮氧化物和未燃烧的碳氢化合物。此外，汽车尾气中还可能含有相当数量的一氧化碳。即使设计发动机时特别注意这个问题，但在正常驾驶条件下，也不可能将这些污染物的数量减少到可接受的废气水平。因此，有必要在排放到大气之前将它们从排气口中去除。这种去除是在*催化转换器*中完成的。

催化转换器是汽车排气系统的一部分，必须具备两个功能：①将 CO 和未燃烧的碳氢化合物（C_xH_y）氧化为二氧化碳和水；②将氮氧化物还原为氮气。

$$CO, C_xH_y \xrightarrow{O_2} CO_2 + H_2O$$
$$NO, NO_2 \longrightarrow N_2 + O_2$$

实现这两个功能需要不同的催化剂，因此成功研发出催化剂体系是一项艰巨的挑战。催化剂必须在大范围的工作温度下有效。尽管废气的各种成分会对催化剂的活性位点形成阻碍，但它们仍然必须持续保持活性。此外，催化剂必须足够稳固，能够承受尾气湍流和在不同条件下行驶数千英里的机械冲击。

促进 CO 和碳氢化合物燃烧的催化剂通常是过渡金属氧化物和贵金属。这些催化剂被固定在一个如图 14.24 中的结构上，该结构是将氧化铝（Al_2O_3）制成的蜂窝状结构浸满催化剂，允许流动的废气与催化剂表面尽可能有效地接触。催化剂的工作原理是首先吸附废气中的氧气。这种吸附削弱了 O_2 中的 O—O 键，使氧原子可以与被吸附的 CO 反应生成 CO_2。碳氢化合物的氧化过程在某种程度上与此类似，先是被吸附，然后 C—H 键断裂。

过渡金属氧化物和贵金属也是将 NO 还原为 N_2 和 O_2 最有效的催化剂。然而，在一种反应中最有效的催化剂，在另一种反应中未必那么有效。因此，有两种催化组分是非常必要的。

催化转换器含有特殊高效的多相催化剂。汽车尾气与催化剂接触的时间只有 100～400ms，但在这么短的时间内，96% 的碳氢化合物和 CO 转化为 CO_2 和 H_2O，氮氧化物的排放量减少了 76%。

虽然不同催化转换器采用的催化剂的确组成有所不同，但任何催化转换器都以贵金属作为基本成分。铂很擅长催化氧化反应，对铅、硫、磷等杂质有良好的耐受性，这些杂质会使催化剂中毒或失效。钯是比铂稍便宜些的替代品，但它对废气中杂质引起的中毒更敏感。铑是氮氧化物还原的首选金属，具有合理的氧化反应活性。但是，它甚至比铂更稀有、更昂贵。目前全球铂使用量的 35%，钯使用量的 65%，铑使用量的 95% 都用于催化转换器用途。这些金属的储量多数集中在南非和俄罗斯。

相关习题：14.62，14.81，14.82，14.124

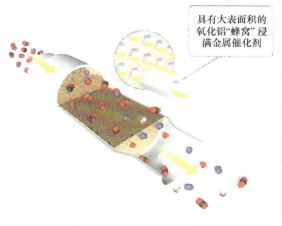

具有大表面积的氧化铝"蜂窝"浸满金属催化剂

▲ **图 14.24　催化转换器的剖面图**

　　一般情况下，均相催化剂和多相催化剂，哪种更容易从反应混合物中去除？

酶

　　人体是一个极其复杂、相互关联的化学反应系统，为维持生命机能，所有这些反应都必须以精准控制的速率发生。要使这些反应以合适的速度发生，大量被称为**酶**的高效生物催化剂是必不可少的。大多数酶是分子量在1万~100万 amu 之间的大的蛋白质分子。它们在催化反应中具有很强的选择性，有些是绝对专一的，只在一个反应中对一种物质起作用。例如过氧化氢的分解就是一个重要的生物过程。由于过氧化氢具有很强的氧化性，在生理学上是有害的。因此，哺乳动物的血液和肝脏中含有一种酶——*过氧化氢酶*，它可以催化过氧化氢分解成水和氧 [见式（14.31）]。图 14.25 显示了牛肝中的过氧化氢酶急剧加速这个化学反应。

▼ **图例解析**

为什么当牛肝被研碎后反应加快了？

过氧化氢酶存在下，牛肝中的 H_2O_2 迅速分解为 H_2O 和 O_2

O_2气

H_2O_2 和 H_2O

研碎的牛肝

▲ 图 14.25　酶加速反应

　　任何特定酶的催化反应都发生在被称为**活性位点**的特定位置。在这个位点反应的物质称为**底物**。**锁-钥模型**为酶的特异性提供了一个简单的解释（见图 14.26）。如图 14.26 所示，底物被描述为整齐地装配到活性位点，就像钥匙插在锁中一样。

　　溶菌酶是一种对免疫系统功能非常重要的酶，因为它可加速破坏（或"溶解"）细菌细胞壁的反应。图 14.27 显示了有无结合底物分子的溶菌酶模型。

　　酶和底物的结合体被称为*酶-底物复合物*。虽然图 14.26 以固定形状显示了活性位点和底物，但活性位点通常相当灵活，会在结合底物时改变形状。底物和活性位点之间的结合涉及偶极-偶极相互作用、氢键和色散力（见 11.2 节）。

图例解析

哪种分子与活性位点结合得更紧密？底物还是产物？

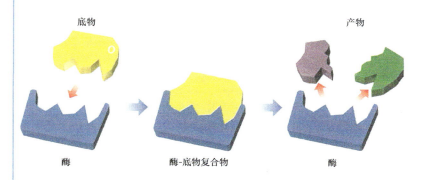

底物

产物

酶　　　　　酶-底物复合物　　　　　酶

▲ 图 14.26　酶反应的锁 - 钥模型

　　当底物分子进入活性位点时，它们以某种方式被激活，从而能够迅速反应。这种激活过程的发生，是活性位点上原子的特定键或基团通过电子得失实现的。此外，底物在结合到活性位点的过程中可能发生扭曲，使其具有更强的反应活性。一旦反应发生，产物就离开活性位点，允许另一个底物分子进入。

　　如果底物之外的某个分子在活性位点与酶结合并阻止底物进入，酶的活性就会被破坏。这种物质被称为*酶抑制剂*。神经毒素和某些有毒金属离子，如铅和汞，就是通过这种方式抑制酶的活性。其他一些毒药则是通过附着在酶的其他位置，从而扭曲了活性位点，使底物不再与酶匹配。

　　酶的催化效率远远比非生物化学催化剂高得多。在一个特定活性位点上发生单个催化反应的数量，称为*转换数*，取值范围通常在每秒 $10^3 \sim 10^7$ 之间。如此大的转换数对应着非常低的活化能。与简单的化学催化剂相比，酶可以将给定反应的速率常数提高一百万倍甚至更多。

想一想

判断对错：酶降低了反应过渡态的能量。

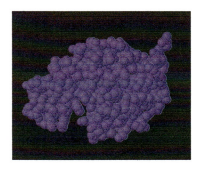
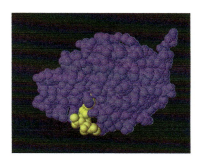

▲ 图 14.27　**溶菌酶是最早用于描述结构 - 功能关系的酶之一**　这个模型显示了底物（黄色）如何"匹配"于酶的活性位点

化学与生活 固氮和固氮酶

氮是生物体中最基本的元素之一，存在于许多对生命至关重要的化合物中，包括蛋白质、核酸、维生素和激素。氮以各种形式在生物圈中不断循环，如图 14.28 所示。例如，某些微生物将动物粪便和死去的动植物中的氮转化为 $N_2(g)$，再返回到大气中。为了维持食物链稳定，必须有一种方法将大气中的 $N_2(g)$ 转化为植物可利用的形式。

如果让一位化学家说出世界上最重要的化学反应，很可能会是固氮，即大气中的 $N_2(g)$ 转化为适合植物利用的化合物的过程。固氮反应有些来自闪电对大气的作用，有些则来自工业生产，其反应历程我们将在第 15 章进行讨论。然而，大约 60% 的固氮反应是既显著又复杂的固氮酶作用的结果。固氮酶并不存在于人类或其他动物体内，而是存在于生活在某些植物（如豆科植物三叶草和紫花苜蓿）根瘤内的细菌中。

固氮酶将 N_2 转化为 NH_3 的过程在没有催化剂的情况下活化能非常大。这个过程是一个还原反应，氮的氧化数从 N_2 中的 0 还原至 NH_3 中的 -3。固氮酶还原 N_2 的机理尚不完全清楚。与包括过氧化氢酶在内的许多其他酶一样，固氮酶的活性位点也含有过渡金属原子，这种酶叫作*金属酶*。由于过渡金属很容易改变氧化态，金属酶在底物被氧化或还原的转化作用中特别有用。

部分固氮酶含有铁和钼原子，人们对此已有将近 40 年的了解，这部分称为*铁钼 - 辅酶因子*，被认为是酶的活性位点。固氮酶的铁钼 - 辅酶因子是由 7 个 Fe 原子和 1 个 Mo 原子成簇，由硫原子连接形成的（见图 14.29）。

简单的细菌可以含有与固氮酶一样复杂和重要的酶，这是生命的奇迹之一。由于固氮酶的存在，氮在大气中相对惰性的角色和在生物体中的重要角色之间不断循环。没有固氮酶，我们所知道的生命就不可能存在于地球。

相关习题：14.86，14.115，14.116

▲ 图 14.28 氮循环简图

▶ 图 14.29 固氮酶的铁钼 - 辅酶因子 固氮酶存在于一些植物的根瘤菌中，如左图所示的白三叶草的根，被认为是酶的活性位点，含有 7 个 Fe 原子和 1 个 Mo 原子，由硫原子连接。辅酶因子以外的分子将它与蛋白质的其余部分相连接

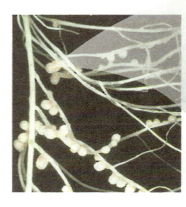

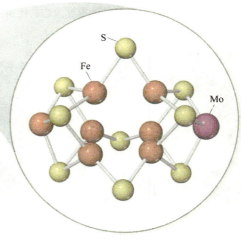

综合实例解析
概念综合

甲酸（HCOOH）在气相于高温下发生如下分解：

$$HCOOH(g) \longrightarrow CO_2(g) + H_2(g)$$

根据测定结果其无催化分解反应为一级反应。在 838K 下 HCOOH 压力对分解时间作图，如图 14.30 中红色曲线所示。当少量 ZnO 固体被加入反应室中，甲酸的压力随时间变化如图 14.30 中蓝色曲线所示。

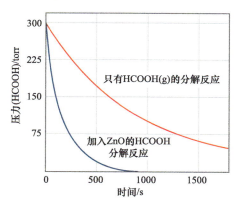

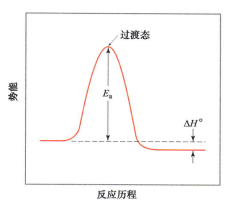

▲ 图 14.30　838K 时，HCOOH 的压力随时间的变化

（a）估计甲酸分解反应的半衰期和一级反应的速率常数；

（b）通过加入 ZnO 对 HCOOH 分解反应的影响，你能得到什么结论？

（c）通过选定的时间下测定甲酸蒸气的压力可以得到反应历程。如果甲酸浓度的单位为 mol/L，会对 k 的计算值有何影响？

（d）反应起始时甲酸蒸气的压力为 3.00×10^2torr，假设温度恒定且反应气体为理想气体，反应终止时系统的压力是多少？如果反应室的容积为 436cm³，反应终止时气体的物质的量是多少？

（e）甲酸蒸气的标准生成热为 $\Delta H_f^\circ = -378.6$kJ/mol。计算总反应的 ΔH°。如果反应的活化能 E_a 为 184kJ/mol，绘制一个反应能量图的近似图，并在图中标记 E_a、ΔH° 和过渡态。

解析

（a）HCOOH 的起始压力为 3.00×10^2torr。我们在图中找到 HCOOH 的压力为 1.50×10^2torr 这一点，为起始值的一半。这一点对应的时间大约为 6.60×10^2s，即为半衰期。由式（14.17）得到一级反应的速率常数为 $k = 0.693/t_{1/2} = 0.693/660$s $= 1.05 \times 10^{-3}$s^{-1}。

（b）有 ZnO 存在下反应速率大大加快，所以 ZnO 表面一定是 HCOOH 分解反应的催化剂。这是一个多相催化的例子。

（c）如果用 mol/L 作为 HCOOH 的浓度单位作图，仍然会得到半衰期为 660s，并由此可计算出 k 值。因为 k 的单位是 s^{-1}，k 值不受所使用的浓度单位的影响。

（d）根据反应的计量关系，每消耗 1mol 反应物就有 2mol 产物生成。因此当反应完成时，压力将为 600torr，刚好是起始压力的 2 倍，假设符合合理理想气体行为。（因为反应在相当高的温度和相当低的压力下进行，假设为理想气体是合理的）。气体的物质的量可以通过理想气体状态方程来计算（见 10.4 节）。

$$n = \frac{pV}{RT} = \frac{(600/760\text{atm})(0.436\text{L})}{(0.08206\text{L} \cdot \text{atm/mol} \cdot \text{K})(838\text{K})} = 5.00 \times 10^{-3}\text{mol}$$

（e）先计算总反应的能量变化 ΔH°（见 5.7 节和附录 C）

$$\Delta H^\circ = \Delta H_f^\circ(CO_2(g)) + \Delta H_f^\circ(H_2(g)) - \Delta H_f^\circ(HCOOH(g))$$
$$= -393.5\text{kJ/mol} + 0 - (-378.6\text{ kJ/mol})$$
$$= -14.9\text{kJ/mol}$$

由此结果和已知的 E_a 值，可以绘制反应的近似能量简图，类似于图 14.16。

本章小结和关键术语

影响反应速率的因素（见 14.1 节）

化学动力学是研究**反应速率**的化学领域。影响反应速率的因素是反应物的物理状态、浓度、温度和是否存在催化剂。

反应速率（见 14.2 节）

反应速率通常表示为单位时间内的浓度变化。通常情况下，对于溶液中的反应，速率的单位以物质的量浓度每秒（M/s）表示。对于大多数反应，物质的量浓度随时间变化的曲线表明，随着反应的进行，反应速率减慢。**瞬时速率**是在浓度对时间曲线上特定时间点所作切线的斜率。速率可以用产物的生成或反应物的减少来描述。反应的化学计量关系决定了产物生成和反应物减少之间的关系。

浓度与速率方程（见 14.3 节）

速率和浓度之间的定量关系用**速率方程**表示，通常具有以下形式：

$$速率 = k[反应物 1]^m [反应物 2]^n\cdots$$

式中，常数 k 为**速率常数**；指数 m、n 为反应物的**反应级数**。反应级数之和称为**总反应级数**。反应级数必须由实验确定。速率常数的单位取决于总反应级数。对于总反应级数为 1 的反应，k 的单位为 s^{-1}；对于总反应级数为 2 的反应，k 的单位为 $M^{-1}\cdot s^{-1}$。

光谱学是一种可以用来监测反应过程的技术。根据 Beer's 定律，具有特定波长的物质对电磁辐射的吸收与其浓度成正比。

浓度随时间的变化（见 14.4 节）

速率方程可以用于确定反应过程中反应物或产物在任何时间的浓度。在**一级反应**中，速率与单个反应物的浓度的一次幂成正比：速率 $= k[A]$。在此情况下，速率方程的对数形式是 $\ln[A]_t = -kt + \ln[A]_0$，其中 $[A]_t$ 是反应物 A 在时间 t 的浓度，k 是速率常数，$[A]_0$ 是 A 的初始浓度。因此，对于一级反应，$\ln[A]$ 对 t 作图生成斜率为 $-k$ 的直线。

二级反应是总反应级数为 2 的反应。如果一个二级速率方程只取决于一个反应物的浓度，则速率 $= k[A]^2$，由速率方程的积分形式得出 $[A]$ 随时间的变化：$1/[A]_t = 1/[A]_0 + kt$。在此情况下，$1/[A]_t$ 对时间作图生成一条直线。**零级反应**是总反应级数为 0 的反应。如果反应为零级，则速率 $= k$。

反应的**半衰期** $t_{1/2}$ 是反应物浓度降至其初始值的一半所需的时间。对于一级反应，半衰期仅取决于速率常数而不是初始浓度：$t_{1/2} = 0.693/k$。二级反应的半衰期取决于速率常数和 A 的初始浓度：$t_{1/2} = 1/(k[A]_0)$。

温度与速率（见 14.5 节）

碰撞模型假定反应是分子间碰撞的结果，这有助于解释为什么速率常数的大小随温度的升高而增大。碰撞分子的动能越大，碰撞的能量越大。发生反应所需的最小能量称为**活化能** E_a。具有能量 E_a 或更大能量的碰撞可导致碰撞分子的原子成为活化络合物（或过渡态），这是从反应物到产物的过程中的最高能量。即使碰撞具有足够的能量，也不会导致反应发生。反应物相互之间还必须有正确的取向，以使碰撞有效。

因为分子的动能取决于温度，所以反应的速率常数取决于温度。k 和温度之间的关系由 Arrhenius 方程给出：$k = Ae^{-E_a/RT}$。A 称为频率因子，它与对反应有利的碰撞数量相关。Arrhenius 方程的常用对数形式为：$\ln k = \ln A - E_a/RT$。因此，$\ln k$ 对 $1/T$ 作图产生斜率为 $-E_a/R$ 的直线。

反应机理（见 14.6 节）

反应机理详述了反应过程中发生的各步历程。这些历程中的每一步，称为**基元反应**。每个基元反应有一个明确的速率方程，取决于分子的数目（反应分子数）。基元反应分为**单分子反应**、**双分子反应**和**三分子反应**，这取决于反应分别涉及一个、两个还是三个反应物分子。三分子基元反应是非常罕见的。单分子、双分子和三分子反应分别符合总反应一级、总反应二级和总反应三级速率方程。

许多反应通过多步机理发生，涉及两个或两个以上的基元反应或步骤。**中间体**是在一个基元反应步骤中产生并在后续的基元反应步骤中消耗的物质，因此它不出现在总反应方程中。当一个机理具有几个基元反应步骤时，总反应速率受限于最慢的基元反应，称为**速控步骤**。一个发生于速控步骤之后的快速基元步骤对反应的速率方程没有影响。在速控步骤之前的快速步骤通常会建立涉及中间体的平衡。若一个机理是有效的，由机理预测的速率方程必须与实验测定的速率方程相同。

催化作用（见 14.7 节）

催化剂是一种可以提高反应速率而本身不发生化学变化的物质。它通过为反应提供一种不同的机理，一种具有较低活化能的反应机理来实现催化。**均相催化剂**是与反应物处于同一相的催化剂。**多相催化剂**与反应物处于不同的相。细微金属粒子常被当作多相催化剂用于溶液和气相反应。反应分子可以在催化剂表面进行结合或**吸附**。反应物在催化剂表面的特定位置的吸附使键的断裂更容易，从而降低活化能。生物体中的催化作用是通过**酶**来实现的。酶是一种常用于催化特定反应的大分子蛋白质。参与酶促反应的特定反应物分子称为**底物**。酶发生催化的位置称为**活性位点**。在酶催化作用的锁 - 钥模型中，底物分子在活性位点与酶完美地结合，然后进行催化反应。

学习成果 学习本章之后，应该掌握

- 列出影响化学反应速率的因素。（见 14.1 节）
  相关习题：14.17，14.18

- 根据测定反应物或产物的浓度随时间的变化确定某个反应的速率（见 14.2 节）

主要公式

- 速率 $= -\dfrac{1}{a}\dfrac{\Delta[A]}{\Delta t} = -\dfrac{1}{b}\dfrac{\Delta[B]}{\Delta t} = \dfrac{1}{c}\dfrac{\Delta[C]}{\Delta t} = \dfrac{1}{d}\dfrac{\Delta[D]}{\Delta t}$ （14.4）

  根据化学平衡方程式的组成确定反应速率 $a\,A + b\,B \longrightarrow c\,C + d\,D$

- 速率 $= k[A]^m[B]^n$ （14.7）

  反应 A+B ⟶ 产物的速率方程的通用形式

- $\ln[A]_t - \ln[A]_0 = -kt$ 或 $\ln\dfrac{[A]_t}{[A]_0} = -kt$ （14.12）

  反应 A ⟶ 产物的一级速率方程的积分形式

- $\dfrac{1}{[A]_t} = kt + \dfrac{1}{[A]_0}$ （14.14）

  反应 A ⟶ 产物的二级速率方程的积分形式

- $[A]_t = -kt + [A]_0$ （14.16）

  反应 A ⟶ 产物的零级速率方程的积分形式

- $t_{1/2} = \dfrac{0.693}{k}$ （14.17）

  关联一级反应的半衰期和速率常数的公式

- $k = A e^{-E_a/RT}$ （14.21）

  Arrhenius 方程，表示速率常数如何取决于温度

- $\ln k = -\dfrac{E_a}{RT} + \ln A$ （14.22）

  Arrhenius 方程的对数形式

本章练习

图例解析

14.1　汽车燃油喷射器向气缸内喷射汽油，如图中下半幅所示。当喷油器堵塞时，如下图中上半幅所示，喷油器的喷射效果就不那么好，甚至不均匀，汽车的性能就会下降。这与化学动力学有什么关系？（见 14.1 节）

14.2　探讨下面物质 X 的浓度随时间变化的曲线图。下列各项陈述是正确的还是错误的？（a）X 是这个反应的产物；（b）反应速率随时间的推移保持不变；（c）第 1 点和第 2 点之间的平均速率大于第 1 点和第 3 点之间的平均速率；（d）随着时间的推移，曲线最终会朝 x 轴向下偏转。（见 14.2 节）

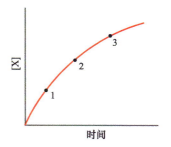

14.3 研究反应的速率，测定反应物的浓度和产物的浓度随时间的变化，得到以下结果：

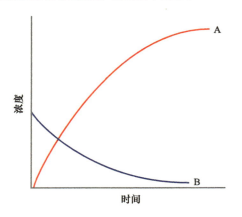

（a）哪个化学方程式与这些数据相符？

（i）A $\longrightarrow$ B（ii）B $\longrightarrow$ A（iii）A $\longrightarrow$ 2 B

（iv）B $\longrightarrow$ 2A

（b）根据这两种物质的生成或减少，写出反应速率的等效表达式。（见 14.2 节）

14.4 假设对于 K + L $\longrightarrow$ M 反应，监测 M 随时间的生成，然后根据数据绘制下图：

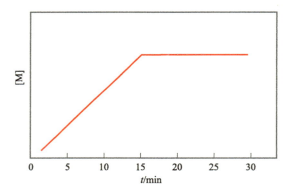

（a）从 $t = 0$ 到 $t = 15\text{min}$，反应速率是否恒定？（b）反应是否在 $t = 15\text{min}$ 时完成？（c）假设反应开始于 0.20mol K 和 0.40 mol L。30min 后，再向反应混合物中添加 0.20mol K。下面哪个选项正确描述了从 $t = 30\text{min}$ 到 $t = 60\text{min}$ 的情况？（i）[M] 将与 $t = 30\text{min}$ 保持相同数值；（ii）[M] 将以与 $t = 0$ 到 $t = 15\text{min}$ 相同的斜率增加，直到 $t = 45\text{min}$ 时曲线再次变成水平；（iii）[M]降低，且到 $t = 45\text{min}$ 时降至 0。（见 14.2 节）

14.5 下图表示 NO(g) 和 O_2(g) 的混合物。这两种物质的反应如下：

$$2 \text{ NO(g)} + O_2\text{(g)} \longrightarrow 2 \text{ NO}_2\text{(g)}$$

实验结果表明，反应速率对于 NO 为二级，对于 O_2 为一级。基于此事实，下列哪种混合物的初始速度最快？（见 14.3 节）

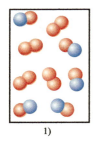
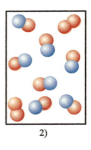
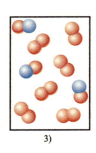

1) 2) 3)

14.6 某人研究了某一级反应，通过两个不同温度下进行的实验得到下面三条曲线。（a）哪两条曲线表示在相同温度下进行的实验？是什么导致了这两条曲线的差异？它们在哪些方面是相同的？（b）哪两条曲线表示以相同的起始浓度但在不同温度下进行的实验？哪条曲线最有可能代表较低温度下的反应？你如何知道？（见 14.4 节）

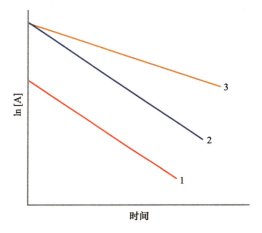

14.7 （a）根据下面 $t = 0\text{min}$ 和 $t = 30\text{min}$ 两张图，如果反应符合一级反应动力学，其半衰期是多少？（b）一级反应经过四个半衰期后，反应物还剩余多少？（见 14.4 节）

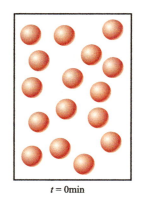
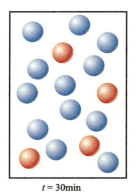

$t = 0\text{min}$ $t = 30\text{min}$

14.8 你认为下图中的哪一个代表反应 A $\longrightarrow$ 产物，动力学曲线符合（a）零级反应（b）一级反应（c）二级反应（见 14.4 节）

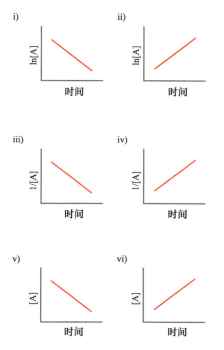

14.9 下图是某反应的简图。标出方框内指示的内容。（见 14.5 节）

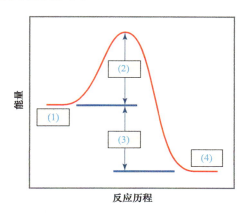

14.10 附图显示了两个不同反应的 ln k—1/T 曲线。这两条曲线已外推至 y 轴截距。哪个反应（红色还是蓝色）具有（a）更大的 E_a 值；（b）更大的频率因子值 A？（见 14.5 节）

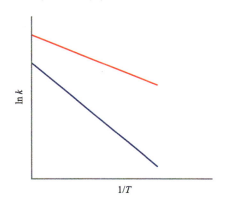

14.11 下图显示了相同温度下，相同总反应的两个不同反应历程。下列各项陈述是正确的还是错误的？（a）红色历程的速率比蓝色历程的速率快；（b）两种历程都是逆反应的速率比正反应的速率慢；（c）两种历程的能量变化 ΔE 相同。（见 14.6 节）

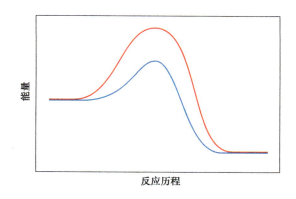

14.12 下图代表了总反应的两个步骤。红色球代表氧，蓝色球代表氮，绿色球代表氟。（a）写出每一步反应的化学方程式；（b）写出总反应方程式；（c）确定中间体；（d）如果第一步是慢速的速控步骤，写出总反应的速率方程。（见 14.6 节）

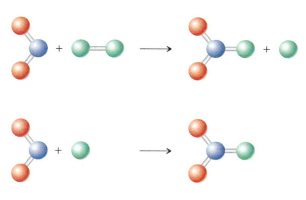

14.13 根据下面的反应简图，判断反应 A ⟶ C 中形成了多少个中间体？有多少个过渡态？A ⟶ B 或 B ⟶ C 哪一步更快？对于反应 A ⟶ C，ΔE 是正的、负的，还是零？（见 14.6 节）

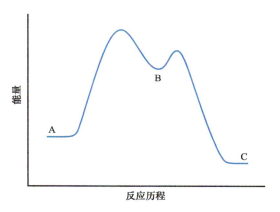

14.14 画出下图双分子反应的可能过渡态。（蓝色球代表氮原子，红色球代表氧原子）。用虚线表示反应历程中被断开或产生过渡态的化学键。（见 14.6 节）

14.15 下图表示假定的两步反应机理。红色球代表元素 A，绿色球代表元素 B，蓝色球代表元素 C。（a）写出发生的总反应方程式；（b）确定中间体；（c）确定催化剂。（见 14.6 节和 14.7 节）

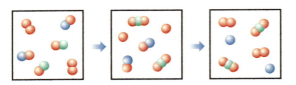

14.16 画图表示以不同反应速率生成两个中间体的总反应为放热反应的反应历程，并在图上标出反应物、产物、中间体、过渡态和活化能。（见 14.6 节和 14.7 节）

反应速率（见 14.1 节及 14.2 节）

14.17 （a）术语"反应速率"是什么意思？（b）你能说出三个影响化学反应速率的因素吗？（c）反应物的减少速率是否总是与产物的生成速率相同？

14.18 （a）通常用什么单位表示溶液反应的反应速率？（b）随着温度的升高，反应速率是增大还是减小？（c）反应进行时，瞬时反应速率是增大还是减小？

14.19 假设有下面的溶液反应：$A(aq) \longrightarrow B(aq)$。总体积为 100.0mL 的烧瓶中装有 0.065mol 的 A。收集到的数据如下：

时间 /min	0	10	20	30	40
A 的物质的量 /（mol）	0.065	0.051	0.042	0.036	0.031

（a）假设 0 时刻没有 B 分子，且 A 在没有生成中间体的情况下完全转化为 B。计算 B 在表中每个时间下的物质的量；（b）计算每 10 分钟间隔内 A 的平均减少速率，单位为 M/s；（c）计算从 $t = 10min$ 到 $t = 30min$ 之间，B 的平均生成速率，单位为 M/s，假设溶液的体积恒定。

14.20 一个烧瓶中装有 0.100mol 的 A，根据假设的气相反应 $A(g) \longrightarrow B(g)$，允许其反应生成 B，收集到的数据如下：

时间 /min	0	40	80	120	160
A 的物质的量 /（mol）	0.100	0.067	0.045	0.030	0.020

（a）假设 A 在没有生成中间体的情况下完全转化为 B，计算 B 在表中每个时间下的物质的量；（b）计算每 40s 时间间隔内 A 的平均减少速率，单位为 mol/s；（c）要计算以浓度 / 时间为单位表示的速率，需要下列哪一项？（i）每个时间下气体的压力（ii）反应瓶的体积（iii）温度（iv）A 的分子量

14.21 研究 215 ℃ 气相中进行的甲基异腈（CH_3NC）异构化生成乙腈（CH_3CN）的反应，得到以下数据：

时间 /s	[CH_3NC]/M
0	0.0165
2000	0.0110
5000	0.00591
8000	0.00314
12000	0.00137
15000	0.00074

（a）计算每个测定时间间隔内反应的平均速率，以 M/s 为单位；（b）计算从 $t = 0$ 到 $t = 15000s$ 时间范围内反应的平均速率；（c）哪个时间范围内的平均速率更大，从 $t = 8000$ 到 $t = 15000s$，还是从 $t = 2000s$ 到 $t = 12000s$？（d）绘出 [CH_3NC]-t 曲线图，并确定在 $t = 5000s$ 和 $t = 8000s$ 处的瞬时速率，单位为 M/s。

14.22 测定 HCl 在下列反应中的减少速率：$CH_3OH(aq) + HCl(aq) \longrightarrow CH_3Cl(aq) + H_2O(l)$ 收集到以下数据：

时间 /min	[HCl]/M
0.0	1.85
54.0	1.58
107.0	1.36
215.0	1.02
430.0	0.580

（a）计算每次测定时间间隔内反应的平均速率，单位为 M/s；（b）计算从 $t = 0.0min$ 到 $t = 430.0min$ 整个时间范围内的平均反应速率；（c）哪个时间范围内的平均速率更大，从 $t = 54.0$ 到 $t = 215.0min$ 还是从 $t = 107.0$ 到 $t = 430.0min$？（d）绘出 [HCl] 对时间的曲线图，并确定在 $t = 75.0min$ 和 $t = 250min$ 处的瞬时速率，单位 M/min 和 M/s。

14.23 对于下列每个气相反应，指出每种反应物的减少速率与每种产物的生成速率之间的关系：

（a）$H_2O_2(g) \longrightarrow H_2(g) + O_2(g)$；

（b）$2N_2O(g) \longrightarrow 2N_2(g) + O_2(g)$；

（c）$N_2(g) + 3H_2(g) \longrightarrow 2NH_3(g)$；

（d）$C_2H_5NH_2(g) \longrightarrow C_2H_4(g) + NH_3(g)$。

14.24 对于下列每个气相反应，用每种产物的生成和每种反应物的减少写出速率表达式：

（a）$2H_2O(g) \longrightarrow 2H_2(g) + O_2(g)$；

（b）$2SO_2(g) + O_2(g) \longrightarrow 2SO_3(g)$；

（c）$2NO(g) + 2H_2(g) \longrightarrow N_2(g) + 2H_2O(g)$；

（d）$N_2(g) + 2H_2(g) \longrightarrow N_2H_4(g)$。

14.25 （a）探讨 $H_2(g)$ 的燃烧反应 $2H_2(g) + O_2(g)$ $\longrightarrow$ $2H_2O(g)$。如果氢的燃烧速率是 0.48mol/s，那么 $O_2(g)$ 的减少速率是多少？$H_2O(g)$ 的生成速率是多少？（b）反应 $2NO(g) + Cl_2(g) \longrightarrow 2NOCl(g)$ 在封闭容器中进行。如果 NO 的分压以 56 torr/min 的速率下降，那么容器内总压力的变化率是多少？

14.26 （a）探讨 $C_2H_4(g)$ 的燃烧反应 $C_2H_4(g) +$ $3O_2(g) \longrightarrow 2CO_2(g) + 2H_2O(g)$。如果 C_2H_4 的浓度以 0.036M/s 的速率下降，那么 CO_2 和 H_2O 的浓度变化率是多少？（b）在封闭容器内发生反应 $N_2H_4(g) +$ $H_2(g) \longrightarrow 2NH_3(g)$。若 N_2H_4 分压降低的速率为 74torr/h，容器中 NH_3 的分压和总压的变化率是多少？

浓度与速率方程（见 14.3 节）

14.27 反应 $A + B \longrightarrow C$ 符合以下速率方程：速率 $= k[B]^2$。（a）如果 [A] 增大一倍，反应速率将如何变化？速率常数会改变吗？（b）A 和 B 的反应级数是多少？总反应级数是多少？（c）速率常数的单位是什么？

14.28 假设有 A、B 和 C 之间的一个反应，A 是一级反应，B 是零级反应，C 是二级反应。（a）写出反应的速率方程；（b）当 [A] 加倍而其他反应物浓度保持不变时，反应速率如何变化？（c）当 [B] 增加至 3 倍，而其他反应物浓度保持不变时，反应速率如何变化？（d）当 [C] 增加至 3 倍，而其他反应物浓度保持不变时，反应速率如何变化？（e）当三种反应物的浓度都增加至 3 倍时，由什么因素引起速率变化？（f）当三种反应物的浓度都减半时，由什么因素引起速率变化？

14.29 N_2O_5 在四氯化碳中的分解反应为 $2N_2O_5$ $\longrightarrow 4NO_2 + O_2$。对于 N_2O_5 速率方程为一级。64℃时，速率常数为 $4.82 \times 10^{-3} \ s^{-1}$。（a）写出速率方程；（b）$[N_2O_5] = 0.0240M$ 时的反应速率是多少？（c）当 N_2O_5 的浓度加倍至 0.0480M 时，速率会发生什么变化？（d）当 N_2O_5 的浓度减半至 0.0120M 时，速率会发生什么变化？

14.30 探讨下述反应：

$$2NO(g) + 2H_2(g) \longrightarrow N_2(g) + 2H_2O(g)$$

（a）该反应的速率方程对于 H_2 为一级反应，对于 NO 为二级反应，写出速率方程；（b）如果 1000K 时反应的速率常数为 $6.0 \times 10^4 \ M^{-2}s^{-1}$，当 [NO] = 0.035$M$，$[H_2] = 0.015M$ 时的反应速率是多少？（c）1000K 时，当 NO 的浓度增加至 0.10M，而 H_2 的浓度为 0.010M 时，反应速率是多少？（d）1000K 时，如果 [NO] 降至 0.010M，$[H_2]$ 增加至 0.030M，反应速率是多少？

14.31 探讨下述反应：

$$CH_3Br(aq) + OH^-(aq) \longrightarrow CH_3OH(aq) + Br^-(aq)$$

该反应的速率方程对于 CH_3Br 为一级，对于 OH^- 也为一级。当 $[CH_3Br]$ 为 $5.0 \times 10^{-3}M$ 且 $[OH^-]$ 为 0.050 M 时，在 298 K 反应速率为 0.0432 M/s。（a）速率

常数的数值是多少？（b）速率常数的单位是什么？（c）如果 $[OH^-]$ 增大 3 倍，速率会怎样？（d）如果两种反应物的浓度都增大 3 倍，速率会怎样？

14.32 330K 时，溴乙烷（C_2H_5Br）与 OH^- 在乙醇中的反应为 $C_2H_5Br(alc) + OH^-(alc) \longrightarrow C_2H_5OH(l)$ $+ Br^-(alc)$，该反应对于溴乙烷和氢氧根离子都是一级反应。当 $[C_2H_5Br]$ 为 $0.0477M$，$[OH^-]$ 为 $0.100M$ 时，溴乙烷的减少速率为 $1.7 \times 10^{-7}M$/s。（a）速率常数的数值是多少？（b）速率常数的单位是什么？（c）如果向溶液中加入等量的纯乙醇来稀释溶液，溴乙烷的减少速率会发生怎样的变化？

14.33 碘离子（I^-）与次氯酸盐离子（OCl^-）（氯漂白粉的活性成分）以下述方式发生反应：

$$OCl^- + I^- \longrightarrow OI^- + Cl^-$$。此快速反应测得了以下实验数据：

$[OCl^-]/M$	$[I^-]/M$	初始速率 / (M/s)
1.5×10^{-3}	1.5×10^{-3}	1.36×10^{-4}
3.0×10^{-3}	1.5×10^{-3}	2.72×10^{-4}
1.5×10^{-3}	3.0×10^{-3}	2.72×10^{-4}

（a）写出这个反应的速率方程；（b）以适当的单位计算速率常数；（c）计算 $[OCl^-] = 2.0 \times 10^{-3}M$，$[I^-] = 5.0 \times 10^{-4}M$ 时的速率。

14.34 反应 $2ClO_2(aq) + 2OH^-(aq) \longrightarrow ClO_3^-(aq) +$ $ClO_2^-(aq) + H_2O(l)$ 的测定结果如下：

实验	$[ClO_2]/M$	$[OH^-]/M$	初始速率 / (M/s)
1	0.060	0.030	0.0248
2	0.020	0.030	0.00276
3	0.020	0.090	0.00828

（a）确定反应的速率方程；（b）以适当的单位计算速率常数；（c）计算 $[ClO_2] = 0.100M$，$[OH^-] =$ $0.050M$ 时的速率。

14.35 下表是对反应 $BF_3(g) + NH_3(g) \longrightarrow$ $F_3BNH_3(g)$ 的实验数据：

（a）反应的速率方程是什么？（b）总反应级数是多少？（c）以适当的单位计算速率常数；（d）$[BF_3] =$ $0.100M$，$[NH_3] = 0.500M$ 时的速率是多少？

实验	$[BF_3]/M$	$[NH_3]/M$	初始速率 / (M/s)
1	0.250	0.250	0.2130
2	0.250	0.125	0.1065
3	0.200	0.100	0.0682
4	0.350	0.100	0.1193
5	0.175	0.100	0.0596

14.36 下表是反应 $2NO(g) + O_2(g) \longrightarrow 2NO_2(g)$ 测定 NO 减少速率的实验数据：

实验	$[NO]/M$	$[O_2]/M$	初始速率 /(M/s)
1	0.0126	0.0125	1.41×10^{-2}
2	0.0252	0.0125	5.64×10^{-2}
3	0.0252	0.0250	1.13×10^{-1}

（a）反应的速率方程是什么？（b）速率常数的单位是什么？（c）用三组数据计算得到的速率常数的平均值是多少？（d）当 [NO] = 0.0750M，[O_2] = 0.0100M 时，NO 的减少速率是多少？（e）在（d）中给出的浓度下，O_2 的减少速率是多少？

14.37 273℃时，一氧化氮（NO）与溴（Br_2）的气相反应为：$2NO(g) + Br_2(g) \longrightarrow 2NOBr(g)$。测得以下 NOBr 生成的初始速率数据：

实验	[NO]/M	[Br_2]/M	初始速率 /(M/s)
1	0.10	0.20	24
2	0.25	0.20	150
3	0.10	0.50	60
4	0.35	0.50	735

（a）确定速率方程；（b）通过四组数据计算 NOBr 生成的速率常数的平均值；（c）NOBr 的生成速率与 Br_2 的减少速率有何关系？（d）当 [NO] = 0.075M，[Br_2] = 0.25M 时，Br_2 的减少速率是多少？

14.38 探讨过硫酸根（$S_2O_8^{2-}$）在水溶液中氧化碘离子（I^-）的反应：

$$S_2O_8^{2-}(aq) + 3I^-(aq) \longrightarrow 2SO_4(aq)^{2-} + I_3^-(aq)$$

在特定的温度下，$S_2O_8^{2-}$ 的初始反应速率随反应物浓度的变化如下：

实验	[$S_2O_8^{2-}$]/M	[I^-]/M	初始速率 /(M/s)
1	0.018	0.036	2.6×10^{-6}
2	0.027	0.036	3.9×10^{-6}
3	0.036	0.054	7.8×10^{-6}
4	0.050	0.072	1.4×10^{-5}

（a）确定反应的速率方程，并说明速率常数的单位；（b）根据四组数据，$S_2O_8^{2-}$ 减少的速率常数的平均值是多少？（c）$S_2O_8^{2-}$ 的减少速率与 I^- 的减少速率有何关系？（d）当 [$S_2O_8^{2-}$] = 0.025M，[I^-] = 0.050M 时，I^- 的减少速率是多少？

浓度随时间的变化（见 14.4 节）

14.39 （a）对于一般反应 $A \longrightarrow B$，什么量对时间 t 作图时会得到一级反应的直线线性关系？（b）如何根据（a）中绘制的图计算一级反应的速率常数？

14.40 （a）对于一般的二级反应 $A \longrightarrow B$，什么量对时间 t 作图时，会得到一条直线线性关系？（b）（a）中所得直线的斜率是多少？（c）二级反应的半衰期是否会随着反应的进行而增大、减小或保持不变？

14.41 （a）SO_2Cl_2 的气相分解反应为 $SO_2Cl_2(g) \longrightarrow SO_2(g) + Cl_2(g)$，对于 SO_2Cl_2 为一级反应。在 600K 时，该反应的半衰期是 $2.3 \times 10^5 s$。这个温度下的速率常数是多少？（b）在 320℃时速率常数是 $2.2 \times 10^{-5} s^{-1}$，该温度下的半衰期是多少？

14.42 碘分子 $I_2(g)$ 在 625K 解离为碘原子 I 时的一级反应速率常数为 $0.271 s^{-1}$。（a）这个反应的半衰期是多少？（b）如果在这个温度下 [I_2] 从 0.050M 开始反应，假设碘原子没有重新结合生成 I_2，5.12s 之后还剩下多少 I_2（以 g 计）？

14.43 如练习 14.41 所述，硫酰氯（SO_2Cl_2）的分解是一级反应。在 660K 分解的速率常数是 $4.5 \times 10^{-2} s^{-1}$。（a）如果 SO_2Cl_2 从初始压力为 450torr 开始反应，那么 60s 后该物质的分压是多少？（b）SO_2Cl_2 的分压什么时候下降到其初始值的十分之一？

14.44 N_2O_5 分解的一级反应 $2N_2O_5(g) \longrightarrow 4NO_2(g) + O_2(g)$，速率常数在 70℃为 $6.82 \times 10^{-3} s^{-1}$。假设 $N_2O_5(g)$ 从 0.0250mol 开始反应，其体积为 2.0L。（a）5.0min 后还剩下多少 N_2O_5（以 mol 计）？（b）N_2O_5 的物质的量降至 0.010mol 需要多少分钟？（c）N_2O_5 在 70℃时的半衰期是多少？

14.45 反应 $SO_2Cl_2(g) \longrightarrow SO_2(g) + Cl_2(g)$ 对于 SO_2Cl_2 为一级反应。利用下列动力学数据，确定一级反应速率常数的大小和单位。

时间 /s	压力 SO_2Cl_2/atm
0	1.000
2500	0.947
5000	0.895
7500	0.848
10000	0.803

14.46 在气相、215℃时，CH_3NC 异构化反应为一级反应，根据下表的实验数据计算该反应的速率常数和半衰期。

时间 /s	压力 CH_3NC/torr
0	502
2000	335
5000	180
8000	95.5
12000	41.7
15000	22.4

14.47 利用练习 14.19 中的数据。（a）通过适当的作图，判断反应是一级反应还是二级反应；（b）反应的速率常数是多少？（c）反应的半衰期是多少？

14.48 利用练习 14.20 中的数据。（a）判断反应是一级反应还是二级反应；（b）反应的速率常数是多少？（c）反应的半衰期是多少？

14.49 NO_2 的气相分解反应为 $2NO_2(g) \longrightarrow 2NO(g) + O_2(g)$。在 383℃时进行测定，得到以下数据：

时间 /s	[NO_2]/M
0.0	0.100
5.0	0.017
10.0	0.0090
15.0	0.0062
20.0	0.0047

（a）对于 NO_2，反应是一级反应还是二级反应？（b）速率常数是多少？（c）预测 NO_2 的初始浓度分别为 $0.200M$、$0.100M$ 和 $0.050M$ 时的反应速率。

14.50　蔗糖（$C_{12}H_{22}O_{11}$）在稀酸溶液中反应生成两种较简单的糖——葡萄糖和果糖，两者分子式都是 $C_6H_{12}O_6$。在 23℃ 和 [HCl] = 0.5M 时，蔗糖减少的数据如下：

时间 /min	$[C_{12}H_{22}O_{11}]/M$
0	0.316
39	0.274
80	0.238
140	0.190
210	0.146

（a）对于 $C_{12}H_{22}O_{11}$ 是一级反应还是二级反应？（b）速率常数是多少？（c）用这个速率常数，如果蔗糖的初始浓度为 $0.316M$，且反应对于蔗糖为零级，计算在 39、80、140 和 210min 时的蔗糖浓度。

温度与速率（见 14.5 节）

14.51　（a）什么因素决定两个分子之间的碰撞会引发化学反应？（b）反应的速率常数一般会随反应温度的升高而增大或减小吗？（c）哪个因素对温度的变化最敏感——碰撞频率、取向因素，还是能量大于活化能的分子的比例？

14.52　（a）取向因素对于下列哪个反应的引发最不重要：$NO + O \longrightarrow NO_2$ 还是 $H + Cl \longrightarrow HCl$？（b）取向因素是否与温度有关？

14.53　计算 400K 时，氩气样品中能量 $\geq$ 10.0kJ 的原子的分数。

14.54　（a）甲基异腈异构化反应的活化能为 160kJ/mol（见图 14.6）。计算 500K 时能量等于或大于活化能的甲基异腈分子的分数；（b）计算温度为 520K 时，能量大于或等于活化能的甲基异腈分子的分数。520K 和 500K 时分数的比值是多少？

14.55　气相反应 $Cl(g) + HBr(g) \longrightarrow HCl(g) + Br(g)$ 的总能量变化为 –66kJ。反应的活化能是 7kJ。（a）绘出反应的能量简图，并标出 E_a 和 ΔE；（b）逆反应的活化能是多少？

14.56　基元反应 $N_2O_5(g) \longrightarrow NO_2(g) + NO_3(g)$ 的活化能（E_a）和总 ΔE 分别为 154kJ/mol 和 136kJ/mol。（a）画出这个反应的能量简图，并标出 E_a 和 ΔE；（b）逆反应的活化能是多少？

14.57　判断对错

（a）如果比较两个具有相似碰撞因子的反应，活化能较大的反应速率较快；

（b）速率常数小的反应必然有一个小的频率因子；

（c）升高反应温度会增加反应物之间有效碰撞的比例。

14.58　判断对错

（a）如果测定了一个反应在不同温度下的速率常数，就可以计算出反应的总焓变；

（b）放热反应比吸热反应快；

（c）如果把一个反应的温度升高一倍，则活化能降低了一半。

14.59　假设所有碰撞因子都是相同的，根据活化能和能量变化，将下列反应从最慢到最快进行排序。

（a）E_a = 45kJ / mol；ΔE = –25kJ / mol

（b）E_a = 35kJ / mol；ΔE = –10kJ / mol

（c）E_a = 55kJ / mol；ΔE = 10kJ / mol

14.60　练习 14.59 中哪个反应的逆反应是最快的？哪个是最慢的？

14.61　（a）某一级反应在 20℃ 时的速率常数为 $2.75 \times 10^{-2}s^{-1}$。在 60 ℃、$E_a$ = 75.5kJ/mol 时，k 的数值是多少？（b）另一个一级反应在 20℃ 时的速率常数为 $2.75 \times 10^{-2}s^{-1}$。在 60℃、$E_a$ = 125kJ/mol 时，k 的数值是多少？（c）要计算（a）和（b）两项的答案，需要作出什么假设？

14.62　了解氮氧化物的高温行为对控制汽车发动机产生的污染至关重要。氧化氮（NO）分解为 N_2 和 O_2 的反应为二级反应，在 737℃ 时速率常数为 $0.0796M^{-1}s^{-1}$，在 947℃ 时速率常数为 $0.0815M^{-1}s^{-1}$，计算反应的活化能。

14.63　在不同温度下测定反应 $CH_3COOC_2H_5(aq) + OH^-(aq) \longrightarrow CH_3COO^-(aq) + C_2H_5OH(aq)$ 的速率，收集到以下数据：

通过作图计算 E_a 的值。

温度 /℃	$k/(M^{-1}s^{-1})$
15	0.0521
25	0.101
35	0.184
45	0.332

14.64　反应速率常数随温度的变化关系如下表所示：

计算 E_a 和 A。

温度 /K	$k/(M^{-1}s^{-1})$
600	0.028
650	0.22
700	1.3
750	6.0
800	23

反应机理（见 14.6 节）

14.65　（a）什么是基元反应？（b）单分子基元反应和双分子基元反应有什么不同？（c）什么是反应机理？（d）什么是速控步骤？

14.66 （a）在反应机理的第一步，中间体是否可以作为反应物出现？（b）在反应能量简图上，中间体是用峰还是用谷来表示？（c）如果像 Cl_2 这样的分子以基元反应发生分解，反应分子数是多少？

14.67 下列每个基元反应的反应分子数是多少？写出每个反应的速率方程。

（a）$Cl_2(g) \longrightarrow 2Cl(g)$

（b）$OCl^-(aq) + H_2O(l) \longrightarrow HOCl(aq) + OH^-(aq)$

（c）$NO(g) + Cl_2(g) \longrightarrow NOCl_2(g)$

14.68 下列每个基元反应的反应分子数是多少？写出每个反应的速率方程。

（a）$2NO(g) \longrightarrow N_2O_2(g)$

（b）$\underset{H_2C \,-\!-\, CH_2}{\overset{CH_2}{}}(g) \longrightarrow CH_2 = CH{-}CH_3(g)$

（c）$SO_3(g) \longrightarrow SO_2(g) + O(g)$

14.69 （a）根据下面的反应能量简图，在反应 $A \longrightarrow D$ 中生成了多少中间体？（b）有多少个过渡态？（c）哪一步是最快的？（d）对于反应 $A \longrightarrow D$，ΔE 是正值、负值、还是零？

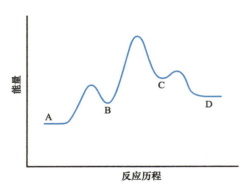

14.70 探讨下面的能量简图。

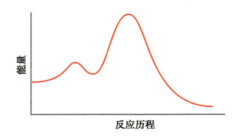

（a）反应机理中有多少个基元反应？（b）反应中生成了多少中间体？（c）哪一步是速控步骤？（d）对于总反应，ΔE 是正值、负值、还是零？

14.71 H_2 与 ICl 的气相反应机理提出如下：

$H_2(g) + ICl(g) \longrightarrow HI(g) + HCl(g)$

$HI(g) + ICl(g) \longrightarrow I_2(g) + HCl(g)$

（a）写出总反应的平衡方程式；（b）确定机理中的中间体；（c）如果第一步是慢的，第二步是快的，预测总反应速率是由哪一步决定的？

14.72 过氧化氢的分解反应是由碘离子催化的。推断该催化反应按以下机理进行：

$H_2O_2(aq) + I^-(aq) \longrightarrow H_2O(l) + IO^-(aq)$ （慢）

$IO^-(aq) + H_2O_2(aq) \longrightarrow H_2O(l) + O_2(g) + I^-(aq)$ （快）

（a）写出总反应化学方程式；（b）确定机理中的中间体（如有中间体生成的话）；（c）假设机理的第一步是速控步骤，预测总反应的速率方程。

14.73 反应 $2NO(g) + Cl_2(g) \longrightarrow 2NOCl(g)$，在 $[Cl_2]$ 恒定的条件下得到下图：

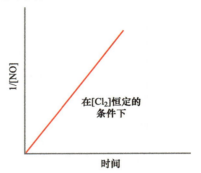

（a）以下机理是否与数据相符？

$NO(g) + Cl_2(g) \rightleftharpoons NOCl_2(g)$ （快）

$NOCl_2(g) + NO(g) \longrightarrow 2NOCl(g)$ （慢）

（b）线性关系图是否能确定总反应为二级反应？

14.74 研究 HBr 的气相氧化反应：

$4HBr(g) + O_2(g) \longrightarrow 2H_2O(g) + 2Br_2(g)$

发现反应对 HBr 为一级，对于 O_2 也是一级反应。于是提出以下机理：

$HBr(g) + O_2(g) \longrightarrow HOOBr(g)$

$HOOBr(g) + HBr(g) \longrightarrow 2HOBr(g)$

$HOBr(g) + HBr(g) \longrightarrow H_2O(g) + Br_2(g)$

（a）证实基元反应加和即为总反应；（b）根据实验确定的速率方程，哪一步是速步骤？（c）该机理的中间体是什么？（d）如果没有在产物中检测到 HOBr 或 HOOBr，这是否与提出的机理不相符？

催化作用（见 14.7 节）

14.75 （a）什么是催化剂？（b）均相催化剂与多相催化剂的区别是什么？（c）催化剂影响反应的总焓变、活化能还是两者都影响？

14.76 （a）大多数商用多相催化剂都是细的分散性固体材料。为什么颗粒大小很重要？（b）吸附在多相催化剂的催化行为中起什么作用？

14.77 在图 14.21 中，我们看到 $Br^-(aq)$ 催化 $H_2O_2(aq)$ 分解为 $H_2O(l)$ 和 $O_2(g)$。假设 $KBr(s)$ 被加入到过氧化氢的水溶液中。绘制从开始添加固体到反应结束过程中 $[Br^-(aq)]$ 对 t 的能量简图。

14.78 在溶液中，简单如 H^+ 和 OH^- 的化学形态都可以作为反应的催化剂。假设某酸催化反应发生时，可以测定溶液的 $[H^+]$。如果反应物和产物本身既不是酸也不是碱，绘制 [H⁺] 浓度随反应时间变化的曲线，设 $t = 0$ 是向反应体系加入第一滴酸的时间。

14.79　NO_2 加速了 SO_2 氧化为 SO_3。反应历程如下：

$$NO_2(g) + SO_2(g) \longrightarrow NO(g) + SO_3(g)$$
$$2NO(g) + O_2(g) \longrightarrow 2NO_2(g)$$

（a）完成如何向两个反应添加适当的系数并加和得到 SO_2 被 O_2 氧化生成 SO_3 的总反应方程式；（b）你认为 NO_2 是催化剂还是中间体？（c）你认为 NO 是催化剂还是中间体？（d）该反应属于均相催化还是多相催化？

14.80　加入 NO 可以加速 N_2O 的分解，可能通过以下机理实现：

$$NO(g) + N_2O(g) \longrightarrow N_2(g) + NO_2(g)$$
$$2NO_2(g) \longrightarrow 2NO(g) + O_2(g)$$

（a）总反应化学方程式是什么？如何将这两个步骤加和得到总反应方程式？（b）NO 在这个反应中作为催化剂还是中间体？（c）如果实验表明，在 N_2O 分解过程中，NO_2 的累积不能达到可测程度，这是否与所提出的机理不相符？

14.81　许多金属催化剂，特别是贵金属催化剂，通常以极薄的薄膜形式沉积在单位质量具有大表面积的物质上，如氧化铝（Al_2O_3）或二氧化硅（SiO_2）。（a）与使用金属粉末相比，为什么这种方法更有效？（b）表面积如何影响反应速率？

14.82　（a）如果要建立一个系统来检验催化转化器对汽车的催化效能，你希望探讨汽车尾气中的什么物质？（b）汽车催化转化器必须在高温下工作，因为尾气流经它们时是热的。在哪些方面这可能是一个优势？哪些方面是劣势？（c）为什么尾气流量对催化转化器很重要？

14.83　当 D_2 与乙烯（C_2H_4）在某精细分散催化剂的存在下反应时，生成了乙烷与两个氘的化合物，即 CH_2D—CH_2D。（氘 D，是质量为 2 的氢的同位素）。两个氘与一个碳结合的乙烷形式（例如 CH_3—CHD_2）非常罕见。使用反应所涉及的一系列步骤（见图 14.23）来解释之。

14.84　如图 14.23 所示，进行加氢反应的多相催化剂"中毒"时会使之失去催化能力。硫的化合物通常是引起中毒的物质，推断其引起中毒作用的机理。

14.85　碳酸酐酶催化反应 $CO_2(g) + H_2O(l) \longrightarrow HCO_3^-(aq) + H^+(aq)$。在没有酶存在的水中，25℃时反应速率常数为 $0.039s^{-1}$。在有酶存在的水中，25℃时反应速率常数为 $1.0 \times 10^6 s^{-1}$。假设两种情况下的碰撞因子相同，计算未催化和酶催化两种反应的活化能之差。

14.86　脲酶催化尿素（NH_2CONH_2）与水生成二氧化碳和氨的反应。当水中不存在这种酶时，100℃时反应以一级速率常数 $4.15 \times 10^{-5} s^{-1}$ 进行。而存在这种酶时，21℃反应以速率常数 $3.4 \times 10^4 s^{-1}$ 进行。（a）写出脲酶催化反应的平衡方程式；（b）如果催化反应的速率在 100℃ 与 21℃ 时相同，那么催化和非催化反应的活化能有什么不同？（c）你认为现实中该反应的催化反应速率，在 100℃ 和 21℃ 时相比有什么不同？（d）根据（c）和（d）两部分内容，你能总结出催化和非催化反应的活化能有什么不同？

14.87　未催化反应的活化能为 95kJ/mol。催化剂的加入使活化能降低到 55kJ/mol。假设碰撞因子保持不变，那么在（a）25℃；（b）125℃时，催化剂使反应速率增加多少倍？

14.88　在没有催化剂的情况下，生理温度为 37℃时某个具有重要生物学意义的反应进行得非常缓慢。假设碰撞因子保持不变，若使反应速率增加 1×10^5 倍，酶需要将反应的活化能降低多少？

附加练习

14.89　探讨反应 A + B ⟶ C + D。下列每一项陈述是正确的还是错误的？（a）反应的速率方程为速率 = $k[A][B]$；（b）如果反应是基元反应，则速率方程是二级反应；（c）如果反应是基元反应，则逆反应的速率方程是一级反应；（d）逆反应的活化能必定大于正反应的活化能。

14.90　硫化氢（H_2S）是工业废水中一种常见而又难处理的污染物。一种去除 H_2S 的方法是用氯处理废水，这种情况下会发生以下反应：

$$H_2S(aq) + Cl_2(aq) \longrightarrow S(s) + 2H^+(aq) + 2Cl^-(aq)$$

反应速率对于每个反应物都是一级的。28℃时 H_2S 减少的速率常数为 $3.5 \times 10^{-2}\ M^{-1}s^{-1}$。如果在某个给定时间，$H_2S$ 的浓度是 $2.0 \times 10^{-4}M$，Cl_2 的浓度是 $0.025M$，那么 Cl^- 的生成速率是多少？

14.91　反应 $2NO(g) + O_2(g) \longrightarrow 2NO_2(g)$ 对于 NO 为二级反应，对于 O_2 为一级反应。当 [NO] = 0.040M，[O_2] = 0.035M 时，检测到 NO 的减少速率为 $9.3 \times 10^{-5} M/s$。（a）此时 O_2 的减少速率是多少？（b）速率常数的数值是多少？（c）速率常数的单位是什么？（d）如果 NO 的浓度增加至 1.8 倍，速率会怎样？

14.92　对反应 A ⟶ B + C 进行一系列实验，发现速率方程的形式为速率 = $k[A]^x$。确定下列情况下的 x 值：（a）当 $[A]_0$ 增加 3 倍时，速率没有变化；（b）当 $[A]_0$ 增加 3 倍时，速率增加至 9 倍；（c）当 $[A]_0$ 加倍时，速率增加 8 倍。

14.93　探讨以下氯化汞（Ⅱ）与草酸盐离子之

间的反应：

$$2HgCl_2(aq) + C_2O_4^{2-}(aq) \longrightarrow 2Cl^-(aq) + 2CO_2(g) + Hg_2Cl_2(s)$$

测定了 $HgCl_2$ 和 $C_2O_4^{2-}$ 在几种浓度下的初始反应速率，得到以下 $C_2O_4^{2-}$ 减少速率的数据：

实验	$[HgCl_2]/M$	$[C_2O_4^{2-}]/M$	速率 $/(M/s)$
1	0.164	0.15	3.2×10^{-5}
2	0.164	0.45	2.9×10^{-4}
3	0.082	0.45	1.4×10^{-4}
4	0.246	0.15	4.8×10^{-5}

（a）该反应的速率方程是什么？（b）以适当单位表示的速率常数的数值是多少？（c）当 $HgCl_2$ 的初始浓度为 $0.100M$，$C_2O_4^{2-}$ 的初始浓度为 $0.25M$ 时，反应速率是多少？

14.94 以下是关于反应 $2X + Z \longrightarrow$ 产物的初始速率的动力学数据：

实验	$[X]_0/M$	$[Z]_0/M$	速率 $/(M/s)$
1	0.25	0.25	4.0×10^1
2	0.50	0.50	3.2×10^2
3	0.50	0.75	7.2×10^2

（a）该反应的速率方程是什么？（b）以合适单位表示的速率常数的数值是多少？（c）当 X 的初始浓度为 $0.75M$，Z 的初始浓度为 $1.25M$ 时，反应速率是多少？

14.95 反应 $2NO_2 \longrightarrow 2NO + O_2$ 的速率常数 $k = 0.63M^{-1}s^{-1}$。（a）根据 k 的单位，NO_2 的反应级数是一级还是二级？（b）如果 NO_2 的初始浓度是 $0.100M$，需要多长时间才能将浓度降到 $0.025M$？

14.96 探讨两个反应。反应（1）的半衰期是恒定的，反应（2）的半衰期随着反应的进行而延长。通过上述条件，你能对这两个反应的速率方程得出什么结论？

14.97 一级反应 $A \longrightarrow B$ 的速率常数 $k = 3.2 \times 10^{-3}s^{-1}$。如果 A 的初始浓度是 $2.5 \times 10^{-2}M$，那么 $t = 660s$ 时的反应速率是多少？

14.98 反应 $H_2O_2(aq) \longrightarrow H_2O(l) + 1/2O_2(g)$ 为一级反应。在 300K 时的速率常数为 $7 \times 10^{-4}s^{-1}$。计算（a）该温度下的半衰期；（b）如果该反应的活化能是 75kJ/mol，在什么温度下反应速率会增至 2 倍？

14.99 镅 -241 用于烟雾探测器。它的放射性衰变反应有一级速率常数 $k = 1.6 \times 10^{-3}yr^{-1}$。相比之下，用于检测甲状腺功能的碘 -125 的放射性衰变的速率常数为 $k = 0.011d^{-1}$。（a）这两种同位素的半衰期是多少？（b）哪种同位素衰变速率更快？（c）在三个半衰期之后，$1.00mg$ 每一同位素样品中有多少残留？（d）$1.00mg$ 每一同位素样品在 4 天后还剩下多少？

14.100 尿素（NH_2CONH_2）是动物蛋白质代谢的最终产物。在 $0.1M$ HCl 中尿素发生分解反应：

$$NH_2CONH_2(aq) + H^+(aq) + 2H_2O(l) \longrightarrow$$
$$2NH_4^+(aq) + HCO_3^-(aq)$$

反应对于尿素为一级反应，总反应为一级反应。当 $[NH_2CONH_2] = 0.200M$ 时，61.05 ℃ 下的速率为 $8.56 \times 10^{-5}M/s$。（a）速率常数 k 是多少？（b）如果初始浓度为 $0.500M$，那么在 4.00×10^3s 之后溶液中尿素的浓度是多少？（c）在 61.05℃ 下，反应的半衰期是多少？

[14.101] 采用光谱法通过测定有色反应物在 520nm 处的吸光度研究某一级反应的反应速率。反应发生在厚度为 1.00cm 的样品池中，反应中唯一有颜色的物质在 520nm 处的消光系数为 $5.60 \times 10^3M^{-1}cm^{-1}$。（a）如果反应开始时测得吸光度为 0.605，计算有色反应物的初始浓度；（b）30.0min 时吸光度降至 0.250，以 s^{-1} 为单位计算速率常数；（c）计算反应的半衰期；（d）吸光度降至 0.100 需要多长时间？

[14.102] 一种有色染料化合物分解为无色产物。原染料在 608nm 处发生吸光，摩尔吸收系数为 $4.7 \times 10^4M^{-1}cm^{-1}$。采用 1cm 厚的比色皿测该分解反应，得到以下数据：

时间 /min	608nm 处的吸光度
0	1.254
30	0.941
60	0.752
90	0.672
120	0.545

根据这些数据，确定反应"染料 $\longrightarrow$ 产物"的速率方程和速率常数。

14.103 环戊二烯（C_5H_6）发生自身聚合生成双环戊二烯（$C_{10}H_{12}$）的反应历程为 $2C_5H_6 \longrightarrow C_{10}H_{12}$。测定一浓度为 $0.0400M$ 的 C_5H_6 溶液，浓度随时间变化的数据如下：

时间 /s	$[C_5H_6]/M$
0.0	0.0400
50.0	0.0300
100.0	0.0240
150.0	0.0200
200.0	0.0174

分别用 $\ln[C_5H_6]$ 以及 $1/[C_5H_6]$ 对时间 t 作图。（a）反应级数是多少？（b）速率常数的数值是多少？

14.104 某一特定有机化合物与水反应的一级速率常数随温度变化数据如下：

温度 /K	速率常数 $/(s^{-1})$
300	3.2×10^{-11}
320	1.0×10^{-9}
340	3.0×10^{-8}
355	2.4×10^{-7}

根据这些数据，计算以 kJ/mol 为单位的活化能。

14.105 在 28℃ 下，生牛奶 4.0h 内就会变酸，但在 5℃ 的冰箱中要 48h 才变酸。估算牛奶变酸的反应以 kJ/mol 为单位的活化能。

14.106　下面内容摘自 1998 年 8 月 18 日《纽约时报》上一篇关于纤维素和淀粉分解的文章：温度降低 18 华氏度（从 77 ℉降至 59 ℉），反应速率降低 6 倍；温度降低 36 华氏度（从 77 ℉下降至 41 ℉），反应速率降低 40 倍。（a）根据上述温度对速率影响的两组数据，计算分解过程的活化能。这两个活化能的值一致吗？（b）假设活化能 E_a 值是由温度降低 36℃，分解反应速率为一级反应，25℃时半衰期为 2.7yr 计算得到的，那么，计算分解反应在 –15℃时的半衰期。

14.107　NO 与 H_2 反应生成 N_2O 和 H_2O 的机理如下：

$$NO(g) + NO(g) \longrightarrow N_2O_2(g)$$
$$N_2O_2(g) + H_2(g) \longrightarrow N_2O(g) + H_2O(g)$$

（a）证明上述机理中的基元反应为反应提供了平衡方程；（b）写出反应机理中每个基元反应的速率方程；（c）确定机理中的中间体；（d）测得的速率方程为速率 = $k[NO]^2[H_2]$。如果上述机理是正确的，根据第一步和第二步反应的相对速度，可以得出什么结论？

14.108　上层大气中的臭氧可通过以下两个反应历程被破坏：

$$Cl(g) + O_3(g) \longrightarrow ClO(g) + O_2(g)$$
$$ClO(g) + O(g) \longrightarrow Cl(g) + O_2(g)$$

（a）该历程的总反应方程式是什么？（b）反应的催化剂是什么？（c）反应的中间体是什么？

14.109　臭氧的气相分解反应被认为是通过以下两步机理进行的：

第 1 步：$O_3(g) \rightleftharpoons O_2(g) + O(g)$　（快）

第 2 步：$O(g) + O_3(g) \longrightarrow 2O_2(g)$　（慢）

（a）写出总反应的平衡方程式；（b）推导符合该机理的速率方程（提示：产物出现在速率方程中）；（c）O 是催化剂还是中间体？（d）如果反应不是以单一步骤发生，速率方程会改变吗？如果发生改变，速率方程是怎样的？

14.110　对氯仿（$CHCl_3$）和氯的气相反应提出了如下机理：

第 1 步：$Cl_2(g) \underset{k_{-1}}{\overset{k_1}{\rightleftharpoons}} 2Cl(g)$　（快）

第 2 步：$Cl(g) + CHCl_3(g) \overset{k_2}{\longrightarrow} HCl(g) + CCl_3(g)$　（慢）

第 3 步：$Cl(g) + CCl_3(g) \overset{k_3}{\longrightarrow} CCl_4(g)$　（快）

（a）总反应是什么？（b）该机理的中间体是什么？（c）每一个基元反应的反应分子数是多少？（d）速控步骤是哪步？（e）由该机理预测的速率方程是什么？（提示：总反应级数不是整数）。

14.111　假设反应 $2A + B \longrightarrow 2C + D$。对该反应提出了以下两步反应机理：

第 1 步：$A + B \longrightarrow C + X$

第 2 步：$A + X \longrightarrow C + D$

X 是不稳定的中间体。（a）如果第 1 步是速控步骤，预测速率方程表达式是什么？（b）如果第 2 步是速控步骤，预测速率方程表达式是什么？（c）（b）项所得的速率方程因为以下哪一项而不合理：（i）某个产物的浓度存在于速率方程中；（ii）速率方程中存在负值的反应级数；（iii）（i）和（ii）两个原因都存在；（iv）（i）和（ii）两个原因都不存在。

14.112　在烃类溶液中，金化合物 $(CH_3)_3AuPH_3$ 分解为乙烷（C_2H_6）和不同的金化合物 $(CH_3)AuPH_3$。提出 $(CH_3)_3AuPH_3$ 的分解机理如下：

第 1 步：$(CH_3)_3AuPH_3 \underset{k_{-1}}{\overset{k_1}{\rightleftharpoons}} (CH_3)_3Au + PH_3$（快）

第 2 步：$(CH_3)_3Au \overset{k_2}{\longrightarrow} C_2H_6 + (CH_3)Au$　（慢）

第 3 步：$(CH_3)Au + PH_3 \overset{k_3}{\longrightarrow} (CH_3)AuPH_3$　（快）

（a）总反应是什么？（b）该机理的中间体是什么？（c）每个基元步骤的反应分子数是多少？（d）速控步骤是什么？（e）由该机理预测的速率方程是什么？（f）向 $(CH_3)_3AuPH_3$ 溶液中加入 PH_3 对反应速率会有何影响？

14.113　直径为 2 nm 的铂纳米粒子是一氧化碳氧化生成二氧化碳的重要催化剂。铂以面心立方排列，边长 3.924Å。（a）估计一个 2.0nm 的球体能容纳多少个铂原子；球体的体积是 $(4/3)\pi r^3$。提示：1Å = 1×10^{-10}m，1nm = 1×10^{-9}m；（b）如果球体的表面积为（$4\pi r^2$），且假设 Pt 原子的直径为 2.8Å。估计 2.0nm 的 Pt 球体表面有多少铂原子？（c）利用（a）和（b）得到的结果，计算 2.0nm 的纳米颗粒表面 Pt 原子的百分比；（d）用 5.0nm 的铂纳米颗粒重复上述计算；（e）哪种尺寸的纳米颗粒有更高的催化活性？为什么？

14.114　碳酸酐酶是人体中许多重要的酶之一，它可以催化二氧化碳和水向碳酸氢盐离子和氢离子的转化。如果没有碳酸酐酶，人体就不能足够快地清除细胞新陈代谢产生的二氧化碳。这种酶每秒可催化 10^7 个 CO_2 分子的脱水反应（释放到空气中）。以上描述中提到的哪些内容分别对应于酶、底物和转化率？

14.115　假设在没有催化剂的情况下，某生化反应在正常体温（37℃）每秒发生 x 次。为了维持生理功能，该生化反应需要比未催化时快 5000 倍。可催化该生化反应的某种酶必须把活化能降低多少 kJ/mol 才能维持正常生理功能？

14.116　酶通常被描述为以下两步机理：

$$E + S \rightleftharpoons ES　（快）$$
$$ES \longrightarrow E + P　（慢）$$

其中 E = 酶，S = 底物，ES = 酶—底物复合物，P = 产物。

（a）如果一种酶服从上述机理，那么反应的速率方程是什么？（b）能与酶的活性位点结合但不能转化为产物的分子称为*酶抑制剂*。为上述反应机理写一个额外的基元步骤来说明 E 与抑制剂 I 的反应。

综合练习

14.117　五氧化二氮（N_2O_5）在溶剂氯仿中分解生成 NO_2 和 O_2。分解反应为一级反应，45℃时速率常数为 $1.0 \times 10^{-5} s^{-1}$。如果气体收集在 10.0L 的容器中（且假设产物不溶于氯仿），计算 1.00L，$0.600M\,N_2O_5$ 溶液在 45℃，经过 20.0h 后产生的 O_2 的分压。

14.118　碘代乙烷与氢氧根离子在乙醇溶液（C_2H_5OH）中发生反应 $C_2H_5I + OH^- \longrightarrow C_2H_5OH + I^-$，活化能为 86.8kJ/mol，频率因子为 $2.10 \times 10^{11} M^{-1} s^{-1}$。（a）预测在 35℃时反应的速率常数是多少？（b）将 0.335g KOH 溶解于乙醇中，配制成 250.0mL KOH 乙醇溶液。同样地，将 1.453g C_2H_5I 溶于乙醇中，配制成 250.0mL 碘代乙烷乙醇溶液。这两种溶液的体积相等。假设对于每个反应物都是一级反应，那么 35℃时反应的初始速率是多少？（c）假设反应进行到完成，哪种试剂是有限的？（d）假设频率因子和活化能不随温度变化，计算 50℃时的反应速率常数。

14.119　若得到反应在一组不同温度下的动力学数据。$\ln k$ 对 $1/T$ 作图如下：

从分子水平对图中的特殊数据进行解释。

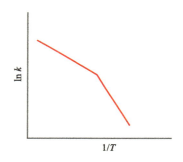

14.120　NO 与 F_2 生成 NOF 与 F 的气相反应，活化能 $E_a = 6.3$kJ/mol，频率因子 $A = 6.0 \times 10^8 M^{-1} s^{-1}$。该反应被认为是双分子反应：

$$NO(g) + F_2(g) \longrightarrow NOF(g) + F(g)$$

（a）计算 100℃时的速率常数；（b）画出 NO 和 NOF 分子的 lewis 结构式。给出的 NOF 的化学式是误导的，因为氮原子实际上是该分子的中心原子；（c）预测 NOF 分子的形状。（d）画出 NOF 生成反应可能的过渡态，用虚线表示开始形成的弱键；（e）解释该反应活化能低的原因。

14.121　HBr 被 O_2 氧化生成 $2 H_2O$ 和 Br_2 的机理见练习 14.74。（a）计算反应历程的总标准焓变；（b）在室温等通常条件下，HBr 与 O_2 不能以可测得的速率发生反应。为此你能推断出速控步骤的活化能是多少吗？（c）画出中间体 HOOBr 的 Lewis 结构式，哪种由氢和氧组成的熟悉的化合物看上去与此中间体相似？

14.122　许多大气反应的速率因其中一种反应物对光的吸收而加快。例如，甲烷和氯反应生成氯甲烷和氯化氢：

反应 1：$CH_4(g) + Cl_2(g) \longrightarrow CH_3Cl(g) + HCl(g)$

该反应在没有光的情况下非常缓慢。然而 $Cl_2(g)$ 能吸收光生成 Cl 原子：

反应 2：$Cl_2(g) + h\nu \longrightarrow 2Cl(g)$

Cl 原子生成后，可以催化 CH_4 和 Cl_2 的反应，其机理如下：

反应 3：$CH_4(g) + Cl(g) \longrightarrow CH_3(g) + HCl(g)$

反应 4：$CH_3(g) + Cl_2(g) \longrightarrow CH_3Cl(g) + Cl(g)$

这两个反应的焓变和活化能如下：

反应	$\Delta H°/$(kJ/mol)	$E_a/$(kJ/mol)
3	+4	17
4	−109	4

（a）利用 Cl_2 的键焓（见表 8.4），测定引起反应 2 发生的光的最大波长。该波长的光属于电磁波谱的哪一部分？（b）利用表中所给的数据，为反应 3 和反应 4 为代表的催化反应定量绘制一个能量简图；（c）利用键焓，估算反应物 $CH_4 + Cl_2$ 在（b）部分所绘能量简图中的位置，利用此结果估算反应 $CH_4(g) + Cl_2(g) \longrightarrow CH_3(g) + HCl(g) + Cl(g)$ 的 E_a；（d）反应 3 和反应 4 中的 Cl(g) 和 $CH_3(g)$ 是自由基，即带有未成对电子的原子或分子。画出 CH_3 的 Lewis 结构式，验证它是自由基；（e）反应 3 和反应 4 的顺序涉及自由基链机理。你认为这为什么叫作"链反应"？提出一个终止链反应的反应。

14.123　许多伯胺，RNH_2，其中 R 是含碳的基团，如 CH_3，CH_3CH_2 等，其过渡态是四面体。（a）用杂化轨道图来表示伯胺中氮的成键（"R"基只含一个 C）；（b）哪种含伯胺的反应物可产生四面体结构的中间体？

14.124　汽车排放的 NO_x 主要包括 NO、NO_2 等。这些形态的 NO_x 转化为 N_2 的催化剂是减少空气污染的理想选择。（a）绘制 NO、NO_2、N_2 的 Lewis 点图和 VSEPR 结构；（b）利用诸如表 8.3 中的数据，查找这些分子中的键能。这些能量在电磁波谱的哪个区域？（c）设计一个光谱实验来测定 NO_x 向 N_2 的转化，说明测定波长随时间的变化。

14.125　如图 14.23 所示，乙烯异相加氢的第一步是乙烯分子在金属表面的吸附。用来解释乙烯"粘"在金属表面的假设碳—碳 π 键中的电子与金属表面的空轨道发生相互作用。（a）如果这个理论是正确的，乙烷会被吸附到金属表面吗？如果会吸附的话，比较乙烷和乙烯分别与金属结合的强度？（b）根据 Lewis 结构，你认为氨会像乙烯那样吸附在金属表面吗？

设计实验

让我们一起探讨最常见的反应 aA + bB ⟶ cC + dD 的化学动力学原理。假设所有物质都可溶于水，且我们提出的反应为溶液反应。物质 A 和 C 都可以吸收可见光，A 的最大吸收波长为 510nm，C 的最大吸收波长为 640nm。物质 B 和 D 为无色的。提供四种物质的纯试样且已知它们的化学式，同时提供可以测定可见光谱的适当仪器（关于如何使用光谱学方法见 14.3 节中的仔细观察）。让我们设计一个实验来探知反应的动力学原理。（a）室温下能设计什么实验来测定反应的速率方程和速率常数？需要知道化学计量数 a 和 c 来确定速率方程吗？（b）设计一个实验来测定反应的活化能。提出这样的实验会遇到哪些问题？（c）现在要测试某个特定的水溶性物质 Q 是否为该反应的均相催化剂。为此可提出什么实验设计方案？（d）如果 Q 确实是反应的催化剂，还需要做什么后续实验来获得更多的反应信息？

第 **15** 章

化学平衡

化学平衡是一种平衡状态。 例如，在拔河比赛中，两边拉力相同，绳子静止不动，这是静态平衡。平衡也可以是动态的，正向过程和逆向过程以相同的速率发生，最后的结果没有变化。

想象一下，你在海上乘坐一艘漏水的帆船。当船慢慢地充满水时，你会寻找一种方法，在船下沉之前将水从船上排出。就在事情正变得糟糕的时候，你找到了一个塑料水瓶，于是开始从船上往外舀水。经过不断地努力，船中的水位降低了几厘米，此时你舀水的速度逐渐变慢了，因为你不再能够通过将水完全装满瓶子来往外排水。最后，水通过漏洞进入船内的速度等于舀出水的速度，此时，达到了动态平衡的状态，其中正向过程（进入船中的水）和逆向过程（排出船的水）的速率彼此相等，从而船中的水位保持不变。

大雨降临时，有些低于海平面的沿海城市（如新奥尔良）也会出现类似的情况（见图 15.1）。新奥尔良的**碟形海拔地貌**意味着水不能自然地从城市的低处排出。

◀ **一艘有漏洞的小船**　通过从一艘有漏洞的小船上往外舀水，使得船中达到一个恒定的水位，这个状态是动态平衡状态。

运用复杂的水泵系统来排水，从而保护居民和财产免受洪水的侵袭。2005 年，当卡特里娜飓风袭击新奥尔良时，风暴潮和堤坝系统的故障破坏了原来的平衡，给城市带来了灾难性的后果。

在上几章中，我们提到了几个涉及物质物理变化的动态平衡的例子，包括蒸气压（见 11.5 节），饱和溶液的形成（见 13.2 节）和亨利定律（见 13.3 节）。以蒸气压为例，在封闭的容器中，当分子从液体逸出进入气相的速率等于来自气相的分子被液体捕获并重新进入液体的速率时，液体上方的蒸气压力停止变化。

就像蒸发和冷凝、溶解和结晶一样，化学反应可以向正逆两个方向进行。如果逆反应足够慢，可以完全忽略它，就像之前遇到的反应一样，但是有许多重要的情况，必须考虑正向和逆向反应的速率。

当正向反应和逆向反应以相等的速率进行时，
就会出现化学平衡。

当反应达到平衡时，反应物生成产物的速率等于产物生成反应物的速率。浓度停止变化，反应似乎在完成之前停止。

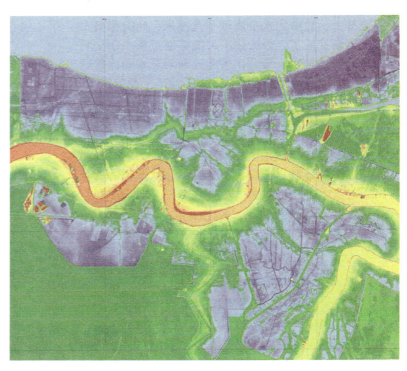

▲ 图 15.1　**新奥尔良的剖面图**　密西西比河周围，黄色、红色和橙色区域海拔高度超过海平面 10 英尺，蓝色区域比海平面低

在本章和接下来的两章中，将详细探讨化学平衡。在后面的第 19 章中，将学习如何把化学平衡与热力学联系起来；学习如何以定量的方式表示反应的平衡状态；研究平衡混合物中反应物和产物相对浓度的影响因素。

15.1 平衡的概念

对于简单的化学反应，看看它是如何达到平衡状态的——混合物中反应物和产物的浓度不再随时间变化。从 N_2O_4 开始，N_2O_4 是一种无色的物质，分解成棕褐色 NO_2。图 15.2 显示了密封管内冷冻的 N_2O_4 样品，固体 N_2O_4 在加热到沸点（21.2℃）以上时变成气体，无色的 N_2O_4 气体分解成棕褐色的 NO_2 气体时，气体颜色就会变深，最后，即使管中仍有 N_2O_4，颜色也不再变深，这时体系达到平衡状态，得到了一种由 N_2O_4 和 NO_2 组成的平衡混合物，其中气体的浓度不再随着时间而改变。因为反应是在一个封闭的系统中，没有气体逸出，混合物质量守恒。

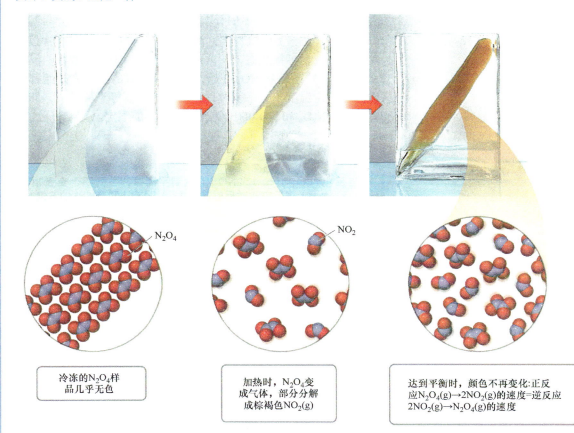

▽ **图例解析**

如果让右边的管子放置一整夜，然后再拍一张照片，棕色会看起来更深、更浅、还是一样？

冷冻的 N_2O_4 样品几乎无色

加热时，N_2O_4 变成气体，部分分解成棕褐色 $NO_2(g)$

达到平衡时，颜色不再变化:正反应 $N_2O_4(g) \rightarrow 2NO_2(g)$ 的速度=逆反应 $2NO_2(g) \rightarrow N_2O_4(g)$ 的速度

▲ 图 15.2 NO_2 和 N_2O_4 之间的平衡

平衡混合物的产生是由于反应是可逆的：N_2O_4 可以生成 NO_2，NO_2 也可以生成 N_2O_4。用两个指向相反方向的半箭头的反应方程式来表示动态平衡（见 4.1 节）：

$$N_2O_4(g) \rightleftharpoons 2NO_2(g) \qquad (15.1)$$
无色　　　棕褐色

用动力学知识来分析这种平衡。把 N_2O_4 的分解称为正反应，而 N_2O_4 的形成称为逆反应。在这种情况下，正反应和逆反应都是基元反应。正如在第 14.6 节中所了解到的，基元反应的速率定律可以从它们的化学方程式中写出：

$$正反应：N_2O_4(g) \longrightarrow 2NO_2(g) \quad 速率_f = k_f[N_2O_4] \qquad (15.2)$$
$$逆反应：2NO_2(g) \longrightarrow N_2O_4(g) \quad 速率_r = k_r[NO_2]^2 \qquad (15.3)$$

在平衡状态下，在正反应中 NO_2 形成的速率等于 N_2O_4 在逆反应中形成的速率：

$$\underset{正反应}{k_f[N_2O_4]} = \underset{逆反应}{k_r[NO_2]^2} \qquad (15.4)$$

整理可得：

$$\frac{[NO_2]^2}{[N_2O_4]} = \frac{k_f}{k_r} = 常数 \qquad (15.5)$$

根据式（15.5）可以看到，两个速率常数的商是一个常数，称为平衡常数。在平衡状态下，浓度项的比值等于这个常数。反应不管从 N_2O_4 开始还是从 NO_2 开始，或是从两者的混合物开始都没有区别。在一定温度下，平衡时，浓度项的比值等于特定值，即在平衡状态下，N_2O_4 和 NO_2 的比例有一个重要的限定。

> ▲ **想一想**
>
> 当反应 $N_2O_4(g) \rightleftharpoons 2NO_2(g)$ 达到平衡时，下列哪个变量相等：（a）k_f 和 k_r（b）正反应和逆反应速率（c）$[N_2O_4]$ 和 $[NO_2]$ 的浓度

一旦达到平衡，N_2O_4 和 NO_2 的浓度就不再变化，如图 15.3a 所示。

> ▼ **图例解析**
>
> 为什么正反应速率会随着反应的进行而变慢？

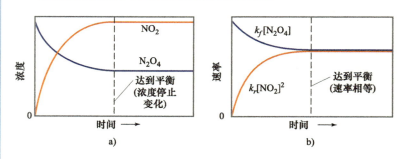

▲ 图 15.3　在 $N_2O_4(g) \longrightarrow 2NO_2(g)$ 反应中实现化学平衡　当正反应速率等于逆反应速率时达到平衡

　　然而，平衡混合物的组成随时间保持不变并不意味着 N_2O_4 和 NO_2 停止反应。相反，平衡是动态的——这意味着一些 N_2O_4 转化为 NO_2，同时，一些 NO_2 转化为 N_2O_4。然而，在平衡状态下，两个过程以相同的速率发生，如图 15.3b 所示。

　　从这些例子中，我们可以知道：

- 在平衡状态下，反应物和产物的浓度不再随时间变化。
- 为了达到平衡，反应物和产物都不能从体系中逸出。
- 在平衡时，浓度项的比值等于常数。

15.2 | 平衡常数

　　在同一个反应容器中，不管是反应物生成产物，还是产物转变为反应物，无论反应有多么复杂，正反应和逆反应的动力学过程性质如何，化学反应都能达到平衡。以氮气和氢气合成氨为例：

$$N_2(g) + 3H_2(g) \rightleftharpoons 2NH_3(g) \tag{15.6}$$

　　这个反应是 Haber 反应的基础，它对化肥的生产至关重要，因此对世界粮食供应起到了很大作用。在 Haber 反应中，N_2 和 H_2 在高温、高压、催化剂存在的条件下反应生成 NH_3。然而，在封闭系统中，反应并不会导致氮气和氢气的完全消耗。在某一时刻，反应似乎停止了，反应混合物的三个组成成分同时存在。

　　图 15.4 显示了 H_2、N_2 和 NH_3 的浓度随时间的变化情况。注意，无论从 H_2、N_2（正反应方向）开始，还是从 NH_3（逆反应方向）开始，都可以得到平衡混合物，故从哪个方向都能达到平衡。

> ▲ **想一想**
>
> 　　判断对错：是否可以通过监测单一反应物的浓度来确定反应已达到平衡？

　　类似于式（15.5）表达式给出了平衡时 N_2、H_2 和 NH_3 的浓度。如果改变起始混合物中三种气体的相对量，分析每个平衡混合物，就可以确定平衡浓度之间的关系。

> ▼ **图例解析**
>
> H_2 的消失率是否与 N_2 的消失率有关？如果有关，是如何相关的？

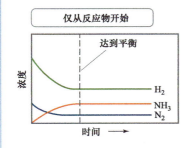
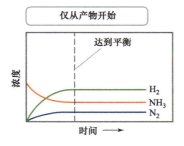

▲ **图 15.4**　无论是从反应物（N_2 和 H_2）开始还是从产物（NH_3）开始，都达到了相同的平衡

在 Haber 工作之前的 19 世纪，化学家们对其他化学体系进行了类似的研究。在 1864 年，Cato Maximilian Guldberg（1836—1902）和 Peter Waage（1833—1900）提出了**质量守恒定律**，它表示对于任何反应，反应物和产物的浓度在平衡时存在一定的关系。假设有下面的平衡方程：

$$a\,A + b\,B \rightleftharpoons d\,D + e\,E \tag{15.7}$$

其中 A、B、D 和 E 是各组分，a、b、d 和 e 分别是它们在平衡方程中的系数。根据质量守恒定律，平衡常数由下列表达式表示。

$$K_c = \frac{[D]^d [E]^e}{[A]^a [B]^b} \quad\begin{array}{l}\longleftarrow \text{产物}\\\longleftarrow \text{反应物}\end{array} \tag{15.8}$$

把这种关系称为反应的**平衡常数表达式**（或者仅仅是平衡表达式）。**平衡常数 K_c**，是将平衡的物质的量浓度代入平衡常数表达式得到的数值。K 下标 c 表示以物质的量浓度表示浓度来计算平衡常数。

平衡常数表达式的分子是平衡方程式中所有产物的浓度的乘积，每一产物的浓度的幂都等于平衡方程中相对应的系数。同样地，分母来自平衡方程式中反应物这边。因此，

化学应用 | Haber 反应

日益增长的人口所需的食物量远远超过固氮植物所能提供的数量（见 14.7 节"固氮和固氮酶"）。因此，人类农业需要大量用于农田的氨基肥料。在人类以自己需要为目的而学会控制的所有化学反应中，用氢和大气中的氮合成氨是最重要的化学反应之一。

1912 年，德国化学家（Fritz Haber 1868—1934）提出了 Haber 反应 [见式（15.6）]。这个反应有时也称为 Haber-Bosch 反应，以纪念大规模开发工业生产的工程师 Karl Bosch（见图 15.5）。实现 Haber 反应所需的条件是要求使用当时难以实现的温度（约 500℃）和压力（200～600atm）。

Haber 反应提供了一个对生活产生巨大影响、具有历史意义并且很有趣的例子。1914 年第一次世界大战开始时，德国依靠智利的硝酸盐沉淀来制造炸药所需的含氮化合物。在战争期间，盟军对南美洲的海上封锁切断了这种供应。然而，通过利用 Haber 反应从空气中固定氮气，德国得以继续生产炸药。专家们估计，如果不是利用 Haber 反应，第一次世界大战可能会提前一年结束。

这不幸的开端成为国际战争的重要因素，目前 Haber 反应已经成为世界上主要的固定氮源。对于延长的第一次世界大战，通过 Haber 反应能够生产增加作物产量的肥料，使得数百万人免于饥饿。在美国，每年大约要生产 400 亿磅氨，它们大多数都是通过 Haber 反应生产的。氨可以直接施用于土壤，也可以转化成用作肥料的铵盐。

Haber 是一位爱国的德国人，在德国的战争中做出了巨大贡献。他曾在第一次世界大战期间担任德国化学战部队的指挥官，并将氯气开发成一种毒气武器。因此，1918 年授予他诺贝尔化学奖的决定引起了相当多的争议和批评。然而，最具讽刺意味的是在 1933 年，Haber 却因为是犹太人而被德国驱逐出境。

相关练习：15.44、15.75、15.78

▲ 图 15.5　德国卡尔斯鲁厄理工学院展示了用于 Haber 反应的高压钢反应堆，Haber 反应就是在这里发展起来的

对于 Haber 反应 $N_2(g) + 3H_2(g) \rightleftharpoons 2NH_3(g)$，平衡常数表达式为：

$$K_c = \frac{[NH_3]^2}{[N_2][H_2]^3} \qquad (15.9)$$

一旦知道化学反应达到平衡，即使不知道反应机理，也可以写出平衡常数表达式。

> *平衡常数表达式只取决于反应的化学计量，*
> *而不取决于反应的机理。*

这样，平衡常数表达式就不同于速率定律。

任何给定温度下的平衡常数值都不取决于反应物和产物的初始量，也与是否存在其他物质无关，只要它们不与反应物或产物反应即可。K_c 的值只取决于反应类型和温度。

 实例解析 15.1
写出平衡常数表达式

写出下列反应的平衡表达式 K_c

（a）$2O_3(g) \rightleftharpoons 3O_2(g)$
（b）$2NO(g) + Cl_2(g) \rightleftharpoons 2NOCl(g)$
（c）$Ag^+(aq) + 2NH_3(aq) \rightleftharpoons Ag(NH_3)_2^+(aq)$

解析

分析 三个反应方程式，要求写出每个方程的平衡常数表达式。

思路 根据质量守恒定律，每个表达式写成商的形式，分子为产物浓度项，分母为反应物浓度项。每个浓度项的幂次都是它在平衡的化学方程中的系数。

解答

（a）$K_c = \dfrac{[O_2]^3}{[O_3]^2}$ （b）$K_c = \dfrac{[NOCl]^2}{[NO]^2[Cl_2]}$

（c）$K_c = \dfrac{[Ag(NH_3)_2^+]}{[Ag^+][NH_3]^2}$

▶ **实践练习 1**

对于反应 $2SO_2(g)+O_2(g) \rightleftharpoons 2SO_3(g)$，下面哪个是正确的平衡常数表达式？

（a）$K_c = \dfrac{[SO_2]^2[O_2]}{[SO_3]^2}$ （b）$K_c = \dfrac{2[SO_2]^2[O_2]}{2[SO_3]}$

（c）$K_c = \dfrac{[SO_3]^2}{[SO_2]^2[O_2]}$ （d）$K_c = \dfrac{2[SO_3]}{2[SO_2]^2[O_2]}$

▶ **实践练习 2**

写出平衡常数表达式 K_c

（a）$H_2(g) + I_2(g) \rightleftharpoons 2HI(g)$
（b）$Cd^{2+}(aq) + 4Br^-(aq) \rightleftharpoons CdBr_4^{2-}(aq)$

讨论 K_c

通过研究一系列关于 N_2O_4 和 NO_2 的实验，可以说明质量守恒定律是如何凭经验发现的，并证明平衡常数与起始浓度无关：

$$N_2O_4(g) \rightleftharpoons 2NO_2(g) \quad K_c = \frac{[NO_2]^2}{[N_2O_4]} \qquad (15.10)$$

从几个含有不同浓度 NO_2 和 N_2O_4 的密封管开始，将管保持在 $100\,℃$ 直至达到平衡，然后分析混合物中 NO_2 和 N_2O_4 的平衡浓度，如表 15.1 所示。

为了讨论 K_c，将平衡浓度代入平衡常数表达式中。例如，用实验 1 的数据，$[NO_2]= 0.0172M$，$[N_2O_4]= 0.00140M$，结果发现：

$$K_c = \frac{[NO_2]^2}{[N_2O_4]} = \frac{[0.0172]^2}{0.00140} = 0.211$$

表 15.1 在 100℃下 $N_2O_4(g)$ 和 $NO_2(g)$ 的初始和平衡浓度

实验	初始 $[N_2O_4]/M$	初始 $[NO_2]/M$	平衡 $[N_2O_4]/M$	平衡 $[NO_2]/M$	K_c
1	0.0	0.0200	0.00140	0.0172	0.211
2	0.0	0.0300	0.00280	0.0243	0.211
3	0.0	0.0400	0.00452	0.0310	0.213
4	0.0200	0.0	0.00452	0.0310	0.213

图例解析

实验 3 和实验 4，哪个实验 N_2O_4 的浓度降低以达到平衡状态？

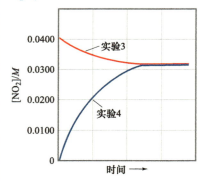

▲ 图 15.6　无论初始 NO_2 浓度是多少，都会产生相同的平衡混合物　NO_2 的浓度或者增加或者减少，直到达到平衡

以同样的方式，计算其他实验的 K_c 值。从表 15.1 可以看出，即使初始浓度变化，K_c 的值也是恒定的（在实验误差范围内），最终浓度也是如此。此外，实验 4 表明，平衡可以从 N_2O_4 开始，而不是必须从 NO_2 开始。也就是说，可以从任一方向达到平衡。图 15.6 显示了实验 3 和实验 4 如何产生相同的平衡混合物，即使两个实验以非常不同的 NO_2 浓度开始。

注意，无论是在表 15.1 中，还是在刚刚使用实验 1 数据进行的计算中，K_c 都没有给出单位。通常平衡常数都没有单位，原因将在本节后面讨论。

想一想

式 15.10 中的 K_c 值取决于 NO_2 和 N_2O_4 的起始浓度吗？

压力平衡常数，K_p

当化学反应中的反应物和产物是气体时，可以用分压表示平衡常数表达式。当表达式中使用大气中的分压时，用平衡常数 K_p 来表示［下标 p 代表压强（习惯用法为压力）］。对于普通的反应式（15.7），可以写出：

$$K_p = \frac{(P_D)^d (P_E)^e}{(P_A)^a (P_B)^b} \qquad (15.11)$$

P_A 是 A 在大气压下的分压，P_B 是 B 在大气压下的分压，以此类推。例如，对于 N_2O_4/NO_2 反应，可以写出：

$$K_p = \frac{(P_{NO_2})^2}{P_{N_2O_4}}$$

对于给定的反应，K_c 的数值通常与 K_p 的数值不同。因此，必须注意通过下标 c 或 p 来表示使用的是哪个常数。然而，使用理想气体方程（见 10.4 节）可以从另一个方程中进行计算：

$$PV = nRT，因此 P = \frac{n}{V} RT \qquad (15.12)$$

$\frac{n}{V}$ 的常用单位是 mol/L，它等于物质的量浓度 M。对于普通的反应中的 A 物质，可以看到：

$$P_A = \frac{n_A}{V} RT = [A]RT \qquad (15.13)$$

当把式（15.13）和反应的其他气体组分的表达式代入式（15.11）时，得到了一个关于 K_p 和 K_c 的一般表达式：

$$K_p = \frac{([D]RT)^d([E]RT)^e}{([A]RT)^a([B]RT)^b} = \left(\frac{[D]^d[E]^e}{[A]^a[B]^b}\right)\frac{(RT)^{d+e}}{(RT)^{a+b}} \quad (15.14)$$

请注意括号中项等于 K_c，因此，可以简化表达式：

$$K_p = K_c(RT)^{(d+e)-(a+b)} = K_c(RT)^{\Delta n} \quad (15.15)$$

数量 Δn 是平衡化学方程中气体物质的量的变化。它等于气态产物的系数总和减去气态反应物的系数总和：

$$\Delta n = (气态产物的物质的量之和) - (气态反应物的物质的量之和) \quad (15.16)$$

例如，在 $N_2O_4(g) \rightleftharpoons 2NO_2(g)$ 反应中，有 1mol 的反应物（N_2O_4）和 2mol 的产物（NO_2），因此，对于这个反应来说，$\Delta n = 2 - 1 = 1$，$K_p = K_c(RT)$。在上述的推导中，气体压力表示为 atm，浓度单位是 mol/L，因此，气体常数的形式是 $R = 0.08206 \, L \cdot atm/mol \cdot K$。

想一想

有没有一个反应是 $K_c = K_p$？如果有，这种关系在什么条件下成立？

实例解析 15.2

K_c 和 K_p 之间转换

对于 Haber 反应：$N_2(g) + 3H_2(g) \rightleftharpoons 2NH_3(g)$，在 300℃时，$K_c = 9.60$，计算反应在这个温度下的 K_p 值的大小？

解析

分析 已知反应 K_c 的值，要求计算 K_p 值。

思路 式（15.15）中给出了 K_p 和 K_c 的关系。为了应用这个公式，必须通过比较产物的物质的量与反应物的物质的量来确定 Δn[见式（15.16）]。

解答 2mol 气态产物（$2NH_3$），4mol 气态反应物（$1N_2 + 3H_2$），$\Delta n = 2 - 4 = -2$。（记住 Δ 函数总是产物减去反应物）。温度是 $273 + 300 = 573K$。理想气体常数的值，$R = 0.08206 \, L \cdot atm/mol \cdot K$。因为 $K_c = 9.60$，因此得到：

$$K_p = K_c(RT)^{\Delta n} = (9.60)(0.08206 \times 573)^{-2}$$

$$= \frac{(9.60)}{(0.08206 \times 573)^2} = 4.34 \times 10^{-3}$$

▶ **实践练习 1**

在 300K 的温度下，下列反应中，哪个反应的 K_p/K_c 的比值最大？

（a）$N_2(g) + O_2(g) \rightleftharpoons 2NO(g)$

（b）$CaCO_3(s) \rightleftharpoons CaO(s) + CO_2(g)$

（c）$Ni(CO)_4(g) \rightleftharpoons Ni(s) + 4CO(g)$

（d）$C(s) + 2H_2(g) \rightleftharpoons CH_4(g)$

▶ **实践练习 2**

反应方程式 $2SO_3(g) \rightleftharpoons 2SO_2(g) + O_2(g)$，在 1000K 的温度下，$K_c = 4.08 \times 10^{-3}$，计算 K_p 的值？

平衡常数和单位

你可能想知道为什么平衡常数没有单位。平衡常数与反应动力学和热力学有关（这将在后面的第 19 章中探讨）。

从热力学测量中得到的平衡常数是用活度，而不是浓度或分压来定义的。理想混合物中任何物质的活度是该物质的浓度或压力与参考浓度（1*M*）或参考压力（1atm）的比值。例如，如果平衡混合物中物质的浓度为 0.010*M*，它的活度是 0.010*M*/1*M* = 0.010，这种比率的单位总是相互抵消，因此，活度没有单位。此外，活度的数值等于浓度。对于纯固体和纯液体，情况更简单，因为它们的活度仅仅等于 1（同样没有单位）。

事实上，活度是没有单位的比值，尽管这些活度在数值上可能并不完全等于浓度，但假设这些差异足够小，小到可以忽略它。现在只需要知道的是，活度没有单位。因此，导出的热力学平衡常数也没有单位。所有类型的平衡常数都不带单位是常见的，这也是本文坚持的观点。在更高级的化学课程中，可以更严格地区分浓度和活度。

> ⚠ **想一想**
>
> 　　如果平衡混合物中 N_2O_4 的浓度是 0.00140*M*，它的活度是多少？（假设是在理想状态下）。

15.3 │ 了解平衡常数的作用

在使用平衡常数进行计算之前，平衡常数的大小对了解平衡混合物中反应物和产物的相对浓度是很重要的。任何平衡常数的大小取决于化学方程式。

平衡常数的大小

反应平衡常数的大小给出了关于平衡混合物组成的重要信息。
例如，考虑一氧化碳气体和氯气在 100℃下反应生成光气（$COCl_2$）的实验数据，这种有毒气体用于制造某些聚合物和杀虫剂：

$$CO(g) + Cl_2(g) \rightleftharpoons COCl_2(g) \quad K_c = \frac{[COCl_2]}{[CO][Cl_2]} = 4.56 \times 10^9$$

为了达到这么大的平衡常数，平衡常数表达式的分子必须比分母大约十亿（10^9）倍。因此，$COCl_2$ 的平衡浓度必须比 CO 或 Cl_2 的平衡浓度大得多，事实上，这正是在实验中发现的。这种平衡向右进行（即产物一侧），同样地，一个很小的平衡常数表明平衡混合物中大部分是反应物，则表示平衡向左进行。一般来说：

　　如果 *K* ≫ 1（大 *K*）：平衡向右进行，产物占主导地位。
　　如果 *K* ≪ 1（小 *K*）：平衡向左进行，反应物占主导地位。
　　如图 15.7 所示。在平衡时，是正反应和逆反应速率相等，而不是反应物和产物浓度相等。

▽ **图例解析**

　　对于 *K* 值约等于 1 的反应，下图看上去是怎样的？

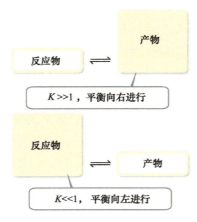

▲ 图 15.7　*K* 值与平衡混合物组分之间的关系

实例解析 15.3
解释平衡常数的大小

下图表示三个处在相同大小容器中平衡状态的体系。

（a）在不进行任何计算的情况下，按照 K_c 的增加顺序对体系进行排序？

（b）如果容器体积为 1.0L，每个球体代表 0.10mol，那么计算每个体系的 K_c？

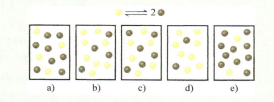

i)　　　ii)　　　iii)

解析

分析 要求判断三个平衡常数的相对大小，然后计算。

思路 （a）平衡时，相对于反应物，存在的产物越多，平衡常数就越大。

（b）平衡常数由式（15.8）给出。

解答 （a）每个盒子里有 10 个球。每个产物的数量变化如下：i) 6，ii) 1，iii) 8。因此，从最小的（大部分反应物）到最大的（大部分产物），平衡常数的变化顺序为 ii) < i) < iii)。

（b）在 i) 中，有 0.40mol/L 的反应物和 0.60mol/L 产物，因此 K_c = 0.60/0.40 = 1.5（需知道每种球的数量，就会得到同样的结果：6 个球 /4 个球 =1.5）。在 ii) 中，有 0.90mol/L 的产物和 0.10mol/L 产物，因此 K_c = 0.10/0.90 = 0.11（或者 1 个球 /9 个球 = 0.11）。在 iii) 中，有 0.20mol/L 的反应物和 0.80mol/L 产物，因此 K_c = 0.80/0.20 = 4.0（或者 8 个球 /2 个球 = 4.0）。这些计算验证了（a）中的顺序。

注解 想象一个代表 K_c 很小或很大反应的图。例如，如果 K_c = 1 × 10^{-5} 会是什么样子？在这种情况下，仅需 1 个产物分子对应于 100000 个反应物分子。但这种情况是不切实际的。

▶ **实践练习 1**

反应方程式 $N_2O_4(g) \rightleftharpoons 2NO_2(g)$，在 2 ℃下平衡常数 K_c = 2.0。如果每个黄色球体代表 1mol N_2O_4，每个棕色球体代表 1mol NO_2，在 1.0L 容器中哪一个代表 2℃下的平衡混合物？

a)　　b)　　c)　　d)　　e)

▶ **实践练习 2**

反应 $H_2(g) + I_2(g) \rightleftharpoons 2HI(g)$，在 298K 温度下，$K_p$=794；在 700K 温度下，$K_p$=55。较高温度还是较低的温度对 HI 的生成更有利？

化学方程式的方向和 *K* 值

我们知道，N_2O_4/NO_2 的平衡可以表示为：

$$N_2O_4(g) \rightleftharpoons 2NO_2(g) \quad K_c = \frac{[NO_2]^2}{[N_2O_4]} = 0.212 \quad (100℃) \quad (15.17)$$

同样这个平衡也可以从逆反应的角度来考虑：

$$2NO_2(g) \rightleftharpoons N_2O_4(g)$$

平衡表达式是：

$$K_c = \frac{[N_2O_4]}{[NO_2]^2} = \frac{1}{0.212} = 4.72 \quad (100℃) \quad (15.18)$$

式（15.18）是式（15.17）的倒数。*正反应的平衡常数表达式是逆反应的平衡常数表达式的倒数*。因此，正反应的平衡常数的数值是逆反应平衡常数的倒数。这两个表达式都是同样有效的，但是如果不指明平衡反应是怎么写的，也不指明温度，那么说 NO_2 和 N_2O_4 之间的平衡常数是 "0.212" 或 "4.72" 就没有意义了。因此，无论何时使用平衡常数，都应该写出相关的平衡化学方程式。

> ⚠ **想一想**
>
> 对于反应 $PCl_5(g) \rightleftharpoons PCl_3(g)+Cl_2(g)$，在 400K 温度下，$K_c=1.1 \times 10^{-2}$。则反应 $PCl_3(g)+Cl_2(g) \rightleftharpoons PCl_5(g)$ 在 400K 时的平衡常数 K_c 是多少？

化学方程式计量和平衡常数的关系

对于给定的反应，有许多方法可以写出平衡的化学方程式。例如，反应方程式（15.1）$N_2O_4(g) \rightleftharpoons 2NO_2(g)$，两边各乘以 2，可以得到：

$$2\,N_2O_4(g) \rightleftharpoons 4\,NO_2(g)$$

这个化学方程式是平衡的，在某些情况下也可以这样写。因此，该方程的平衡常数表达式为：

$$K_c = \frac{[NO_2]^4}{[N_2O_4]^2}$$

此式为式（15.10）中给出的反应平衡常数表达式 $[NO_2]^2/[N_2O_4]$ 的平方又如式（15.1）中所示的反应。因为新的平衡常数表达式等于原平衡表达式的平方，新的平衡常数 K_c 等于原平衡常数的平方：$0.212^2 = 0.0449$（100℃）。再者，重要的是要记住，必须把每一个平衡常数和一个特定的平衡化学方程联系起来。无论如何写化学方程式，平衡混合物中物质的浓度都是一样的，但是计算的 K_c 值取决于如何写反应式。

> ⚠ **想一想**
>
> 如果反应平衡方程式写为 $6HI(g) \rightleftharpoons 3H_2(g)+3I_2(g)$，那么反应 $2HI(g) \rightleftharpoons H_2(g) + I_2(g)$ 的 K_p 值将怎样变化？

通过反应的平衡常数，计算出其他反应的平衡常数是可能的，类似于用盖斯定律，从已知反应的焓确定未知反应的焓的方法（见5.6节）。例如，考虑以下两个反应，它们的平衡常数表达式，以及它们在 100℃时的平衡常数如下：

1. $2NOBr(g) \rightleftharpoons 2NO(g) + Br_2(g)$ $\quad K_{c1} = \dfrac{[NO]^2[Br_2]}{[NOBr]^2} = 0.014$

2. $Br_2(g) + Cl_2(g) \rightleftharpoons 2BrCl(g)$ $\quad K_{c2} = \dfrac{[BrCl]^2}{[Br_2][Cl_2]} = 7.2$

这两个方程的和为：

3. $2NOBr(g) + Cl_2(g) \rightleftharpoons 2NO(g) + 2BrCl(g)$

用代数方法，总反应的平衡常数表达式是单个反应的表达式的乘积：

$$K_{c3} = \frac{[NO]^2[BrCl]^2}{[NOBr]^2[Cl_2]} = \frac{[NO]^2[Br_2]}{[NOBr]^2} \times \frac{[BrCl]^2}{[Br_2][Cl_2]}$$

因此，

$$K_{c3} = (K_{c1})(K_{c2}) = (0.014)(7.2) = 0.10$$

总结：

1. 逆反应的平衡常数等于正反应的平衡常数的倒数：

$$A + B \rightleftharpoons C + D \quad K_1$$
$$C + D \rightleftharpoons A + B \quad K = 1/K_1$$

2. 一个反应乘以 n，这个反应的平衡常数等于原来的平衡常数的 n 次幂：

$$A + B \rightleftharpoons C + D \quad K_1$$
$$nA + nB \rightleftharpoons nC + nD \quad K = K_1^n$$

3. 由两个或两个以上反应结合的总反应的平衡常数是单个反应的平衡常数的乘积：

$$\begin{array}{ll} A + B \rightleftharpoons C + D & K_1 \\ C + F \rightleftharpoons G + A & K_2 \\ \hline B + F \rightleftharpoons D + G & K_3 = (K_1)(K_2) \end{array}$$

实例解析 15.4

平衡表达式结合

已知反应：

$$HF(aq) \rightleftharpoons H^+(aq) + F^-(aq) \qquad K_c = 6.8 \times 10^{-4}$$
$$H_2C_2O_4(aq) \rightleftharpoons 2H^+(aq) + C_2O_4^{2-}(aq) \qquad K_c = 3.8 \times 10^{-6}$$

计算下面反应的 K_c 值

$$2HF(aq) + C_2O_4^{2-}(aq) \rightleftharpoons 2F^-(aq) + H_2C_2O_4(aq)$$

解析

　　分析 已知两个平衡方程式和相应的平衡常数，要求确定与已知的两个方程相关的第三个方程的平衡常数。

　　思路 不能简单地把前两个方程加起来得到第三个方程。相反，需要决定如何处理这些方程从而得到想要的方程。

　　解答 如果把第一个方程乘以 2，再对它的平衡常数做相应的改变（2 次方），会得到：

$$2HF(aq) \rightleftharpoons 2H^+(aq) + 2F^-(aq) \qquad K_c = (6.8 \times 10^{-4})^2 = 4.6 \times 10^{-7}$$

将第二个方程反过来，再对其平衡常数做相应的变化（取倒数），得到：

$$2H^+(aq) + C_2O_4^{2-}(aq) \rightleftharpoons H_2C_2O_4(aq) \qquad K_c = \frac{1}{3.8 \times 10^{-6}} = 2.6 \times 10^5$$

现在，把两个方程相加得到总方程，就可以将各个 K_c 值相乘得到所需的平衡常数：

$$\begin{array}{ll} 2HF(aq) \rightleftharpoons 2H^+(aq) + 2F^-(aq) & K_c = 4.6 \times 10^{-7} \\ 2H^+(aq) + C_2O_4^{2-}(aq) \rightleftharpoons H_2C_2O_4(aq) & K_c = 2.6 \times 10^5 \\ \hline 2HF(aq) + C_2O_4^{2-}(aq) \rightleftharpoons 2F^-(aq) + H_2C_2O_4(aq) & K_c = (4.6 \times 10^{-7})(2.6 \times 10^5) = 0.12 \end{array}$$

▶ **实践练习 1**

　　已知在 25℃的水溶液中，以下两个反应的平衡常数：

$$HNO_2(aq) \rightleftharpoons H^+(aq) + NO_2^-(aq) \quad K_c = 4.5 \times 10^{-4}$$
$$H_2SO_3(aq) \rightleftharpoons 2H^+(aq) + SO_3^-(aq) \quad K_c = 1.1 \times 10^{-9}$$

　　那么，下面方程式的 K_c 值是多少？

$$2HNO_2(aq) + SO_3^{2-}(aq) \rightleftharpoons H_2SO_3(aq) + 2NO_2^-(aq)$$

（a）4.9×10^{-13}　（b）4.1×10^5　（c）8.2×10^5
（d）1.8×10^2　（e）5.4×10^{-3}

▶ **实践练习 2**

　　已知温度在 700K 时的反应：

$$H_2(g) + I_2(g) \rightleftharpoons 2HI(g), \quad K_p = 54.0。$$
$$N_2(g) + 3H_2(g) \rightleftharpoons 2NH_3(g), \quad K_p = 1.04 \times 10^{-4}$$

确定反应：

$$2NH_3(g) + 3I_2(g) \rightleftharpoons 6HI(g) + N_2(g) \text{ 在 700K}$$
时的 K_p 值？

15.4 | 多相平衡

许多平衡涉及的所有物质处于同一相，这种平衡叫作**均相平衡**。如图 15.2 所示的 $N_2O_4(g)$ 和 $NO_2(g)$ 之间的平衡就是这样。然而，在某些情况下，平衡状态的物质处于不同的相态，从而产生了**多相平衡**。例如，固体氯化铅（Ⅱ）在水中溶解形成饱和溶液：

$$PbCl_2(s) \rightleftharpoons Pb^{2+}(aq) + 2\,Cl^-(aq) \qquad (15.19)$$

这个平衡的系统由一个固体和两个水溶液组成。如果要写出这个反应的平衡常数表达式，遇到了一个以前从未遇到过的问题：如何表示固体的浓度？如果从不同数量的产物和反应物开始实验，就会发现式（15.19）反应的平衡常数表达式为：

$$K_c = [Pb^{2+}][Cl^-]^2 \qquad (15.20)$$

因此，如何表示固体浓度的问题最终是无关紧要的，因为 $PbCl_2(s)$ 在平衡常数表达式中没有出现。更进一步地说，当纯固体或纯液体涉及多相平衡时，其浓度不包括在平衡常数表达式中。

纯固体和纯液体被排除在平衡常数表达式之外的事实可以用两种方式解释。首先，纯固体或纯液体的浓度是一个常数。如果固体的质量加倍，其体积也加倍。因此，它的浓度，即质量与体积的比率保持不变。由于平衡常数表达式只包括在反应过程中浓度能够变化的反应物和产物，所以纯固体和纯液体的浓度被忽略了。

这种忽略也可以用另一种方式加以解释。回忆一下第 15.2 节，在热力学平衡表达中使用的是每种物质的活度，活度是浓度与参考值的比值。对于纯物质，参考值是纯物质的浓度，所以任何纯固体或纯液体的活度总是 1。

 想一想

用分压写出水蒸发 $H_2O(l) \rightleftharpoons H_2O(g)$ 的平衡常数表达式

碳酸钙的分解是另一个多相反应的例子：

$$CaCO_3(s) \rightleftharpoons CaO(s) + CO_2(g)$$

从平衡常数表达式中省略固体浓度可以得到：

$$K_c = [CO_2] \text{ 和 } K_p = P_{CO_2}$$

这些方程式告诉我们，在给定温度下，只要三种组分存在，$CaCO_3$、CaO 和 CO_2 之间的平衡总是导致相同的 CO_2 分压。如图 15.8 所示，无论 CaO 和 $CaCO_3$ 的相对含量如何，都有相同的 CO_2。

▽ **图例解析**

如果一些 $CO_2(g)$ 从左边的钟形罐中释放出来，然后密封恢复，当系统恢复平衡时，$CaCO_3$（s）的量会增加、减少还是保持不变？

$$CaCO_3(s) \rightleftharpoons CaO(s) + CO_2(g)$$

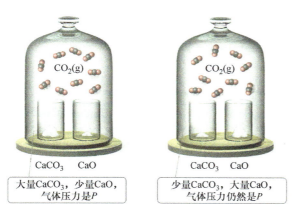

$CO_2(g)$	$CO_2(g)$
CaCO₃　CaO	CaCO₃　CaO
大量CaCO₃，少量CaO，气体压力是P	少量CaCO₃，大量CaO，气体压力仍然是P

▲ 图 15.8　在给定温度下，无论每种固体有多少，钟罩中 CO_2 的平衡压力都是相同的

▷ **实例解析 15.5**

写出多相反应的平衡常数表达式

写出平衡常数表达式 K_c：

（a）$CO_2(g) + H_2(g) \rightleftharpoons CO(g) + H_2O(l)$
（b）$SnO_2(s) + 2CO(g) \rightleftharpoons Sn(s) + 2CO_2(g)$

解析

分析　已知两个化学方程式，都是处于多相平衡的，要求写出相应的平衡常数表达式。

思路　使用质量守恒定律，从表达式中省略任何纯固体和纯液体。

解答　（a）平衡常数表达式为：

$$K_c = \frac{[CO]}{[CO_2][H_2]}$$

因为 H_2O 在反应中以液体的形式出现，所以它的浓度在平衡常数表达式中没有出现。

（b）平衡常数表达式为：

$$K_c = \frac{[CO_2]^2}{[CO]^2}$$

由于 SnO_2 和 Sn 是纯固体，它们的浓度在平衡常数表达式中也没有出现。

▶ **实践练习 1**

考虑在饱和氯化银溶液中建立的平衡，$Ag^+(aq) + Cl^-(aq) \rightleftharpoons AgCl(s)$。如果在这个溶液中加入固体 $AgCl$，溶液中 Ag^+ 和 Cl^- 浓度会发生什么变化？

（a）$[Ag^+]$ 和 $[Cl^-]$ 都将增加
（b）$[Ag^+]$ 和 $[Cl^-]$ 都将减少
（c）$[Ag^+]$ 将增加，$[Cl^-]$ 将减少
（d）$[Ag^+]$ 将减少，$[Cl^-]$ 将增加
（e）$[Ag^+]$ 和 $[Cl^-]$ 都将没有变化

▶ **实践练习 2**

写出下列平衡常数表达式（K_c 或 K_p）：

（a）$Cr(s) + 3\,Ag^+(aq) \rightleftharpoons Cr^{3+}(aq) + 3\,Ag(s)$
（b）$3\,Fe(s) + 4\,H_2O(g) \rightleftharpoons Fe_3O_4(s) + 4\,H_2(g)$

实例解析 15.6

分析多相平衡

将这些混合物中的每一种组分置于密闭容器中并使其静置：

（a）CaCO$_3$(s)

（b）CaO(s) 和 CO$_2$(g) 在大于 K_p 值的压力下

（c）CaCO$_3$(s) 和 CO$_2$(g) 在大于 K_p 值的压力下

（d）CaCO$_3$(s) 和 CaO(s)

确定每种混合物是否能达到平衡：

$$CaCO_3(s) \rightleftharpoons CaO(s) + CO_2(g)$$

解析

　　分析　在碳酸钙分解的氧化钙和二氧化碳之间，几个组分间能否建立平衡。

　　思路　为了达到平衡，必须有可能同时发生正反应和逆反应。为了使正反应发生，必须存在一些碳酸钙。为了发生相反的逆反应，氧化钙和二氧化碳也都必须存在。在这两种情况下，必要的化合物可以最初存在，也可以通过其他反应生成。

　　解答　只要有足够数量的固体存在，除（c）外，所有情况下都能达到平衡。

　　（a）CaCO$_3$ 简单地分解，生成 CaO(s) 和 CO$_2$(g)，直到达到 CO$_2$ 的平衡压力。然而，必须有足够的 CaCO$_3$，才能使 CO$_2$ 压力达到平衡。（b）CO$_2$ 继续与 CaO 结合，直到 CO$_2$ 的分压降低到平衡值。（c）由于不存在 CaO，因此无法达到平衡，CO$_2$ 压力不可能降低到其平衡值（这将需要一些 CO$_2$ 来与 CaO 反应）。

　　（d）情况基本上与（a）相同：CaCO$_3$ 分解直至达到平衡。CaO 最初存在与否没有什么不同。

▶ **实践练习 1**

　　将 8.0 g 的 NH$_4$HS(s) 置于容积为 1.0 L 的密封容器中，并加热至 200 ℃，反应 NH$_4$HS(s) $\rightleftharpoons$ NH$_3$(g)+H$_2$S(g) 将会发生。当系统达到平衡时，仍然存在一些 NH$_4$HS(s)。以下哪项变化将导致存在的 NH$_4$HS(s) 数量减少，假设在所有情况下变化后系统重新建立平衡？

　　（a）向容器中添加更多 NH$_3$(g)

　　（b）向容器中添加更多 H$_2$S(g)

　　（c）向容器中添加更多 NH$_4$HS(s)

　　（d）增加容器的体积

　　（e）减小容器的体积

▶ **实践练习 2**

　　当在密闭容器中加入 Fe$_3$O$_4$(s) 时，以下哪一种物质——H$_2$(g)、H$_2$O(g)、O$_2$(g) 允许在反应中建立 3Fe(s)+ 4H$_2$O(g) $\rightleftharpoons$ Fe$_3$O$_4$(s)+ 4H$_2$(g) 平衡？

　　当溶剂是平衡状态的反应物或产物时，只要反应物和产物的浓度低，其浓度就可以从平衡常数表达式中省略，因为溶剂基本上是纯物质，将这个原则应用到以水为溶剂的平衡中，

$$H_2O(l) + CO_3^{2-}(aq) \rightleftharpoons OH^-(aq) + HCO_3^-(aq) \quad （15.21）$$

已知一个不包含 [H$_2$O] 的平衡常数表达式：

$$K_c = \frac{[OH^-][HCO_3^-]}{[CO_3^{2-}]} \quad （15.22）$$

 想一想

　　写出反应的平衡常数表达式：

$$NH_3(aq) + H_2O(l) \rightleftharpoons NH_4^+(aq) + OH^-(aq)$$

15.5 │ 平衡常数的计算

　　如果能测量化学反应中所有反应物和产物的平衡浓度，就像对表 15.1 中的数据所做的那样，计算平衡常数的值就很简单。只需将所有的平衡浓度代入反应的平衡常数表达式中。

实例解析 15.7
当所有平衡浓度已知时，计算 K

反应容器中的氢气和氮气混合物在 472℃ 达到平衡后，里面含有 7.38atm 的 H_2，2.46atm 的 N_2，0.166atm 的 NH_3。根据这些数据，计算这个反应的平衡常数 K_p 值：$N_2(g) + 3H_2(g) \rightleftharpoons 2NH_3(g)$

解析

　　分析　已知一个平衡方程式和平衡分压，要求计算平衡常数的值。

　　思路　利用平衡方程，写出平衡常数表达式。然后把平衡分压代入表达式，解出 K_p。

　　解答

$$K_p = \frac{(P_{NH_3})^2}{P_{N_2}(P_{H_2})^3} = \frac{(0.166)^2}{(2.46)(7.38)^3} = 2.79 \times 10^{-5}$$

▶　**实践练习 1**

　　将气态二氧化硫和氧气的混合物加入反应容器中，加热到 1000K，使其反应生成 $SO_3(g)$。如果

在系统达到平衡后容器中含有 0.669atm 的 $SO_2(g)$，0.395atm 的 $O_2(g)$，0.0851atm 的 $SO_3(g)$，那么反应的平衡常数 K_p 的值是多少？

$$2SO_2(g) + O_2(g) \rightleftharpoons 2SO_3(g)$$

　　（a）0.0410　（b）0.322　（c）24.4　（d）3.36　（e）3.11

▶　**实践练习 2**

　　已知乙酸水溶液在 25℃ 下具有以下平衡浓度：$[CH_3COOH] = 1.65 \times 10^{-2} M$；$[H^+] = 5.44 \times 10^{-4} M$；$[CH_3COO^-] = 5.44 \times 10^{-4} M$。计算在 25℃ 下乙酸电离的平衡常数 K_c。反应如下：

$$CH_3COOH(aq) \rightleftharpoons H^+(aq) + CH_3COO^-(aq)$$

　　通常，不知道平衡混合物中所有物质的平衡浓度。然而，如果知道其中至少一种物质的初始浓度和平衡浓度，通常可以使用反应的化学计量来推断其他物质的平衡浓度。以下步骤概述了该过程：

如何确定平衡混合物中未知物质的浓度：

　　1. 列出在平衡常数表达式中出现的所有已知的初始浓度和平衡浓度。

　　2. 对于那些初始浓度和平衡浓度已知的物质，计算当系统达到平衡时发生的浓度变化。

　　3. 用反应的化学计量学（即平衡化学方程中的系数）计算平衡常数表达式中所有其他物质的浓度变化。

　　4. 使用步骤 1 的初始浓度和步骤 3 的浓度变化计算步骤 1 中没有列出的任何平衡浓度。

　　5. 确定平衡常数的值。

　　对这个过程最好的解释见实例解析 15.8。

　实例解析 15.8
用初始浓度和平衡浓度计算 K

一个容器中含有 $1.000 \times 10^{-3} M$ 的 $H_2(g)$，$2.000 \times 10^{-3} M$ 的 $I_2(g)$，被加热到 448℃ 时，开始进行如下反应：

$$H_2(g) + I_2(g) \rightleftharpoons 2HI(g)$$

如果系统在 448℃ 达到平衡，HI 的浓度为 $1.87 \times 10^{-3} M$，平衡常数 K_c 的值是多少？

解析

　　分析　已知 H_2 和 I_2 的初始浓度以及 HI 的平衡浓度。要求计算反应

$$H_2(g) + I_2(g) \rightleftharpoons 2HI(g)$$ 的 平 衡 常 数 K_c

的值。

　　思路　构建一个表格用来查找所有物质的平衡浓度，然后运用平衡浓度计算平衡常数的值。

解答 （1）将尽可能多的物质的初始浓度和平衡浓度制成表格。在表格中提供空间来列出浓度的变化。如下表所示，使用化学方程作为表格的标题是很方便的。

	$H_2(g)$	$+$	$I_2(g)$	$\rightleftharpoons$	$2\,HI(g)$
初始浓度 /M	1.000×10^{-3}		2.000×10^{-3}		0
变化浓度 /M					
平衡浓度 /M					1.87×10^{-3}

（2）计算 HI 浓度的变化，即平衡值与初始值的差值：

$$[HI] \text{ 的变化} = 1.87 \times 10^{-3}M - 0 = 1.87 \times 10^{-3}M$$

（3）使用平衡方程式中的系数将 [HI] 的变化与 $[H_2]$ 和 $[I_2]$ 的变化联系起来：

$$\left(1.87 \times 10^{-3}\,\frac{\text{mol HI}}{\text{L}}\right)\left(\frac{1\,\text{mol}\,H_2}{2\,\text{mol HI}}\right) = 0.935 \times 10^{-3}\,\frac{\text{mol}\,H_2}{\text{L}}$$

$$\left(1.87 \times 10^{-3}\,\frac{\text{mol HI}}{\text{L}}\right)\left(\frac{1\,\text{mol}\,I_2}{2\,\text{mol HI}}\right) = 0.935 \times 10^{-3}\,\frac{\text{mol}\,I_2}{\text{L}}$$

（4）使用初始浓度和变化浓度来计算 H_2 和 I_2 的平衡浓度。平衡浓度等于初始浓度减去消耗的浓度：

$$[H_2] = (1.000 \times 10^{-3}M) - (0.935 \times 10^{-3}M) = 0.065 \times 10^{-3}M$$
$$[I_2] = (2.000 \times 10^{-3}M) - (0.935 \times 10^{-3}M) = 1.065 \times 10^{-3}M$$

（5）表格已经完成（平衡浓度以蓝色强调）：

	$H_2(g)$	$+$	$I_2(g)$	$\rightleftharpoons$	$2\,HI(g)$
初始浓度 /M	1.000×10^{-3}		2.000×10^{-3}		0
变化浓度 /M	-0.935×10^{-3}		-0.935×10^{-3}		$+1.87 \times 10^{-3}$
平衡浓度 /M	0.065×10^{-3}		1.065×10^{-3}		1.87×10^{-3}

注意，当反应物被消耗时，变化项为负，当产物形成时，变化项为正。

最后，使用平衡常数表达式来计算平衡常数：

$$K_c = \frac{[HI]^2}{[H_2][I_2]} = \frac{(1.87 \times 10^{-3})^2}{(0.065 \times 10^{-3})(1.065 \times 10^{-3})} = 51$$

注解：
同样的方法也适用于气体平衡问题计算 K_p，在这种情况下，使用分压代替表格中的物质的量浓度。可以将此类表格称为 ICE 图表，其中 ICE 代表：初始 - 变化 - 平衡。

▶ **实践练习 1**
在 15.1 节中，讨论了关于 $N_2O_4(g)$ 和 $NO_2(g)$ 之间的平衡关系。让我们定量地研究一下。将 9.2g 冷冻的 N_2O_4 放到一个 0.50L 容器中，将温度加热至 400K，达

到平衡后，N_2O_4 的浓度为 $0.057M$。给出这些信息后，反应 $N_2O_4(g) \rightleftharpoons 2NO_2(g)$ 在 400K 时的 K_c 值是多少？
（a）0.23 （b）0.36 （c）0.13 （d）1.4 （e）2.5

▶ **实践练习 2**
气态化合物 BrCl 在密封容器中高温分解：$2BrCl(g) \rightleftharpoons Br_2(g) + Cl_2(g)$。
最初，容器在 500K 温度下充入 BrCl(g)，其分压为 0.500atm，平衡时，BrCl(g) 分压是 0.040atm。计算温度为 500K 时，K_p 的值？

15.6 | 平衡常数的应用

我们已经看到，K 的大小表示反应进行的程度。
- 如果 K 的值非常大，平衡混合物主要包含反应方程式产物侧的物质。
- 如果 K 的值非常小（也就是说，远小于 1），平衡混合物主要包含反应方程式中反应物侧的物质。

平衡常数还允许我们（1）预测反应混合物达到平衡的方向。
（2）计算反应物和产物的平衡浓度。

预测反应方向

N_2 和 H_2 形成 NH_3 的反应 [见式（15.6）]，在 472 ℃，$K_c =$ 0.105。假设在 472℃，在 1.00L 的容器中加入 2.00molH_2、1.00mol N_2、2.00mol NH_3，混合物将如何反应以达到平衡？ N_2 和 H_2 会反应生成更多的 NH_3？还是 NH_3 会分解生成更多的 N_2 和 H_2？

为了解答这个问题，将 N_2、H_2、NH_3 的起始浓度代入平衡常数表达式中，并将其值与平衡常数进行比较：

$$\frac{[NH_3]^2}{[N_2][H_2]^3} = \frac{(2.00)^2}{(1.00)(2.00)^3} = 0.500 \quad \text{而} \; K_c = 0.105 \quad （15.23）$$

达到平衡时，$[NH_3]^2/[N_2][H_2]^3$ 的值必须从初始值 0.500 降到平衡值 0.105。由于系统是封闭的，只有当 $[NH_3]$ 减少，$[N_2]$ 和 $[H_2]$ 增加时，这种变化才会发生。因此，反应通过从 NH_3 生成 N_2 和 H_2 而达到平衡。也就是说，式（15.6）中的反应从右向左进行。

这种情况可以通过一个叫作反应熵的量来解释。

反应熵 Q 是将反应物和产物在反应过程中任意点的浓度或分压代入平衡常数表达式后得到的数值。

因此，对于一般反应：

$$a\,A + b\,B \Longrightarrow d\,D + e\,E$$

反应熵以物质的量浓度表示为：

$$Q_c = \frac{[D]^d [E]^e}{[A]^a [B]^b} \qquad （15.24）$$

对于任何涉及气体的反应，可以用分压代替浓度来表示相应的 Q_p。

使用平衡常数表达式来计算反应熵，但是我们使用的浓度可能是也可能不是平衡浓度。例如，当将起始浓度代入式（15.23）的平衡常数表达式时，得到 $Q_c = 0.500$，然而 $K_c = 0.105$，平衡常数在每个温度下只有一个值。而反应熵则随着反应的进行而发生变化。

Q 有什么用？Q 可以判断反应是否真的达到平衡状态，尤其是当反应非常慢的时候，它是非常有价值的。当反应进行时，可以采集反应混合物的样本，分离组分，并且测量它们的浓度，然后，将这些数值代入式（15.24）中，以确定该反应是否处于平衡状态，或者反应将向哪个方向进行以达到平衡。比较 Q_c 和 K_c 或 Q_p 和 K_p 的值。有三种可能的情况（见图 15.9），总结如下：

如何用 Q 分析反应的进展

- $Q < K$：产物浓度太小，反应物浓度太大，反应通过形成更多的产物达到平衡。反应从左向右进行。
- $Q = K$：只有当系统处于平衡状态时，反应熵才等于平衡常数。
- $Q > K$：产物浓度过大，反应物浓度过小，反应通过形成更多的反应物达到平衡。反应从右向左进行。

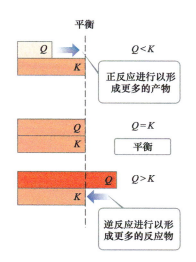

▲ 图 15.9 通过比较给定温度下的 Q 和 K 来预测反应方向

实例解析 15.9
预测接近平衡的方向

在 448℃时，反应 $H_2(g)+I_2(g) \rightleftharpoons 2HI(g)$ 的 $K_c=50.5$，当在一个 2.00L 的容器里加入 2.0×10^{-2}mol 的 HI、1.0×10^{-2}mol 的 H_2、3.0×10^{-2}mol 的 I_2 时，预测反应向哪个方向进行以达到平衡?

解析

分析 已知反应中组分的体积和初始物质的量，要求确定反应必须向哪个方向进行才能达到平衡。

思路 已知反应混合物中每种组分的起始浓度，将起始浓度代入平衡常数表达式，计算出反应熵 Q_c，并与给定的平衡常数进行比较，反应熵就会告诉我们反应向哪个方向进行。

解答 初始浓度为：

$[HI] = 2.0 \times 10^{-2}$ mol/2.00 L $= 1.0 \times 10^{-2} M$

$[H_2] = 1.0 \times 10^{-2}$ mol/2.00 L $= 5.0 \times 10^{-3} M$

$[I_2] = 3.0 \times 10^{-2}$ mol/2.00 L $= 1.5 \times 10^{-2} M$

因此，反应熵为：

$$Q_c = \frac{[HI]^2}{[H_2][I_2]} = \frac{(1.0 \times 10^{-2})^2}{(5.0 \times 10^{-3})(1.5 \times 10^{-2})} = 1.3$$

因为 $Q_c < K_c$，HI 浓度必须增加，H_2 和 I_2 浓度必须降低，才能达到平衡，所以反应从左向右才能达到平衡。

▶ **实践练习 1**

如果容器的大小不是 2.00L，下列哪种表述能准确地描述上述例题中的反应方向？

（a）如果容器体积减少到一定程度，那么反应将向相反方向（从右到左）进行；

（b）如果容器体积充分膨胀，那么反应将向相反方向进行；

（c）反应的方向与容器的体积无关。

▶ **实践练习 2**

在 1000K 时，反应 $2SO_3(g) \rightleftharpoons 2SO_2(g)+O_2(g)$ 的 $K_p=0.338$。计算 Q_p 的值，并且如果初始分压为 $P_{(SO_3)}=0.16$atm、$P_{(SO_2)}=0.41$atm、$P_{(O_2)}=2.5$atm 时，预测反应方向？

计算平衡浓度

经常需要计算在已知平衡常数的反应中，平衡时存在的反应物和产物的量。解决这类问题的方法类似于计算平衡常数的方法。将初始浓度或分压、浓度或压力的变化以及最终平衡浓度或分压列表，最后用平衡常数表达式来导出一个方程，从而对未知量进行求解，如实例解析 15.10 所示。

实例解析 15.10
计算平衡浓度

对于 Haber 反应，$N_2(g)+3H_2(g) \rightleftharpoons 2NH_3(g)$，500℃时，$K_p=1.45 \times 10^{-5}$。在 500℃的三种气体平衡混合物中，$H_2$ 的分压为 0.928atm、N_2 的分压为 0.432atm。在这个平衡混合物体系中，NH_3 的分压是多少?

解析

分析 已知平衡常数 K_p 和三种物质中的两种物质（N_2 和 H_2）的平衡分压，计算第三种物质（NH_3）的平衡分压。

思路 用 K_p 写出平衡常数表达式，将已知的分压代入，可以解出方程中唯一的未知数。

解答 将平衡压力制成表格：

	$N_2(g)$	$+$	$3H_2(g)$	$\rightleftharpoons$	$2NH_3(g)$
平衡压力（atm）	0.432		0.928		x

因为不知道 NH_3 的平衡分压，所以用 x 表示，在平衡时，分压必须满足平衡常数表达式：

$$K_p = \frac{(P_{NH_3})^2}{P_{N_2}(P_{H_2})^3} = \frac{x^2}{(0.432)(0.928)^3} = 1.45 \times 10^{-5}$$

重新排列方程来解 x：

$x^2 = (1.45 \times 10^{-5})(0.432)(0.928)^3 = 5.01 \times 10^{-6}$

$x = \sqrt{5.01 \times 10^{-6}} = 2.24 \times 10^{-3}$ atm $= P_{NH_3}$

检验 通过重新计算平衡常数的值来检查答案：

$$K_p = \frac{(2.24 \times 10^{-3})^2}{(0.432)(0.928)^3} = 1.45 \times 10^{-5}$$

实践练习 1

在 500K 时，反应 2NO(g)+Cl$_2$(g) $\rightleftharpoons$ 2NOCl(g) 的 K_p=51。在 500K 的平衡混合物中，NO 的分压为 0.125atm、Cl$_2$ 的分压为 0.165atm。平衡混合物中 NOCl 的分压是多少？

（a）0.13atm　（b）0.36atm　（c）1.0atm
（d）5.1×10^{-5}atm　（e）0.125atm

实践练习 2

在 500K 时，反应 PCl$_5$(g) $\rightleftharpoons$ PCl$_3$(g) +Cl$_2$(g) 的 K_p=0.497。在 500K 的平衡混合物中，PCl$_5$ 的分压为 0.860atm、PCl$_3$ 的分压为 0.350atm。平衡混合物中 Cl$_2$ 的分压是多少？

在许多情况下，已知平衡常数的值和所有组分的初始量，必须解出平衡量。解决这类问题通常需要把浓度的变化当作一个变量。反应的化学计量给出了所有反应物和产物量的变化之间的关系，如实例解析 15.11 所示。计算经常涉及二次方程，见下面的实例解析 15.11。

实例解析 15.11
从初始浓度计算平衡浓度

448℃时，在一个 1.000L 的容器里充满 1.000mol 的 H$_2$(g) 和 2.000mol 的 I$_2$(g)。反应 H$_2$(g)+I$_2$(g) $\rightleftharpoons$ 2HI(g) 的平衡常数 K_c=50.5。H$_2$、I$_2$ 和 HI 的平衡浓度是多少？（以 mol/L 计）

解析

分析　已知容器的体积、平衡常数和容器中反应物的起始量，要求计算所有组分的平衡浓度。

思路　在这种情况下，由于没有已知任何平衡浓度，所以必须建立一些初始浓度与平衡浓度相关联的关系，类似于实例解析 15.8 中所概述的过程，使用初始浓度计算平衡常数。

解答

（1）已知 H$_2$ 和 I$_2$ 的初始浓度：　[H$_2$]=1.000M，[I$_2$] = 2.000M

（2）构建一个表格，其中列出了初始浓度：

	H$_2$(g) +	I$_2$(g) $\rightleftharpoons$	2 HI(g)
初始浓度 /M	1.000	2.000	0
变化浓度 /M			
平衡浓度 /M			

（3）使用反应的化学计量来确定当反应进行到平衡时发生的浓度变化。随着平衡的建立，H$_2$ 和 I$_2$ 浓度将降低，HI 的浓度将增加。用 x 表示 H$_2$ 浓度的变化，由平衡的化学方程式可知，每反应 x mol 的 H$_2$，消耗 x mol 的 I$_2$，就会产生 2x mol 的 HI。

	H$_2$(g) +	I$_2$(g) $\rightleftharpoons$	2 HI(g)
初始浓度 /M	1.000	2.000	0
变化浓度 /M	$-x$	$-x$	$+2x$
平衡浓度 /M			

（4）用初始浓度和按化学计量推断的浓度变化来表示平衡浓度。见下面的表格

	H$_2$(g) +	I$_2$(g) $\rightleftharpoons$	2 HI(g)
起始浓度 /M	1.000	2.000	0
变化浓度 /M	$-x$	$-x$	$+2x$
平衡浓度 /M	1.000$-x$	2.000$-x$	2x

（5）将平衡浓度代入平衡常数表达式，求解 x：

$$K_c = \frac{[HI]^2}{[H_2][I_2]} = \frac{(2x)^2}{(1.000-x)(2.000-x)} = 50.5$$

如果有方程求解计算器，可以直接解出 x。如果没有，展开这个表达式得到 x 的二次方程：

$$4x^2 = 50.5(x^2 - 3.000x + 2.000)$$
$$46.5x^2 - 151.5x + 101.0 = 0$$

求解二次方程 (见附录 A.3) 得到 x 的两个解：

$$x = \frac{-(-151.5) \pm \sqrt{(-151.5)^2 - 4(46.5)(101.0)}}{2(46.5)} = 2.323 \text{ 或 } 0.935$$

将 $x = 2.323$ 代入平衡浓度的表达式时，发现 H_2 和 I_2 的浓度为负。因为负浓度在化学上没有意义，所以省掉，然后用 $x = 0.935$ 求平衡浓度：

$$[H_2] = 1.000 - x = 0.065M$$
$$[I_2] = 2.000 - x = 1.065M$$
$$[HI] = 2x = 1.87M$$

检验　通过将这些数值代入平衡常数表达式来检查所得的解，以确保正确地计算平衡常数：

$$K_c = \frac{[HI]^2}{[H_2][I_2]} = \frac{(1.87)^2}{(0.065)(1.065)} = 51$$

注解　用二次方程来解平衡问题时，方程的一个解会产生负浓度的值，这在化学上没有意义，因此舍掉这个二次方程的解。

▶ **实践练习 1**

　　对于平衡反应 $Br_2(g) + Cl_2(g) \rightleftharpoons 2BrCl(g)$，在 400K 时，平衡常数 $K_p = 7.0$。如果气瓶在 1.00atm 的初始压力下充有 BrCl(g)，系统达到平衡时，BrCl 的最终（平衡）压力是多少？

（a）0.57atm　（b）0.22atm　（c）0.45atm
（d）0.15atm　（e）0.31atm

▶ **实践练习 2**

　　对于平衡反应 $PCl_5(g) \rightleftharpoons PCl_3(g) + Cl_2(g)$，在 500K 时，平衡常数 $K_p = 0.497$。在 500K 时，向气瓶中加入 $PCl_5(g)$，初始压力为 1.66atm。在这个温度下，PCl_5、PCl_3 和 Cl_2 的平衡分压是多少？

15.7 | 勒夏特列原理

　　日常生活中使用的许多产品都来自化学工业。工业界的化学家和化学工程师花费了大量的时间和精力来最大限度地提高有价值产品的产量以及减少浪费。例如，当 Haber 开发用 N_2 和 H_2 合成氨的反应时，研究了如何改变反应条件以提高产率，他使用各种温度下的平衡常数值，计算了在各种条件下合成 NH_3 的平衡量。Haber 的一些结果如图 15.10 所示。

　　注意，平衡时存在的 NH_3 百分比随着温度的升高而降低，并随着压力的增加而增加。

　　这可以用法国工业化学家 Henri-Louis Le Châtelier⊖ (1850—1936) 首先提出的一个原则来理解这些效应：

如果处于平衡状态的系统受到温度、压力或组分浓度变化的干扰，系统将移动其平衡位置以抵消干扰的影响。

⊖ 发音为 "le-SHOT-lee-ay"

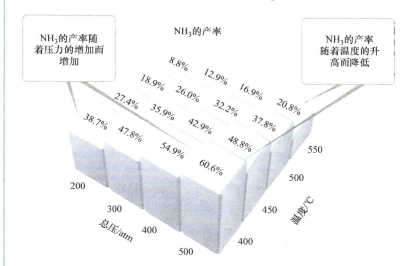

图例解析

在压力和温度的何种组合下反应才能使 NH_3 的产率最大化？

NH_3 的产率随着压力的增加而增加

NH_3 的产率

NH_3 的产率随着温度的升高而降低

▲ 图 15.10 在 Haber 反应中温度和压力对 NH_3 产率的影响 每种混合物都是从 H_2 和 N_2 物质的量比为 3:1 开始制备的

勒夏特列原理

如果处于平衡状态的系统受到**温度**、**压力**或**组分浓度**变化的干扰，系统将移动其平衡位置以抵消干扰的影响。

组分浓度：添加或去除反应物或产物

如果一种物质在平衡状态下加入到系统中，系统就会反应消耗一些物质。如果从系统中除去某种物质，系统会做出反应产生更多的物质。

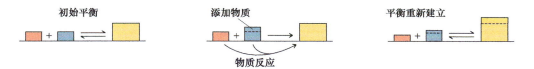

初始平衡　　　添加物质　　　平衡重新建立

物质反应

压力：通过改变体积来改变压力

在恒温下，减少气体平衡混合物的体积会导致系统向减少气体物质的量的方向移动。

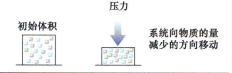

初始体积　　　压力

系统向物质的量减少的方向移动

温度：

如果处于平衡状态的系统温度升高，反应就像将反应物加入吸热反应或者将产物加入放热反应，平衡向消耗"过量试剂"，即热量的方向移动。

吸热　　　　　　　　　放热

T升高　反应向右移动　　　T升高　反应向左移动
T降低　反应向左移动　　　T降低　反应向右移动

在本节中，使用勒夏特列原理对平衡系统如何响应外部条件的各种变化进行定性预测。考虑了三种可以破坏化学平衡的方式：（1）添加或移除反应物或产物；（2）通过改变体积来改变压力；（3）改变温度。

反应物或产物浓度的变化

动态平衡的系统处于平衡状态。当反应中的物质浓度发生变化时，平衡会发生改变，直至达到新的平衡状态。改变是什么意思呢？这意味着反应物和产物浓度会随着时间的推移而变化，以适应新的情况。改变并不意味着平衡常数本身会发生变化，而平衡常数保持不变。勒夏特列原理指出，这种改变是朝着最小化或降低影响的方向进行的。

如果系统已处于平衡状态，并且混合物中任何物质的浓度增加（无论反应物或产物），那么系统会做出反应来消耗一些物质。相反，如果一种物质的浓度降低，那么系统就会发生反应，产生一些这种物质。

当改变反应物或产物的浓度时，平衡常数没有变化。例如，考虑熟悉的 N_2、H_2 和 NH_3 的平衡混合物：

$$N_2(g) + 3\,H_2(g) \rightleftharpoons 2\,NH_3(g)$$

添加 H_2 会导致系统移动，从而减少 H_2 浓度的增加（见图 15.11）。只有当反应消耗 H_2 并同时消耗 N_2 以形成更多的 NH_3 时，才会发生这种变化。在平衡混合物中加入 N_2 同样会导致反应向生成更多的 NH_3 转变。去除 NH_3 也会导致产生更多的 NH_3，而在平衡时向体系中加入 NH_3 会使反应向降低 NH_3 浓度的方向移动，一些添加的氨分解成 N_2 和 H_2。所有这些"变化"都与通过比较反应熵 Q 和平衡常数 K 所做的预测完全一致。

因此，在 Haber 反应中，从 N_2、H_2 和 NH_3 的平衡混合物中除去 NH_3 会使反应向右移动以形成更多的 NH_3。如果 NH_3 在生产过程中被连续地去除，那么产率会显著提高。在氨的工业生产中，NH_3 通过选择性液化被连续去除（见图 15.12）。

▼ **图例解析**

添加氢后，为什么氮浓度会降低？

$$N_2(g) + 3\,H_2(g) \rightleftharpoons 2\,NH_3(g)$$

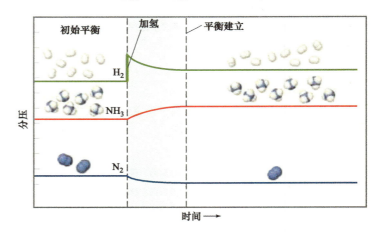

▲ 图 15.11 向 N_2、H_2 和 NH_3 的平衡混合物中添加 H_2 的效果 添加 H_2 会导致反应向右移动，消耗一些 N_2 以产生更多的 NH_3

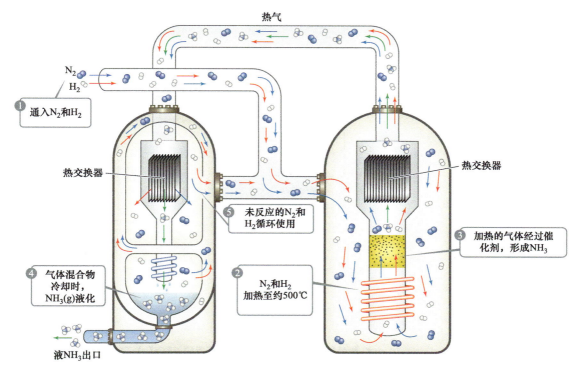

▲ 图 15.12　**氨工业生产示意图**　将输入的 $N_2(g)$ 和 $H_2(g)$ 加热至约 500℃ 并通过催化剂。当 N_2、H_2 和 NH_3 混合物冷却时，NH_3 液化并从混合物中除去，反应移动以产生更多的 NH_3

　　氨液化（见图15.12）。（NH_3的沸点，−33℃，远高于N_2，−196℃、H_2，−253℃），除去液态 NH_3，再循环 N_2 和 H_2 以形成更多的 NH_3。由于产物被连续除去，反应基本上完成。

> ▲ **想一想**
>
> 　　对于平衡反应 $2NO(g)+O_2(g) \rightleftharpoons 2NO_2(g)$，如果在 (a)、(b) 两种情况下，平衡是向右（产物更多）或向左（反应物更多）移动?
> 　　(a) O_2 被加入到体系中
> 　　(b) NO 被去除掉

体积和压力变化的影响

　　如果一个包含一种或多种气体的系统处于平衡状态，减小其体积，从而增加了其总压力，勒夏特列原理表明系统通过改变其平衡位置来降低压力。系统可以通过减少气体分子的总数来减少其压力（较少的气体分子有较低的压力）。因此，在恒定的温度下，**减小气态平衡混合物的体积会使系统向减少气体物质的量的方向移动。增加体积会导致反应向产生更多气体分子的方向移动**（见图 15.13）。

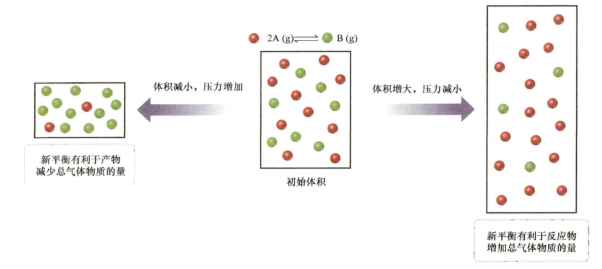

2A (g) ⟶⟵ B (g)

体积减小，压力增加

体积增大，压力减小

新平衡有利于产物减少总气体物质的量

初始体积

新平衡有利于反应物增加总气体物质的量

▲ 图 15.13　压力和勒夏特列原理

想一想

　　如果增加反应体系的体积，平衡反应 $2SO_2(g)+O_2(g) \rightleftharpoons 2SO_3(g)$ 将会如何变化？

　　反应 $N_2(g)+3H_2(g) \rightleftharpoons 2NH_3(g)$，每生成 2 分子产物就会消耗 4 分子反应物。因此，压力的增加（由体积的减少引起）会使反应向产生更少气体分子的方向移动，这导致了更多 NH_3 的形成，如图 15.10 所示。反应 $H_2(g)+I_2(g) \rightleftharpoons 2HI(g)$，气态产物的分子数（2 个）等于气态反应物的分子数。因此，改变压力不会影响反应平衡位置。

　　可见，只要温度保持不变，压力 - 体积的变化不会改变 K 值。相反，这些变化改变了气态物质的分压。在实例解析 15.7 中，我们计算 Haber 反应 $N_2(g)+3H_2(g) \rightleftharpoons 2NH_3(g)$ 的 $K_p=2.79 \times 10^{-5}$，在 472 ℃的平衡混合物中，含有 7.38atm 的 H_2、2.46atm 的 N_2 和 0.166atm 的 NH_3。考虑一下当突然将系统的体积减小一半会发生什么。如果平衡没有变化，这种体积变化会导致所有物质的分压加倍，结果就会导致 $P_{(H_2)}=14.76atm$、$P_{(N_2)}=4.92atm$、$P_{(NH_3)}=0.332atm$。那么反应熵将不再等于平衡常数：

$$Q_p = \frac{(P_{NH_3})^2}{P_{N_2}(P_{H_2})^3} = \frac{(0.332)^2}{(4.92)(14.76)^3} = 6.97 \times 10^{-6} \neq K_p$$

　　因为 $Q_p < K_p$，整个系统将不再处于平衡状态。通过增加 P_{NH_3}、减少 P_{N_2} 和 P_{H_2} 可以重新建立平衡，直到 $Q_p = K_p=2.79 \times 10^{-5}$。因此，正如勒夏特列原理所预测的那样，平衡在反应中向右移动。

　　可以在不改变其体积的情况下改变正在进行化学反应系统的压力。例如，如果向系统中添加更多的反应组分，压力就会增加。我们已经知道了如何处理反应物或产物浓度的变化。但是，通过添加不参与平衡的气体，也可以增加反应容器中的总压力。例如，可以在氨平衡系统中加入氩气。氩气不会改变任何反应组分的分压，因此不会引起平衡的变化。

温度变化的影响

浓度或分压的变化会改变平衡，而不会改变平衡常数的值。相反，几乎每个平衡常数都随着温度的变化而变化。例如，在吸热反应中，考虑当氯化钴（Ⅱ）（$CoCl_2$）溶解在HCl (aq)中时建立的平衡：

$$Co(H_2O)_6^{2+}(aq) + 4\ Cl^-(aq) \rightleftharpoons CoCl_4^{2-}(aq) + 6\ H_2O(l)\ \ \Delta H > 0 \quad (15.25)$$

浅粉色 　　　　　　　　　　　深蓝

因为 $Co(H_2O)_6^{2+}$ 是粉色的，$CoCl_4^{2-}$ 是蓝色的，从溶液的颜色可以明显看出这种平衡的位置（见图 15.14）。当溶液被加热时，它变成蓝色，表明平衡已经转移以生成更多的 $CoCl_4^{2-}$。冷却溶液后得到粉色溶液，表明平衡发生了变化，产生了更多的 $Co(H_2O)_6^{2+}$。我们可以通过光谱方法监测这种反应，测量不同温度下所有组分的浓度（见 14.2 节）。然后计算每个温度下的平衡常数。我们如何解释为什么平衡常数和平衡位置都取决于温度？

从勒夏特列原理推导出 K 和温度之间的关系。将热量作为化学试剂来处理。在吸热反应中，把热看作是*反应物*，在*放热*反应中，把热看作是*产物*：

吸热：反应物 + *热* $\rightleftharpoons$ *产物*

放热：反应物 $\rightleftharpoons$ *产物* + *热*

$\Delta H > 0$，吸热反应

$$热量 + Co(H_2O)_6^{2+}(aq) + 4\ Cl^-(aq) \rightleftharpoons CoCl_4^{2-}(aq) + 6\ H_2O(l)$$

粉色 　　　　　　　　　　　蓝色

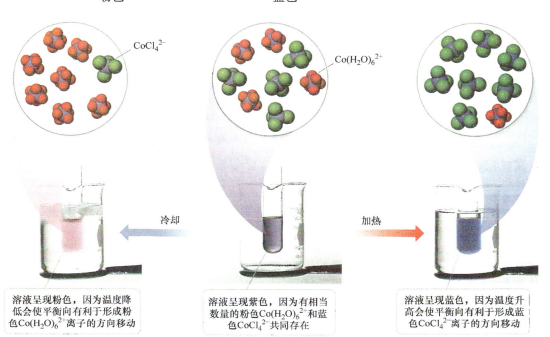

溶液呈现粉色，因为温度降低会使平衡向有利于形成粉色 $Co(H_2O)_6^{2+}$ 离子的方向移动

溶液呈现紫色，因为有相当数量的粉色 $Co(H_2O)_6^{2+}$ 和蓝色 $CoCl_4^{2-}$ 共同存在

溶液呈现蓝色，因为温度升高会使平衡向有利于形成蓝色 $CoCl_4^{2-}$ 离子的方向移动

▲ **图 15.14　温度和勒夏特列原理** 从分子水平来看，为清楚起见，仅显示了 $Co(H_2O)_6^{2+}$ 和 $CoCl_4^{2-}$

当处于平衡状态的系统温度升高时，系统就像我们将反应物加入吸热反应或产物加入放热反应一样，平衡将向消耗过量反应物（或产物），即热量的方向移动。

> **想一想**
>
> 蒸发是放热过程还是吸热过程？基于勒夏特列原理，预测随着温度的升高，气体的蒸气压会增加还是减少？

在吸热反应中，如式（15.25）当反应物转化成产物时，热量被吸收。因此，升高温度会使平衡向右移动，向产生更多产物的方向移动，并且 K 增加。在放热反应中，情况正好相反：当反应物转化为产物时会产生热量。因此，在这种情况下，升高温度会使平衡向左移动，从而产生更多的反应物，并且 K 降低。

吸热反应：增加 T 会导致 K 值增大

放热反应：增加 T 会导致 K 值降低

冷却反应会产生相反的效果。当降低温度时，平衡向产生热量的方向移动。因此，冷却吸热反应将平衡向左移动，K 减小，如图 15.14 所示，冷却放热反应使平衡向右移动，增加 K。

实例解析 15.12
用勒夏特列原理来预测平衡的变化

$$N_2O_4(g) \rightleftharpoons 2NO_2(g) \quad \Delta H° = 58.0kJ$$

考虑反应在下列条件中平衡会向哪个方向移动？
（a）增大 N_2O_4 浓度　（b）移除 NO_2　（c）通过加入 $N_2(g)$ 使压力变大
（d）增大体积　（e）降低温度

解析

分析　已知一个处于平衡状态的系统进行一系列的变化，要求预测每个变化对平衡位置的影响。

思路　勒夏特列原理可用于确定每个变化的影响。

解答

（a）调整系统以降低添加的 N_2O_4 的浓度，因此平衡向右移动，即向产物的方向移动。

（b）调整系统去掉在产物中更多的 NO_2，因此，平衡向右移动。

（c）加入 N_2 增加系统的总压力，但是 N_2 不参与反应，因此，NO_2 和 N_2O_4 的分压是不变的，平衡位置没有发生变化。

（d）如果体积增大，系统将向占据更大体积（更多气体分子）的方向移动，因此，平衡向右移动。

（e）反应是吸热的，可以把热想象成反应物这边的试剂。降低温度会使平衡向产生热量的方向移动，所以平衡向左边移动，形成更多的 N_2O_4。注意，只有最后一个变化也会影响平衡常数 K 的值。

▶ **实践练习 1**

对于反应：

$$4NH_3(g) + 5O_2(g) \rightleftharpoons 4NO(g) + 6H_2O(g) \quad \Delta H° = -904kJ$$

下列哪一项变化将使平衡向右侧移动，从而形成更多的产物？
（a）增加更多水蒸气
（b）升高温度
（c）增加反应容器的体积
（d）除去 $O_2(g)$
（e）往反应容器中加入 1 atm 的 $Ne(g)$

▶ **实践练习 2**

对于反应：

$$PCl_5(g) \rightleftharpoons PCl_3(g) + Cl_2(g) \quad \Delta H° = 87.9kJ$$

当下列条件发生时，平衡将向哪个方向移动？
（a）除去 $Cl_2(g)$　（b）降低温度
（c）反应系统体积增大
（d）增大 $PCl_3(g)$ 的浓度

通过把热看作一种化学试剂，可以利用勒夏特列原理来预测反应物和产物的平衡混合物对温度变化的反应。对于吸热反应，平衡常数 K 随着温度的升高而增加，随着温度的降低而降低，而放热反应则相反。通过仔细观察平衡常数、正反应和逆反应速率以及活化能之间的关系，就可以理解这种行为的根本原因。

为了说明潜在的关系，考虑基本反应 A $\rightleftharpoons$ B。在平衡时，正反应和逆反应的速率相等：

$$k_f[\text{A}] = k_r[\text{B}] \qquad (15.26)$$

平衡常数 $K = [\text{B}]/[\text{A}]$ 可以通过重新排列式（15.26）以反应速率表示

$$K = \frac{[\text{B}]}{[\text{A}]} = \frac{k_f}{k_r} \qquad (15.27)$$

通过式（15.27）考虑平衡变化是有益的。如果所讨论的反应是吸热反应，温度的降低将导致 K 的降低，从而使平衡向左移动。式（15.27）告诉我们，为了使 K 减小，正反应的速率常数 k_f 必须比逆反应的速率常数 k_r 减少更多的量。

为了理解 k_f 比 k_r 下降更快的原因，需要考虑反应速率和活化能之间的关系，E_a。为了便于说明，考虑将温度从 $T_1 = 400\text{K}$ 降低到 $T_2 = 300\text{K}$，我们可以使用式（14.23）计算正反应速率常数的变化：

$$\ln\frac{k_{f1}}{k_{f2}} = \frac{E_a(\text{正向})}{R}\left(\frac{1}{T_2} - \frac{1}{T_1}\right) \qquad (15.28)$$

$$\ln\frac{k_{f1}}{k_{f2}} = \frac{E_a(\text{正向})}{R}\left(\frac{1}{300\text{K}} - \frac{1}{400\text{K}}\right) = 1200\frac{E_a(\text{正向})}{R} \qquad (15.29)$$

使用同样的方法，写出一个方程，给出逆反应速率常数的变化：

$$\ln\frac{k_{r1}}{k_{r2}} = \frac{E_a(\text{逆向})}{R}\left(\frac{1}{300\text{K}} - \frac{1}{400\text{K}}\right) = 1200\frac{E_a(\text{逆向})}{R} \qquad (15.30)$$

这些方程是相同的，但有一个例外：正反应和逆反应的活化能不一样，如图 15.15 左侧所示。对于吸热反应，正反应活化能总是大于逆反应活化能，$E_a(\text{正向}) > E_a(\text{逆向})$，因此，正反应速率常数 [见式（15.29）] 的减小量将大于逆反应速率常数 [见式（15.30）] 的减小量。平衡常数 K 的值必然会减小。

对于放热反应，$E_a(\text{逆向}) > E_a(\text{正向})$，相反的关系适用于如图 15.15 右侧所示。随着温度降低，逆反应速率常数将比正反应速率常数更快地降低，平衡常数 K 将增加，也就是说，平衡将向右移动。

相关练习：15.69、15.70、15.94、15.99

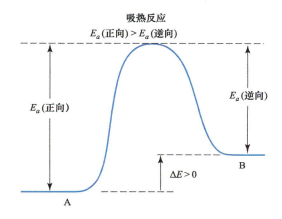
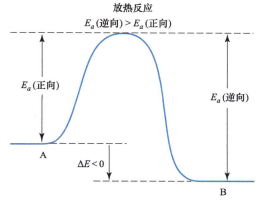

▲ 图 15.15　吸热反应（左）和放热反应（右）的能量分布

催化剂的作用

如果向处于平衡状态的系统添加催化剂会发生什么？如图 15.16 所示，催化剂降低了反应物和产物之间的活化能。正反应、逆反应的活化能均降低，因此，催化剂提高了正反应、逆反应的速率。因为 K 是一个反应的正反应和逆反应速率常数的比值，所以可以正确地预测，在催化剂存在的情况下，即使它改变反应速率，也不会影响 K 的数值（见图 15.16）。总之，*催化剂可以提高达到平衡的速率，但不会改变平衡混合物的组成。*

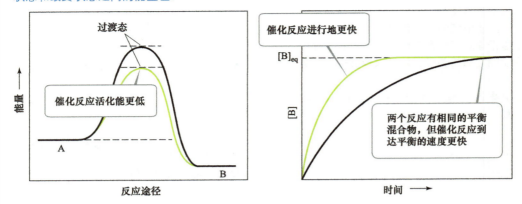

▼ **图例解析**

什么决定反应速度：（a）初始态和过渡态之间的能量差，或者，（b）初始状态和最终状态之间的能量差？

▲ **图 15.16 A ⇌ B 反应的能量分布图（左），以及有无催化剂时 B 浓度随时间的变化（右）** 绿色曲线显示了有催化剂的反应；黑色曲线显示没有催化剂的反应

表 15.2 对于反应

$N_2 + 3H_2 \rightleftharpoons 2NH_3$ K_p 随温度的变化

温度 /℃	K_p
300	4.34×10^{-3}
400	1.64×10^{-4}
450	4.51×10^{-5}
500	1.45×10^{-5}
550	5.38×10^{-6}
600	2.25×10^{-6}

反应达到平衡的速率是一个考虑的重要因素。例如，还是 N_2 和 H_2 合成 NH_3 的反应。在设计反应过程中，Haber 必须处理平衡常数随温度升高而迅速降低的问题，如表 15.2 所示。在足够高以提供令人满意的反应速率的温度下，生成的氨量太小。解决这一难题的办法是开发一种催化剂，在足够低的温度下，该催化剂可以产生一种相当快速的平衡方法，从而使平衡常数保持足够大。因此，开发一种合适的催化剂成为 Haber 研究的重点。

在尝试了不同的物质以确定最有效的物质后，Carl Bosch 选择了铁和金属氧化物的混合物，目前仍在使用这种催化剂配方（见 15.2 节 "Haber 反应"）。这些催化剂使得在 400 ~ 500℃ 以及 200 ~ 600atm 下获得合理快速的平衡反应成为可能，这需要高压才能获得满意的 NH_3 量，假如寻找一种催化剂，在低于 400℃ 的温度下就有足够快速的反应，压力也远低于 200 ~ 600atm，可以获得相同程度的平衡转化率，这将大大节省高压设备的成本和氨生产中消耗的能量。据估计，Haber 反应每年消耗的能量约为世界能源的 1%。毫不奇怪，化学家和化学工程师正在积极寻找改进 Haber 反应的催化剂，这一领域的突破不仅会增加化肥的氨供应，还会极大地减少全球化石燃料的消耗。

▲ **想一想**

如果反应是在催化剂的作用下进行的，那么在平衡状态下的产量是增加、减少还是保持不变？

综合实例解析
概念综合

在接近 800℃的温度下，蒸汽通过热焦炭（从煤中获得的一种碳）反应生成 CO 和 H_2：

$$C(s) + H_2O(g) \rightleftharpoons CO(g) + H_2(g)$$

产生的气体混合物是一种重要的工业燃料，称为水煤气。（a）在 800℃时，反应的平衡常数 K_p=14.1。如果在 1.00L 容器中加入固体碳和 0.100mol H_2O，在该温度下平衡混合物中 H_2O、CO 和 H_2 的平衡分压是多少？（b）在这些条件下达到平衡所需的最低碳量是多少？（c）平衡时容器中的总压力是多少？（d）在 25℃下，该反应的 K_p 值为 1.7×10^{-21}。反应是放热反应还是吸热反应？（e）为了在平衡时产生最大量的 CO 和 H_2，系统的压力是应该增加还是减少？

解析

（a）为了确定平衡分压，使用理想气体方程，首先确定水的起始分压。

$$P_{H_2O} = \frac{n_{H_2O}RT}{V} = \frac{(0.100mol)(0.08206 L\text{-}atm/mol\text{-}K)(1073K)}{1.00L} = 8.81atm$$

然后，构建初始分压及其随平衡变化的表：

	C(s) +	$H_2O(g)$ $\rightleftharpoons$	CO(g) +	$H_2(g)$
初始分压 /atm		8.81	0	0
变化分压 /atm		$-x$	$+x$	$+x$
平衡分压 /atm		$8.81-x$	x	x

表中没有 C(s) 项，因为反应物是固体，没有出现在平衡常数表达式中。将其他物质的平衡分压代入反应的平衡常数表达式，得到：

$$K_p = \frac{P_{CO}P_{H_2}}{P_{H_2O}} = \frac{(x)(x)}{(8.81-x)} = 14.1$$

通过乘以分母得到 x 的二次方程：
用二次公式解出 x 的这个方程得到 $x = 6.14atm$。因此，平衡分压是 $P_{CO}= x = 6.14atm$，$P_{H_2} = x = 6.14atm$，$P_{H_2O}=(8.81-x)=2.67atm$。

$$x^2 = (14.1)(8.81-x)$$
$$x^2 + 14.1x - 124.22 = 0$$

（b）由（a）可知，$x = 6.14$ atm 时的 H_2O 必须对系统起反应才能达到平衡。使用理想气体方程将该分压转换为物质的量。
因此，0.0697mol H_2O 必须和相同量的 C 反应以达到平衡。所以，在反应开始时，反应物中必须至少存在 0.0697mol C（0.836 g C）。

$$n = \frac{PV}{RT}$$
$$= \frac{(6.14atm)(1.00L)}{(0.08206 L\text{-}atm/mol\text{-}K)(1073K)} = 0.0697mol$$

（c）容器平衡时的总压力就是各平衡分压的总和：

$$P_{总} = P_{H_2O} + P_{CO} + P_{H_2}$$
$$= 2.67atm + 6.14atm + 6.14atm = 14.95atm$$

（d）在讨论勒夏特列的原理时，我们看到对于吸热反应，K_p 随温度升高而增加。因为该反应的平衡常数随着温度的升高而增加，所以该反应必须是吸热的。根据附录 C 中给出的生成焓，可以计算反应的焓变来验证我们的预测：
$\Delta H°$ 的正号表示反应是吸热的。

$$\Delta H° = \Delta H_f°(CO(g)) + \Delta H_f°(H_2(g)) - \Delta H_f°(C(s, 石墨)) - \Delta H_f°(H_2O(g)) = +131.3kJ$$

（e）根据勒夏特列原理，压力的降低会导致气体平衡向气体物质的量更大的一边移动。在这种情况下，产物侧有 2mol 气体，反应物侧只有 1mol 气体。因此，应降低压力，使 CO 和 H_2 的产率最大化。

化学应用 控制一氧化氮的排放

由 N₂ 和 O₂ 合成 NO，

$$\frac{1}{2}N_2(g) + \frac{1}{2}O_2(g) \rightleftharpoons NO(g) \quad \Delta H° = 90.4kJ \text{（15.31）}$$

下面的例子说明了平衡常数和反应速率随温度变化这一事实的重要性。将勒夏特列原理应用于这种吸热反应，并将热量作为反应物，可以推导出温度的增加会使平衡向生成更多的 NO 方向移动。在 300K 时，生成 1mol NO 的平衡常数 K_p 约为 1×10^{-15}（见图 15.17）。然而，在 2400K 时，平衡常数约为 0.05，比 300K 值大 10^{13} 倍。

图 15.17 有助于解释为什么 NO 是污染问题。在现代高压缩汽车发动机的汽缸中，循环的燃料燃烧部分的温度约为 2400K。而且，气缸中存在相当多的空气。这些条件有利于 NO 的形成。然而，在燃烧之后，气体迅速冷却。随着温度下降，式（15.26）中的平衡向左移动（因为反应物的热量被移除）。然而，较低的温度也意味着反应速率降低，因此当气体冷却时，在 2400K 下形成的 NO 基本上被"捕获"。

从气缸排出的气体仍然很热，可能是 1200K。在此温度下，如图 15.17 所示，NO 形成的平衡常数约为 5×10^{-4}，远小于 2400K 时的值。然而，NO 转化为 N₂ 和 O₂ 的速率太慢，不能在气体进一步冷却之前允许 NO 大量损失。

正如第 14.7 节的"化学应用"栏中所讨论的，

图例解析

估算排气温度为 1200K 时的 K_p 值。

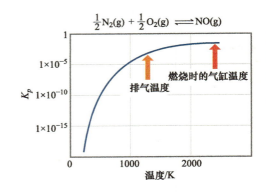

▲ **图 15.17 平衡和温度** 反应是吸热的，所以平衡常数随温度的增加而增加。因为这些值的变化范围很大，有必要对 K_p 使用对数标度

汽车催化转化器的目标之一是在排气温度下实现 NO 到 N₂ 和 O₂ 的快速转化。在汽车排气系统的严苛条件下，为该反应开发的一些催化剂是相当有效的。尽管如此，科学家和工程师们仍在不断地寻找新材料，为氮氧化物的分解提供更有效的催化作用。

本章小结和关键术语

平衡的概念（见 15.1 节）

化学反应可以达到正反应和逆反应以相同速率发生的状态。这种情况被称为**化学平衡**，它导致反应物和产物的平衡混合物的形成。如果温度保持恒定，那么平衡混合物的组成不随时间变化。

平衡常数（见 15.2 节）

本章中使用的平衡反应是 N₂(g)+3H₂(g) ⇌ 2NH₃(g)。该反应是用于生产氨的 **Haber** 反应的基础。平衡体系中反应物浓度与产物浓度之间的关系由**质量守恒定律**给出。对于形式为 aA+bB ⇌ dD+eE 的平衡方程，**平衡常数表达式**可以写成：

$$K_c = \frac{[D]^d[E]^e}{[A]^a[B]^b}$$

K_c 是无量纲常数，称为**平衡常数**。当平衡系统由气体组成时，通常可以简单地根据气体分压表示反应物和产物的浓度：

$$K_p = \frac{(P_D)^d(P_E)^e}{(P_A)^a(P_B)^b}$$

K_c 和 K_p 相关的表达式：$K_p = K_c(RT)^{\Delta n}$。为了正

确地进行转换，使用 $R = 0.08206$ L·atm/mol·K，温度以开尔文为单位。

了解平衡常数的作用（见 15.3 节）

平衡常数的值随温度的变化而变化。K_c 值较大，说明平衡混合物中产物的量大于反应物的量，因此反应偏向产物方向。平衡常数值小意味着平衡混合物中产物的量比反应物要少，因此反应偏向反应物方向。逆反应的平衡常数表达式和平衡常数与正反应的是倒数关系。如果反应是两个或多个反应的总和，那么其平衡常数将是各反应的平衡常数的乘积。

多相平衡（见 15.4 节）

平衡可以分为两类：所有反应物和产物处于同一相的**均相平衡**，以及存在多个相的**多相平衡**。由于纯固体和纯液体的活度恰好为 1，它们在多相平衡的平衡常数表达式中不存在。

平衡常数的计算（见 15.5 节）

如果一个平衡中所有物质的浓度已知，平衡常数表达式可以用来计算平衡常数，那么在达到平衡的过程中，反应物和产物浓度的变化受反应化学计量的控制。

平衡常数的应用（见 15.6 节）

反应熵 Q 是通过将在反应过程中任意点反应物和产物的浓度或分压替换到平衡常数表达式中而得到的。如果系统处于平衡状态，那么 $Q = K$。但是，如果 $Q \neq K$，那么系统不处于平衡状态。当 $Q < K$ 时，反应将通过形成更多的产物而趋向平衡（反应从左向右进行）；当 $Q > K$ 时，反应将通过形成更多反应物而趋向平衡（反应从右向左进行）。已知 K 的值有可能计算反应物和产物的平衡量，通常通过解方程求出其中未知的分压或浓度。

勒夏特列原理（见 15.7 节）

勒夏特列原理指出，如果一个处于平衡状态的系统受到破坏，那么这个平衡就会发生变化，从而使破坏的影响最小化。因此，如果将反应物或产物加入到平衡的系统中，那么平衡将移动以消耗添加的物质。移除反应物或产物，以及改变反应压力或体积对于反应的影响是类似地。例如，如果系统的体积减小，平衡将向减少气体分子数量的方向移动。虽然浓度或压力的变化会导致平衡浓度的变化，但它们不会改变平衡常数 K 的值。

温度的变化会影响平衡浓度和平衡常数。我们可以利用反应的焓变化来确定温度的升高如何影响平衡：对于吸热反应，温度的升高使平衡向右移动；对于放热反应，温度升高使平衡向左移动。催化剂影响达到平衡的速度，但不影响 K 的大小。

学习成果　　学习本章后，应该掌握：

- 解释化学平衡的含义以及它与反应速率的关系（见 15.1 节）
  相关练习：15.1，15.13，15.14
- 写出任何反应的平衡常数表达式（见 15.2 节）
  相关练习：15.15，15.16
- 将 K_c 转换为 K_p，反之亦然（见 15.2 节）
  相关练习：15.21，15.22
- 将平衡常数的大小与平衡混合物中反应物和产物的相对量联系起来（见 15.3 节）
  相关练习：15.17–15.19
- 控制平衡常数反映化学方程式的变化（见 15.3 节）
  相关练习：15.23，15.25，15.27，15.28
- 写出多相反应的平衡常数表达式（见 15.4 节）
  相关练习：15.7，15.29，15.30

- 根据浓度测量值计算平衡常数（见 15.5 节）
  相关练习：15.31–15.34
- 在给定平衡常数和反应物和产物浓度的情况下预测反应的方向（见 15.6 节）
  相关练习：15.41–15.44
- 已知平衡常数和除一个平衡浓度外的所有平衡浓度来计算平衡浓度（见 15.6 节）
  相关练习：15.47–15.50
- 在给定平衡常数和起始浓度的情况下计算平衡浓度（见 15.6 节）
  相关练习：15.51，15.52，15.57，15.59
- 使用勒夏特列原理来预测在平衡状态下改变系统的浓度、体积或温度是如何影响平衡位置的（见 15.7 节）
  相关练习：15.61，15.62，15.65，15.68

主要公式

- $$K_c = \frac{[D]^d[E]^e}{[A]^a[B]^b} \qquad (15.8)$$

  $a\text{A}+b\text{B} \rightleftharpoons d\text{D}+e\text{E}$ 型 一般反应的平衡常数表达式，浓度仅为平衡浓度。

- $$K_p = \frac{(P_D)^d(P_E)^e}{(P_A)^a(P_B)^b} \qquad (15.11)$$

  用平衡分压表示平衡常数表达式

- $$K_p = K_c(RT)^{\Delta n} \qquad (15.15)$$

  把基于分压的平衡常数和基于浓度的平衡常数联系起来

- $$Q_c = \frac{[D]^d[E]^e}{[A]^a[B]^b} \qquad (15.24)$$

  反应熵在反应过程中任意时间的浓度。如果浓度等于平衡浓度，那么 $Q_c = K_c$

本章练习

图例解析

15.1 （a）基于以下能量分布图，预测 $K_f > K_r$，还是 $K_f < K_r$？（b）运用式（15.5），预测该反应的平衡常数是大于 1 还是小于 1。（见 15.1 节）

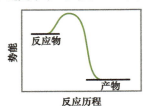

15.2 下图假设反应 A ⟶ B，其中 A 由红色球体表示，B 由蓝色球体表示。从左到右的顺序表示系统随着时间的推移，这个系统达到平衡了吗？如果达到平衡，系统在哪个图中处于平衡状态？（见 15.1 节和 15.2 节）

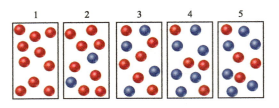

15.3 下图表示为 A+X ⇌ AX 反应产生的平衡混合物。如果体积是 1L，并且图表中的每个原子／分子代表 1mol，K 是大于还是小于 1？（见 15.2 节）

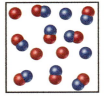

15.4 下图表示即将完成的反应。图中的每个分子代表 0.1mol，盒子的体积是 1.0L。

（a）A = 红色球体，B = 蓝色球体，写出反应的平衡方程式；

（b）写出反应的平衡常数表达式；

（c）计算 K_c 的值；

（d）假设所有分子都处于气相，计算 Δn，伴随反应的气体分子数量的变化；

（e）计算 K_p 的值。（见 15.2 节）

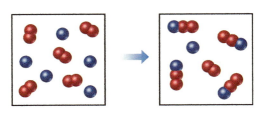

15.5 这里有两个假设反应：A(g)+B(g) ⇌ AB(g)、X(g)+Y(g) ⇌ XY(g) 在五个不同时间内的反应快照，哪个反应的平衡常数较大？（见 15.1 节和 15.2 节）

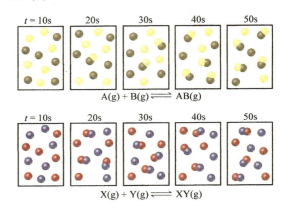

A(g) + B(g) ⇌ AB(g)

X(g) + Y(g) ⇌ XY(g)

15.6 乙烯（C_2H_4）与卤素（X_2）发生以下反应：

$$C_2H_4(g) + X_2(g) \rightleftharpoons C_2H_4X_2(g)$$

下图表示当 X_2 为 Cl_2（绿色）、Br_2（棕色）和 I_2（紫色）时在相同温度下的平衡浓度。按平衡常数从小到大的顺序排列下列平衡。（见 15.3 节）

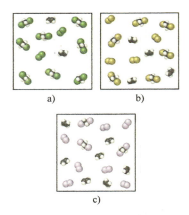

a) b)

c)

15.7 当氧化铅（IV）加热到 300℃ 以上时，根据下面的反应：$PbO_2(s) \rightleftharpoons PbO(s)+O_2(g)$ 进行分解。这里显示两个密封的 PbO_2 容器。考虑如果两个容器都加热到 400℃ 并使其达到平衡，以下哪项陈述是正确的？

（a）容器 A 中还剩少量的 PbO_2

（b）容器 B 中还剩少量的 PbO_2

（c）每个容器中剩余的 PbO_2 的量将是相同的（见 15.4 节）

容器A
$V=50mL$

容器B
$V=100mL$

两个容器中均含有5.0g的$PbO_2(g)$

15.8 反应 $A_2+B_2 \rightleftharpoons 2AB$ 的平衡常数 $K_c=1.5$。下图表示含有 A_2 分子（红色）、B_2 分子（蓝色）和 AB 分子的反应混合物。

（a）哪种反应混合物处于平衡状态？

（b）对于那些不平衡的混合物，反应将如何达到平衡？（见 15.5 节和 15.6 节）

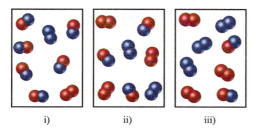

i)　　　　ii)　　　　iii)

15.9 反应 $A_2(g) + B(g) \rightleftharpoons A(g) + AB(g)$ 的平衡常数 $K_p=2$。附图显示了包含 A 原子（红色）、A_2 分子和 AB 分子（红色和蓝色）的混合物。应该在图表中添加多少个 B 原子来说明平衡混合物？（见 15.6 节）

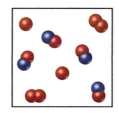

15.10 此处显示的图表代表了反应 $A_2(g) + 2B(g) \rightleftharpoons 2AB(g)$ 的平衡状态。

（a）假设体积为 2L，计算反应的平衡常数 K_c；

（b）如果平衡混合物的体积减少，AB 分子的数量会增加还是减少？（见 15.5 节和 15.7 节）

15.11 下图表示 300K 和 500K 下反应 $A_2 + B \rightleftharpoons A + AB$ 的平衡混合物。A 原子是红色的，B 原子是蓝色的。反应是放热的还是吸热的？（见 15.7 节）

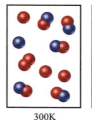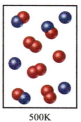

300K　　　　500K

15.12 下图为反应 $A(g)+ B(g) \longrightarrow AB(g)$ 在 x 和 y 两种不同压力下的平衡态下化合物 AB 的产率随温度的变化。

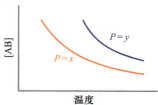

（a）这个反应是放热的还是吸热的？

（b）$P = x$ 比 $P = y$ 大还是小？（见 15.7 节）

平衡的概念；平衡常数（见 15.1 节 -15.4 节）

15.13 假设气相反应 $A \longrightarrow B$ 和 $B \longrightarrow A$ 都是一般反应，速率常数分别为 $4.7 \times 10^{-3}\, s^{-1}$ 和 $5.8 \times 10^{-1}\, s^{-1}$。

（a）反应 $A(g) \rightleftharpoons B(g)$ 的平衡常数是多少？

（b）平衡时，A 的分压或 B 的分压哪个更大？

15.14 分子碘解离 $I_2(g) \rightleftharpoons 2I(g)$，在 800K 时的平衡常数 $K_c = 3.1 \times 10^{-5}$。

（a）哪个组分（I_2 或 I）在平衡时占据主导地位？

（b）假设正反应和逆反应都是一般反应，哪个反应的速率常数更大，正反应还是逆反应？

15.15 写出以下反应 K_c 的表达式，并说明在每种情况下反应是均相的还是多相的。

（a）$3\, NO(g) \rightleftharpoons N_2O(g) + NO_2(g)$

（b）$CH_4(g) + 2\, H_2S(g) \rightleftharpoons CS_2(g) + 4\, H_2(g)$

（c）$Ni(CO)_4(g) \rightleftharpoons Ni(s) + 4\, CO(g)$

（d）$HF(aq) \rightleftharpoons H^+(aq) + F^-(aq)$

（e）$2\, Ag(s) + Zn^{2+}(aq) \rightleftharpoons 2\, Ag^+(aq) + Zn(s)$

（f）$H_2O(l) \rightleftharpoons H^+(aq) + OH^-(aq)$

（g）$2\, H_2O(l) \rightleftharpoons 2\, H^+(aq) + 2\, OH^-(aq)$

15.16 写出反应 K_c 的表达式，并说明在每种情况下反应是均相的还是多相的。

（a）$2\, O_3(g) \rightleftharpoons 3\, O_2(g)$

（b）$Ti(s) + 2\, Cl_2(g) \rightleftharpoons TiCl_4(l)$

（c）$2\, C_2H_4(g) + 2\, H_2O(g) \rightleftharpoons 2\, C_2H_6(g) + O_2(g)$

（d）$C(s) + 2\, H_2(g) \rightleftharpoons CH_4(g)$

（e）$4\, HCl(aq) + O_2(g) \rightleftharpoons 2\, H_2O(l) + 2\, Cl_2(g)$

（f）$2\, C_8H_{18}(l) + 25\, O_2(g) \rightleftharpoons 16\, CO_2(g) + 18\, H_2O(g)$

（g）$2\, C_8H_{18}(l) + 25\, O_2(g) \rightleftharpoons 16\, CO_2(g) + 18\, H_2O(l)$

15.17 当下列反应达到平衡时，平衡混合物中主要是反应物还是产物？

（a）$N_2(g) + O_2(g) \rightleftharpoons 2\,NO(g)$　$K_c = 1.5 \times 10^{-10}$

（b）$2\,SO_2(g) + O_2(g) \rightleftharpoons 2\,SO_3(g)$　$K_p = 2.5 \times 10^9$

15.18 下面哪个反应偏向右边，有利于产物的生成，哪个反应偏向左边，有利于反应物的生成？

（a）$2\,NO(g) + O_2(g) \rightleftharpoons 2\,NO_2(g)$　$K_p = 5.0 \times 10^{12}$

（b）$2\,HBr(g) \rightleftharpoons H_2(g) + Br_2(g)$　$K_c = 5.8 \times 10^{-18}$

15.19 下列哪个陈述是正确的，哪个陈述是错误的？

（a）平衡常数永远不会是负数；

（b）用单箭头绘制的反应中，平衡常数的值非常接近于零；

（c）随着平衡常数的增加，反应达到平衡的速度增加。

15.20 下列哪个陈述是正确的，哪个陈述是错误的？

（a）反应 $2A(g) + B(g) \rightleftharpoons A_2B(g)$，$K_c$ 和 K_p 在数值上是相同的；

（b）通过比较表示平衡常数的单位，可以将 K_c 与 K_p 区分开；

（c）对于（a）中的平衡，K_c 的值随着压力的增加而增加。

15.21 对于反应 $PCl_3(g) + Cl_2(g) \rightleftharpoons PCl_5(g)$，在 500K 时，$K_c = 0.042$。在此温度下，这个反应的 K_p 值是多少？

15.22 对于反应 $SO_2(g) + Cl_2(g) \rightleftharpoons SO_2Cl_2(g)$，在温度为 303K 时，$K_p = 34.5$。在此温度下，这个反应的 K_c 值是多少？

15.23 反应 $2NO(g) + Br_2(g) \rightleftharpoons 2NOBr(g)$，在 1000K 时的平衡常数 $K_c = 1.3 \times 10^{-2}$。

（a）在这个温度下，平衡对 NO 和 Br_2 有利，还是对 NOBr 有利？

（b）计算反应 $2NOBr(g) \rightleftharpoons 2NO(g) + Br_2(g)$ 的 K_c 值；

（c）计算反应 $NOBr(g) \rightleftharpoons NO(g) + 1/2\,Br_2(g)$ 的 K_c 值。

15.24 考虑下面的平衡：

反应 $2H_2(g) + S_2(g) \rightleftharpoons 2H_2S(g)$ 在 700 ℃ 时，$K_c = 1.08 \times 10^7$。

（a）计算 K_p 的值；

（b）平衡混合物主要含有 H_2、S_2 还是 H_2S？

（c）计算重整方程 $H_2(g) + 1/2\,S_2(g) \rightleftharpoons H_2S(g)$ 的 K_c 值。

15.25 反应 $SO_2(g) + 1/2\,O_2(g) \rightleftharpoons SO_3(g)$ 在 1000K 时，$K_p = 1.85$。

（a）同样的温度下，反应 $SO_3(g) \rightleftharpoons SO_2(g) + 1/2\,O_2(g)$ 的 K_p 值是多少？

（b）同样的温度下，反应 $2SO_2(g) + O_2(g) \rightleftharpoons 2SO_3(g)$ 的 K_p 值是多少？

（c）问题（b）的反应中，K_c 值是多少？

15.26 考虑以下平衡，在 480℃ 时 $K_p = 0.0752$：

$2\,Cl_2(g) + 2\,H_2O(g) \rightleftharpoons 4\,HCl(g) + O_2(g)$

（a）对于下列反应，K_p 值是多少？

$4\,HCl(g) + O_2(g) \rightleftharpoons 2\,Cl_2(g) + 2\,H_2O(g)$

（b）对于下列反应，K_p 值是多少？

$Cl_2(g) + H_2O(g) \rightleftharpoons 2\,HCl(g) + 1/2\,O_2(g)$

（c）问题（b）中的反应的 K_c 值？

15.27 在 823K 下达到以下平衡：

$CoO(s) + H_2(g) \rightleftharpoons Co(s) + H_2O(g)$　$K_c = 67$

$CoO(s) + CO(g) \rightleftharpoons Co(s) + CO_2(g)$　$K_c = 490$

基于这些平衡，计算 $H_2(g) + CO_2(g) \rightleftharpoons CO(g) + H_2O(g)$ 在 823K 的平衡常数。

15.28 考虑反应的平衡：

$N_2(g) + O_2(g) + Br_2(g) \rightleftharpoons 2\,NOBr(g)$

已知下列信息（298K），计算该反应的平衡常数 K_p。

$2\,NO(g) + Br_2(g) \rightleftharpoons 2\,NOBr(g)$　$K_c = 2.0$

$2\,NO(g) \rightleftharpoons N_2(g) + O_2(g)$　$K_c = 2.1 \times 10^{30}$

15.29 氧化汞（I）分解成元素汞和元素氧：$2Hg_2O(s) \rightleftharpoons 4Hg(l) + O_2(g)$。

（a）根据分压写出该反应的平衡常数表达式；

（b）假设反应在能溶解元素汞和氧的溶剂中进行，用物质的量浓度重写反应的平衡常数表达式，使用（solv）表示溶剂化。

15.30 考虑反应 $Na_2O(s) + SO_2(g) \rightleftharpoons Na_2SO_3(s)$ 的平衡。

（a）根据分压写出该反应的平衡常数表达式；

（b）该反应中的所有化合物均可溶于水。用水合反应的物质的量浓度重写平衡常数表达式。

平衡常数的计算（见 15.5 节）

15.31 甲醇（CH_3OH）是通过一氧化碳和氢气的催化反应在商业上生产的：$CO(g) + 2H_2(g) \rightleftharpoons CH_3OH(g)$。在 2.00L 的容器中，500K 时的平衡混合物含有 0.0406mol CH_3OH、0.170mol CO 和 0.302 mol H_2。计算在此温度下的 K_c 值。

15.32 将气态氢碘化物置于 425℃ 的密闭容器中，部分分解成氢和碘：

$2HI(g) \rightleftharpoons H_2(g) + I_2(g)$。平衡时发现：$[HI] = 3.53 \times 10^{-3}\,M$，$[H_2] = 4.79 \times 10^{-4}\,M$，$[I_2] = 4.79 \times 10^{-4}\,M$，计算在此温度下的 K_c 值？

15.33 反应 $2NO(g) + Cl_2(g) \rightleftharpoons 2NOCl(g)$ 在 500K 达到平衡，对于 NO、Cl_2 和 NOCl，三种气体的平衡混合物的分压分别为 0.095atm、0.171atm 和 0.28 atm。

（a）计算反应在 500.0K 时的 K_p 值；

（b）如果容器的体积为 5.00L，则计算在此温度下的 K_c。

15.34 三氯化磷气体和氯气反应生成五氯化磷气体：$PCl_3(g) + Cl_2(g) \rightleftharpoons PCl_5(g)$。向 7.5L 的气体容器中加入 $PCl_3(g)$ 和 $Cl_2(g)$ 的混合物，使其在 450K 下

平衡。在平衡状态下，三种气体的分压分别为 P_{PCl_3} = 0.124 atm，P_{Cl_2} = 0.157 atm，P_{PCl_5} = 1.30 atm。

（a）在此温度下的 K_p 值是多少？

（b）平衡有利于反应物还是产物？

（c）计算该反应在 450K 下 K_c 的值。

15.35 在 300K 时，将 0.10mol NO、0.050mol H_2 和 0.10mol H_2O 的混合物置于 1.0L 容器中，建立了以下平衡：

$$2NO(g) + 2H_2(g) \rightleftharpoons N_2(g) + 2H_2O(g)$$

在平衡时，[NO] = 0.062M

（a）计算 NO、H_2、H_2O 在平衡时的浓度；

（b）计算 K_c 值。

15.36 在 700K 时，将 1.374 g H_2 和 70.31 g Br_2 的混合物在 2.00 L 容器中加热。这些物质按照反应式：$H_2(g) + Br_2(g) \rightleftharpoons 2HBr(g)$ 达到平衡，发现该容器还含有 0.566g H_2。

（a）计算 H_2、Br_2 和 HBr 的平衡浓度；

（b）计算 K_c 值。

15.37 将 0.2000mol 的 CO_2、0.1000mol 的 H_2 和 0.1600mol 的 H_2O 的混合物置于 2.000L 的容器中。在 500K 时建立以下平衡：

$$CO_2(g) + H_2(g) \rightleftharpoons CO(g) + H_2O(g)$$

（a）计算 CO_2、H_2 和 H_2O 的初始分压；

（b）在平衡时 P_{H_2O} = 3.51atm。计算 CO_2、H_2 和 CO 的平衡分压；

（c）计算反应的 K_p 值；

（d）计算反应的 K_c 值。

15.38 在 25 ℃ 下向烧瓶中加入 1.500atm 的 $N_2O_4(g)$ 和 1.00atm 的 $NO_2(g)$，并达到以下平衡：$N_2O_4(g) \rightleftharpoons 2NO_2(g)$，达到平衡后，$NO_2$ 的分压为 0.512atm。

（a）N_2O_4 的平衡分压是多少？

（b）计算反应的 K_p 值；

（c）计算反应的 K_c 值。

15.39 将两种不同的蛋白质 X 和 Y 在 37℃ 下溶解在水溶液中。蛋白质以 1∶1 的比例结合形成 XY。每种蛋白质中初始浓度为 1.00mM，达到平衡时，游离的 X 和 Y 分别为 0.20mM 和 0.20mM。反应的 K_c 是多少？

15.40 制药公司的化学家正在测量药物候选分子与一种与癌症有关的蛋白质结合的反应的平衡常数。药物分子以 1∶1 的比例结合蛋白质，形成药物 - 蛋白质复合物。25℃时水溶液中的蛋白质浓度为 $1.50 \times 10^{-6}M$。药物 A 以 $2.00 \times 10^{-6}M$ 的初始浓度被引入蛋白质溶液中。将药物 B 引入单独的相同蛋白质溶液中，初始浓度为 $2.00 \times 10^{-6}M$。在平衡状态下，药物 A 蛋白溶液的 A 蛋白复合物浓度为 $1.00 \times 10^{-6}M$，药物 B 溶液的 B 蛋白复合物浓度为 $1.40 \times 10^{-6}M$。计算 A 蛋白结合反应和 B 蛋白结合反应的 K_c 值。假设结合更强的药物会更有效，那么哪种药物更适合进行进一步研究？

平衡常数的应用（见 15.6 节）

15.41 （a）如果 $Q_c < K_c$，反应向哪个方向进行才能达到平衡？

（b）$Q_c = K_c$ 必须满足什么条件？

15.42 （a）如果 $Q_c > K_c$，反应如何进行才能达到平衡？

（b）在某一反应开始时，只有反应物存在，没有形成产物。此时 Q_c 的值是多少？

15.43 在 100 ℃ 时，反应 $COCl_2(g) \rightleftharpoons CO(g)+Cl_2(g)$ 的平衡常数 $K_c = 2.19 \times 10^{-10}$。以下 $COCl_2$、CO 和 Cl_2 的混合物在 100℃时是否达到平衡？如果不能，请指出达到平衡反应的方向。

（a）[$COCl_2$] = $2.00 \times 10^{-3}M$，[CO] = $3.3 \times 10^{-6}M$，[Cl_2] = $6.62 \times 10^{-6}M$；

（b）[$COCl_2$] = $4.50 \times 10^{-2}M$，[CO] = $1.1 \times 10^{-7}M$，[Cl_2] = $2.25 \times 10^{-6}M$；

（c）[$COCl_2$] = 0.0100M，[CO] = [Cl_2] = $1.48 \times 10^{-6}M$。

15.44 如表 15.2 所示，反应 $N_2(g)+ 3H_2(g) \rightleftharpoons 2NH_3(g)$ 在 450℃ 达到平衡时，$K_p = 4.51 \times 10^{-5}$。表中列出了每种混合物，指出混合物在 450℃时是否处于平衡状态。如果没有达到平衡，说明混合物必须向哪个方向（产物或反应物）移动才能达到平衡。

（a）98atm NH_3，45atm N_2，55atm H_2；

（b）57atm NH_3，143atm N_2，无 H_2；

（c）13atm NH_3，27atm N_2，82atm H_2。

15.45 在 100 ℃ 时，反应 $SO_2Cl_2(g) \rightleftharpoons SO_2(g)+ Cl_2(g)$ 的 K_c = 0.078。在三种气体的平衡混合物中，SO_2Cl_2 和 SO_2 的浓度分别为 0.108M 和 0.052M。平衡混合物中 Cl_2 的分压是多少？

15.46 在 900K 时，反应 $2SO_2(g) \rightleftharpoons O_2(g)+ 2SO_3(g)$ 的 $K_p = 0.345$。在平衡混合物中，SO_2 和 O_2 的分压分别为 0.135atm 和 0.455atm。混合物中 SO_3 的平衡分压是多少？

15.47 在 1285℃时，反应 $Br_2(g) \rightleftharpoons 2Br(g)$ 的 $K_c = 1.04 \times 10^{-3}$。含有平衡气体混合物的 0.200L 容器中含有 0.245g $Br_2(g)$。容器中 Br(g) 的质量是多少？

15.48 在 700K 时，反应 $H_2(g)+ I_2(g) \rightleftharpoons 2HI(g)$ 的 $K_c = 55.3$。在含有三种气体的平衡混合物的 2.00L 烧瓶中，有 0.056g H_2 和 4.36g I_2。烧瓶中 HI 的质量是多少？

15.49 在 800K 时，反应 $I_2(g) \rightleftharpoons 2I(g)$ 的 $K_c = 3.1 \times 10^{-5}$。如果 10.0L 容器中的平衡混合物含有 2.67×10^{-2} g I(g)，混合物中有多少克 I_2？

15.50 在 700K 时，反应 $2SO_2(g) \rightleftharpoons O_2(g) + 2SO_3(g)$ 的 $K_p = 3.0 \times 10^4$。在 2.00L 容器中，平衡混合物含有 1.17g SO_3 和 0.105g O_2。容器中有多少克 SO_2？

15.51 在 2000℃时，$2NO(g) \rightleftharpoons N_2(g) + O_2(g)$ 的 $K_c = 2.4 \times 10^3$。如果 NO 的初始浓度为 0.175M，那么 NO、N_2 和 O_2 的平衡浓度是多少？

15.52 在 400K 时，$Br_2(g)+Cl_2(g) \rightleftharpoons 2BrCl(g)$ 的 $K_c = 7.0$。如果在 400K 将 0.25mol Br_2 和 0.55 mol

Cl_2 注入 3.0L 容器中，那么 Br_2、Cl_2 和 BrCl 的平衡浓度是多少？

15.53 在 373K 时，$2NOBr(g) \rightleftharpoons 2NO(g) + Br_2(g)$ 的 $K_p = 0.416$。如果 $NOBr(g)$ 和 $NO(g)$ 的分压相等，则 $Br_2(g)$ 的平衡分压是多少？

15.54 在 218 ℃ 时，$NH_4SH(s) \rightleftharpoons NH_3(g) + H_2S(g)$ 的 $K_c = 1.2 \times 10^{-4}$。如果将固体 NH_4SH 样品置于 218℃ 的密闭容器中并分解直至达到平衡，试计算 NH_3 和 H_2S 的平衡浓度。

15.55 反应 $CaSO_4(s) \rightleftharpoons Ca^{2+}(aq) + SO_4^{2-}(aq)$ 在 25℃ 时，平衡常数 $K_c = 2.4 \times 10^{-5}$。

（a）如果过量的 $CaSO_4(s)$ 与水在 25℃ 时混合生成饱和的 $CaSO_4$ 溶液，那么 Ca^{2+} 和 SO_4^{2-} 的平衡浓度是多少？

（b）如果所得溶液的体积为 1.4L，那么达到平衡所需的 $CaSO_4(s)$ 最小质量是多少？

15.56 在 80 ℃ 时，$PH_3BCl_3(s) \rightleftharpoons PH_3(g) + BCl_3(g)$ 的 $K_c = 1.87 \times 10^{-3}$。

（a）如果将 PH_3BCl_3 的固体样品置于 80℃ 的密闭容器中并分解直至达到平衡，计算 PH_3 和 BCl_3 的平衡浓度；

（b）如果烧瓶的体积为 0.250L，必须加入烧瓶以达到平衡的 $PH_3BCl_3(s)$ 的最小质量是多少？

15.57 在 150 ℃ 时，$I_2(g) + Br_2(g) \rightleftharpoons 2IBr(g)$ 的 $K_c = 280$。假设在 2.00L 烧瓶中加入 0.500mol IBr 在 150℃ 下达到平衡。IBr、I_2 和 Br_2 的平衡浓度是多少？

15.58 在 25 ℃ 时，$CaCrO_4(s) \rightleftharpoons Ca^{2+}(aq) + CrO_4^{2-}(aq)$ 的平衡常数 $K_c = 7.1 \times 10^{-4}$。在 $CaCrO_4$ 的饱和溶液中，Ca^{2+} 和 CrO_4^{2-} 的平衡浓度是多少？

15.59 甲烷 CH_4 与 I_2 发生反应 $CH_4(g) + I_2(g) \rightleftharpoons CH_3I(g) + HI(g)$。在 630K 时，反应的 $K_p = 2.26 \times 10^{-4}$。在 630K 下建立反应，$CH_4$ 的初始分压为 105.1 torr，I_2 为 7.96 torr。计算平衡状态下所有反应物和产物的分压，单位为 Torr。

15.60 在制药工业中，有机酸与醇在有机溶剂中反应生成酯和水。该反应由强酸（通常为 H_2SO_4）催化。如用乙酸与乙醇反应生成乙酸乙酯和水：

$$CH_3COOH(solv) + CH_3CH_2OH(solv) \rightleftharpoons$$
$$CH_3COOCH_2CH_3(solv) + H_2O(solv)$$

其中"（solv）"表示所有反应物和产物都在溶液中但不是水溶液。该反应在 55℃ 下的平衡常数为 6.68。药物化学家要制备 15.0L 溶液，乙酸的初始浓度为 0.275M，乙醇的初始浓度为 3.85M。平衡时，能生成多少克乙酸乙酯？

勒夏特列原理（见 15.7 节）

15.61 平衡反应：$2SO_2(g) + O_2(g) \rightleftharpoons 2SO_3(g)$，$\Delta H < 0$。考虑下列每一项变化将如何影响三种气体的平衡混合物：

（a）体系中通入 $O_2(g)$；

（b）加热反应混合物；

（c）反应容器的体积加倍；

（d）向混合物中加入催化剂；

（e）通过添加惰性气体来增加系统的总压；

（f）从体系中移除 $SO_3(g)$。

15.62 反应

$$4NH_3(g) + 5O_2(g) \rightleftharpoons 4NO(g) + 6H_2O(g),$$
$$\Delta H = -904.4 \text{ kJ}$$

平衡时，此反应在以下各项条件中，NO 的产量是增加、减少或保持不变？

（a）增加 $[NH_3]$ （b）增加 $[H_2O]$ （c）减少 $[O_2]$

（d）减少发生反应的容器的体积

（e）加入一种催化剂 （f）提高温度

15.63 以下变化如何影响气相放热反应的平衡常数

（a）去除一种反应物；（b）去除一种产物；

（c）体积减小；（d）降低温度；

（e）添加一种催化剂。

15.64 对于某种气相反应，通过升高温度或通过增加反应容器的体积来增加平衡混合物中产物的比例。

（a）反应是放热还是吸热？

（b）平衡方程在反应物侧或产物侧存在有更多分子？

15.65 考虑以下氮氧化物之间的平衡：

$$3NO(g) \rightleftharpoons NO_2(g) + N_2O(g)$$

（a）使用附录 C 中的数据计算该反应的 $\Delta H°$；

（b）反应的平衡常数是否会随着温度的升高而增加或减少？

（c）在恒温下，容器体积的变化会影响平衡混合物中产物的比例吗？

15.66 甲醇（CH_3OH）可以通过 CO 与 H_2 的反应制备：$CO(g) + 2H_2(g) \rightleftharpoons CH_3OH(g)$。

（a）使用附录 C 中的热化学数据计算该反应的 $\Delta H°$；

（b）为了使甲醇的平衡产率最大化，应该使用高温还是低温？

（c）为了使甲醇的平衡产率最大化，应该使用高压还是低压？

15.67 根据反应 $2O_3(g) \longrightarrow 3O_2(g)$，臭氧（$O_3$）在平流层中分解成分子氧。增加压力有利于形成臭氧还是氧气？

15.68 水煤气交换反应 $CO(g) + H_2O(g) \rightleftharpoons CO_2(g) + H_2(g)$ 在工业上用于生产氢气。反应焓为 $\Delta H° = -41 \text{kJ}$。

（a）为了提高氢的平衡产率，应该使用高温还是低温？

（b）通过控制反应的压力能增加氢的平衡产率吗？如果能，高压还是低压有利于 $H_2(g)$ 的形成？

15.69 （a）氟分子能分解为原子氟吗？$F_2(g) \rightleftharpoons 2F(g)$，它是放热反应还是吸热反应？

（b）如果温度升高 100K，该反应的平衡常数是增加还是减少？

（c）如果温度升高 100K，那么正反应速率常数 k_f 比逆反应速率常数 k_r 增大或减少？

15.70 判断对或错：当放热反应的温度升高时，正反应的速率常数降低，这导致平衡常数 K_c 降低。

附加练习

15.71 以下平衡中的正反应和逆反应都是一般反应：

$$CO(g) + Cl_2(g) \rightleftharpoons COCl(g) + Cl(g)$$

在25℃时，正反应和逆反应的速率常数分别为 $1.4 \times 10^{-28}M^{-1}\,s^{-1}$ 和 $9.3 \times 10^{10}M^{-1}\,s^{-1}$。

（a）在25℃时，平衡常数的值是多少？

（b）在平衡状态下，反应物还是产物更多？

15.72 如果平衡 $2A(g) \rightleftharpoons B(g)$ 的 $K_c = 1$，那么平衡时 [A] 和 [B] 之间的关系是什么？

15.73 CH_4 和 H_2O 的混合物在1000K下通过镍催化剂。将生成的气体收集在5.00L烧瓶中，发现含有8.62g 的 CO、2.60g 的 H_2、43.0g 的 CH_4 和48.4g 的 H_2O。假设已达到平衡，则计算反应 $CH_4(g) + H_2O(g) \rightleftharpoons CO(g) + 3H_2(g)$ 的 K_c 和 K_p。

15.74 303K 时将 2.00mol 的 SO_2Cl_2 置于 2.00L 烧瓶中时，56% 的 SO_2Cl_2 分解成 SO_2 和 Cl_2：

$$SO_2Cl_2(g) \rightleftharpoons SO_2(g) + Cl_2(g)$$

（a）计算反应在这个温度下的 K_c 值；

（b）计算反应在303K 下的 K_p 值；

（c）根据勒夏特列原理，如果将混合物转移到15.00L 容器中，那么分解的 SO_2Cl_2 百分比会增加、减少还是保持不变吗？

（d）使用上面计算的平衡常数计算在303K 时，将 2.00mol SO_2Cl_2 置于 15.00L 容器中，SO_2Cl_2 分解的百分比。

15.75 反应 $N_2(g) + 3H_2(g) \rightleftharpoons 2NH_3(g)$ 的平衡常数 K_c 值按下列方式随温度变化：

温度 /℃	K_c
300	9.6
400	0.50
500	0.058

（a）基于 K_c 的变化，该反应是放热反应还是吸热反应？

（b）使用附录 C 中给出的标准生成焓来计算在标准条件下该反应的 ΔH。这个值是否与（a）部分的预测一致？

（c）如果将 0.025mol 的气态 NH_3 加入到 1.00 L 容器中并加热至500℃，样品达到平衡，NH_3 的浓度是多少？

15.76 亚硝酰溴（NOBr）样品分解：

$$2NOBr(g) \rightleftharpoons 2NO_3(g) + Br_2(g)$$

在100℃，5.00L 容器中平衡混合物含有3.22g NOBr、3.08g NO 和4.19g Br_2。

（a）计算 K_c 值；

（b）气体混合物的总压是多少？

（c）NOBr 原始样品的质量是多少？

15.77 假设反应 $A(g) \rightleftharpoons 2B(g)$，向烧瓶中加入 0.75atm 的纯物质 A，然后使其在 0℃ 达到平衡。在平衡时，A 的分压为 0.36atm。

（a）平衡时烧瓶中的总压是多少？

（b）K_p 的值是多少？

（c）为使 B 的产率最大化，应该怎样做？

15.78 如表15.2所示，反应 $N_2(g) + 3 H_2(g) \rightleftharpoons 2NH_3(g)$ 的平衡常数在300℃时为 $K_p = 4.34 \times 10^{-3}$。将纯 NH_3 置于1.00L 烧瓶中并使其在该温度下达到平衡。在平衡混合物中有 1.05g NH_3。

（a）平衡混合物中的 N_2 和 H_2 质量是多少？

（b）放入容器中的氨的初始质量是多少？

（c）容器的总压是多少？

15.79 在 150℃ 时，反应 $2IBr(g) \rightleftharpoons I_2(g) + Br_2(g)$ 的平衡常数 $K_p = 8.5 \times 10^{-3}$。如果将 0.025atm 的 IBr 放入 2.0L 容器中，达到平衡后所有物质的分压是多少？

15.80 在 60℃时，反应 $PH_3BCl_3(s) \rightleftharpoons PH_3(g) + BCl_3(g)$ 的平衡常数 $K_p = 0.052$。

（a）计算 K_c 的值；

（b）将 3.00g 固体 PH_3BCl_3 加到封闭的 1.500L 容器中，在 60℃，向容器中加入 0.0500g $BCl_3(g)$。PH_3 的平衡浓度是多少？

15.81 将固体 NH_4SH 在 24℃ 下引入抽空的烧瓶中。发生以下反应：

$$NH_4SH(s) \rightleftharpoons NH_3(g) + H_2S(g)$$

在平衡时，总压（NH_3 和 H_2S 合在一起）为 0.614atm。24℃时，这个平衡的 K_p 是多少？

15.82 将 0.831g SO_3 样品置于 1.00L 容器中并加热至1100K。SO_3 分解为 SO_2 和 O_2：

$$2SO_3(g) \rightleftharpoons 2SO_2(g) + O_2(g)$$

在平衡时，容器的总压为 1.300atm。计算该反应在1100K 时的 K_p 和 K_c 值。

15.83 一氧化氮（NO）易与氯气反应如下：

$$2 NO(g) + Cl_2(g) \rightleftharpoons 2NOCl(g)$$

700K 时，该反应的平衡常数 K_p 为 0.26。预测在该温度下每种下列混合物的行为，并指出混合物是否处于平衡状态。如果没有，那么说明混合物是否需要生成更多的产物或反应物以达到平衡。

（a）$P_{NO} = 0.15atm$，$P_{Cl_2} = 0.31atm$，$P_{NOCl} = 0.11atm$

（b）$P_{NO} = 0.12atm$，$P_{Cl_2} = 0.10atm$，$P_{NOCl} = 0.050atm$

（c）$P_{NO} = 0.15atm$，$P_{Cl_2} = 0.20atm$，$P_{NOCl} = 5.10 \times 10^{-3}atm$

15.84 在900℃时，反应 $CaCO_3(s) \rightleftharpoons CaO(s) + CO_2(g)$ 的平衡常数 $K_c = 0.0108$。将 $CaCO_3$、CaO 和 CO_2 的混合物置于 900℃ 的 10.0L 容器中。对于以下混合物，$CaCO_3$ 的量是否会随着系统接近平衡而增加、

减少还是保持不变?

（a）15.0 g $CaCO_3$、15.0 g CaO、4.25 g CO_2；

（b）2.50 g $CaCO_3$、25.0 g CaO、5.66 g CO_2；

（c）30.5 g $CaCO_3$、25.5 g CaO、6.48 g CO_2。

15.85　当 将 1.50 mol CO_2 和 1.50 mol H_2 置于 395℃的 3.00 L 容器中时，发生以下反应:

$CO_2(g) + H_2(g) \rightleftharpoons CO(g) + H_2O(g)$。如果 K_c = 0.802，那么平衡混合物中每种物质的浓度是多少?

15.86　$C(s) + CO_2(g) \rightleftharpoons 2CO(g)$ 的平衡常数 K_c 在 1000K 时为 1.9，在 298K 时为 0.133。

（a）如果在 1000K 的 3.00L 容器中允许过量的 C 与 25.0g CO_2 反应，那么会产生多少克 CO？

（b）消耗多少克 C？

（c）如果使用较小的容器进行反应，CO 的产率会更大还是更小?

（d）反应是吸热反应还是放热反应?

15.87　工业生产中，在 1600K 时，NiO 将还原为镍金属:

$NiO(s) + CO(g) \rightleftharpoons Ni(s) + CO_2(g)$

反应的平衡常数 $K_p = 6.0 \times 10^2$。如果炉内 CO 压力为 150Torr，并且总压不超过 760Torr，还原反应会发生吗?

15.88　勒夏特列指出，通过对化学平衡的理解，改进了那个时代的许多工业反应。例如，氧化铁与一氧化碳的反应用于生产单质铁和 CO_2:

$Fe_2O_3(s) + 3CO(g) \rightleftharpoons 2Fe(s) + 3CO_2(g)$

即使在勒夏特列的时代，大量的 CO 被浪费掉，通过烟囱排出炉子。勒夏特列写道，"这种不完全的反应是由于一氧化碳和铁矿石（氧化物）之间的接触不充分，所以增加了炉子的尺寸，在英格兰，炉子高度可达 30m，但是，一氧化碳逃逸的比例没有减少，耗资数十万法郎的实验证明，一氧化碳还原氧化铁的反应是有限的。掌握化学平衡定律可以更快、更经济地得出相同的结论。"这个轶事告诉我们反应的平衡常数是什么?

15.89　700K 时，反应 $CCl_4(g) \rightleftharpoons C(s) + 2Cl_2(g)$ 的平衡常数 K_p=0.76。向烧瓶中加入 2.00atm 的 CCl_4，然后在 700K 下达到平衡。

（a）CCl_4 转化为 C 和 Cl_2 的比例?

（b）CCl_4 和 Cl_2 在平衡状态下的分压是多少?

15.90　300℃时，反应 $PCl_3(g) + Cl_2(g) \rightleftharpoons PCl_5(g)$ 的平衡常数 K_p = 0.0870。在该温度下向烧瓶中加入

0.50atm 的 PCl_3、0.50atm 的 Cl_2 和 0.20atm 的 PCl_5。

（a）使用反应熵判断反应必须达到平衡的方向；

（b）计算气体的平衡分压；

（c）增加体系的体积对平衡混合物中 Cl_2 的物质的量分数有何影响?

（d）反应是放热的。提高系统温度对平衡混合物中 Cl_2 的物质的量分数有什么影响?

15.91　458℃时，H_2，I_2 和 HI 的平衡混合物在 5.00L 容器中含有 0.112 mol H_2、0.112 mol I_2 和 0.775 mol HI。加入 0.200mol HI 后重新平衡时，平衡分压是多少?

15.92　假设反应 $A(g) + 2B(g) \rightleftharpoons 2C(g)$，在某一温度下 K_c = 0.25。向 1.00L 反应容器中加入 1.00mol 化合物 C，使其达到平衡。设变量 x 表示处于平衡状态的化合物 A 的量 mol/L。

（a）就 x 而言，化合物 B 和 C 的平衡浓度是多少?

（b）为了使所有浓度都为正值，必须对 x 值有什么限制?

（c）通过将平衡浓度（以 x 表示）代入平衡常数表达式，求解 x；

（d）来自（c）的方程是三次方程式（$ax^3 + bx^2 + cx + d = 0$）。一般来说，三次方程不能精确求解。但是，可以通过在（b）中指定的 x 允许范围内绘制三次方程来估算解。三次方程与 x 轴相交的点是解；

（e）从（d）的图中，估计 A、B 和 C 的平衡浓度。（提示:可以通过将这些浓度代入平衡表达式来检查答案的准确性）

15.93　1200K 时，汽车尾气的大致温度（见图 15.15），反应 $2CO_2(g) \rightleftharpoons 2CO(g) + O_2(g)$ 的 K_p = 1×10^{-13}。假设废气（总压为 1atm）含有 0.2%CO、12%CO_2 和 3%O_2（体积比），这个系统是否处于平衡状态? 根据此结论，通过加入催化剂加速 CO_2 反应，可以减少或增加废气中的 CO 浓度吗? 回想一下，在固定的压力和温度下，体积% = mol%。

15.94　在 700K 的温度下，反应 $2HI(g) \rightleftharpoons H_2(g) + I_2(g)$ 的正反应和逆反应的速率常数为 k_f = $1.8 \times 10^{-3} M^{-1} s^{-1}$ 且 k_r = $0.063 M^{-1} s^{-1}$。

（a）700K 时平衡常数 K_c 是多少?

（b）如果相同反应的速率常数在 800K 时 k_f = $0.097 M^{-1} s^{-1}$ 和 k_r = $2.6 M^{-1} s^{-1}$，那么正反应是吸热反应还是放热反应?

综合练习

15.95　反应 $IO_4^-(aq) + 2H_2O(l) \rightleftharpoons H_4IO_6^-(aq)$ 的 K_c = 3.5×10^{-2}。如果从 25.0mL 0.905 M $NaIO_4$ 溶液开始，然后用水稀释至 500.0mL，那么 $H_4IO_6^-$ 在平衡时

的浓度是多少?

15.96　823K 时，测定以下平衡:

$CoO(s) + H_2(g) \rightleftharpoons Co(s) + H_2O(g)$　K_c = 67

$$H_2(g) + CO_2(g) \rightleftharpoons CO(g) + H_2O(g) \quad K_c = 0.14$$

（a）823K 时，计算反应的平衡常数 K_c；CoO(s) + CO(g) $\rightleftharpoons$ Co(s) + CO_2(g)

（b）根据（a）的答案，当 T = 823K 时，一氧化碳是比 H_2 更强还是更弱的还原剂？

（c）如果将 5.00g CoO(s) 放入容量为 250mL 的密封管中，其中，CO(g) 压力为 1.00atm，温度为 298K，那么 CO 气体的浓度是多少？假设在此温度下没有反应，并且 CO 为理想气体（可以忽略固体的体积）。

（d）如果将（c）的反应容器加热到 823K 并使其达到平衡，剩余多少 CoO(s)？

15.97　平衡 A $\rightleftharpoons$ B，其中正反应和逆反应都是基元反应（单步）。假设催化剂对反应的唯一影响是降低正反应和逆反应的活化能，如图 15.15 所示。使用 Arrhenius 方程（见 14.5 节），证明催化反应的平衡常数与未催化反应的平衡常数相同。

15.98　这里显示了 SO_2 的相图。

（a）这个图表说明了反应 SO_2(l) $\longrightarrow$ SO_2(g) 中的焓变吗？

（b）计算该反应在 100℃ 和 0℃ 时的平衡常数；

（c）为什么不能计算超临界区域的气相和液相之间的平衡常数？

（d）红色标记的三个点中，哪一个 SO_2(g) 最接近理想气体行为？

（e）SO_2(g) 的三个红点，哪一个表现最不理想？

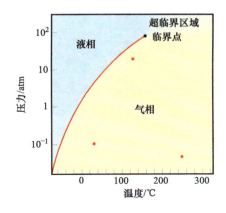

15.99　800K 时，反应 A_2(g) $\rightleftharpoons$ 2A(g) 的平衡常数是 $K_c = 3.1 \times 10^{-4}$。

（a）假设正反应和逆反应都是基元反应，你期望哪个速率常数更大，k_f 还是 k_r？

（b）如果 $k_f = 0.27s^{-1}$，那么 800K 时 k_r 是多少？

（c）根据反应的性质，你认为正反应是吸热反应还是放热反应？

（d）如果温度升至 1000K，逆反应速率常数 k_r 会增加还是减少？k_r 的变化是大于还是小于 k_f 的变化？

15.100　在 11.5 节中，根据平衡定义了液体的蒸气压。

（a）写出代表液态水和水蒸气之间平衡方程式以及 K_p 的相应表达式；

（b）使用附录 B 中的数据，计算 30℃ 下反应的 K_p 值；

（c）在液体的正常沸点下，与其蒸气平衡的任何液体的 K_p 值是多少？

15.101　大气中水分子可以形成氢键二聚体，$(H_2O)_2$。这些二聚体的存在被认为是大气中冰晶成核和酸雨形成的重要因素。

（a）使用 VSEPR 理论，绘制水二聚体的结构，使用虚线表示分子间的相互作用；

（b）形成水二聚体时涉及哪些分子间作用力？

（c）气相中水二聚体形成的 K_p 在 300K 时为 0.050，在 350K 时为 0.020。形成水二聚体的反应是吸热反应还是放热反应？

15.102　蛋白质血红蛋白（Hb）在哺乳动物血液中转运 O_2。每个 Hb 可以结合 4 个 O_2 分子。胎儿血红蛋白中 O_2 结合反应的平衡常数高于成人血红蛋白。在讨论蛋白质氧结合能力时，生物化学家使用称为 P50 值的量度，定义为 50% 蛋白质饱和的氧分压。胎儿血红蛋白的 P50 值为 19Torr，成人血红蛋白的 P50 值为 26.8Torr。使用这些数据估计胎儿的溶液反应 $4O_2$(g) + Hb(aq) $\rightleftharpoons$ [Hb$(O_2)_4$](aq) 的 K_c 与成人相同反应的 K_c 相比大多少？

设计实验

氢和碘反应生成碘化氢，此反应见第 14 章中的比尔定律。使用可见光光谱法监测反应，因为 I_2 具有紫色，而 H_2 和 HI 是无色的。300K 时，反应 H_2(g) + I_2(g) $\rightleftharpoons$ 2HI(g) 的平衡常数 $K_c = 794$。假设可以使用氢气、碘、碘化氢、玻璃容器、可见光光谱仪以及控温装置，回答以下问题：

（a）光谱仪能监测气体还是气体浓度？

（b）使用比尔定律 [式（14.5）]，需要确定所讨论物质的消光系数 ε，你怎么测定 ε？

（c）描述一个在 600K 下测定平衡常数的实验；

（d）使用表 8.4 中的键焓估算该反应的焓；

（e）根据（d）的答案，判断 600K 和 300K 时，哪个温度的 K_c 更大？

第 **16** 章

酸碱平衡

酸和碱在自然界和实验室中都是极为常见的。柠檬酸和抗坏血酸（也称为维生素C）使柑橘类水果具有特有的浓郁酸味（见图 16.1）。

　　酸和碱在化学中具有重要地位，以多种形式影响着人们的日常生活。它不仅存在于食物中，如用于合成蛋白质的氨基酸和编码遗传信息的核酸，更是生命系统的重要组成部分。柠檬酸和苹果酸是参与三羧酸循环（也称为柠檬酸循环）的几种酸，为好氧生物提供能量。酸碱化学在现代社会，包括工业制造、先进药物的合成及环保等多方面有着很重要的作用。

　　酸碱的影响不仅取决于酸碱类型，也与酸碱的大小有关。酸碱影响水下金属腐蚀的速度，影响水下动植物的生命活动，影响空气中被雨水洗刷的污染物的去向，甚至影响维持生命的所有严重依赖酸碱性溶液的反应速度。因此，将在本章研究如何计算酸碱度以及酸碱的浓度对化学反应的影响。

　　在第 2.8 节和第 4.3 节已经讨论了酸碱的命名和一些简单的酸碱反应。在本章中将详细介绍酸碱浓度的计算和表示方法，深入研究它们的结构和化学键以及参与的化学平衡。

◀ **柑橘类水果**　橘子、柠檬和其他水果都含有几种特殊味道的酸。

⊖ Arrhenius 酸碱译为阿伦尼乌斯酸碱；Bronsted-lowry 酸碱译为布朗斯特 - 劳里酸碱；Lewis 酸碱译为路易斯酸碱。

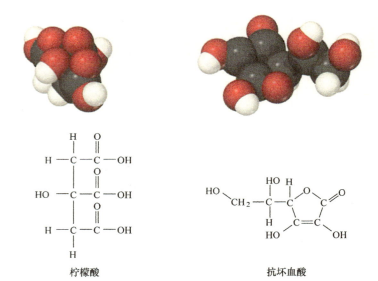

柠檬酸   抗坏血酸

▶ 图 16.1 　两种有机酸：柠檬酸 $C_6H_8O_7$ 和抗坏血酸 $C_6H_8O_6$

16.1 │ 阿伦尼乌斯（Arrhenius）酸碱

　　从早期的化学实验开始，科学家就已经根据化学性质区别了酸和碱。酸具有酸味并且能使某些染料颜色发生改变，而碱具有苦味并且感觉很润滑（肥皂就是一个很好的例子）。名词"base"的使用来自于"to bring low"这个词的旧式英语含义。（在这层意义上我们仍然使用 debase 这个词，意思是降低某些东西的值）。当碱加入酸时，碱会"降低"酸的浓度。实际上，当酸和碱以合适的比例混合时，它们的特性几乎完全消失（见 4.3 节）。到 1830 年，人们发现很明显所有的酸都含有氢，但并非所有的含氢物质都是酸。在 19 世纪 80 年代，瑞典化学家 Svante Arrhenius（1859—1927）将酸定义为在水中产生 H^+ 离子的物质，并将碱定义为在水中产生 OH^- 离子的物质。随着时间的推移，Arrhenius 酸和碱的概念描述如下：

　　酸是一种在水中溶解时，会增加 H^+ 离子浓度的物质。

　　碱是一种在水中溶解时，会增加 OH^- 离子浓度的物质。

　　HCl 气体易溶于水是 Arrhenius 酸的一个例子。当 HCl 气体溶于水时，HCl(g) 产生 H^+ 离子和 Cl^- 离子：

$$HCl(g) \xrightarrow{H_2O} H^+(aq) + Cl^-(aq) \qquad （16.1）$$

HCl 水溶液称为盐酸，浓盐酸约为 37% 的 HCl，物质的量浓度约为 $12M$。

　　氢氧化钠是 Arrhenius 碱，因为 NaOH 是一种离子化合物，当溶解在水中时会电离成 Na^+ 离子和 OH^- 离子，从而增加了溶液中 OH^- 离子的浓度。

 想一想

　　哪两种离子是 Arrhenius 酸碱定义的核心？

16.2｜布朗斯特 – 劳里（Brønsted–Lowry）酸碱

Arrhenius 酸碱的概念是很有用的，但也是非常有限的。一方面，它仅限于水溶液。1923 年，丹麦化学家 Johannes Bronsted（1879—1947）和英国化学家 Thomas Lowry（1874—1936）提出了更进一步的酸碱定义。他们定义的概念是基于在酸碱反应中 H^+ 离子从一种物质转移到另一种物质的基础上。为更好地理解这一定义，需要研究水中 H^+ 离子的行为。

水中的 H^+ 离子

在水中 HCl 的电离只产生 H^+ 和 Cl^-，H^+ 是一个带正电荷的非常小的粒子。因此，H^+ 会与任何电子密度源强烈地相互作用，如水分子中氧原子上的非键合电子对。例如，质子与水的相互作用形成水合氢离子，$H_3O^+(aq)$。

$$H^+ \;+\; \ddot{:}\!O\!-\!H \longrightarrow \left[H\!-\!\ddot{O}\!-\!H \right]^+ \qquad (16.2)$$

H^+ 在水溶液中的行为是非常复杂的，H^+ 与另外的水分子通过氢键相互作用形成化合物（见 11.2 节）。

例如，H_3O^+ 离子与 H_2O 分子结合，产生 $H_5O_2^+$ 和 $H_9O_4^+$ 等离子（见图 16.2）。化学家可使用符号 $H^+(aq)$ 或 $H_3O^+(aq)$ 来表示具有酸性溶液特征的水合质子。为了方便我们经常使用符号 $H^+(aq)$，像第 4 章和式（16.1）一样。但是，符号 $H_3O^+(aq)$ 更接近现实。

质子转移反应

在 HCl 溶于水的反应中，HCl 分子将 H^+（质子）转移到 H_2O 分子中。因此，可以将反应表示为在 HCl 分子和 H_2O 分子之间形成 H_3O^+ 和 Cl^- 的反应：

$$HCl(g)+H_2O(l) \longrightarrow Cl^-(aq) + H_3O^+(aq) \qquad (16.3)$$

酸　　　　　碱

注意，式（16.3）中的反应涉及质子供体（HCl）和质子受体（H_2O）。从质子供体转移到质子受体的概念是 Bronsted-Lowry 酸碱定义的关键思想：

Bronsted-Lowry 酸是一种将质子供给另一种物质的物质（分子或离子）。

图例解析

该图中的虚线表示哪种类型的分子间作用力？

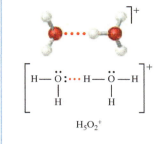

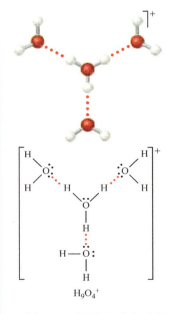

▲ 图 16.2　两种水合氢离子的球棒模型和 Lewis 结构

▲ 图 16.3　由 HCl(g) 和 NH₃(g) 反应生成的 NH₄Cl(s) 雾

Bronsted-Lowry 碱是一种接受质子的物质。

因此，当 HCl 溶于水时 [见式（16.3）]，HCl 充当 Bronsted-Lowry 酸（它向 H_2O 提供质子），H_2O 充当 Bronsted-Lowry 碱（它接受来自 HCl 的质子），可见 H_2O 分子通过使用 O 原子上的一对非键合电子来"附着"质子而作为质子受体。

Bronsted-Lowry 概念的重点在于质子转移，因此，此概念也适用于不是水溶液的反应。例如，在气体 HCl 和 NH₃ 之间的反应中，质子从酸 HCl 转移到碱 NH₃ 上：

$$:\overset{..}{\underset{..}{Cl}}-H \ + \ \overset{H}{\underset{H}{N}}-H \ \longrightarrow \ :\overset{..}{\underset{..}{Cl}}:^- \ + \ \left[\overset{H}{\underset{H}{N}}-H\right]^+ \quad (16.4)$$

酸　　　碱

在一般化学实验室的窗户和实验室的玻璃器皿上形成的浑浊薄膜（见图 16.3），主要是由 HCl 和 NH₃ 之间的气相反应形成的固体 NH₄Cl。

让我们来考虑另一个例子，比较 Arrhenius 和 Bronsted-Lowry 对酸和碱定义之间的关系——氨的水溶液，见下列平衡：

$$NH_3(aq) + H_2O(l) \rightleftharpoons NH_4^+(aq) + OH^-(aq) \quad (16.5)$$

碱　　　酸

氨是 Bronsted-Lowry 碱，因为它接受来自 H_2O 的质子。氨也是 Arrhenius 碱，因为将其加入水中会导致 $OH^-(aq)$ 浓度增加。

质子的转移总是涉及酸（供体）和碱（受体）。

换句话说，只有当另一种物质作为碱时，该物质才能起到酸的作用。要成为 Bronsted-Lowry 酸，分子或离子必须具有氢原子，它才可能失去 H^+。要成为 Bronsted-Lowry 碱，分子或离子必须具有非键合电子对，它可用于结合 H^+。

一些物质可以在一个反应中充当酸，在另一个反应中充当碱。例如，H_2O 在式（16.3）中是 Bronsted-Lowry 碱，而在式（16.5）中是 Bronsted-Lowry 酸。既能作为酸又能作为碱起作用的物质称为两性物质。当两性物质与酸性比自身更强的物质结合时，可作为碱，当与比自身碱性更强的物质结合时，它可以作为酸。

△ **想一想**

在下面平衡的正反应中，哪种物质充当 Bronsted–Lowry 碱？

$$H_2S(aq) + CH_3NH_2(aq) \rightleftharpoons HS^-(aq) + CH_3NH_3^+(aq)$$

共轭酸碱对

在任何酸碱平衡中，正反应（向右）和逆反应（向左）均涉及质子转移。例如，考虑酸 HA 与水的反应：

$$HA(aq) + H_2O(l) \rightleftharpoons A^-(aq) + H_3O^+(aq) \qquad （16.6）$$

在正反应中，HA 向 H_2O 提供质子。因此，HA 是 Bronsted-Lowry 酸，H_2O 是 Bronsted-Lowry 碱。在逆反应中，H_3O^+ 离子向 A^- 离子提供质子，因此 H_3O^+ 是酸，A^- 是碱。当酸 HA 提供质子时，它会剩下一种物质 A^-，A^- 可以作为碱。同样，当 H_2O 作为碱时，它会产生 H_3O^+，也可以作为酸。

存在或不存在质子的酸和碱如 HA 和 A^- 称为共轭酸碱对。每种酸都存在共轭碱，通过从酸中除去质子而形成。例如，OH^- 是 H_2O 的共轭碱，A^- 是 HA 的共轭碱。每个碱都具有共轭酸，通过向碱提供质子而形成。因此，H_3O^+ 是 H_2O 的共轭酸，HA 是 A^- 的共轭酸。

在任何酸碱（质子转移）反应中，我们可以鉴别两组共轭酸碱对。例如，亚硝酸和水之间的反应：

去H⁻

$$HNO_2(aq) + H_2O(l) \rightleftharpoons NO_2^-(aq) + H_3O^+(aq) \qquad （16.7）$$
酸　　　　碱　　　　共轭碱　　　共轭酸

加H⁻

同样，对于 NH_3 和 H_2O 之间的反应 [见式（16.5）] 如下：

加H⁻

$$NH_3(aq) + H_2O(l) \rightleftharpoons NH_4^+(aq) + OH^-(aq) \qquad （16.8）$$
碱　　　　酸　　　　共轭酸　　　共轭碱

去H⁻

实例解析 16.1

共轭酸和碱的鉴定

（a）$HClO_4$、H_2S、PH_4^+、HCO_3^- 的共轭碱是什么？
（b）CN^-、SO_4^{2-}、H_2O、HCO_3^- 的共轭酸是什么？

解析

分析　已知几种酸的共轭碱和几种碱的共轭酸。

思路　物质的共轭碱就是原物质减去一个质子，而共轭酸就是原物质加上一个质子。

解答

（a）如果从 $HClO_4$ 中除去质子，得到 ClO_4^-，这是它的共轭碱，其他几个共轭碱分别是 HS^-、PH_3 和 CO_3^{2-}。

（b）如果向 CN^- 加质子，得到 HCN，它是共轭酸。其他几个共轭酸分别是 HSO_4^-，H_3O^+ 和 H_2CO_3。注意，碳酸氢根离子（HCO_3^-）是两性的。即可以作为酸也可以作为碱。

▶ **实践练习 1**

考虑以下平衡反应：

$$HSO_4^-(aq) + OH^-(aq) \rightleftharpoons SO_4^{2-}(aq) + H_2O(l)$$

哪种物质在反应中是酸？

（a）HSO_4^- 和 OH^-
（b）HSO_4^- 和 H_2O
（c）OH^- 和 SO_4^{2-}
（d）SO_4^{2-} 和 H_2O
（e）在该反应中没有一种物质充当酸

▶ **实践练习 2**

写出以下各项的共轭酸的分子式：
HSO_3^-、F^-、PO_4^{3-}、CO。

掌握共轭酸碱对，就很容易写出 Bronsted-Lowry 酸碱反应（质子转移反应）的方程式。

 实例解析 16.2
写出质子转移反应的方程式

亚硫酸氢根离子（HSO_3^-）是两性的。写出 HSO_3^- 与水反应的方程式（a）离子充当酸；(b）离子充当碱。在这两种情况下，鉴定共轭酸碱对。

解析

分析和思路　要求写出两个 HSO_3^- 和水反应的方程式，一个是 HSO_3^- 向水提供质子，充当 Bronsted-Lowry 酸，另一个是 HSO_3^- 接受水中质子，充当碱。同时要识别每个方程中的共轭物酸碱对。

解答

（a）$HSO_3^-(aq) + H_2O(l) \rightleftharpoons SO_3^{2-}(aq) + H_3O^+(aq)$

这个反应的共轭酸碱对是 HSO_3^-（酸）和 SO_3^{2-}（共轭碱），H_2O（碱）和 H_3O^+（共轭酸）

（b）$HSO_3^-(aq) + H_2O(l) \rightleftharpoons H_2SO_3(aq) + OH^-(aq)$

这个反应的共轭酸碱对是 H_2O（酸）和 OH^-（共轭碱），HSO_3^-（碱）和 H_2SO_3（共轭酸）

▶ **实践练习 1**

磷酸二氢根离子，$H_2PO_4^-$ 是两性的，它在下面哪个反应中作为碱

（i）$H_3O^+(aq) + H_2PO_4^-(aq) \rightleftharpoons H_3PO_4(aq) + H_2O(l)$

（ii）$H_3O^+(aq) + HPO_4^{2-}(aq) \rightleftharpoons H_2PO_4^-(aq) + H_2O(l)$

（iii）$H_3PO_4(aq) + HPO_4^{2-}(aq) \rightleftharpoons 2H_2PO_4^-(aq)$

（a）只有 i　（b）i 和 ii　（c）i 和 iii
（d）ii 和 iii　（e）i、ii 和 iii

▶ **实践练习 2**

氧化锂（Li_2O）溶于水中，溶液显碱性，氧离子（O^{2-}）和水反应，写出反应方程式，找出共轭酸碱对。

酸和碱相对强度

有些酸是比其他酸更好的质子供体，一些碱是比其他碱更好的质子受体。如果按照酸提供质子的能力排序，会发现物质越容易失去质子，它的共轭碱就越不容易接受质子。同样地，碱越容易接受质子，其共轭酸越不容易失去质子。换句话说，酸越强，其共轭碱越弱；碱越强，其共轭酸越弱；因此，如果了解一种酸失去质子的难易，就会知道它的共轭碱接受质子的难易。

酸和其共轭碱强度之间的相反关系如图 16.4 所示。在这里，我们根据它们在水中的行为将酸碱分为三大类：

1. 强酸将质子完全转移到水中，在溶液中基本上不存在未解离的分子（见 4.3 节）。其共轭碱在水溶液中接受质子可忽略不计（强酸的共轭碱的碱性可忽略）。

2. 弱酸仅在水溶液中部分解离，因此未解离的酸和其共轭碱的混合物共存于溶液中。弱酸的共轭碱显示出从水中除去质子的轻微能力（弱酸的共轭碱是弱碱）。

3. 含有 H，但酸度可忽略不计的物质，在水中没有任何酸性行为，它的共轭碱是一种强碱，与水完全反应，形成 OH^- 离子（酸度可忽略不计的物质的共轭碱是一个强碱）。

$H_3O^+(aq)$ 和 $OH^-(aq)$ 离子分别是在水溶液中平衡时可能存在的最强的酸和最强的碱。较强的酸与水反应生成 $H_3O^+(aq)$ 离子，较强的碱与水反应生成 $OH^-(aq)$ 离子，这种现象称为平衡效应。

探究：如果将 O^{2-} 离子加入水中，会发生什么反应？

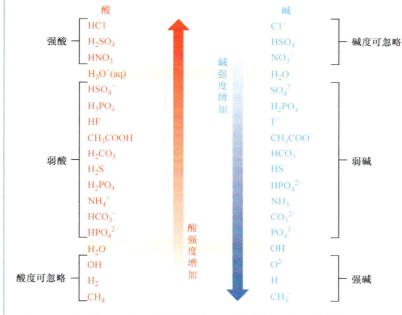

▲ 图 16.4　共轭酸碱对的相对强度　酸碱对在两列中相对列出

想一想

HClO$_4$ 是一种强酸，如何判定 ClO$_4^-$ 的碱性？

我们可以认为质子转移反应受两个碱吸引质子的相对能力控制。例如，酸性 HA 溶于水时发生的质子转移：

$$HA(aq) + H_2O(l) \rightleftharpoons H_3O^+(aq) + A^-(aq) \qquad （16.9）$$

如果 H$_2$O（正反应中是碱）是比 A$^-$（HA 的共轭碱）更强的碱，那么有利的是将质子从 HA 转移到 H$_2$O，产生 H$_3$O$^+$ 和 A$^-$，因此平衡向右进行，这反映了强酸在水中的电离情况。例如，当 HCl 溶解在水中时，溶液几乎完全由 H$_3$O$^+$ 和 Cl$^-$ 离子组成，HCl 分子浓度可忽略不计：

$$HCl(g) + H_2O(l) \longrightarrow H_3O^+(aq) + Cl^-(aq) \qquad （16.10）$$

H$_2$O 是比 Cl$^-$ 更强的碱（见图 16.4），因此 H$_2$O 获得质子成为 H$_3$O$^+$，反应彻底向右边，我们只用一个向右的箭头写方程式（16.10），而不用双箭头表示平衡。

当 A$^-$ 碱性比 H$_2$O 强时，平衡向左边。当 HA 是弱酸时会发生这种情况。例如，乙酸水溶液主要由 CH$_3$COOH 分子组成，其中 H$_3$O$^+$ 和 CH$_3$COO$^-$ 离子相对较少。

$$CH_3COOH(aq) + H_2O(l) \rightleftharpoons H_3O^+(aq) + CH_3COO^-(aq)$$
$$（16.11）$$

CH$_3$COO$^-$ 离子是比 H$_2$O 更强的碱（见图 16.4），因此逆反应比正反应更容易进行。从这些实例中，我们得出结论，在每个酸碱反应中，平衡有利于质子从强酸转移到较强的碱，形成较弱的酸和较弱的碱。

实例解析 16.3

预测质子转移平衡的位置

对于以下质子转移反应，使用图 16.4 预测平衡位于左侧（$K_c < 1$）还是右侧（$K_c > 1$）

$$HSO_4^-(aq) + CO_3^{2-}(aq) \rightleftharpoons SO_4^{2-}(aq) + HCO_3^-(aq)$$

解析

分析 需要预测平衡是偏向右侧，有利于产物生成，还是平衡偏向左侧，有利于反应物生成。

思路 这是一个质子转移反应，平衡的位置将有利于质子进入两个碱中较强的一个。方程中的两个碱是 CO_3^{2-} 和 SO_4^{2-}，CO_3^{2-} 是正反应的碱基，SO_4^{2-} 是 HSO_4^- 的共轭碱。我们可以从图 16.4 中找到这两个碱的相对位置，以确定哪个是更强的碱。

解答 图 16.4 中右侧列中的 CO_3^{2-} 离子较低，碱性比 SO_4^{2-} 更强。因此，CO_3^{2-} 将得到质子优先成为 HCO_3^-，而 SO_4^{2-} 将保持大部分未质子化，由此产生的平衡位于右侧，有利于产物（即 $K_c > 1$）：

$$\underset{\text{酸}}{HSO_4^-(aq)} + \underset{\text{碱}}{CO_3^{2-}(aq)} \rightleftharpoons \underset{\text{共轭碱}}{SO_4^{2-}(aq)} + \underset{\text{共轭酸}}{HCO_3^-(aq)} \quad K_c > 1$$

注解 两种酸 HSO_4^- 和 HCO_3^-，较强的酸（HSO_4^-）更容易放弃质子，较弱的酸（HCO_3^-）倾向于保留其质子。因此，平衡有利于质子从较强的酸转移，并与较强的碱键合。

▶ **实践练习 1**

根据图 16.4 中的信息，排列以下平衡，按 K_c 的最小值到最大值的顺序：

（ i ）$CH_3COOH(aq) + HS^-(aq) \rightleftharpoons CH_3COO^-(aq) + H_2S(aq)$

（ ii ）$F^-(aq) + NH_4^+(aq) \rightleftharpoons HF(aq) + NH_3(aq)$

（ iii ）$H_2CO_3(aq) + Cl^-(aq) \rightleftharpoons HCO_3^-(aq) + HCl(aq)$

（ a ）i < ii < iii （ b ）ii < i < iii （ c ）iii < i < ii （ d ）ii < iii < i （ e ）iii < ii < i

▶ **实践练习 2**

对于下列反应，使用图 16.4 来预测平衡在左侧还是右侧：

（ a ）$HPO_4^{2-}(aq) + H_2O(l) \rightleftharpoons H_2PO_4^-(aq) + OH^-(aq)$

（ b ）$NH_4^+(aq) + OH^-(aq) \rightleftharpoons NH_3(aq) + H_2O(l)$

16.3 | 水的电离

水的一个最重要的化学性质是它即能作为一种 Bronsted-Lowry 酸，又能作为 Bronsted-Lowry 碱。在酸存在的条件下，它充当质子受体；在碱存在的条件下，它充当质子供体。事实上，一个水分子可以将一个质子给另一个水分子：

$$H_2O(l) + H_2O(l) \rightleftharpoons OH^-(aq) + H_3O^+(aq) \quad （16.12）$$

我们称这个反应为水的电离。

因为式（16.12）中的正反应和逆反应非常迅速，所以没有水分子长时间保持电离。在室温下，在任何给定的时间内，每 10^9 个水分子中大约只有 2 个被电离。因此，纯水几乎全部由 H_2O 分子组成，并且是极差的电导体。然而，水的电离非常重要，我们很快就会学到。

水的离子产物

电离的平衡常数表达式：

$$K_c = [H_3O^+][OH^-] \quad （16.13）$$

[H_2O] 不包括在平衡常数表达式中，因为我们忽略了纯固体和液体的浓度（见 15.4 节）。

这个表达式特指水的电离，我们用符号 K_w 表示平衡常数，称之为水的离子积常数。在 25℃时，K_w 等于 1.0×10^{-14}。因此，

$$K_w = [H_3O^+][OH^-] = 1.0 \times 10^{-14} \quad （25℃） \quad （16.14）$$

由于可以互换地使用 $H^+(aq)$ 和 $H_3O^+(aq)$ 来表示水合质子，所以水的电离反应也可以写成

$$H_2O(l) \rightleftharpoons H^+(aq) + OH^-(aq) \quad （16.15）$$

同样，K_w 的表达式可以用 H_3O^+ 或 H^+ 来表示，而 K_w 在任何一种情况下都具有相同的值：

$$K_w = [H_3O^+][OH^-] = [H^+][OH^-] = 1.0 \times 10^{-14} \quad （25℃）（16.16）$$

这个平衡常数表达式和在 25℃时的 K_w 值是非常重要的，应该记住。

其中 $[H^+]=[OH^-]$ 的溶液是中性的，然而，在大多数溶液中，H^+ 和 OH^- 浓度不相等。随着这些离子中的一种离子浓度增加，另一种离子的浓度必须降低，因为它们浓度的乘积总是等于 1.0×10^{-14}（见图 16.5）。$[H^+] > [OH^-]$ 称水溶液是酸性的，$[OH^-] > [H^+]$ 称水溶液是碱性的。

▼ **图例解析**

假设图中等体积的中间和右侧样本混合在一起。得到的溶液是酸性、中性还是碱性的？

▲ 图 16.5　25℃水溶液中 H^+ 和 OH^- 的相对浓度

实例解析 16.4

计算纯水中的 $[H^+]$

计算 25℃中性水溶液中 $[H^+]$ 和 $[OH^-]$ 的值。

解析

分析　要求测定 25℃下，中性溶液中 H^+ 和 OH^- 离子的浓度。

思路　我们将以式（16.16）及在中性溶液中 $[H^+]=[OH^-]$ 的定义为依据。

解答　用 x 表示中性溶液中 H^+ 和 OH^- 的浓度，则

$$[H^+][OH^-] = (x)(x) = 1.0 \times 10^{-14}$$
$$x^2 = 1.0 \times 10^{-14}$$
$$x = 1.0 \times 10^{-7}M = [H^+] = [OH^-]$$

在酸溶液中 $[H^+]$ 大于 $1.0 \times 10^{-7}M$；在碱性溶液中，$[H^+]$ 小于 $1.0 \times 10^{-7}M$。

 实践练习 1

在 25℃的酸性溶液中，$[H^+]$ 是 $[OH^-]$ 的 100 倍。溶液中 $[OH^-]$ 的值是多少？

（a）$1.0 \times 10^{-8}M$　（b）$1.0 \times 10^{-7}M$　（c）$1.0 \times 10^{-6}M$

（d）$1.0 \times 10^{-2}M$　（e）$1.0 \times 10^{-9}M$

 实践练习 2

问：25℃时，下面的溶液是中性、酸性还是碱性的：

（a）$[H^+] = 4 \times 10^{-9}M$　（b）$[OH^-] = 1 \times 10^{-7}M$

（c）$[OH^-] = 1 \times 10^{-13}M$

式（16.16）适用于纯水和任何水溶液。虽然 H⁺(aq) 和 OH⁻(aq) 之间的平衡以及其他离子平衡都受溶液中共存离子的影响。一般忽略这些离子效应，除非有非常精确的要求。因此，式（16.16）对于任何稀溶液都是有效的，并且可以用于计算 [H⁺]（如果已知 [OH⁻]）或 [OH⁻]（如果已知 [H⁺]）。

实例解析 16.5
用 [OH⁻] 计算 [H⁺]

计算 [H⁺](aq) 浓度（a）溶液中 [OH⁻] 为 0.010*M*，（b）溶液中 [OH⁻] 为 $1.8 \times 10^{-9}M$。
注意：除非另作说明，假设下面温度均为 25℃。

解析

分析 已知水溶液中 OH⁻ 的浓度，要求计算 H⁺ 的浓度。

思路 可以使用水的电离平衡常数表达式和 K_w 值来求解每个未知浓度。

解答 （a）使用式（16.16），得到	$[H^+][OH^-] = 1.0 \times 10^{-14}$ $[H^+] = \dfrac{(1.0 \times 10^{-14})}{[OH^-]} = \dfrac{1.0 \times 10^{-14}}{0.010} = 1.0 \times 10^{-12}M$
溶液是碱性的是因为	$[OH^-] > [H^+]$
（b）在这种情况下	$[H^+] = \dfrac{(1.0 \times 10^{-14})}{[OH^-]} = \dfrac{1.0 \times 10^{-14}}{1.8 \times 10^{-9}} = 5.6 \times 10^{-6}M$
这种溶液是酸性的，因为	$[H^+] > [OH^-]$

▶ **实践练习 1**
如果溶液的 $[OH^-] = 4.0 \times 10^{-8}$。那么 [H⁺] 值是多少？
（a）$2.5 \times 10^{-8}M$ （b）$4.0 \times 10^{-8}M$ （c）$2.5 \times 10^{-7}M$
（d）$2.5 \times 10^{-6}M$ （e）$4.0 \times 10^{-6}M$

▶ **实践练习 2**
计算溶液中 OH⁻(aq) 的浓度
（a）$[H^+] = 2 \times 10^{-6}M$ （b）$[H^+] = [OH^-]$
（c）$[H^+] = 200 \times [OH^-]$

16.4 | pH 值的范围

H⁺(aq) 在水溶液中的物质的量浓度一般非常小。为方便起见，用 pH 值来表示 [H⁺]，它是 [H⁺] 以 10 为底的负对数⊖：

$$pH = -\log[H^+] \tag{16.17}$$

如果需要查看对数的用法，请参见附录 A. 在实例解析 16.4 中，我们知道在 25℃ 下中性水溶液的 $[H^+] = 1.0 \times 10^{-7}M$。可以使用式（16.17）计算 25℃ 时中性溶液的 pH 值。

$$pH = -\log(1.0 \times 10^{-7}) = -(-7.00) = 7.00$$

需要注意的是，pH 值一般保留小数点后两位。这是因为只有小数点右边的数字才是对数的有效数字。浓度为（$1.0 \times 10^{-7}M$）的原始值有两位有效数字，相应的 pH 值则有两位小数（7.00）。

使溶液酸性更强，即 [H⁺] 增加，溶液的 pH 值会发生什么变化？由于式（16.17）的对数项中是负号

pH 值随着 [H⁺] 的增加而降低。

⊖ 因为 [H⁺] 和 [H₃O⁺] 可互换使用，可将 pH 定义为 $-\log[H_3O^+]$。

表 16.1　25℃时，在酸性、中性和碱性水溶液中，[H⁺]、[OH⁻] 和 pH 值之间的关系

	酸性	中性	碱性
pH	<7.00	7.00	>7.00
$[H^+]/M$	$>1.0 \times 10^{-7}$	1.0×10^{-7}	$<1.0 \times 10^{-7}$
$[OH^-]/M$	$<1.0 \times 10^{-7}$	1.0×10^{-7}	$>1.0 \times 10^{-7}$

例如，当增加酸的量，使其浓度为 $[H^+] = 1.0 \times 10^{-3}M$，pH 等于

$$pH = -\log(1.0 \times 10^{-3}) = -(-3.00) = 3.00$$

25℃时，酸性溶液的 pH 小于 7.00。

我们还可以计算碱性溶液的 pH 值，其中 $[OH^-] > 1.0 \times 10^{-7}M$. 假设 $[OH^-] = 2.0 \times 10^{-3}M$，可以使用式（16.16）来计算的 $[H^+]$ 的浓度和式（16.17）计算 pH 值：

$$[H^+] = \frac{K_w}{[OH^-]} = \frac{1.0 \times 10^{-14}}{2.0 \times 10^{-3}} = 5.0 \times 10^{-12} M$$

$$pH = -\log(5.0 \times 10^{-12}) = 11.30$$

25℃时，碱性溶液的 pH 值大于 7.00。表 16.1 总结了 $[H^+]$、$[OH^-]$ 和 pH 值之间的关系。

 想一想

溶液是否可能具有负的 pH 值？如果有，那么 pH 值表示酸性溶液还是碱性溶液？

人们认为，通常情况下，$[H^+]$ 浓度非常低，并不重要。这个想法是不正确的！许多化学反应取决于浓度变化率。例如，如果动力学速率定律中 $[H^+]$ 是一次幂的，那么 $[H^+]$ 浓度加倍，即从 $1 \times 10^{-7}M$ 改变到 $2 \times 10^{-7}M$，反应速率也会加倍。

实例解析 16.6
从 $[H^+]$ 计算 pH

计算实例解析 16.5 中两个溶液的 pH 值。

解析

分析　要求用已知的 $[H^+]$ 计算出水溶液的 pH 值。

思路　可以使用式（16.17）计算 pH 值。

解答

（a）在第一种情况下，已知 $[H^+]$ 为 $1.0 \times 10^{-12}M$，因此

$$pH = -\log(1.0 \times 10^{-12}) = -(-12.00) = 12.00$$

因为 1.0×10^{-12} 有两位有效数字，所以 pH 值小数点后保留两位，12.00。

（b）第二个溶液，$[H^+] = 5.6 \times 10^{-6}M$。在计算之前，首先估计 pH 值。我们发现 $[H^+]$ 位于 1×10^{-6} 和 1×10^{-5} 之间。所以，预计 pH 值介于 6.0 和 5.0 之间。使用式（16.17）计算 pH 值：

$$pH = -\log(5.6 \times 10^{-6}) = 5.25$$

检验　计算 pH 值之后，有必要将其与估算值进行比较。在这种情况下，正如估计的结果，pH 值介于 6 和 5 之间。如果计算的 pH 值和估算值不符，就应该重新考虑计算值或估算值，或两者同时考虑。

▶ **实践练习 1**

在 25℃的溶液具有 $[OH^-] = 6.7 \times 10^{-3}$，溶液的 pH 值是多少？

（a）0.83　（b）2.2　（c）2.17
（d）11.83　（e）12

▶ **实践练习 2**

（a）在柠檬汁样品中 $[H^+] = 3.8 \times 10^{-4}M$，溶液的 pH 值是多少？

（b）日用品清洁剂溶液 $[OH^-] = 1.9 \times 10^{-6}M$，25℃时的 pH 值是多少？

许多反应涉及质子转移，同时其速率还取决于 [H$^+$] 的浓度。由于这些反应的速度非常重要，因此生物体的 pH 值必须保持在很窄的范围内。例如，人血液的正常 pH 值范围为 7.35 ~ 7.45。如果 pH 值在这个范围内变化很大，会导致生物体患病甚至死亡。

pOH 和其他"p"值范围

负对数是表示其他小量值的便捷方式。将数量的负对数标记为"p"（数量）。因此，可以用 pOH 表示 OH$^-$ 的浓度：

$$pOH = -\log[OH^-] \qquad (16.18)$$

同样地，pK_w 等于 $-\log K_w$

通过对水平衡常数表达式两侧取负对数，$K_w = [H^+][OH^-]$，可以得到

$$-\log[H^+] + (-\log[OH^-]) = -\log K_w \qquad (16.19)$$

则有如下表达式：

$$pH + pOH = 14.00（25℃） \qquad (16.20)$$

图 16.6 列出了部分常见溶液的 pH 值和 pOH 值。需要注意，[H$^+$] 变化 10 倍会导致 pH 值变化 1。因此，pH 值为 5 的溶液中 H$^+$(aq) 的浓度是 pH 值为 6 的溶液中 H$^+$(aq) 浓度的 10 倍。

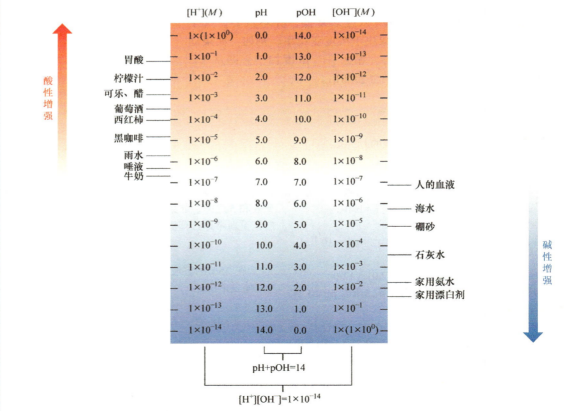

▲ 图 16.6　25℃时，一些常见物质的 [H$^+$] 和 [OH$^-$]，pH 值和 pOH 值

想一想

如果溶液的 pOH 是 3.00，那么 pH 值是多少？溶液是酸性的还是碱性的？

实例解析 16.7
从 pOH 计算 [H⁺]

鲜榨苹果汁样品的 pOH 为 10.24。计算 [H^+]。

解析

分析　需要从 pOH 计算 [H^+]。

思路　先使用式（16.20），pH + pOH = 14.00，从 pOH 计算 pH。然后将用式（16.17）来计算 H^+ 的浓度。

解答　根据式（16.20），得到

$$pH = 14.00 - pOH$$
$$pH = 14.00 - 10.24 = 3.76$$

接下来用式（16.17）：

$$pH = -\log[H^+] = 3.76$$

因此　$\log[H^+] = -3.76$

为了得到 [H^+] 浓度，需要确定 –3.76 的反对数。计算器将此命令显示为 10^x 或 INVlog（这些函数通常在 log 键之上）。使用这个功能进行计算：

$$[H^+] = \text{antilog}(-3.76) = 10^{-3.76} = 1.7 \times 10^{-4}M$$

注解　因为 pH 中的小数位数是两位，[H^+] 的有效数字也是两位。

检验　如果 pH 在 3.0 和 4.0 之间，那么 [H^+] 将在 $1.0 \times 10^{-3}M$ 和 $1.0 \times 10^{-4}M$ 之间，[H^+] 在该估计范围内。

▶ **实践练习 1**

25℃时溶液的 pOH = 10.53，以下叙述哪些是正确的？

（i）溶液呈酸性；
（ii）溶液的 pH 为 14.00–10.53；
（iii）对于该溶液，[OH^-] = $10^{-10.53}M$。
（a）只有一个叙述是正确的。
（b）叙述（i）和（ii）是正确的。
（c）叙述（i）和（iii）是正确的。
（d）叙述（ii）和（iii）是正确的。
（e）所有三项叙述均正确。

▶ **实践练习 2**

溶解抗酸药片的溶液，其 pOH 为 4.82。计算 [H^+]。

测量 pH

用 pH 计可以测量溶液的 pH 值（见图 16.7）。完全掌握这一重要设备的工作原理，需要以电化学知识为基础，这些内容将在第 20 章讨论。简而言之，pH 计包括一对连接到仪表上的电极，能够测量小电压，大约为毫伏级。当电极置于溶液中时，产生随 pH 变化的电压。该电压数值从仪表上读取，校准后给出 pH 值。

虽然还不太精确，但酸碱指示剂也可用于测量 pH 值。酸碱指示剂是可以以酸或碱形式存在的有色物质。这两种形式有不同的颜色，因此，指示剂在较低 pH 值下产生一种颜色，而在较高 pH 值下产生另外一种颜色。如果知道指示剂从一种颜色转变为另一种颜色的 pH 值，那么就可以确定溶液的 pH 值是高于或低于此值。例如，石蕊在 pH = 7 附近改变颜色。然而，颜色变化不是很明显。红色石蕊表示 pH 值约为 5 或更低，蓝色石蕊表明 pH 值约为 8 或更高。

图 16.8 列出了一些常见的指示剂，例如，甲基红的 pH 值变色范围从 4.5 ~ 6.0。pH 值在 4.5 以下，它呈酸性形式，呈红色。pH 值在 4.5 ~ 6.0 之间，它逐渐转换为黄色的碱性形式。一旦 pH 值升至 6 以上，转化完成，溶液呈黄色。溴百里酚蓝和酚酞指示剂的颜色变化如图 16.9 所示。浸渍有若干指示剂的纸带广泛用于确定近似 pH 值。

▲ 图 16.7　数字 pH 计　溶液的 pH 取决于浸入溶液中电极产生的电压

图例解析

　　当加入酚酞时，无色溶液变成粉红色，我们可以估算出溶液的 pH 值吗？下面哪种指示剂最适合区分弱酸性溶液和弱碱性溶液？

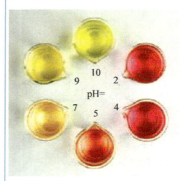

甲基红

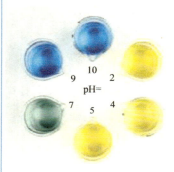

溴百里酚蓝

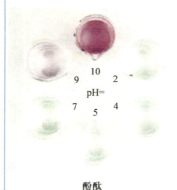

酚酞

▲ 图 16.9　在不同 pH 值下含有三种常见酸碱指示剂的溶液

图例解析

　　当我们加入酚酞时，如果无色溶液变成粉红色，我们能对溶液的 pH 值得出什么结论？

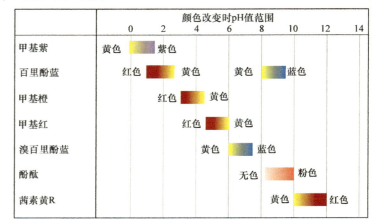

	颜色改变时pH值范围						
	0	2	4	6	8	10	12	14
甲基紫	黄色 紫色						
百里酚蓝	红色 黄色		黄色 蓝色				
甲基橙		红色 黄色					
甲基红		红色 黄色					
溴百里酚蓝			黄色 蓝色				
酚酞				无色 粉色			
茜素黄R					黄色 红色		

▲ 图 16.8　常见酸碱指示剂的 pH 值范围　大多数指示剂都有大约 2 个 pH 单位的变色范围

16.5 | 强酸和强碱

　　通常水溶液的化学性质主要依赖于 pH。因此，重要的是要清楚 pH 与酸和碱浓度的关系。最简单的是强酸和强碱，强酸和强碱都是强电解质，在水溶液中完全以离子形式存在。常见的强酸和强碱相对较少（见表 4.2）。

强酸

　　7 种最常见的强酸包括 6 种一元酸（HCl、HBr、HI、HNO₃、HClO₃ 和 HClO₄）和一种二元酸（H₂SO₄）。以硝酸（HNO₃）为例介绍一元强酸。考虑到实际情况，认为 HNO₃ 水溶液完全由 H_3O^+ 和 NO_3^- 离子组成：

$$HNO_3(aq) + H_2O(l) \longrightarrow H_3O^+(aq) + NO_3^-(aq) \quad （完全电离）$$

（16.21）

　　我们没有在这个式中使用可逆箭头，因为反应完全向右进行（见 4.1 节）。如第 16.3 节所述，可以使用 $H_3O^+(aq)$ 和 $H^+(aq)$ 来表示水中的水合质子。因此，可以将这种酸电离方程简化为

$$HNO_3(aq) \longrightarrow H^+(aq) + NO_3^-(aq)$$

　　在强酸的水溶液中，酸通常是 H^+ 离子的唯一重要来源⊖。因此，可直接计算一元强酸溶液的 pH 值，因为 $[H^+]$ 等于酸的初始浓度。例如，在 $0.20M$ 的 HNO₃(aq) 溶液中，$[H^+] = [NO_3^-] = 0.20M$。二元酸 H₂SO₄ 的情况稍微复杂一些，我们将在第 16.6 节中介绍。

─────────
⊖ 如果酸的浓度小于等于 $10^{-6}M$，我们还需要考虑 H₂O 自身电离产生的 H^+ 离子。通常情况下，来自 H₂O 的 H^+ 浓度很小，可以忽略不计。

实例解析 16.8
计算强酸溶液的 pH

0.040M HClO$_4$ 溶液的 pH 值是多少?

解析

　　分析和思路
　　因为 HClO$_4$ 是强酸，所以它是完全电离的，[H$^+$] = [ClO$_4^-$] = 0.040M。
　　解答
$$pH = -\log(0.040) = 1.40$$
　　检验　因为 [H$^+$] 介于 1×10^{-2} 和 1×10^{-1} 之间，所以 pH 值将介于 2.0 和 1.0 之间。我们计算的 pH 值在估计范围内。此外，因为浓度有两位有效数字，pH 值有两位小数。

▶ **实践练习 1**
　　将以下溶液按照 pH 从小到大的顺序排列：
　　（i）0.20M HClO$_3$　（ii）0.0030M HNO$_3$
　　（iii）1.50M HCl
　　（a）i < ii < iii，（b）ii < i < iii，
　　（c）iii < i < ii，（d）ii < iii < i，（e）iii < ii < i。

▶ **实践练习 2**
　　HNO$_3$ 水溶液的 pH 为 2.34。酸的浓度是多少?

强碱

　　常见的可溶性强碱是碱金属离子的氢氧化物，例如 NaOH，KOH 和较重的碱土金属的氢氧化物，例如 Sr(OH)$_2$，这些化合物在水溶液中完全解离成离子。因此，0.30MNaOH 的溶液由 0.30MNa$^+$(aq) 和 0.30MOH$^-$(aq) 组成，基本上没有未解离的 NaOH。

想一想

　　哪种溶液具有较高的 pH 值，0.001M 的 NaOH 溶液还是 0.001M 的 Ba(OH)$_2$ 溶液?

实例解析 16.9
计算强碱的 pH 值

（a）0.028M NaOH 溶液的 pH 值是多少，（b）0.0011M Ca(OH)$_2$ 溶液的 pH 值是多少?

解析

　　分析　要求计算两种强碱溶液的 pH 值。
　　思路　可以使用下面两种等效方法中的任何一种计算溶液 pH 值。首先，可以使用式（16.16）计算 [H$^+$]，再用式（16.17）计算 pH 值。或者，可以通过 [OH$^-$] 计算 pOH，再使用式（16.20）计算 pH 值。
　　解答　（a）NaOH 在水中解离，每分子电离产生一个 OH$^-$ 离子。因此，溶液的 OH$^-$ 浓度等于 NaOH 的浓度，即 0.028M。
　　方法 1
$$[H^+] = \frac{1.0 \times 10^{-14}}{0.028} = 3.57 \times 10^{-13} M$$
$$pH = -\log(3.57 \times 10^{-13}) = 12.45$$
　　方法 2
$$pOH = -\log(0.028) = 1.55$$
$$pH = 14.00 - pOH = 12.45$$
　　（b）Ca(OH)$_2$ 是一种强碱，在水中完全解离，每分子电离产生两个 OH$^-$ 离子。因此，溶液中 OH$^-$(aq) 的浓度是 $2 \times (0.0011M) = 0.0022M$

　　方法 1
$$[H^+] = \frac{1.0 \times 10^{-14}}{0.0022} = 4.55 \times 10^{-12} M$$
$$pH = -\log(4.55 \times 10^{-12}) = 11.34$$
　　方法 2
$$pOH = -\log(0.0022) = 2.66$$
$$pH = 14.00 - pOH = 11.34$$

▶ **实践练习 1**
　　将以下溶液按照 pH 从小到大的顺序排列：
　　（i）0.030M Ba(OH)$_2$　（ii）0.040M KOH
　　（iii）纯水
　　（a）i < ii < iii，（b）ii < i < iii，
　　（c）iii < i < ii，（d）ii < iii < i，（e）iii < ii < i。

▶ **实践练习 2**
　　（a）pH 值为 11.89，KOH 溶液的浓度是多少?
（b）pH 值为 11.68，Ca(OH)$_2$ 溶液的浓度是多少?

尽管所有碱金属氢氧化物都是强电解质，但在实验室中 LiOH、RbOH 和 CsOH 很少使用。碱土金属 $Ca(OH)_2$、$Sr(OH)_2$ 和 $Ba(OH)_2$ 的氢氧化物也是强电解质，只是溶解度小，因此它们仅在对溶解度要求不高时使用。

某些与水反应形成 $OH^-(aq)$ 的物质也会形成强碱性溶液，它们大部分含有氧离子。离子金属氧化物，尤其是 Na_2O 和 CaO，通常作为强碱用于工业生产。O^{2-} 与水发生强烈的放热反应，形成 OH^-，实际上溶液中没有 O^{2-} 产生：

$$O^{2-}(aq) + H_2O(l) \longrightarrow 2OH^-(aq) \qquad （16.22）$$

因此，将 $0.010\,mol\,Na_2O(s)$ 溶解在水中，形成 1.0L 溶液，溶液的 $[OH^-] = 0.020M$ 和 pH 为 12.30。

> ◢ **想一想**
>
> CH_3^- 离子是 CH_4 的共轭碱，CH_4 溶于水，溶液不一定能形成酸。写出 CH_3^- 和水反应的平衡方程式。

16.6 | 弱酸

大多数酸性物质都是弱酸，仅在水溶液中部分电离（见图 16.10）。我们可以使用电离反应的平衡常数来表示弱酸电离的程度。如果用 HA 表示弱酸，可以通过以下形式写出其电离方程式，具体取决于水合质子是表示为 $H_3O^+(aq)$，还是 $H^+(aq)$：

$$HA(aq) + H_2O(l) \rightleftharpoons H_3O^+(aq) + A^-(aq) \qquad （16.23）$$

$$HA(aq) \rightleftharpoons H^+(aq) + A^-(aq) \qquad （16.24）$$

由于这些平衡反应在水溶液中进行，因此将使用浓度的平衡常数表达式。因为 H_2O 是溶剂，所以从平衡常数表达式中省略。（见 15.4 节）。此外，在平衡常数上加上一个下标 a，表明它是酸的电离平衡常数。因此，可以将平衡常数表达式写成：

▶ 图 16.10 在溶液中强酸和弱酸的存在形式

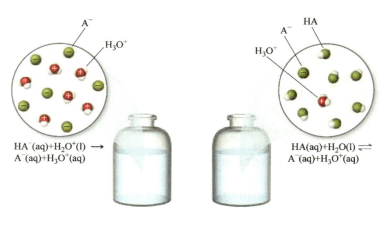

$HA^-(aq)+H_2O^+(l) \longrightarrow$
$A^-(aq)+H_3O^+(aq)$

强酸
HA分子完全电离

$HA(aq)+H_2O(l) \rightleftharpoons$
$A^-(aq)+H_3O^+(aq)$

弱酸
HA分子部分电离

表 16.2 25℃时水中的一些弱酸

酸	结构式①	共轭碱	K_a
亚氯酸（$HClO_2$）	H—O—Cl—O	ClO_2^-	1.0×10^{-2}
氢氟酸（HF）	H—F	F^-	6.8×10^{-4}
亚硝酸（HNO_2）	H—O—N $=$ O	NO_2^-	4.5×10^{-4}
苯甲酸（C_6H_5COOH）	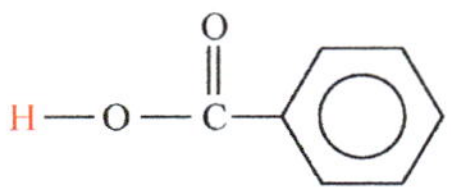	$C_6H_5COO^-$	6.3×10^{-5}
醋酸（CH_3COOH）	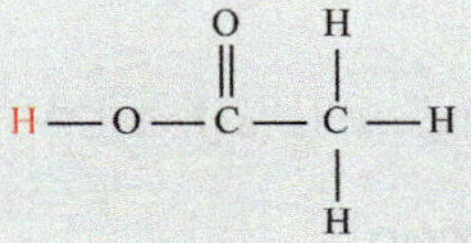	CH_3COO^-	1.8×10^{-5}
次氯酸（HOCl）	H—O—Cl	OCl^-	3.0×10^{-8}
氢氰酸（HCN）	H—C $\equiv$ N	CN^-	4.9×10^{-10}
苯酚（HOC_6H_5）	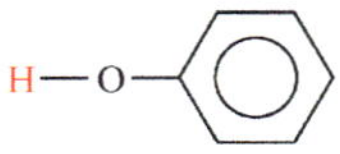	$C_6H_5O^-$	1.3×10^{-10}

① 电离的质子以红色显示。

$$K_a = \frac{[H_3O^+][A^-]}{[HA]} \text{ 或 } K_a = \frac{[H^+][A^-]}{[HA]} \qquad (16.25)$$

K_a 为酸 HA 的酸解离常数。

表 16.2 显示了弱酸的结构式，共轭碱和 K_a 值，附录 D 提供了更完整的列表。许多弱酸完全是由碳、氢和氧组成的有机化合物。这些化合物通常含有一些与碳原子键合的氢原子和与氧原子键合的氢原子。通常情况下，与碳结合的氢原子不会在水中电离，相反，与氧原子结合的氢原子导致了这些化合物的酸性。

K_a 的大小表明酸在水中电离的趋势：K_a 值越大，酸强度越强。例如，亚氯酸（$HClO_2$）是表 16.2 中最强的酸，而苯酚（HOC_6H_5）是最弱的。对于大多数弱酸，K_a 值范围为 $10^{-2} \sim 10^{-10}$。

 想一想

根据表 16.2 中的各项，哪种元素最常与酸性氢键合？

从 pH 计算 K_a

为了计算弱酸的 K_a 值或其溶液的 pH 值，将使用第 15.5 节中提出的解决平衡问题的很多方法。在很多情况下，K_a 值较小，允许我们简化进行近似计算。在这些计算过程中，重要的是要认识到质子转移反应通常是非常迅速的，所以，测量或计算弱酸的 pH 值总是有条件的。

▶ **实例解析 16.10**
从已知的 pH 值计算 K_a

制备 0.10M 甲酸（HCOOH）溶液，已知在 25℃时 pH 值为 2.38。计算在该温度下甲酸的 K_a 值。

解析

分析 已知弱酸溶液的物质的量浓度和溶液的 pH 值，计算酸的 K_a 值。

思路 虽然我们专门研究了弱酸的电离，但这一问题类似于第 15 章中的平衡问题。可以使用实例解析 15.8 中叙述的方法解决这个问题，从化学反应开始，将初始和平衡浓度列表

解答

解决任何平衡问题的第一步是写出平衡反应的方程。甲酸的电离可以写成：

$$\text{HCOOH(aq)} \rightleftharpoons \text{H}^+\text{(aq)} + \text{HCOO}^-\text{(aq)}$$

平衡常数表达式为：

$$K_a = \frac{[\text{H}^+][\text{HCOO}^-]}{[\text{HCOOH}]}$$

从测量的 pH 值，可以计算 [H⁺]：

$$pH = -\log[\text{H}^+] = 2.38$$
$$\log[\text{H}^+] = -2.38$$
$$[\text{H}^+] = 10^{-2.38} = 4.2 \times 10^{-3}M$$

为了确定参与平衡的各组分的浓度，已知溶液最初 HCOOH 的浓度为 0.10M。然后考虑将酸电离成 H⁺ 和 HCOO⁻。对于每电离一个 HCOOH 分子，在溶液中产生一个 H⁺ 离子和一个 HCOO⁻ 离子，因为 pH 测量平衡时的 [H⁺]=4.2×10⁻³M，可以构建右表：

	HCOOH(aq) $\rightleftharpoons$	H⁺(aq) +	HCOO⁻(aq)
初始浓度 /M	0.10	0	0
变化浓度 /M	-4.2×10^{-3}	$+4.2 \times 10^{-3}$	$+4.2 \times 10^{-3}$
平衡浓度 /M	$(0.10 - 4.2 \times 10^{-3})$	4.2×10^{-3}	4.2×10^{-3}

需要注意的是，对于 H_2O 电离产生的 H⁺(aq)，浓度非常低可以忽略不计。另外还需要注意的是，HCOOH 电离的量与酸的初始浓度相比非常小。根据有效数字的使用规则，得到 0.10M：

$$(0.1 - 4.2 \times 10^{-3}) \approx 0.10M$$

将平衡浓度代入 K_a 的表达式中：

$$K_a = \frac{(4.2 \times 10^{-3})(4.2 \times 10^{-3})}{0.10} = 1.8 \times 10^{-4}$$

检验 答案是合理的，因为弱酸的 K_a 通常在 $10^{-2} \sim 10^{-10}$ 之间。

▶ **实践练习 1**
0.50MHA 溶液 pH = 2.24。K_a 值是多少？
（a）1.7×10^{-12}　（b）3.3×10^{-5}
（c）6.6×10^{-5}
（d）5.8×10^{-3}　（e）1.2×10^{-2}

▶ **实践练习 2**
烟酸是 B 族维生素之一，具有右侧所示的分子结构。0.020M 烟酸溶液的 pH 值为 3.26，烟酸的酸解离常数是多少？

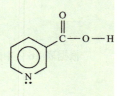

电离百分比

K_a 的大小表明弱酸的强度，酸强度的另一个量度是电离百分比，定义为：

$$电离百分比 = \frac{\text{HA电离浓度}}{\text{HA原始浓度}} \times 100\% \qquad (16.26)$$

酸越强，电离百分比越大。

假设 H_2O 的电离可以忽略不计，则电离的酸浓度等于生成 $H^+(aq)$ 的浓度。因此，酸 HA 的电离百分比可表示为

$$电离百分比 = \frac{[H^+]_{平衡}}{[HA]_{初始}} \times 100\% \qquad （16.27）$$

例如，0.035M 的 HNO_2 溶液含有 $3.7 \times 10^{-3} M$ $H^+(aq)$，其电离百分比为

$$电离百分比 = \frac{[H^+]_{平衡}}{[HNO_2]_{初始}} \times 100\% = \frac{3.7 \times 10^{-3} M}{0.035 M} \times 100\% = 11\%$$

实例解析 16.11

计算电离百分比

在实例解析 16.10 中计算的，0.10M 甲酸（HCOOH）溶液含有 $4.2 \times 10^{-3} M$ $H^+(aq)$。计算被电离的酸的百分比。

解析

分析 已知弱酸水溶液的物质的量浓度和 $H^+(aq)$ 的平衡浓度，计算酸的电离百分比。

思路 电离百分比见式（16.27）。

解答

$$电离百分比 = \frac{[H^+]_{平衡}}{[HCOOH]_{初始}} \times 100\%$$

$$= \frac{4.2 \times 10^{-3} M}{0.10 M} \times 100\% = 4.2\%$$

▶ **实践练习 1**

0.077MHA 溶液的 pH=2.16。酸的电离百分比是多少？

（a）0.090% （b）0.69% （c）0.90% （d）3.6% （e）9.0%

▶ **实践练习 2**

0.020M 烟酸溶液（参见实例解析 16.10）的 pH 为 3.26。计算烟酸的电离百分比。

用 K_a 计算 pH 值

已知 K_a 的值和弱酸的初始浓度，可以计算出酸溶液中 $H^+(aq)$ 的浓度。

如何用 K_a 计算 pH 值。

1. 写出电离平衡。
2. 写出平衡常数表达式和平衡常数的值。
3. 写出平衡反应中涉及的浓度。
4. 将平衡浓度代入平衡常数表达式，并解出 x。

让我们用这个步骤计算在 25℃ 下，0.30M 乙酸（CH_3COOH）溶液的 pH 值。

1. 电离平衡是：

$$CH_3COOH(aq) \rightleftharpoons H^+(aq) + CH_3COO^-(aq) \qquad （16.28）$$

请注意，电离的氢是与氧原子相连的氢。

2. 从表 16.2 中查得 $K_a = 1.8 \times 10^{-5}$，写出平衡常数表达式及其值。

$$K_a = \frac{[H^+][CH_3COO^-]}{[CH_3COOH]} = 1.8 \times 10^{-5} \qquad （16.29）$$

3. 接下来标明平衡反应中涉及的浓度。这可通过一点计算来完成，如实例解析 16.10 中所述。因为我们想计算 $[H^+]$ 的平衡浓度，将其设为 x。在电离之前，乙酸的浓度为 0.30M。由方程式可

知，对于每解离一个 CH_3COOH 分子，就形成一个 $H^+(aq)$ 和一个 $CH_3COO^-(aq)$。因此，如果平衡时形成 x mol/L $H^+(aq)$，则还必须形成 x mol/L $CH_3COO^-(aq)$，并且必须将 x mol/LCH_3COOH 电离：

	$CH_3COOH(aq) \rightleftharpoons$	$H^+(aq)$ +	$CH_3COO^-(aq)$
初始浓度 /M	0.30	0	0
变化浓度 /M	$-x$	$+x$	$+x$
平衡浓度 /M	$(0.30-x)$	x	x

4. 最后，将平衡浓度代入平衡常数表达式并求解 x：

$$K_a = \frac{[H^+][CH_3COO^-]}{[CH_3COOH]} = \frac{(x)(x)}{0.30-x} = 1.8 \times 10^{-5} \qquad (16.30)$$

该表达式是关于 x 的二次方程，可以对二次方程式求解。注意到 K_a 的值非常小，可以简化这个问题。由于平衡向右移动，x 远小于乙酸的初始浓度。因此，假设 x 相对于 0.30 可忽略不计，因此 $0.30-x$ 基本上等于 0.30。当我们完成解题时，可以（并且必要）检验这一假设的有效性。通过使用该假设，式（16.30）变为

$$K_a = \frac{x^2}{0.30} = 1.8 \times 10^{-5}$$

解 x，得到

$$x^2 = (0.30)(1.8 \times 10^{-5}) = 5.4 \times 10^{-6}$$
$$x = \sqrt{5.4 \times 10^{-6}} = 2.3 \times 10^{-3}$$
$$[H^+] = x = 2.3 \times 10^{-3} \, M$$
$$pH = -\log(2.3 \times 10^{-3}) = 2.64$$

现在检验简化假设的有效性，即 $0.30 - x \approx 0.30$。我们得到 x 的值非常小，根据有效数字规则，这一假设是合理的，因为 x 代表每升乙酸电离的物质的量，可见，在这种特殊情况下，不到 1% 的乙酸分子电离：

$$CH_3COOH的电离百分比 = \frac{0.0023M}{0.30M} \times 100\% = 0.77\%$$

通常，若 x 大于初始浓度值约 5%，则最好使用二次方程式进行计算。在完成计算后，应该检查所有简化假设的有效性。

我们还做了另外一个假设，即溶液中的所有 H^+ 都来自 CH_3COOH 的电离。我们是否可以忽视 H_2O 的电离？答案是肯定的——因为额外的 $[H^+]$ 来源于水，其浓度大约为 $10^{-7}M$，与酸的 $[H^+]$ 相比可忽略不计（在这种情况下大约为 $10^{-3}M$）。在精确度要求较高的工作中，或在较稀的酸溶液中，我们需要更充分地考虑水的电离。

 想一想

1.0 × 10⁻⁸M 的 HCl 溶液 pH < 7，pH = 7，还是 pH > 7？

最后，我们可以将弱酸的 pH 值与相同浓度的强酸溶液的 pH 值进行比较。0.30M 乙酸的 pH 为 2.64，但 0.30M 强酸如 HCl 溶液的 pH 为 $-\log(0.30) = 0.52$。如预期的，弱酸溶液的 pH 高于相同物质的量浓度的强酸溶液的 pH（请记住，pH 值越高，溶液酸性越低）。

> **实例解析 16.12**
> **使用 K_a 计算 pH**

计算 0.20M HCN 溶液的 pH。（关于 K_a 的值，见表 16.2 或附录 D）。

解析

分析　已知弱酸的物质的量浓度，要求计算 pH。从表 16.2 可知，HCN 的 K_a 为 4.9×10^{-10}。

思路　按照学过的方法书写化学方程式，并构建一个初始和平衡浓度表，其中 H^+ 的平衡浓度是未知的。

解答　写出生成 $H^+(aq)$ 的电离反应的化学方程式和反应的平衡常数（K_a）表达式：

$$HCN(aq) \rightleftharpoons H^+(aq) + CN^-(aq)$$

$$K_a = \frac{[H^+][CN^-]}{[HCN]} = 4.9 \times 10^{-10}$$

接下来，将所涉及的平衡反应各反应物的浓度制成表格，平衡状态时 $x = [H^+]$：

	HCN(aq) $\rightleftharpoons$	H^+(aq) +	CN^-(aq)
初始浓度 /M	0.20	0	0
变化浓度 /M	$-x$	$+x$	$+x$
平衡浓度 /M	$(0.20 - x)$	x	x

将平衡浓度代入平衡常数表达式得到：

$$K_a = \frac{(x)(x)}{0.20 - x} = 4.9 \times 10^{-10}$$

解出 x 的近似值，简化，解离的酸与酸的初始浓度相比较小，$0.20 - x \approx 0.20$。从而，

$$\frac{x^2}{0.20} = 4.9 \times 10^{-10}$$

解 x，得到

$$x^2 = (0.20)(4.9 \times 10^{-10}) = 0.98 \times 10^{-10}$$
$$x = \sqrt{0.98 \times 10^{-10}} = 9.9 \times 10^{-6} M = [H^+]$$

浓度为 $9.9 \times 10^{-6}M$ 远小于初始 HCN 浓度 0.20M 的 5%。因此，我们的简化近似是合理的。现在计算溶液的 pH 值：

$$pH = -\log[H^+] = -\log(9.9 \times 10^{-6}) = 5.00$$

▶ **实践练习 1**
0.40M 苯甲酸溶液的 pH 值是多少？（苯甲酸的 K_a 值见表 16.2）。
（a）2.30　（b）2.10　（c）1.90
（d）4.20　（e）4.60

▶ **实践练习 2**
烟酸的 K_a（见实例解析 16.10）为 1.5×10^{-5}。0.010M 烟酸溶液的 pH 值是多少？

　　$H^+(aq)$ 浓度直接影响酸溶液的性质，例如电导率以及与活泼金属反应的速度。相同浓度的弱酸溶液的性质不如强酸溶液明显。图 16.11 实验说明了 1M CH_3COOH 溶液和 1M HCl 溶液的区别。在 1M CH_3COOH 溶液中 $H^+(aq)$ 的浓度仅为 0.004M，而 1M HCl 溶液含有 1M $H^+(aq)$。因此，HCl 溶液与金属的反应速率要快得多。

　　随着弱酸浓度的增加，$H^+(aq)$ 的平衡浓度也在增加。但是，如图 16.12 所示，随着酸浓度的增加，电离百分比降低。因此，$H^+(aq)$ 的浓度与弱酸的浓度不成正比。例如，将弱酸浓度加倍不会使 $H^+(aq)$ 的浓度加倍。

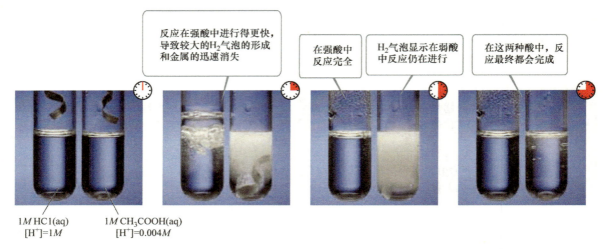

反应在强酸中进行得更快，导致较大的H₂气泡的形成和金属的迅速消失

在强酸中反应完全

H₂气泡显示在弱酸中反应仍在进行

在这两种酸中，反应最终都会完成

1M HCl(aq)
[H⁺]=1M

1M CH₃COOH(aq)
[H⁺]=0.004M

▲ 图 16.11　相同的反应，与强酸溶液相比，弱酸溶液具有不同的反应速率　气泡是 H_2，金属被酸氧化时产生金属阳离子和 H_2（见 4.4 节）

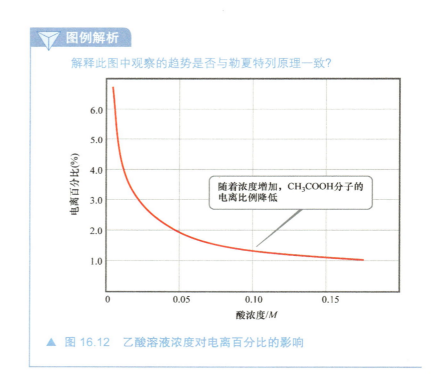

图例解析

解释此图中观察的趋势是否与勒夏特列原理一致？

随着浓度增加，CH₃COOH分子的电离比例降低

▲ 图 16.12　乙酸溶液浓度对电离百分比的影响

实例解析 16.13
使用二次方程计算 pH 值和电离百分比

计算在 0.10MHF 溶液中溶液的 pH 值和 HF 的电离百分数。

解析

分析　计算 HF 溶液的电离百分比。从附录 D 中，找到 $K_a = 6.8 \times 10^{-4}$。

思路　按照前面讨论的平衡问题来解决这个问题：写出化学反应的平衡方程式，并列出了所有反应物的已知和未知浓度，然后将平衡浓度代入平衡常数表达式，求解 H^+ 的未知浓度。

解答

平衡反应和平衡浓度如下：

HF(aq) $\rightleftharpoons$ H$^+$(aq) + F$^-$(aq)			
初始浓度 /M	0.10	0	0
变化浓度 /M	$-x$	$+x$	$+x$
平衡浓度 /M	$(0.10-x)$	x	x

平衡常数表达式为：

$$K_a = \frac{[\text{H}^+][\text{F}^-]}{[\text{HF}]} = \frac{(x)(x)}{0.10-x} = 6.8 \times 10^{-4}$$

使用近似值 $0.10 - x \approx 0.10$（即忽略酸电离的浓度）求解方程，得到：

$$x = 8.2 \times 10^{-3} M$$

因为这个近似值大于 $0.10M$ 的 5%，因此应该用二次方程来解决这个问题。重新进行计算：

$$x^2 = (0.10-x)(6.8 \times 10^{-4})$$
$$= 6.8 \times 10^{-5} - (6.8 \times 10^{-4})x$$
$$x^2 + (6.8 \times 10^{-4})x - 6.8 \times 10^{-5} = 0$$

解二元一次方程得：

$$x = \frac{-6.8 \times 10^{-4} \pm \sqrt{(6.8 \times 10^{-4})^2 - 4(-6.8 \times 10^{-5})}}{2}$$
$$= \frac{-6.8 \times 10^{-4} \pm 1.6 \times 10^{-2}}{2}$$

在解得的两个值中，只有 x 取正值才是合理的，可以计算 [H$^+$]，因此，pH 值：

$x = [\text{H}^+] = [\text{F}^-] = 7.9 \times 10^{-3} M$，所以 pH $= -\log[\text{H}^+] = 2.10$

根据计算的结果，可以得出电离分子的百分比：

HF 电离百分比 $= \dfrac{\text{电离浓度}}{\text{初始浓度}} \times 100\%$

$$= \frac{7.9 \times 10^{-3} M}{0.10 M} \times 100\% = 7.9\%$$

▶ **实践练习 1**

0.010M HF 溶液的 pH 值是多少？

（a）1.58 （b）2.10 （c）2.30 （d）2.58
（e）2.64

▶ **实践练习 2**

在实例解析 16.11 的实践练习 2 中，已知 0.020M 烟酸溶液（$K_a = 1.5 \times 10^{-5}$）中的电离百分比为 2.7%，计算（a）0.010M （b）$1.0 \times 10^{-3}M$ 烟酸溶液的电离百分比。

多元酸

具有超过一个可电离的 H 原子的酸称为多元酸。例如，亚硫酸（H_2SO_3）可以进行两次连续电离：

$$\text{H}_2\text{SO}_3(\text{aq}) \rightleftharpoons \text{H}^+(\text{aq}) + \text{HSO}_3^-(\text{aq}) \qquad K_{a1} = 1.7 \times 10^{-2} \qquad (16.31)$$

$$\text{HSO}_3^-(\text{aq}) \rightleftharpoons \text{H}^+(\text{aq}) + \text{SO}_3^{2-}(\text{aq}) \qquad K_{a2} = 6.4 \times 10^{-8} \qquad (16.32)$$

注意，酸的解离常数标记为 K_{a1} 和 K_{a2}。解离常数上的数字是指电离酸的特定质子。因此，K_{a2} 是指失去第二个质子时的解离常数。

可见亚硫酸的 K_{a2} 远小于 K_{a1}。由于静电吸引力，中性 H_2SO_3 分子比带负电的 HSO_3^- 离子更容易失去带正电的质子。这一现象很常见，从多元酸中失去第一个质子总是比失去第二个质子更容易。同样地，对于具有三个可电离质子的酸，失去第二个质子比失去第三个质子更容易。因此，随着质子的不断失去，K_a 值逐渐变小。

表 16.3　几种常见的多元酸的酸解离常数

名称	结构式	K_{a1}	K_{a2}	K_{a3}
抗坏血酸	$H_2C_6H_6O_6$	8.0×10^{-5}	1.6×10^{-12}	
碳酸	H_2CO_3	4.3×10^{-7}	5.6×10^{-11}	
柠檬酸	$H_3C_6H_5O_7$	7.4×10^{-4}	1.7×10^{-5}	4.0×10^{-7}
草酸	HOOC—COOH	5.9×10^{-2}	6.4×10^{-5}	
磷酸	H_3PO_4	7.5×10^{-3}	6.2×10^{-8}	4.2×10^{-13}
亚硫酸	H_2SO_3	1.7×10^{-2}	6.4×10^{-8}	
硫酸	H_2SO_4	大	1.2×10^{-2}	
酒石酸	$C_2H_2O_2(COOH)_2$	1.0×10^{-3}	4.6×10^{-5}	

想一想

与 H_3PO_4 的 K_{a3} 相关的平衡是什么?

图例解析

每个柠檬酸分子能电离多少质子?

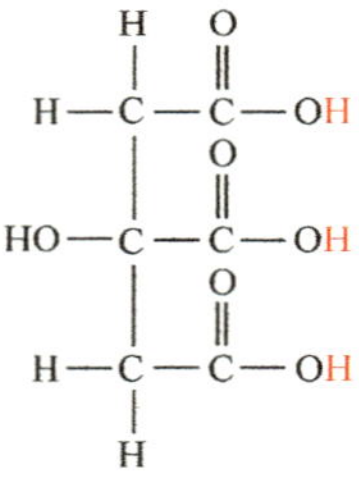

▲ 图 16.13　柠檬酸的结构式

常见多元酸的酸解离常数列于表 16.3，附录 D 提供了更完整的列表。柠檬酸的结构说明了它存在多个可电离的质子，见图 16.13。

请注意，在表 16.3 中，大多数情况下，连续失去质子的 K_a 值相差至少 10^3 倍。另外，硫酸的 K_{a1} 值简单地列为"大"。硫酸是一种强酸，易于失去第一个质子。因此，第一步电离反应完全向右边进行：

$$H_2SO_4(aq) \longrightarrow H^+(aq) + HSO_4^-(aq) \quad （完全电离）$$

然而，HSO_4^- 是弱酸，其中 $K_{a2}=1.2 \times 10^{-2}$。

对于大多数多元酸，K_{a1} 比之后的解离常数大得多，在这种情况下，溶液中的 $H^+(aq)$ 几乎完全来自第一电离。只要连续的 K_a 值之间相差 10^3 倍以上，就可以将多元酸当作一元酸来处理估算溶液的 pH，通常仅考虑 K_{a1}。

实例解析 16.14

计算多元酸溶液的 pH 值

在 25℃和 0.1atm 下，CO_2 在水中的溶解度为 0.0037M。通常假设在反应中所有溶解的 CO_2 都产生碳酸（H_2CO_3），反应如下

$$CO_2(aq) + H_2O(l) \rightleftharpoons H_2CO_3(aq)$$

计算 0.0037M H_2CO_3 溶液的 pH 值是多少?

解析

分析　计算 0.0037M 多元酸溶液的 pH。

思路　H_2CO_3 是一种二元酸，两个酸解离常数 K_{a1} 和 K_{a2}（见表 16.3）相差超过 10^3 倍。因此，可以仅考虑 K_{a1}，按一元酸来计算溶液的 pH 值。

解答 按照实例解析 16.12 和实例解析 16.13，将平衡反应和平衡浓度写为

$$H_2CO_3(aq) \rightleftharpoons H^+(aq) + HCO_3^-(aq)$$

	$H_2CO_3(aq)$	$H^+(aq)$	$HCO_3^-(aq)$
初始浓度 /M	0.0037	0	0
变化浓度 /M	$-x$	$+x$	$+x$
平衡浓度 /M	$(0.0037-x)$	x	x

平衡常数表达式为：

$$K_{a1} = \frac{[H^+][HCO_3^-]}{[H_2CO_3]} = \frac{(x)(x)}{0.0037-x} = 4.3 \times 10^{-7}$$

解二次方程，得到：

$$x = 4.0 \times 10^{-5} M$$

因为 K_{a1} 很小，可以进行 x 简化近似，这样：

$$0.0037 - x \approx 0.0037$$

因此，

$$\frac{(x)(x)}{0.0037} = 4.3 \times 10^{-7}$$

解 x，

$$x^2 = (0.0037)(4.3 \times 10^{-7}) = 1.6 \times 10^{-9}$$
$$x = [H^+] = [HCO_3^-] = \sqrt{1.6 \times 10^{-9}} = 4.0 \times 10^{-5} M$$

因为得到了两个相同的计算结果（两位有效数字），所以简化计算是合理的。因此 pH 值为：

$$pH = -\log[H^+] = -\log(4.0 \times 10^{-5}) = 4.40$$

注解 如果想对 $[CO_3^{2-}]$ 进行计算，需要利用 K_{a2}。用之前计算的 $[HCO_3^-]$ 和 $[H^+]$ 值，设 $[CO_3^{2-}] = y$，得到：

	$HCO_3^-(aq)$	$H^+(aq)$	$CO_3^{2-}(aq)$
初始浓度 /M	4.0×10^{-5}	4.0×10^{-5}	0
变化浓度 /M	$-y$	$+y$	$+y$
平衡浓度 /M	$(4.0 \times 10^{-5} - y)$	$(4.0 \times 10^{-5} + y)$	y

假设 y 相对于 4.0×10^{-5} 较小，则：

$$K_{a2} = \frac{[H^+][CO_3^{2-}]}{[HCO_3^-]} = \frac{(4.0 \times 10^{-5})(y)}{4.0 \times 10^{-5}} = 5.6 \times 10^{-11}$$
$$y = 5.6 \times 10^{-11} M = [CO_3^{2-}]$$

与 4.0×10^{-5} 相比，y 的值的确非常小，可见假设是合理的。就产生的 H^+ 而言，HCO_3^- 的电离相对于 H_2CO_3 的电离可忽略不计，HCO_3^- 的电离是 CO_3^{2-} 的唯一来源，其在溶液中浓度较低。因此，由计算结果可知，二氧化碳溶于水，大部分以 CO_2 或 H_2CO_3 的形式存在，只有一小部分电离形成 H^+ 和 HCO_3^-，还有更少的部分电离产生 CO_3^{2-}。需要注意，$[CO_3^{2-}]$ 在数值上等于 K_{a2}。

▶ **实践练习 1**

0.28M 抗坏血酸（维生素 C）溶液的 pH 值是多少？（K_{a1} 和 K_{a2} 见表 16.3）。

（a）2.04 （b）2.32 （c）2.82 （d）4.65 （e）6.17

▶ **实践练习 2**

（a）计算 0.020M 草酸（$H_2C_2O_4$）溶液的 pH 值（K_{a1} 和 K_{a2} 见表 16.3）。

（b）计算该溶液中草酸根离子，$C_2O_4^{2-}$ 的浓度。

深入探究 多元酸

在不同的 pH 值下，多元酸存在不同的形态。图 16.14 为磷酸及其几个共轭碱的相对平衡浓度随 pH 值的变化。从图 16.14 中还可以得到很多信息。例如，如果 pH > 4，那么溶液中基本上不存在 H_3PO_4。在 pH > 14，主要组分是磷酸根离子，PO_4^{3-}。我们还可以看到，当 pH 等于 pK_a 时，相关的共轭酸碱对的浓度相等。例如，当 pH = 7.21，$[H_2PO_4^-] = [HPO_4^-]$，在该 pH 下的平衡反应是：

$$H_2PO_4^-(aq) + H_2O(l) \rightleftharpoons HPO_4^{2-}(aq) + H_3O^+(aq)$$

因此 K_{a2} 对应于

$$K_{a2} = [\text{HPO}_4^{2-}][\text{H}_3\text{O}]^+ / [\text{H}_2\text{PO}_4^-]$$

对其求对数，得到：

$$\text{p}K_{a2} = \log([\text{H}_2\text{PO}_4^-] / [\text{HPO}_4^{2-}]) + \text{pH}$$

如果 $\text{p}K_{a2} = \text{pH}$，则 $[\text{H}_2\text{PO}_4^-] / [\text{HPO}_4^{2-}]$ 必须为 1
（因为 1 的对数等于零）。

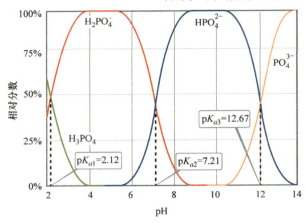

▲ 图 16.14 水中磷酸盐各组分的相对分数与其 pH 值的函数关系

16.7 | 弱碱

许多物质在水中表现为弱碱性。弱碱与水反应，从 H_2O 中提取质子，从而形成碱的共轭酸和 OH^- 离子：

$$\text{B(aq)} + \text{H}_2\text{O(l)} \rightleftharpoons \text{HB}^+\text{(aq)} + \text{OH}^-\text{(aq)} \qquad （16.33）$$

该反应的平衡常数表达式可写为：

$$K_b = \frac{[\text{BH}^+][\text{OH}^-]}{[\text{B}]} \qquad （16.34）$$

水是溶剂，因此从平衡常数表达式中省略。最常见的弱碱之一是氨，即 NH_3：

$$\text{NH}_3\text{(aq)} + \text{H}_2\text{O(l)} \rightleftharpoons \text{NH}_4^+\text{(aq)} + \text{OH}^-\text{(aq)} \quad K_b = \frac{[\text{NH}_4^+][\text{OH}^-]}{[\text{NH}_3]} \text{(16.35)}$$

与 K_w 和 K_a 一样，K_b 中的下标 b 表示平衡常数是指特定类型的反应，即弱碱在水中的电离。K_b 是碱解离常数，是指碱与 H_2O 反应形成相应的共轭酸和 OH^- 的反应的平衡常数。

表 16.4 列出了水中许多弱碱的 Lewis 结构、共轭酸和 K_b 值。附录 D 包含更详细的介绍。这些碱含有一个或多个孤对电子，一个孤对电子必须与 H^+ 成键。注意，表 16.4 的中性分子中，孤对电子在氮原子上，表中列出的其他碱是由弱酸衍生的阴离子。

弱碱的类型

弱碱分为两大类。第一类是中性物质，其原子具有可以接受质子的非键合电子对。这些碱中的大多数，包括表 16.4 中所有不带电荷的碱，都含有氮原子。这些物质包括氨和一类称为胺的一系列化合物（见图 16.15）。

▼ 图例解析

当羟胺作为碱时，哪个原子接受质子？

氨
NH_3

甲胺
CH_3NH_2

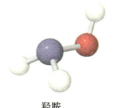

羟胺
NH_2OH

▲ 图 16.15 氨和两种简单胺的结构

表 16.4　25℃时水中的一些弱碱

碱	结构式	共轭酸	K_b
氨（NH_3）	H—N̈—H（下 H）	NH_4^+	1.8×10^{-5}
吡啶（C_5H_5N）		$C_5H_5NH^+$	1.7×10^{-9}
羟胺（$HONH_2$）	H—N̈—ÖH（下 H）	$HONH_3^+$	1.1×10^{-8}
甲胺（CH_3NH_2）	H—N̈—CH_3（下 H）	$CH_3NH_3^+$	4.4×10^{-4}
氢硫化物离子（HS^-）	H—S̈⁻	H_2S	1.8×10^{-7}
碳酸根离子（CO_3^{2-}）	CO_3^{2-} 结构式	HCO_3^-	1.8×10^{-4}
次氯酸根离子（ClO^-）	C̈l—Ö⁻	$HClO$	3.3×10^{-7}

注：接受质子的原子以蓝色显示

> **实例解析 16.15**
> **使用 K_b 计算 [OH⁻]**

计算 $0.15M$ NH_3 溶液中 OH^- 的浓度。

解析

分析　已知弱碱的浓度，求 OH^- 的浓度。　　**思路**　使用与弱酸电离问题相同的步骤，即写出化学方程式并列出初始浓度和平衡浓度。

解答　电离反应和平衡常数表达式：

$$NH_3(aq) + H_2O(l) \rightleftharpoons NH_4^+(aq) + OH^-(aq)$$

$$K_b = \frac{[NH_4^+][OH^-]}{[NH_3]} = 1.8 \times 10^{-5}$$

忽略 H_2O 的浓度，因为 H_2O 在平衡常数表达式中不存在，得到平衡浓度是：

	$NH_3(aq)$ +	$H_2O(l) \rightleftharpoons$	$NH_4^+(aq)$+	OH^-
初始浓度 /M	0.15	—	0	0
变化浓度 /M	$-x$	—	$+x$	$+x$
平衡浓度 /M	$(0.15-x)$	—	x	x

将这些量代入平衡常数表达式得出：

$$K_b = \frac{[NH_4^+][OH^-]}{[NH_3]} = \frac{(x)(x)}{0.15-x} = 1.8 \times 10^{-5}$$

由于 K_b 很小，与水反应的 NH_3 的量远小于 NH_3 浓度，因此与 $0.15M$ 相比 x 较小可以忽略。然后得到：

$$\frac{x^2}{0.15} = 1.8 \times 10^{-5}$$
$$x^2 = (0.15)(1.8 \times 10^{-5}) = 2.7 \times 10^{-6}$$
$$x = [NH_4^+] = [OH^-] = \sqrt{2.7 \times 10^{-6}} = 1.6 \times 10^{-3}M$$

　　检验　对于 x 仅为 0.15M NH$_3$ 浓度的 1%，因此，与 0.15 相比忽略 x 是合理的。

　　注解　求弱碱溶液的 pH 值。可以先求 [OH]，如实例解析 16.9，计算强碱的 pH 值。在题中发现，0.15M 的 NH$_3$ 溶液含有 [OH$^-$] = $1.6 \times 10^{-3}M$。因此，pOH = $-\log$（1.6×10^{-3}）= 2.80，pH = 14.00 − 2.80 = 11.20。溶液的 pH 值高于 7，因为它是碱性溶液。

> ▶ **实践练习 1**
>
> 　　0.65M 吡啶（C$_5$H$_5$N）溶液的 pH 值是多少？（K_b 见表 16.4）。
>
> 　　（a）4.48　（b）8.96　（c）9.52　（d）9.62　（e）9.71
>
> ▶ **实践练习 2**
>
> 　　0.05M 的吡啶、甲胺或亚硝酸溶液，哪种溶液的 pH 值最高？

　　在有机胺中，NH$_3$ 中至少一个 N-H 键被 N-C 键取代。与 NH$_3$ 一样，胺可以通过形成 N-H 键从水分子中得到质子，如式（16.36）所示的甲胺：

$$H \overset{\cdot\cdot}{\underset{|\ H}{\text{—}N}}\text{—}CH_3(aq) + H_2O(l) \rightleftharpoons \left[H\underset{|\ H}{\overset{|\ H}{\text{—}N}}\text{—}CH_3 \right]^+ (aq) + OH^-(aq) \quad (16.36)$$

　　弱酸根阴离子构成第二类弱碱。例如，在次氯酸钠（NaClO）水溶液中，NaClO 电离成 Na$^+$ 和 ClO$^-$ 离子。Na$^+$ 离子始终是酸碱反应中的旁观离子（见 4.3 节）。然而，ClO$^-$ 离子是弱酸次氯酸的共轭碱。因此，ClO$^-$ 离子在水中起到弱碱作用：

$$ClO^-(aq) + H_2O(l) \rightleftharpoons HClO(aq) + OH^-(aq) \quad K_b = 3.3 \times 10^{-7} \quad (16.37)$$

　　由图 16.6 可见，漂白剂是强碱性的（pH 值为 12~13）。常见的漂白剂通常是 5%NaOCl 溶液。

> ▶ **实例解析 16.16**
>
> **用 pH 值来测定盐溶液的浓度**
>
> 　　将固体次氯酸钠（NaClO）加入到足量水中制备 2.00L 次氯酸钠溶液，pH 为 10.50。通过式（16.37）计算加入水中的 NaClO 的物质的量。
>
> **解析**
>
> 　　**分析**　NaClO 是由 Na$^+$ 和 ClO$^-$ 离子组成的离子化合物，是强电解质，在溶液中完全解离成 Na$^+$ 和 ClO$^-$ 离子。弱碱的 $K_b = 3.3 \times 10^{-7}$[见式（16.37）]。因此，须计算将 2.00L 溶液的 pH 增加到 10.50 所需的 NaClO 物质的量。
>
> 　　**思路**　用 pH 值可以计算 OH$^-$ 的平衡浓度。然后构建一个表格，标明初始浓度和平衡浓度，其中 ClO$^-$ 的初始浓度是未知的。我们可以使用 K_b 的表达式计算 [ClO$^-$]。
>
> 　　**解答**　可以通过式（16.16）或式（16.20）计算 [OH]，在这里我们使用后一种方法进行计算：
>
> 　　pOH = 14.00 − pH = 14.00 − 10.50 = 3.50
>
> 　　[OH$^-$] = $10^{-3.50}$ = $3.2 \times 10^{-4} M$

当浓度足够大时，可以假设式（16.37）是 OH^- 的唯一来源，也就是说，可以忽略由 H_2O 自身电离产生的 OH^-。假设 x 为 ClO^- 的初始浓度，并以常规的方法解决平衡问题。

$$ClO^-(aq) + H_2O(l) \rightleftharpoons HClO(aq) + OH^-(aq)$$

	x	—	0	0
初始浓度 /M	x	—	0	0
变化浓度 /M	-3.2×10^{-4}	—	$+3.2 \times 10^{-4}$	$+3.2 \times 10^{-4}$
平衡浓度 /M	$(x - 3.2 \times 10^{-4})$	—	3.2×10^{-4}	3.2×10^{-4}

现在使用平衡常数的表达式来解决 x：

$$K_b = \frac{[HClO][OH^-]}{[ClO^-]} = \frac{(3.2 \times 10^{-4})^2}{x - 3.2 \times 10^{-4}} = 3.3 \times 10^{-7}$$

$$x = \frac{(3.2 \times 10^{-4})^2}{3.3 \times 10^{-7}} + (3.2 \times 10^{-4}) = 0.31M$$

这一溶液中 NaClO 的浓度为 $0.31M$，尽管部分 ClO^- 离子与水反应，溶液的总体积为 2.00L，所以 0.62mol 的 NaClO 是加入到水中盐的量。

▶ **实践练习 1**
苯甲酸根 $C_6H_5COO^-$ 是弱碱，$K_b = 1.6 \times 10^{-10}$。如果 pH 值为 9.04，则在 0.50L 的 NaC_6H_5COO 溶液中存在苯甲酸钠的物质的量是多少？

（a）0.38 （b）0.66 （c）0.76 （d）1.5 （e）2.9

▶ **实践练习 2**
pH 值为 11.17 的 NH_3 水溶液的物质的量浓度是多少？

16.8 | K_a 和 K_b 之间的关系

我们已经从定性的角度发现酸越强，其对应的共轭碱越弱。我们再从定量的角度考虑 NH_4^+ 和 NH_3 这一共轭酸碱对。每种物质都与水反应。对于酸，NH_4^+，平衡是：

$$NH_4^+(aq) + H_2O(l) \rightleftharpoons NH_3(aq) + H_3O^+(aq)$$

或者简写为：

$$NH_4^+(aq) \rightleftharpoons NH_3(aq) + H^+(aq) \qquad （16.38）$$

对于碱 NH_3，平衡是：

$$NH_3(aq) + H_2O(l) \rightleftharpoons NH_4^+(aq) + OH^-(aq) \qquad （16.39）$$

每个平衡由解离常数表示：

$$K_a = \frac{[NH_3][H^+]}{[NH_4^+]} \qquad K_b = \frac{[NH_4^+][OH^-]}{[NH_3]}$$

当将式（16.38）和式（16.39）相加，NH_4^+ 和 NH_3 两组分消去，只有水的电离：

$$NH_4^+(aq) \rightleftharpoons NH_3(aq) + H^+(aq)$$
$$NH_3(aq) + H_2O(l) \rightleftharpoons NH_4^+(aq) + OH^-(aq)$$
$$\overline{\qquad H_2O(l) \rightleftharpoons H^+(aq) + OH^-(aq) \qquad}$$

回想一下，当两个方程式相加得到第三个方程式时，第三个方程的平衡常数等于前两个方程平衡常数的乘积（见 15.3 节）。

将这一规律应用于当前的例子，当 K_a 和 K_b 相乘时，我们得到了

$$K_a \times K_b = \left(\frac{[\mathrm{NH_3}][\mathrm{H^+}]}{[\mathrm{NH_4^+}]} \right) \left(\frac{[\mathrm{NH_4^+}][\mathrm{OH^-}]}{[\mathrm{NH_3}]} \right)$$

$$= [\mathrm{H^+}][\mathrm{OH^-}] = K_w$$

因此，K_a 和 K_b 的乘积是水的离子积常数 K_w[见式（16.16）]。跟预想的一致，式（16.38）和式（16.39）相加，得出水的电离平衡，其平衡常数是 K_w。

上述结果适用于任何共轭酸碱对。通常情况下，酸的解离常数和其共轭碱的解离常数的乘积等于水的离子积常数：

$$K_a \times K_b = K_w \qquad （共轭酸碱对） \qquad （16.40）$$

需要注意的是，这种关系仅适用于共轭酸碱对。式（16.40）不可用于任意的酸和碱！随着酸强度的增加（K_a 变大），其共轭碱的强度必须减弱（K_b 变小），因此产物 $K_a \times K_b$ 在 25℃下保持 1.0×10^{-14}。表 16.5 说明了这种关系。

利用式（16.40），如果知道共轭酸的 K_a，就可以计算任何弱碱的 K_b。同样地，如果知道共轭碱的 K_b，也可以计算弱酸的 K_a。实际上，通常仅列出共轭酸碱对中的一个电离常数。例如，附录 D 不包含弱酸阴离子的 K_b 值，因为可以从其共轭酸的列表 K_a 值中很容易地计算出来。

回想一下，我们经常用 pH 表达 [$\mathrm{H^+}$][pH $= -\log[\mathrm{H^+}]$（见 16.4 节）]。这种 "p" 命名法通常用于极小的数字。例如，如果在化学手册中查找酸解离常数或碱解离常数的值，就会发现它们通常用 pK_a 或 pK_b 表示：

$$\mathrm{p}K_a = -\log K_a \quad 和 \quad \mathrm{p}K_b = -\log K_b \qquad （16.41）$$

使用该命名法，我们可以通过取双方的负对数来用 pK_a 和 pK_b 表示式（16.40）：

$$\mathrm{p}K_a + \mathrm{p}K_b = \mathrm{p}K_w = 14.00 \qquad 25℃ \qquad （共轭酸碱对）（16.42）$$

 想一想

醋酸的 K_a 为 1.8×10^{-5}。醋酸的 pK_a 值的第一位数是什么？

表 16.5 一些共轭酸碱对

酸	K_a	碱	K_b
$\mathrm{HNO_3}$	（强酸）	$\mathrm{NO_3^-}$	（碱度可忽略不计）
HF	6.8×10^{-4}	$\mathrm{F^-}$	1.5×10^{-11}
$\mathrm{CH_3COOH}$	1.8×10^{-5}	$\mathrm{CH_3COO^-}$	5.6×10^{-10}
$\mathrm{H_2CO_3}$	4.3×10^{-7}	$\mathrm{HCO_3^-}$	2.3×10^{-8}
$\mathrm{NH_4^+}$	5.6×10^{-10}	$\mathrm{NH_3}$	1.8×10^{-5}
$\mathrm{HCO_3^-}$	5.6×10^{-11}	$\mathrm{CO_3^{2-}}$	1.8×10^{-4}
$\mathrm{OH^-}$	（酸度可忽略不计）	$\mathrm{O^{2-}}$	（强碱）

化学应用 胺和胺盐

许多低分子量胺具有鱼腥味。胺和氨气产生于腐烂动物或植物的无氧（不存在 O_2）分解，这两种让人厌恶气味的胺是 $H_2N(CH_2)_4NH_2$ 腐胺和 $H_2N(CH_2)_5NH_2$ 尸胺。这些物质的命名证明了它们令人厌恶的气味！

许多药物，包括奎宁、可待因、咖啡因和安非他明都是胺类。像其他胺一样，这些物质都是弱碱，在用酸处理时，胺氮易于质子化，所得产物称为酸式盐。如果我们使用 A 作为胺的缩写，则通过与盐酸反应形成的酸式盐，可以写成 AH^+Cl^-，也可以写成 A·HCl，并称为盐酸盐。例如，安非他明盐酸盐是通过用 HCl 处理安非他明而形成的酸式盐：

$$\langle\!\!\!\bigcirc\!\!\!\rangle - CH_2 - \underset{\underset{CH_3}{|}}{CH} - \overset{\cdot\cdot}{N}H_2(aq) + HCl(aq) \longrightarrow$$

安非他明

$$\langle\!\!\!\bigcirc\!\!\!\rangle - CH_2 - \underset{\underset{CH_3}{|}}{CH} - NH_3^+Cl^-(aq)$$

安非他明盐酸盐

与相应的胺相比，其酸式盐挥发性更低，更稳定，并且通常更易溶于水。因此，很多作为胺的药物以酸盐形式出售和管理。一些含有胺盐酸盐作为活性成分的非处方药如图 16.16 所示。

相关练习：16.9、16.73、16.74、16.101、16.114、16.124

▲ 图 16.16 一些非处方药物，其中胺盐是主要的活性成分

实例解析 16.17

计算共轭酸碱对的 K_a 或 K_b

计算（a）F^- 的 K_b，（b）NH_4^+ 的 K_a。

解析

分析 要求计算 HF 的共轭碱 F^- 和 NH_3 的共轭酸 NH_4^+ 的解离常数。

思路 通过 HF 和 NH_3 在列表中的 K 值以及 K_a 和 K_b 之间的关系来计算 F^- 和 NH_4^+ 的解离常数。

解答

（a）表 16.2 和附录 D 给出了弱酸 HF 的 $K_a = 6.8 \times 10^{-4}$，可以使用式（16.40）来计算其共轭碱 F^- 的 K_b，

$$K_b = \frac{K_w}{K_a} = \frac{1.0 \times 10^{-14}}{6.8 \times 10^{-4}} = 1.5 \times 10^{-11}$$

（b）表 16.4 和附录 D 给出了 NH_3 的 $K_b = 1.8 \times 10^{-5}$，使用式（16.40）计算其共轭酸 NH_4^+ 的 K_a：

$$K_a = \frac{K_w}{K_b} = \frac{1.0 \times 10^{-14}}{1.8 \times 10^{-5}} = 5.6 \times 10^{-10}$$

检验 表 16.5 列出了 F^- 和 NH_4^+ 各自的 K 值，我们可以看到这里计算的值与表 16.5 中的值一致。

▶ **实践练习 1**

使用附录 D 中的信息，将以下三种物质按由弱碱到强碱的顺序排列：

（i）$(CH_3)_3N$　（ii）$HCOO^-$　（iii）BrO^-
（a）i < ii < iii　（b）ii < i < iii　（c）iii < i < ii
（d）ii < iii < i　（e）iii < ii < i

▶ **实践练习 2**

（a）根据附录 D 中的信息，这些阴离子中的哪一种具有最大的碱解离常数：NO_2^-、PO_4^{3-} 或 N_3^-？
（b）碱喹啉结构

其共轭酸在附录 D 中列为 pK_a 为 4.90。喹啉的共轭碱解离常数是多少？

16.9 | 盐溶液的酸碱性

在开始本章学习之前，我们已经了解了许多酸性物质，如 HNO_3、HCl 和 H_2SO_4，以及其他碱性物质，如 $NaOH$ 和 NH_3。但是，通过本章的学习还要了解离子也可以表现出酸性或碱性。例如，在实例解析 16.17 中计算了 NH_4^+ 的 K_a 和 F^- 的 K_b。这意味着盐溶液可以是酸性或碱性的。在继续讨论酸和碱之前，让我们来看看可溶性盐对 pH 的影响。

几乎所有的盐都是强电解质，假设溶解在水中的盐都完全解离。则盐溶液的酸碱性取决于阴离子和阳离子的性质。许多离子与水反应生成 $H^+(aq)$ 或 $OH^-(aq)$ 离子。这一类反应通常称为水解。通过考虑盐的阳离子和阴离子性质，可以定性地预测盐溶液的 pH。

阴离子与水反应的能力

通常情况下，溶液中的阴离子 A^- 认为是酸的共轭碱。例如，Cl^- 是 HCl 的共轭碱，CH_3COO^- 是 CH_3COOH 的共轭碱。阴离子与水反应是否产生 OH^-，取决于阴离子的共轭酸的强度。为判断酸的强度，在阴离子上添加一个质子，如果得到的酸 HA 是第 16.5 节开头列出的 7 种强酸之一，那么该阴离子在水中产生的 OH^- 离子可忽略不计，并且不会影响溶液的 pH 值。例如，水溶液中的 Cl^- 不会在溶液中产生 OH^-，也不会影响溶液的 pH 值。因此，Cl^- 在酸碱反应中一直是旁观离子。

如果 HA 不是 7 种常见强酸之一，则该酸就是一种弱酸。在这种情况下，共轭碱 A^- 就是弱碱，它与水反应程度很小，产生弱酸和氢氧根离子：

$$A^-(aq) + H_2O(l) \rightleftharpoons HA(aq) + OH^-(aq) \qquad (16.43)$$

由此产生的 OH^- 离子增加了溶液的 pH 值，使其成为碱性。例如，CH_3COO^- 离子，作为弱酸的共轭碱，与水反应生成 CH_3COOH 和 OH^-，从而提高了溶液的 pH 值，具体过程：

$$CH_3COO^-(aq) + H_2O(l) \rightleftharpoons CH_3COOH(aq) + OH^-(aq) \qquad (16.44)$$

 想一想

NO$_3^-$ 离子会影响溶液的 pH 值吗？ CO$_3^{2-}$ 离子呢？

对于含有可电离质子的阴离子盐溶液就更复杂了，例如 HSO_3^-，这类盐是两性的（见 16.2 节）。它们在水中的性质取决于离子的 K_a 和 K_b 的相对大小，如实例解析 16.19 所示。如果 $K_a > K_b$，那么溶液呈酸性。如果 $K_b > K_a$，那么该溶液呈碱性。

阳离子与水反应的能力

含有一个或多个质子的阳离子是弱碱的共轭酸。例如，NH_4^+ 离子是弱碱 NH_3 的共轭酸。因此，NH_4^+ 是一种弱酸，会向水中提供质子，产生 H_3O^+，从而降低了溶液 pH 值：

$$NH_4^+(aq) + H_2O(l) \rightleftharpoons NH_3(aq) + H_3O^+(aq) \qquad (16.45)$$

图例解析

为什么在这个图中需要使用多个酸碱指示剂?

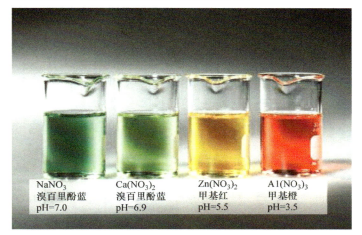

表 16.6 25℃下水溶液中金属阳离子的酸解离常数

阳离子	K_a
Fe^{3+}	6.3×10^{-3}
Cr^{3+}	1.6×10^{-4}
Al^{3+}	1.4×10^{-5}
Fe^{2+}	3.2×10^{-10}
Zn^{2+}	2.5×10^{-10}
Ni^{2+}	2.5×10^{-11}

▲ 图 16.17 **阳离子对溶液 pH 值的影响** 使用酸碱指示剂估算的 4 种 1.0M 硝酸盐溶液的 pH 值

一些金属盐会存在特殊情况。例如,将 $Fe(NO_3)_3$ 溶解在水中,溶液显酸性。为什么会这样呢?

可能你会认为硝酸离子以某种形式产生硝酸,但它是错误的。回想一下,硝酸根是强酸的共轭碱,因此与水的反应可以忽略不计。相反,我们必须考虑 Fe^{3+} 在溶液中的存在形式。事实证明,其他高电荷金属阳离子如 Fe^{3+} 一样也会在水中产生很强的酸性溶液(见表 16.6)。表中 Fe^{2+} 和 Fe^{3+} 值也说明了随着离子电荷的增加酸度也会随之增加。

需要注意的是,表 16.6 中三价离子的 K_a 值与熟悉的弱酸值相当,例如乙酸($K_a = 1.8 \times 10^{-5}$)。相反,碱金属和碱土金属的离子相对较大且不带高电荷,不与水反应,因此不会影响 pH 值。这些是在强碱溶液中发现的相同阳离子(见 16.5 节),4 种阳离子降低溶液 pH 值的趋势(见图 16.17)。

金属离子形成酸性溶液的机理(见图 16.18)。因为金属离子带正电荷,它们吸引水分子中的未共用电子对形成水合离子(见 13.1 节)。金属离子上的电荷越大,离子与水合分子的氧之间的相互作用越强。随着这种相互作用强度的增加,水合分子中的 O—H 键变弱,这有利于质子从水合分子转移到溶剂水分子。

阳离子与阴离子在溶液中的相互作用

为了确定盐在溶于水时形成酸性、碱性还是中性溶液,我们既要考虑阳离子、也要考虑阴离子的性质。可能存在以下 4 种可能的情况。

1. 如果盐含有不与水反应的阴离子和阳离子,溶液的 pH 值为中性,即,阴离子是强酸的共轭碱,并且阳离子是来自 IA 族或 IIA 族(Ca^{2+}、Sr^{2+} 和 Ba^{2+})之一,例如:$NaCl$、$Ba(NO_3)_2$、$RbClO_4$。

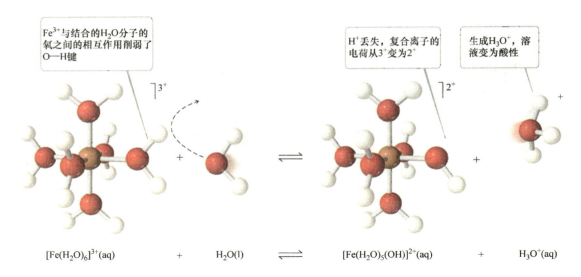

Fe³⁺ 与结合的 H₂O 分子的氧之间的相互作用削弱了 O—H 键

H⁺ 丢失，复合离子的电荷从 3⁺ 变为 2⁺

生成 H₃O⁺，溶液变为酸性

$$[Fe(H_2O)_6]^{3+}(aq) \quad + \quad H_2O(l) \quad \rightleftharpoons \quad [Fe(H_2O)_5(OH)]^{2+}(aq) \quad + \quad H_3O^+(aq)$$

▲ 图 16.18　水合 Fe^{3+} 离子通过将水分子中 H^+ 提供给游离的 H_2O 分子，产生 H_3O^+，从而起到酸的作用

2. 如果盐含有与水反应产生 OH^- 阴离子和不与水反应的阳离子，我们认为溶液的 pH 值是碱性的，即，阴离子是弱酸的共轭碱，并且阳离子来自 IA 族或 IIA 族（Ca^{2+}、Sr^{2+} 和 Ba^{2+}）之一。例如：$NaClO$、RbF、$BaSO_3$。

3. 如果盐含有与水反应生成 H_3O^+ 的阳离子和不与水反应的阴离子，我们认为溶液的 pH 值是酸性的，即，阳离子是弱碱的共轭酸或具有二价或更大电荷的阳离子，例如：NH_4NO_3、$AlCl_3$、$Fe(NO_3)_3$。

4. 如果盐含有都与水反应的阴离子和阳离子，会产生 OH^- 和 H_3O^+。此时溶液是酸性、碱性，还是中性取决于离子与水反应的相对能力。例如：NH_4ClO、$Al(CH_3COO)_3$、CrF_3。

> ### 实例解析 16.18
> #### 确定盐溶液是酸性、碱性还是中性

确定这些盐的水溶液是酸性、碱性还是中性：（a）$Ba(CH_3COO)_2$ （b）NH_4Cl （c）CH_3NH_3Br （d）KNO_3 （e）$Al(ClO_4)_3$

解析

分析　已知 5 种离子化合物（盐）的化学式，要求确定水溶液是酸性、碱性或中性。

思路　判断盐溶液是酸性的，还是碱性的，要确定溶液中的哪种离子影响 pH 值。

解答　（a）该溶液含有 Ba^{2+} 和 CH_3COO^- 离子。阳离子是碱土金属的离子，因此不会影响 pH。阴离子 CH_3COO^- 是弱酸 CH_3COOH 的共轭碱，水解产生 OH^- 离子，从而使溶液呈碱性。

（b）在该溶液中，NH_4^+ 是弱碱（NH_3）的共轭酸，因此是酸性的。Cl^- 是强酸（HCl）的共轭碱，因此对溶液的 pH 值没有影响。因为该溶液含有酸性（NH_4^+）的离子和对 pH 值没有影响的（Cl^-）离子，所以 NH_4Cl 的溶液是酸性的。

（c）$CH_3NH_3^+$ 是弱碱（CH_3NH_2）的共轭酸，因此是酸性的。Br^- 是强酸（HBr）的共轭碱，因此对溶液的 pH 值没有影响。因为该溶液含有一种酸性离子和一种对 pH 值无影响的离子，所以 CH_3NH_3Br 溶液呈酸性。

（d）该溶液含有 K^+ 离子，是 IA 族的阳离子和 NO_3^- 离子形成的化合物，NO_3^- 是强酸 HNO_3 的共轭碱。两种离子都不会与水发生任何明显的反应，因此使溶液保持中性。

（e）该溶液含有 Al^{3+} 和 ClO_4^- 离子。具有三价或更高电荷的阳离子如 Al^{3+} 是酸性的。ClO_4^- 离子是强酸（$HClO_4$）的共轭碱，不影响溶液的 pH 值。因此，$Al(ClO_4)_3$ 的溶液是酸性的。

▶ **实践练习 1**

将下列溶液按照 pH 值从最低到最高的顺序排列：
（i）0.10M NaClO （ii）0.10M KBr
（iii）0.10M NH₄ClO₄
（a）i < ii < iii （b）ii < i < iii
（c）iii < i < ii （d）ii < iii < i
（e）iii < ii < i

▶ **实践练习 2**

指出在下列每对 0.010M 盐溶液中，哪个盐酸性更强（或碱性更弱）：
（a）NaNO₃ 和 Fe(NO₃)₃
（b）KBr 和 KBrO
（c）CH₃NH₃Cl 和 BaCl₂
（d）NH₄NO₂ 和 NH₄NO₃

实例解析 16.19

推断两性阴离子溶液是酸性的还是碱性的

推断 Na_2HPO_4 盐在溶于水时是形成酸性溶液还是碱性溶液。

解析

　　分析　要推断 Na_2HPO_4 的溶液是酸性还是碱性，要知道 Na_2HPO_4 是由 Na^+ 和 HPO_4^{2-} 离子形成的离子化合物。

　　思路　需要分析每种离子是酸性的还是碱性的。因为 Na^+ 是 IA 族的阳离子，所以对 pH 值没有影响。因此，溶液酸碱性的分析需关注 HPO_4^{2-} 离子的性质。需要考虑 HPO_4^{2-} 可以作为酸还是碱：

作为酸：

$$HPO_4^{2-}(aq) \rightleftharpoons H^+(aq) + PO_4^{3-}(aq) \quad （16.46）$$

作为碱：

$$HPO_4^{2-}(aq) + H_2O \rightleftharpoons H_2PO_4^-(aq) + OH^-(aq) \quad （16.47）$$

　　在这两个反应中，平衡常数较大的反应决定了溶液是酸性的还是碱性的。

　　解答　式（16.46）的 K_a 值是 H_3PO_4 的 K_{a3}：4.2×10^{-13}（见表 16.3）。对于式（16.47），必须根据其共轭酸 $H_2PO_4^-$ 的 K_a 值计算 HPO_4^{2-} 的 K_b，并且关系式

$K_a \times K_b = K_w$［见式（16.40）］。对于 $H_2PO_4^-$，K_a 的相关值是 H_3PO_4 的 K_{a2}：6.2×10^{-8}（见表 16.3）。因此有

$$K_b(HPO_4^{2-}) \times K_a(H_2PO_4^-) = K_w = 1.0 \times 10^{-14}$$

$$K_b(HPO_4^{2-}) = \frac{1.0 \times 10^{-14}}{6.2 \times 10^{-8}} = 1.6 \times 10^{-7}$$

　　对于 HPO_4^{2-}，K_b 值比 K_a 大 10^5 倍以上；因此，式（16.47）中的反应优于式（16.46）中的反应。溶液是碱性的。

▶ **实践练习 1**

下面多少种盐能产生酸性溶液（见表 16.3）：
NaHSO₄、NaHC₂O₄、NaH₂PO₄ 和 NaHCO₃？
（a）0 （b）1 （c）2 （d）3 （e）4

▶ **实践练习 2**

预测柠檬酸的二钾盐（$K_2HC_6H_5O_7$）在水中能形成酸性溶液还是碱性溶液（见表 16.3）。

16.10 | 酸碱性质和化学结构

　　当某物质溶于水时，可以显酸性或碱性，或者不表现出酸碱性。物质的化学结构决定物质的性质吗？例如，为什么含有 -OH 的物质将 OH^- 离子释放到溶液中显碱性，而其他物质电离释放 H^+ 离子表现为酸性？在本节中，我们将简要讨论化学结构对酸碱性的影响。

影响酸强度的因素

　　酸的强度通常受三个因素的影响

　　H—A 键极性　只有当 H—A 键被极化使 H 原子带有部分正电荷时，含有 H 的分子才会充当质子供体（酸）（见 8.4 节）。回想一下，极化的方式：

$$\overset{\longrightarrow}{H—A}$$

在诸如 NaH 的氢化物中，键以相反的方式极化：H 原子带有负电荷并且表现为质子受体（碱）。非极性 H—A 键，例如 CH_4 中的 C—H 键，既不产生酸性也不产生碱性水溶液。

通常情况下，当 H-A 键极性增强时，从 H 上吸取更多的电子密度，酸性越强。

H—A 键强度　键的强度（见 8.8 节）也利于确定含有 H—A 键的分子是否会产生质子。强键比弱键更不容易断裂。例如在卤化氢中。H—F 键是极性最强的 H-A 键。因此，键极性非常强，可能会认为 HF 是一种强酸，然而，同一族自下而上，H—A 键强度逐渐增加：HI 为 299kJ/mol，HBr 为 366kJ/mol，HCl 为 431kJ/mol，HF 为 567kJ/mol。因为 HF 在卤化氢中具有最高键能，所以是弱酸，而其他所有卤化氢在水中都是强酸。通常情况下，随着 H—A 键强度降低，酸性增强。

共轭碱稳定性　影响氢原子从 HA 离子化容易程度的第三个因素是共轭碱 A^- 的稳定性。通常，共轭碱越稳定，酸越强。

二元酸

对于一系列二元酸 HA，其中 A 代表元素周期表中相同组族的组分，H—A 键的强度通常是决定酸强度的最重要因素。在一个组族中，随着 A 组分大小的增加，H—A 键的强度趋于降低，结果，键能降低，酸度增加。因此，HCl 比 HF 酸性强，且 H_2S 比 H_2O 酸性更强。

当 A 代表同一周期元素时，键极性是决定二元酸 HA 酸度的主要因素。周期表中从左向右，随着元素 A 电负性的增加，酸度逐渐增加（见 8.4 节），例如，第二周期元素的酸度差异是 $CH_4 < NH_3 \ll H_2O < HF$。由于 C—H 键通常是非极性的，所以 CH_4 不形成 H^+ 和 CH_3^- 离子。尽管 N—H 键是极性的，但 NH_3 在氮原子上具有非键合电子对，这影响了其化学性质，因此 NH_3 充当碱而不充当酸。

图 16.19 总结了氢和第二、第三周期非金属的二元化合物酸强度的周期性变化趋势。

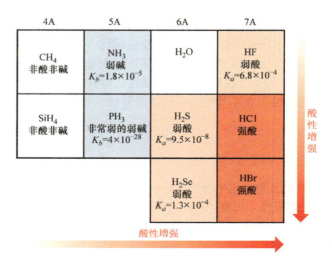

▲ 图 16.19　第二～四周期二元氢化物的酸强度变化趋势

含氧酸

许多常见的酸，如硫酸，含有一个或多个 O-H 键：

含有 -OH 和另外与中心原子结合的氧原子的酸称为含氧酸。令人困惑的是，我们所知道的作为碱基的 -OH 也存在于某些酸中。让我们仔细研究一下哪些因素决定给定的 -OH 是作为碱还是作为酸。

考虑原子 Y 结合一个 -OH，可能又结合了其他基团：

$$\diagdown \hspace{-0.3em}\diagup \hspace{-0.3em} Y—O—H$$

另一种情况，Y 可以是金属，如 Na 或 Mg。由于金属的电负性低，Y 和 O 之间共用电子对完全转移到氧上，形成含有 OH^- 的离子化合物。因此，这些化合物是 OH^- 离子的来源，作为碱，如在 NaOH 和 $Mg(OH)_2$ 中。当 Y 是非金属时，与 O 形成共价键，该化合物不容易失去 OH^-，然而，这些化合物是酸性的或中性的，通常随着 Y 电负性的增加，物质的酸度也会增加。形成这种情况有两个原因：首先，当电子云密度被拉向 Y 时，O-H 键变弱且极性更强，从而有利于 H^+ 的失去。其次，任何酸性 YOH 的共轭碱通常为阴离子，其稳定性通常随着 Y 的电负性增加而增加。这种趋势通过次卤酸（YOH 酸，其中 Y 是卤离子）的 K_a 值可以说明，其随着卤素原子的电负性降低而降低（见图 16.20）。

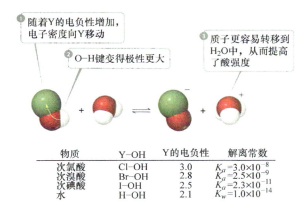

图例解析

平衡时，具有卤素原子（绿色）的两种组分中的哪一种以更高的浓度存在？

❶ 随着Y的电负性增加，电子密度向Y移动

❷ O-H键变得极性更大

❸ 质子更容易转移到 H_2O 中，从而提高了酸强度

物质	Y-OH	Y的电负性	解离常数
次氯酸	Cl-OH	3.0	$K_a=3.0\times10^{-8}$
次溴酸	Br-OH	2.8	$K_a=2.5\times10^{-9}$
次碘酸	I-OH	2.5	$K_a=2.3\times10^{-11}$
水	H-OH	2.1	$K_w=1.0\times10^{-14}$

▲ 图 16.20　含氧的次卤酸（YOH）和水的酸度随 Y 的电负性的变化

许多含氧酸含有与中心原子 Y 键合的额外氧原子，这些原子从 O—H 键上拉得电子密度，进一步增加其极性。增加氧原子的数量也有助于通过增加其"展开"负电荷的能力来稳定共轭碱。因此，随着附加电负性原子与中心原子 Y 的键合，酸的强度逐渐增加。例如，随着 O 原子的加入，氯的含氧酸（Y=Cl）的强度稳定地增加：

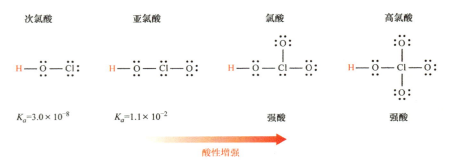

次氯酸　　　　　亚氯酸　　　　　氯酸　　　　　高氯酸

$K_a = 3.0 \times 10^{-8}$　　$K_a = 1.1 \times 10^{-2}$　　强酸　　　强酸

酸性增强

由于 Y 的氧化数随着附加 O 原子数的增加而增加，所以这种相关性可以用等同的方式表示：在一系列含氧酸中，酸的强度随着中心原子含氧数的增加而增加。

> **想一想**
>
> HIO_2 或 $HBrO_3$，哪种酸具有较大的酸解离常数？

 实例解析 16.20
从组成和结构预测酸的相对强度

按照酸强度由弱到强的顺序排列下面两组化合物：
（a）AsH_3、HBr、KH、H_2Se （b）H_2SO_4、H_2SeO_3、H_2SeO_4

解析

分析 要求按酸强度由弱到强的顺序排列两组化合物。（a）中的物质是含有 H 的二元化合物，（b）中的物质是含氧酸。

思路 对于二元化合物，应考虑 As、Br、K 和 Se 相对于 H 的电负性。这些原子的电负性越强，H 上的部分正电荷就越高，因此化合物的酸性越强。

对于含氧酸，应考虑中心原子的电负性及与中心原子键合的氧原子数。

解答 （a）因为 K 位于元素周期表的左侧，所以电负性非常低（0.8，见图 8.8），所以，KH 中的氢带负电荷。因此，KH 应该是该组中酸性最弱（碱性最强）的化合物。

As 和 H 电负性相当，分别为 2.0 和 2.1。这意味着 As-H 是非极性键，因此，AsH_3 几乎不在水溶液中提供质子。

Se 的电负性为 2.4，Br 的电负性为 2.8。因此，H-Br 键比 H-Se 键极性更强，HBr 贡献质子的能力更强。（这种推断见图 16.19，其中 H_2Se 是弱酸，HBr 是强酸）。因此，酸强度的顺序是 $KH < AsH_3 < H_2Se < HBr$。

（b）酸 H_2SO_4 和 H_2SeO_4 具有相同数量的 O 原子和相同数量的 OH 基团。在这种情况下，酸强度随着中心原子的电负性的增加而增加。因为 S 比 Se 具有稍微更强的电负性（2.5 与 2.4），因此，H_2SO_4 酸性比 H_2SeO_4 更强。

对于具有相同中心原子的酸，酸度随着与中心原子键合的氧原子数的增加而增加。H_2SeO_4 比 H_2SeO_3 具有更强的酸性。因此，酸强度增加的顺序为 $H_2SeO_3 < H_2SeO_4 < H_2SO_4$。

▶ **实践练习 1**

将下列物质按酸度由弱到强的顺序排列：$HClO_3$、HOI、$HBrO_2$、$HClO_2$、HIO_2。
（a）$HIO_2 < HOI < HClO_3 < HBrO_2 < HClO_2$
（b）$HOI < HIO_2 < HBrO_2 < HClO_2 < HClO_3$
（c）$HBrO_2 < HIO_2 < HClO_2 < HOI < HClO_3$
（d）$HClO_3 < HClO_2 < HBrO_2 < HIO_2 < HOI$
（e）$HOI < HClO_2 < HBrO_2 < HIO_2 < HClO_3$

▶ **实践练习 2**

在以下每对组合中，选择能产生酸性较强（或碱性较弱）溶液的化合物：
（a）HBr, HF （b）PH_3, H_2S
（c）HNO_2, HNO_3 （d）H_2SO_3, H_2SeO_3

羧酸

另一组酸以弱酸乙酸为例，（$K_a = 1.8 \times 10^{-5}$）：

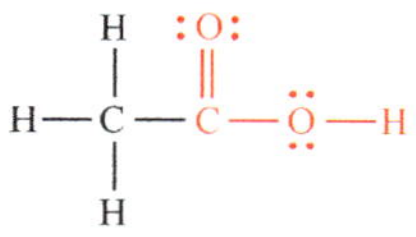

红色显示的结构部分称为羧基，通常写成 -COOH。因此，乙酸的化学式记为 CH_3COOH，其中只有羧基中的氢原子可被电离。含有羧基的酸称为羧酸，它们是有机酸中的最大类别。甲酸和苯甲酸是这一大类酸的重要例子：

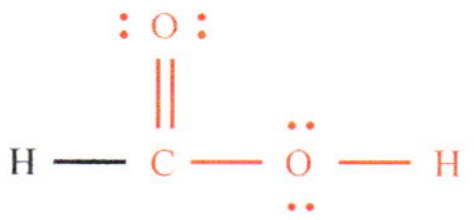

甲酸 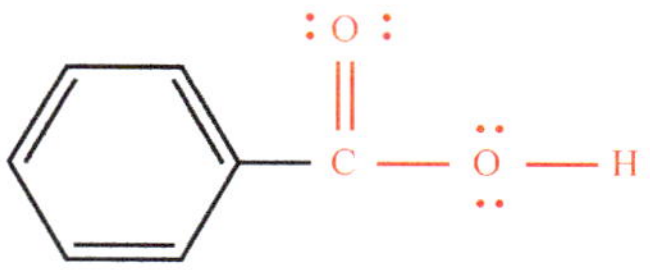   苯甲酸

有两个因素影响羧酸的酸性性质。首先，连接在羧基碳上的另外的氧原子从 O-H 键吸引电子密度，增加其极性，有助于共轭碱的稳定。其次，羧酸（羧酸根阴离子）的共轭碱可以表现出共轭（见 8.6 节），通过将负电荷扩散到几个原子上而有助于阴离子的稳定：

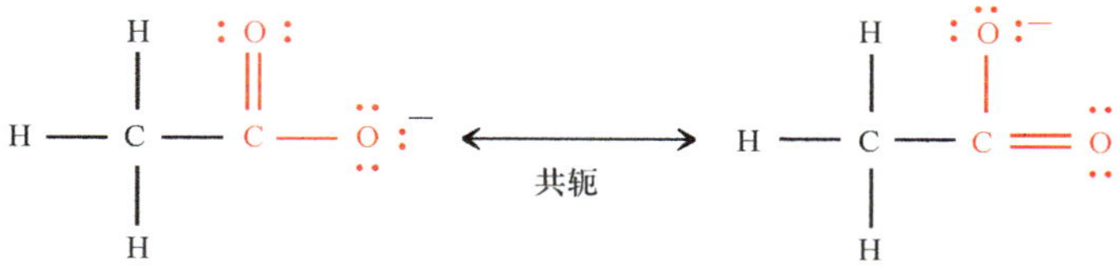

共轭

⚠ 想一想

羧酸盐在水中可能产生酸性还是碱性溶液？

化学与生活 氨基酸的两性行为

氨基酸是蛋白质的基本单位，我们将在第 24 章中详细讨论。氨基酸的一般结构是：

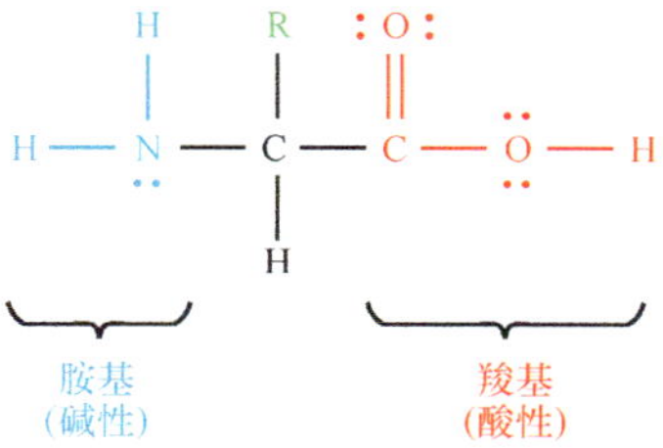

胺基（碱性）   羧基（酸性）

其中不同的氨基酸具有与中心碳原子相连的不同的 R 基。例如，甘氨酸是最简单的氨基酸，R 基是氢原子，丙氨酸的 R 基是 CH_3 基团：

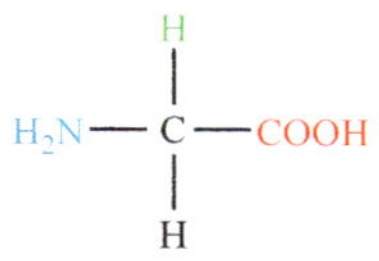

甘氨酸 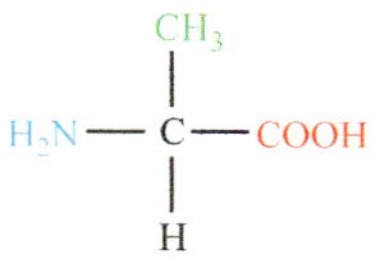   丙氨酸

氨基酸含有羧基，可以作为酸。还含有胺类特征的 NH_2 基团（见 16.7 节），也可以作为碱。因此，氨基酸具有两性。对于甘氨酸，我们期望它与水的酸和碱反应

酸：$H_2N-CH_2-COOH(aq) + H_2O(l) \rightleftharpoons$
$H_2N-CH_2-COO^-(aq) + H_3O^+(aq)$ （16.48）

碱：$H_2N-CH_2-COOH(aq) + H_2O(l) \rightleftharpoons$
$^+H_3N-CH_2-COOH(aq) + OH^-(aq)$ （16.49）

甘氨酸在水溶液中的 pH 值约为 6.0，表明其酸性比碱性略强。

然而，氨基酸的酸碱性比式（16.48）和式（16.49）中所示更为复杂。因为 -COOH 可以作为酸，-NH₂ 可以作为碱，氨基酸有着"独特的" Bronsted-Lowry 酸碱反应，其中羧基的质子转移到碱性氮原子上。

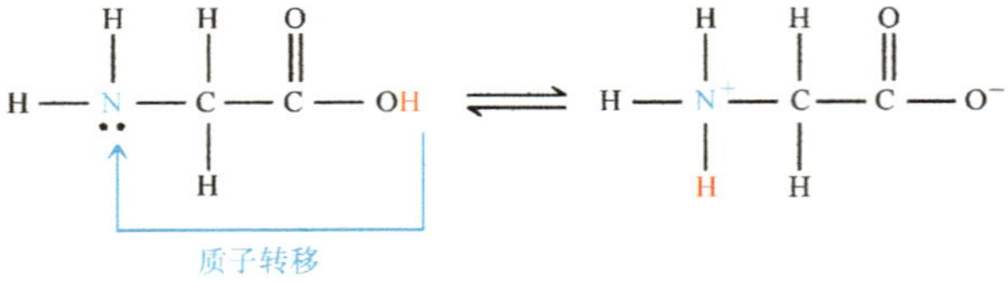

尽管该等式右边的氨基酸总体上是电中性的，但它具有带正电的末端和带负电的末端。这种类型的分子称为两性离子（德语为"hybrid ion"）。

氨基酸是否表现出两性离子的特性？如果是，那么氨基酸的性质应该与离子化合物相似（见 8.2 节）。结晶的氨基酸熔点较高，通常高于 200℃，这是固体离子化合物的特征。氨基酸在水中比在非极性溶剂中更易溶解。此外，氨基酸的偶极矩很大，分子中存在大的独立电荷。因此，氨基酸可同时作为酸和碱的特征对其性质具有重要影响。

相关练习：16.114

中性分子   两性离子

16.11 | 路易斯（Lewis）酸碱

对于是质子受体（Bronsted-Lowry 碱）的物质，必须具有未共用的电子对以结合质子，例如在 NH_3 中，使用 Lewis 结构，可以将 H^+ 和 NH_3 之间的反应写成

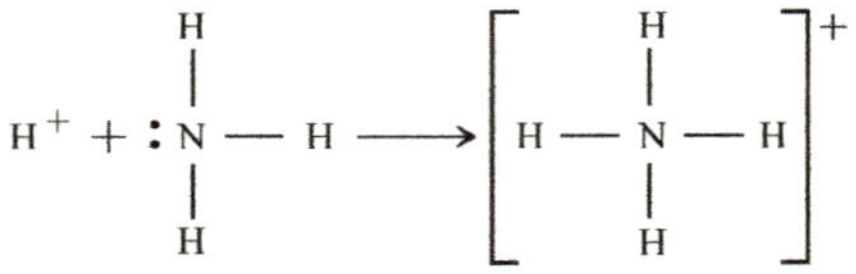

G.N. Lewis 是第一个注意到酸碱反应的人。他提出了酸碱共用电子对的定义：

Lewis 酸是电子对受体。

Lewis 碱是电子对供体。

到目前为止，我们讨论过的每个碱无论是 OH^-、H_2O、胺还是阴离子都是电子对供体。Bronsted-Lowry 意义上的所有碱（质子受体）也是 Lewis 意义上的碱（电子对供体）。然而，在 Lewis 理论中，碱可以将电子对提供给其他物质而不是 H^+。因此，Lewis 的定义大大增加了酸的种类与数量。换句话说，H^+ 是 Lewis 酸，但不是唯一的 Lewis 酸。例如，NH_3 和 BF_3 之间发生的反应是因为 BF_3 具有空轨道（见 8.7 节）。因此它作为电子对受体（Lewis 酸）作用于 NH_3，NH_3 提供电子对：

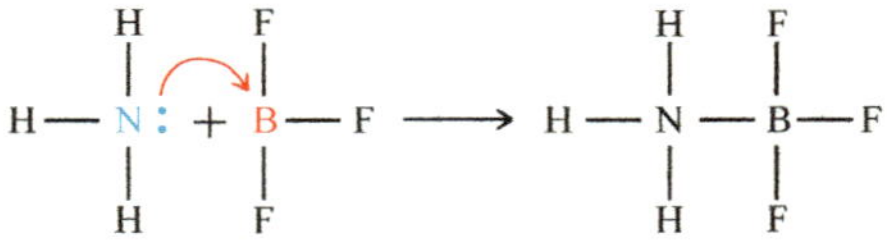

Lewis碱   Lewis酸

想一想

分子或离子需具备哪些特征才能成为 Lewis 酸？

本章的重点是水作为溶剂，质子作为酸的来源。在这种情况下，我们发现 Bronsted-Lowry 定义的酸和碱是最实用的。事实上，讨论一种物质是酸性还是碱性时，通常会从 Arrhenius 理论或 Bronsted-Lowry 理论上考虑其水溶液。Lewis 酸碱定义的优点在于可以针对更多的反应，包括那些不涉及质子转移的酸碱反应。为了避免混淆，BF_3 之类的物质很少被称为酸，除非使用 Lewis 的定义。相反，作为电子对受体的物质被明确地称为"Lewis 酸。"

Lewis 酸包括像 BF_3 一样具有不完整的八面体电子构型的分子。此外，许多简单的阳离子可以起 Lewis 酸的作用。例如，Fe^{3+} 与氰离子发生强烈的反应生成铁氰化物离子：

$$Fe^{3+} + 6\,[:C \equiv N:]^- \longrightarrow [Fe(C \equiv N:)_6]^{3-}$$

Fe^{3+} 离子具有空轨道，接受由氰离子提供的电子对（将在第 23 章中进一步了解关于 Fe^{3+} 离子的轨道）。金属离子也带有高电荷，这有助于与 CN^- 离子的相互作用。

一些含有多个键的化合物可以表现为 Lewis 酸。例如，CO_2 与 H_2O 生成碳酸 (H_2CO_3) 的反应可以描述为水分子对 CO_2 的作用，其中水充当电子对供体，CO_2 充当电子对受体：

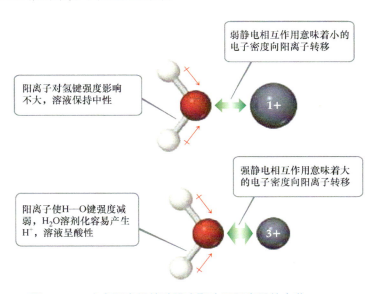

其中一个 C—O 双键的一个电子对移动到氧上，在碳上留下空轨道，这意味着碳可以接受由 H_2O 提供的电子对。最初的酸碱产物通过将质子从水中氧转移到二氧化碳上而重新排列，形成碳酸。

第 16.9 节介绍的水合阳离子 $[Fe(H_2O)_6]^{3+}$，如图 16.18 所示，是由作为 Lewis 酸的阳离子和作为 Lewis 碱的水分子反应生成的。

当水分子与带正电荷的金属离子相互作用时，电子密度偏离氧（见图 16.21）。电子密度的流动导致 O—H 键变得更加极化，结果，与金属离子结合的水分子比主体溶剂中的水分子酸性更强。随着阳离子电荷的增加，这种作用变得更加明显，这就解释了为什么 +3 价阳离子比带更小电荷的阳离子酸性更强。

Lewis 酸碱理论更广泛地用于化学领域，包括除水以外的其他溶剂中的反应。如果学习有机化学，会发现很多重要的反应，需要 Lewis 酸的存在才能继续进行。一个分子或离子上的孤对电子与另一个分子或离子上的空轨道的相互作用是化学中最重要的概念之一。

弱静电相互作用意味着小的电子密度向阳离子转移

阳离子对氢键强度影响不大，溶液保持中性

强静电相互作用意味着大的电子密度向阳离子转移

阳离子使 H—O 键强度减弱，H_2O 溶剂化容易产生 H^+，溶液呈酸性

▲ 图 16.21　水合阳离子的酸强度取决于阳离子的电荷

综合实例解析
概念综合

亚磷酸（H_3PO_3）具有右侧所示的 Lewis 结构。

（a）解释为什么 H_3PO_3 是二元酸的而不是三元酸。（b）用 0.102M NaOH 滴定 25.0mL H_3PO_3 样品溶液，需要 23.3mL 的 NaOH 中和两种酸性质子。H_3PO_3 溶液的物质的量浓度是多少？（c）已知（b）的原始溶液 pH 为 1.59。假设 $K_{a1} \gg K_{a2}$，计算 H_3PO_3 的电离百分比和 K_{a1}。（d）解释说明如何定性比较 0.050M HCl 溶液的渗透压与 0.050M H_3PO_3 溶液的渗透压？

(Lewis 结构图：
```
          H
          |
 :O: — P — O: — H
  ··   |   ··
      :O:
       |
       H
```
)

解析

使用所学的分子结构及其对酸性质的影响回答（a）部分。然后使用化学计量学和 pH 与 [H^+] 之间的关系回答（b）和（c）。最后，考虑电离百分比，回答比较（d）部分中两种溶液的渗透压。

（a）酸具有极性 H—X 键。从图 8.8 可以看到 H 的电负性为 2.1，而 P 的电负性也是 2.1。因为这两种元素具有相同的电负性，所以 H—P 键是非极性的（见 8.4 节）。因此，这个 H 不可能是酸性的。然而，另外两个 H 原子与电负性为 3.5 的 O 键合，H—O 键是极性的，H 带有部分正电荷。因此，这两个 H 原子是酸性的。

（b）中和反应的化学方程式为：

$$H_3PO_3(aq) + 2\,NaOH(aq) \longrightarrow Na_2HPO_3(aq) + 2\,H_2O(l)$$

根据物质的量浓度的定义，M = mol/L，而物质的量 $n = M \times L$（见 4.5 节）。因此，添加到溶液中的 NaOH 的物质的量是：

$$(0.0233\,L)(0.102\,mol/L) = 2.38 \times 10^{-3}\,mol\,NaOH$$

平衡方程表明 1mol H_3PO_3 消耗了 2mol 的 NaOH。因此，样品中 H_3PO_3 的物质的量为：

$$(2.38 \times 10^{-3}\,mol\,NaOH)\left(\frac{1mol\,H_3PO_3}{2mol\,NaOH}\right) = 1.19 \times 10^{-3}\,mol\,H_3PO_3$$

因此，H_3PO_3 溶液的浓度等于：

$$(1.19 \times 10^{-3}\,mol)/(0.0250\,L) = 0.0476M。$$

（c）从溶液的 pH 值 1.59，我们可以计算平衡时的 [H^+]：

$$[H^+] = \text{antilog}\,(-1.59) = 10^{-1.59} = 0.026\,M（两位有效数字）$$

因为 $K_{a1} \gg K_{a2}$，溶液中绝大多数离子来自酸的第一步电离。

每生成一个 H^+ 离子的同时生成一个 $H_2PO_3^-$ 离子，H^+ 和 $H_2PO_3^-$ 的平衡浓度相等：[H^+] = [$H_2PO_3^-$] = 0.026M。H_3PO_3 的平衡浓度等于初始浓度减去电离生成 H^+ 和 $H_2PO_3^-$ 的浓度 [H_3PO_3] = 0.0476M − 0.026M = 0.022M（两位有效数字）。这些结果列表如下：

	$H_3PO_3(aq) \rightleftharpoons$	$H^+(aq) +$	$H_2PO_3^-(aq)$
初始浓度 /M	0.0476	0	0
变化浓度 /M	−0.026	+0.026	+0.026
平衡浓度 /M	0.022	0.026	0.026

电离百分比是：

$$\text{电离百分比} = \frac{[H^+]_{平衡}}{[H_3PO_3]_{初始}} \times 100\% = \frac{0.026M}{0.0476M} \times 100\% = 55\%$$

第一个酸解离常数是：

$$K_{a1} = \frac{[H^+][H_2PO_3^-]}{[H_3PO_3]} = \frac{(0.026)(0.026)}{0.022} = 0.031$$

（d）渗透压依赖溶液中颗粒总浓度（见 13.5 节）。因为 HCl 是强酸，0.050M HCl 溶液含有 0.050M $H^+(aq)$ 和 0.050M $Cl^-(aq)$，即总共含有 0.100mol/L 的颗粒。而 H_3PO_3 是弱酸，它的电离程度比 HCl 低，因此同浓度 H_3PO_3 溶液中的颗粒较少，所以，H_3PO_3 溶液将具有较低的渗透压。

本章小结和关键术语

阿伦尼乌斯（Arrhenius）酸碱（见 16.1 节）

酸和碱首先通过水溶液性质识别。例如，酸遇石蕊变成红色，而碱变成蓝色。Arrhenius 认为溶液的酸性归因于 $H^+(aq)$ 离子，而溶液的碱性归因于 $OH^-(aq)$ 离子。

布朗斯特 - 劳里（Brønsted-Lowry）酸碱（见 16.2 节）

Brønsted-Lowry 的酸碱理论比 Arrhenius 理论更为普遍，并强调质子 H^+ 从酸转移到碱的过程。由于 H^+ 离子与水结合，形成水合氢离子 $H_3O^+(aq)$，$H_3O^+(aq)$ 是水中的 H^+ 的主要形式，而不是简单的 $H^+(aq)$。

Brønsted-Lowry **酸**是提供给另一物质质子的物质；Brønsted-Lowry **碱**是一种接受质子的物质。水是一种**两性**物质。即可作为 Brønsted-Lowry 酸，也可作为 Brønsted-Lowry 碱，这取决于与它反应的物质。

Brønsted-Lowry 酸的**共轭碱**是指从酸中失去质子形成的物质。Brønsted-Lowry 碱的**共轭酸**是指添加质子形成的物质。酸和它的共轭碱（或碱和其共轭酸）称为**共轭酸碱对**。

共轭酸碱对的酸碱强度是相关的：酸越强，其共轭碱越弱；酸越弱，其共轭碱越强。在每个酸碱反应中，平衡的位置有利于质子从强酸到强碱方向转移。

水的电离（见 16.3 节）

水微弱电离生成 $H^+(aq)$ 和 $OH^-(aq)$。**水电离**的程度由水的**离子积常数**表示：$K_w = [H^+][OH^-] = 1.0 \times 10^{-14}$（25℃）。这一等式即适用于纯水也适用于水溶液。$K_w$ 表明 $[H^+]$ 和 $[OH^-]$ 的乘积是常数。因此，随着 $[H^+]$ 的增加，$[OH^-]$ 会减少。酸性溶液是含有 $H^+(aq)$ 比 $OH^-(aq)$ 更多的溶液，而碱性溶液是含有 $OH^-(aq)$ 比 $H^+(aq)$ 更多的溶液。当 $[H^+]$ = $[OH^-]$ 时，溶液为中性。

pH 值的范围（见 16.4 节）

$H^+(aq)$ 的浓度可以用 pH 表示：$pH = -\log[H^+]$。在 25℃下，中性溶液的 pH 为 7.00，而酸性溶液的 pH 低于 7.00，碱性溶液的 pH 高于 7.00。这个负对数也可用于其他含量较低的数，如 pOH 和 pK_w。可以用 pH 计测量溶液的 pH，或者用酸碱指示剂来估计溶液的 pH。

强酸和强碱（见 16.5 节）

强酸是强电解质，在水溶液中完全电离。常见的强酸是 HCl、HBr、HI、HNO_3、$HClO_3$、$HClO_4$ 和 H_2SO_4。强酸的共轭碱碱性可忽略。常见的强碱是碱金属和碱土金属的离子氢氧化物。

弱酸和弱碱（见 16.6 节和 16.7 节）

弱酸是弱电解质，在溶液中只有一小部分分子以离子形式存在。电离程度由酸解离常数 K_a 表示，反应为 $HA(aq) \rightleftharpoons H^+(aq) + A^-(aq)$，也可写为 $HA(aq) + H_2O(1) \rightleftharpoons H_3O^+(aq) + A^-(aq)$。$K_a$ 的值越大，酸越强。对于相同浓度的溶液，较强的酸也具有较大的电离百分比。弱酸的浓度及 K_a 值可用于计算溶液的 pH。

多元酸如 H_3PO_4 具有不止一个可电离的质子。这些酸具有依次降低的酸解离常数，其大小顺序为 $K_{a1} > K_{a2} > K_{a3}$。因为多元酸溶液中几乎所有 $H^+(aq)$ 都来自第一步解离。通常可通过仅考虑 K_{a1} 来计算溶液的 pH 值。弱碱包括 NH_3、胺和弱酸的阴离子。通过碱解离常数 K_b 测量弱碱与水反应产生相应的共轭酸和 OH^- 的程度。K_b 是反应 $B(aq) + H_2O(1) \rightleftharpoons HB^+(aq) + OH^-(aq)$ 的平衡常数，其中 B 是碱。

K_a 和 K_b 之间的关系（见 16.8 节）

酸强度和共轭碱碱强度之间的关系可以通过方程式 $K_a \times K_b = K_w$ 定量表示，其中 K_a 和 K_b 是共轭酸碱对的解离常数。该等式解释了酸强度与其共轭碱强度之间的反比关系。

盐溶液的酸碱性（见 16.9 节）

盐的酸碱性归结于它们各自的阴、阳离子的性质。离子与水的反应，引起 pH 值变化称为水解。阳离子中碱金属和碱土金属以及强酸的阴离子如 Cl^-、Br^-、I^- 和 NO_3^- 不会发生水解，它们始终是酸碱化学中的旁观离子。作为弱碱的共轭酸的阳离子在水解时产生 H^+。作为弱酸的共轭碱的阴离子在水解时产生 OH^-。带多电荷的金属阳离子，如 Fe^{3+}，在水中发生水解，金属结合水分子或与游离水反应生成 H_3O^+，因此溶液显酸性。

酸碱性质和化学结构（见 16.10 节）

物质在水中显示酸性或碱性特征与其化学结构有关。酸性需要含有高极性 H-X 键。当 H-X 键较弱且 X^- 离子非常稳定时，有利于显现酸性。

对于具有相同 -OH 数和相同数量 O 的**含氧酸**，酸强度随着中心原子电负性的增加而增加。对于具有相同中心原子的含氧酸，随着与中心原子连接的氧原子数的增加而增加。**羧酸**是含有 -COOH 的有机酸，是最重要的一类有机酸。化合物的酸性是由于其共轭碱中存在共轭的 π 键。

路易斯（Lewis 酸碱）（见 16.11 节）

Lewis 酸碱理论强调共用电子对而不是质子。**Lewis 酸**是电子对受体，**Lewis 碱**是电子对供体。Lewis 理论比 Brønsted-Lowry 理论适用面更广泛，因为这一理论可以应用于不含 H^+ 的酸，以及非水溶剂。

学习成果　　学习本章后，应该掌握：

- Arrhenius 酸碱的定义和鉴别（见 16.1 节）
  相关练习：16.13，16.14
- Brønsted-Lowry 酸碱及共轭酸碱对的定义和鉴别（见 16.2 节）

相关练习：16.17，16.18
- 酸强度与其共轭碱强度之间的关系（见 16.2 节）
  相关练习：16.23，16.24
- 解释质子转移反应的平衡位置与酸碱强度的关

系（见 16.3 节）

相关练习：16.25, 16.26

- 描述水的电离并解释 [H_3O^+] 和 [OH^-] 如何通过 K_w 相关联（见 16.3 节）

相关练习：16.27, 16.28

- 已知 [H_3O^+] 或 [OH^-]，计算溶液的 pH 值（见 16.4 节）

相关练习：16.37, 16.38

- 根据浓度计算强酸或强碱的 pH 值（见 16.5 节）

相关练习：16.43, 16.44

- 已知溶液的浓度和 pH 值，计算弱酸或弱碱的 K_a 或 K_b（见 16.6 节和 16.7 节）

相关练习：16.51, 16.52, 16.69, 16.70

- 已知浓度和 K_a 或 K_b，计算弱酸或弱碱的 pH 值或其电离百分比（见 16.6 节和 16.7 节）

相关练习：16.63, 16.64

- 已知共轭酸的 K_a，计算弱碱的 K_b，类似地，从 K_b 计算 K_a（见 16.8 节）

相关练习：16.77, 16.78

- 预测盐水溶液是酸性、碱性还是中性的（见 16.9 节）

相关练习：16.83, 16.84

- 从分子结构预测系列酸的相对强度（见 16.10 节）

相关练习：16.91, 16.92

- Lewis 酸碱的定义和鉴定（见 16.11 节）

相关练习：16.95, 16.96

主要公式

- $K_w = [H_3O^+][OH^-] = [H^+][OH^-] = 1.0 \times 10^{-14}$ （16.16） 水在 25℃时离子积常数

- $pH = -\log[H^+]$ （16.17） pH 的定义

- $pOH = -\log[OH^-]$ （16.18） pOH 的定义

- $pH + pOH = 14.00(25℃)$ （16.20） pH 和 pOH 之间的关系

- $K_a = \dfrac{[H_3O^+][A^-]}{[HA]}$ 或 $K_a = \dfrac{[H^+][A^-]}{[HA]}$ （16.25） 弱酸 HA 的酸解离常数

- 电离百分比 $= \dfrac{[H^+]_{平衡}}{[HA]_{初始}} \times 100\%$ （16.27） 弱酸的电离百分比

- $K_b = \dfrac{[BH^+][OH^-]}{[B]}$ （16.34） 弱碱 B 的碱解离常数

- $K_a \times K_b = K_w$（共轭酸碱对） （16.40） 共轭酸碱对的酸 - 碱解离常数之间的关系

- $pK_a = -\log K_a$ 和 $pK_b = -\log K_b$ （16.41） pK_a 和 pK_b 的定义

本章练习

图例解析

16.1 （a）找出反应中的 Brønsted-Lowry 酸和碱

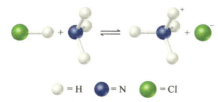

= H 　 = N 　 = Cl

（b）找出反应中的 Lewis 酸和碱。（见 16.2 节和 16.11 节）

16.2 下图表示两种一元酸水溶液，HA（A=X 或 Y），为方便起见，省略了水分子。

（a）HX 或 HY 两种酸，哪个酸性更强？（b）X⁻ 或 Y⁻ 两种碱，哪个碱性更强？（c）如果将 HX 和 NaY 等浓度混合，那么达到平衡

$$HX(aq) + Y^-(aq) = HY(aq) + X^-(aq)$$

反应向右进行（$K_c > 1$）还是向左进行（$K_c < 1$）？（见 16.2 节）

= HA 　 = H_3O^+ 　 = A^-

HX

HY

16.3 将甲基橙指示剂添加到以下两种溶液中。根据颜色判断对与错：

（a）溶液 A 的 pH 值肯定小于 7.00；

（b）溶液 B 的 pH 值肯定大于 7.00；

（c）溶液 B 的 pH 值大于溶液 A 的 pH 值（见 16.4 节）。

溶液A　　　溶液B

16.4　将 pH 计探头插入含有透明液体的烧杯中。（a）判断液体是纯净水，HCl(aq) 溶液，还是 KOH(aq) 溶液？（b）如果液体是溶液之一，它的物质的量浓度是多少？（c）为什么在 pH 计上显示温度？（见 16.4 节及见 16.5 节）

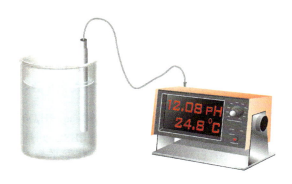

16.5　下图表示三种酸的水溶液，HX、HY 和 HZ。为方便起见，省略了水分子，水合质子表示为 H^+ 而不是 H_3O^+。（a）哪种酸是强酸？解释说明；（b）哪种酸具有最小的酸解离常数 K_a？（c）哪种溶液的 pH 值最高？（见 16.5 节和 16.6 节）

HX	HY	HZ
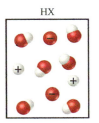		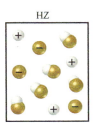

16.6　下面给出的图表显示了 H^+ 与未知物质水溶液浓度的关系。（a）该物质是强酸、弱酸、强碱还是弱碱？（b）根据（a）的答案，当浓度为 $0.18M$ 时，能否确定溶液的 pH 值？（c）直线是否完全通过原点？（见 16.5 节和 16.6 节）

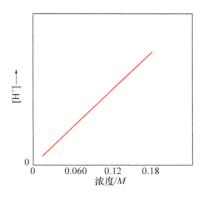

16.7　关于弱酸电离百分比依赖于酸浓度的这些说法哪个是正确的？（见 16.6 节）

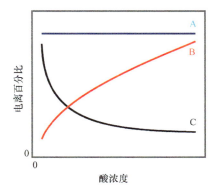

（a）A 线是最准确的，因为 K_a 不依赖于浓度；

（b）A 线是最准确的，因为酸的电离百分比不依赖于浓度；

（c）B 线是最准确的，因为随着酸浓度的增加，电离的比例也变大；

（d）B 线是最准确的，因为酸浓度增加，K_a 增加；

（e）C 线是最准确的，因为酸浓度增加，电离的比例也变小；

（f）C 线是最准确的，因为酸浓度增加，K_a 减少。

16.8　这里显示的三个分子中的每一个都含有一个—OH，但一个分子作为碱，一个作为酸，第三个既不是酸也不是碱。

（a）哪一个作为碱？（b）哪一个作为酸？（c）哪一个既不是酸也不是碱？（见 16.6 节和 16.7 节）

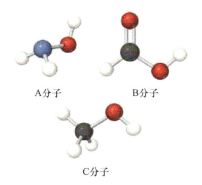

A分子　　　　B分子

C分子

16.9 苯肾上腺素是一种分子式为 $C_9H_{13}NO_2$ 的有机物，通常用作鼻腔去污剂非处方药品。苯肾上腺素的分子结构如下所示，通常使用短链有机结构。（a）你希望苯肾上腺素的溶液呈酸性、中性还是碱性？（b）Alka-Seltzer PLUS® 感冒药中的一种活性成分是盐酸苯肾上腺素。这种成分与苯肾上腺素有何不同？结构如下图所示。（c）你期望盐酸苯肾上腺素的溶液呈酸性、中性还是碱性？（见 16.8 节及 16.9 节）

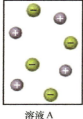

16.10 以下哪一张图最能代表 NaF 水溶液？（为清楚起见，未显示水分子）。此溶液是酸性、中性还是碱性的？（见 16.9 节）

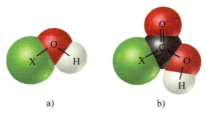

溶液 A　　　　溶液 B　　　　溶液 C

● Na^+　　● F^-　　● OH^-　　● HF

16.11 思考这里显示的分子模型，其中 X 代表卤素原子。（a）如果 X 是两个分子中的相同原子，哪个分子酸性更强？（b）随着原子 X 的电负性增加，每个分子的酸性增强还是减弱？（见 16.10 节）

a)　　　　　　　b)

16.12 对于以下这些反应，确定反应物中的酸和碱，并说明该酸和碱是否为 Lewis、Arrhenius 或 Brønsted-Lowry 酸碱：

（a）$PCl_4^+ + Cl^- \longrightarrow PCl_5$

（b）$NH_3 + BF_3 \longrightarrow H_3NBF_3$

（c）$[Al(H_2O)_6]^{3+} + H_2O \longrightarrow [Al(H_2O)_5OH]^{2+} + H_3O^+$

Arrhenius 和 Brønsted-Lowry 酸碱（见 16.1 节和 16.2 节）

16.13 $NH_3(g)$ 和 HCl(g) 反应形成离子固体 $NH_4Cl(s)$。在这个反应中，哪种物质是 Brønsted-Lowry 酸？哪种物质是 Brønsted-Lowry 碱？

16.14 以下哪项叙述是错误的？

（a）Arrhenius 碱增加了水中 OH^- 的浓度；

（b）Brønsted-Lowry 碱是质子受体；

（c）水可以作为 Brønsted-Lowry 酸；

（d）水可以作为 Brønsted-Lowry 碱；

（e）任何含有—OH 的化合物都起到了 Brønsted-Lowry 碱作用。

16.15 （a）给出以下 Brønsted-Lowry 酸的共轭碱：（i）HIO_3（ii）NH_4^+（b）给出以下 Brønsted-Lowry 碱的共轭酸：（i）O^{2-}（ii）$H_2PO_4^-$

16.16 （a）给出以下 Brønsted-Lowry 酸的共轭碱：（i）HCOOH（ii）HPO_4^{2-}

（b）给出以下 Brønsted-Lowry 碱的共轭酸：

（i）SO_4^{2-}（ii）CH_3NH_2

16.17 判断以下每个方程左侧的 Brønsted-Lowry 酸和 Brønsted-Lowry 碱，并且判断在每个方程右侧的共轭酸和共轭碱：

（a）$NH_4^+(aq) + CN^-(aq) \rightleftharpoons HCN(aq) + NH_3(aq)$

（b）$(CH_3)_3N(aq) + H_2O(l) \rightleftharpoons (CH_3)_3NH^+(aq) + OH^-(aq)$

（c）$HCOOH(aq) + PO_4^{3-}(aq) \rightleftharpoons HCOO^-(aq) + HPO_4^{2-}(aq)$

16.18 判断以下每个方程左侧的 Bronsted-Lowry 酸和 Brønsted-Lowry 碱，并且判断在每个方程右侧的共轭酸和共轭碱。

（a）$HBrO(aq) + H_2O(l) \rightleftharpoons H_3O^+(aq) + BrO^-(aq)$

（b）$HSO_4^-(aq) + HCO_3^-(aq) \rightleftharpoons SO_4^{2-}(aq) + H_2CO_3(aq)$

（c）$HSO_3^-(aq) + H_3O^+(aq) \rightleftharpoons H_2SO_3(aq) + H_2O(l)$

16.19 （a）亚硫酸氢根离子（HSO_3^-）是两性的。写一个它对水来说作为酸的化学平衡方程式，再写一个对水来说它作为碱的化学平衡方程式。（b）HSO_3^- 的共轭酸是什么？共轭碱是什么？

16.20 （a）写出反应的方程式，其中 $H_2C_6H_5O_5$ (aq) 充当 $H_2O(l)$ 的碱。（b）写出反应的方程式，其中 $H_2C_6H_5O_5^-(aq)$ 充当 $H_2O(l)$ 的酸。（c）$H_2C_6H_5O_5^-(aq)$ 的共轭酸是什么？它的共轭碱是什么？

16.21 以下各项为强碱、弱碱，还是碱性可忽略，在每种情况下，写下其共轭酸的化学式，并指出共轭酸是强酸、弱酸还是酸性可忽略：（a）CH_3COO^-（b）HCO_3^-（c）O_2^-（d）Cl^-（e）NH_3。

16.22 将以下各项标记为强酸、弱酸或酸性可忽略。在每种情况下，写下其共轭碱的化学式，并指出共轭碱是强碱、弱碱还是碱性可忽略：（a）HCOOH（b）H_2（c）CH_4（d）HF（e）NH_4^+

16.23 （a）以下哪一项是较强的 Bronsted-Lowry 酸，HBrO 或 HBr？（b）哪一项是较强的 Bronsted-Lowry 碱，F^- 或 Cl^-？

16.24 （a）以下哪一项是较强的 Bronsted-Lowry 酸，$HClO_3$ 或 $HClO_2$？（b）哪一项是较强的 Bronsted-Lowry 碱，HS^- 或 HSO_4^-？

16.25 预测下列酸碱反应的产物，并预测平衡是向左移还是向右移：

（a）$O^{2-}(aq) + H_2O(l) \rightleftharpoons$

（b）$CH_3COOH(aq) + HS^-(aq) \rightleftharpoons$

（c）$NO_2^-(aq) + H_2O(l) \rightleftharpoons$

16.26 预测下列酸碱反应的产物，并预测平衡是向左移还是向右移：

（a）$NH_4^+(aq) + OH^-(aq) \rightleftharpoons$

（b）$CH_3COO^-(aq) + H_3O^+(aq) \rightleftharpoons$

（c）$HCO_3^-(aq) + F^-(aq) \rightleftharpoons$

水的电离（见 16.3 节）

16.27 如果 pH 值为 7.00 的中性水溶液冷却至 10℃，则 pH 值升至 7.27。以下三个陈述中的哪一个对于冷却水是正确的：（i）$[H^+] > [OH^-]$（ii）$[H^+] = [OH^-]$（iii）$[H^+] < [OH^-]$

16.28 （a）写一个说明水的电离的化学方程式。（b）写出水的离子积常数表达式 K_w。（c）如果溶液为碱性，则下面哪个是正确的：（i）$[H^+] > [OH^-]$（ii）$[H^+] = [OH^-]$（iii）$[H^+] < [OH^-]$

16.29 计算以下每种溶液 $[H^+]$ 浓度，并指出溶液是酸性、碱性还是中性的：（a）$[OH^-] = 0.00045M$（b）$[OH^-] = 8.8 \times 10^{-9}M$（c）$[OH^-]$ 比 $[H^+]$ 大 100 倍的溶液

16.30 计算以下每种溶液 $[OH^-]$，并指出溶液是酸性、碱性还是中性：（a）$[H^+] = 0.0505M$（b）$[H^+] = 2.5 \times 10^{-10}M$（c）$[H^+]$ 比 $[OH^-]$ 大 1000 倍的溶液

16.31 水的冰点（0℃），$K_w = 1.2 \times 10^{-15}$。计算在此温度下中性溶液的 $[H^+]$ 和 $[OH^-]$。

16.32 氧化氘（D_2O，其中 D 是氘，氢 -2 同位素）在 20℃下的电离常数 K_w 为 8.9×10^{-16}。在此温度下计算纯（中性）D_2O 的 $[D^+]$ 和 $[OD^-]$。

pH 值的范围（见 16.4 节）

16.33 $[H^+]$ 随 pH 变化的量是多少（a）2.00 单位（b）0.50 单位

16.34 考虑两种溶液 A 和 B。溶液 A 的 $[H^+]$ 比溶液 B 的高 250 倍。两种溶液的 pH 值相差多少？

16.35 通过计算填充空白部分完成下表，并标明溶液是酸性的还是碱性的。

$[H^+]$	$[OH^-]$	pH	pOH	酸性或碱性？
$7.5 \times 10^{-3}M$				
	$3.6 \times 10^{-10}M$			
		8.25		
			5.70	

16.36 通过计算填充空白部分完成下表，并标明溶液是酸性的还是碱性的。

pH	pOH	$[H^+]$	$[OH^-]$	酸性或碱性？
5.25				
	2.02			
		$4.4 \times 10^{-10}M$		
			$8.5 \times 10^{-2}M$	

16.37 正常动脉血平均 pH 值为 7.40。在正常体温（37℃），$K_w = 2.4 \times 10^{-14}$。计算在该温度下血液的 $[H^+]$、$[OH^-]$ 和 pOH。

16.38 大气中的二氧化碳溶于雨滴产生碳酸（H_2CO_3），未受污染的雨滴的 pH 值在 5.2~5.6 之间。雨滴中 $[H^+]$ 和 $[OH^-]$ 的范围是多少？

16.39 在未知溶液中加入甲基橙指示剂变黄。在同一溶液中加入溴百里酚蓝也会变黄。（a）溶液是酸性的、中性的还是碱性的？（b）溶液可能的 pH 值范围（整数）是多少？（c）是否有其他指示剂可用于缩小溶液可能的 pH 值范围？

16.40 将酚酞加入未知的无色溶液中不会产生颜色变化。将溴百里酚蓝添加到相同溶液中变黄。（a）溶液是酸性、中性还是碱性的？（b）对于溶液以下哪一项可以确定？（i）最低 pH 值（ii）最大 pH 值（iii）特定 pH 值范围（c）还可以使用哪些其他指示剂来更精确地确定溶液的 pH 值？

强酸和强碱（见 16.5 节）

16.41 以下各项叙述是正确的还是错误的？（a）所有的强酸都含有一个或多个 H 原子（b）强酸是强电解质（c）$1.0M$ 强酸溶液的 pH=1.0。

16.42 确定以下各项叙述是正确的还是错误的：（a）所有强碱都是氢氧根离子的盐（b）向水中加入强碱产生 pH > 7.0 的溶液（c）因为 $Mg(OH)_2$ 微溶，所以它不能是强碱。

16.43 计算以下每种强酸溶液的 pH 值：

（a）$8.5 \times 10^{-3}M$ HBr（b）1.52g HNO_3 溶于 575mL 溶液（c）将 5.00mL $0.250M$ $HClO_4$ 稀释至 50.0mL（d）将 10.0mL $0.100M$ HBr 溶液和 20.0mL $0.200M$ HCl 溶液混合。

16.44 计算以下每种强酸溶液的 pH 值：

（a）$0.0167\ M$ HNO_3（b）0.225g $HClO_3$ 溶于 2.00L 溶液（c）将 $1.00M$ 15.00mL HCl 稀释至 0.500L（d）将 50.0mL $0.020M$ HCl 加入 125mL $0.010M$ HI 中形成的混合液。

16.45 计算（a）$1.5 \times 10^{-3}M$ Sr$(OH)_2$ 的 $[OH^-]$ 浓度和 pH（b）在 250.0mL 溶液中加入 2.250g LiOH（c）将 1.00mL $0.175M$ NaOH 稀释至 2.00L（d）将 5.00mL 的 $0.105M$ KOH 加入到 15.0mL $9.5 \times 10^{-2}M$ Ca$(OH)_2$ 中形成的混合溶液。

16.46 计算以下每种强碱溶液的 $[OH^-]$ 和 pH：（a）$0.182M$ KOH（b）将 3.165g KOH 溶于 500.0mL 溶液中（c）10.0mL $0.0105M$ Ca$(OH)_2$ 溶液稀释至 500.0mL（d）将 20.0mL $0.015M$ Ba$(OH)_2$ 与 40.0mL $8.2 \times 10^{-3}M$ NaOH 混合形成的溶液。

16.47 计算 pH 值为 11.50 的 NaOH 水溶液的浓度。

16.48 计算 pH 为 10.05 的 Ca$(OH)_2$ 水溶液的浓度。

弱酸（见 16.6 节）

16.49 写出化学方程式和 K_a 表达式，以及在水溶液中每种酸的电离。首先写出电离产生 $H^+(aq)$

的反应，然后写出产生 H_3O^+ 反应：(a) $HBrO_2$，(b) C_2H_5COOH。

16.50 写出化学方程式和 K_a 表达式，以及在水溶液中每种酸的电离。首先写出电离产生 $H^+(aq)$ 的反应，然后写出产生 H_3O^+ 反应：(a) C_6H_5COOH (b) HCO_3^-

16.51 乳酸（$CH_3CH(OH)COOH$）有一个酸性氢。0.10M 乳酸溶液的 pH 为 2.44。计算 K_a。

16.52 苯丙酮尿症是一种遗传性疾病，可导致精神发育迟滞甚至死亡。患者的血液中会积聚苯乙酸（$C_6H_5CH_2COOH$）。0.085M 的 $C_6H_5CH_2COOH$ 溶液的 pH 为 2.68。计算该酸的 K_a 值。

16.53 0.100M 氯乙酸（$ClCH_2COOH$）溶液电离百分比为 11.0%，由此，计算氯乙酸的 $[ClCH_2COO^-]$、$[H^+]$、$[ClCH_2COOH]$ 和 K_a。

16.54 0.100M 溴乙酸（$BrCH_2COOH$）溶液的电离率为 13.2%。计算溴乙酸的 $[H^+]$、$[BrCH_2COO^-]$、$[BrCH_2COOH]$ 和 K_a。

16.55 特定的醋样品 pH 值为 2.90。如果醋酸（$K_a = 1.8 \times 10^{-5}$）是醋中唯一的酸，计算出醋中醋酸的浓度。

16.56 如果 HF（$K_a = 6.8 \times 10^{-4}$）溶液的 pH 值为 3.65，则计算氢氟酸的浓度。

16.57 苯甲酸（C_6H_5COOH）的解离常数为 6.3×10^{-5}。如果 C_6H_5COOH 的初始浓度为 0.050M，则计算溶液中 H_3O^+、$C_6H_5COO^-$ 和 C_6H_5COOH 的平衡浓度。

16.58 亚氯酸（$HClO_2$）的解离常数为 1.1×10^{-2}。如果 $HClO_2$ 的初始浓度为 0.0125M，则计算平衡时 H_3O^+、ClO_2^- 和 $HClO_2$ 的浓度。

16.59 计算以下溶液中每一种溶液的 pH（K_a 和 K_b 值在附录 D 中给出）：(a) 0.095M 丙酸（C_2H_5COOH）(b) 0.100M 氢化铬酸盐离子（$HCrO_4^-$）(c) 0.120M 吡啶（C_5H_5N）

16.60 计算以下每种溶液的 pH（K_a 和 K_b 值在附录 D 中给出）：(a) 0.095M 次氯酸 (b) 0.0085M 肼 (c) 0.165M 羟胺

16.61 糖精是一种糖的替代品，是一种弱酸，在 25℃ 时 $pK_a = 2.32$，在水溶液中电离如下：

$$HNC_7H_4SO_3(aq) \rightleftharpoons H^+(aq) + NC_7H_4SO_3^-(aq)$$

0.10M 该溶液的 pH 值是多少？

16.62 阿司匹林中的活性成分是乙酰水杨酸（$HC_9H_7O_4$），25℃ 时它的 $K_a = 3.3 \times 10^{-4}$（一元酸）。将两片含有 500mg 乙酰水杨酸的超强阿司匹林片剂溶解在 250mL 水中，得到的溶液的 pH 值是多少？

16.63 计算下列各浓度溶液中的叠氮酸（HN_3）的电离百分比（K_a 见附录 D）：(a) 0.400M (b) 0.100M (c) 0.0400M

16.64 计算下列各浓度溶液中丙酸（C_2H_5COOH）的电离百分比（K_a 见附录 D）：(a) 0.250M (b) 0.0800M (c) 0.0200M

16.65 柠檬酸存在于柑橘类水果中，是一种三元酸（见表 16.3）。(a) 计算 0.040M 柠檬酸溶液的

pH (b) 在完成计算时，是否必须作出近似或假设 (c) 柠檬酸根离子（$C_6H_5O_7^{3-}$）的浓度是大于、等于、还是小于 H^+ 浓度？

16.66 酒石酸存在于许多水果中，包括葡萄，并且是部分葡萄酒的干燥剂。计算 0.250M 酒石酸溶液的 pH 和酒石酸根离子（$C_4H_4O_6^{2-}$）浓度，其酸解离常数见表 16.3。是否在计算中必须做出任何近似或假设？

弱碱（见 16.7 节）

16.67 考虑碱羟胺，NH_2OH。(a) 羟胺的共轭酸是什么？(b) 当它作为碱时，羟胺中的哪个原子接受质子？(c) 羟胺中有两个原子具有非键合的电子对，可以作为质子受体。使用 Lewis 结构和形式电荷（见 8.5 节）来解释为什么这两个原子中的一个较比另一个是更好的质子受体。

16.68 次氯酸根离子，ClO^-，作为弱碱。(a) ClO^- 较比羟胺碱性更强还是更弱？(b) 当 ClO^- 作为碱时，Cl 或 O，哪个原子作为质子受体？(c) 可否用形式电荷对（b）的答案进行解释？

16.69 写出下列每种碱与水反应的化学方程式和 K_b 表达式：(a) 二甲胺，$(CH_3)_2NH$；(b) 碳酸根离子，CO_3^{2-}；(c) 甲酸根，CHO_2^-。

16.70 写出下列每种碱与水反应的化学方程式和 K_b 表达式：(a) 丙胺，$C_3H_7NH_2$；(b) 磷酸一氢根离子，HPO_4^{2-}；(c) 苯甲酸根离子，$C_6H_5CO_2^-$。

16.71 计算 0.075M 乙胺（C_2H_5NH）溶液中 OH^- 的物质的量浓度（$K_b = 6.4 \times 10^{-4}$），计算该溶液的 pH 值。

16.72 计算 0.724M 次溴酸根离子（BrO^-）溶液中 OH^- 的物质的量浓度（$K_b = 4.0 \times 10^{-6}$）。计算该溶液的 pH 值是多少？

16.73 麻黄碱是一种中枢神经系统兴奋剂，用于鼻腔喷雾剂，常作为减充血剂。这种化合物是一种弱有机碱：

$$C_{10}H_{15}ON(aq) + H_2O(l) \rightleftharpoons C_{10}H_{15}ONH^+(aq) + OH^-(aq)$$

0.035M 麻黄碱溶液的 pH 为 11.33。

(a) $C_{10}H_{15}ON$、$C_{10}H_{15}ONH^+$ 和 OH^- 的平衡浓度是多少？(b) 计算麻黄素的 K_b。

16.74 可待因（$C_{18}H_{21}NO_3$）是一种弱有机碱。$5.0 \times 10^{-3}M$ 可待因溶液的 pH 值为 9.95。计算该物质的 K_b 值。该碱的 pK_b 是多少？

K_a 和 K_b 之间的关系；盐溶液的酸碱性（见 16.8 节和 16.9 节）

16.75 苯酚，C_6H_5OH，K_a 为 1.3×10^{-10}。

(a) 写出苯酚的 K_a 表达式；

(b) 计算苯酚共轭碱的 K_b；

(c) 苯酚的酸性比水强还是比水弱？

16.76 使用表 16.3 中的酸解离常数将这些含氧阴离子的碱性由强到弱排列：SO_4^{2-}、CO_3^{2-}、SO_3^{2-} 和 PO_4^{3-}。

16.77 (a) 乙酸的 K_a 为 1.8×10^{-5}，次氯酸的 K_a 为 3.0×10^{-8}，哪个酸性更强？(b) CH_3COO^- 离子还是 ClO^- 离子，哪个碱性更强？(c) 计算 CH_3COO^- 和 ClO^- 的 K_b 值。

16.78　（a）氨的 K_b 为 1.8×10^{-5}，羟胺的 K_b 为 1.1×10^{-8}，哪个碱性更强？（b）铵离子还是羟铵离子，哪个酸性更强？（c）计算 NH_4^+ 和 H_3NOH^+ 的 K_a 值。

16.79　使用附录 D 中的数据，计算以下溶液的 [OH] 和 pH 值：（a）0.10M NaBrO（b）0.080M NaHS（c）含有 0.10M $NaNO_2$ 和 0.20M $Ca(NO_2)_2$ 的混合溶液。

16.80　使用附录 D 中的数据，计算以下每种溶液的 [OH] 和 pH 值：（a）0.105M NaF（b）0.035M Na_2S（c）含有 0.045M $NaCH_3COO$ 和 0.055M $Ba(CH_3COO)_2$ 的混合溶液

16.81　乙酸钠（$NaCH_3COO$）溶液的 pH 为 9.70。计算溶液的物质的量浓度是多少？

16.82　溴化吡啶（C_5H_5NHBr）是一种强电解质，完全电离成 $C_5H_5NH^+$ 和 Br^-。溴化吡啶的水溶液的 pH 为 2.95。

（a）写出产生酸性 pH 的反应；

（b）使用附录 D，计算溴化吡啶的 K_a；

（c）溴化吡啶溶液的 pH 为 2.95，以物质的量浓度为单位，平衡时吡啶阳离子的浓度是多少？

16.83　预测下列溶液是酸性、碱性还是中性的：（a）NH_4Br（b）$FeCl_3$（c）Na_2CO_3（d）$KClO_4$（e）$NaHC_2O_4$

16.84　预测下列水溶液是酸性、碱性还是中性的：（a）$AlCl_3$（b）NaBr（c）NaClO（d）$[CH_3NH_3]NO_3$（e）Na_2SO_3

16.85　未知盐是 NaF、NaCl 或 NaOCl。当 0.050mol 盐溶解在水中形成 0.500L 溶液时，溶液的 pH 为 8.08。该盐是哪个？

16.86　未知盐是 KBr、NH4Cl、KCN 或 K_2CO_3。如果 0.100M 的盐溶液显中性，该盐是哪个？

酸碱性质和化学结构（见 16.10 节）

16.87　预测每对组合中较强的酸：（a）HNO_3 和 HNO_2；（b）H_2S 和 H_2O；（c）H_2SO_4 和 H_2SeO_4；（d）CH_3COOH 和 CCl_3COOH

16.88　预测每对组合中较强的酸：（a）HCl 和 HF；（b）H_3PO_4 和 H_3AsO_4；（c）$HBrO_3$ 和 $HBrO_2$；（d）$H_2C_2O_4$ 和 $HC_2O_4^-$；（e）苯甲酸（C_6H_5COOH）和苯酚（C_6H_5OH）。

16.89　基于各组分的组成和结构以及共轭酸碱对的关系，选择以下每对中较强的碱：（a）BrO^- 和 ClO^-；（b）BrO^- 和 BrO_2^-；（c）HPO_4^{2-} 和 $H_2PO_4^-$。

16.90　基于各组分的组成和结构以及共轭酸碱对的关系，选择以下每对中较强的碱：（a）NO_3^- 和 NO_2^-；（b）PO_4^{3-} 和 AsO_4^{3-}；（c）HCO_3^- 和 CO_3^{2-}。

16.91　指出以下每个叙述是正确的还是错误的。对错误的叙述进行改正，使其成立。

（a）一般来说，在元素周期表的给定周期中，二元酸的酸度从左到右增加。（b）在一系列具有相同中心原子的酸中，酸强度随着连结中心原子的氧原子数的增加而增加。（c）因为 Te 比 S 电负性更强，所以 H_2Te 酸性比 H_2S 更强。

16.92　指出以下每个叙述是正确的还是错误的。对错误的叙述进行改正，使其成立。

（a）一系列 H-A 分子中的酸强度随着 A 大小的增加而增加；（b）对于相同结构但中心原子电负性不同的酸，酸强度随着中心原子的电负性的增加而减弱；（c）最强酸是 HF，这是因为氟是电负性最强的元素。

路易斯（Lewis）酸碱（见 16.11 节）

16.93　NH_3 在水溶液中作为 Arrhenius 碱、Bronsted-Lowry 碱和 Lewis 碱。写出 NH_3 的反应，并在"碱"的三个定义中解释氨的每一个对应性质。

16.94　氟离子与水反应生成 HF。

（a）写出该反应的化学方程式；

（b）NaF 的水溶液是酸性、碱性还是中性的？

（c）氟化物与水反应作为 Lewis 酸还是 Lewis 碱？

16.95　在以下每个反应中鉴定反应物中的 Lewis 酸和 Lewis 碱

（a）$Fe(ClO_4)_3(s) + 6 H_2O(l) \rightleftharpoons [Fe(H_2O)_6]^{3+}(aq) + 3 ClO_4^-(aq)$；

（b）$CN^-(aq) + H_2O(l) \rightleftharpoons HCN(aq) + OH^-(aq)$；

（c）$(CH_3)_3N(g) + BF_3(g) \rightleftharpoons (CH_3)_3NBF_3(s)$；

（d）$HIO(lq) + NH_2^-(lq) \rightleftharpoons NH_3(lq) + IO^-(lq)$。（lq 表示液氨作为溶剂）

16.96　确定在以下每个反应中的 Lewis 酸和 Lewis 碱：

（a）$HNO_2(aq) + OH^-(aq) \rightleftharpoons NO_2^-(aq) + H_2O(l)$；

（b）$FeBr_3(s) + Br^-(aq) \rightleftharpoons FeBr_4^-(aq)$；

（c）$Zn^{2+}(aq) + 4 NH_3(aq) \rightleftharpoons Zn(NH_3)_4^{2+}(aq)$；

（d）$SO_2(g) + H_2O(l) \rightleftharpoons H_2SO_3(aq)$。

16.97　预测以下每对中哪一个产生的水溶液酸性更强：（a）K^+ 和 Cu^{2+}；（b）Fe^{2+} 和 Fe^{3+}；（c）Al^{3+} 和 Ga^{3+}。

16.98　预测以下每对中哪一个产生的水溶液酸性更强：（a）$ZnBr_2$ 和 $CdCl_2$；（b）CuCl 和 $Cu(NO_3)_2$；（c）$Ca(NO_3)_2$ 和 $NiBr_2$。

附加练习

16.99　解释以下每个叙述是否正确。

（a）每个 Bronsted-Lowry 酸也是 Lewis 酸；

（b）每个 Lewis 酸也是 Bronsted-Lowry 酸；

（c）弱碱的共轭酸比强碱的共轭酸生成的溶液酸性更强；

（d）K^+ 离子在水中是酸性的，这是由于它使水合分子变得酸性更强；

（e）随着酸浓度的降低，水中弱酸的电离百分比逐渐增加。

16.100　将 0.300g $Ca(OH)_2(s)$ 与 50.0mL1.40M HNO_3

混合，制备体积为 75.0mL 溶液。假设所有固体都溶解，最终溶液的 pH 是多少？

16.101 鱼的气味主要是由胺造成的，特别是甲胺（CH_3NH_2）。鱼通常搭配柠檬，其中含有柠檬酸。胺和酸反应形成没有气味的产物，从而使不那么新鲜的鱼更加开胃。使用附录 D 中的数据，计算柠檬酸与甲胺反应的平衡常数，假设只考虑柠檬酸（K_{a1}）的第一步电离。

16.102 以下叙述中哪些是正确的？
（a）碱越强，pK_b 越小
（b）碱越强，pK_b 越大
（c）碱越强，K_b 越小
（d）碱越强，K_b 越大
（e）碱越强，其共轭酸的 pK_a 越小
（f）碱越强，其共轭酸的 pK_a 越大

16.103 用 Bronsted-Lowry 观点预测每种分子或离子在水溶液的作用，在线上书写"酸""碱"，或"既是酸又是碱"，"或什么也不是"。
（a）HCO_3^-：_____
（b）百忧解：_____

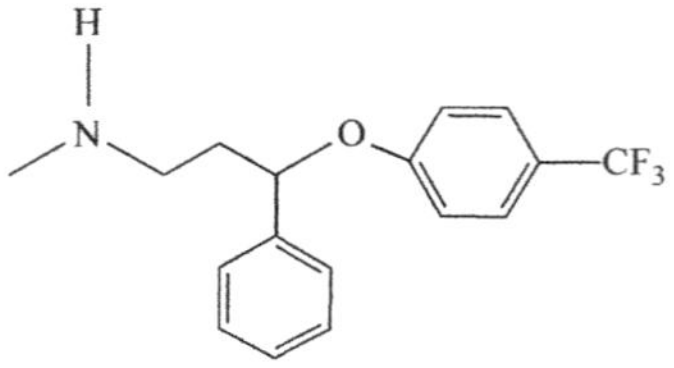

（c）PABA（以前用于防晒霜）：_____

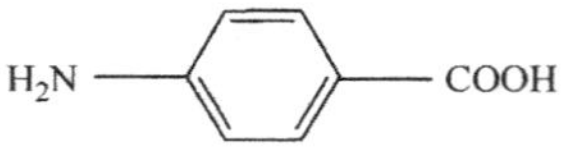

（d）TNT，三硝基甲苯：_____

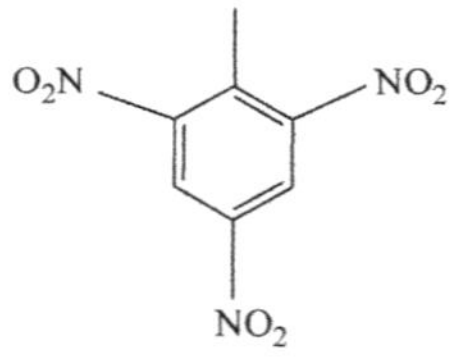

（e）N-甲基吡啶：_____

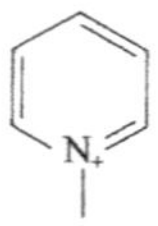

16.104 将 2.50g 氧化锂（Li_2O）加入到足量水中以制备 1.500L 溶液，计算制备的溶液的 pH。

16.105 苯甲酸（C_6H_5COOH）和苯胺（$C_6H_5NH_2$）都是苯的衍生物。苯甲酸是 $K_a = 6.3 \times 10^{-5}$ 的酸，苯胺是 $K_a = 4.3 \times 10^{-10}$ 的碱。

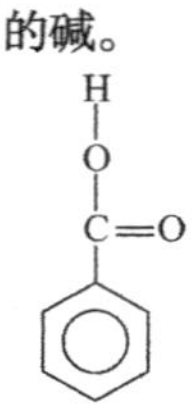

苯甲酸 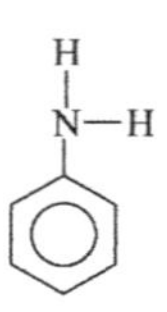　　　　　苯胺

（a）苯甲酸的共轭碱和苯胺的共轭酸是什么？
（b）苯胺氯化物（$C_6H_5NH_3Cl$）是一强电解质，电离成苯胺离子（$C_6H_5NH_3^+$）和 Cl^-。$0.10M$ 的苯甲酸溶液和 $0.10M$ 的氯化苯胺溶液，哪个酸性更强？
（c）以下反应的平衡常数是多少？

$C_6H_5COOH(aq) + C_6H_5NH_2(aq) \rightleftharpoons C_6H_5COO^-(aq) + C_6H_5NH_3^+(aq)$

16.106 $2.5 \times 10^{-9}M$ NaOH 溶液的 pH 值是多少？思考这样计算有意义吗？在这种情况下，通常哪些假设是无效的？

16.107 草酸（$H_2C_2O_4$）是一种二元酸。使用附录 D 数据，根据需要确定以下叙述是否成立：（a）$H_2C_2O_4$ 既可作为 Bronsted-Lowry 酸，也可作为 Bronsted-Lowry 碱；（b）$C_2O_4^{2-}$ 是 $HC_2O_4^-$ 的共轭碱；（c）强电解质 KHC_2O_4 的水溶液 pH < 7。

16.108 琥珀酸（$H_2C_4H_6O_4$）是具有生物学相关性的二元酸，表示为 H_2Suc，其结构如下所示。25℃时，琥珀酸的酸解离常数 $K_{a1} = 6.9 \times 10^{-5}$、$K_{a2} = 2.5 \times 10^{-6}$。

（a）计算 25℃时 $0.32M$ H_2Suc 溶液的 pH，假设只考虑第一步解离；
（b）计算（a）溶液中 Suc^{2-} 的物质的量浓度；
（c）在（a）作出的假设是否符合（b）得出的结果？
（d）NaHSuc 盐溶液是酸性、中性还是碱性的？

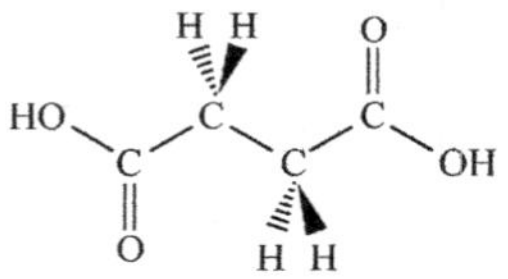

16.109 丁酸导致腐臭黄油的难闻气味。丁酸的 pK_a 为 4.84。

（a）计算丁酸根离子的 pK_b；（b）计算 $0.050M$ 丁酸溶液的 pH；（c）计算 $0.050M$ 丁酸钠溶液的 pH。

16.110 $0.10M$ 以下溶液按酸性由弱到强的顺序排列（i）NH_4NO_3（ii）$NaNO_3$（iii）CH_3COONH_4（iv）NaF（v）CH_3COONa

16.111 $0.25M$NaA 盐溶液 pH = 9.29，HA 酸的 K_a 值是多少？

16.112 观察以下二元酸 H_2A：（i）$0.10M H_2A$ 溶液的 pH = 3.30；（ii）$0.10M$NaHA 盐溶液是酸性的。以下哪一项可能是 H_2A 的 pK_{a2} 值？（i）3.22（ii）5.30（iii）7.47（iv）9.82

16.113 许多含有碱性氮原子的中等大小有机分子不能很好地溶于水，但它们的酸性盐通常更易溶解。假设胃中的液体 pH 值为 2.5，请说明下列每种化合物能否以中性、碱性或以质子形式存在于胃中：尼古丁，$K_b = 7 \times 10^{-7}$；咖啡因，$K_b = 4 \times 10^{-14}$；士的宁，$K_b = 1 \times 10^{-6}$；奎宁，$K_b = 1.1 \times 10^{-6}$。

16.114 氨基酸甘氨酸（$H_2N—CH_2—COOH$）可以在水中参与以下平衡：

H$_2$N—CH$_2$—COOH + H$_2$O $\rightleftharpoons$
H$_2$N—CH$_2$—COO$^-$ + H$_3$O$^+$ $K_a = 4.3 \times 10^{-3}$

H$_2$N—CH$_2$—COOH + H$_2$O $\rightleftharpoons$
$^+$H$_3$N—CH$_2$—COOH + OH$^-$ $K_b = 6.0 \times 10^{-5}$

（a）用 K_a 和 K_b 值来估算分子内质子转移形成两性离子的平衡常数：

H$_2$N—CH$_2$—COOH $\rightleftharpoons$ $^+$H$_3$N—CH$_2$—COO$^-$

（b）0.050M 甘氨酸水溶液的 pH 值是多少？

（c）在 pH 值为 13 的溶液中，甘氨酸的主要形式是什么？ pH 值为 1 呢？

16.115　水的 pK_b 是_____。

（a）1　（b）7　（c）14　（d）未定义

（e）以上都不是

综合练习

16.116　在 25℃，计算 1.0mL 纯水中 H$^+$(aq) 的浓度。

16.117　需要多少毫升浓盐酸溶液（HCl 36.0% 质量比，密度 =1.18g/mL）才能配制 10.0L pH 值为 2.05 的溶液。

16.118　成人胃的体积范围从空的约 50mL 到满时为 1L。如果胃容量为 400mL 且其内容物的 pH 值为 2，胃中含有 H$^+$ 的物质的量（mol）是多少？假设所有 H$^+$ 都来自 HCl，那么需要多少克碳酸氢钠能完全中和胃酸？

16.119　在过去 40 年中，大气中的二氧化碳浓度从 320ppm 上升到 400ppm，增加了近 20%。（a）鉴于今天，未受污染的雨水平均 pH 为 5.4，确定 40 年前未受污染的雨的 pH 值。假设 CO$_2$ 和水反应形成的碳酸（H$_2$CO$_3$）是影响 pH 值的唯一因素。

CO$_2$(g) + H$_2$O(l) $\rightleftharpoons$ H$_2$CO$_3$(aq)

（b）25℃和 1.0atm 下，多少体积的二氧化碳能溶解在 20.0L 的现今雨水中？

16.120　在 50℃时，H$_2$O 的离子积常数 $K_w = 5.48 \times 10^{-14}$。

（a）50℃时纯水的 pH 值是多少？

（b）根据 K_w 随温度的变化，预测水的电离反应的 ΔH 是正、负还是零。

2H$_2$O(l) $\rightleftharpoons$ H$_3$O$^+$(aq) + OH$^-$(aq)

16.121　在许多反应中，添加 AlCl$_3$ 与添加 H$^+$ 达到相同的效果。

（a）绘制 AlCl$_3$ 的 Lewis 结构，其中没有原子携带真正的电荷，用 VSEPR 方法确定其结构；

（b）关于（a）的结构有哪些特征有助于了解 AlCl$_3$ 的酸性特征？

（c）预测 AlCl$_3$ 和 NH$_3$ 在不参与反应的溶剂中进行反应的结果；

（d）哪种酸碱理论最适合讨论 AlCl$_3$ 和 H$^+$ 之间的相似性？

16.122　如果溶液的密度为 1.002g/mL，则 0.10M NaHSO$_4$ 溶液的沸点是多少？

16.123　使用表 8.4 中的平均键焓来估算下列气相反应的焓：

反应 1：HF(g) + H$_2$O(g) $\rightleftharpoons$ F$^-$(g) + H$_3$O$^+$(g)

反应 2：HCl(g) + H$_2$O(g) $\rightleftharpoons$ Cl$^-$(g) + H$_3$O$^+$(g)

这两种反应都是放热的吗？这些值与不同强度的氢氟酸和盐酸有何关系？

16.124　可卡因是一种弱有机碱，其分子式为 C$_{17}$H$_{21}$NO$_4$。在 15℃发现，可卡因水溶液 pH 为 8.53，渗透压为 52.7torr。计算可卡因的 K_b。

16.125　碘酸根离子被亚硫酸盐还原，反应如下所述：

IO$_3^-$(aq) + 3SO$_3^{2-}$(aq) $\longrightarrow$ I$^-$(aq) + 3SO$_4^{2-}$(aq)

发现该反应的速率在 IO$_3^-$ 中为一级，在 SO$_3^{2-}$ 中为一级，在 H$^+$ 中为一级。

（a）写出反应的速率表达式；

（b）如果 pH 从 5.00 降低到 3.50，反应速率会改变吗？为什么？在较低的 pH 值下反应是变得快了还是慢了？

（c）使用 14.6 节中讨论的概念，解释在整个反应中即使 H$^+$ 没有出现，pH 值是如何影响反应的？

16.126　（a）使用附录 D 中的解离常数，确定下列每个反应的平衡常数值；

（i）HCO$_3^-$(aq) + OH$^-$(aq) $\rightleftharpoons$ CO$_3^{2-}$(aq) + H$_2$O(l)

（ii）NH$_4^+$(aq) + CO$_3^{2-}$(aq) $\rightleftharpoons$ NH$_3$(aq) + HCO$_3^-$(aq)

（b）当正反应明显（K 远大于 1）或产物从系统中移除，我们通常使用单箭头表示反应，因此反应永远不会建立平衡。如果遵循这个原则，这些平衡中哪一个可能用单箭头表示？

设计实验

假如老师给你一瓶含有透明液体的瓶子，已知液体是一种挥发性，可溶于水的纯物质，可能是酸或碱。设计实验阐明这些未知样品以下内容：（a）确定样品中的物质是酸还是碱；（b）假设该物质是酸，您如何确定它是强酸还是弱酸？（c）如果该物质是弱酸，如何确定该物质的 K_a 值？（d）假设该物质是弱酸，并且还给出了已知物质的量浓度的 NaOH(aq) 溶液，你会用什么方法来分离这种钠盐物质的纯样品？（e）现在假设这种物质是碱而不是酸，你如何调整（b）和（c）部分的步骤，以确定该物质是强碱还是弱碱，如果是弱碱的话，K_b 的值是多少？

第 **17** 章

其他溶液平衡

水是地球上最常见和最重要的溶剂, 由于其丰富的储量和溶解各种物质的特殊能力而占据着重要的地位。珊瑚礁是自然界中水化学作用的一个重要实例。珊瑚礁是由一种叫作石珊瑚的小动物构成的,它们分泌一种坚硬的碳酸钙外骨骼。随着时间的推移,石珊瑚形成了巨大的碳酸钙网络,在此基础上形成了珊瑚礁。这种结构可以是巨大的,如大堡礁。

石珊瑚的外骨骼由溶解的 Ca^{2+} 和 CO_3^{2-} 离子构成。这一过程得益于 CO_3^{2-} 浓度在大部分海洋中过饱和的事实。然而,有充分证据表明,大气中二氧化碳含量的增加有可能破坏石珊瑚赖以生存的水环境。随着大气 CO_2 浓度的增加,溶解在海洋中的 CO_2 也随之增加,这降低了海洋的 pH 值,导致 CO_3^{2-} 浓度下降。因此,石珊瑚和其他重要的海洋生物要维持它们的外骨骼就变得更加困难。我们将在第 18 章的后面部分更仔细地研究海洋酸化的后果。

◀ **大堡礁** 它们的结构是由 $CaCO_3$ 构成的

要了解潜在的珊瑚礁形成和在海洋和水系统中活细胞进行的其他化学过程，我们必须了解溶液平衡的概念。在本章中，我们将进一步研究酸碱平衡的应用，更进一步了解这种复杂的溶液。不仅要考虑溶液中存在单一溶质，还要考虑含有混合溶质的溶液。我们还将讨论范围扩大到包括另外两种类型的溶液平衡：一种是微溶盐，另一种涉及溶液中金属络合物的形成。本章中的讨论和计算是第15章和第16章的扩展。

17.1 | 同离子效应

在第16章中，我们计算了弱酸或弱碱溶液中离子的平衡浓度。现在考虑含有弱酸的溶液，如醋酸（CH_3COOH），以及该酸的可溶性盐，如醋酸钠（CH_3COONa）。注意，这些溶液中含有两种物质，它们有一个共同的离子，即 CH_3COO^-。从勒夏特列原理的角度来看待这些溶液是有指导意义的（见15.7节）。

醋酸钠是一种可溶性离子化合物，因此是一种强电解质（见4.1节）。因此，它在水溶液中完全电离，形成 Na^+ 和 CH_3COO^- 离子：

$$CH_3COONa\ (aq) \longrightarrow Na^+\ (aq) + CH_3COO^-\ (aq)$$

相比之下，CH_3COOH 是一种弱电解质，仅部分电离，其动态平衡为

$$CH_3COOH\ (aq) \rightleftharpoons H^+\ (aq) + CH_3COO^-\ (aq) \qquad （17.1）$$

25℃时，方程式（17.1）的平衡常数 $K_a = 1.8 \times 10^{-5}$（见表16.2）。如果将醋酸钠加入到醋酸溶液中，来自 CH_3COONa 中的 CH_3COO^- 导致方程式（17.1）中物质的平衡浓度像勒夏特列原理所预期的那样向左移动，从而降低 $H^+(aq)$ 的平衡浓度：

$$CH_3COOH(aq) \rightleftharpoons H^+(aq) + CH_3COO^-(aq)$$

CH_3COO^- 增加平衡向左移动，$[H^+]$浓度降低

换句话说，加入醋酸根离子后，醋酸的电离比正常情况下要少，我们称这种现象为**同离子效应**。

当弱电解质和含有相同离子的强电解质在溶液中同时存在时，弱电解质的电离比单独在溶液中电离要少。

注意平衡常数本身没有变化，变化的是平衡表达式中产物和反应物的相对浓度。

实例解析 17.1
有同离子存在时计算 pH 值

向足量水中加入 0.30mol 醋酸和 0.30mol 醋酸钠，配制 1.0L 溶液，计算溶液的 pH 值？

解析

分析 要求计算弱电解质溶液（CH_3COOH）和强电解质（CH_3COONa）溶液的 pH 值，它们含有相同的离子，CH_3COO^-。

思路 在任何必须计算含有溶质混合物的溶液 pH 值的问题中，采用一系列步骤是有帮助的：

（1）考虑哪些溶质是强电解质，哪些是弱电解质，并确定溶液中的主要组分。

（2）确定 H^+ 来源的重要平衡反应，然后计算 pH 值。

（3）把参与平衡的离子的浓度列成表。

（4）用平衡常数表达式计算 $[H^+]$，再计算 pH。

解答

首先，因为 CH_3COOH 是弱电解质而 CH_3COONa 是强电解质，溶液中的主要组分是 CH_3COOH（一种弱酸）、Na^+（既不是酸也不是碱，是酸碱化学的旁观者）和 CH_3COO^-（CH_3COOH 的共轭碱）。

其次，$[H^+]$，pH 值受 CH_3COOH 的电离平衡控制：（我们用的是 $H^+(aq)$ 而不是 $H_3O^+(aq)$ 来表示平衡，但这两种表示氢离子的方法都是一样有效的）。

$$CH_3COOH(aq) \rightleftharpoons H^+(aq) + CH_3COO^-(aq)$$

再次，将初始浓度和平衡浓度列入表中，就像在第 15 章和第 16 章中解决其他平衡问题时一样：

CH_3COO^-（相同离子）的平衡浓度是由 CH_3COONa 的初始浓度 $0.30M$ 加上 CH_3COOH 电离出的此离子浓度（x）。

$CH_3COOH(aq) \rightleftharpoons H^+(aq) + CH_3COO^-(aq)$			
初始浓度 /M	0.30	0	0.30
变化浓度 /M	$-x$	$+x$	$+x$
平衡浓度 /M	$(0.30-x)$	x	$(0.30+x)$

现在我们可以用平衡常数的表达式：

$$K_a = 1.8 \times 10^{-5} = \frac{[H^+][CH_3COO^-]}{[CH_3COOH]}$$

CH_3COOH 在 25℃ 下的解离常数见表 16.2，或附录 D；CH_3COONa 的加入不会改变这个常数的值。将表中平衡浓度代入平衡常数表达式中得到：

$$K_a = 1.8 \times 10^{-5} = \frac{x(0.30+x)}{0.30-x}$$

因为 K_a 很小，我们假设 x 相对于 CH_3COOH 和 CH_3COO^-（各 $0.30M$）的初始浓度很小。因此，相对于 $0.30M$，x 很小可以忽略

$$K_a = 1.8 \times 10^{-5} = \frac{x(0.30)}{0.30}$$

得到的结果 x 相对于 $0.30M$ 确实很小，证明简化所做的近似计算是正确的

$$x = 1.8 \times 10^{-5} M = [H^+]$$

最后，利用 $H^+(aq)$ 的平衡浓度计算 pH 值：

$$pH = -\log(1.8 \times 10^{-5}) = 4.74$$

注解 在 16.6 节中，计算了一个 $0.30M$ 的 CH_3COOH 溶液 pH 值为 2.64，相应的 $[H^+] = 2.3 \times 10^{-3} M$。这样，$CH_3COONa$ 的加入就大大减少了 $[H^+]$，正如我们从勒夏特列原理中所预期的那样。

▶ **实践练习 1**

对于一般平衡 $HA(aq) \rightleftharpoons H^+(aq) + A^-(aq)$ 哪个表述是正确的？

（a）反应的平衡常数随 pH 值的变化而变化

（b）如果将可溶性盐 KA 加入 HA 的平衡溶液中，HA 的浓度会降低。

（c）如果在 HA 的平衡溶液中加入可溶性盐 KA，A^- 的浓度会降低。

（d）如果在 HA 的平衡溶液中加入可溶性盐 KA，pH 值会增加。

▶ **实践练习 2**

计算含 $0.085M$ 亚硝酸（HNO_2，$K_a = 4.5 \times 10^{-4}$）和 $0.10M$ 亚硝酸钾（KNO_2）溶液的 pH 值。

实例解析 17.2
计算有同离子存在时各离子的浓度

计算 0.20M HF 和 0.10M HCl 溶液中氟离子的浓度和 pH 值。

解析

　　分析　要求计算含有弱酸 HF 和强酸 HCl 溶液中 F⁻ 的浓度和 pH。在这种情况下，同离子是 H⁺。

　　思路　可以再次使用实例解析 17.1 中概述的 4 个步骤。

解答

　　由于 HF 是一种弱酸，HCl 是一种强酸，所以溶液中主要有 HF、H⁺ 和 Cl⁻。Cl⁻ 是强酸的共轭碱，在任何酸碱化学中都只是一个旁观离子。题中需要的 [F⁻] 是由 HF 电离形成的。因此，这是一个重要的平衡：

　　这个问题中同离子是氢离子或水合氢离子。现在我们可以把这个平衡中每一种组分的初始浓度和平衡浓度列入表中：

$$HF(aq) \rightleftharpoons H^+(aq) + F^-(aq)$$

	HF(aq) $\rightleftharpoons$	H⁺(aq) +	F⁻(aq)
初始浓度 /M	0.20	0.10	0
变化浓度 /M	$-x$	$+x$	$+x$
平衡浓度 /M	$(0.20-x)$	$(0.10+x)$	x

　　HF 电离的平衡常数（见附录 D）为 6.8×10^{-4}。将平衡常数浓度代入平衡表达式得到：

$$K_a = 6.8 \times 10^{-4} = \frac{[H^+][F^-]}{[HF]} = \frac{(0.10+x)(x)}{0.20-x}$$

　　如果假设 x 相对于 0.10M 或 0.20M 较小，这个表达式简化为：

$$\frac{(0.10)(x)}{0.20} = 6.8 \times 10^{-4}$$

$$x = \frac{0.20}{0.10}(6.8 \times 10^{-4}) = 1.4 \times 10^{-3} M = \left[F^-\right]$$

　　这个 F⁻ 浓度比没有加入 HCl 的 0.20M HF 溶液中要小得多。同离子 H⁺ 抑制了 HF 的电离。H⁺(aq) 的浓度为：

$$\left[H^+\right] = (0.10+x)M = 0.10M$$

因此：pH = 1.00

　　注解　实际上，氢离子的浓度完全是由盐酸决定的，相比之下，HF 的贡献微不足道。

▶ **实践练习 1**
　　计算 0.100M 乳酸（CH₃CH(OH)COOH，pK_a = 3.86）和 0.080M 的 HCl 溶液中乳酸离子的浓度。

（a）4.83M　（b）0.0800M　（c）$7.3 \times 10^{-3}M$
（d）$3.65 \times 10^{-3}M$　（e）$1.73 \times 10^{-4}M$

▶ **实践练习 2**
　　计算 0.050M 甲酸（HCOOH，$K_a = 1.8 \times 10^{-4}$）和 0.10M HNO₃ 溶液中甲酸盐离子浓度和 pH 值

　　实例解析 17.1 和实例解析 17.2 都涉及弱酸、弱碱的电离，也会因为加入一个同离子而减弱。例如，NH₄⁺ 的加入（来自于强电解质 NH₄Cl）使得式（17.2）中平衡向左移动，OH⁻ 的平衡浓度降低，从而 pH 值降低：

$$NH_3(aq) + H_2O \rightleftharpoons NH_4^+(aq) + OH^-(aq) \qquad （17.2）$$

加入 NH₄⁺，平衡向左转移，[OH⁻] 浓度降低

▲ 想一想

将 $NH_4Cl(aq)$ 和 $NH_3(aq)$ 溶液混合，在溶液中发生的酸碱反应中，哪些离子是作为旁观者而不参与反应的？用哪个平衡反应计算 $[OH^-]$，因此也可计算溶液的 pH 值？

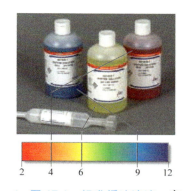

▲ 图 17.1　标准缓冲溶液　实验室可以购买指定 pH 包装好的缓冲溶液

17.2 ｜ 缓冲溶液

含有高浓度 ($10^{-3}M$ 或更多) 弱共轭酸碱对的溶液，当加入少量强酸或强碱时，能够抵抗 pH 值的剧烈变化，这种溶液称为**缓冲溶液**（或**缓冲液**）。例如，人类血液是一种复杂的缓冲溶液，它能使血液 pH 值维持在 7.4 左右（见化学与生活，"血液是一个缓冲溶液"，在本节后面）。海水的许多化学行为是由其 pH 值决定的，由于 HCO_3^-/CO_3^{2-} 酸碱对的存在，海水的 pH 值在接近水面的地方被缓冲在 8.1 ~ 8.3 之间。缓冲溶液在实验室和医学中有许多重要的应用（见图 17.1）。许多生物反应只有在适当缓冲溶液中才能以最佳速度进行。如果你曾在生物化学实验室工作过，你很可能需要制备特定的缓冲溶液来进行生物化学反应。

缓冲溶液的组成和作用

缓冲溶液能抵抗 pH 值的变化，因为它既含有中和添加的 OH^- 离子的酸，又含有中和添加的 H^+ 离子的碱。但是，它们又不能通过中和反应而相互消耗（见 4.3 节）。这些要求是通过弱共轭酸碱对来满足的，如 CH_3COOH/CH_3COO^- 或 NH_4^+/NH_3。关键是弱酸和它的共轭碱的浓度要大致相等。有两种方法可以配制缓冲溶液。

- 将弱酸（或弱碱）与弱酸（或弱碱）盐混合。例如，CH_3COOH/CH_3COO^- 缓冲溶液可以通过在 CH_3COOH 溶液中加入 CH_3COONa 来制备。同样的，NH_4^+/NH_3 缓冲溶液可以通过在 NH_3 溶液中加入 NH_4Cl 来制备。

- 通过加入强酸或强碱，从弱酸或弱碱溶液中制备共轭酸或共轭碱。例如，要制备 CH_3COOH/CH_3COO^- 缓冲液，可以从 CH_3COOH 溶液开始，在溶液中加入根据反应能中和约一半 CH_3COOH 的 NaOH，

$$CH_3COOH(aq) + OH^-(aq) \longrightarrow CH_3COO^-(aq) + H_2O(l)$$

中和反应（见 4.3 节）有很大的平衡常数，所以醋酸盐的生成量只受混合酸和强碱的相对量的限制。得到的溶液与在醋酸溶液中加入乙酸钠的溶液是一样的：溶液中醋酸及其共轭碱的含量是相当的。

通过选择合适的组分并调整它们的相对浓度，几乎可以制备任何 pH 值的缓冲溶液。

▲ 想一想

下面的哪一种共轭酸碱对不能作为缓冲溶液：C_2H_5COOH 和 $C_2H_5COO^-$，HCO_3^- 和 CO_3^{2-}，还是 HNO_3 和 NO_3^-？解释说明。

为了理解缓冲溶液是如何工作的，我们考虑一个由弱酸 HA 和它的一种盐 MA 组成的缓冲溶液，其中 M^+ 可以是 Na^+、K^+ 或任何其他不与水反应的阳离子。缓冲溶液中的酸电离平衡包括酸及其共轭碱：

$$HA(aq) \rightleftharpoons H^+(aq) + A^-(aq) \tag{17.3}$$

对应的酸解离常数表达式为

$$K_a = \frac{[H^+][A^-]}{[HA]} \tag{17.4}$$

解出 $[H^+]$ 的表达式为

$$[H^+] = K_a \frac{[HA]}{[A^-]} \tag{17.5}$$

由这个表达式可知 $[H^+]$，因此 pH 值由两个因素决定：

- 缓冲溶液中弱酸组分的 K_a 值；
- 共轭酸碱对浓度的比值，$[HA]/[A^-]$。

如果在缓冲溶液中加入 OH^- 离子，它与缓冲溶液中的酸组分反应生成水和 A^-：

$$\underset{\text{添加碱}}{OH^-(aq)} + HA(aq) \longrightarrow H_2O(aq) + A^-(aq) \tag{17.6}$$

这种中和反应使 $[HA]$ 减少，$[A^-]$ 增加。只要缓冲溶液中 HA 和 A^- 的含量相对于 OH^- 的添加量大的多，则比值 $[HA]/[A^-]$ 变化不大，因此 pH 变化较小。

如果加入 H^+ 离子，它与缓冲溶液的碱组分发生反应：

$$\underset{\text{添加酸}}{H^+(aq)} + A^-(aq) \longrightarrow HA(aq) \tag{17.7}$$

这个反应也可以用 H_3O^+ 表示：

$$H_3O^+(aq) + A^-(aq) \longrightarrow HA(aq) + H_2O(l)$$

利用上面任意一个方程，我们都可以看到这个反应导致 $[A^-]$ 减少，$[HA]$ 增加。只要比值 $[HA]/[A^-]$ 的变化很小，pH 的变化也会很小。

HA/A^- 缓冲溶液，如 HF/F^- 缓冲溶液，见图 17.2。缓冲溶液由等浓度的氢氟酸，HF 和氟离子，F^-（中心）组成，

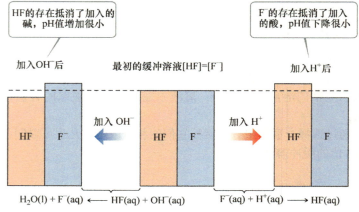

▲ 图 17.2 缓冲作用。当加入酸或碱时，HF/F^- 缓冲溶液的 pH 发生微小变化

加入 OH^-，减少了 $[HF]$，使 $[F^-]$ 略有增加，而 H^+ 的加入降低 $[F^-]$，使 $[HF]$ 略有增加。

在缓冲溶液中加入过多强酸或强碱是有可能使缓冲溶液失效的。我们将在本章后面部分更详细地讨论这个问题。

> **想一想**
>
> （a）当 NaOH 加入到由 CH_3COOH 和 CH_3COO^- 组成的缓冲溶液时，会发生什么变化？
> （b）当 HCl 加入到这个缓冲溶液时，会发生什么变化？

计算缓冲溶液的 pH 值

由于共轭酸碱对有一个共同的离子，我们可以使用与实例解析 17.1 中处理同离子效应时相同的方法来计算缓冲溶液的 pH 值。或者，我们也可以采用一种基于式（17.5）推导出方程，对式（17.5）两边取负对数

$$-\log[H^+] = -\log\left(K_a\frac{[HA]}{[A^-]}\right) = -\log K_a - \log\frac{[HA]}{[A^-]}$$

因为 $-\log[H^+] = pH$，$-\log K_a = pK_a$，

$$pH = pK_a - \log\frac{[HA]}{[A^-]} = pK_a + \log\frac{[A^-]}{[HA]} \qquad （17.8）$$

（如果不确定如何计算，请记住附录 A.2 中的对数规则。）

一般来说，

$$pH = pK_a + \log\frac{[碱]}{[酸]} \qquad （17.9）$$

式中 [酸] 和 [碱] 为共轭酸碱对的平衡浓度。注意当 [碱]=[酸] 时，$pH = pK_a$。

式（17.9）称为**亨德森-哈塞尔巴尔赫方程（Henderson-Hasselbalch 方程）**。生物学家、生物化学家和其他经常使用缓冲溶液的人经常用这个方程来计算缓冲溶液的 pH 值。在进行平衡计算时，我们发现通常可以忽略缓冲溶液中酸和碱电离的量。因此，我们通常可以在式（17.9）中直接使用缓冲溶液中酸、碱组分的初始浓度，如实例解析 17.3 所示。然而，假设缓冲溶液中酸和碱组分的初始浓度等于平衡浓度，这只是一个假设。有时你可能需要更加小心，如实例解析 17.4 所示。

实例解析 17.3

计算缓冲溶液的 pH 值

0.12M 乳酸 [$CH_3CH(OH)COOH$，或 $HC_3H_5O_3$] 和 0.10M 乳酸钠 [$CH_3CH(OH)COONa$ 或 $NaC_3H_5O_3$] 缓冲溶液的 pH 值是多少？乳酸的 $K_a = 1.4 \times 10^{-4}$。

解析

　　分析　要求计算包含乳酸（$HC_3H_5O_3$）及其共轭碱乳酸离子（$C_3H_5O_3^-$）缓冲溶液的 pH 值。

　　思路　首先使用 17.1 节中描述的方法计算 pH 值。由于 $HC_3H_5O_3$ 是一种弱电解质，而 $NaC_3H_5O_3$ 是一种强电解质，溶液中的主要物质是 $HC_3H_5O_3$、Na^+ 和 $C_3H_5O_3^-$。Na^+ 是一种不参与反应的离子。$HC_3H_5O_3/C_3H_5O_3^-$ 共轭酸碱对决定了 $[H^+]$，从而决定 pH。$[H^+]$ 可以用乳酸的电离平衡来计算。

解答

参与该平衡的组分的初始浓度和平衡浓度为：

	CH₃CH(OH)COOH(aq) ⇌	H⁺(aq)	+ CH₃CH(OH)COO⁻(aq)
初始浓度 /M	0.12	0.10	0.10
变化浓度 /M	$-x$	$+x$	$+x$
平衡浓度 /M	$(0.12-x)$	x	$(0.10+x)$

平衡浓度代入平衡表达式：

$$K_a = 1.4 \times 10^{-4} = \frac{[H^+][C_3H_5O_3^-]}{[HC_3H_5O_3]} = \frac{x(0.10+x)}{0.12-x}$$

由于 K_a 很小，并且有一个共同的离子存在，我们期望 x 相对于 $0.12M$ 或 $0.10M$ 都很小，因此，方程可以简化为：

解出 x 得到一个值，证明近似是正确的：

$$K_a = 1.4 \times 10^{-4} = \frac{x(0.10)}{0.12}$$

$$[H^+] = x = \left(\frac{0.12}{0.10}\right)(1.4 \times 10^{-4}) = 1.7 \times 10^{-4} M$$

然后，计算 pH：

或者，也可以用带有酸和碱初始浓度的亨德森 - 哈塞尔巴尔赫方程直接计算 pH 值：

$$pH = -\log(1.7 \times 10^{-4}) = 3.77$$

$$pH = pK_a + \log\frac{[碱]}{[酸]} = 3.85 + \log\left(\frac{0.10}{0.12}\right)$$

$$= 3.85 + (-0.08) = 3.77$$

▶ **实践练习 1**

如果缓冲溶液的 pH 值等于缓冲溶液中酸的 pK_a，这说明缓冲溶液中的酸和共轭碱的相对浓度是多少？

（a）酸的浓度必须为零（b）碱浓度必须为零（c）酸和碱的浓度必须相等（d）酸和碱的浓度必须等于 K_a（e）碱的浓度必须是酸浓度的 2.3 倍。

▶ **实践练习 2**

计算由 $0.12M$ 苯甲酸和 $0.20M$ 苯甲酸钠组成的缓冲溶液的 pH 值。（见附录 D）

实例解析 17.4

不利用亨德森 - 哈塞尔巴尔赫方程，精确计算 pH 值

通过以下两种方法计算最初含有 $1.00 \times 10^{-3}M$ CH₃COOH 和 $1.00 \times 10^{-4} M$ CH₃COONa 的缓冲溶液的 pH 值：（i）使用亨德森 – 哈塞尔巴尔赫方程（ii）关于量不做假设（这意味着需要使用二次方程）CH₃COOH 的 K_a 为 1.80×10^{-5}。

解析

分析 要求用两种不同的方法来计算缓冲溶液的 pH 值。我们已知弱酸和它的共轭碱的初始浓度以及弱酸的 K_a。

思路 首先使用亨德森 - 哈塞尔巴尔赫方程，将 pK_a、酸碱浓度比率与 pH 联系起来，不做假设，重新计算，这意味着需要写出初始/变化/平衡浓度，正如之前所做的那样。此外，需要使用二次方程求解（因为无法对未知的很小的量做假设）。

解答

（i）亨德森 - 哈塞尔巴尔赫方程为：

已知酸的 K_a（1.8×10^{-5}），因此知道 pK_a（p$K_a = -\log K_a = 4.74$），我们知道碱，醋酸钠和酸，醋酸的初始浓度，假设它们的平衡浓度不变。

$$pH = pK_a + \log\frac{[碱]}{[酸]}$$

因此，有：

$$pH = 4.74 + \log\frac{(1.00 \times 10^{-4})}{(1.00 \times 10^{-3})}$$

$$= 4.74 - 1.00 = 3.74$$

（ii）现在我们重新计算，不做任何假设。解出 x，它代表平衡时的 H^+ 浓度，然后计算 pH。

	$CH_3COOH(aq)$ $\rightleftharpoons$	$CH_3COO^-(aq)$ +	$H^+(aq)$
初始浓度 /M	1.00×10^{-3}	1.00×10^{-4}	0
变化浓度 /M	$-x$	$+x$	$+x$
平衡浓度 /M	$(1.00 \times 10^{-3} - x)$	$(1.00 \times 10^{-4} + x)$	x

$$\frac{[CH_3COO^-][H^+]}{[CH_3COOH]} = K_a$$

$$\frac{(1.00 \times 10^{-4} + x)(x)}{[1.00 \times 10^{-3} - x]} = 1.8 \times 10^{-5}$$

$$1.00 \times 10^{-4} x + x^2 = 1.8 \times 10^{-5}(1.00 \times 10^{-3} - x)$$

$$x^2 + 1.00 \times 10^{-4} x = 1.8 \times 10^{-8} - 1.8 \times 10^{-5} x$$

$$x^2 + 1.18 \times 10^{-4} x - 1.8 \times 10^{-8} = 0$$

$$x = \frac{-1.18 \times 10^{-4} \pm \sqrt{(1.18 \times 10^{-4})^2 - 4(1)(-1.8 \times 10^{-8})}}{2(1)}$$

$$= \frac{-1.18 \times 10^{-4} \pm \sqrt{8.5924 \times 10^{-8}}}{2}$$

$$= 8.76 \times 10^{-5} = [H^+]$$

$$pH = 4.06$$

注解 在实例解析 17.3 中，无论我们使用二次方程精确求解还是假设酸碱平衡浓度等于初始浓度，计算得到的 pH 值都是一样的。这个简化的假设之所以成立，是因为共轭酸碱对的浓度都比 K_a 大 1000 倍。在这个例子中，共轭酸碱对的浓度只有 K_a 的 10～100 倍。因此，不能假设 x 比初始浓度小（如果是的话，初始浓度必须等于平衡浓度）。实例解析的最佳答案是 pH = 4.06，它是在不假设 x 很小的情况下得到的。因此，我们看到，当弱酸（或碱）的初始浓度小于其 K_a（或 K_b）时，亨德森-哈塞尔巴尔赫方程背后的假设是不成立的。

▶ **实践练习 1**
缓冲溶液是由乙酸钠（CH_3COONa）和乙酸（CH_3COOH）制成的。乙酸的 K_a 值是 1.8×10^{-5}，缓冲溶液的 pH 值是 3.98，醋酸钠的平衡浓度与醋酸的平衡浓度之比是多少？（a）−0.760 （b）0.174 （c）0.840 （d）5.75 （e）没有足够的信息用于回答问题。

▶ **实践练习 2**
计算初始含有 $6.50 \times 10^{-4} M$ HOCl 和 $7.50 \times 10^{-4} M$ NaOCl 的缓冲溶液的最终和平衡时的 pH 值。HOCl 的 K_a 是 3.0×10^{-5}。

实例解析 17.3 中，计算了缓冲溶液的 pH 值。通常我们需要反方向计算达到特定 pH 值所需的酸及其共轭碱的量。这个计算在实例解析 17.5 中进行说明。

实例解析 17.5
制备缓冲溶液

在 2.0L 的 0.10M NH_3 中必须加入多少物质的量的 NH_4Cl 才能配制 pH 为 9.00 的缓冲溶液？（假设 NH_4Cl 的加入不会改变溶液的体积）。

解析

分析 要求制备特定 pH 值的缓冲溶液所需的 NH_4^+ 的量。

思路 溶液中的主要组分是 NH_4^+、Cl^- 和 NH_3。其中，Cl^- 是不参与反应的（它是强酸的共轭碱）。因此，NH_4^+/NH_3 共轭酸碱对将决定缓冲溶液的 pH 值。

NH_4^+ 和 NH_3 之间的平衡关系由 NH_3 的碱解离反应给出：

$$NH_3(aq) + H_2O \rightleftharpoons NH_4^+(aq) + OH^-(aq)$$

$$K_b = \frac{[NH_4^+][OH^-]}{[NH_3]} = 1.8 \times 10^{-5}$$

这个实例解析的关键是使用这个 K_b 表达式来计算 $[NH_4^+]$。

解答

从已知的 pH 值计算 $[OH^-]$，所以：	pOH = 14.0−pH = 14.00 − 9.00=5.00 $[OH^-] = 1.0 \times 10^{-5}M$
由于 K_b 很小，且存在共同离子 $[NH_4^+]$，NH_3 的平衡浓度一定等于其初始浓度：	$[NH_3]=0.10M$
现在用 K_b 的表达式来计算 $[NH_4^+]$：	$[NH_4^+]= K_b\dfrac{[NH_3]}{[OH^-]} = (1.8\times10^{-5})\dfrac{(0.10)}{(1.0\times10^{-5})} = 0.18M$
因此，对于 pH = 9.00 的溶液，$[NH_4^+]$ 一定等于 $0.18M$。生成这个浓度所需的 NH_4Cl 的物质的量由溶液的体积与其物质的量浓度的乘积得到：	(2.0L)(0.18mol/L)=0.36mol NH_4Cl

注解 因为 NH_4^+ 和 NH_3 是共轭酸碱对，我们可以用亨德森 - 哈塞尔巴尔赫方程 [见式（17.9）] 来解决这个问题。要做到这一点，首先需要使用式（16.41）从 NH_3 的 pK_b 值计算 NH_4^+ 的 pK_a。建议也可以用亨德森 - 哈塞尔巴尔赫方程来解决缓冲溶液问题，已知的是共轭碱的 K_b，而不是共轭酸 K_a。

▶ **实践练习 1**
　　要制备 pH = 9.20 的缓冲溶液，必须在 2.00L 0.500M 氨水中加入多少克氯化铵？假设溶液的体积不会随着固体的加入而改变。氨的 K_b 是 1.80×10^{-5}。（a）60.7g （b）30.4g （c）1.52g （d）0.568g （e）1.59×10^{-5}g

▶ **实践练习 2**
　　计算在 0.20M 苯甲酸溶液（C_6H_5COOH）中苯甲酸钠的浓度是多少才能使缓冲溶液的 pH 为 4.00，见附录 D。

缓冲容量和 pH 值范围

　　缓冲溶液的两个重要特征是其容量和有效 pH 范围。**缓冲容量**是指在 pH 值开始显著变化之前，缓冲溶液能够中和的酸或碱的量。缓冲容量取决于用于制备缓冲溶液的酸和碱的量。例如，由式（17.5）可知，1M CH_3COOH 和 1M CH_3COONa 1L 溶液的 pH 值与 0.1M CH_3COOH 和 0.1M CH_3COONa 的 1L 溶液的 pH 值相同。然而，第一个溶液具有更大的缓冲能力，因为它包含更多的 CH_3COOH 和 CH_3COO^-。

　　任何缓冲溶液的 pH 值范围都是缓冲溶液有效作用的 pH 值范围。当弱酸和共轭碱的浓度差不多时，缓冲溶液能最有效地抑制 pH 值在两个方向上的变化。由式（17.9）可知，当弱酸和共轭碱的浓度相等时，pH = pK_a，这种关系给出了任何缓冲溶液的最佳pH值。因此，我们通常尝试选择一个酸型 pK_a 接近要求的 pH 值的缓冲溶液。在实际操作中，我们发现如果缓冲溶液中某一组分的浓度大于另一组分浓度的 10 倍，缓冲作用较差。因为 log10 = 1，缓冲溶液的适用范围通常在 pK_a ± 1pH 单位内（即 pH = pK_a ± 1 的范围）。

　　▲ **想一想**
　　亚硝酸（HNO_2）和次氯酸（$HClO$）的 K_a 值分别为 4.5×10^{-4} 和 3.0×10^{-8}。哪个更适合在 pH = 7.0 的溶液中作为缓冲溶液使用？配制缓冲溶液还需要什么物质？

向缓冲溶液中加入强酸或强碱

让我们定量地考虑缓冲溶液对强酸或强碱的加入有何反应。在这个讨论中，理解缓冲溶液中强酸和其共轭碱的反应这一点很重要。

强酸和弱碱之间的中和反应基本完成，强碱和弱酸之间的中和反应也基本完成。这是因为水是反应的产物，反应的平衡常数是 $1/K_w = 10^{14}$（见 16.3 节）。因此，只要不超过缓冲溶液的缓冲能力，就可以假定强酸或强碱与缓冲溶液反应完全被消耗掉。

考虑一个包含弱酸 HA 及其共轭碱 A^- 的缓冲溶液。当一个强酸被加入到这个缓冲溶液中，所加入的 H^+ 被 A^- 消耗，生成 HA，因此，[HA] 增加，$[A^-]$ 减少 [见式（17.7）]。在加入强碱后，加入的 OH^- 被 HA 消耗生成 A^-，在这种情况下 [HA] 减少，$[A^-]$ 增加 [见式（17.6）]。图 17.2 总结了这两种情况。

加入强酸或强碱后缓冲溶液 pH 值的影响见图 17.3 所示：

1. 考虑酸碱中和反应，确定其对 [HA] 和 $[A^-]$ 的影响，这一步是反应化学计量学的计算（见 3.6 节和 3.7 节）。

2. 用 [HA] 和 $[A^-]$ 的计算值与 K_a 一起计算 $[H^+]$。这一步是一个平衡计算，使用亨德森 - 哈塞尔巴尔赫方程很容易完成（如果弱酸碱对的浓度与酸的 K_a 相比非常大）。

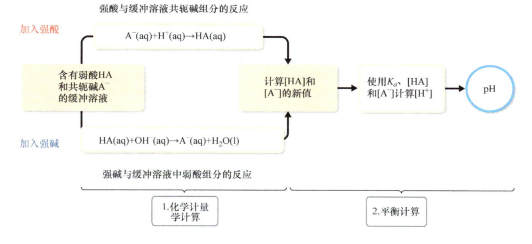

▲ 图 17.3 计算加入强酸或强碱后缓冲溶液的 pH 值

 实例解析 17.6

计算缓冲溶液 pH 值的变化

将 0.300mol CH_3COOH 和 0.300mol CH_3COONa 加入到足量的水中形成 1.000L 的缓冲溶液，此时缓冲溶液的 pH 值为 4.74（见实例解析 17.1）。（a）加入 5.0mL 4.0M NaOH 溶液后，计算该溶液的 pH 值；（b）为了比较，计算将 5.0mL 4.0M NaOH 溶液加入 1.000L 纯净水中得到溶液的 pH 值。

解析

分析 要求在加入少量强碱后计算缓冲溶液的 pH 值，并将 pH 变化与在纯水中加入等量强碱后的 pH 值进行比较。

思路 按照图 17.3 所示，解决这个问题需要两个步骤。首先，进行化学计量学计算，以确定添加的 OH^- 如何影响缓冲溶液的组分。然后，用得到的缓冲溶液组分的结果和亨德森 - 哈塞尔巴尔赫方程或缓冲溶液的平衡常数表达式来计算 pH 值。

解答

（a）*化学计量计算*：NaOH 提供的 OH⁻ 与缓冲溶液弱酸组分 CH₃COOH 反应。因为体积在变化，所以最好先算出会生成多少物质的量反应物和产物，然后除以最终体积得到浓度。中和反应之前，CH₃COOH 和 CH₃COO⁻ 各有 0.300mol。碱的添加量为 0.0050 L × 4.0 mol/L = 0.020mol。中和 0.020mol OH⁻ 需要 0.020mol CH₃COOH。因此，CH₃COOH 的含量降低了 0.020mol，中和产物 CH₃COO⁻ 的含量增加了 0.020mol。我们可以创建一个表格，看看与 OH⁻ 反应后，缓冲溶液的成分发生了怎样的变化：

	$CH_3COOH(aq)$	$+OH^-(aq)$	$\longrightarrow$	$H_2O(l)$	$+ CH_3COO^-(aq)$
反应前 /mol	0.300	0.020	—		0.300
反应中变化 /mol	−0.020	−0.020	—		+0.020
反应后 /mol	0.280	0	—		0.320

平衡计算：考虑醋酸电离平衡和缓冲溶液 pH 值的关系：

$$CH_3COOH(aq) \rightleftharpoons H^+ + CH_3COO^-(aq)$$

利用加入强碱反应后缓冲溶液中剩余的 CH₃COOH 和 CH₃COO⁻ 的量和亨德森 - 哈塞尔巴尔赫方程计算 pH 值。由于 NaOH 溶液的加入，现在溶液的体积为 1.000L + 0.0050L = 1.005L：

$$pH = 4.74 + \log\frac{0.320\text{mol}/1.005\text{L}}{0.280\text{mol}/1.005\text{L}} = 4.80$$

（b）将 0.020mol NaOH 加入 1.000L 纯水中，计算溶液 pH 值，首先计算溶液中 OH⁻ 离子浓度：

$$[OH^-] = 0.020\text{mol}/1.005\text{L} = 0.020M$$

用式（16.18）计算 pOH，然后计算 pH：

$$pOH = -\log[OH^-] = -\log(0.020) = +1.70$$
$$pH = 14 - (+1.70) = 12.30$$

1.000L 缓冲溶液
0.300M CH₃COOH
0.300M CH₃COO⁻ → pH 4.74 加5.0mL,4.0M的 NaOH(aq) → pH 4.80

pH值增加0.06个单位

1.000L H₂O pH 7.00 加5.0mL,4.0M的 NaOH(aq) → pH 12.30

pH值增加5.30个单位

a)　　　　　　　　　　　　　b)

▲ 图 17.4　向 a）缓冲溶液和 b）水中，添加强碱的效果

注解　加入少量的 NaOH 会显著改变水的 pH 值。而加入 NaOH 后，缓冲溶液的 pH 变化很小，见图 17.4。

▶ **实践练习 1**

下列哪个陈述是正确的？（a）如果在缓冲溶液中加入强酸或强碱，pH 值不会改变（b）为了计算向缓冲溶液中加入强酸或强碱的情况，只需要使用亨德森 - 哈塞尔巴尔赫方程（c）强碱与强酸反应，但不与弱酸反应（d）如果向缓冲溶液中添加强酸或强碱，缓冲溶液的 pK_a 或 pK_b 将发生变化（e）为了计算向缓冲溶液中加入的强酸或强碱，你需要计算已配平的中和反应中各物质的数量。

▶ **实践练习 2**

（a）计算实例解析 17.6 中所述的原始缓冲溶液在加入 0.020mol HCl 后的 pH 值（b）在 1.000L 纯水中加入 0.020mol HCl 后溶液的 pH 值。

化学与生活 血液是一个缓冲溶液

在生物系统中发生的化学反应往往对 pH 值及其敏感。许多重要的催化生化反应的酶只能在狭窄的 pH 值范围内发挥作用。因此，人体维持着非常复杂的缓冲系统，无论是在细胞内部还是在输送细胞的液体中，血液都是将氧气输送到身体各个部位的液体，是缓冲溶液在生命中重要性的最突出例子之一。

人类血液的正常 pH 值为 7.35 ~ 7.45。任何偏离这个范围都会对细胞膜的稳定性、蛋白质的结构和酶的活性产生极具破坏性的影响。如果血液 pH 值低于 6.8 或高于 7.8，可能会导致死亡。当 pH 值低于 7.35 时，称为酸中毒；当它超过 7.45 时，这种情况被称为碱中毒。酸中毒是一种更常见病，因为新陈代谢会在体内产生多种酸。

控制血液 pH 值的主要缓冲体系是碳酸——碳酸氢盐缓冲体系。碳酸（H_2CO_3）和碳酸氢盐离子（HCO_3^-）是共轭酸碱对。此外，碳酸分解成二氧化碳气体和水，这个缓冲体系的重要平衡是

$$H^+(aq) + HCO_3^-(aq) \rightleftharpoons H_2CO_3(aq)$$
$$\rightleftharpoons H_2O(l) + CO_2(g) \quad (17.10)$$

这些平衡有几个方面值得注意。首先，碳酸是二元酸，碳酸根离子（CO_3^{2-}）在该体系中并不重要。第二，这种平衡的一个组分，二氧化碳，是一种气体，它为身体调节平衡提供了一种机制。通过呼出二氧化碳使平衡向右移动，消耗氢离子。第三，血液中的缓冲系统在 pH 值为 7.4 时工作，与 H_2CO_3 的 pK_{a1} 值（在生理温度下 6.1）相差甚远。如果缓冲溶液的 pH 值为 7.4，那么 [碱]/[酸] 的比值必须在 20 左右。在正常血浆中，HCO_3^- 和 H_2CO_3 的浓度分别为 0.024M 和 0.0012M 左右。因此，缓冲溶液具有高的中和额外酸的能力，但只有低的中和额外碱的能力。

调节碳酸氢盐缓冲体系 pH 值的主要器官是肺和肾。当 CO_2 浓度升高时，式（17.10）中的平衡浓度向左移动，导致更多 H^+ 的形成和 pH 值的下降。这种变化是由大脑中的受体检测到的，这些受体触发反射呼吸更快、更深，增加了 CO_2 从肺部排出的速率，从而使平衡浓度向右移动。当血液 pH 值变得过高时，肾脏会从血液中排除 HCO_3^-，这使平衡浓度向左移动，增加了 H^+ 的浓度，结果，pH 降低。

血液 pH 值的调节直接关系到 O_2 在整个身体内的有效转运。在红细胞中发现蛋白质血红蛋白（见图 17.5）携带氧气。血红蛋白（Hb）可逆地结合 O_2 和 H^+。这两种物质竞争 Hb，其可以大致由平衡表示

$$HbH^+ + O_2(aq) \rightleftharpoons HbO_2(aq) + H^+(aq) \quad (17.11)$$

氧气通过肺部进入血液，进入红细胞并与血红蛋白结合。当血液到达 O_2 浓度较低的组织时，式（17.11）平衡向左移动，释放 O_2。

在剧烈运动期间，三个因素共同作用，以确保氧气输送到活跃的组织。将勒夏特列原理应用于式（17.11），可以理解各因素的作用：

1. 氧气被消耗，导致平衡浓向左移动，释放更多的氧气。

2. 代谢产生大量的 CO_2，增加了 $[H^+]$，使平衡浓度向左移动，释放 O_2。

3. 体温上升。因为式（17.11）是放热的，温度的升高使平衡浓度向左移动，释放 O_2。除了导致 O_2 释放到组织的因素外，pH 值的降低还会刺激呼吸速率的增加，从而提供更多的 O_2 并消除 CO_2。如果没有这一系列复杂的平衡变化和 pH 值的变化，组织中的 O_2 将会迅速耗尽，无法继续进行活动。在这种情况下，血液的缓冲能力和通过肺部呼出的 CO_2 对于防止 pH 值下降过低，引发中毒是至关重要的。

相关练习: 17.29

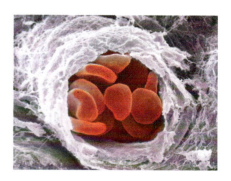

▲ 图 17.5　**红细胞** 红细胞通过动脉小分支的扫描电镜照片。红细胞直径约为 0.010mm

17.3 | 酸碱滴定

滴定是将一种反应物缓慢地加入到另一种反应物的溶液中，并在此过程中监测平衡浓度的变化（见 4.6 节）。滴定有两个主要原因：

- **计算**其中一种反应物的浓度
- **计算**反应的平衡常数

在酸碱滴定中，含有已知浓度的碱溶液被缓慢地加入到酸中（或酸被加到碱中）（见 4.6 节）。

图例解析

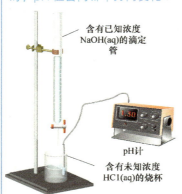

当 NaOH 加入 HCl 溶 液时，pH 值会向哪个方向变化？

含有已知浓度 NaOH(aq)的滴定管

pH计

含有未知浓度 HCl(aq)的烧杯

▲ 图 17.6　测定滴定过程中 pH 值

酸碱指示剂可用来指示滴定的等当点（化学计量学上等量酸和碱反应的点）。

此外，还可以使用 pH 计来监测反应的进程（见图 17.6），生成 **pH 滴定曲线**，即表示 pH 值随加入滴定剂体积变化的曲线。滴定曲线的形状使确定等当点成为可能。该曲线还可用于选择合适的指示剂，计算被滴定的弱酸的 K_a 或弱碱的 K_b。

为了理解为什么滴定曲线具有一定的特征形状，我们将对以下三种滴定曲线进行检验：（1）强酸强碱，（2）弱酸强碱，（3）多元酸强碱。我们还将简要考虑这些曲线与那些涉及弱碱的曲线之间的关系。

强酸强碱滴定

在强酸中加入强碱产生的滴定曲线的一般形状如图 17.7 所示，它描述了将 $0.100M$ NaOH 加入到 50.0mL $0.100M$ HCl 时溶液 pH 值的变化。pH 值可以在滴定的任何位置计算。为了帮助理解这些计算，可以把曲线分成四个区域：

1. 初始 pH：加入任何碱之前，溶液的 pH 值由强酸的初始浓度计算。对于 $0.100M$ HCl 溶液，$[H^+] = 0.100M$，$pH = -\log(0.100) = 1.000$。因此，初始 pH 值很低。

2. 初始 pH 值与等当点之间：随着 NaOH 的加入，pH 值先缓慢升高，然后在等当点附近，迅速升高。

图例解析

当碱的浓度为 $0.200M$ 时，需要多少体积的 NaOH(aq) 才能达到等当点？

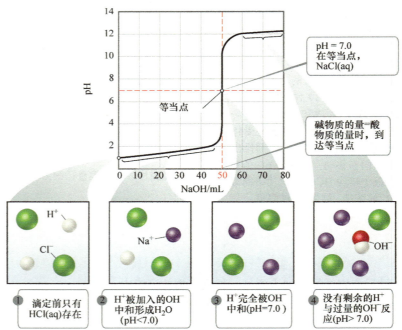

pH = 7.0 在等当点，NaCl(aq)

等当点

碱物质的量=酸物质的量时，到达等当点

① 滴定前只有 HCl(aq)存在

② H⁺被加入的OH⁻中和形成H₂O（pH<7.0)

③ H⁺完全被OH⁻中和(pH=7.0)

④ 没有剩余的H⁺与过量的OH⁻反应(pH> 7.0)

▲ 图 17.7　**强碱滴定强酸** 用 $0.100M$ NaOH(aq) 溶液滴定 50.0mL $0.100M$ HCl 溶液的 pH 曲线。为了清楚起见，省略了水分子

等当点之前的 pH 值是由尚未中和的酸的浓度决定的。计算结果见实例解析 17.7（a）。

3. 等当点：在等当点，等量的 NaOH 和 HCl 已经反应，只剩下盐 NaCl 的溶液。溶液的 pH 值为 7.00，因为强碱的阳离子（在本例中为 Na^+）和强酸的阴离子（在本例中为 Cl^-）既不是酸也不是碱，因此对 pH 值没有明显影响（见 16.9 节）。

4. 等当点后：等当点后溶液的 pH 值由溶液中过量 NaOH 的浓度决定。计算结果见实例解析 17.7（b）。

实例解析 17.7
强酸 - 强碱滴定的计算

计算 pH 值，(a) 49.0mL 和 (b) 51.0mL 的 0.100M NaOH 溶液加入到 50.0mL 0.100M HCl 溶液中。

解析

分析 要求计算强酸和强碱滴定过程中两点的 pH 值。第一个点在等当点之前，pH 值由还没有被中和的少量强酸决定。第二个点在等当点之后，pH 值由少量过量的强碱决定。

思路（a）当 NaOH 溶液加入 HCl 溶液时，$H^+(aq)$ 与 $OH^-(aq)$ 反应生成 H_2O。Na^+ 和 Cl^- 都是不参与反应的离子，对 pH 的影响可以忽略不计。要计算溶液的 pH 值，首先必须了解最初存在多少物质的量的 H^+ 和添加多少物质的量的 OH^-，然后计算中和反应后剩余的每种离子的物质的量，计算出 $[H^+]$，从而计算 pH 值。另外，我们也必须记住，当加入滴定剂时，溶液的体积会增加，从而稀释了所有溶质的浓度。因此，最好先计算物质的量，然后用溶液总体积（酸的体积加上碱的体积）计算物质的量浓度。（b）用和（a）相同的方法进行，只是现在已经过了等当点，溶液中的 OH^- 比 H^+ 多。

解答

（a）原 HCl 溶液中 H^+ 的物质的量由溶液体积与它的物质的量浓度乘积给出：

$$(0.0500 \text{Lsoln})\left(\frac{0.100 \text{mol H}^+}{1 \text{L 溶液}}\right) = 5.00 \times 10^{-3} \text{mol H}^+$$

同样，49.0mL 0.100M NaOH 中 OH^- 的物质的量为：

$$(0.0490 \text{Lsoln})\left(\frac{0.100 \text{mol OH}^-}{1 \text{溶液}}\right) = 4.90 \times 10^{-3} \text{mol OH}^-$$

因为还没有达到等当点，所以 H^+ 的物质的量比 OH^- 的物质的量多。因此，OH^- 是少数反应物。1mol OH^- 与 1mol H^+ 反应。根据实例解析 17.6 中介绍的，我们有：

$H^+ + (aq) + OH^-(aq) \longrightarrow H_2O(aq)$		
反应前 /mol	5.00×10^{-3}	4.90×10^{-3}	—
反应中变化 /mol	-4.90×10^{-3}	-4.90×10^{-3}	—
反应后 /mol	0.10×10^{-3}	0	—

随着 NaOH 溶液加入 HCl 溶液中，反应混合物的体积增大。因此，此时滴定瓶中溶液的体积为：

$$50.0 \text{mL} + 49.0 \text{mL} = 99.0 \text{mL} = 0.0990 \text{L}$$

因此，瓶中 $H^+(aq)$ 的浓度为：

$$[H^+] = \frac{\text{溶液中 } H^+ \text{的物质的量(mol)}}{\text{溶液的体积(L)}} = \frac{0.10 \times 10^{-3} \text{mol}}{0.09900 \text{L}} = 1.0 \times 10^{-3} M$$

对应的 pH 值为：

$$-\log(1.0 \times 10^{-3}) = 3.00$$

（b）和以前一样，每个反应物的初始物质的量是由它们的体积和浓度决定的。以较小的化学计量学存在的反应物被完全消耗（反应彻底），留下过量的氢氧根离子。

$H^+(aq)$	$+$	$OH^-(aq) \longrightarrow H_2O(l)$	
反应前 /mol	5.00×10^{-3}	5.10×10^{-3}	—
反应中变化 /mol	-5.00×10^{-3}	-5.00×10^{-3}	—
反应后 /mol	0	0.10×10^{-3}	—

在这种情况下，滴定瓶中溶液的体积是：50.0mL+51.0mL=101.0mL=0.1010L

因此，瓶中 $OH^-(aq)$ 的浓度为：

$$[OH^-] = \frac{溶液中OH^-的物质的量(mol)}{溶液的体积(L)} = \frac{0.10 \times 10^{-3}mol}{0.1010L} = 1.0 \times 10^{-3}M$$

则有：

$$pOH = -\log(1.0 \times 10^{-3}) = 3.00$$
$$pH = 14.00 - pOH = 14.00 - 3.00 = 11.00$$

注解 在添加第一个 49.0mL NaOH 溶液后，pH 值仅增加了两个 pH 单位，从 1.00（见图 17.7）到 3.00，但当在等当点附近加入 2.0mL 碱性溶液时，pH 值从 3.00 增加到 11.00，上升了 8 个 pH 单位。等当点附近 pH 值的快速上升是强酸和强碱滴定的特点。

▶ **实践练习 1**

采用酸碱滴定法：用 36.7mL 0.1000M NaOH 滴定未知浓度的 250.0mL HCl(aq) 水溶液至等当点，下列叙述哪个是不正确的？

（a）HCl 溶液的浓度低于 NaOH 溶液（b）加入 25mL NaOH 溶液后 pH 小于 7（c）等当点的 pH 值为 7.00（d）如果在等当点后再加入 1.00mL 的 NaOH 溶液，溶液的 pH 值大于 7.00（e）在等当点，溶液中的 OH^- 浓度为 $3.67 \times 10^{-3}M$。

▶ **实践练习 2**

当（a）24.9mL 和（b）25.1mL 0.100M HNO_3 加入到 25.0mL 0.100M KOH 溶液时，计算溶液的 pH 值。

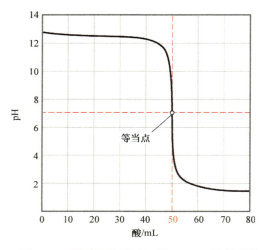

▲ 图 17.8 **强酸滴定强碱** 用 0.100M 的强酸滴定 50.0 mL 0.100M 强碱溶液的 pH 曲线

用强酸溶液滴定强碱溶液得到的曲线和 pH 值与碱加入酸的曲线类似。而在这种情况下，pH 值在滴定开始时很高，在滴定结束时很低（见图 17.8）。等当点的 pH 值仍然是 7.0（25℃），就像强酸 - 强碱滴定一样。

⚠ **想一想**

当用 0.10M HNO_3 滴定含有 0.30g KOH 的溶液时，等当点的 pH 是多少？

弱酸强碱滴定

强碱滴定弱酸的曲线类似于图 17.7。以 0.100M NaOH 滴定 50.0mL 0.100M 乙酸为例，如图 17.9 所示。可以利用前面讨论过的原理，计算出曲线上各点的 pH 值，这意味着将曲线再次划分为四个区域：

1. 初始 pH 值：用 K_a 来计算 pH 值，见 16.6 节。0.100M CH_3COOH 的 pH 值为 2.89。

2. 初始 pH 与等当点之间：在到达等当点之前，酸被中和，形成共轭碱：

$$CH_3COOH(aq) + OH^-(aq) \longrightarrow CH_3COO^-(aq) + H_2O(l) \quad (17.12)$$

因此，溶液中含有 CH_3COOH 和 CH_3COO^-，计算该区域的 pH 值需要两个步骤。首先，要考虑 CH_3COOH 与 OH^- 的中和反应来计算 $[CH_3COOH]$ 与 $[CH_3COO^-]$。接下来，使用 17.1 节和 17.2 节中的方法计算这个缓冲溶液的 pH 值，过程如图 17.10 所示，见实例解析 17.7。

3. 等当点：将 50.0mL 0.100M NaOH 加入 50.0mL 0.100M CH_3COOH 中，达到等当点。此时，5.00×10^{-3}mol NaOH 和 5.00×10^{-3}mol CH_3COOH

图例解析

如果这里被滴定的醋酸被盐酸取代，那么到达等当点所需的碱的量会改变吗？等当点的 pH 值会改变吗？

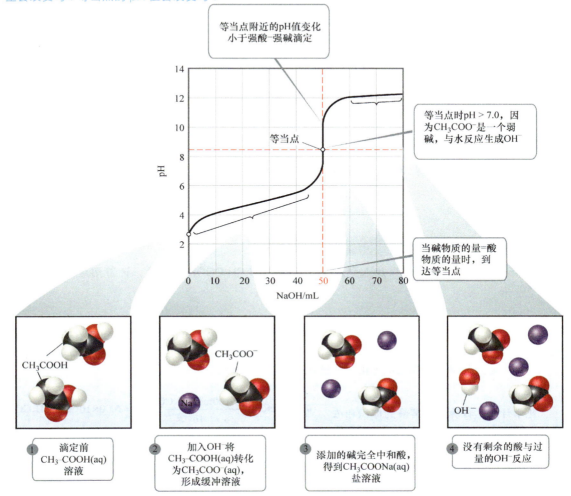

▲ 图 17.9　用强碱滴定弱酸　用 0.100M NaOH(aq) 溶液滴定 50.0mL 0.100M 乙酸溶液的 pH 曲线。为清楚起见，省略了水分子

完全反应，形成 5.00×10^{-3}mol CH$_3$COONa。该盐的 Na$^+$ 离子对 pH 无明显影响，而 CH$_3$COO$^-$ 离子是一种弱碱，与水的反应不可忽略，因此等当点的 pH 值大于 7。一般来说，弱酸强碱滴定中等当点的 pH 值总是大于 7，因为形成盐的阴离子是弱碱。计算弱碱溶液 pH 值的方法见 16.7 节，如实例解析 17.8 所示。

4. 等当点后（过量碱）：在该区域，CH$_3$COO$^-$ 与水反应生成的 [OH$^-$] 相对于过量 NaOH 生成的 [OH$^-$] 可以忽略不计。pH 值是由 OH$^-$ 的浓度——即过量的 NaOH 决定的。因此，计算该区域 pH 值的方法类似于实例解析 17.7（b）所示。那么加入 51.0mL 的 0.100M NaOH 到 50.0mL 的 0.100M HCl 或 0.100M CH$_3$COOH 得到相同的 pH 值 11.00。通过图 17.7 和图 17.9 的对比可以发现强酸和弱酸在等当点之后滴定曲线是相同的。

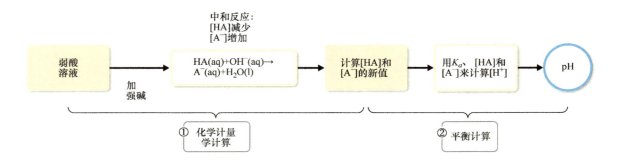

▲ 图 17.10　强碱部分中和弱酸时 pH 值的计算方法

 实例解析 17.8
弱酸强碱滴定的计算

　　将 45.0mL，0.100M NaOH 加入到 50.0mL，0.100M CH$_3$COOH 溶液中，计算溶液的 pH 值（$K_a =$ 1.8×10^{-5}）。

解析

分析　要求在用强碱滴定弱酸的等当点之前计算溶液的 pH 值。

思路　首先要确定中和反应（化学计量计算）

后 CH$_3$COOH 和 CH$_3$COO$^-$ 的物质的量。然后用 K_a，[CH$_3$COOH] 和 [CH$_3$COO$^-$]（平衡计算）计算 pH 值。

解答

化学计量学计算：用溶液的体积和浓度的乘积计算中和反应前每种反应物的量：

$$(0.0500 \text{Lsoln})\left(\frac{0.100 \text{molCH}_3\text{COOH}}{1\text{溶液}}\right) = 5.00 \times 10^{-3} \text{molCH}_3\text{COOH}$$

$$(0.0450 \text{Lsoln})\left(\frac{0.100 \text{molNaOH}}{1\text{溶液}}\right) = 4.50 \times 10^{-3} \text{molNaOH}$$

4.50×10^{-3}mol NaOH
消耗 4.50×10^{-3}mol CH$_3$COOH：

	CH$_3$COOH(aq) +	OH$^-$(aq) $\longrightarrow$	CH$_3$COO$^-$(aq)+	H$_2$O(l)
反应前 /mol	5.00×10^{-3}	4.50×10^{-3}	0	—
反应中变化 /mol	-4.500×10^{-3}	-4.500×10^{-3}	$+4.50 \times 10^{-3}$	—
反应后 /mol	0.500×10^{-3}	0	4.50×10^{-3}	—

溶液的总体积为：

$$45.0 \text{mL} + 50.0 \text{mL} = 95.0 \text{mL} = 0.0950 \text{mL}$$

反应后 CH$_3$COOH 和 CH$_3$COO$^-$ 的物质的量浓度为：

$$[\text{CH}_3\text{COOH}] = \frac{0.50 \times 10^{-3} \text{mol}}{0.0950 \text{L}} = 0.0053 M$$

$$[\text{CH}_3\text{COO}^-] = \frac{4.50 \times 10^{-3} \text{mol}}{0.0950 \text{L}} = 0.0474 M$$

平衡计算：CH$_3$COOH 与 CH$_3$COO$^-$ 的平衡必须服从 CH$_3$COOH 的平衡常数表达式：

$$K_a = \frac{[\text{H}^+][\text{CH}_3\text{COO}^-]}{[\text{CH}_3\text{COOH}]} = 1.8 \times 10^{-5}$$

求解 [H$^+$] 得到：

$$[\text{H}^+] = K_a \times \frac{[\text{CH}_3\text{COOH}]}{[\text{CH}_3\text{COO}^-]} = (1.8 \times 10^{-5}) \times \left(\frac{0.0053}{0.0474}\right) = 2.0 \times 10^{-6} M$$

$$\text{pH} = -\log(2.0 \times 10^{-6}) = 5.70$$

注解　我们可以在最后一步用亨德森 - 哈塞尔巴尔赫方程计算 pH 值。

▶ **实践练习 1**
　　仔细想想弱酸强碱滴定过程中会发生什么，你就能学到一些非常有趣的东西。例如，让我们回头看看图 17.9，假设你不知道醋酸是被滴定的酸。只要想想 K_a 的定义，看一下滴定曲线上的正确位置，就能算出弱酸的 pK_a! 下面哪个选项是最好的方法？

（a）在等当点，$pH = pK_a$（b）等当点的一半，$pH = pK_a$（c）在添加任何碱之前，$pH = pK_a$（d）在图的顶部，加上过量的碱，$pH = pK_a$。

▶ **实践练习 2**
　　（a）将 10.0mL 0.050M NaOH 加入 40.0mL 0.0250M 苯甲酸（C_6H_5COOH，$K_a = 6.3 \times 10^{-5}$）溶液中，计算溶液 pH 值（b）计算将 20.0mL 0.100M 的 NH_3 加入 10.0mL 的 0.100M HCl 中形成溶液的 pH 值。

　　为了进一步监测 pH 随加入碱的变化，我们可以计算等当点的 pH 值。

实例解析 17.9
计算等当点的 pH 值

计算用 0.100M NaOH 滴定 50.0mL0.100M CH_3COOH 时，等当点的 pH 值。

解析

分析　要求计算用强碱滴定弱酸等当点的 pH 值。因为中和弱酸会产生阴离子，它是能与水反应的共轭碱，所以等当点的 pH 值大于 7。

思路　初始醋酸的物质的量等于等当点醋酸根离子的物质的量。用等当点溶液的体积来计算醋酸根离子的浓度。由于醋酸根离子是弱碱，可以用 K_b 和 $[CH_3COO^-]$ 来计算 pH 值。

解答
　　初始溶液中醋酸的物质的量由溶液的体积和物质的量浓度计算：

$$物质的量 = M \times V = (0.100mol / L)(0.0500L)$$
$$= 5.00 \times 10^{-3} molCH_3COOH$$

　　因此，生成了 5.00×10^{-3}mol 的 CH_3COO^-。需要 50.0mL NaOH 才能达到等当点（见图 17.9）。等当点盐溶液体积为酸碱体积之和，50.0mL+50.0mL = 100.0mL = 0.1000L。故 CH_3COO^- 浓度为：

$$[CH_3COO^-] = \frac{5.00 \times 10^{-3} mol}{0.1000L} = 0.0500M$$

CH_3COO^- 离子是弱碱：

$$CH_3COO^-(aq) + H_2O(l) \rightleftharpoons CH_3COOH(aq) + OH^-(aq)$$

　　CH_3COO^- 的 K_b 由其共轭酸的 K_a 值计算得到，$K_b = K_w/K_a = (1.0 \times 10^{-14}) / (1.8 \times 10^{-5}) = 5.6 \times 10^{-10}$。使用 K_b 表达式，则有：
　　做近似计算 $0.0500 - x \approx 0.0500$，然后求解 x，则有：

$$K_b = \frac{[CH_3COOH][OH^-]}{[CH_3COO^-]} = \frac{(x)(x)}{0.0500 - x} = 5.6 \times 10^{-10}$$
$$x = [OH^-] = 5.3 \times 10^{-6}M$$
$$pOH = 5.28 \ 和 \ pH = 8.72$$

检验　pH 值大于 7，这是弱酸强碱盐的 pH 值。

在 pH 滴定中的等当点的 pH 总是 7。

▶ **实践练习 1**
　　用强碱滴定弱酸时，为什么等当点的 pH 值大于 7？（a）等当点有过量的强碱（b）等当点存在过量弱酸（c）等当点形成的共轭碱是强碱（d）等当点形成的共轭碱与水反应（e）这种说法是错误的，

▶ **实践练习 2**
　　计算等当点的 pH 值（a）用 0.050M NaOH 滴定 40.0mL0.025M 苯甲酸（C_6H_5COOH，$K_a = 6.3 \times 10^{-5}$）（b）用 0.100M HCl 滴定 40.0mL0.100M NH_3。

弱酸强碱滴定曲线（见图 17.9）与强酸强碱滴定曲线（见图 17.7）有三个值得注意的不同之处：

1. 弱酸溶液的初始 pH 值高于相同浓度的强酸溶液。

2. 在曲线等当点附近的突变部分，弱酸的 pH 值变化小于强酸的 pH 值变化。

3. 弱酸滴定的等当点 pH 值大于 7.00。

▲ 想一想

描述上面的三个叙述为什么是正确的。

酸越弱，这些差异就越明显。为了说明这一点，请考虑图 17.11 中所示的滴定曲线。注意，随着酸变弱（即，随着 K_a 越小），初始 pH 值增加使等当点附近的 pH 变化不那么明显。此外，当 K_a 降低时，等当点的 pH 稳定地增加，因为弱酸的共轭碱的强度增加。当 pK_a 大于等于 10 时，就不可能找到等当点了，因为 pH 变化逐渐变得越来越小。

pH 滴定实验是测定弱酸 pK_a 的一种很好的方法（见图 17.11）。注意，对于每一个酸溶液，需要 50mL 的强碱才能达到等当点。当然，这意味着需要 50mL 的碱将 HA 分子转化为 A⁻ 共轭碱阴离子，注意加到一半时，对于每个等当点（加入 25mL 碱）溶液的 pH 几乎等于酸的 pK_a。这是巧合吗？不！回忆一下 $K_a =[H^+][A^-]/[HA]$，其中所有浓度都是平衡浓度。在等当点的一半，[HA] 的一半已经转化为 [A⁻]，换句话说，[HA]=[A⁻]，因此，[HA]/[A⁻]= 1，在这种情况下，$K_a = [H^+]$，因此 $pK_a = pH$。

那么，就有可能从弱酸的 pH 滴定曲线来测定其 pK_a。一旦确定了到达等当点所需的碱的量，在曲线上找到等当点一半的 pH 值。从图中读出的 pH 值，就是对应于弱酸的 pK_a。然而，如果酸的浓度过低，水的自电离作用就会变得显著，那么这种测量 pK_a 的图形方法就不那么准确了。

用酸碱指示剂滴定

通常在酸碱滴定中，使用指示剂而不是 pH 计。指示剂是在特定 pH 范围内改变溶液颜色的化合物。最佳情况下，指示剂应在滴定的等当点改变颜色。然而，在实践中，一个指示剂不需要精确地标记等当点。在等当点附近，pH 值变化非常快，在这个区域，一滴滴定剂可以使 pH 值变化几个单位。因此，指示剂在滴定曲线突变部分的任何位置开始和结束其颜色变化，都可以提供达到等当点所需的滴定体积的足够精确的测量。滴定中指示剂改变颜色的点称为终点，以区别于它所近似的等当点。

图 17.12 显示强碱（NaOH）与强酸（HCl）的滴定曲线。从曲线的垂直部分可以看出，pH 值在等当点附

▼ 图例解析

当被滴定的酸变弱时，等当点的 pH 值如何变化？NaOH(aq) 达到等当点所需的体积是如何变化的？

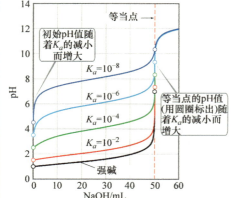

▲ 图 17.11 当强碱滴定弱酸时，弱酸强度对滴定曲线特性影响的一组曲线 每条曲线都是用 0.10*M* NaOH 滴定 50.0mL 0.10*M* 的酸

近从 11 迅速变化到 3。因此，这种滴定的指示剂可以在这个范围内的任何地方改变颜色。大多数强酸强碱滴定都是以酚酞为指示剂进行的，因为它在这个范围内会改变颜色（见图 16.8）。其他一些指示剂也是令人满意的，包括甲基红，如图 17.12 中较低的色带所示，甲基红在 pH 值从 4.2～6.0 之间变化。

正如在图 17.11 中讨论所指出的，由于随着 K_a 的降低，等当点附近的 pH 变化变得更小，因此弱酸强碱滴定指示剂的选择比强酸强碱滴定指示剂的选择更为关键。例如，当 0.100M NaOH 滴定 0.100M CH$_3$COOH（$K_a = 1.8 \times 10^{-5}$）时，pH 值仅在 7～11 之间快速增加（见图 17.13）。因此，酚酞是一个理想的指示剂，因为它的颜色从 pH 8.3 变化到 10.0，接近于等当点的 pH 值。甲基红则不是一个好的选择，因为它的颜色变化从 4.2 到 6.0，在到达等当点之前就变色了。

强酸溶液（如 0.100M HCl）滴定弱碱（如 0.100M NH$_3$）得到的滴定曲线如图 17.14 所示。在这个例子中，等当点发生在 pH = 5.28。因此，甲基红是一个理想的指示剂，但酚酞将不是一个好的选择。

图例解析

当用强碱滴定强酸时，甲基红是一个合适的指示剂吗？解释说明。

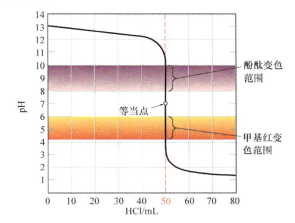

酚酞变色范围

等当点

甲基红变色范围

▲ 图 17.12 **强酸滴定强碱使用的有色指示剂** 酚酞和甲基红在滴定曲线突变部分均发生变色

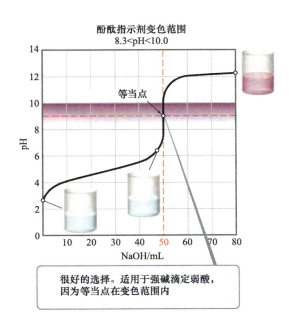

酚酞指示剂变色范围
8.3<pH<10.0

等当点

NaOH/mL

很好的选择。适用于强碱滴定弱酸，因为等当点在变色范围内

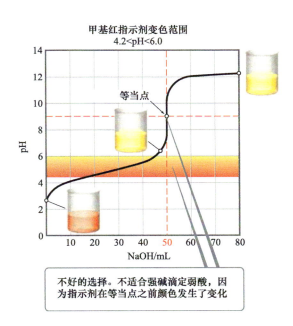

甲基红指示剂变色范围
4.2<pH<6.0

等当点

NaOH/mL

不好的选择。不适合强碱滴定弱酸，因为指示剂在等当点之前颜色发生了变化

▲ 图 17.13 **强碱滴定弱酸指示剂的好与坏**

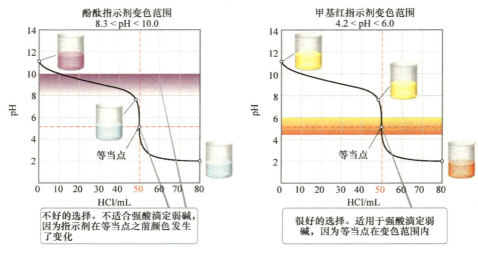

▲ 图 17.14 强酸滴定弱碱指示剂的好与坏

多元酸的滴定

当弱酸含有一个以上可电离的 H 原子时，与 OH^- 发生反应需要一系列的步骤。例如，亚磷酸 H_3PO_3 的中和反应分两步进行（第三步 H 与 P 结合，不电离）。

$$H_3PO_3(aq)+OH^-(aq) \longrightarrow H_2PO_3^-(aq)+H_2O(l) \quad （17.13）$$

$$H_2PO_3^-(aq)+OH^-(aq) \longrightarrow HPO_3^-(aq)+H_2O(l) \quad （17.14）$$

当多元酸或多元碱的中和反应步骤充分分开时，滴定有多个等当点。图 17.15 为式（17.13）和式（17.14）对应的两个等当点。

可以使用图 17.15 所示的滴定数据来计算弱酸的 pK_as。例如，把亚磷酸的 K_{a1} 和 K_{a2} 反应写下来：

$$H_3PO_3(aq) \rightleftharpoons H_2PO_3^-(aq)+H^+(aq) \quad K_{a1}=\frac{[H_2PO_3^-][H^+]}{[H_3PO_3]}$$

$$H_2PO_3^-(aq) \rightleftharpoons HPO_3^{2-}(aq)+H^+(aq) \quad K_{a2}=\frac{[HPO_3^{2-}][H^+]}{[H_2PO_3^-]}$$

如果重新排列这些平衡表达式，得到亨德森-哈塞尔巴尔赫方程：

$$pH=pK_{a1}+\log\frac{[H_2PO_3^-]}{[H_3PO_3]}$$

$$pH=pK_{a2}+\log\frac{[HPO_3^{2-}]}{[H_2PO_3^-]}$$

因此，如果每个共轭酸碱对的平衡浓度都是相同的，那么 $\log(1)=0$，所以 $pH=pK_a$。在滴定过程中什么时候发生？滴定开始时，酸初始为 H_3PO_3，在第一个等当点，它全部转化为 $H_2PO_3^-$，因此，在第一个等当点的一半时，H_3PO_3 的浓度等于 $H_2PO_3^-$ 的浓度，

图例解析　　在 pH = 4 的溶液中：H_3PO_3、$H_2PO_3^-$、HPO_3^{2-} 和 PO_3^{3-}，哪个是主要组分？当 pH = 11 呢？

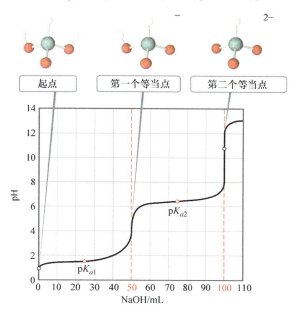

▲ 图 17.15　二元酸的滴定曲线　　用 0.10M NaOH 滴定 50.0mL 的 0.10M H_3PO_3 时 pH 值的变化曲线

此时 pH = pK_{a1}。类似的方法也适用于第二个平衡反应：在等当点的一半，pH = pK_{a2}。

然后可以看滴定数据，直接从滴定曲线估计多元酸的 pK_{as}。如果想鉴定一种未知的多元酸，这个方法尤其有用。例如，在图 17.15 中，加入 50ml NaOH 时，第一个等当点出现。等当点的一半对应 25mLNaOH。因为加入 25mL NaOH，溶液的 pH 值约为 1.5，所以我们可以估计亚磷酸的 pK_{a1} = 1.5。第二个等当点出现在加入 100mL NaOH 时；一半（从第一个等当点开始）是加入 75mL NaOH。从图中可以看出，加入 75mL NaOH 时 pH 值约为 6.5，因此估计亚磷酸的 pK_{a2} 为 6.5。这两个 pK_{as} 的真实值是 pK_{a1} = 1.3 和 pK_{a2} = 6.7（接近我们的估计）。

△ 想一想

简述用 HCl 滴定 Na_2CO_3 的近似滴定曲线，并标明在哪个位置 HCO_3^- 是主要的组分。

17.4 | 溶解平衡

到目前为止，这一章所讨论的平衡包括酸和碱。然而，它们是均相的，也就是说，所有的组分都处于同一相中。下面将考虑离子化合物的溶解或沉淀所涉及的平衡，这些反应是多相的。

溶解和沉淀发生在我们体内和周围，例如，牙釉质溶解在酸性溶液中，导致蛀牙；肾脏中某些盐的沉淀会产生肾结石。当水经过和穿过地面时，地球的水含有溶解的盐，正如我们在本章开头看到的，珊瑚礁主要是由 $CaCO_3$ 组成的，地下水中碳酸钙的沉淀是石灰岩溶洞内钟乳石和石笋形成的原因。

在先前讨论沉淀反应时，我们考虑了预测普通盐在水中溶解度的一般规则（见 4.2 节）。这些规则使我们对化合物在水中的溶解度有了定性的认识。然而，通过考虑溶解平衡，我们可以对溶解度进行定量预测。

溶度积常数，K_{sp}

回想一下，饱和溶液是溶液与未溶解溶质共存的溶液（见 13.2 节）。例如，考虑一个饱和 $BaSO_4$ 水溶液中含有固体的 $BaSO_4$。由于它是一种离子化合物，是一种强电解质，溶解在水中会产生 $Ba^{2+}(aq)$ 和 $SO_4^{2-}(aq)$ 离子，很容易建立平衡。

$$BaSO_4(s) \rightleftharpoons Ba^{2+}(aq)+SO_4^{2-}(aq) \qquad (17.15)$$

与任何其他平衡一样，溶解反应发生的程度由平衡常数的大小来表示。因为这个平衡方程描述了固体的溶解，所以平衡常数表明了固体在水中的可溶性，它被称为**溶度积常数**（或简称**溶度积**），用 K_{sp} 表示，sp 代表溶度积。

固体和水溶液中各组分离子平衡的平衡常数表达式（K_{sp}）是根据适用于任何其他平衡常数表达式的规则写成的。然而，请记住，固体不出现在多相平衡的平衡常数表达式中（见 15.4 节）。

因此，根据方程式（17.15），$BaSO_4$ 的溶解度积表达式为

$$K_{sp} = [Ba^+][SO_4^{2-}] \qquad (17.16)$$

平衡方程中每个离子的系数等于化合物分子式中的下标。

一般来说，化合物的溶度积 K_{sp} 等于平衡时离子浓度的乘积，在平衡方程中，每个离子浓度的幂都取其系数。

许多离子固体在 25℃时的 K_{sp} 值见附录 D。$BaSO_4$ 的 K_{sp} 值为 1.1×10^{-10}，这是一个非常小的数值，表明只有非常少量的固体溶解在 25℃的水中。

实例解析 17.10
写出溶度积（K_{sp}）的表达式

写出 CaF_2 的溶度积表达式，对应的 K_{sp} 值见附录 D。

解析

分析 要求写出 CaF_2 溶于水的平衡常数表达式。

思路 应用书写平衡常数表达式的一般规则，不包括固体反应物。假设化合物完全分解成它的组分离子：

$$CaF_2(s) \rightleftharpoons Ca^{2+}(aq)+2F^-(aq)$$

解答 K_{sp} 的表达式为

$$K_{sp} = [Ca^{2+}][F^-]^2$$

附录 D 给出了 $K_{sp} = 3.9 \times 10^{-11}$。

▶ **实践练习 1**

下列哪个表达式正确地表达了 Ag_3PO_4 在水中的溶解度积常数？

（a）$[Ag][PO_4]$　（b）$[Ag^+][PO_4^{3-}]$
（c）$[Ag^+]^3[PO_4^{3-}]$　（d）$[Ag^+][PO_4^{3-}]^3$
（e）$[Ag^+]^3[PO_4^{3-}]^3$

▶ **实践练习 2**

写出下列物质的溶度积常数表达式和 K_{sp} 值（见附录 D）。（a）碳酸钡；（b）硫酸银。

溶解度和 K_{sp}

仔细区分溶解度和溶度积常数是很重要的。物质的溶解度是物质溶解成饱和溶液的量（见 13.2 节）。质量溶解度通常用每升溶液中溶质的克数表示，克／升（g/L）。摩尔溶解度是在 1L 的饱和溶液中溶质的物质的量（mol/L）。溶度积常数（K_{sp}）是离子固体及其饱和溶液之间平衡的平衡常数，是一个无单位的数。因此，K_{sp} 的大小体现了固体溶解成饱和溶液的量。

> ⚠️ **想一想**
>
> 不做计算，预测这些化合物摩尔溶解度哪个最大：AgCl（K_{sp} = 1.8×10^{-10}）、AgBr（K_{sp} = 5.0×10^{-13}）、AgI（K_{sp} = 8.3×10^{-17}）。

物质的溶解度会因许多因素而发生大的改变。例如，氢氧化物溶解度，像 $Mg(OH)_2$，依赖于溶液的 pH 值。溶解度也受溶液中其他离子浓度的影响，尤其是共存离子。换句话说，指定溶质的溶解度的数值确实随着溶液中其他物质的变化而变化。相反，溶度积常数 K_{sp} 在任何特定温度下对于指定的溶质只有一个值[⊖]。图 17.16 总结了不同溶解度表达式与 K_{sp} 之间的关系。原则上，可以用盐的 K_{sp} 值来计算各种条件下的溶解度。在实际工作中，必须重视本节末尾的"深入探究：溶度积的限制"的介绍。

测量的溶解度和由 K_{sp} 计算出的溶解度之间能相互一致，通常是对于不与水反应，电荷低（1^+ 和 1^-）的盐。

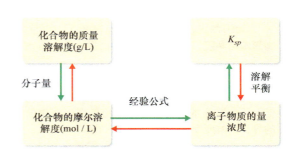

▲ **图 17.16　溶解度与 K_{sp} 之间的转换过程**　从质量溶解度出发，按照绿色箭头计算 K_{sp}。从 K_{sp} 开始，沿着红色箭头来计算摩尔溶解度或质量溶解度

> ▶ **实例解析 17.11**
> **根据溶解度计算 K_{sp}**
>
> 固体铬酸银在 25℃时加入纯水，其中一些固体仍然不溶解。将混合物搅拌数天，以确保未溶解的 $Ag_2CrO_4(s)$ 与溶液达到平衡。对平衡溶液的分析表明，银离子浓度为 $1.3 \times 10^{-4} M$。假设 Ag_2CrO_4 溶液已饱和，且溶液中不存在涉及 Ag^+ 或 CrO_4^{2-} 离子的其他重要平衡，计算该化合物的 K_{sp}。
>
> **解析**
>
> **分析**　已知饱和溶液中 Ag^+ 的平衡浓度，要求计算 Ag_2CrO_4 的 K_{sp} 值。
>
> **思路**　平衡方程和溶度积常数的表达式
>
> $$Ag_2CrO_4(s) \rightleftharpoons 2Ag^+(aq) + CrO_4^{2-}(aq)$$
> $$K_{sp} = [Ag^+]^2[CrO_4^{2-}]$$
>
> 为了计算 K_{sp}，需要 Ag^+ 和 CrO_4^{2-} 的平衡浓度。已知在平衡状态下，$[Ag^+] = 1.3 \times 10^{-4} M$。溶液中的
>
> Ag^+ 和 CrO_4^{2-} 离子都来自于溶解的 Ag_2CrO_4。因此，可以用 $[Ag^+]$ 来计算 $[CrO_4^{2-}]$。
>
> **解答**　由铬酸银的分子式可知，溶液中每个 CrO_4^{2-} 离子对应两个 Ag^+ 离子。因此，CrO_4^{2-} 的浓度是 Ag^+ 浓度的一半。

[⊖]这仅适用于非常稀的溶液，因为当水中物质离子浓度增加时，K_{sp} 值会发生一些变化。然而，我们忽略了这些影响，这些影响只在需要非常精确的工作中才会考虑。

$$[CrO_4^{2-}] = \left(\frac{1.3 \times 10^{-4} \text{mol Ag}^+}{L}\right)\left(\frac{1 \text{mol CrO}_4^{2-}}{2 \text{mol Ag}^+}\right) = 6.5 \times 10^{-5} M$$

$$K_{sp} = [Ag^+]^2[CrO_4^{2-}] = (1.3 \times 10^{-4})^2(6.5 \times 10^{-5}) = 1.1 \times 10^{-12}$$

检验 结果是一个很小的值，正如预期的是微溶盐。这个计算值与附录 D（1.2×10^{-12}）的计算值吻合。

▶ **实践练习 1**

向烧杯中加入 10.0g 固体磷酸铜（Ⅱ），$Cu_3(PO_4)_2$，然后向烧杯中加入 100.0mL 水，T =

298K，固体似乎不溶解，等待了很长时间，偶尔搅拌一下，最终测量出水中 Cu^{2+} (aq) 的平衡浓度为 $5.01 \times 10^{-8} M$，那么铜（Ⅱ）磷酸盐的 K_{sp} 是多少？

（a）5.01×10^{-8}　（b）2.50×10^{-15}　（c）4.20×10^{-15}

（d）3.16×10^{-37}　（e）1.40×10^{-37}

▶ **实践练习 2**

在 25℃ 下制备了 $Mg(OH)_2$ 与未溶 $Mg(OH)_2(s)$ 的饱和溶液。溶液的 pH 值为 10.17。假设 Mg^{2+} 或 OH^- 离子不存在其他平衡，计算该化合物的 K_{sp}。

实例解析 17.12
根据 K_{sp} 计算溶解度

CaF_2 的 K_{sp} 是 3.9×10^{-11}，在 25℃，假设固体和溶解的 CaF_2 之间建立了平衡，并且没有其他重要的平衡影响溶解度，计算 CaF_2 的溶解度，单位是 g/L。

解析

分析 已知 CaF_2 的 K_{sp}，要求测定溶解度。回忆一下，物质的溶解度是可以溶解在溶液中的溶质的量，而溶度积 K_{sp} 是一个平衡常数。

思路 从 K_{sp} 到溶解度，我们遵循图 17.16 中红色箭头所示的步骤。首先写出溶解的化学方程式，

并制作一个初始浓度和平衡浓度的表。如果我们知道 K_{sp}，然后使用平衡常数表达式。就能解出溶液中离子的浓度。知道了这些浓度，用公式就可以计算它的溶解度 g/L。

解答

假设最初没有盐溶解，然后让 x mol/L 的 CaF_2 在达到平衡时完全电离：

	$CaF_2 \rightleftharpoons$	Ca^{2+}(aq)	$+ 2F^-$(aq)
初始浓度 /M	—	0	0
变化浓度 /M	—	$+x$	$+2x$
平衡浓度 /M	—	x	$2x$

平衡的化学计量表明，对于每 x mol/L CaF_2 溶解生成 $2x$ mol/L F^-。现在使用 K_{sp} 的表达式代入平衡浓度来求解 x 的值：

$$K_{sp} = [Ca^{2+}][F^-]^2 = (x)(2x)^2 = 4x^3 = 3.9 \times 10^{-11}$$

（记住 $\sqrt[3]{y} = y^{1/3}$。）因此，CaF_2 的摩尔溶解度是 2.1×10^{-4} mol/L。

$$x = \frac{\sqrt[3]{3.9 \times 10^{-11}}}{4} = 2.1 \times 10^{-4}$$

溶解在水中形成 1L 溶液的 CaF_2 质量为：

$$\left(\frac{2.1 \times 10^{-4} \text{mol CaF}_2}{1 \text{L 溶液}}\right)\left(\frac{78.1 \text{g CaF}_2}{1 \text{mol CaF}_2}\right) = 1.6 \times 10^{-2} \text{g CaF}_2/\text{L 溶液}$$

检验 微溶性盐的溶解度很小。如果反过来计算，重新计算溶度积 $K_{sp} = (2.1 \times 10^{-4})(4.2 \times 10^{-4})^2 = 3.7 \times 10^{-11}$，这个值接近题中给出的值，$3.9 \times 10^{-11}$。

注解 F^- 是弱酸的阴离子，因此可能会认为离子水解影响 CaF_2 的溶解度。然而，F^- 的碱度非常小（$K_b = 1.5 \times 10^{-11}$），水解发生的程度很小，且不会明显影响溶解度。题中的溶解度在 25℃ 时为 0.017 g/L，与计算结果一致。

▶ **实践练习 1**

下面列出的五种盐中，哪种盐的阳离子在水中

浓度最高？假设所有的盐溶液都是饱和的，并且离子在水中不发生任何其他的反应。

（a）铅（Ⅱ）铬酸盐，$K_{sp} = 2.8 \times 10^{-13}$

（b）氢氧化钴（Ⅱ），$K_{sp} = 1.3 \times 10^{-15}$

（c）硫化钴（Ⅱ），$K_{sp} = 5 \times 10^{-22}$

（d）氢氧化铬（Ⅲ），$K_{sp} = 1.6 \times 10^{-30}$

（e）硫化银，$K_{sp} = 6 \times 10^{-51}$

▶ **实践练习 2**

LaF_3 的 K_{sp} 是 2×10^{-19}。LaF_3 在水中的溶解度是多少 mol/L？

深入探究 溶度积的限制

从实验中发现，由 K_{sp} 值计算的离子浓度有时会发生偏差。在某种程度上，这些偏差是由于溶液中离子之间的静电相互作用，这可能是产生离子对的原因 [见 13.5 节的 The van't Hoff Factor（范特霍夫因子）]。随着离子浓度和电荷的增加，这些相互作用的幅度也会增加，除非对这些相互作用进行校正，否则从 K_{sp} 计算的溶解度往往较低。

这些相互作用的影响，如 $CaCO_3$（方解石），它的溶度积为 4.5×10^{-9}，计算得到的溶解度为 6.7×10^{-5} mol/L。校正溶液中的离子相互作用，得到 7.3×10^{-5} mol/L。然而，报道的溶解度是 1.4×10^{-4} mol/L，这说明还有其他的因素影响。

用 K_{sp} 计算离子浓度的另一个常见误差来源是忽略了溶液中同时发生的其他平衡。例如，酸碱平衡可以与溶解平衡同时发生。特别地是碱性阴离子和具有高电荷的阳离子都经历水解反应，可显著提高其盐的溶解度。例如，$CaCO_3$ 含有碱性碳酸盐离子（$K_b = 1.8 \times 10^{-4}$），与水反应：

$$CO_3^{2-}(aq) + H_2O(l) \rightleftharpoons HCO_3^-(aq) + OH^-(aq)$$

如果考虑离子—离子相互作用的影响以及溶解和 K_b 平衡，这样计算溶解度为 1.4×10^{-4} mol/L，与方解石的实测值一致。最后，通常假设离子化合物溶解时完全解离，但这种假设并不总是正确的。例如，当 MgF_2 溶解时，它不仅生成 Mg^{2+} 和 F^- 离子，还生成 MgF^+ 离子。

17.5 | 影响溶解度的因素

溶解度受温度和其他溶质存在的影响。例如，酸的存在对物质的溶解度有很大的影响。在第 17.4 节中，考虑了离子化合物在纯水中的溶解。在本节中，将研究影响离子化合物溶解度的三个因素：（1）同离子，（2）溶液 pH 值，（3）络合剂的存在。本章还将研究两性现象，这与 pH 和络合剂的影响有关。

同离子效应

溶液中存在 $Ca^{2+}(aq)$ 或 $F^-(aq)$ 都会降低 CaF_2 的溶解度，平衡向左移动。

$$CaF_2(s) \rightleftharpoons Ca^{2+}(aq) + 2F^-(aq)$$

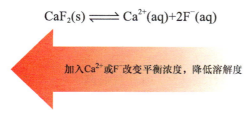

加入 Ca^{2+} 或 F^- 改变平衡浓度，降低溶解度

溶解度降低是在 17.1 节中同离子效应的另一种表现。一般来说，微溶性盐的溶解度会因有同离子的第二种溶质的存在而降低，如图 17.17 中 CaF_2。

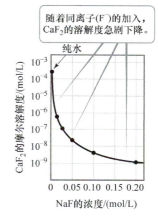

随着同离子(F^-)的加入，CaF_2 的溶解度急剧下降。

▲ 图 17.17 同离子效应 注意 CaF_2 的溶解度是对数关系

实例解析 17.13
计算同离子对溶解度的影响

计算 CaF_2 在 25°C 时的摩尔溶解度，即（a）在 0.010M $Ca(NO_3)_2$ 和（b）在 0.010M NaF 溶液中。

解析

分析 要求测定 CaF_2 在两个强电解质中的溶解度，每个强电解质都含有一个与 CaF_2 相同的离子。在（a）中，同离子是 Ca^{2+}，而 NO_3^- 是旁观离子。在（b）中，同离子为 F^-，Na^+ 为旁观离子。

思路 因为 CaF_2 是微溶性化合物，附录 D 给出了这个化合物的 K_{sp} 为 3.9×10^{-11}。K_{sp} 的值不因增加溶质的存在而改变。然而，由于同离子效应，盐在有同离子存在时溶解度降低。我们从 CaF_2 的溶解方程开始，建立一个初始浓度和平衡浓度的表，用 K_{sp} 表达式来计算仅来自 CaF_2 的离子浓度。

解答

（a）溶解的 $Ca(NO_3)_2$ 中 Ca^{2+} 的初始浓度为 0.010M：

	$CaF_2(s)$	$\rightleftharpoons Ca^{2+}(aq)$	$+$	$2F^-(aq)$
初始浓度 /M	—	0.010		0
变化浓度 /M	—	$+x$		$+2x$
平衡浓度 /M	—	$(0.010+x)$		$2x$

代入溶度积的表达式为：

$$K_{sp} = 3.9 \times 10^{-11} = [Ca^{2+}][F^-]^2 = (0.010+x)(2x)^2$$

如果假设 x 比 0.010 小，则有：

这个非常小的 x 值验证了我们所做的假设。计算表明，每升 3.1×10^{-5}mol 固体 CaF_2 溶于 0.010M 的 $Ca(NO_3)_2$ 溶液中。

$$3.9 \times 10^{-11} = (0.010+x)(2x)^2$$

$$x^2 = \frac{3.9 \times 10^{-11}}{4(0.010)} = 9.8 \times 10^{-10}$$

$$x = \sqrt{9.8 \times 10^{-10}} = 3.1 \times 10^{-5} M$$

（b）同离子是 F^-，在平衡时有：

假设 $2x$ 比 0.010M 小很多，（即 0.010+ $2x \approx 0.010$），则有：

因此，每升 3.9×10^{-7}mol 的固体 CaF_2 应该溶于 0.010M NaF 溶液。

$$[Ca^{2+}] = x \text{ 和 } [F^-] = 0.010+2x$$

$$3.9 \times 10^{-11} = (x)(0.010+2x)^2 \approx x(0.010)^2$$

$$x = \frac{3.9 \times 10^{-11}}{(0.010)^2} = 3.9 \times 10^{-7} M$$

注解 CaF_2 在水中的摩尔溶解度为 $2.1 \times 10^{-4}M$（见实例解析 17.12）。通过比较，这里的计算得出 CaF_2 在 0.010M Ca^{2+} 存在下的溶解度为 $3.1 \times 10^{-5}M$，在 0.010M F^- 离子存在下的溶解度为 $3.9 \times 10^{-7}M$。因此，在 CaF_2 溶液中加入 Ca^{2+} 或 F^- 都会降低溶解度，但 F^- 对溶解度的影响较大，F^- 对溶解度的影响比 Ca^{2+} 更明显，因为 $[F^-]$ 在 CaF_2 的 K_{sp} 表达式中是 2 次方，而 $[Ca^{2+}]$ 是 1 次方。

▶ **实践练习 1**

考虑盐 MA_3 是饱和溶液，其中 M 是带 +3 电荷的金属阳离子，A 是带 −1 电荷的阴离子，在 298K 的水中。下列哪项会影响 MA_3 在水中的 K_{sp}？

（a）在溶液中加入更多的 M^{3+}（b）在溶液中加入更多的 A^-（c）稀释溶液（d）提高溶液的温度（e）不止上述一个因素。

▶ **实践练习 2**

对于氢氧化锰 (II)$Mn(OH)_2$，$K_{sp} = 1.6 \times 10^{-13}$。计算 $Mn(OH)_2$ 在 0.020MNaOH 溶液中的摩尔溶解度。

溶解度和 pH 值

如果溶液呈酸性或碱性，几乎任何离子化合物的溶解度都会受到影响。然而，只有当化合物中的一个（或两个）离子至少是中等酸性或碱性时，这种影响才会明显。金属氢氧化物，如 $Mg(OH)_2$，是含有强碱性离子和氢氧根离子的化合物。看一下 $Mg(OH)_2$ 的溶解平衡是

$$Mg(OH)_2(s) \rightleftharpoons Mg^{2+}(aq)+2OH^-(aq) \quad K_{sp}=1.8 \times 10^{-11}$$

$$(17.17)$$

饱和 $Mg(OH)_2$ 溶液计算的 pH 值为 10.52，其 Mg^{2+} 浓度为 $1.7 \times 10^{-4}M$。现在假设固体 $Mg(OH)_2$ 与 pH 值为 9.0 的缓冲溶液平衡。因此 pOH 是 5.0，所以 $[OH^-] = 1.0 \times 10^{-5}$。将 $[OH^-]$ 的值代入到溶度积表达式中，可以得到

$$K_{sp} = [Mg^{2+}][OH^-]^2=1.8 \times 10^{-11}$$

$$[Mg^{2+}](1.0 \times 10^{-5})^2 = 1.8 \times 10^{-11}$$

$$[Mg^{2+}] = \frac{1.8 \times 10^{-11}}{(1.0 \times 10^{-5})^2} = 0.18M$$

因此，$Mg(OH)_2$ 溶解直到 $[Mg^{2+}] = 0.18M$。很明显，$Mg(OH)_2$ 在这个溶液中更容易溶解。

如果进一步减少 $[OH^-]$ 使溶液酸性更强，Mg^{2+} 浓度则必须增加以维持平衡。因此，如果添加足够的酸，则 $Mg(OH)_2(s)$ 样品会完全溶解，如图 4.9 中所示。

可以看到，随着溶液酸度的增加，$Mg(OH)_2$ 的溶解度大大增加。基于这一现象，我们可以做出如下结论：

一般来说，含有碱性阴离子的化合物（即弱酸的阴离子）
的溶解度随着溶液酸性的增加而增加。

PbF_2 的溶解度也随着溶液酸性的增加而增加，因为 F^- 是碱（它是弱酸 HF 的共轭碱）。通过质子化使 F^- 浓度降低，生成 HF，从而使 PbF_2 的溶解平衡向右移动。因此，溶液反应可以理解为两个连续的反应：

$$PbF_2(s) \rightleftharpoons Pb^{2+}(aq) + 2F^-(aq) \qquad （17.18）$$

$$F^-(aq) + H^+(aq) \rightleftharpoons HF(aq) \qquad （17.19）$$

整合方程是

$$PbF_2(s) + 2H^+(aq) \rightleftharpoons Pb^{2+}(aq) + 2HF(aq) \qquad （17.20）$$

PbF_2 在酸性溶液中溶解度增加的过程如图 17.18a 所示。

含有碱性阴离子的其他盐，如 CO_3^{2-}、PO_4^{3-}、CN^- 或 S^{2-} 表现相似。这些例子说明了一个规律：含有碱性阴离子微溶盐的溶解度随着 $[H^+]$ 的增加（pH 降低）而增加。阴离子碱性越强，溶解度受 pH 影响越大。具有可忽略的碱性阴离子（强酸阴离子）的盐，如 Cl^-、Br^-、I^- 和 NO_3^-，不受 pH 变化的影响，见图 17.18b 所示。

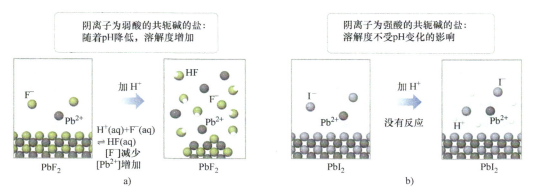

▲ 图 17.18　两种离子化合物对加入强酸的反应　a）PbF_2 的溶解度随酸的加入而增加。b）PbI_2 的溶解度不受加入酸的影响。为了清晰起见，水分子和强酸的阴离子被省略了

实例解析 17.14
预测酸对溶解度的影响

下列哪种物质在酸性溶液中比在碱性溶液中更容易溶解：
（a）$Ni(OH)_2(s)$ （b）$CaCO_3(s)$ （c）$BaF_2(s)$ （d）$AgCl(s)$

解析

分析　这个题列出了四种难溶性盐，要求确定哪种盐在低 pH 值时比在高 pH 值时更容易溶解。

思路　先鉴定电离产生碱性阴离子的离子化合物，因为它们在酸溶液中特别容易溶解。

解答

（a）由于 OH^- 的碱性，$Ni(OH)_2(s)$ 更易溶于酸性溶液；H^+ 与 OH^- 离子反应，生成水：

$$Ni(OH)_2(s) \rightleftharpoons Ni^{2+}(aq)+2OH^-(aq)$$
$$2OH^-(aq)+2H^+(aq) \longrightarrow 2H_2O(l)$$
总反应：$Ni(OH)_2(s)+2H^+(aq) \rightleftharpoons Ni^{2+}(aq)+2H_2O(l)$

（b）同样地，$CaCO_3(s)$ 溶解在酸性溶液中，因为 CO_3^{2-} 是一种碱性阴离子：

CO_3^{2-} 和 H^+ 的反应是分步骤进行的，HCO_3^- 先生成，只有当 $[H^+]$ 足够高时，H_2CO_3 才会生成。

$$CaCO_3(s) \rightleftharpoons Ca^{2+}(aq)+CO_3^{2-}(aq)$$
$$CO_3^{2-}(aq)+2H^+(aq) \rightleftharpoons H_2CO_3(aq)$$
$$H_2CO_3(aq) \rightleftharpoons CO_2(g)+H_2O(l)$$
总反应：$CaCO_3(s)+2H^+(aq) \rightleftharpoons Ca^{2+}(aq)+CO_2(g)+H_2O(l)$

（c）通过降低 pH 值可以提高 BaF_2 的溶解度，因为 F^- 是碱性阴离子：

$$BaF_2(s) \rightleftharpoons Ba^{2+}(aq)+2F^-(aq)$$
$$2F^-(aq)+2H^+(aq) \rightleftharpoons 2HF(aq)$$
总反应：$BaF_2(s)+2H^+(aq) \rightleftharpoons Ba^{2+}(aq)+2HF(aq)$

（d）Cl^- 是强酸的阴离子，所以它的碱度可以忽略不计，所以 AgCl 的溶解度不受 pH 变化的影响。

▶ **实践练习 1**
下列哪个选项会增加 AgBr 在水中的溶解度？
（a）增加 pH 值（b）降低 pH 值（c）加入 NaBr
（d）加入 $NaNO_3$（e）以上都不是

▶ **实践练习 2**
写出强酸与（a）CuS，（b）$Cu(N_3)_2$ 反应的离子方程式

化学与生活　**蛀牙和氟化作用**

牙釉质主要由羟基磷灰石矿物 $Ca_{10}(PO_4)_6(OH)_2$ 组成，是人体最坚硬的物质。酸溶解牙釉质时会形成蛀牙：

$$Ca_{10}(PO_4)_6(OH)_2(s)+8H^+(aq) \longrightarrow$$
$$10Ca^{2+}(aq) + 6HPO_4^{2-}(aq)+2H_2O(l)$$

Ca^{2+} 和 HPO_4^{2-} 离子从牙釉质中溶解出来并被唾液冲走。攻击羟基磷灰石的酸是通过细菌对粘附在牙齿上的牙菌斑中存在的糖和其他碳水化合物起作用的。

添加到市政供水系统和牙膏中的氟离子可与羟基磷灰石反应形成氟磷灰石，$Ca_{10}(PO_4)_6F_2$。这种矿物质，其中 F^- 取代了 OH^-，更能抵抗酸的侵蚀，因为氟离子是比氢氧根离子弱得多的 Bronsted-Lowry 碱。

一般市政供水系统中 F^- 浓度为 1mg/L（1ppm）。添加的化合物可以是 NaF 或 Na_2SiF_6。硅氟阴离子与水反应释放氟离子：

$$SiF_6^{2-}(aq)+2H_2O(l) \longrightarrow 6F^-(aq)+4H^+(aq)+SiO_2(s)$$

目前在美国销售的所有牙膏中约 80% 含有氟化物，通常含量为 0.1% 氟化物（质量比）。牙膏中最常见的化合物是氟化钠（NaF），单氟磷酸钠（Na_2PO_3F）和氟化亚锡（SnF_2）。

相关练习：17.100，17.118

络合离子的形成

金属离子的一个特征是它作为 Lewis 酸可以与作为 Lewis 碱的水分子反应（见 16.11 节）。除水以外的 Lewis 碱也能与金属离子相互作用，特别是过渡金属离子，这种相互作用可以极大地影响金属盐的溶解度。例如，AgCl（$K_{sp} = 1.8 \times 10^{-10}$）。

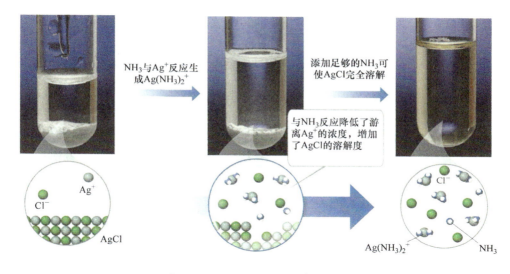

NH₃与Ag⁺反应生成Ag(NH₃)₂⁺

添加足够的NH₃可使AgCl完全溶解

与NH₃反应降低了游离Ag⁺的浓度，增加了AgCl的溶解度

Ag⁺

Cl⁻

AgCl

Cl⁻

Ag(NH₃)₂⁺

NH₃

$$AgCl(s) + 2NH_3(aq) \rightleftharpoons Ag(NH_3)_2^+(aq) + Cl^-(aq)$$

▲ 图 17.19　浓 $NH_3(aq)$ 溶解 $AgCl(s)$，否则 $AgCl(s)$ 在水中溶解度很低

由于 Ag^+ 与 Lewis 碱 NH_3 相互作用，在氨水中溶解，如图 17.19 所示。这个过程可以看作是两个反应的和：

$$AgCl(s) \rightleftharpoons Ag^+(aq) + Cl^-(aq) \tag{17.21}$$

$$Ag^+(aq) + 2NH_3(aq) \rightleftharpoons Ag(NH_3)_2^+(aq) \tag{17.22}$$

总反应：$AgCl(s) + 2NH_3(aq) \rightleftharpoons Ag(NH_3)_2^+(aq) + Cl^-(aq) \tag{17.23}$

NH_3 的存在促进了 $AgCl$ 的溶解，右边的 $Ag^+(aq)$ 被消耗形成可溶性的 $Ag(NH_3)_2^+$。

对于像 NH_3 这样的 Lewis 碱来说，为了增加金属盐的溶解度，它必须比水更强地吸引金属离子，换句话说，NH_3 必须取代溶解的 H_2O 分子（见 13.1 节和 16.11 节）才能形成 $[Ag(NH_3)_2]^+$：

$$Ag^+(aq) + 2NH_3(aq) \rightleftharpoons Ag(NH_3)_2^+(aq) \tag{17.24}$$

金属离子和与其结合的 Lewis 碱的组合，例如 $Ag(NH_3)_2^+$，被称为络合离子。络合离子极易溶于水，在水溶液中的稳定性可以通过由水合金属离子形成的平衡常数的大小来判断。例如，式（17.24）的平衡常数是

$$K_f = \frac{[Ag(NH_3)_2^+]}{[Ag^+][NH_3]^2} = 1.7 \times 10^7 \tag{17.25}$$

注意这种反应的平衡常数叫作**形成常数**，K_f。表 17.1 列出了几种络合物离子的形成常数。

一般规律是金属盐的溶解度在合适的 Lewis 碱（例如 NH_3、CN^- 或 OH^-）存在下增加，条件是金属与碱形成络合物。金属离子形成络合物的能力是其极其重要的化学性质。

表 17.1   一些金属络合物离子在 25℃水中的形成常数

络合离子	K_f	化学方程式
$Ag(NH_3)_2^+$	1.7×10^7	$Ag^+(aq) + 2NH_3(aq) \rightleftharpoons Ag(NH_3)_2^+(aq)$
$Ag(CN)_2^-$	1×10^{21}	$Ag^+(aq) + 2CN^-(aq) \rightleftharpoons Ag(CN)_2^-(aq)$
$Ag(S_2O_3)_2^{3-}$	2.9×10^{13}	$Ag^+(aq) + 2S_2O_3^{2-}(aq) \rightleftharpoons Ag(S_2O_3)_2^{3-}(aq)$
$Al(OH)_4^-$	1.1×10^{33}	$Al^{3+}(aq) + 4OH^-(aq) \rightleftharpoons Al(OH)_4^-(aq)$
$CdBr_4^{2-}$	5×10^3	$Cd^{2+}(aq) + 4Br^-(aq) \rightleftharpoons CdBr_4^{2-}(aq)$
$Cr(OH)_4^-$	8×10^{29}	$Cr^{3+}(aq) + 4OH^-(aq) \rightleftharpoons Cr(OH)_4^-(aq)$
$Co(SCN)_4^{2-}$	1×10^3	$Co^{2+}(aq) + 4SCN^-(aq) \rightleftharpoons Co(SCN)_4^{2-}(aq)$
$Cu(NH_3)_4^{2+}$	5×10^{12}	$Cu^{2+}(aq) + 4NH_3(aq) \rightleftharpoons Cu(NH_3)_4^{2+}(aq)$
$Cu(CN)_4^{2-}$	1×10^{25}	$Cu^{2+}(aq) + 4CN^-(aq) \rightleftharpoons Cu(CN)_4^{2+}(aq)$
$Ni(NH_3)_6^{2+}$	1.2×10^9	$Ni^{2+}(aq) + 6NH_3(aq) \rightleftharpoons Ni(NH_3)_6^{2+}(aq)$
$Fe(CN)_6^{2-}$	1×10^{35}	$Fe^{2+}(aq) + 6CN^-(aq) \rightleftharpoons Fe(CN)_6^{4-}(aq)$
$Fe(CN)_6^{3-}$	1×10^{42}	$Fe^{3+}(aq) + 6CN^-(aq) \rightleftharpoons Fe(CN)_6^{3-}(aq)$
$Zn(OH)_4^{2-}$	4.6×10^{17}	$Zn^{2+}(aq) + 4OH^-(aq) \rightleftharpoons Zn(OH)_4^{2-}(aq)$

实例解析 17.15

计算涉及含有络合离子的平衡

计算在 0.010M AgNO$_3$ 溶液中加入浓氨水，平衡时溶液中 Ag$^+$ 的浓度？平衡浓度 [NH$_3$] = 0.20M，忽略添加 NH$_3$ 时发生的微小体积变化。

解析

分析   向 Ag$^+$(aq) 中加入 NH$_3$(aq) 形成 Ag(NH$_3$)$_2^+$(aq)，如式（17.22）所示。当 NH$_3$ 浓度在 0.010M AgNO$_3$ 溶液中达到 0.20M 时，要求计算平衡时游离的 Ag$^+$(aq) 的浓度。

思路   假设 AgNO$_3$ 完全解离，得到 0.010M Ag$^+$。因为形成 Ag(NH$_3$)$_2^+$ 的 K_f 非常大，假设所有的 Ag$^+$ 都转化为 Ag(NH$_3$)$_2^+$，处理这个问题时我们更关心的是 Ag(NH$_3$)$_2^+$ 的解离而不是它的形成。为了便于这种方法，需要将式（17.22）反过来，对平衡常数做相应的改变：

$$Ag(NH_3)_2^+(aq) \rightleftharpoons Ag^+(aq) + 2NH_3(aq)$$

$$\frac{1}{K_f} = \frac{1}{1.7 \times 10^7} = 5.9 \times 10^{-8}$$

解答   如果 [Ag$^+$] 初始值为 0.010M，则加入 NH$_3$ 后 [Ag(NH$_3$)$_2^+$] 初始值将是 0.010M。我们构建一个表来解决这个平衡问题。注意，题目中给出的 NH$_3$ 浓度是一个平衡浓度，而不是初始浓度。

$$Ag(NH_3)_2^+(aq) \rightleftharpoons Ag^+(aq) + 2NH_3(aq)$$

	$Ag(NH_3)_2^+(aq)$	$Ag^+(aq)$	$2NH_3(aq)$
初始浓度 /M	0.010	0	—
变化浓度 /M	$-x$	$+x$	—
平衡浓度 /M	$(0.010-x)$	x	0.20

因为 [Ag$^+$] 非常小，我们可以假设 x 小于 0.010。将这些值代入 Ag(NH$_3$)$_2^+$ 解离的平衡常数表达式中，得到

$$\frac{[Ag^+][NH_3]^2}{[Ag(NH_3)_2^+]} = \frac{(x)(0.20)^2}{0.010} = 5.9 \times 10^{-8}$$

$$x = 1.5 \times 10^{-8} M = [Ag^+]$$

Ag(NH$_3$)$_2^+$ 络合物的形成大大降低了溶液中游离 Ag$^+$ 离子的浓度。

▶ **实践练习 1**

有一个硝酸铬（Ⅲ）水溶液，用氢氧化钠水溶液滴定。加入一定量的滴定剂后，观察有沉淀生成，继续加入更多的氢氧化钠溶液，沉淀溶解，溶液中发生什么？（a）沉淀是在较大的体积中重新溶解的氢氧化钠（b）沉淀是氢氧化铬，再加入溶液形成 Cr^{3+}(aq)（c）沉淀是氢氧化铬，与更多的氢氧根反应生成可溶性络合离子 Cr(OH)$_4^-$(aq)（d）沉淀是硝酸钠，与更多的硝酸盐反应生成可溶性络合离子 Na(NO$_3$)$_3^{2-}$(aq)。

▶ **实践练习 2**

计算 0.010mol Cr(NO$_3$)$_3$ 溶于 1 L pH 为 10.0 的缓冲溶液中，与 Cr(OH)$_4^-$(aq) 平衡时的 [Cr^{3+}]。

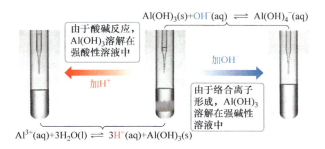

▲　图 17.20　**两性现象**　一些金属氧化物和氢氧化物，如 $Al(OH)_3$ 是两性的，这意味着它们既能溶解在强酸性溶液也能溶解在强碱性溶液中

两性现象

一些不溶于水的金属氧化物和氢氧化物溶于强酸性和强碱性溶液中，这些物质被称为**两性氧化物**和**两性氢氧化物**[注]，能溶于强酸和强碱中，是因为它们本身既可以作为酸也可以作为碱，如 Al^{3+}、Cr^{3+}、Zn^{2+} 和 Sn^{2+} 的氧化物和氢氧化物就是两性物质。

与其他金属氧化物和氢氧化物一样，两性物质在酸性溶液中溶解，因为它们的阴离子 O^{2-} 或 OH^- 与酸发生反应。两性氧化物和氢氧化物的特殊之处在于，它们也溶解在强碱性溶液中，这是由于与金属离子结合的几个（通常是 4 个）氢氧化物形成络合物阴离子引起的（见图 17.20）：

$$Al(OH)_3(s) + OH^-(aq) \rightleftharpoons Al(OH)_4^-(aq) \qquad （17.26）$$

不溶性金属氢氧化物与酸或碱反应的程度随所涉及的特定金属离子的变化而变化。许多金属氢氧化物，如 $Ca(OH)_2$、$Fe(OH)_2$ 和 $Fe(OH)_3$，能够溶解在酸性溶液中，但不与过量的碱反应，这些氢氧化物不是两性的。

铝矿石的提纯在铝金属制造中就是一个有趣的两性作用的应用。我们已经看到，$Al(OH)_3$ 是两性的，而 $Fe(OH)_3$ 不是。铝以矿石铝土矿的形式大量存在，矿石铝土矿本质上是被 Fe_2O_3 污染的水合 Al_2O_3。当铝土矿加入强碱性溶液时，Al_2O_3 会溶解，因为铝会形成络合物，如 $Al(OH)_4^-$，然而，Fe_2O_3 杂质不是两性的，仍然是固体，溶液经过过滤，除去铁杂质，然后加入酸沉淀氢氧化铝，纯化后的氢氧化物经过进一步处理，最终得到金属铝。

[注] 请注意，这里的两性指溶解在酸性或碱性溶液中的不溶性氧化物和氢氧化物。相似的名词*两性*（见 16.2 节）更普遍地指既可以获得又可以失去质子的任何分子或离子。

深入探究 饮用水中的铅污染

大多数人都认为工业化时代获得干净的饮用水是理所当然的。不幸的是，在极少数情况下，自来水是不安全的，比如 2015 年在密歇根州弗林特市的市政供水中发现铅含量超标。

铅对人体的许多器官都有害，对大脑和中枢神经系统更加敏感。在大脑中，Pb^{2+} 离子通过模仿 Ca^{2+} 离子干扰细胞通信和生长。发生在儿童身上的铅中毒最严重的副作用之一是会导致认知障碍。尽管铅化合物曾被广泛应用——作为汽油添加剂、颜料、霰弹枪子弹、玻璃和水管——但自从政府机构在 20 世纪 70 年代开始管制铅的使用以来，我们每天接触到的铅大幅度减少。根据国家健康和营养检查调查，美国居民血液中铅的平均浓度从 1976 年的 150ppb 下降到 2002 年的 16ppb，几乎下降了一个数量级。

美国环境保护署（EPA）规定的饮用水中铅含量的监管限额为十亿分之十五（ppb）。根据美国环保署的规定，服务超过 50000 人的公用事业公司必须监测其水中的铅含量，如果超过 10% 的家庭样本超过 15ppb，就会受限制必须采取措施。2015 年 9 月，弗吉尼亚理工大学的研究人员对收集的样本进行了测试，发现在 252 个弗林特家庭中，有 10% 的家庭铅浓度超过了 25ppb，几个家庭的铅浓度超过了 100ppb。与此同时，当地一名儿科医生分析了婴儿血液检测结果，发现血液中（> 50ppb）铅含量升高的儿童比例从 2013 年的 2.4% 增加到 2015 年的 4.9%。

这个问题始于 2014 年 4 月，当时该市开始使用附近的弗林特河作为其市政用水的天然来源。在此之前，弗林特从底特律取水。休伦湖在用管道输送到弗林特之前经过了处理。铅的来源不是弗林特河本身，而是存在于地下水管网中的铅管的腐蚀。为什么供水的变化会大大增加旧管道中铅的浸出？许多因素在起作用，但基本上它们都归结为溶解性因素。

当水经过适当处理时，铅管的内表面会形成一层不溶性铅盐钝化层（见图 17.21）。该层防止腐蚀，否则会使铅被氧化并以 Pb^{2+} 离子的形式溶解到水中。底特律的水处理设施正在向其水中添加磷酸根离子 PO_4^{3-} 以抑制腐蚀，而在弗林特管理水处理的人选择不这样做。PO_4^{3-} 离子的存在促进了管道内表面上高度不溶的磷酸盐的形成，有助于防止腐蚀。

造成这一问题的另一个因素似乎是水的 pH 值从 2014 年 12 月的 8.0 下降到了 2015 年 8 月的 7.3。由于形成钝化层的不溶性铅盐，如 $Pb_3(PO_4)_2$、$PbHSO_4$ 和 $PbCO_3$，含有可以作为弱碱的阴离子，任何使水酸化的物质都会增加它们的溶解度。

另一个影响因素是氯离子浓度过高。2015 年 8 月，底特律处理过的水氯含量约为 11ppm，而弗林特处理过的水氯含量为 85ppm。虽然 $PbCl_2$ 难溶（$K_{sp}=1.7 \times 10^{-5}$），但高浓度的氯离子可以导致可溶性络合物的形成，如 $PbCl_3^-$ 和 $PbCl_4^{2-}$。氯化物含量的增加是由于添加了 $FeCl_3$，它被用来帮助凝固和过滤掉导致大肠杆菌污染的有害有机物。当不需要的有机物被次氯酸盐离子氧化时，也会产生氯离子，而次氯酸盐离子是用来杀死细菌的。含有氯盐的径流，用于处理冬天结冰的道路也起到了一定作用。

越来越多的证据表明弗林特饮用水中的铅含量不安全，2015 年 10 月，这座城市重新启用了从底特律输水的管道。经过几个月的时间，经过适当处理的水循环应该能恢复管道内的钝化层。然而，清洁成本预计将超过 1.2 亿美元，甚至可能更多，与用磷酸盐处理水每年预计需要 5 万美元相比，这是一大笔钱。更重要的是，饮用受污染水的人，尤其是儿童所受到的损害是无法挽回的。

尽管自 1986 年起美国就禁止在管道中使用铅，但据估计，美国城市中仍有数百万英里的埋在地下的铅管道在使用。需要水处理设施和环境保护机构保持警惕，以避免弗林特悲剧的重演。

相关练习：17.97、17.101

a) b)

▲ 图 17.21 **受保护和不受保护的铅管** a）具有保护性钝化层的铅管；b）由于缺乏磷酸盐缓蚀剂，导致钝化层溶解并脱落，使铅暴露于 O_2 和 OCl^- 等氧化剂下的铅管

17.6 | 沉淀和离子的分离

从化学方程式任何一边的物质开始都可以达到平衡。例如，$BaSO_4(s)$、$Ba^{2+}(aq)$ 和 $SO_4^{2-}(aq)$ 之间存在的平衡 [见式（17.15）]，可以从 $BaSO_4(s)$ 开始，也可以从含有 Ba^{2+} 和 SO_4^{2-} 的溶液开始。如果把 $BaCl_2$ 水溶液和 Na_2SO_4 水溶液混合，$BaSO_4$ 就会析出。我们如何预测沉淀是否会在各种条件下形成呢？

回想一下，在 15.6 节中使用反应熵 Q 来确定一个反应达到平衡的方向。Q 的形式和反应的平衡常数表达式是一样的，但是你可以用任意浓度来代替平衡浓度。反应达到平衡的方向取决于 Q 和 K 之间的关系。如果 $Q < K$，产物浓度相对于平衡浓度低，反应物浓度相对于平衡浓度过高，那么反应将向右进行（向着产物）以达到平衡。如果 $Q > K$，产物浓度过高，反应物浓度过低，那么反应将向左进行以达到平衡。如果 $Q = K$，反应处于平衡状态。

对于溶度积平衡，Q 与 K_{sp} 的关系与其他平衡完全相同。对于 K_{sp} 反应，产物总是可溶性离子，反应物总是固体。

因此，对于溶解平衡，

- 如果 $Q = K_{sp}$，系统处于平衡状态，这意味着溶液已经饱和，这是溶液可以具有最高浓度而不会产生沉淀。
- 如果 $Q < K_{sp}$，反应向右进行，向可溶性离子方向，不会产生沉淀。
- 如果 $Q > K_{sp}$，反应将继续向左，向固体方向，会产生沉淀。

对于硫酸钡溶液，计算 $Q = [Ba^{2+}][SO_4^{2-}]$，并将该量与硫酸钡的 K_{sp} 进行比较。

实例解析 17.16

预测是否产生沉淀

当 0.10L $8.0 \times 10^{-3} M$ $Pb(NO_3)_2$ 加入到 0.40L $5.0 \times 10^{-3} M$ Na_2SO_4 溶液时，会产生沉淀吗？

解析

分析 要求确定当两种盐溶液混合时是否会产生沉淀。

思路 应该在溶液混合后计算所有离子的浓度，并将 Q 值与 K_{sp} 进行比较，以得出任何可能不溶的产物。可能的复分解产物是 $PbSO_4$ 和 $NaNO_3$。像所有钠盐一样，$NaNO_3$ 是可溶的，但 $PbSO_4$ 的 K_{sp} 为 6.3×10^{-7}（见附录 D），如果 Pb^{2+} 和 SO_4^{2-} 浓度高到足以使 Q 超过 K_{sp}，则会产生沉淀。

解答

当两种溶液混合时，体积为 0.10L + 0.40L = 0.50L。0.10L $8.0 \times 10^{-3} M$ $Pb(NO_3)_2$ 中 Pb^{2+} 的物质的量为：

$$(0.10L)(\frac{8.0 \times 10^{-3} \text{mol}}{L}) = 8.0 \times 10^{-4} \text{mol}$$

0.50L 混合物中 Pb^{2+} 的浓度为：

$$[Pb^{2+}] = \frac{8.0 \times 10^{-4} \text{mol}}{0.05L} = 1.6 \times 10^{-3} M$$

0.40L $5.0 \times 10^{-3} M$ Na_2SO_4 中 SO_4^{2-} 的物质的量为：

$$(0.40L)\left(\frac{5.0 \times 10^{-3} \text{mol}}{L}\right) = 2.0 \times 10^{-3} \text{mol}$$

因此

$$[SO_4^{2-}] = \frac{2.0 \times 10^{-3} \text{ mol}}{0.50 \text{ L}} = 4.0 \times 10^{-3} M$$

$$Q = [Pb^{2+}][SO_4^{2-}] = (1.6 \times 10^{-3})(4.0 \times 10^{-3}) = 6.4 \times 10^{-6}$$

因为 $Q > K_{sp}$，$PbSO_4$ 会产生沉淀。

▶ **实践练习 1**

不溶性盐 MA 的 K_{sp} 为 1.0×10^{-16}。将两种溶液 MNO_3 和 NaA 混合，得到最终溶液，其中 $M^+(aq)$ 为 $1.0 \times 10^{-8} M$，$A^-(aq)$ 为 $1.00 \times 10^{-7} M$。会产生沉淀吗？（a）是（b）否

▶ **实践练习 2**

当 0.050L $2.0 \times 10^{-2} M$ NaF 与 0.010L $1.0 \times 10^{-2} M$ $Ca(NO_3)_2$ 混合时，是否产生沉淀？

离子的选择性沉淀

离子可以根据其盐的溶解度彼此分离。考虑一个同时含有 Ag^+ 和 Cu^{2+} 的溶液。如果在溶液中加入 HCl，AgCl（$K_{sp} = 1.8 \times 10^{-10}$）沉淀，$Cu^{2+}$ 由于 $CuCl_2$ 是可溶性的，所以仍在溶液中。用一种试剂在水溶液中与一个或多个（但不是全部）离子形成沉淀，从而使离子分离，这种称为*选择性沉淀*。

由于硫化物盐的溶解度范围大，在很大程度上依赖于溶液的 pH 值，所以常被用来分离金属离子。例如，Cu^{2+} 和 Zn^{2+} 可以通过含有这两个阳离子的酸化溶液，通过 H_2S 气体来分离。由于 CuS（$K_{sp} = 6 \times 10^{-37}$）的可溶性低于 ZnS（$K_{sp} = 2 \times 10^{-25}$），因此 CuS 从 pH $\approx$ 1 的酸化溶液中沉淀，而 ZnS 则不沉淀（见图 17.22）：

$$Cu^{2+}(aq) + H_2S(aq) \rightleftharpoons CuS(s) + 2H^+(aq) \qquad (17.27)$$

可以通过过滤将 CuS 与 Zn^{2+} 溶液分离。然后通过进一步提高 H^+ 的浓度来溶解分离的CuS，式（17.27）中化合物的平衡向左移动。

实例解析 17.17

选择性沉淀

溶液含有 $1.0 \times 10^{-2} M$ $Ag^+(aq)$ 和 $2.0 \times 10^{-2} M$ $Pb^{2+}(aq)$。当加入 $Cl^-(aq)$ 时，AgCl（$K_{sp} = 1.8 \times 10^{-10}$）和 $PbCl_2$（$K_{sp} = 1.7 \times 10^{-5}$）均可沉淀。分别计算每种盐沉淀时 $Cl^-(aq)$ 的浓度？哪种盐先沉淀？

解析

分析 要求计算含有 $Ag^+(aq)$ 和 $Pb^{2+}(aq)$ 离子的溶液中沉淀所必需的 $Cl^-(aq)$ 的浓度，并预测哪种金属氯化物将先开始沉淀。

思路 已知两种沉淀物的 K_{sp} 值。利用它和金属离子浓度可以计算出每种盐沉淀所需的 $Cl^-(aq)$ 浓度，需要较低 $Cl^-(aq)$ 离子浓度的盐首先析出。

解答 对于 AgCl，$K_{sp} = [Ag^+][Cl^-] = 1.8 \times 10^{-10}$。由于 $[Ag^+] = 1.0 \times 10^{-2} M$，可以由 K_{sp} 表达式计算出不引起 AgCl 沉淀的 $Cl^-(aq)$ 的最大浓度：

$$K_{sp} = (1.0 \times 10^{-2})[Cl^-] = 1.8 \times 10^{-10}$$

$$[Cl^-] = \frac{1.8 \times 10^{-10}}{1.0 \times 10^{-2}} = 1.8 \times 10^{-8} M$$

$Cl^-(aq)$ 浓度大于这个值都会导致 AgCl 从溶液中沉淀出来。对 $PbCl_2$ 进行类似的处理，

$$K_{sp} = [Pb^{2+}][Cl^-]^2 = 1.7 \times 10^{-5}$$

$$(2.0 \times 10^{-2})[Cl^-]^2 = 1.7 \times 10^{-5}$$

$$[Cl^-]^2 = \frac{1.7 \times 10^{-5}}{2.0 \times 10^{-2}} = 8.5 \times 10^{-4}$$

$$[Cl^-] = \sqrt{8.5 \times 10^{-4}} = 2.9 \times 10^{-2} M$$

因此，$Cl^-(aq)$ 的浓度超过 $2.9 \times 10^{-2} M$ 会导致 $PbCl_2$ 沉淀。

比较每种盐沉淀所需的 $Cl^-(aq)$ 浓度，可以看到当加入 $Cl^-(aq)$ 时，AgCl 首先沉淀，因为它需要更小浓度的 Cl^-。因此，通过缓慢加入 $Cl^-(aq)$，可以

将 $Ag^+(aq)$ 与 $Pb^{2+}(aq)$ 分离，使氯离子浓度保持在 $1.8 \times 10^{-8}M$ 和 $2.9 \times 10^{-2}M$ 之间就可以。

　　注解　$AgCl$ 的析出会使 $Cl^-(aq)$ 的浓度保持在较低的水平，直到加入 $Cl^-(aq)$ 的物质的量超过溶液中 $Ag^+(aq)$ 的物质的量。一旦超过这一点，$[Cl^-]$ 急剧上升，$PbCl_2$ 将很快开始沉淀。

▶ **实践练习 1**
　　离子化合物在什么条件下从含有该离子的溶液

中析出？（a）总是（b）当 $Q = K_{sp}$（c）当 Q 超过 K_{sp}（d）当 Q 小于 K_{sp}（e）如果它很容易溶解，永远不会。

▶ **实践练习 2**
　　溶液由 $0.050M$ $Mg^{2+}(aq)$ 和 $Cu^{2+}(aq)$ 组成。加入 $OH^-(aq)$ 后，哪个离子先析出？开始每种阳离子沉淀需要多少浓度的 $OH^-(aq)$？[对于 $Mg(OH)_2$，$K_{sp} = 1.8 \times 10^{-11}$，对于 $Cu(OH)_2$，$K_{sp} = 4.8 \times 10^{-20}$]。

▼ 图例解析　　在第三个试管中，为什么硫化物试剂是 HS^- 而不是 H_2S？

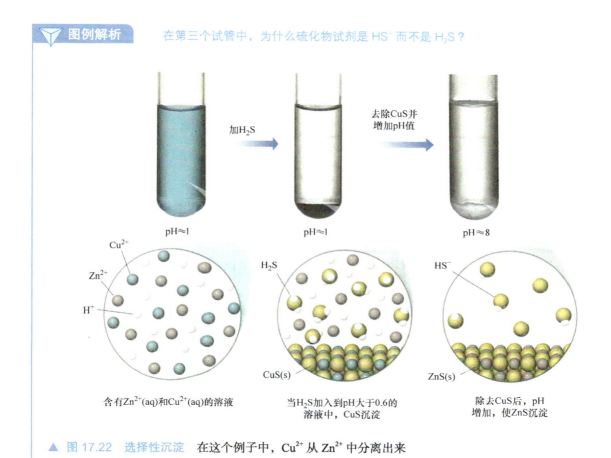

▲ **图 17.22　选择性沉淀**　在这个例子中，Cu^{2+} 从 Zn^{2+} 中分离出来

17.7 | 金属元素的定性分析

　　在最后一节中，我们将研究如何利用溶解平衡和络合离子的形成来检测溶液中特定金属离子的存在。在现代分析仪器发展之前，有必要对样品中的金属混合物进行分析，这种方法叫作化学方法。例如，将一个可能含有多种金属元素的矿石样品溶解在浓酸溶液中，然后系统地检验各种金属离子的存在。

　　定性分析是判定特定金属离子在一定范围内是否存在，而定量分析则是要知道物质存在多少。尽管湿法定性分析方法在化学工业中已变得不那么重要，但它们经常用于一般化学实验室解释平衡问题，介绍常见的金属离子在溶液中的性质，并发展实验技能。通常情况下，这类分析分三个阶段进行：(1) 离子依据其溶解特性，分成大组。(2) 离子通过选择性地溶解再次分组。(3) 通过特殊试验对离子进行鉴定。

一般情况下将共存阳离子分为五组（见图 17.23）。在该方法中，加入试剂的顺序很重要。先进行选择性的分离，最少量的离子先分离。

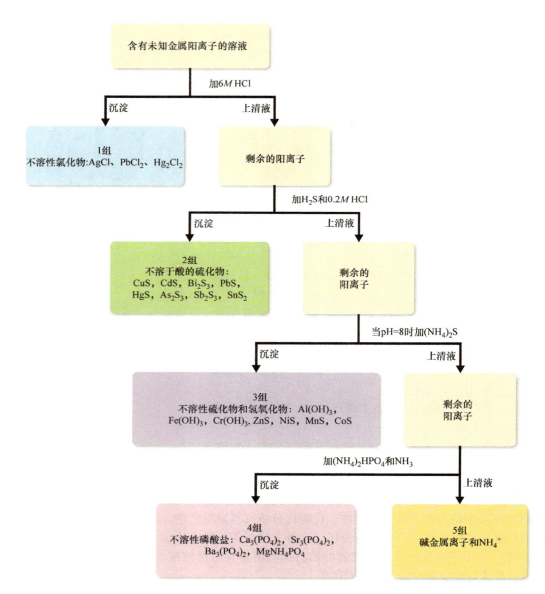

图例解析　如果溶液是含有 $Cu^{2+}(aq)$ 和 $Zn^{2+}(aq)$ 离子的混合物，这种分离方案可行吗？在哪个步骤之后会观察到第一个沉淀物？

含有未知金属阳离子的溶液

加6M HCl

沉淀 ——— **1组**
不溶性氯化物:AgCl、$PbCl_2$、Hg_2Cl_2

上清液 ——— 剩余的阳离子

加H_2S和0.2M HCl

沉淀 ——— **2组**
不溶于酸的硫化物：
CuS，CdS，Bi_2S_3，PbS，
HgS，As_2S_3，Sb_2S_3，SnS_2

上清液 ——— 剩余的阳离子

当pH=8时加$(NH_4)_2S$

沉淀 ——— **3组**
不溶性硫化物和氢氧化物：$Al(OH)_3$，
$Fe(OH)_3$，$Cr(OH)_3$，ZnS，NiS，MnS，CoS

上清液 ——— 剩余的阳离子

加$(NH_4)_2HPO_4$和NH_3

沉淀 ——— **4组**
不溶性磷酸盐：$Ca_3(PO_4)_2$，$Sr_3(PO_4)_2$，
$Ba_3(PO_4)_2$，$MgNH_4PO_4$

上清液 ——— **5组**
碱金属离子和NH_4^+

▲ 图 17.23　定性分析　常用于鉴定阳离子的流程图

前面所使用的反应必须进行得彻底，以使溶液中剩余的阳离子浓度很小，不能干扰后续的实验。

让我们看看这五组阳离子中的每一组，简要地介绍一下这个定性分析方法。

1 组．不溶性氯化物：常见的金属离子中只有 $Ag^+(aq)$、$Hg_2^{2+}(aq)$ 和 $Pb^{2+}(aq)$ 形成不溶性氯化物。因此，当 HCl 加入阳离子混合物时，只有 $AgCl$、Hg_2Cl_2 和 $PbCl_2$ 沉淀，其他阳离子留在溶液中。如果沉淀不存在表明原始溶液中不含 $Ag^+(aq)$、$Hg_2^{2+}(aq)$ 或 $Pb^{2+}(aq)$。

2 组．不溶于酸的硫化物：除去任何不溶的氯化物后，用 HCl 和 H_2S 处理剩余的溶液，由于 H_2S 与 HCl 相比是弱酸，因此其作用是提供少量的硫离子，仅有最难溶的金属硫化物——CuS、Bi_2S_3、CdS、PbS、HgS、As_2S_3、Sb_2S_3 和 SnS_2——沉淀（注意附录 D 中某些硫化物的 K_{sp} 值很小）。而硫化物微溶于水的金属离子，例如 ZnS 或 NiS，则保留在溶液中。

3 组．不溶于碱的硫化物和氢氧化物：在过滤除去任何不溶于酸的硫化物后，使溶液呈微碱性，并加入 $(NH_4)_2S$。在碱性溶液中，$S^{2-}(aq)$ 的浓度比在酸性溶液中的浓度高。在这些条件下，许多易溶的硫化物离子积超过其 K_{sp} 值，因此产生沉淀。在该阶段沉淀的金属离子是 $Al^{3+}(aq)$、$Cr^{3+}(aq)$、$Fe^{3+}(aq)$、$Zn^{2+}(aq)$、$Ni^{2+}(aq)$、$Co^{2+}(aq)$ 和 $Mn^{2+}(aq)$。（$Al^{3+}(aq)$、$Fe^{3+}(aq)$ 和 $Cr^{3+}(aq)$ 离子，它们不形成不溶性硫化物，相反，会以不溶性氢氧化物形式沉淀，如图 17.23 所示。）

4 组．不溶性磷酸盐：此时，溶液仅含有元素周期表第 1A 和 2A 族的金属离子。向碱性溶液中加入 $(NH_4)_2HPO_4$ 使 2A 族元素 $Mg^{2+}(aq)$、$Ca^{2+}(aq)$、$Sr^{2+}(aq)$ 和 $Ba^{2+}(aq)$ 沉淀，因为这些金属形成不溶性磷酸盐。

5 组．碱金属离子和 $NH_4^+(aq)$：分别鉴定除去不溶性磷酸盐后剩余的离子。

例如，焰色反应可以用来鉴定 $K^+(aq)$ 的存在，因为如果 $K^+(aq)$ 存在，火焰就会产生一种特有的紫色（见图 7.22）。

 想一想

水溶液含有银、钡或铜的可溶性化合物，如果在溶液中加入盐酸时形成沉淀，那么哪个离子一定存在？

综合实例解析

概念综合

在 21℃和 0.950atm 下，将 1.25L 的 HCl 气体样品通入 0.500L 的 0.150M NH_3 溶液。假设盐酸全部溶解，溶液体积保持为 0.500L，计算得到溶液的 pH 值。

解析

根据理想气体定律计算 HCl 气体的物质的量：

$$n = \frac{PV}{RT} = \frac{(0.950\text{atm})(1.25\text{L})}{(0.0821\text{L}\cdot\text{atm}/\text{mol}\cdot\text{K})(294\text{K})} = 0.0492\text{mol HCl}$$

溶液中 NH_3 的物质的量由溶液体积和浓度的乘积给出：

物质的量 $NH_3 = (0.500 \text{L})(0.150 \text{mol } NH_3/\text{L}) = 0.0750 \text{mol}$

酸 HCl 与碱 NH_3 反应，将一个质子从 HCl 转移到 NH_3，生成 NH_4^+ 和 Cl^- 离子：

$$HCl(g) + NH_3(aq) \longrightarrow NH_4^+(aq) + Cl^-(aq)$$

为了计算溶液的 pH 值，我们首先计算每个反应物的量以及反应结束时每个产物的量。因为可以假设这个中和反应尽可能地靠近产物，反应完全彻底。

$HCl(g) + NH_3(aq) \longrightarrow NH_4^+(aq) + Cl^-(aq)$			
初始 /mol	0.0492	0.0750	0	0
变化 /mol	−0.0492	−0.0492	+0.0492	+0.0492
反应后 /mol	0	0.0258	0.0492	0.0492

因此，反应生成的溶液含有 NH_3、NH_4^+ 和 Cl^-。NH_3 是弱碱，($K_b = 1.8 \times 10^{-5}$)，NH_4^+ 是其共轭酸，Cl^- 既不是酸性也不是碱性。因此，pH 值取决于 $[NH_3]$ 和 $[NH_4^+]$：

$$[NH_3] = \frac{0.0258 \text{mol } NH_3}{0.500 \text{L soln}} = 0.0516 M$$

$$[NH_4^+] = \frac{0.0492 \text{mol } NH_4^+}{0.500 \text{L 溶液}} = 0.0984 M$$

我们可以用 K_b 来计算 NH_3 的 pH 值或者用 K_a 来计算 NH_4^+ 的 pH 值。

使用 K_b 表达式，我们有：

$NH_3(aq) + H_2O \rightleftharpoons NH_4^+(aq) + OH^-(aq)$			
初始浓度 /M	0.0516	—	0.0984	0
变化浓度 /M	−x	—	+x	+x
平衡浓度 /M	(0.0516−x)	—	(0.0984+x)	x

$$K_b = \frac{[NH_4^+][OH^-]}{[NH_3]} = \frac{(0.0984+x)(x)}{(0.0516-x)} \cong \frac{(0.0984)x}{0.0516} = 1.8 \times 10^{-5}$$

$$x = [OH^-] = \frac{(0.0516)(1.8 \times 10^{-5})}{0.0984} = 9.4 \times 10^{-6} M$$

因此，$pOH = -\log(9.4 \times 10^{-6}) = 5.03$

$pH = 14.00 - pOH = 14.00 - 5.03 = 8.97$

本章小结和关键术语

同离子效应（见 17.1 节）

在本章中，我们学习了水溶液中发生的几种类型的重要平衡。主要是含两个或两个以上溶质溶液的酸碱平衡和溶解平衡。弱酸或弱碱的解离被溶液中强电解质提供的一种平衡中的同离子所抑制（**同离子效应**）。

缓冲溶液（见 17.2 节）

酸碱混合物的一种特别重要的类型是起缓冲溶液（缓冲液）作用的弱共轭酸碱对。在缓冲溶液中加入少量强酸或强碱只会引起 pH 值的微小变化，因为缓冲溶液与添加的酸或强碱发生反应（强酸——强碱、强酸——弱碱、弱酸——强碱反应基本彻底）。缓冲溶液通常由弱酸和弱酸盐或弱碱和弱碱盐配制而成。缓冲溶液的两个重要特性是缓冲容量和 pH 值范围。缓冲溶液的最佳 pH 值等于用于制备缓冲溶液的酸（或碱）的 pK_a（或 pK_b）。pH、pK_a 与酸及其共轭碱的浓度之间的关系可以用 Henderson-Hasselbch **方程**表示。重要的是要认识到，Henderson-Hasselbch 方程是一种近似计算，要进行更详细的计算需要平衡浓度。

酸碱滴定（见 17.3 节）

酸（或碱）的 pH 值与加入的碱（或酸）的体积的函数关系称为 pH **滴定曲线**。强酸 - 强碱的滴定曲线在等当点附近 pH 值变化较大，在等当点，pH = 7。对于强酸 - 弱碱或弱酸 - 强碱滴定，等当点附近的 pH 值变化不像强酸 - 强碱滴定那样大，在这些情况下，等当点的 pH 值也不会等于 7。相反，决定等当点 pH 值的是中和反应产生的共轭碱或酸的盐溶液。因此，对于弱酸或弱碱滴定，选择一个颜色变化接近等当点 pH 值的指示剂是很重要的。首先考虑酸碱反应对溶液浓度的影响，然后考察剩余溶质组分的平衡，就有可能计算出滴定曲线上任意一点的 pH 值。

溶解平衡（见 17.4 节）

固体化合物及其离子在溶液中的平衡是一个多相平衡。溶度积常数（或简称溶度积）K_{sp} 是一个平衡常数，它定量地反映化合物溶解的程度。K_{sp} 可以用来计算离子化合物的溶解度，而溶解度也可以用来计算 K_{sp}。

影响溶解度的因素（见 17.5 节）

包括温度在内的几个因素会影响离子化合物在水中的溶解度。一种微溶性离子化合物的溶解度由于能提供一种同离子的第二个溶质的存在而降低（同离子效应）。含有碱性阴离子的化合物的溶解度随着溶液酸性增强（随着 pH 值的降低）而增加。碱度可忽略的阴离子的盐（强酸的阴离子）不受 pH 值变化的影响。

金属盐的溶解度也受到某些 Lewis 碱存在的影响，这些 Lewis 碱与金属离子反应生成稳定的络合离子。水溶液中络合离子的形成是由于附着在金属离子上的水分子被 Lewis 碱（如 NH_3 和 CN^-）取代。这种络合物形成的程度由络合物离子的形成常数定量地表示。两性氧化物和氢氧化物只在水中微溶，但加入酸或碱就会溶解。

沉淀和离子的分离（见 17.6 节）

将反应熵 Q 与 K_{sp} 值进行比较，可以判断溶液混合时是否会形成沉淀，或者微溶盐在不同条件下是否会溶解。当 $Q > K_{sp}$ 时沉淀析出。如果两种盐的溶解度相差足够大，则可以选择性地沉淀一种离子，而将另一种离子留在溶液中，从而有效地分离两种离子。

金属元素的定性分析（见 17.7 节）

金属元素在盐的溶解度、酸碱行为和形成络合物的问题上有很大的差别。这些差别可用于分离和检测混合物中金属离子的存在。定性分析决定样本中组分的存在与否，而定量分析决定每种组分存在的多少。溶液中金属离子的定性分析，可以在沉淀反应的基础上将离子分成组，然后对每个组进行单个金属离子的分析。

学习成果　　学完本章后，应该掌握：

- 描述同离子效应（见 17.1 节）

相关练习：17.13, 17.14

- 解释缓冲溶液的作用，并计算缓冲溶液的 pH 值（见 17.2 节）

相关练习：17.19, 17.20

- 计算加入少量强酸或强碱后缓冲溶液的 pH 值（见 17.2 节）

相关练习：17.27, 17.28

- 计算用适当数量的化合物制备已知 pH 的缓冲溶液（见 17.2 节）

相关练习：17.31, 17.32

- 计算酸碱滴定曲线上任何一点的 pH 值（见 17.3 节）

相关练习：17.45, 17.46

- 从滴定曲线估算一元酸或多元酸的 pK_a（见 17.3 节）

相关练习：17.33, 17.34

- 已知物质的 K_{sp}，摩尔溶解度或质量溶解度中的任何一个，计算其他两个量（见 17.4 节）

相关练习：17.49, 17.50, 17.53, 17.54

- 定性预测并定量计算物质在同离子存在下或在不同 pH 值下的摩尔溶解度（见 17.5 节）

相关练习：17.55, 17.56, 17.63, 17.64, 17.67, 17.68

- 定性地预测当溶液混合时是否会形成沉淀物，并定量计算产生沉淀所需的离子浓度（见 17.6 节）

相关练习：17.69, 17.70, 17.73, 17.74

- 解释络合离子形成对溶解度的影响（见 17.6 节）

相关练习：17.65，17.66

- 预测如何根据阳离子的溶解特征分离和鉴定阳离子（见 17.7 节）

相关练习：17.79, 17.80

主要公式

- $$pH = pK_a + \log \frac{[碱]}{[酸]} \qquad (17.9)$$

Henderson-Hasselbch 方程，用共轭酸碱对的浓度来计算缓冲溶液的 pH 值。

本章练习

图例解析

17.1 下列方框代表含有弱酸、HA 及其共轭碱 A⁻ 的水溶液。水分子、水合氢离子和阳离子没有显示。哪个溶液 pH 值最高？解释一下。（见 17.1 节）

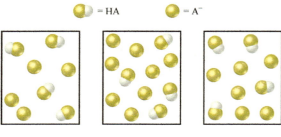

17.2 右侧烧杯含有 $0.1M$ 醋酸溶液和甲基橙指示剂。左边的烧杯是 $0.1M$ 醋酸和 $0.1M$ 醋酸钠与甲基橙的混合物。（a）使用图 16.8 和图 16.9 说明哪种溶液 pH 值较高？（b）当加入少量氢氧化钠时，哪种溶液更能很好的维持其 pH 值？解释一下。（见 17.1 节及 17.2 节）

17.3 缓冲溶液含有弱酸，HA 及其共轭碱。弱酸的 pK_a 为 4.5，缓冲溶液的 pH 为 4.3。在不进行计算的情况下，说明在 pH 为 4.3 时，下面哪些可能性是正确的。（a）[HA] = [A⁻]（b）[HA] > [A⁻]（c）[HA] < [A⁻]（见 17.2 节）

17.4 下图表示由等浓度的弱酸 HA 和其共轭碱 A⁻ 组成的缓冲溶液。柱的高度与缓冲溶液组分的浓度成比例。（a）三个图中的哪一个，1）、2）或 3）代表加入强酸后的缓冲溶液？（b）三者中哪一个代表加入强碱后的缓冲溶液？（c）三者中哪一个代表加入酸或碱高度都不变化？（见 17.2 节）

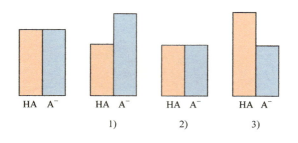

17.5 下图表示在用 NaOH 滴定弱酸 HA 的各个阶段的溶液（为清楚起见，省略了 Na⁺ 离子和水分子）。每个图对应于滴定曲线的下列区域中的哪一个：（a）在加入 NaOH 之前（b）加入 NaOH 但在等当点之前（c）在等当点（d）在等当点之后？（见 17.3 节）

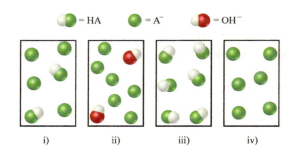

17.6 将以下滴定曲线描述与图表相匹配：（a）强酸滴定强碱（b）强碱滴定弱酸（c）强碱滴定强酸（d）强碱滴定多元酸。（见 17.3 节）

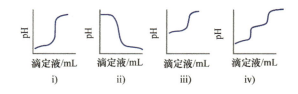

17.7 用 $0.10M$ NaOH 滴定等体积的两种酸，得到两个滴定曲线，如下图所示。（a）哪条曲线对应于浓度更高的酸溶液？（b）哪个对应于具有较大 K_a 的酸？（见 17.3 节）

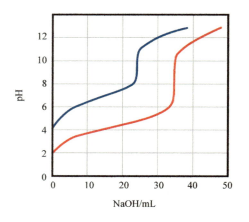

17.8 在中间烧杯中显示饱和的 $Cd(OH)_2$ 溶液。如果加入盐酸溶液，$Cd(OH)_2$ 的溶解度将增加，导致多余的固体溶解。

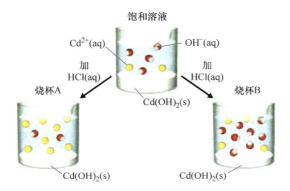

饱和溶液

加 HCl(aq)　　　加 HCl(aq)

烧杯A　　　　　　烧杯B

$Cd(OH)_2(s)$

　　两种选择中的哪一种，烧杯 A 或烧杯 B，准确地代表了重新平衡后的溶液？（为清楚起见，省略了水分子和 Cl^- 离子）。（见 17.4 节和 17.5 节）

　　17.9　下图为不同情况下 $BaCO_3$ 的行为。在每种情况下，纵轴表示 $BaCO_3$ 的溶解度，横轴表示其他一些试剂的浓度。（a）哪张图代表加入 HNO_3 后，$BaCO_3$ 的溶解度变化情况？（b）哪个图代表加入 Na_2CO_3 后，$BaCO_3$ 的溶解度变化情况？（c）哪张代表加入 $NaNO_3$ 时，$BaCO_3$ 的溶解度变化情况？（见 17.5 节）

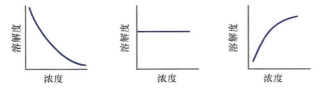

　　17.10　$Ca(OH)_2$ 的 K_{sp} 为 6.5×10^{-6}。（a）如果在 500mL 水中加入 $0.370g Ca(OH)_2$，让混合物达到平衡，溶液是否饱和？（b）如果把（a）中的 50mL 溶液分别加入下面的每个烧杯中，其中哪个烧杯（如果有的话）会形成沉淀？如果有沉淀生成，它是什么？（见 17.6 节）

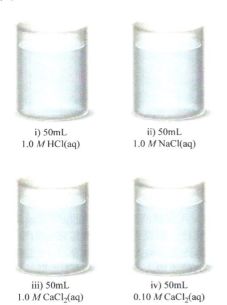

i) 50mL
1.0 M HCl(aq)

ii) 50mL
1.0 M NaCl(aq)

iii) 50mL
1.0 M $CaCl_2$(aq)

iv) 50mL
0.10 M $CaCl_2$(aq)

　　17.11　下图显示了盐的溶解度与 pH 值的关系。下面哪个选项可以解释这个图形的形状？（a）不，这种行为是不可能的（b）可溶性盐与酸反应生成沉淀物，多余的酸与产物反应使其溶解（c）可溶性盐形成不溶性氢氧化物，然后加入碱与产物反应使其溶解（d）盐的溶解度随 pH 值增加而增加，然后由于中和反应产生的热量而降低。（见 17.5 节）

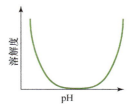

　　17.12　使用两种不同的沉淀剂分离三种阳离子，Ni^{2+}、Cu^{2+} 和 Ag^+。根据图 17.23，可以使用哪两种沉淀剂？使用这些试剂，指出哪个阳离子是 A、哪个是 B、哪个是 C。（见 17.7 节）

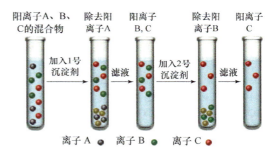

阳离子A、B、C的混合物　　除去阳离子A　　阳离子B、C　　除去阳离子B　　阳离子C

加入1号沉淀剂　　滤液　　加入2号沉淀剂　　滤液

离子 A ●　　离子 B ●　　离子 C ●

同离子效应（见 17.1 节）

　　17.13　关于同离子效应，下列哪个陈述是最正确的？（a）盐 MA 的溶解度在已经含有 M^+ 或 A^- 的溶液中降低（b）同离子改变离子固体与水反应的平衡常数（c）同离子效应不适用于像 SO_3^{2-} 这样的离子（d）盐 MA 的溶解度受 A^- 离子或非同离子的加入影响相同。

　　17.14　考虑平衡

$$B(aq) + H_2O(l) \rightleftharpoons HB^+(aq) + OH^-(aq)$$

　　假设将 $HB^+(aq)$ 的盐加入到平衡的 $B(aq)$ 溶液中。（a）反应的平衡常数是增加、减少还是保持不变？（b）$B(aq)$ 的浓度会增加、减少还是保持不变？（c）溶液的 pH 值会增加、减少还是保持不变？

　　17.15　使用附录 D 中的信息计算下列溶液的 pH 值。（a）$0.060M$ 丙酸钾（C_2H_5COOK 或 $KC_3H_5O_2$）和 $0.085M$ 丙酸（C_2H_5COOH 或 $HC_3H_5O_2$）溶液（b）$0.075M$ 三甲胺，$(CH_3)_3N$ 和 $0.10M$ 三甲基氯化铵 $(CH_3)_3NHCl$ 溶液（c）将 $0.15M$ $50.0mL$ 的乙酸和 $0.20M$ $50.0mL$ 的乙酸钠混合制备的溶液。

　　17.16　使用附录 D 中的信息计算 pH 值（a）$0.250M$ 甲酸钠（HCOONa）和 $0.100M$ 甲酸（HCOOH）溶液；（b）溶液中吡啶（C_5H_5N）的浓度为 $0.510M$，氯化吡啶

(C$_5$H$_5$NHCl) 的浓度为 0.450M；（c）由 55mL 0.050M 氢氟酸和 125mL 0.10M 氟化钠混合而成的溶液。

17.17 （a）计算 0.0075M 丁酸（K_a = 1.5 × 10^{-5}）的电离百分比（b）计算在含有 0.085M 丁酸钠的溶液中 0.0075M 丁酸的电离百分比。

17.18 （a）计算 0.125M 乳酸的电离百分比（K_a = 1.4 × 10^{-4}）（b）计算 0.125M 乳酸在含有 0.0075M 乳酸钠溶液中的电离百分比。

缓冲溶液（见 17.2 节）

17.19 下列哪个是缓冲溶液？（a）0.10M CH$_3$COOH 和 0.10M CH$_3$COONa（b）0.10M CH$_3$COOH（c）0.10M HCl 和 0.10M NaCl（d）a 和 c 都是（e）所有的 a、b 和 c 都是。

17.20 下列哪个溶液是缓冲溶液？（a）将 100 mL 0.100M CH$_3$COOH 和 50mL 0.100M NaOH 混合配成的溶液（b）将 100mL 0.100M CH$_3$COOH 和 500 mL 0.100M NaOH 混合配成的溶液（c）混合 100mL 0.100M CH$_3$COOH 和 50mL 0.100M HCl 配成的溶液（d）混合 100mL 0.100M CH$_3$COOK 和 50mL 0.100M KCl 配成的溶液。

17.21 （a）计算 0.12M 乳酸中含有 0.11M 乳酸钠缓冲溶液的 pH（b）计算由 85mL 0.13M 乳酸和 95mL 0.15M 乳酸钠混合而成的缓冲溶液的 pH 值。

17.22 （a）计算缓冲溶液的 pH 值，0.105M NaHCO$_3$ 和 0.125M Na$_2$CO$_3$（b）计算 0.20M 65mL NaHCO$_3$ 与 0.15M 75mL Na$_2$CO$_3$ 混合形成溶液的 pH。

17.23 将 20.0g 乙酸钠（CH$_3$COONa）加入到 500mL 0.150M 乙酸（CH$_3$COOH）溶液中制备缓冲溶液。（a）计算缓冲溶液的 pH（b）写出向缓冲溶液中加入几滴盐酸时发生反应的离子方程式（c）写出向缓冲溶液中加入几滴氢氧化钠溶液时发生反应的离子方程式。

17.24 将 10.0g 氯化铵（NH$_4$Cl）加入到 250mL 的 1.00M NH$_3$ 溶液中制备缓冲溶液。（a）这个缓冲溶液的 pH 值是多少？（b）写出向缓冲溶液中加入几滴硝酸时发生反应的离子方程式（c）将几滴氢氧化钾溶液加到缓冲溶液中，写出反应的离子方程式。

17.25 要求用足量的氟化钠（NaF）和 1.25L 1.00M 氢氟酸溶液（HF）制备 pH = 3.00 的缓冲液：（a）加入氟化钠前氢氟酸溶液的 pH 值是多少？（b）制备缓冲溶液应加入多少克氟化钠？忽略添加氟化钠时发生的体积的微小变化。

17.26 要求用足量的苯甲酸钠（C$_6$H$_5$COONa）和 0.0200M 1.50L 的苯甲酸（C$_6$H$_5$COOH）溶液制备 pH = 4.00 的缓冲溶液。（a）加入苯甲酸钠之前苯甲酸溶液的 pH 值是多少？（b）制备缓冲溶液应加入多少克苯甲酸钠？忽略添加苯甲酸钠时发生的微小体积变化。

17.27 在 1.00L 的缓冲溶液中含有 0.10mol 乙酸和 0.13mol 醋酸钠。（a）这个缓冲溶液的 pH 值是多少？（b）加入 0.02mol KOH 后，缓冲溶液的 pH 值

多少？（c）加入 0.02 mol HNO$_3$ 后，缓冲溶液的 pH 值是多少？

17.28 在 1.20L 的缓冲溶液中含有 0.15mol 丙酸（C$_2$H$_5$COOH）和 0.10mol 丙酸钠（C$_2$H$_5$COONa）：（a）这个缓冲溶液的 pH 值是多少？（b）加入 0.01mol NaOH 后缓冲溶液的 pH 值是多少？（c）加入 0.01mol HI 后缓冲溶液的 pH 值是多少？

17.29 （a）pH 为 7.4 的血液中 HCO$_3^-$ 与 H$_2$CO$_3$ 的比例是多少？（b）血液 pH 值为 7.1 的马拉松运动员身体中 HCO$_3^-$ 与 H$_2$CO$_3$ 的比例是多少？

17.30 由 H$_2$PO$_4^-$ 和 HPO$_4^-$ 组成的缓冲溶液有助于控制生理液的 pH 值。许多碳酸软饮料也使用这种缓冲系统。以每 355mL 溶液含 6.5g NaH$_2$PO$_4$ 和 8.0g Na$_2$HPO$_4$ 为主要缓冲成分的软饮料的 pH 值是多少？

17.31 要制备 pH = 3.50 的缓冲溶液，有以下 0.10M 的溶液可用：HCOOH、CH$_3$COOH、H$_3$PO$_4$、HCOONa、CH$_3$COONa 和 NaH$_2$PO$_4$。

你会使用哪些溶液制备 1L 的缓冲溶液，每种溶液要用多少毫升？

17.32 要制备 pH = 5.00 的缓冲溶液，有以下 0.10M 的溶液可用：HCOOH、HCOONa、CH$_3$COOH、CH$_3$COONa、HCN 和 NaCN。你会使用哪些溶液制备 1L 的缓冲溶液，每种溶液需要用多少 mL 才行？

酸碱滴定（见 17.3 节）

17.33 附图为两种一元酸的滴定曲线。
（a）强酸的曲线是哪条？
（b）每一滴定在等当点处的近似 pH 值是多少？
（c）用 0.100M 的碱滴定 40.0mL 的两种酸。哪种酸浓度更大？
（d）估计弱酸的 pK_a。

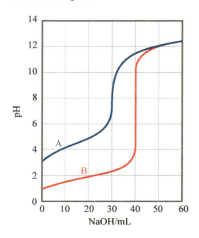

17.34 用强碱滴定一元强酸和用强碱滴定一元弱酸进行比较。假设强酸和弱酸溶液初始浓度相同。指出下列陈述是正确的还是错误的。（a）强酸比弱酸需要更多的碱才能达到等当点；（b）弱酸滴定开始时的 pH 值低于强酸；（c）无论滴定哪种酸，等当点的 pH 值都是 7。

17.35　图中所示的硝酸和乙酸样品均用 0.100*M* NaOH(aq) 溶液滴定。

25.0mL1.0 *M* HNO₃(aq)　　　25.0mL1.0 *M* CH₃COOH(aq)

判断下列关于这些滴定的每一个陈述是正确的还是错误的。

（a）滴定 HNO₃ 时需要更多体积的 NaOH(aq) 才能到达等当点；

（b）滴定 HNO₃ 等当点的 pH 值将低于滴定 CH₃COOH 等当点的 pH 值；

（c）酚酞在两种滴定法中都是合适的指示剂。

17.36　判断以下每个与问题 17.35 中的滴定有关的陈述是正确的还是错误的

（a）两种滴定开始时的 pH 值相同；

（b）通过等当点后，滴定曲线基本相同；

（c）甲基红对两种滴定都是合适的指示剂。

17.37　预测下列滴定的等当点 pH 是低于、高于还是等于 7：（a）NaOH 滴定 NaHCO₃；（b）HCl 滴定 NH₃；（c）HBr 滴定 KOH。

17.38　预测以下每种滴定的等当点 pH 是低于、高于还是等于 7：（a）用氢氧化钠滴定甲酸；（b）用高氯酸滴定氢氧化钙；（c）用硝酸滴定吡啶。

17.39　如图 16.8 所示，指示剂百里酚蓝有两种颜色变化。哪种颜色变化通常更适合在强碱滴定弱酸中使用？

17.40　假设用 0.1*M* 强酸 HA 滴定 30.0mL0.1*M* 一元弱碱 B 溶液。（a）在等当点加入了多少物质的量 HA？（b）在等当点 B 的主要形式是什么？（c）等当点的 pH 值是 7、小于还是大于 7？（d）哪种指示剂，酚酞还是甲基红更适合这种滴定？

17.41　需要多少 mL 0.0850*M* NaOH 滴定下列溶液到等当点：（a）40.0mL，0.0900*M* HNO₃；（b）35.0mL，0.0850*M* CH₃COOH；（c）50.0mL 每升含 1.85g HCl 的溶液？

17.42　需要多少 mL 0.105*M* HCl 才能将以下每种溶液滴定到等当点：（a）45.0mL，0.0950*M* NaOH；（b）22.5mL，0.118*M* NH₃；（c）125.0mL，每升含有 1.35g NaOH 的溶液？

17.43　用 0.200*M* NaOH 溶液滴定 20.0mL 0.200*M* HBr 溶液。计算加入以下体积碱后溶液的 pH 值：（a）15.0mL（b）19.9mL（c）20.0mL（d）20.1mL（e）35.0mL。

17.44　用 0.125*M* HClO₄ 溶液滴定 20.0mL 0.150*M* KOH 样品。计算加入以下体积酸后溶液的 pH 值：（a）20.0mL（b）23.0mL（c）24.0mL（d）25.0mL（e）30.0mL。

17.45　用 0.150*M* NaOH 溶液滴定 35.0mL 0.150*M* 乙酸（CH₃COOH）样品。计算加入以下体积碱后的 pH 值：（a）0mL（b）17.5mL（c）34.5mL（d）35.0mL（e）35.5mL（f）50.0mL。

17.46　用 0.025*M* HCl 滴定 30.0mL 0.050*M* NH₃。计算在加入下列体积滴定剂后溶液的 pH：（a）0mL（b）20.0mL（c）59.0mL（d）60.0mL（e）61.0mL（f）65.0mL。

17.47　用 0.200*M* HBr 滴定 0.200*M* 以下各碱溶液，计算等当点的 pH 值：（a）氢氧化钠（NaOH）（b）羟胺（NH₂OH）（c）苯胺（C₆H₅NH₂）。

17.48　用 0.080*M* NaOH 滴定 0.100*M* 以下各溶液，计算等当点的 pH 值：（a）氢溴酸（HBr）（b）亚氯酸（HClO₂）（c）苯甲酸（C₆H₅COOH）。

溶解平衡和影响溶解度的因素（见 17.4 节和 17.5 节）

17.49　对于每个陈述，判断它是正确的还是错误的。

（a）微溶盐的溶解度可以用每升的物质的量表示；

（b）微溶盐的溶度积是溶解度的平方；

（c）微溶盐的溶解度与同离子的存在无关；

（d）微溶盐的溶度积与同离子的存在无关。

17.50　两种 M²⁺ 的微溶性盐 MA 和 MZ₂ 的溶解度相同，均为 4×10^{-4}mol/L。（a）哪个溶度积常数的数值更大？（b）两种盐的饱和水溶液中，哪个具有较高的 M²⁺ 浓度？（c）如果把等体积的 MA 饱和溶液加入到 MZ₂ 饱和溶液中，那么阳离子 M²⁺ 的平衡浓度是多少？

17.51　写出以下每种离子化合物溶度积常数的表达式：AgI、SrSO₄、Fe(OH)₂ 和 Hg₂Br₂。

17.52　（a）对与错：对于给定的化合物，"溶解度"和"溶度积常数"是相同的值；（b）写出下列离子化合物的溶度积常数的表达式。MnCO₃、Hg(OH)₂ 和 Cu₃(PO₄)₂。

17.53　（a）在 35℃ 时，CaF₂ 的摩尔溶解度为 1.24×10^{-3}mol/L，在此温度下 K_{sp} 是多少？（b）在 25℃ 下，每 100mL 水溶液中能溶解 1.1×10^{-2}g SrF₂，计算 SrF₂ 的溶度积；（c）在 25℃ 下，Ba(IO₃)₂ 的 K_{sp} 为 6.0×10^{-10}。Ba(IO₃)₂ 的摩尔溶解度是多少？

17.54　（a）在 25℃ 下，PbBr₂ 的摩尔溶解度为 1.0×10^{-2}mol/L 计算 K_{sp}；（b）如果每升溶液中有 0.0490g AgIO₃，计算溶度积常数；（c）使用附录 D 中的适当 K_{sp} 值，计算饱和 Ca(OH)₂ 溶液的 pH。

17.55　在 25℃，1.00L 饱和草酸钙（CaC₂O₄）溶液中，含有 0.0061g CaC₂O₄。计算这种盐在 25℃ 下的溶度积常数。

17.56　在 25℃，1.00L 碘化铅（Ⅱ）饱和溶液含有 0.54g PbI₂。计算这种盐在 25℃ 下的溶度积常数。

17.57 用附录 D 计算 AgBr 在（a）纯水；（b）$3.0 \times 10^{-2} M$ $AgNO_3$ 溶液；（c）$0.10 M$ NaBr 溶液中的摩尔溶解度。

17.58 计算 LaF_3 在（a）纯水（b）$0.010 M$ KF 溶液（c）$0.050 M$ $LaCl_3$ 溶液中的质量溶解度，单位为 g/L。

17.59 假设一个烧杯中含有饱和的 CaF_2 溶液，与未溶解的 $CaF_2(s)$ 处于平衡状态。然后将固体 $CaCl_2$ 添加到溶液中，（a）烧杯底部固体 CaF_2 的量是增加、减少还是保持不变？（b）溶液中 Ca^{2+} 离子浓度是增加还是减少？（c）溶液中 F^- 离子的浓度是增加还是减少？

17.60 一个含有饱和 PbI_2 溶液的烧杯，该溶液与未溶解的 $PbI_2(s)$ 处于平衡状态。现在在溶液中加入固体 KI，（a）烧杯底部的固体 PbI_2 的量会增加、减少还是保持不变？（b）溶液中 Pb^{2+} 离子浓度是增加还是减少？（c）溶液中 I^- 离子的浓度是增加还是减少？

17.61 当缓冲溶液 pH 值（a）7.0（b）9.5（c）11.8 时，计算 $Mn(OH)_2$ 的质量溶解度，单位克/升。

17.62 当缓冲溶液 pH 值（a）8.0；（b）10.0；（c）12.0 时，计算 $Ni(OH)_2$ 的摩尔溶解度。

17.63 下列哪种盐在酸性溶液中比在纯水中更容易溶解？（a）$ZnCO_3$；（b）ZnS；（c）BiI_3；（d）AgCN；（e）$Ba_3(PO_4)_2$。

17.64 对于下列每一种微溶性盐，如果有的话，写出与强酸反应的离子方程式：（a）MnS；（b）PbF_2；（c）$AuCl_3$；（d）$Hg_2C_2O_4$；（e）CuBr

17.65 K_f 值见表 17.1 所示，将 1.25g $NiCl_2$ 溶解于 100.0mL $0.20 M$ $NH_3(aq)$ 溶液中，溶液处于平衡状态，计算此时 $Ni^{2+}(aq)$ 和 $Ni(NH_3)_6^{2+}$ 的浓度。

17.66 K_f 值见表 17.1 所示，计算 1.00L 溶液中正好溶解 0.020mol NiC_2O_4（$K_{sp} = 4 \times 10^{-10}$）所需要的 NH_3 浓度（提示：可以忽略 $C_2O_4^-$ 的水解，因为溶液是碱性的）。

17.67 用 AgI 的 K_{sp} 和 $Ag(CN)_2^-$ 的 K_f
（a）计算 AgI 在纯水中的摩尔溶解度；（b）计算反应的平衡常数 $AgI(s) + 2CN^-(aq) \rightleftharpoons Ag(CN)_2^-(aq) + I^-(aq)$；（c）计算 AgI 在 $0.100 M$ NaCN 溶液中的摩尔溶解度。

17.68 用 Ag_2S 的 K_{sp}，H_2S 的 K_{a1} 和 K_{a2}，$AgCl_2^-$ 的 $K_f = 1.1 \times 10^5$，计算以下反应的平衡常数：

$$Ag_2S(s) + 4Cl^-(aq) + 2H^+(aq) \rightleftharpoons 2AgCl_2^-(aq) + H_2S(aq)$$

沉淀和离子的分离（见 17.6 节）

17.69 （a）如果将 $0.050 M$ $CaCl_2$ 溶液的 pH 调节至 8.0，则 $Ca(OH)_2$ 是否会从溶液中沉淀出来？（b）当 100mL $0.050 M$ $AgNO_3$ 与 10mL $5.0 \times 10^{-2} M$ Na_2SO_4 溶液混合时，Ag_2SO_4 会沉淀吗？

17.70 （a）如果将 $0.020 M$ $Co(NO_3)_2$ 溶液的 pH 调节至 8.5，则 $Co(OH)_2$ 是否会从溶液中沉淀出来；

（b）当 20mL $0.010 M$ $AgIO_3$ 与 10mL $0.015 M$ $NaIO_3$ 混合时，$AgIO_3$ 会沉淀吗？（$AgIO_3$ 的 K_{sp} 为 3.1×10^{-8}）。

17.71 计算完全沉淀 $Mn(OH)_2$ 所需的最小 pH 值，使 $Mn^{2+}(aq)$ 的浓度小于 $1 \mu g/L$［十亿分之一(ppb)］。

17.72 一个 10mL 的样品溶液，加入 1 滴 (0.2 mL)$0.1 M$ $Pb(NO_3)_2$ 以测试 I^- 离子。形成 $PbI_2(s)$ 所必需的 I^- 的最小克数是多少？

17.73 溶液中含有 $2.0 \times 10^{-4} M$ $Ag^+(aq)$ 和 $1.5 \times 10^{-3} M$ $Pb^{2+}(aq)$。如果加入 NaI，AgI（$K_{sp} = 8.3 \times 10^{-17}$）或 PbI_2（$K_{sp} = 7.9 \times 10^{-9}$）哪个会先析出？给出开始沉淀所需的 $I^-(aq)$ 浓度。

17.74 将 Na_2SO_4 溶液滴加到 $0.010 M$ $Ba^{2+}(aq)$ 和 $0.010 M$ $Sr^{2+}(aq)$ 的溶液中。（a）开始沉淀时，SO_4^{2-} 浓度必须达到多少？（忽略体积变化。$BaSO_4$：$K_{sp} = 1.1 \times 10^{-10}$；$SrSO_4$：$K_{sp} = 3.2 \times 10^{-7}$）。（b）哪个阳离子先沉淀？（c）当第二个阳离子开始沉淀时，$SO_4^{2-}(aq)$ 的浓度是多少？

17.75 溶液含有三种阴离子，其浓度如下：$0.20 M$ CrO_4^{2-}、$0.10 M$ CO_3^{2-} 和 $0.010 M$ Cl^-。如果将稀 $AgNO_3$ 溶液缓慢加入溶液中，那么第一种沉淀的化合物是什么？Ag_2CrO_4（$K_{sp} = 1.2 \times 10^{-12}$）。$Ag_2CO_3$（$K_{sp} = 8.1 \times 10^{-12}$）或 AgCl（$K_{sp} = 1.8 \times 10^{-10}$）。

17.76 将 $1.0 M$ Na_2SO_4 溶液缓慢加入到 10.0mL $0.20 M$ Ca^{2+} 和 $0.30 M$ Ag^+ 的溶液中。（a）哪种化合物首先沉淀出来？$CaSO_4$（$K_{sp} = 2.4 \times 10^{-5}$）或 Ag_2SO_4（$K_{sp} = 1.5 \times 10^{-5}$）？（b）必须加入多少 Na_2SO_4 溶液才能开始沉淀？

金属元素的定性分析（见 17.7 节）

17.77 用稀盐酸处理含有多种金属离子的溶液，没有沉淀生成。pH 值调整到 1 左右，通入 H_2S 气体。同样没有沉淀生成。然后将溶液的 pH 值调整到 8 左右，再一次通入 H_2S 气体，这一次生成了沉淀。该溶液的滤液经 $(NH_4)_2HPO_4$ 处理，没有沉淀生成。以下哪一种金属阳离子可能存在或肯定不存在？Al^{3+}、Na^+、Ag^+、Mg^{2+}

17.78 一种未知的固体完全溶于水。当加入稀盐酸时，沉淀生成。沉淀过滤后，pH 调整为 1 左右，加入 H_2S，又生成沉淀。过滤掉沉淀后，pH 调整为 8，再加入 H_2S，没有生成沉淀。加入 $(NH_4)_2HPO_4$ 后也不生成沉淀。剩下的溶液在焰色反应测试中显示为黄色（见图 7.22）。根据这些观察，下列哪些化合物可能存在，哪些肯定存在，哪些肯定不存在：CdS、$Pb(NO_3)_2$、HgO、$ZnSO_4$、$Cd(NO_3)_2$ 和 Na_2SO_4

17.79 在各种定性分析方法中，会遇到以下混合物：（a）Zn^{2+} 和 Cd^{2+}；（b）$Cr(OH)_3$ 和 $Fe(OH)_3$；（c）Mg^{2+} 和 K^+；（d）Ag^+ 和 Mn^{2+}。如何分离每种混合物？

17.80 如何分离下列每种混合溶液中的阳离子？（a）Na^+ 和 Cd^{2+}（b）Cu^{2+} 和 Mg^{2+}（c）Pb^{2+} 和 Al^{3+}（d）Ag^+ 和 Hg^{2+}。

17.81　（a）图 17.23 中第 4 组阳离子的沉淀需要碱性介质。为什么？（b）第 2 组中沉淀的硫化物与第 3 组中沉淀的硫化物之间的最显著差异是什么？（c）找到一种方法使第 3 组阳离子在沉淀后重新溶解。

17.82　一名急于完成实验工作的学生，在他的定性分析中，不确定成分中含有图 17.23 第 4 组的一个金属离子，直接在样品中加入 $(NH_4)_2HPO_4$，跳过了之前对 1、2、3 组金属离子的检验。他观察到一种沉淀物，就得出结论：第 4 组的一个金属离子肯定存在。为什么这个结论可能是一个错误？

附加练习

17.83　导出类似于 Henderson-Hasselbalch equation 的方程，该方程将缓冲溶液的 pOH 与其基本组分的 pK_b 相关联。

17.84　雨水是酸性的，因为 $CO_2(g)$ 溶于水生成碳酸 H_2CO_3。如果雨水太酸，它会与石灰石和贝壳（主要由碳酸钙构成，$CaCO_3$）发生反应。计算 pH 值为 5.60 的雨滴中碳酸、碳酸氢盐离子（HCO_3^-）和碳酸根离子（CO_3^{2-}）的浓度，假设雨滴中 3 种物质的和为 $1.0 \times 10^{-5}M$。

17.85　糠酸（$HC_5H_3O_3$）在 25 ℃ 下的 K_a 值为 6.76×10^{-4}。计算 25 ℃ 时的 pH 值（a）向足量水中加入 25.0g 糠酸和 30.0g 糠酸钠（$NaC_5H_3O_3$）形成 0.250L 溶液；（b）将 30.0mL 0.250M $HC_5H_3O_3$ 和 20.0mL 0.22M $NaC_5H_3O_3$ 混合并将总体积稀释至 125mL 所形成的溶液；（c）将 50.0mL 的 1.65M NaOH 溶液加入到 0.500L 的 0.0850M $HC_5H_3O_3$ 中制备的溶液。

17.86　酸碱指示剂溴甲酚绿为弱酸，当 pH 值为 4.68 时，指示剂中的黄色酸和蓝色碱的浓度相等，溴甲酚绿的 pK_a 是多少？

17.87　将等量的 0.010M 酸 HA 溶液和碱 B 混合，所得溶液的 pH 值为 9.2。（a）写出 HA 与 B 反应的化学方程式和平衡常数表达式；（b）如果 HA 的 K_a 为 8.0×10^{-5}，HA 与 B 反应的平衡常数是多少？（c）B 的 K_b 值是多少？

17.88　将等物质的量的甲酸（HCOOH）和甲酸钠（HCOONa）加到足够的水中，配制各 1.00L 的两个缓冲溶液。缓冲溶液 A 由甲酸和甲酸钠各 1.00mol 制备。缓冲溶液 B 使用甲酸和甲酸钠各 0.010mol 制备。（a）计算各缓冲溶液的 pH 值；（b）哪一个缓冲溶液会有更大的缓冲容量？（c）计算加入 1.0mL 的 1.00M HCl 后，每个缓冲溶液的 pH 值的变化；（d）计算加入 10mL 1.00M HCl 后，每个缓冲溶液的 pH 值的变化。

17.89　生物化学家需要 750mL pH 值为 4.50 的醋酸 - 醋酸钠缓冲溶液。使用固体醋酸钠（CH_3COONa）和冰乙酸（CH_3COOH）来制备。冰乙酸质量为 99% CH_3COOH，密度为 1.05g/mL。如果缓冲溶液中 CH_3COOH 的浓度是 0.15M，那么需要多少克 CH_3COONa 和多少毫升冰醋酸？

17.90　将 0.2140g 未知的一元酸样品溶解于 25.0mL 水中，用 0.0950M NaOH 滴定，需要 30.0mL 碱才能达到等当点。（a）酸的摩尔质量是多少？（b）滴定中加入 15.0mL 碱后，pH 值为 6.50，问未知酸的 K_a 是多少？

17.91　将 0.1687g 未知的一元酸样品溶解于 25.0mL 水中，用 0.1150M NaOH 滴定。需要 15.5mL 碱才能达到等当点。（a）酸的摩尔质量是多少？（b）滴定中加入 7.25mL 碱后，pH 值为 2.85，问未知酸的 K_a 是多少？

17.92　用数学方法证明强碱滴定弱酸的滴定曲线中间点（即碱的体积是达到等当点所需体积的一半的位置）等于酸的 pK_a。

17.93　用 0.100M NaOH 滴定一元弱酸，需要 50.0mL NaOH 溶液才能达到等当点，加入 25.0mL 碱后，溶液 pH 值为 3.62，估算弱酸的 pK_a。

17.94　将 0.30mol NaOH、0.25mol Na_2HPO_4、0.20mol H_3PO_4 与水混合稀释至 1.00L，溶液的 pH 值是多少？

17.95　假设做一个需要 pH 为 6.50 缓冲溶液的生理实验，结果发现生物体对弱酸 H_2A($K_{a1} = 2 \times 10^{-2}$，$K_{a2} = 5.0 \times 10^{-7}$) 和它是钠盐不敏感。现有 1.0$M$ 的这种酸溶液和 1.0M 的 NaOH 溶液，问多少 NaOH 加入到 1.0L 的这种酸中才能制成 pH 值为 6.50 的缓冲溶液？（忽略任何体积变化）

17.96　在 25.00mL 0.1000M 乳酸溶液 [$CH_3CH(OH)COOH$ 或 $HC_3H_5O_3$] 中加入多少微升 1.000M NaOH 溶液才能配制成 pH = 3.75 的缓冲溶液？

17.97　碳酸铅 (II) $PbCO_3$，是铅管内形成钝化层的组分之一，（a）如果 $PbCO_3$ 的 K_{sp} 为 7.4×10^{-14}，那么 Pb^{2+} 在碳酸铅 (II) 饱和溶液中的物质的量浓度是多少？（b）饱和溶液中 Pb^{2+} 离子的浓度是多少（ppb）？（c）随着 pH 值的降低，$PbCO_3$ 的溶解度是增加还是减少？（d）EPA 对水中铅离子可接受水平的极限值为 15ppb。饱和的碳酸铅溶液是否会产生超过 EPA 限制的溶液？

17.98　对于每对化合物，用 K_{sp} 值来确定哪一种化合物的摩尔溶解度更大：（a）CdS 或 CuS；（b）$PbCO_3$ 或 $BaCrO_4$；（c）$Ni(OH)_2$ 或 $NiCO_3$；（d）AgI 或 Ag_2SO_4。

17.99　$CaCO_3$ 的溶解度与 pH 值有关。（a）忽略碳酸盐离子的酸碱性质，计算 $CaCO_3$($K_{sp} = 4.5 \times 10^{-9}$) 的摩尔溶解度；（b）用 CO_3^{2-} 离子的 K_b 表达式来计算下面反应的平衡常数

$CaCO_3(s) + H_2O(l) \rightleftharpoons Ca^{2+}(aq) + HCO_3^-(aq) + OH^-(aq)$

（c）如果假设 Ca^{2+}、HCO_3^- 和 OH^- 离子的唯一来源是 $CaCO_3$ 的溶解，那么使用（b）的平衡表达式，$CaCO_3$ 的摩尔溶解度是多少？（d）$CaCO_3$ 在海洋 pH 值 (8.3) 下的摩尔溶解度是多少？（e）如果缓冲溶液 pH 是 7.5，$CaCO_3$ 的摩尔溶解度是多少？

17.100 牙釉质由羟基磷灰石组成，其最简单的公式为 $Ca_5(PO_4)OH$，对应的 $K_{sp} = 6.8 \times 10^{-27}$，如《化学与生活》中所述，氟化水或牙膏中的氟化物与羟基磷灰石反应生成氟磷灰石 $Ca_5(PO_4)_3F$，其 $K_{sp} = 1.0 \times 10^{-60}$，（a）写出羟基磷灰石和氟磷灰石溶度积常数的表达式；（b）计算这些化合物的摩尔溶解度。

17.101 在市政供水中加入含有磷酸盐离子的盐，以防止铅管腐蚀，（a）根据磷酸的 pK_a 值 ($pK_{a1} = 7.5 \times 10^{-3}$，$pK_{a2} = 6.2 \times 10^{-8}$，$pK_{a3} = 4.2 \times 10^{-13}$），$PO_4^{3-}$ 离子的 K_b 值是多少？（b）$1 \times 10^{-3}M$ Na_3PO_4 溶液的 pH 值是多少？（可以忽略 $H_2PO_4^-$ 和 H_3PO_4 的生成）

17.102 计算 $Mg(OH)_2$ 在 $0.50M$ NH_4Cl 溶液中的溶解度。

17.103 高锰酸钡 $Ba(MnO_4)_2$ 的溶度积常数为 2.5×10^{-10}，假设固体 $Ba(MnO_4)_2$ 与 $KMnO_4$ 溶液处于平衡状态，问要使溶液中 Ba^{2+} 离子浓度为 $2.0 \times 10^{-8}M$，则需要 $KMnO_4$ 浓度是多少？

17.104 计算湖泊中 $[Ca^{2+}]$ 与 $[Fe^{2+}]$ 的比值，其中水与 $CaCO_3$ 和 $FeCO_3$ 沉积物处于平衡状态，假设水是微碱性的，因此碳酸根离子的水解可以忽略。

17.105 $PbSO_4$ 和 $SrSO_4$ 的溶度积常数分别为 6.3×10^{-7} 和 3.2×10^{-7}。在两种物质都达到平衡的溶液中 $[SO_4^{2-}]$、$[Pb^{2+}]$ 和 $[Sr^{2+}]$ 值各是多少？

17.106 $3.0 \times 10^{-2}M$ Mg^{2+} 与固体草酸镁处于平衡状态，问这个缓冲溶液的 pH 值是多少？

17.107 $Mg_3(AsO_4)_2$ 的 K_{sp} 值为 2.1×10^{-20}，AsO_4^{3-} 离子由弱酸 H_3AsO_4 ($pK_{a1} = 2.22$，$pK_{a2} = 6.98$，$pK_{a3} = 11.50$) 产生，（a）计算 $Mg_3(AsO_4)_2$ 在水中的摩尔溶解度；（b）计算 $Mg_3(AsO_4)_2$ 饱和溶液在水中的 pH 值。

17.108 $Zn(OH)_2$ 的溶度积为 3.0×10^{-16}，羟基络合物 $Zn(OH)_4^{2-}$ 的形成常数为 4.6×10^{17}，在 1L 溶液中溶解 0.015mol $Zn(OH)_2$，需要 OH^- 浓度是多少？

17.109 $Cd(OH)_2$ 的 K_{sp} 值为 2.5×10^{-14}。（a）$Cd(OH)_2$ 的摩尔溶解度是多少？（b）通过形成络合离子 $CdBr_4^{2-}$ ($K_f = 5 \times 10^3$)，可以增加 $Cd(OH)_2$ 的溶解度。如果将固体 $Cd(OH)_2$ 添加到 NaBr 溶液中，要使 $Cd(OH)_2$ 的摩尔溶解度增加到 1.0×10^{-3}mol/L，NaBr 的初始浓度是多少？

综合练习

17.110 （a）写出盐酸（HCl）与甲酸钠（$NaCHO_2$）溶液混合反应的离子方程式；（b）计算这个反应的平衡常数；（c）计算 50.0mL $0.15M$ HCl 与 50.0mL $0.15M$ $NaCHO_2$ 混合时 Na^+、Cl^-、H^+、CHO_2^-、$HCHO_2$ 的平衡浓度。

17.111 （a）0.1044g 未知的一元酸样品需要 22.10mL $0.0500M$ NaOH 才能到达终点。未知物质的摩尔质量是多少？（b）当酸被滴定时，加入 11.05mL 碱后溶液的 pH 值为 4.89，酸的 K_a 是多少？（c）使用附录 D，说明酸的特性。

17.112 22℃ 和 735torr 条件下，将 7.5L NH_3 气体样品注入 0.50L 的 $0.40M$ HCl 溶液中。假设 NH_3 全部溶解，溶液体积保持为 0.50L，计算所得溶液的 pH 值。

17.113 阿司匹林结构式

在体温（37℃）时，阿司匹林的 K_a 等于 3×10^{-5}。如果两片质量为每片 325mg 的阿司匹林在一个体积为 1L，pH 值为 2 的胃中溶解，那么阿司匹林中有多少是以中性分子的形式存在的，以 % 计？

17.114 分压为 1.10atm，饱和二氧化碳的水在 25℃ 时的 pH 值是多少？二氧化碳在 25℃ 时的 Henry's 定律常数是 3.1×10^{-2} mol/L·atm。

17.115 过量的 $Ca(OH)_2$ 与水一起摇动产生饱和溶液，过滤溶液，用 HCl 滴定，50.00mL 样品需要 11.23mL，$0.0983M$ HCl 才能到达终点。计算 $Ca(OH)_2$ 的 K_{sp}。将计算结果与附录 D 中的结果进行比较，找出它们之间存在差异的原因。

17.116 饱和硫酸锶溶液在 25℃ 的渗透压为 21torr，问在这个温度下这种盐的溶度积是多少？

17.117 浓度为 10-100ppb（质量比）的 Ag^+ 是游泳池中有效的消毒剂量。然而，如果浓度超过这一范围，Ag^+ 可以造成不利的健康影响。保持适当浓度的 Ag^+ 的一种方法是在池中加入微溶盐。利用附录 D 中的 K_{sp} 值，计算与（a）AgCl、（b）AgBr、（c）AgI 处于平衡状态的 Ag^+ 的平衡浓度（以 ppb 为单位）。

17.118 许多地方都采用饮水加氟的方法来防止蛀牙。一般情况下，氟浓度大约调为 1ppm。一些水供应也很"困难"，也就是说，它们含有某些阳离子，如 Ca^{2+}，像干扰肥皂的作用一样。考虑一个办法，如果 Ca^{2+} 浓度为 8ppm，在这种条件下会形成 CaF_2 沉淀吗？（做必要的近似）。

17.119　小苏打（碳酸氢钠，$NaHCO_3$）与食物中的酸反应生成碳酸（H_2CO_3），而碳酸（H_2CO_3）又分解成水和二氧化碳气体。

在蛋糕糊中，$CO_2(g)$ 形成气泡，使蛋糕上升。（a）烘焙的经验法则是 1/2 茶匙的小苏打被一杯酸奶中和掉，酸奶中的酸成分是乳酸，即 $CH_3CH(OH)COOH$，写出该中和反应的化学方程式；（b）小苏打的密度为 $2.16g/cm^3$，计算一杯酸奶中的乳酸浓度（假设这是经验之谈），单位是 mol/L，（1 杯 = 236.6mL = 48 茶匙）；（c）如果 1/2 茶匙的小苏打确实被酸奶中的乳酸完全中和，计算出在 1atm 下，在 350 ℉ 的烤箱中产生的二氧化碳气体的体积。

17.120　在非水溶剂中，HF 可能发生反应生成 H_2F^+。根据这个观察，下列哪个陈述是成立的？（a）HF 在非水溶剂中可以起到强酸的作用；（b）HF 在非水溶剂中起碱的作用；（c）HF 是热力学不稳定的；（d）非水介质中有一种酸比 HF 酸性更强。

设计实验

你正在清理一个旧的化学实验室，发现一个标有"6.00M NaOH"的玻璃瓶。这个瓶子看起来能装 5mL 的溶液，然而，氢氧化钠有可能在很长一段时间内与 (SiO_2) 玻璃发生反应，也有可能是瓶子没有密封好，一些水蒸发了。

设计实验来测定 NaOH 的浓度。从瓶子里取少量 NaOH（少于 1mL），假设你有足量的可用水、2.00M HCl 储备溶液和 pH 指示剂，还要考虑你的设备只能测量体积（mL）。

数学运算

A.1 | 科学计数法

化学中使用的数字要么非常大，要么非常小。为了方便，这些数字可以用下列形式表示，

$$N \times 10^n$$

其中，N 是介于 1 和 10 之间的数字，n 是指数。下列是*科学计数法*，又称指数计数法的一些示例。

1200000 是 1.2×10^6（读作"一点二乘以十的六次方"）

0.000604 是 6.04×10^{-4}（读作"六点零四乘以十的负四次方"）

正指数，如第一个示例中所示，告诉我们一个数字需要乘以多少个 10，才能得到该数字长表达式：

$$1.2 \times 10^6 = 1.2 \times 10 \times 10 \times 10 \times 10 \times 10 \times 10 \,(\text{6 个 10})$$
$$= 1200000$$

也可以方便地将*正指数*看作小数点必须向左移动才能得到大于 1 小于 10 的数字的位数。例如，3450，将小数点向左移动三位，最后得到 3.45×10^3。

类似地，负指数是需要将一个数除以多少个 10，才能得到长表达式。

$$6.04 \times 10^{-4} = \frac{6.04}{10 \times 10 \times 10 \times 10} = 0.000604$$

可以方便地将*负指数*看作小数点必须向右移动才能得到大于 1 但小于 10 的数字的位数。例如，0.0048，将小数点向右移动三位，得到 4.8×10^{-3}。

在科学计数法中，小数点每右移一位，指数减少 1：

$$4.8 \times 10^{-3} = 48 \times 10^{-4}$$

同样，小数点每左移一位，指数增加 1：

$$4.8 \times 10^{-3} = 0.48 \times 10^{-2}$$

许多科学计算器都有一个标记为 EXP 或 EE 的键，用于以指数记数法输入数字。要在这种计算器上输入数字 5.8×10^3，按键顺序是

$$\boxed{5}\;\boxed{\cdot}\;\boxed{8}\;\boxed{\text{EXP}}\;(\text{或}\;\boxed{\text{EE}}\;)\;\boxed{3}$$

在一些计算器上，显示屏将显示 5.8，然后是一个空格，后面是指数 03。在另一些计算器上，显示 10 的 3 次幂。

输入负指数，使用标记为 "+/−" 的键。例如，要输入数字 8.6×10^{-5}，按键顺序为

$$\boxed{8}\;\boxed{\cdot}\;\boxed{6}\;\boxed{\text{EXP}}\;\boxed{+/-}\;\boxed{5}$$

以科学计数法输入数字时，如果使用 *EXP 或 EE 按键，则不要输入 10*。

在处理指数时，重要的是要记住 $10^0 = 1$。以下规则对于指数计算的运用很有用。

1. 加减法

用科学计数法表示的数字进行加减时，10 的幂必须相同。

$$(5.22 \times 10^4) + (3.21 \times 10^2) = (522 \times 10^2) + (3.21 \times 10^2)$$
$$= 525 \times 10^2 \text{（3 位有效数字）}$$
$$= 5.25 \times 10^4$$

$$(6.25 \times 10^2) - (5.77 \times 10^{-3}) = (6.25 \times 10^{-2}) - (0.577 \times 10^{-2})$$
$$= 5.67 \times 10^{-2} \text{（3 位有效数字）}$$

当使用计算器进行加法或减法运算时，不必担心有相同指数的数字，因为计算器会自动处理这个问题。

2. 乘法和除法

当以科学计数法表示的数字相乘时，指数相加；当以指数符号表示的数字相除时，分子的指数减去分母的指数。

$$(5.4 \times 10^2)(2.1 \times 10^3) = (5.4 \times 2.1) \times 10^{2+3}$$
$$= 11 \times 10^5$$
$$= 1.1 \times 10^6$$

$$(1.2 \times 10^5)(3.22 \times 10^{-3}) = (1.2 \times 3.22) \times 10^{5+(-3)} = 3.9 \times 10^2$$

$$\frac{3.2 \times 10^5}{6.5 \times 10^2} = \frac{3.2}{6.5} \times 10^{5-2} = 0.49 \times 10^3 = 4.9 \times 10^2$$

$$\frac{5.7 \times 10^7}{8.5 \times 10^{-2}} = \frac{5.7}{8.5} \times 10^{7-(-2)} = 0.67 \times 10^9 = 6.7 \times 10^8$$

3. 乘方和开根号

当以科学计数法表示的数字增大到幂数倍时，指数乘幂数。当以科学计数法表示的数字开根号时，指数除以开根号的数字。

$$(1.2 \times 10^5)^3 = (1.2)^3 \times 10^{5 \times 3}$$
$$= 1.7 \times 10^{15}$$
$$\sqrt[3]{2.5 \times 10^6} = \sqrt[3]{2.5} \times 10^{6/3}$$
$$= 1.3 \times 10^2$$

科学计算器通常有标记为 x^2 和 $\sqrt{x}$ 的键，分别表示数字的平方和平方根。为了获得更高的幂或根，许多计算器会使用 y^x 和 $\sqrt[x]{y}$（或 INVy^x）键。例如，要在计算器上计算 $\sqrt[3]{7.5} \times 10^{-4}$，需要按 $\sqrt[x]{y}$ 键（或按 INV 键，然后按 $\sqrt[x]{y}$ 键），输入根 3，输入 7.5×10^{-4}，最后按 = 键。结果是 9.1×10^{-2}。

  实例解析 1

使用科学计数法

在可能的情况下使用计算器进行以下操作：
（a）用科学计数法写出数字 0.0054。（b）$(5.0 \times 10^{-2}) + (4.7 \times 10^{-3})$（c）$(5.98 \times 10^{12})(2.77 \times 10^{-5})$（d）$\sqrt[4]{1.75 \times 10^{-12}}$

解析

（a）将小数点右移三位，使 0.0054 转换为 5.4，所以指数为 −3：

$$5.4 \times 10^{-3}$$

科学计算器通常能用一到两次按键将数字转换成指数符号；"科学计数法"的"SCI"经常将数字转换成指数计数。请参阅使用说明书，了解如何在计算器上完成此操作。

（b）这些数字相加，必须将它们转换为相同的指数。

$$(5.0 \times 10^{-2}) + (0.47 \times 10^{-2}) = (5.0+0.47) \times 10^{-2}$$
$$= 5.5 \times 10^{-2}$$

（c）进行如下操作：

$$(5.98 \times 2.77) \times 10^{12-5} = 16.6 \times 10^{7} = 1.66 \times 10^{8}$$

（d）要在计算器上执行此操作，应输入数字，按 $\sqrt[x]{y}$ 键（或 INV 和 y^x 键），输入 4，然后按 = 键。

结果是 1.15×10^{-3}。

▶ **实践练习**

进行如下操作：

（a）用科学计数法写出 67000，其结果用两位有效数字表示。

（b）$(3.378 \times 10^{-3}) - (4.97 \times 10^{-5})$

（c）$(1.84 \times 10^{15})(7.45 \times 10^{-2})$

（d）$(6.67 \times 10^{-8})^3$

A.2 │ 对数

常用对数

如果 $N = a^x$（$a > 0$，$a \neq 1$），即 a 的 x 次方等于 N，那么数 x 叫作以 a 为底 N 的对数，特别地，我们称以 10 为底的对数为常用对数。例如，1000 的常用对数（写作 log1000）是 3，因为 10 的三次幂等于 1000。

$$10^3 = 1000，因此，\log 1000 = 3$$

更多的例子是

$$\log 10^5 = 5$$
$$\log 1 = 0 \text{ 因为 } 10^0 = 1$$
$$\log^{-2} = -2$$

在这些例子中，常用的对数可以通过检验得到。但是不能通过检验得到如 31.25 这种数字的对数。31.25 的对数是满足以下关系的数字 x：

$$10^x = 31.25$$

大多数电子计算器都有一个标记为 LOG 的键，可用于读取对数。例如，在计算器上，通过输入 31.25 并按 LOG 键来获得"log31.25"的值。我们得到以下结果：

$$\log 31.25 = 1.4949$$

请注意，31.25 大于 10（10^1）小于 100（10^2）。log31.25 的值相应地在 log 10 和 log 100 之间，也就是说，在 1 和 2 之间。

有效数字和常用对数

对于测量数据的常用对数，小数点后的位数等于原始数字中的有效数字位数。例如，如果 23.5 是测量的数（3 位有效数字），则 log23.5 = 1.371（小数点后 3 位有效数字）。

反对数

确定与某个对数对应的数字的过程是获得*反对数*的过程。它与对数相反。例如，我们前面得知 log23.5=1.371。这意味着 1.371 的反对数等于 23.5。

$$\log 23.5 = 1.371$$

$$antilog1.371 = 23.5$$

计算数据的反对数的过程与计算 10 的这个数次幂的过程相同。

$$antilog1.371 = 10^{1.371} = 23.5$$

许多计算器都有一个标记为 10^x 的键，可以直接得到反对数。在另一些计算器上通过按标记为 INV（表示反向）的键，然后按 LOG 键得到反对数。

自然对数

基于数字 e 的对数或以 e 为底的对数（缩写为 ln）称为自然对数。数字的自然对数是必须提高到等于该数字的 e（其值为 2.71828…）的幂数。例如，10 的自然对数等于 2.303。

$$e^{2.303} = 10，因此 \ln 10 = 2.303$$

计算器可能有一个标记为 LN 的键，能够得到自然对数。例如，要计算 46.8 的自然对数，输入 46.8 并按 LN 键。

$$\ln 46.8 = 3.846$$

一个数的自然反对数是 e 的次幂得到相应的数。如果计算器可以计算自然对数，它也可以计算自然反对数。在某些计算器上，有一个标记为 e^x 的键，可以直接计算自然反对数；在另一些计算器上，需要先按 INV 键，然后按 LN 键。例如，1.679 的自然反对数由下式给出：

$$1.679 的自然反对数 = e^{1.679} = 5.36$$

常用对数与自然对数的关系如下：

$$\ln a = 2.303 \log a$$

注意，以 e 为底的自然对数是以 10 为底的自然对数的 2.303 倍。

使用对数进行数学运算

因为对数是指数，所以涉及对数的数学运算遵循指数的使用规则。例如 z^a 和 z^b（其中 z 是任意数）的乘积由下式给出

$$z^a \cdot z^b = z^{(a+b)}$$

同样地，乘积的对数（常用对数或自然对数）等于单个数的对数之和

$$\log ab = \log a + \log b \qquad \ln ab = \ln a + \ln b$$

对于对数的商

$$\log(a/b) = \log a - \log b \qquad \ln(a/b) = \ln a - \ln b$$

利用指数的性质，我们还可以推导出如下关系

$$\log a^n = n \log a \qquad \ln a^n = n \ln a$$
$$\log a^{1/n} = (1/n)\log a \qquad \ln a^{1/n} = (1/n)\ln a$$

pH 问题

在普通化学中，对数常见的一个应用是处理 pH 问题。pH 定义为 $-\log[H^+]$，其中 $[H^+]$ 是溶液的氢离子浓度（见 16.4 节）。下面的实例解析阐明了这种应用。

实例解析 2

使用对数

（a）氢离子浓度为 0.015M 溶液的 pH 值是多少？

（b）如果溶液的 pH 值为 3.80，其氢离子浓度是多少？

解析

（1）已知 [H^+] 的值。我们使用计算器的 LOG 键来计算 log[H^+] 的值。通过改变得到的值的符号来计算 pH 值。（取对数后一定要改变符号。）

$$[H^+] = 0.015$$

$$\log[H^+] = -1.82（2 位有效数字）$$

$$pH = -(-1.82) = 1.82$$

（2）为了得到给定的 pH 值下的氢离子浓度，我们必须取 −pH 的反对数。

$$pH = -\log[H^+] = 3.80$$

$$\log[H^+] = -3.80$$

$$[H^+] = \text{antilog}(-3.80) = 10^{-3.80} = 1.6 \times 10^{-4}M$$

▶ **实践练习**

执行以下操作：

（a）$\log(2.5 \times 10^{-5})$

（b）$\ln 32.7$

（c）antilog-3.47

（d）$e^{-1.89}$

A.3 | 一元二次方程

形式为 $ax^2 + bx + c = 0$ 的代数方程称为一元二次方程。这种方程的两个解由一元二次方程求根公式给出：

$$x = \frac{-b \pm \sqrt{b^2 - 4ac}}{2a}$$

现在的许多计算器可以用一次或两次按键来计算一元二次方程的解。大多数情况下，x 对应于溶液中一种化学物质的浓度。答案中有一个是正数，这正是你需要的数值，一个"负浓度"是没有物理意义的。

实例解析 3

使用一元二次方程求根公式

计算满足公式 $2x^2 + 4x = 1$ 的 x 值。

解析

为了解出给定的 x 方程，我们首先把它的形式转化为

$$ax^2 + bx + c = 0$$

然后使用一元二次方程求根公式。如果

$$2x^2 + 4x = 1$$

那么

$$2x^2 + 4x - 1 = 0$$

使用一元二次方程求根公式，其中 $a = 2$，$b = 4$，$c = -1$，我们有

$$x = \frac{-4 \pm \sqrt{4^2 - 4(2)(-1)}}{2 \times 2}$$

$$= \frac{-4 \pm \sqrt{16 + 8}}{4} = \frac{-4 \pm \sqrt{24}}{4} = \frac{-4 \pm 4.899}{4}$$

两个解为

$$x = \frac{0.899}{4} = 0.225 \text{ 和 } x = \frac{-8.899}{4} = -2.225$$

x 代表浓度，负值没有意义，所以 $x = 0.225$。

A.4 | 图表

通常表示两个变量之间相互关系最清晰的方法是用图表表示。通常，可以改变的变量，称为*自变量*，沿着水平轴（x 轴）显示。

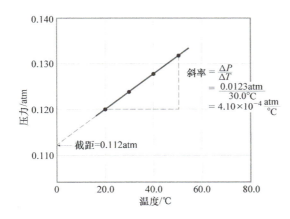

表 A.1　压力与温度的相互关系	
温度 /℃	压力 /atm
20.0	**0.120**
30.0	0.124
40.0	**0.128**
50.0	0.132

▲ 图 A.1　压力与温度的关系图

随着自变量变化的变量，称为*因变量*，沿垂直轴（y轴）显示。例如，考虑一个实验，我们改变封闭气体的温度并测量其压力。自变量是温度，因变量是压力。通过本实验可以得到表 A.1 所示的数据。这些数据见图 A.1。温度和压力之间的关系是线性的。任何直线图形的方程都有以下形式

$$y = mx + b$$

其中，m 是直线的斜率，b 是与 y 轴的截距。在图 A.1 的情况下，我们可以说温度和压力之间的关系为

$$P = mT + b$$

其中，P 是以 atm 表示的压力，T 是以 ℃ 表示的温度。如图 A.1 所示，斜率为 4.10×10^{-4} atm/℃，截距——直线穿过 y 轴的一点——为 0.112atm。因此，这条线的方程是

$$P = \left(4.10 \times 10^{-4} \frac{\text{atm}}{\text{℃}} \right) T + 0.112\text{atm}$$

A.5 | 标准偏差

标准偏差 s，是描述实验测定数据精密度的一种常用方法。我们将标准偏差定义为

$$s = \sqrt{\frac{\sum_{i=1}^{N} (x_i - \bar{x})^2}{N - 1}}$$

式中，N 是测量的次数，$\bar{x}$ 是测量值的平均数（也称为平均值），x_i 代表单个测量值。具有内置统计功能的电子计算器可以通过输入单个测量值直接计算 s 值。

s 越小表示精密度越高，这意味着数据在平均值周围的聚集度越高。标准偏差具有统计意义。如果进行大量测量，假设测量值只与随机误差有关，那么 68% 的测量值应该在一个标准偏差范围内。

实例解析 4
计算平均值和标准偏差

将糖中的碳含量测量四次，分别为：42.01%、42.28%、41.79% 和 42.25%。计算这些测量值的（a）平均值（b）标准偏差。

解析

（a）通过将测量值相加并除以测量次数得出平均值：

$$\bar{x} = \frac{42.01 + 42.28 + 41.79 + 42.25}{4} = \frac{168.33}{4} = 42.08(\%)$$

（b）使用前面的公式得出标准偏差：

$$s = \sqrt{\frac{\sum\limits_{i=1}^{N}(x_i - x)^2}{N-1}}$$

让我们把数据制成表格，这样 $\sum\limits_{i=1}^{N}(x_i - \bar{x})^2$ 的计算可以看得更清楚。

C/%	测量值和平均值之间的偏差 (x_i-x)/%	平方差，$(x_i-x)^2$
42.01	$42.01 - 42.08 = -0.07$	$(-0.07)^2 = 0.005$
42.28	$42.28 - 42.08 = 0.20$	$(0.20)^2 = 0.040$
41.79	$41.79 - 42.08 = -0.29$	$(-0.29)^2 = 0.084$
42.25	$42.25 - 42.08 = 0.17$	$(0.17)^2 = 0.029$

最后一列的和为

$$\sum_{i=1}^{N}(x_i - \bar{x})^2 = 0.005 + 0.040 + 0.084 + 0.029 = 0.16(\%)$$

因此，标准偏差为

$$s = \sqrt{\frac{\sum\limits_{i=1}^{N}(x_i - \bar{x})^2}{N-1}} = \sqrt{\frac{0.16}{4-1}} = \sqrt{\frac{0.16}{3}} = \sqrt{0.053} = 0.23(\%)$$

根据这些测量结果，测量碳的百分比可以恰当地表示为 42.08% ± 0.23%。

B

水的性质

密度：
0℃ 0.99987g/mL
4℃ 1.00000g/mL
25℃ 0.99707g/mL
100℃ 0.95838g/mL

熔化热（焓）：0℃ 6.008 kJ/mol

汽化热（焓）：
0℃ 44.94 kJ/mol
25℃ 44.02 kJ/mol
100℃ 40.67 kJ/mol

离子积常数，K_w：
0℃ 1.14×10^{-15}
25℃ 1.01×10^{-14}
50℃ 5.47×10^{-14}

比热容：
-3℃的冰 2.092 J/(g·K) = 2.092 J/(g·℃)
25℃的水是 4.184 J/(g·K) = 4.184 J/(g·℃)
100℃的水蒸气是 1.841 J/(g·K) = 1.841 J/(g·℃)

不同温度下的蒸气压 /torr

T/℃	P	T/℃	P	T/℃	P	T/℃	P
0	4.58	21	18.65	35	42.2	92	567.0
5	6.54	22	19.83	40	55.3	94	610.9
10	9.21	23	21.07	45	71.9	96	657.6
12	10.52	24	22.38	50	92.5	98	707.3
14	11.99	25	23.76	55	118.0	100	760.0
16	13.63	26	25.21	60	149.4	102	815.9
17	14.53	27	26.74	65	187.5	104	875.1
18	15.48	28	28.35	70	233.7	106	937.9
19	16.48	29	30.04	80	355.1	108	1004.4
20	17.54	30	31.82	90	525.8	110	1074.6

物质	ΔH_f° /(kJ/mol)	ΔG_f° /(kJ/mol)	S° /(J/mol·K)	物质	ΔH_f° /(kJ/mol)	ΔG_f° /(kJ/mol)	S° /(J/mol·K)
铝				$C_2H_2(g)$	226.77	209.2	200.8
$Al(s)$	0	0	28.32	$C_2H_4(g)$	52.30	68.11	219.4
$AlCl_3(s)$	−705.6	−630.0	109.3	$C_2H_6(g)$	−84.68	−32.89	229.5
$Al_2O_3(s)$	−1669.8	−1576.5	51.00	$C_3H_8(g)$	−103.85	−23.47	269.9
钡				$C_4H_{10}(g)$	−124.73	−15.71	310.0
$Ba(s)$	0	0	63.2	$C_4H_{10}(l)$	−147.6	−15.0	231.0
$BaCO_3(s)$	−1216.3	−1137.6	112.1	$C_6H_6(g)$	82.9	129.7	269.2
$BaO(s)$	−553.5	−525.1	70.42	$C_6H_6(l)$	49.0	124.5	172.8
铍				$CH_3OH(g)$	−201.2	−161.9	237.6
$Be(s)$	0	0	9.44	$CH_3OH(l)$	−238.6	−166.23	126.8
$BeO(s)$	−608.4	−579.1	13.77	$C_2H_5OH(g)$	−235.1	−168.5	282.7
$Be(OH)_2(s)$	−905.8	−817.9	50.21	$C_2H_5OH(l)$	−277.7	−174.76	160.7
溴				$C_6H_{12}O_6(s)$	−1273.02	−910.4	212.1
$Br(g)$	111.8	82.38	174.9	$CO(g)$	−110.5	−137.2	197.9
$Br^-(aq)$	−120.9	−102.8	80.71	$CO_2(g)$	−393.5	−394.4	213.6
$Br_2(g)$	30.71	3.14	245.3	$CH_3COOH(l)$	−487.0	−392.4	159.8
$Br_2(l)$	0	0	152.3	铯			
$HBr(g)$	−36.23	−53.22	198.49	$Cs(g)$	76.50	49.53	175.6
钙				$Cs(l)$	2.09	0.03	92.07
$Ca(g)$	179.3	145.5	154.8	$Cs(s)$	0	0	85.15
$Ca(s)$	0	0	41.4	$CsCl(s)$	−442.8	−414.4	101.2
$CaCO_3$ (s，方解石)	−1207.1	−1128.76	92.88	氯			
$CaCl_2(s)$	−795.8	−748.1	104.6	$Cl(g)$	121.7	105.7	165.2
$CaF_2(s)$	−1219.6	−1167.3	68.87	$Cl^-(aq)$	−167.2	−131.2	56.5
$CaO(s)$	−635.5	−604.17	39.75	$Cl_2(g)$	0	0	222.96
$Ca(OH)_2(s)$	−986.2	−898.5	83.4	$HCl(aq)$	−167.2	−131.2	56.5
$CaSO_4(s)$	−1434.0	−1321.8	106.7	$HCl(g)$	−92.30	−95.27	186.69
碳				铬			
$C(g)$	718.4	672.9	158.0	$Cr(g)$	397.5	352.6	174.2
$C(s，金刚石)$	1.88	2.84	2.43	$Cr(s)$	0	0	23.6
$C(s，石墨)$	0	0	5.69	$Cr_2O_3(s)$	−1139.7	−1058.1	81.2
$CCl_4(g)$	−106.7	−64.0	309.4	钴			
$CCl_4(l)$	−139.3	−68.6	214.4	$Co(g)$	439	393	179
$CF_4(g)$	−679.9	−635.1	262.3	$Co(s)$	0	0	28.4
$CH_4(g)$	−74.8	−50.8	186.3				

（续）

物质	ΔH_f° /(kJ/mol)	ΔG_f° /(kJ/mol)	S° /(J/mol·K)	物质	ΔH_f° /(kJ/mol)	ΔG_f° /(kJ/mol)	S° /(J/mol·K)
铜				$Li^+(aq)$	−278.5	−273.4	12.2
$Cu(g)$	338.4	298.6	166.3	$Li^+(g)$	685.7	648.5	133.0
$Cu(s)$	0	0	33.30	$LiCl(s)$	−408.3	−384.0	59.30
$CuCl_2(s)$	−205.9	−161.7	108.1	镁			
$CuO(s)$	−156.1	−128.3	42.59	$Mg(g)$	147.1	112.5	148.6
$Cu_2O(s)$	−170.7	−147.9	92.36	$Mg(s)$	0	0	32.51
氟				$MgCl_2(s)$	−641.6	−592.1	89.6
$F(g)$	80.0	61.9	158.7	$MgO(s)$	−601.8	−569.6	26.8
$F^-(aq)$	−332.6	−278.8	−13.8	$Mg(OH)_2(s)$	−924.7	−833.7	63.24
$F_2(g)$	0	0	202.7	锰			
$HF(g)$	−268.61	−270.70	173.51	$Mn(g)$	280.7	238.5	173.6
氢				$Mn(s)$	0	0	32.0
$H(g)$	217.94	203.26	114.60	$MnO(s)$	−385.2	−362.9	59.7
$H^+(aq)$	0	0	0	$MnO_2(s)$	−519.6	−464.8	53.14
$H^+(g)$	1536.2	1517.0	108.9	$MnO_4^-(aq)$	−541.4	−447.2	191.2
$H_2(g)$	0	0	130.58	汞			
碘				$Hg(g)$	60.83	31.76	174.89
$I(g)$	106.60	70.16	180.66	$Hg(l)$	0	0	77.40
$I^-(g)$	−55.19	−51.57	111.3	$HgCl_2(s)$	−230.1	−184.0	144.5
$I_2(g)$	62.25	19.37	260.57	$Hg_2Cl_2(s)$	−264.9	−210.5	192.5
$I_2(s)$	0	0	116.73	镍			
$HI(g)$	25.94	1.30	206.3	$Ni(g)$	429.7	384.5	182.1
铁				$Ni(s)$	0	0	29.9
$Fe(g)$	415.5	369.8	180.5	$NiCl_2(s)$	−305.3	−259.0	97.65
$Fe(s)$	0	0	27.15	$NiO(s)$	−239.7	−211.7	37.99
$Fe^{2+}(aq)$	−87.86	−84.93	113.4	氮			
$Fe^{3+}(aq)$	−47.69	−10.54	293.3	$N(g)$	472.7	455.5	153.3
$FeCl_2(s)$	−341.8	−302.3	117.9	$N_2(g)$	0	0	191.50
$FeCl_3(s)$	−400	−334	142.3	$NH_3(aq)$	−80.29	−26.50	111.3
$FeO(s)$	−271.9	−255.2	60.75	$NH_3(g)$	−46.19	−16.66	192.5
$Fe_2O_3(s)$	−822.16	−740.98	89.96	$NH_4^+(aq)$	−132.5	−79.31	113.4
$Fe_3O_4(s)$	−1117.1	−1014.2	146.4	$N_2H_4(g)$	95.40	159.4	238.5
$FeS_2(s)$	−171.5	−160.1	52.92	$NH_4CN(s)$	0.4	—	—
铅				$NH_4Cl(s)$	−314.4	−203.0	94.6
$Pb(s)$	0	0	68.85	$NH_4NO_3(s)$	365.6	−184.0	151
$PbBr_2(s)$	−277.4	−260.7	161	$NO(g)$	90.37	86.71	210.62
$PbCO_3(s)$	−699.1	−625.5	131.0	$NO_2(g)$	33.84	51.84	240.45
$Pb(NO_3)_2(aq)$	−421.3	−246.9	303.3	$N_2O(g)$	81.6	103.59	220.0
$Pb(NO_3)_2(aq)$	−451.9	—	—	$N_2O_4(g)$	9.66	98.28	304.3
$PbO(s)$	−217.3	−187.9	68.70	$NOCl(g)$	52.6	66.3	264
锂				$HNO_3(aq)$	−206.6	−110.5	146
$Li(g)$	159.3	126.6	138.8	$HNO_3(g)$	−134.3	−73.94	266.4
$Li(s)$	0	0	29.09				

（续）

物质	ΔH_f° /(kJ/mol)	ΔG_f° /(kJ/mol)	S° /(J/mol·K)	物质	ΔH_f° /(kJ/mol)	ΔG_f° /(kJ/mol)	S° /(J/mol·K)
氧				钪			
O(g)	247.5	230.1	161.0	Sc(g)	377.8	336.1	174.7
O_2(g)	0	0	205.0	Sc(s)	0	0	34.6
O_3(g)	142.3	163.4	237.6	硒			
OH^-(aq)	−230.0	−157.3	−10.7	H_2Se(g)	29.7	15.9	219.0
H_2O(g)	−241.82	−228.57	188.83	硅			
H_2O(l)	−285.83	−237.13	69.91	Si(g)	368.2	323.9	167.8
H_2O_2(g)	−136.10	−105.48	232.9	Si(s)	0	0	18.7
H_2O_2(l)	−187.8	−120.4	109.6	SiC(s)	−73.22	−70.85	16.61
磷				$SiCl_4$(l)	−640.1	−572.8	239.3
P(g)	316.4	280.0	163.2	SiO_2(s, 石英)	−910.9	−856.5	41.84
P_2(g)	144.3	103.7	218.1	银			
P_4(g)	58.9	24.4	280	Ag(s)	0	0	42.55
P_4(s, 红)	−17.46	−12.03	22.85	Ag^+(aq)	105.90	77.11	73.93
P_4(s, 白)	0	0	41.08	AgCl(s)	−127.0	−109.70	96.11
PCl_3(g)	−288.07	−269.6	311.7	Ag_2O(s)	−31.05	−11.20	121.3
PCl_3(l)	−319.6	−272.4	217	$AgNO_3$(s)	−124.4	−33.41	140.9
PF_5(g)	−1594.4	−1520.7	300.8	钠			
PH_3(g)	5.4	13.4	210.2	Na(g)	107.7	77.3	153.7
P_4O_6(s)	−1640.1	—	—	Na(s)	0	0	51.45
P_4O_{10}(s)	−2940.1	−2675.2	228.9	Na^+(aq)	−240.1	−261.9	59.0
$POCl_3$(g)	−542.2	−502.5	325	Na^+(g)	609.3	574.3	148.0
$POCl_3$(l)	−597.0	−520.9	222	NaBr(aq)	−360.6	−364.7	141.00
H_3PO_4(aq)	−1288.3	−1142.6	158.2	NaBr(s)	−361.4	−349.3	86.82
钾				Na_2CO_3(s)	−1130.9	−1047.7	136.0
K(g)	89.99	61.17	160.2	NaCl(aq)	−407.1	−393.0	115.5
K(s)	0	0	64.67	NaCl(g)	−181.4	−201.3	229.8
K^+(aq)	−252.4	−283.3	102.5	NaCl(s)	−410.9	−384.0	72.33
K^+(g)	514.2	481.2	154.5	$NaHCO_3$(s)	−947.7	−851.8	102.1
KCl(s)	−435.9	−408.3	82.7	$NaNO_3$(aq)	−446.2	−372.4	207
$KClO_3$(s)	−391.2	−289.9	143.0	$NaNO_3$(s)	−467.9	−367.0	116.5
$KClO_3$(aq)	−349.5	−284.9	265.7	NaOH(aq)	−469.6	−419.2	49.8
K_2CO_3(s)	−1150.18	−1064.58	155.44	NaOH(s)	−425.6	−379.5	64.46
KNO_3(s)	−492.70	−393.13	132.9	Na_2SO_4(s)	−1387.1	−1270.2	149.6
K_2O(s)	−363.2	−322.1	94.14	锶			
KO_2(s)	−284.5	−240.6	122.5	SrO(s)	−592.0	−561.9	54.9
K_2O_2(s)	−495.8	−429.8	113.0	Sr(g)	164.4	110.0	164.6
KOH(s)	−424.7	−378.9	78.91	硫			
KOH(aq)	−482.4	−440.5	91.6	S(s, 菱形)	0	0	31.88
铷				S_8(g)	102.3	49.7	430.9
Rb(g)	85.8	55.8	170.0	SO_2(g)	−296.9	−300.4	248.5
Rb(s)	0	0	76.78	SO_3(g)	−395.2	−370.4	256.2
RbCl(s)	−430.5	−412.0	92	SO_4^{2-}(aq)	−909.3	−744.5	20.1
$RbClO_3$(s)	−392.4	−292.0	152				

物质	ΔH_f° /(kJ/mol)	ΔG_f° /(kJ/mol)	S° /(J/mol·K)	物质	ΔH_f° /(kJ/mol)	ΔG_f° /(kJ/mol)	S° /(J/mol·K)
$SOCl_2$ (l)	−245.6	—	—	钒			
H_2S (g)	−20.17	−33.01	205.6	V(g)	514.2	453.1	182.2
H_2SO_4(aq)	−909.3	−744.5	20.1	V(s)	0	0	28.9
H_2SO_4 (l)	−814.0	−689.9	156.1	锌			
钛				Zn(g)	130.7	95.2	160.9
Ti(g)	468	422	180.3	Zn(s)	0	0	41.63
Ti(s)	0	0	30.76	$ZnCl_2$(s)	−415.1	−369.4	111.5
$TiCl_4$(g)	−763.2	−726.8	354.9	ZnO (s)	−348.0	−318.2	43.9
$TiCl_4$ (l)	−804.2	−728.1	221.9				
TiO_2(s)	−944.7	−889.4	50.29				

D

水的平衡常数

表 D.1　25℃时酸的解离常数

物质	成分	K_{a1}	K_{a2}	K_{a3}
乙酸	CH_3COOH（或 $HC_2H_3O_2$）	1.8×10^{-5}		
砷酸	H_3AsO_4	5.6×10^{-3}	1.0×10^{-7}	3.0×10^{-12}
亚砷酸	H_3AsO_3	5.1×10^{-10}		
抗坏血酸	$H_2C_6H_6O_6$	8.0×10^{-5}	1.6×10^{-12}	
苯甲酸	C_6H_5COOH（或 $HC_7H_5O_2$）	6.3×10^{-5}		
硼酸	H_3BO_3	5.8×10^{-10}		
丁酸	C_3H_7COOH（或 $HC_4H_7O_2$）	1.5×10^{-5}		
碳酸	H_2CO_3	4.3×10^{-7}	5.6×10^{-11}	
氯乙酸	$CH_2ClCOOH$（或 $HC_2H_2O_2Cl$）	1.4×10^{-3}		
氯甲酸	$HClO_2$	1.1×10^{-2}		
柠檬酸	$HOOCC(OH)(CH_2COOH)_2$（或 $H_3C_6H_5O_7$）	7.4×10^{-4}	1.7×10^{-5}	4.0×10^{-7}
氰酸	$HCNO$	3.5×10^{-4}		
甲酸	$HCOOH$（或 $HCHO_2$）	1.8×10^{-4}		
偶氮氢酸	HN_3	1.9×10^{-5}		
氢氰酸	HCN	4.9×10^{-10}		
氢氟酸	HF	6.8×10^{-4}		
铬酸氢离子	$HCrO_4^-$	3.0×10^{-7}		
过氧化氢	H_2O_2	2.4×10^{-12}		
硒酸氢离子	$HSeO_4^-$	2.2×10^{-2}		
硫化氢	H_2S	9.5×10^{-8}	1×10^{-19}	
次溴酸	$HBrO$	2.5×10^{-9}		
次氯酸	$HClO$	3.0×10^{-8}		
次碘酸	HIO	2.3×10^{-11}		
碘酸	HIO_3	1.7×10^{-1}		
乳酸	$CH_3CH(OH)COOH$（或 $HC_3H_5O_3$）	1.4×10^{-4}		
丙二酸	$CH_2(COOH)_2$（或 $H_2C_3H_2O_4$）	1.5×10^{-3}	2.0×10^{-6}	
亚硝酸	HNO_2	4.5×10^{-4}		
草酸	$(COOH)_2$（或 $H_2C_2O_4$）	5.9×10^{-2}	6.4×10^{-5}	
高碘酸	H_5IO_6	2.8×10^{-2}	5.3×10^{-9}	
苯酚	C_6H_5OH（或 HC_6H_5O）	1.3×10^{-10}		
磷酸	H_3PO_4	7.5×10^{-3}	6.2×10^{-8}	4.2×10^{-13}
丙酸	C_2H_5COOH（或 $HC_3H_5O_2$）	1.3×10^{-5}		
焦磷酸	$H_4P_2O_7$	3.0×10^{-2}	4.4×10^{-3}	2.1×10^{-7}
亚硒酸	H_2SeO_3	2.3×10^{-3}	5.3×10^{-9}	
硫酸	H_2SO_4	强酸	1.2×10^{-2}	
亚硫酸	H_2SO_3	1.7×10^{-2}	6.4×10^{-8}	
酒石酸	$HOOC(CHOH)_2COOH$（或 $H_2C_4H_4O_6$）	1.0×10^{-3}		

表 D.2 25℃下碱的解离常数

物质	成分	K_b
氨	NH_3	1.8×10^{-5}
苯胺	$C_6H_5NH_2$	4.3×10^{-10}
二甲胺	$(CH_3)_2NH$	5.4×10^{-4}
乙胺	$C_2H_5NH_2$	6.4×10^{-4}
肼	H_2NNH_2	1.3×10^{-6}
羟胺	$HONH_2$	1.1×10^{-8}
甲胺	CH_3NH_2	4.4×10^{-4}
吡啶	C_5H_5N	1.7×10^{-9}
三甲胺	$(CH_3)_3N$	6.4×10^{-5}

表 D.3 化合物在 25℃下的溶度积常数

物质	成分	K_{sp}	物质	成分	K_{sp}
碳酸钡	$BaCO_3$	5.0×10^{-9}	氟化铅（Ⅱ）	PbF_2	3.6×10^{-8}
铬酸钡	$BaCrO_4$	2.1×10^{-10}	硫酸铅（Ⅱ）	$PbSO_4$	6.3×10^{-7}
氟化钡	BaF_2	1.7×10^{-6}	硫化铅（Ⅱ）①	PbS	3×10^{-28}
草酸钡	BaC_2O_4	1.6×10^{-6}	氢氧化镁	$Mg(OH)_2$	1.8×10^{-11}
硫酸钡	$BaSO_4$	1.1×10^{-10}	碳酸镁	$MgCO_3$	3.5×10^{-8}
碳酸镉	$CdCO_3$	1.8×10^{-14}	草酸锰	MgC_2O_4	8.6×10^{-5}
氢氧化镉	$Cd(OH)_2$	2.5×10^{-14}	碳酸锰（Ⅱ）	$MnCO_3$	5.0×10^{-10}
硫化镉①	CdS	8×10^{-28}	氢氧化锰（Ⅱ）	$Mn(OH)_2$	1.6×10^{-13}
碳酸钙（方解石）	$CaCO_3$	4.5×10^{-9}	硫化锰（Ⅱ）①	MnS	2×10^{-53}
铬酸钙	$CaCrO_4$	4.5×10^{-9}	氯化亚汞（Ⅰ）	Hg_2Cl_2	1.2×10^{-18}
氟化钙	CaF_2	3.9×10^{-11}	碘化亚汞（Ⅰ）	Hg_2I_2	$1.1 \times 10^{-1.1}$
氢氧化钙	$Ca(OH)_2$	6.5×10^{-6}	硫化汞（Ⅱ）①	HgS	2×10^{-53}
磷酸钙	$Ca_3(PO_4)_2$	2.0×10^{-29}	碳酸镍（Ⅱ）	$NiCO_3$	1.3×10^{-7}
硫酸钙	$CaSO_4$	2.4×10^{-5}	氢氧化镍（Ⅱ）	$Ni(OH)_2$	6.0×10^{-16}
氢氧化铬（Ⅲ）	$Cr(OH)_3$	6.7×10^{-31}	硫化镍（Ⅱ）①	NiS	3×10^{-20}
碳酸钴（Ⅱ）	$CoCO_3$	1.0×10^{-10}	溴酸银	$AgBrO_3$	5.5×10^{-13}
氢氧化钴（Ⅱ）	$Co(OH)_2$	1.3×10^{-15}	溴化银	$AgBr$	5.0×10^{-13}
硫化钴（Ⅱ）①	CoS	5×10^{-22}	碳酸银	Ag_2CO_3	8.1×10^{-12}
溴化铜（Ⅰ）	$CuBr$	5.3×10^{-9}	氯化银	$AgCl$	1.8×10^{-10}
碳酸铜（Ⅱ）	$CuCO_3$	2.3×10^{-10}	草酸银	Ag_2CrO_4	1.2×10^{-12}
氢氧化铜（Ⅱ）	$Cu(OH)_2$	4.8×10^{-20}	碘化银	AgI	8.3×10^{-17}
硫化铜（Ⅱ）①	CuS	6×10^{-37}	硫酸银	Ag_2SO_4	1.5×10^{-5}
碳酸亚铁（Ⅱ）	$FeCO_3$	2.1×10^{-11}	硫化银①	Ag_2S	6×10^{-51}
氢氧化亚铁（Ⅱ）	$Fe(OH)_2$	7.9×10^{-16}	碳酸锶	$SrCO_3$	9.3×10^{-10}
氟化镧	LaF_3	2×10^{-19}	硫化锡（Ⅱ）①	SnS	1×10^{-26}
碘酸镧	$La(IO_3)_3$	7.4×10^{-14}	碳酸锌	$ZnCO_3$	1.0×10^{-10}
碳酸铅（Ⅱ）	$PbCO_3$	7.4×10^{-14}	氢氧化锌	$Zn(OH)_2$	3.0×10^{-16}
氯化铅（Ⅱ）	$PbCl_2$	1.7×10^{-5}	草酸锌	ZnC_2O_4	2.7×10^{-8}
铬酸铅（Ⅱ）	$PbCrO_4$	2.8×10^{-13}	硫化锌①	ZnS	2×10^{-25}

① 表示溶液中有 $MS(s) + H_2O(l) \rightleftharpoons M^{2+}(aq) + HS^-(aq) + OH^-(aq)$

E

25℃下标准还原电位

半反应	$E°/V$	半反应	$E°/V$
$Ag^+(aq) + e^- \longrightarrow Ag(s)$	+0.80	$2H_2O(l) + 2e^- \longrightarrow H_2(g) + 2OH^-(aq)$	−0.83
$AgBr(s) + e^- \longrightarrow Ag(s) + Br^-(aq)$	+0.10	$HO_2^-(aq) + H_2O(l) + 2e^- \longrightarrow 3OH^-(aq)$	+0.88
$AgCl(s) + e^- \longrightarrow Ag(s) + Cl^-(aq)$	+0.22	$H_2O_2(aq) + 2H^+(aq) + 2e^- \longrightarrow 2H_2O(l)$	+1.78
$Ag(CN)_2^-(aq) + e^- \longrightarrow Ag(s) + 2CN^-(aq)$	−0.31	$Hg_2^{2+}(aq) + 2e^- \longrightarrow 2Hg(l)$	+0.79
$Ag_2CrO_4(s) + 2e^- \longrightarrow 2Ag(s) + CrO_4^{2-}(aq)$	+0.45	$2Hg^{2+}(aq) + 2e^- \longrightarrow Hg_2^{2+}(aq)$	+0.92
$AgI(s) + e^- \longrightarrow Ag(s) + I^-(aq)$	−0.15	$Hg^{2+}(aq) + 2e^- \longrightarrow Hg(l)$	+0.85
$Ag(S_2O_3)_2^{3-}(aq) + e^- \longrightarrow Ag(s) + 2S_2O_3^{2-}(aq)$	+0.01	$I_2(s) + 2e^- \longrightarrow 2I^-(aq)$	+0.54
$Al^{3+}(aq) + 3e^- \longrightarrow Al(s)$	−1.66	$2IO_3^-(aq) + 12H^+(aq) + 10e^- \longrightarrow I_2(s) + 6H_2O(l)$	+1.20
$H_3AsO_4(aq) + 2H^+(aq) + 2e^- \longrightarrow H_3AsO_3(aq) + H_2O(l)$	+0.56	$K^+(aq) + e^- \longrightarrow K(s)$	−2.92
$Ba^{2+}(aq) + 2e^- \longrightarrow Ba(s)$	−2.90	$Li^+(aq) + e^- \longrightarrow Li(s)$	−3.05
$BiO^+(aq) + 2H^+(aq) + 3e^- \longrightarrow Bi(s) + H_2O(l)$	+0.32	$Mg^{2+}(aq) + 2e^- \longrightarrow Mg(s)$	−2.37
$Br_2(l) + 2e^- \longrightarrow 2Br^-(aq)$	+1.07	$Mn^{2+}(aq) + 2e^- \longrightarrow Mn(s)$	−1.18
$2BrO_3^-(aq) + 12H^+(aq) + 10e^- \longrightarrow Br_2(l) + 6H_2O(l)$	+1.52	$MnO_2(s) + 4H^+(aq) + 2e^- \longrightarrow Mn^{2+}(aq) + 2H_2O(l)$	+1.23
$2CO_2(g) + 2H^+(aq) + 2e^- \longrightarrow H_2C_2O_4(aq)$	−0.49	$MnO_4^-(aq) + 8H^+(aq) + 5e^- \longrightarrow Mn^{2+}(aq) + 4H_2O(l)$	+1.51
$Ca^{2+}(aq) + 2e^- \longrightarrow Ca(s)$	−2.87	$MnO_4^-(aq) + 2H_2O(l) + 3e^- \longrightarrow MnO_2(s) + 4OH^-(aq)$	+0.59
$Cd^{2+}(aq) + 2e^- \longrightarrow Cd(s)$	−0.40	$HNO_2(aq) + H^+(aq) + e^- \longrightarrow NO(g) + H_2O(l)$	+1.00
$Ce^{4+}(aq) + e^- \longrightarrow Ce^{3+}(aq)$	+1.61	$N_2(g) + 4H_2O(l) + 4e^- \longrightarrow 4OH^-(aq) + N_2H_4(aq)$	−1.16
$Cl_2(g) + 2e^- \longrightarrow 2Cl^-(aq)$	+1.36	$N_2(g) + 5H^+(aq) + 4e^- \longrightarrow N_2H_5^+(aq)$	−0.23
$2HClO(aq) + 2H^+(aq) + 2e^- \longrightarrow Cl_2(g) + 2H_2O(l)$	+1.63	$NO_3^-(aq) + 4H^+(aq) + 3e^- \longrightarrow NO(g) + 2H_2O(l)$	+0.96
$ClO^-(aq) + H_2O(l) + 2e^- \longrightarrow Cl^-(aq) + 2OH^-(aq)$	+0.89	$Na^+(aq) + e^- \longrightarrow Na(s)$	−2.71
$2ClO_3^-(aq) + 12H^+(aq) + 10e^- \longrightarrow Cl_2(g) + 6H_2O(l)$	+1.47	$Ni^{2+}(aq) + 2e^- \longrightarrow Ni(s)$	−0.28
$Co^{2+}(aq) + 2e^- \longrightarrow Co(s)$	−0.28	$O_2(g) + 4H^+(aq) + 4e^- \longrightarrow 2H_2O(l)$	+1.23
$Co^{3+}(aq) + e^- \longrightarrow Co^{2+}(aq)$	+1.84	$O_2(g) + 2H_2O(l) + 4e^- \longrightarrow 4OH^-(aq)$	+0.40
$Cr^{3+}(aq) + 3e^- \longrightarrow Cr(s)$	−0.74	$O_2(g) + 2H^+(aq) + 2e^- \longrightarrow H_2O_2(aq)$	+0.68
$Cr^{3+}(aq) + e^- \longrightarrow Cr^{2+}(aq)$	−0.41	$O_3(g) + 2H^+(aq) + 2e^- \longrightarrow O_2(g) + H_2O(l)$	+2.07
$Cr_2O_7^{2-}(aq) + 14H^+(aq) + 6e^- \longrightarrow 2Cr^{3+}(aq) + 7H_2O(l)$	+1.33	$Pb^{2+}(aq) + 2e^- \longrightarrow Pb(s)$	−0.13
$CrO_4^{2-}(aq) + 4H_2O(l) + 3e^- \longrightarrow Cr(OH)_3(s) + 5OH^-(aq)$	−0.13	$PbO_2(s) + HSO_4^-(aq) + 3H^+(aq) + 2e^- \longrightarrow PbSO_4(s) + 2H_2O(l)$	+1.69
$Cu^{2+}(aq) + 2e^- \longrightarrow Cu(s)$	+0.34	$PbSO_4(s) + H^+(aq) + 2e^- \longrightarrow Pb(s) + HSO_4^-(aq)$	−0.36
$Cu^{2+}(aq) + e^- \longrightarrow Cu^+(aq)$	+0.15	$PtCl_4^{2-}(aq) + 2e^- \longrightarrow Pt(s) + 4Cl^-(aq)$	+0.73
$Cu^+(aq) + e^- \longrightarrow Cu(s)$	+0.52	$S(s) + 2H^+(aq) + 2e^- \longrightarrow H_2S(g)$	+0.14

（续）

半反应	$E°$/V	半反应	$E°$/V
$CuI(s) + e^- \longrightarrow Cu(s) + I^-(aq)$	−0.19	$H_2SO_3(aq) + 4\,H^+(aq) + 4e^- \longrightarrow S(s) + 3H_2O(l)$	+0.45
$F_2(g) + 2e^- \longrightarrow 2F^-(aq)$	+2.87	$HSO_4^-(aq) + 3H^+(aq) + 2e^- \longrightarrow H_2SO_3(aq) + H_2O(l)$	+0.17
$Fe^{2+}(aq) + 2e^- \longrightarrow Fe(s)$	−0.44	$Sn^{2+}(aq) + 2e^- \longrightarrow Sn(s)$	−0.14
$Fe^{3+}(aq) + e^- \longrightarrow Fe^{2+}(aq)$	+0.77	$Sn^{4+}(aq) + 2e^- \longrightarrow Sn^{2+}(aq)$	+0.15
$Fe(CN)_6^{3-}(aq) + e^- \longrightarrow Fe(CN)_6^{4-}(aq)$	+0.36	$VO_2^+(aq) + 2H^+(aq) + e^- \longrightarrow VO^{2+}(aq) + H_2O(l)$	+1.00
$2H^+(aq) + 2e^- \longrightarrow H_2(g)$	0.00	$Zn^{2+}(aq) + 2e^- \longrightarrow Zn(s)$	−0.76

部分练习答案

10.1 在火星上用吸管喝水要容易得多。当向玻璃杯中倒入一杯液体时，大气在吸管内外施加的压力相等。当我们用吸管喝水时，我们会抽出空气，从而降低内部液体的压力。如果只对玻璃杯中的液体施压 0.007 atm，吸管内的压力只要稍微降低一点，液体就会上升。10.3 在相同的温度、体积和较低的压力下，容器的颗粒数量将是较高压力下的一半。10.5 对于一定量理想气体，如果压力增加一倍，而体积保持不变，则温度也会加倍。10.7（a）$P_红 < P_黄 < P_蓝$（b）$P_红 = 0.28$ atm；$P_黄 = 0.42$ atm；$P_蓝 = 0.70$ atm。10.9（a）曲线 B 为氮。（b）曲线 B 对应于较高的温度。（c）均方根速度最高。10.11 NH_4Cl（s）将在位置 a 处形成。10.13 说法（c）错误。气体分子相距如此之远，以致于无论分子的特性如何，都不存在混合的障碍。10.15（a）2.6×10^2 Ib/In.^{2}（b）1.8×10^3 kPa（c）18 atm 10.17（a）8.20m（b）1.4 atm 10.19（a）0.349 atm（b）265 mm Hg（c）3.53×10^4 Pa（d）0.353 bar（e）5.13 psi 10.21（a）$P = 773.4$ torr（b）$P = 1.018$ atm。10.23 i）0.31 atm ii）1.88 atm iii）0.136 atm 10.25 操作（c）将使压力加倍 10.27（a）波义耳定律，$PV =$ 常数或 $P_1V_1 = P_2V_2$，当体积一定时，$P_1/P_2 = 1$；查尔斯定律，$V/T =$ 常数或 $V_1/T_1 = V_2/T_2$，当体积一定时，$T_1/T_2 = 1$；然后 $P_1/T_1 = P_2/T_2$ 或 $P/T =$ 常数。阿蒙顿定律是压力和温度（K）在定容下成正比。（b）34.7 psi。10.29（a）缩写 STP 代表标准温度 0℃（或 273k），标准压力 1 atm。（b）22.4L（c）24.5L（d）0.08315 L·bar/mol·K。10.31 烧瓶 A 装有摩尔质量为 30 g/mol 的气体，烧瓶 B 装有摩尔质量为 60 g/mol 的气体

10.33

P	V	n	T
200atm	1.00L	0.500mol	48.7K
0.300atm	0.250L	3.05×10^{-3}mol	27℃
650torr	11.2L	0.333mol	350K
10.3atm	585mL	0.250mol	295K

10.35 8.2×10^2kg 10.37（a）分子数：5.15×10^{22}（b）空气质量：6.5kg 10.39（a）91 atm（b）2.3×10^2 L 10.41 $P = 4.9$atm 10.43（a）29.8g Cl_2（b）9.42 L（c）501K（d）2.28atm 10.45（a）$n = 2 \times 10^{-4}$mol O_2（b）蟑螂在 48 小时内需要 8×10^{-3}mol 氧气，会消耗罐子中 100% 的氧气？10.47 气体密度随摩尔质量的增加而增加。密度的增加顺序为：HF（20 g/mol）<CO（28 g/mol）<N_2O（44 g/mol）<Cl_2（71 g/mol）10.49（c）能解释。由于氦原子的质量低于平均空气分子，因此氦气体的密度小于空气，气球的重量比空气轻 10.51（a）密度 $\rho = 1.77$g/L（b）摩尔质量 =80.1g/mol 10.53 摩尔质量 =89.4g/mol 10.55 4.1×10^{-5}g Mg 10.57（a）21.4 L CO_2（b）40.7 L O_2 10.59 0.402 gZn 10.61（a）当阀门打开时，N_2(g) 的体积

从 2.0L 到 5.0L $P_{N2} = 0.40$ atm（b）当气体混合时，O_2(g) 的体积从 3.0L 到 5.0L。$P_{O_2} = 1.2$ atm（c）$P_t = 1.6$ atm 10.63（a）$P_{He} = 1.87$ atm，$P_{Ne} = 0.807$ atm，$P_{Ar} = 0.269$ atm，（b）$P_t = 2.95$ atm。10.65 $X_{CO_2} = 0.000407$ 10.67 $P_{CO_2} = 0.305$ atm，$P_t = 1.232$ atm 10.69 $P_{CO_2} = 0.9$ atm 10.71 2.5 mol% O_2 以摩尔计 10.73 $P_t = 2.47$ atm 10.75（a）减少（b）增加（c）减少 10.77 WF_6 均方根速度大约比 He 慢 9 倍。10.79（a）分子的平均动能增加；（b）分子的均方根速度增加；（c）分子与容器壁碰撞的平均强度增加；（d）每秒分子与器壁碰撞的总次数增加。10.81（a）按平均分子速度增加的顺序排列：HBr < NF_3 < SO_2 < CO < Ne（b）$U_{NF_3} = 324$ m/s（c）平流层中臭氧分子的最可能速度是 306m/s。10.83（a）和（d）是正确的。10.85 逸出速率增加的顺序为：$^2H^{37}Cl < ^1H^{37}Cl < ^2H^{35}Cl < ^1H^{35}Cl$。10.87 As_4S_6 10.89（a）在超高压和低温下观察到非理想气体行为；（b）气体分子的实际体积和分子间吸引的分子间力导致气体的行为。10.91 说法（b）正确。10.93（a）$P = 4.89$atm（b）$P = 4.69$atm（c）定性上，随着自由空间的减少，分子吸引更为重要，随着容器体积的减小，分子碰撞次数的增加，分子体积占总体积的较大部分。10.95 根据 Xe 的 b 值图 7.7 中的非结合半径为 2.72 Å。图 7.7 中 Xe 的成键原子半径为 1.40 Å。我们预计锐钛矿的结合半径小于它的非结合半径，但我们的计算值几乎是它的两倍。10.98 $V = 3.1$ mm^3 10.100 $P = 0.43$ mm Hg 10.102（a）13.4 mol C_3H_8(g)（b）1.47×10^3mol C_3H_8(l)（c）液态物质的量与气态物质的量之比为 110。由于在液相中分子之间的空间要小得多，所以在固定体积的容器中可以容纳更多的液体分子。10.104（a）未知气体的摩尔质量为 100.4g/mol（b）假设气体的行为是理想的，并且 P、V 和 T 是恒定的。10.106（a）0.00378mol O_2（b）0.0345g C_8H_{18} 10.108 42.2 g O_2 10.110（a）未知气体的摩尔质量为 50.46 g/mol（b）由于气体分子的有限体积和吸引的分子间力，比值 d/P 随压力变化。10.112 $T_2 = 687℃$ 10.114（a）更显著（b）不显著 10.116（a）在 STP 时，氩原子占总体积的 0.0359%。（b）在 200 atm 压力和 0℃ 下，氩原子占总体积的 7.19%。10.118（a）环丙烷的分子式为 C_3H_6。（b）虽然 Ar 和 C_3H_6 的分子量相似，但对于更复杂的 C_3H_6 分子，我们预测分子间的吸引作用更为显著，并且 C_3H_6 在所列条件下将更偏离理想行为。如果压力足够大，范德华方程中的体积修正可以支配行为，那么大分子偏离理想行为的程度肯定大于 Ar 原子。（c）由于环丙烷的摩尔质量较大，它通过针孔的渗出速度比甲烷慢。10.120（a）44.58% C，6.596% H，16.44% Cl，32.38% N（b）$C_8H_{14}N_5Cl$（c）当已知经验公式时，需要化合物的摩尔质量来确定分子式。10.122（a）NH_3（g）在反应后仍然存在。（b）$P = 0.957$ atm（c）7.33 g NH_4Cl。10.124（a）:Ö—Cl—Ö:（b）二氧化氯是非常活泼的，因为它是一个奇数电子分子。增加一个电子对奇数电子，完成氯的八位电子，有很强的获得电子和被还原的倾向。

（c）$\begin{bmatrix} :\ddot{O}—\ddot{C}l—\ddot{O}: \end{bmatrix}^-$（d）结合角小于 109°（e）11.2 g
ClO_2

10.126（a）P_{IF_3} = 0.515 atm（b）X_{IF_5} = 0.544
（c）

$$\begin{array}{c} :\ddot{F}: \\ :\ddot{F}\!-\!\overset{\displaystyle |}{\underset{\displaystyle |}{I}}\!-\!\ddot{F}: \\ :\ddot{F}\quad\ddot{F}: \end{array}$$

（d）烧瓶中反应物和产物的总质量为 20.00 g；

第 11 章

11.1（a）图表最好地描述了液体。（b）图中的粒子靠得很近，大部分是接触的，但没有固定的排列或顺序。这就排除了气体样品（粒子相距很远）和晶体固体（在所有三个方向上都有规则的重复结构）。11.4 甲烷的最终状态是 185℃ 的气体。11.6（a）丙醇可以形成氢键。（b）虽然两种分子都有极性，但由于其 O—H 键，我们预测丙醇具有更大的偶极矩。（c）丙醇的沸点是 97.2℃，乙基甲醚的沸点是 10.8℃，丙醇分子间的作用力更大，所以它具有更高的沸点。11.9（a）固 < 液 < 气（b）气 < 液 < 固（c）处于气态的物质最容易被压缩，因为微粒相距很远，空间很大。11.11（a）增加。动能是运动的能量，当熔化发生时，原子间的相对运动增加。（b）增加。液态铅的密度小于固态铅的密度，密度越小，样品体积越大，三维原子间的平均距离越大。11.13（a）Cl_2 和 NH_3 的摩尔体积几乎相同，因为它们都是气体。（b）当冷却到 160K 时，两种化合物从气相冷凝到固态，因此我们预计摩尔体积会显著减小。（c）摩尔体积为 0.0351L/mol Cl_2 和 0.0203 L/mol NH_3（d）固态摩尔体积与气态摩尔体积不同，因为大部分空间消失了，分子特性决定了性质。Cl_2（s）比 NH_3（s）重，键距长，分子间作用力弱，所以它的摩尔体积比 NH_3（s）大得多。（e）液态分子之间的空隙很小，因此我们预测它们的摩尔体积比气态分子更接近固态分子。11.15（a）色散力（b）偶极-偶极力（c）氢键。11.17（a）SO_2、偶极-偶极和色散力。（b）CH_3—COOH、色散、偶极-偶极和氢键。（c）H_2S，偶极偶极力和色散力（而不是氢键）。11.19（a）按极化率增加的顺序：$CH_4 < SiH_4 < SiCl_4 < GeCl_4 < GeBr_4$（b）伦敦色散力的大小，从而分子的沸点随着极化率的增加而增加。沸点增加的顺序是（a）中极化率增加的顺序。11.21（a）H_2S（b）CO_2（c）GeH_4。11.23 棒状丁烷分子和球形 2-甲基丙烷分子均具有分散力。丁烷分子之间较大的接触面有助于产生更大的力并产生更高的沸点。11.25（a）一个分子必须含有 H 原子，它们与 N、O 或 F 原子结合，才能参与类似分子的氢键作用。（b）CH_3NH_2 和 CH_3OH。11.27（a）用 CH_3 基团取代羟基氢化物，消除了分子的氢键作用。这会降低分子间作用力的强度，导致沸点降低。（b）$CH_3OCH_2CH_2OCH_3$ 是一个更大、更极化的分子，具有更强的色散力，因而沸点更高。

11.29

物理性质	H_2O	H_2S
正常沸点 ℃	100.00	−60.7
正常熔点 ℃	0.00	−85.5

（a）根据其更高的正常熔点和沸点，H_2O 具有更强的分子间作用力。（b）H_2O 具有氢键，而 H_2S 具有偶极偶极力。两种分子都有分散力。11.31 SO_4^{2-} 具有比 BF_4^- 更大的负电荷，因此在

硫酸盐中离子-离子静电吸引更大，它们不太可能形成液体。11.33（a）随着温度的升高，表面张力降低；它们呈反比关系。（b）温度升高，粘度降低；它们呈反比关系（c）导致表面分子难以分离的相同吸引力（高表面张力）导致样品中的其他分子抵抗相对运动（高粘度）。11.35（a）图 ii 显示了表面和液体间的粘附力超过液体的内聚力。（b）图 i）表示水在非极性表面时的情况。（c）图 ii）表示水在极性表面时的情况。11.37（a）这三种分子具有相似的结构，并具有相同类型的分子间作用力。随着摩尔质量的增加，分散力的强度增加，沸点、表面张力和黏度都增加。（b）乙二醇在分子两端有一个羟基。这大大增加了氢键的可能性；总的分子间吸引力更大，乙二醇的黏度更大。（c）水具有最高的表面张力，但粘度最低，因为它是系列中最小的分子。没有碳氢链来抑制它们对液滴内部分子的强烈吸引力，从而导致高表面张力。烷基链的缺失也意味着分子可以很容易地相互移动，从而导致低粘度。11.39（a）熔化，放热（b）蒸发，吸热（c）沉积，放热（d）冷凝，放热 11.41（a）熔化，（s）$\longrightarrow$（l）（b）放热（c）汽化热通常大于熔化热 11.43 2.3×10^3 g H_2O 11.45（a）39.3 kJ（b）60 kJ 11.47（a）错误（b）正确（c）错误（d）正确。11.49（c）分子间的引力，（d）温度和（e）液体的密度 11.51（a）$CBr_4 < CHBr_3 < CH_2Br_2 < CH_2Cl_2 < CH_3Cl < CH_4$。（b）$CH_4 < CH_3Cl < CH_2Cl_2 < CH_2Br_2 < CHBr_3 < CBr_4$（c）通过对 HCl 中吸引力的分析，即使四个分子是极性的，这种趋势也将由分散力控制。沸点的增加顺序是摩尔质量的增加和色散力强度的增加。11.53（a）两个锅中的水的温度相同。（b）蒸汽压不取决于液体的体积或表面积。在同一温度下。两个容器中的水蒸气压力是同样的 11.55（a）约 48℃（b）约 340torr（c）约 17℃（d）约 1000torr 11.57（a）临界点是无法区分气相和液相的温度和压力。（b）分离气相和液相的管线在临界点结束，因为在超过临界温度和压力的条件下，在实验条件下，气体和液体之间没有差别，气体不能在高于临界温度的压力下液化。在超过临界点的情况下，亚稳态被称为超临界流体。11.59（a）H_2O(g) 将在约 4torr 的压力下聚集成 H_2O(s)；在较高的压力下，根据 5 atm 左右，H_2O(s) 将熔化形成 H_2O(l)（b）在 100℃ 和 0.50 atm 下，水处于汽相。当它冷却时，水蒸气在大约 82℃ 的温度下凝结成液体，即液态水的蒸汽压力为 0.50 atm 的温度。进一步冷却会导致在大约 0℃ 下冻结。水的冰点随着压力的降低而增加，因此在 0.50 atm 时，冻结温度几乎高于 0℃。11.61（a）24 K（b）氙在低于该点压力的压力下升华，大约为 0.5 atm。（c）可以。11.63（a）土卫六表面的甲烷可能以固体和液体形式存在。（b）当从大气层向上移动时，压力会降低，CH_4(l)（−178℃）将蒸发为 CH_4(g)，CH_4(s)（低于 −180℃）将升华为向列相液晶相的 CH_4(g)。11.65 分子沿长轴排列，但分子末端没有排列。分子束可以在所有维度上自由移动，但它们不能转动或旋转出分子平面，或者失去向列相的顺序，样品变成普通液体。在普通液体中，分子是随机定向的，可以自由地向任何方向运动。11.67（a）正确（b）错误（c）正确（d）错误（e）错误（f）正确 11.69 由于在至少一个维度上保持有序，液晶相中的分子不能完全自由地改变取向。这使得液晶相比各向同性液体更耐流动，更粘稠。11.71 熔化提供了动能，破坏固体中一个维度上的分子排列，产生二

维有序的近晶相。近晶相的额外加热提供的动能足以破坏另一维度的排列，生成一维有序的向列相。11.73（a）减少（b）增加（c）增加（d）增加（e）增加（f）增加（g）增加 11.76（a）顺式异构体具有更强的偶极力；反式异构体为非极性。（b）顺式异构体在 60.3℃ 下沸腾，反式异构体在 47.5℃ 下沸腾。11.78（a）4，全部（b）3，苯为非极性（c）1，苯酚（d）溴比氯更极化，因此，溴苯比氯苯具有更强的色散力，溴苯具有更高的沸点。（e）苯酚表现出氢键作用，这是共价分子中最强的分子间相互作用。11.81 碳原子数与低于沸点的关系曲线表明，C_8H_{18} 的沸点约为 130℃。碳氢化合物中碳原子越多，链长越长，电子云的极化率越高，沸点越高。11.83（a）蒸发是一个吸热过程。蒸发汗液所需的热量从身体吸收，有助于保持凉爽。（b）真空泵降低水上大气的压力，直到大气压力等于水的蒸汽压力，水沸腾为止。沸腾是一个吸热过程，如果系统不能足够快地吸收周围的热量，温度就会下降。当水的温度降低时，水就会结冰。11.88 在南极低温下，液晶相中的分子由于温度而具有较少的运动能，并且施加的电压可能不足以克服分子末端之间的定向力施加电压时，部分或全部分子不旋转，显示器将无法正常工作。

11.92

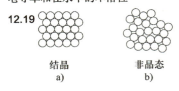

i) M=44   ii) M=72   iii) M=123

iv) M=58   v) M=123   vi) M=60

（a）摩尔质量：化合物 i）和 ii）具有类似的棒状结构。ii）中链越长，摩尔质量越大，色散力越强，较高的汽化热（b）分子形状：化合物 iii）和 v）具有相同的化学式和摩尔质量，但分子形状不同，v）的杆状形状使分子之间的接触更多，色散力更强，汽化热更高。（c）分子极性：化合物 iv）的分子量比 ii）小，但汽化热较大，这必须归因于偶极偶极力的存在。（d）氢键作用：分子 v）和 vi）具有相似的结构。尽管 v）具有较大的摩尔质量和色散力，氢键使 vi）具有较高的汽化热 11.96 $P_{（苯蒸气）}$=98.7torr

第 12 章

12.1 红橙化合物更可能是半导体，白色化合物更可能是绝缘体。红橙色化合物吸收可见光谱中的光（红橙色被反射，蓝绿色被吸收），而白色化合物不吸收。这表明红橙化合物比白橙化合物具有更低的能量跃迁。半导体比绝缘体具有更低的能量电子跃迁。12.5（a）结构为六方密堆积。（b）配位数是 12（c）CN(1) = 9，CN(2) = 6。12.7 碎片（b）更有可能产生导电性，（b）具有非定域的 π 系统，其中电子可以自由移动。导电性需要移动电子。12.9 我们认为线性聚合物（a）具有有序区域，比支链聚合物（b）更易结晶且具有更高熔点。12.11 说法（b）是最好的解释。12.13（a）氢键、偶极-偶极作用力、色散力（b）共价键（c）离子键（d）金属键 12.15（a）离子（b）金属（c）共价

网络（它也可以被描述为离子，对键具有一些共价性质。）（d）分子（e）分子（f）分子 12.17 金属晶体，因其熔点、电导率和在水中的不溶性

12.19

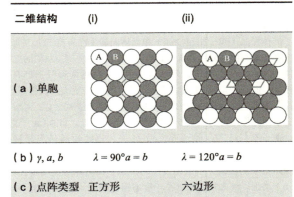

结晶   非晶态
a)   b)

12.21

二维结构	(i)	(ii)
（a）单胞		
（b）γ, a, b	$\lambda = 90°$ $a = b$	$\lambda = 120°$ $a = b$
（c）点阵类型	正方形	六边形

12.23 四方 12.25（e）菱形的和三斜的 12.27（b）2 12.29（a）原始六方晶胞（b）NiAs 12.31 钾。体心立方结构比面心立方结构具有更多的空间。空间越多，密度就越小，我们预测采用体心立方结构的钾密度最低。12.33（a）A 型和 C 型结构的最密堆积相等，且大于 B 型结构。（b）B 型结构为最疏松堆积。12.35（a）铱原子的半径为 1.355Å。（b）铱 Ir 的密度为 22.67g/cm³ 12.37（a）Ca 原子的半径为 1.976 Å。（b）Ca 的密度为 1.526g/cm³。12.39（a）4 个铝原子（b）配位数 =12（c）a = 4.04 Å 或 4.04 $\times 10^{-8}$ cm（d）密度 = 2.71 g/cm³ 12.41 说法（b）是错误的。12.43（a）填隙式合金（b）取代式合金（c）金属间化合物。12.45（a）正确（b）错误（c）错误 12.47（a）镍或钯，取代式合金（b）铜，取代式合金（c）银，取代式合金 12.49（a）正确（b）错误（c）错误（d）错误。

12.51

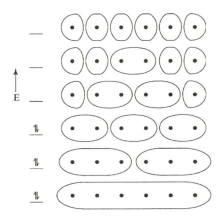

（a）6 个分子轨道（b）最低能量分子轨道中有零节点（c）最

高能量分子轨道的 5 个节点（d）HOMO 中 2 个节点（e）LUMO 中 3 个节点（f）一般来说，链中原子越多，HOMO-LUMO 能隙越小。12.53（a）Ag 的延展性更强。Mo 硬度高，金属结合力强，晶格坚硬，不易变形。（b）锌的延展性更强。Si 是一种共价网络固体，具有比金属 Zn 更坚硬的晶格。12.55 熔点的增加顺序为 Y < Zr < Nb < Mo。从 Y 向 Mo 移动，价电子数、键带占有率和金属键强度增加。更强的金属键需要更多的能量来破坏键并移动原子，导致高熔点。12.57（a）$SrTiO_3$（b）6（c）在包含 Sr 原子的八原子晶胞中，每个 Sr 原子与 12 个 O 原子配位。12.59 MnS 的密度为 4.056 g/cm^3。12.61（a）7.711 g/cm^3（b）我们预测 Se^{2-} 比 S^{2-} 有更大的离子半径，因此 HgSe 将占据更大的体积，晶胞长度更长。（c）HgSe 的密度是 8.241g/cm^3，Se 质量越大，HgSe 密度越大。12.63（a）Cs^+ 和 I^- 的半径最相似，将采用 CsCl 型结构。Na^+ 和 I^- 的半径有些不同，NaI 将采用 NaCl 型结构。Cu^+ 和 I^- 的半径差别很大，CuI 具有 ZnS 型结构。（b）CsI，8；NaI，6；CuI，4。12.65（a）6（b）3（c）6 12.67（a）错误（b）正确 12.69（a）离子晶体更容易溶于水。（b）原子晶体可以通过化学取代成为相当好的导电体。12.71（a）CdS（b）GaN（c）GaAs 12.73 Ge 或 Si（Ge 在成键原子半径上更接近 Ga）12.75（a）1.1ev 光子对应 1.1×10^{-6} M 波长。（b）根据图，硅可以吸收太阳光谱可见部分的所有波长。（c）硅吸收波长小于 1100nm。这相当于曲线下总面积的 80%~90%。12.77 发射光的波长为 713nm。这是电磁光谱 12.79 可见区的红光，带隙约为 1.85ev，对应于 672nm 的波长。12.81（a）单体是具有低分子质量的小分子，可与其他单体结合形成聚合物。它们是聚合物的重复单位。（b）乙烯 12.83 聚合物分子量的合理值为 10000 amu、100000 amu 和 1000000 amu。

12.85

如果一个二羧酸和一个二羟醇结合在一起，在两个单体的两端都有可能形成聚合物链。

12.87

12.89

12.91（a）分子链的柔性导致聚合物具有柔韧性。具有分支有序度低的分子柔韧性增强，而具有交联或离域 π 电子有序度高的分子柔韧性降低。（b）更弱 12.93 结晶度低的聚合物 12.95 如果固体的纳米尺寸为 1~10nm，则可能没有

足够的原子产生原子轨道，从而不能产生分子轨道的连续能带。12.97（a）错误。粒子尺寸减小，带隙增大。（b）错误 2.47×10^5 个 Au 原子 12.101 说法（b）是正确的。12.109 3 个 Ni 原子，1 个 Al 原子；6 个 Nb 原子和 2 个 Sn 原子：1 个 Sm 原子和 5 个 Co 原子。在每种情况下，练习中的原子比都符合经验式 12.111 这个能量的光子对应于 564nm 波长的光。12.113（a）硫化锌，ZnS（b）共价（c）在固体中，每个 Si 在四面体排列中与四个 C 原子结合，每个 C 在四面体排列中与四个 Si 原子结合，产生一个扩展的三维网络。碳化硅是高熔点的，因为熔化需要破坏共价 Si-C 键，而共价 Si-C 键需要大量的热能。这很难，因为三维晶格能抵抗任何会削弱硅碳键合网络的变形。12.120 晶体中产生衍射的原子平面之间的距离是 3.13 Å。12.126（a）109°（b）120°（c）原子 p 轨道 12.130（a）2.50×10^{22} Si 原子（保留 1 位有效数字，结果是 2×10^{22} Si 原子）。（b）1.29×10^{-3} mg P（1.29 μg P）。12.132 63 个 Si 原子。

第 13 章

13.1（a）<（b）<（c）13.3（a）不相同（b）晶格能较低的离子固体更易溶于水。13.7 维生素 B_6 水溶性更强。维生素 E 脂溶性更强。13.9（a）是的，极性随温度变化而变化。（b）不，物质的量浓度不随温度变化而变化。13.11 气球内的体积为 0.5 L，假设半渗透膜完全渗透。13.13（a）错误（b）错误（c）正确 13.15（a）分散（b）氢键（c）离子 - 偶极（d）偶极 - 偶极 13.17（a）可溶（b）$\Delta H_{混合}$ 将是最大的负数。若要使 $\Delta H_{混合}$ 为负，则 $\Delta H_{混合}$ 的大小必须大于（$\Delta H_{溶质} + \Delta H_{溶剂}$）的大小。13.19（a）$\Delta H_{溶质}$（b）$\Delta H_{混合}$ 13.21（a）$\Delta H_{溶液}$ 几乎为零。由于溶质和溶剂经历非常相似的色散力，分离它们所需的能量和它们混合时释放的能量大约相等。$\Delta H_{溶质} + \Delta H_{溶剂} \approx -\Delta H_{混合}$。（b）当庚烷和己烷从（a）部分形成溶液时，体系的熵增加，混合焓几乎为零，因此熵的增加是所有比例混合的驱动力。13.23（a）过饱和（b）从容器中刮下的玻璃碎片充当晶种，溶质分子可以在这里排列形成晶体。过量的硝酸铬正在结晶。（c）形成 116 g 晶体。13.25（a）不饱和（b）饱和（c）饱和（d）不饱和。13.27（a）我们预测液体水和甘油能以任意比例混溶。（b）氢键、诱导力、色散力 13.29 甲苯 $C_6H_5CH_3$ 是无极性基团或无键电子对的非极性溶质的最佳溶剂，它只与自身和其他分子形成色散相互作用。13.31（a）四氯化碳（b）水。13.33（a）CCl_4 更易溶解，因为非极性 CCl_4 分子的色散力类似于正己烷中的色散力（b）C_6H_6 是一种非极性碳氢化合物，在类似的非极性正己烷中更易溶解。（c）辛酸的长棒状烃链形成强烈的色散作用，使其更易溶于正己烷。13.35（a）错误（b）正确（c）错误（d）正确。13.37 $S_{He} = 5.6 \times 10^{-4} M$，$S_{N_2} = 9.0 \times 10^{-4} M$ 13.39（a）2.15% Na_2SO_4（质量分数）（b）3.15 ppm Ag 13.41（a）$X_{CH_3OH} = 0.0427$（b）7.35% CH_3OH 质量分数（c）2.48 m CH_3OH。13.43（a）1.46×10^{-2} M $Mg(NO_3)_2$（b）1.12 M $LiClO_4 \cdot 3H_2O$（c）0.350 M HNO_3 13.45（a）4.70 m C_6H_6（b）0.235 m NaCl 13.47（a）43.01% H_2SO_4（b）$X_{H_2SO_4} = 0.122$（c）7.69 m H_2SO_4（d）5.827 M H_2SO_4 13.49（a）$X_{CH_3OH} = 0.227$（b）7.16 m CH_3OH（c）4.58 M CH_3OH 13.51（a）0.150 mol $SrBr_2$（b）1.56×10^{-2} mol KCl（c）4.44×10^{-2} mol $C_6H_{12}O_6$。13.53（a）称取 1.3g KBr，溶于水，搅拌稀释至 0.75 L（b）称取 2.62g KBr，溶于 122.38g H_2O 中，明确制成

125g0.180m 溶液。（c）在水中溶解 244g KBr，搅拌稀释至 1.85L（d）称取 10.1g KBr，在少量水中溶解，稀释至 0.568 L。**13.55** 质量分数为 71 %HNO₃**13.57**（a）3.82 *m* Zn（b）26.8 *M* Zn。**13.59**（a）0.046 atm（b）1.8 × 10⁻³ *M* CO₂**13.61**（a）错误（b）正确（c）正确（d）错误**13.63** 两种溶液的蒸气压均为 17.5torr。因为这两种溶液浓度极小，它们的蒸气压基本相同。一般来说，浓度越低的溶液，即每公斤溶剂中溶质摩尔数越少的溶液，其蒸气压就越高**13.65**（a）P_{H_2O} = 186.4 torr（b）78.9 g C₃H₈O₂**13.67**（a）$X_{乙醇}$ = 0.2812（b）$P_{溶液}$ = 238 torr（c）蒸气中 $X_{乙醇}$ = 0.4721**3.69**（a）由于 NaCl 是一种强电解质，1mol NaCl 产生的溶解粒子是 1mol 分子溶质 C₆H₁₂O₆ 的两倍，沸点升高与溶解粒子的总摩尔数直接相关。0.10*m* NaCl 的溶解粒子较多，所以其沸点比 0.10 *m* C₆H₁₂O₆ 高（b）在强电解质 NaCl 溶液中，离子对降低了溶液中有效粒子数，降低了沸点的变化。对于 0.10m 溶液实际沸点低于计算得到的沸点**13.71** 0.050 *m* LiBr < 0.120 *m* 葡萄糖 < 0.050 *m* Zn(NO₃)₂**13.73**（a）T_f = −115.0°C，T_b = 78.7°C（b）T_f = −67.3°C，T_b = 64.2°C（c）T_f = −0.4°C，T_b = 100.1°C（d）T_f = −0.6°C，T_b = 100.2°C。**13.75** 167 g C₂H₆O₂**13.77** Π = 0.0168 atm = 12.7 torr。**13.79** 肾上腺素的近似摩尔质量为 1.8×10^2g。**13.81** 溶菌酶摩尔质量为 1.39×10^4g **13.83** i = 2.8。**13.85**（a）不。在气态下，粒子相距遥远，分子间吸引力较小。当两种气体结合时，式 13.1 中的所有项基本上为零，且混合物始终是均匀的。（b）要确定法拉第分散是真溶液还是胶体，用光束照射它。如果光是散射的，则色散物是一种胶体。**13.87** 选择（d），CH₃(CH₂)₁₁COONa，为最佳乳化剂。长烃链与亲水性组分发生相互作用，离子端与亲水性组分发生相互作用，并稳定胶体。**13.89**（a）否。蛋白质的疏水性或亲水性将决定哪种电解质在哪种浓度下是最有效的沉淀剂。（b）更强。如果一个蛋白质被"盐析"，蛋白质 - 蛋白质相互作用比蛋白质 - 溶剂相互作用和固体蛋白质形式更强。（c）第一个假设似乎是可信的，因为电解质和水分子之间的离子偶极相互作用比偶极偶极相互作用和水分子和蛋白质分子之间的氢键相互作用强。但是，我们也知道离子吸附在疏水胶体的表面；第二个假设也似乎是可信的。如果我们能够测量蛋白质分子的电荷和吸附水含量，作为盐浓度的函数，那么我们就可以区分这两个假设。**13.91**（a）盐酸盐（b）游离碱（c）0.492 M 游离碱（d）7.36 M 盐酸盐（e）275 mL 12.0 M HCl **13.94**（a）k_{Rn} = 7.27×10^{-3}mol/L·atm（b）P_{Rn} = 1.1 × 10⁻⁴ atm；S_{Rn} = 8.1×10^{-7} *M* **13.98**（a）2.69 *m* LiBr（b）X_{LiBr} = 0.0994（c）质量分数为 81.1% 的 LiBr**13.100** X_{H_2O} = 0.808；0.0273 mol 离子；0.0137 mol NaCl；0.798 g NaCl **13.103**（a）−0.6°C（b）−0.4°C **13.106**（a），CF₄，1.7×10^{-4} *m*；CClF₃，9×10^{-4} *m*；CCl₂F₂，2.3×10^{-2} *m*；CHClF₂，3.5×10^{-2} *m*（b）偶极矩（c）3.9×10^{-4} mol O₂**13.109**（a）中心原子及其电子对的数目为:（i）Cl,4;（ii）B,4;（iii）P,6（iv）Al,4;（v）B, 4（b）四面体（c）阴离子中的中心 P 原子（iii）有一个超八隅体构型。如图所示，阴离子（i）中的中心 Cl 原子也是一个超八隅体构型。注意，可以画出 ClO₄⁻ 的多重共振结构，包括 Cl 遵守八重态规则的结构。本练习中所示的结构是将形式电荷最小化的结构（d）BARF **13.113**（a）P_t = 330 torr

（b）放热。根据库仑定律，静电吸引力导致系统能量的整体降低。$\Delta H_{溶液}$ < 0。

第 14 章

14.1 气缸内燃烧反应的速率取决于喷雾中液滴的表面积。液滴越小，暴露在氧气中的表面积越大，燃烧反应越快。在喷油器堵塞的情况下，较大的油滴会导致不同气缸中燃烧不均匀，从而导致发动机运转不平稳，降低燃油经济性**14.3**（a）式（iv）（b）速率 = −Δ[B]/Δt = ½Δ[A]/Δt**14.9**（1）反应物的总势能（2）E_a，反应的活化能（3）ΔE，反应的能量变化（4）产物的总势能**14.12**（a）NO₂ + F₂ ⟶ NO₂F + F；NO₂ + F ⟶ NO₂F（b）2NO₂ + F₂ ⟶ 2NO₂F（c）F（原子氟）为中间体（d）速率 =k[NO₂][F₂] **14.15**（a）净反应 AB + AC ⟶ BA₂ + C（b）A 为中间体（c）A₂ 为催化剂。**14.17**（a）反应速率是在给定时间内产物或反应物数量的变化。（b）速率取决于反应物的浓度、反应物的表面积、温度和活化能 / 催化剂的存在。（c）不知道。必须知道反应的化学计量比（反应物和产物的摩尔比）才能将反应物的减少率和产物的生成率联系起来。

14.19

时间 /min	Mol A	(a) Mol B	[A] /(mol/L)	Δ[A] /(mol/L)	(b) 速率 /(M/s)
0	0.065	0.000	0.65		
10	0.051	0.014	0.51	−0.14	2.3 × 10⁻⁴
20	0.042	0.023	0.42	−0.09	1.5 × 10⁻⁴
30	0.036	0.029	0.36	−0.06	1.0 × 10⁻⁴
40	0.031	0.034	0.31	−0.05	0.8 × 10⁻⁴

（c）Δ[B]$_{avg}$/Δt = 1.3×10^{-4} M/s

14.21

（a）

时间 /s	时间间隔 /s	浓度 /M	Δ M	速率 /(M/s)
0		0.0165		
2,000	2,000	0.0110	−0.0055	28 × 10⁻⁷
5,000	3,000	0.00591	−0.0051	17 × 10⁻⁷
8,000	3,000	0.00314	−0.00277	9.3 × 10⁻⁷
12,000	4,000	0.00137	−0.00177	4.43 × 10⁻⁷
15,000	3,000	0.00074	−0.00063	2.1 × 10⁻⁷

（b）平均反应速率为 1.05×10^{-6} M/s（c）t = 2000s 和 t = 12000 s 之间的平均速率（9.63×10^{-7} M/s）大于 t = 8000 s 和 t = 15000 s 之间的平均速率（3.43×10^{-7} M/s）（d）由图表中切线的斜率可知，5000 s 时的速率为 12×10^{-7} M/s，8000 s 时的速率为 5.8×10^{-7} M/s。

14.23（a）− Δ[H₂O₂]/Δt = Δ[H₂]/Δt = Δ[O₂]/Δt

（b）$-1/2\Delta[N_2O]/\Delta t = 1/2\Delta[N_2]/\Delta t = \Delta[O_2]/\Delta t$

（c）$-\Delta[N_2]/\Delta t = -1/3\Delta[H_2]/\Delta t = -1/2\Delta[NH_3]/\Delta t$

（d）$-\Delta[C_2H_5NH_2]/\Delta t = \Delta[C_2H_4]/\Delta t = \Delta[NH_3]/\Delta t$

14.25（a）$-\Delta[O_2]/\Delta t = 0.24$ mol/s；$\Delta[H_2O]/\Delta t = 0.48$ mol/s（b）$P_{总}$ 减少 28 torr/min。**14.27**（a）若 [A] 加倍，则速率或速率常数没有变化。（b）反应在 A 中为零级，在 B 中为二级，总体上为二级。（c）k 的单位 = $M^{-1}s^{-1}$ **14.29**（a）速率 = $k[N_2O_5]$（b）速率 = 1.16×10^{-4} M/s（c）当 N_2O_5 浓度加倍时，速率加倍。（d）当 N_2O_5 浓度减半时，速率减半。**14.31**（a, b）$k = 1.7 \times 10^2$ $M^{-1}s^{-1}$（c）如果 [OH⁻] 为三倍，则速率为三倍。（d）如果 [OH⁻] 和 [CH₃Br] 都是三倍，则速率增加 9 倍。**14.33**（a）速率 = $k[OCl^-][I^-]$（b）$k = 60$ $M^{-1}s^{-1}$（c）速率 = 6.0×10^{-5} M/s **14.35**（a）速率 = $k[BF_3][NH_3]$（b）反应总体上是二级反应。（c）$k_{avg} = 3.41$ $M^{-1}s^{-1}$（d）0.170 M/s **14.37**（a）速率 = $k[NO]^2[Br_2]$（b）$k_{avg} = 1.2 \times 10^4$ $M^{-2}s^{-1}$（c）$\frac{1}{2}\Delta[NOBr]/\Delta t = -\Delta[Br_2]/\Delta t$（d）$-\Delta[Br_2]/\Delta t = 8.4$ M/s **14.39**（a）对于一级反应来说，$\ln[A]$ 与时间的关系图是一条直线。（b）在 $\ln[A]$ 与时间的关系图上，速率常数（负斜率）是一条直线。**14.41**（a）$k = 3.0 \times 10^{-6} s^{-1}$（b）$t_{1/2} = 3.2 \times 10^4$ s **14.43**（a）P = 30 torr（b）t = 51 s **14.45** 画图（$\ln P_{SO_2Cl_2}$）与时间的关系，$k = -$ 斜率 = $2.19 \times 10^{-5} s^{-1}$ **14.47**（a）$1/[A]$ 与时间的关系是线性的，因此反应是 [A] 中的二级反应。（b）$k = 0.040$ M^{-1} min^{-1}（c）$t_{1/2} = 38$ min **14.49**（a）$1/[NO_2]$ 与时间的曲线关系是线性的，因此反应在 NO_2 中为二级。（b）$k =$ 斜率 = 10 $M^{-1}s^{-1}$（c）速率为 0.200 $M = 0.400$ M/s，速率为 0.100 $M = 0.100$ M/s；速率为 0.050 $M = 0.025$ M/s **14.51**（a）碰撞时分子的能量和方向决定了是否会发生反应。（b）速率常数通常随着反应温度的升高而增加。（c）能量大于活化能的分子分数随温度变化最为显著。碰撞频率和方向因子被归为频率因子 A，该因子被认为是随温度而恒定的。**14.53** $f = 4.94 \times 10^{-2}$。在 400 K 时，20 个分子中大约有 1 个分子具有这种动能。

14.55（a）

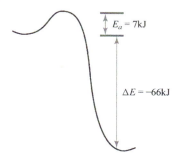

（b）E_a（逆）= 73 kJ **14.57**（a）错误（b）错误（c）正确 **14.59** 反应速率由慢到快的顺序为：速率（c）< 速率（a）< 速率（b）**14.61**（a）$k = 1.1 s^{-1}$（b）$k = 13 s^{-1}$（c）第（a）和（b）部分中的方法假设碰撞模型和 Arrhenius 方程描述了反应动力学。也就是说，活化能在所考虑的温度范围内是恒定的。**14.63** $\ln k$ 对 $1/T$ 的曲线斜率为 -5.64×10^3；$E_a = -R$（斜率）= 47.5kJ/mol **14.65**（a）基元反应是作为单个事件发生的反应；顺序由反应平衡方程中的系数给出。（b）单分子基元反应只涉及一个反应分子；双分子基元反应涉及两个反

应分子。（c）反应机理是用一系列基元反应描述总反应的发生方式，并解释实验确定的速率定律。（d）控速步骤是反应机理中的慢步骤。它限制了总反应速率。**14.67**（a）单分子，速率 = $k[Cl_2]$（b）双分子，速率 = $k[OCl^{-1}][H_2O]$（c）双分子，速率 = $k[NO][Cl_2]$ **14.69**（a）两个中间体，B 和 C（b）三个过渡态（c）C $\longrightarrow$ D 是最快的。（d）ΔE 为正。**14.71**（a）$H_2(g) + 2ICl(g) \longrightarrow I_2(g) + 2HCl(g)$（b）HI 为中间体。（c）如果第一步缓慢，观察到的速率定律为速率 = $k[H_2][ICl]$。**14.73**（a）假设第二步是控速步骤，两步机理与数据一致。（b）否。线性曲线图保证整体速率定律将包括 $[NO]^2$，由于数据是在常数 $[Cl_2]$ 下获得的，我们没有关于 $[Cl_2]$ 的反应级数的信息。**14.75**（a）催化剂是一种改变（通常增加）化学反应速率而不会发生化学变化的物质。（b）均相催化剂与反应物处于同一相，而非均相催化剂处于不同相。（c）催化剂对反应的总焓变化没有影响，但会对活化能和频率因子产生影响。

14.77

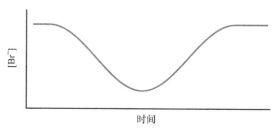

14.79（a）将第一个反应中的系数乘以 2 然后相加。（b）NO_2（g）是催化剂。（c）NO（g）是中间产物。（d）这是一种均相催化。**14.81**（a）使用化学稳定的载体可以使贵金属催化剂的单位质量获得非常大的表面积，因为金属可以沉积在非常薄的载体表面、甚至是单分子的层中。（b）催化剂的表面积越大，反应位点越多，催化反应的速率越大。**14.83** 将两个 D 原子放在一个碳上时，必须是在分子被吸附时破坏乙烯中已有的一个 C—H 键，以便 H 原子作为被吸附原子移动，并被一个 D 原子取代。这需要比简单地吸附 C_2H_4 和向每个碳上添加一个 D 原子具有更大的活化能。**14.85** 碳酸酐酶使反应活化能降低 42kJ。**14.87**（a）催化反应在 25°C 时大约快 10000000 倍（b）催化反应在 125°C 时快 180,000 倍。**14.91**（a）速率 = 4.7×10^{-5} M/s（b）（c）k = 0.84 $M^{-2}s^{-1}$（d）如果 [NO] 增加 1.8 倍，速率将增加 3.2 倍。**14.95**（a）反应在 NO_2 中为二级反应。（b）当 $[NO_2]_0 = 0.100M$，$[NO_2]_t = 0.025M$ 时，用二阶速率方程的积分形式求解得 $t = 48s$ **14.99**（a）^{241}Am 的半衰期为 4.3×10^2 年，^{125}I 的半衰期为 63 天（b）^{125}I 的衰变速度更快。（c）每种同位素在 3 次半衰期后残留 0.13mg。（d）4 天后剩余的 ^{241}Am 量为 1.00mg。4 天后 ^{125}I 的残留量为 0.96 mg。**14.103**（a）$1/[C_5H_6]$ 与时间的关系曲线是线性的，反应为二级反应。（b）$k = 0.167 M^{-1}s^{-1}$ **14.107**（a）当加入两个基元反应时，$N_2O_2(g)$ 出现在两侧并消掉，从而产生总反应。$2 NO(g) + H_2(g) \longrightarrow N_2O(g) + H_2O(g)$（b）一级反应，$-[NO]/\Delta t = k[NO]^2$，二级反应，$-[H_2]/\Delta t = k[H_2][N_2O_2]$（c）$N_2O_2$ 为中间体。（d）由于 $[H_2]$ 出现在速率定律中，第二步必须比第一步慢。**14.110**（a）$Cl_2(g) + CHCl_3(g) \longrightarrow HCl(g) + CCl_4(g)$（b）Cl(g)，

CCl$_3$(g)（c）反应1，单分子；反应2，双分子；反应3，双分子（d）反应2为控速步骤。（e）速率 = k[CHCl$_3$][Cl$_2$]$^{1/2}$ **14.115** 酶必须将活化能降低 22 kJ 以发挥作用

14.120（a）$k = 8 \times 10^7 \, M^{-1}s^{-1}$

$$:N\!\equiv\!O:$$

（b）

$$:\!\ddot{O}\!=\!\ddot{N}\!-\!\ddot{F}\!: \longleftrightarrow (:\!\ddot{O}\!-\!\ddot{N}\!=\!\ddot{F}:)$$

（c）NOF 弯曲形成约为 120° 的键角

（d）
$$\left[\begin{array}{c} O = N \\ \quad \diagdown \\ F \text{---} F \end{array} \right]$$

（e）缺电子的 NO 分子被富电子分子 F$_2$ 所吸引，所以形成过渡态的驱动力比简单的随机碰撞的力更大。

14.123（a）

（b）被氮上孤对电子吸引的反应物将产生四面体中间体。这是一个具有全部、部分的，甚至是瞬态正电荷的一部分。

第 15 章

15.1（a）$k_f > k_r$（b）平衡常数大于 1。
15.3 K 大于 1。**15.5** A(g)+B(g) $\rightleftharpoons$ AB(g) 具有较大的平衡常数。**15.6** 按从小到大的平衡常数顺序排列，（c）<（b）<（a）**15.7** 说法（b）是正确的。**15.9** 图中应增加两个 B 原子。**15.11** K_c 随 t 的增加而减少，因此反应是放热的。**15.13**（a）$K = 8.1 \times 10^{-3}$。（b）平衡时，A 的分压大于 B 的分压。
15.15（a）$K_c = $[N$_2$O][NO$_2$]/[NO]^3；均相
（b）$K_c = $[CS$_2$][H$_2$]^4/[CH$_4$][H$_2$S]^2；均相
（c）$K_c = $[CO]^4/[Ni(CO)$_4$]；非均相
（d）$K_c = $[H$^+$][F$^-$]/[HF]；均相（e）$K_c = $[Ag$^+$]^2/[Zn^{2+}]；非均相（f）$K_c = $[H$^+$][OH$^-$]；均相（g）$K_c = $[H$^+$]^2[OH$^-$]^2；均相 **15.17**（a）主要是反应物（b）主要是产物 **15.19**（a）正确（b）错误（c）错误 **15.21** $K_p = 1.0 \times 10^{-3}$ **15.23**（a）在此温度下有利于 NO 和 Br$_2$ 平衡。（b）$K_c = 77$（c）$K_c = 8.8$
15.25（a）$K_p = 0.541$（b）$K_p = 3.42$（c）$K_c = 281$ **15.27** $K_c = 0.14$
15.29（a）$K_p = P_{O_2}$（b）$K_c = $[Hg(solv)]^4[O$_2$(solv)]
15.31 $K_c = 10.5$
15.33（a）$K_p = 51$（b）$K_c = 2.1 \times 10^3$ **15.35**（a）[H$_2$]=0.012M，[N$_2$]=0.019M，[H$_2$O]=0.138M（b）$K_c = 653.7 = 7 \times 10^2$
15.37（a）P_{CO_2}=4.10atm，P_{H_2}=2.05atm，P_{H_2O}=3.28atm，（b）P_{CO_2}=3.87atm，P_{H_2}=1.82atm，P_{CO}=0.23atm（c）K_p=0.11（d）K_c=0.11 **15.39** $K_c = 2.0 \times 10^4$ **15.41**（a）向产物增多的方向，右移（b）用于计算 Q 的浓度必须是平衡浓度。**15.43**（a）$Q = 1.1 \times 10^{-8}$，反应向左进行。（b）$Q = 5.5 \times 10^{-12}$，反应向右进行。（c）$Q = 2.19 \times 10^{-10}$，混合物处于平衡状态。**15.45** P_{Cl_2}=5.0 atm
15.47 [Br$_2$]=0.00767M，[Br]=0.00282M，0.0451 g Br(g)

15.49 [I]=$2.10 \times 10^{-5}M$，[I$_2$]=$1.43 \times 10^{-5}M$，0.0362 g I$_2$
15.51 [NO]=0.002M，[N$_2$]=[O$_2$]=0.087M
15.53 Br$_2$(g) 的平衡压力为 0.416atm。
15.55（a）[Ca^{2+}]=[SO$_4^{2-}$]=4.9×10^{-3} M（b）需要略大于 1.0g CaSO$_4$ 才能使一些未溶解的 CaSO$_4$(s) 与 1.4L 饱和溶液平衡。
15.57 [IBr] = 0.223M，[I$_2$] = [Br$_2$] = 0.0133M
15.59 P_{CH_3I} = P_{HI} = 0.422 torr，P_{CH_4} = 104.7 torr，P_{I_2} = 7.54 torr
15.61（a）平衡向右移动（b）减小 K 值（c）平衡向左移动（d）不移动（e）不移动（f）平衡向右移动 **15.63**（a）不变（b）不变（c）不变（d）平衡常数增大（e）不变 **15.65**（a）$\Delta H^\circ = -155.7$kJ。（b）反应是放热的，所以随着温度的升高，平衡常数会降低。（c）Δn 不等于零，因此恒温下体积的变化将影响平衡混合物中产物的分数。**15.67** 压力增大有利于臭氧的形成。**15.69**（a）吸热（b）平衡常数增加。（c）正反应速率常数增加的 k_f 量大于逆反应速率常数 k_r **15.73** K_p=24.7；K_c=3.67×10^{-3} **15.76**（a）P_{Br_2}=0.161atm；P_{NO}=0.628atm；P_{NOBr}=0.179atm；K_c=0.0643，（b）P_t=0.968 atm，（c）10.49g NOBr **15.79** 平衡时，P_{IBr} =0.021atm P_{I_2} = P_{Br_2} = 1.9 × 10^{-3}atm **15.82** K_p=4.33，K_c=0.0480
15.85 [CO$_2$]=[H$_2$]=0.264 M，[CO]=[H$_2$O]=0.236M
15.93 $Q = 8 \times 10^{-6}$。$Q > K_p$，系统不平衡；它将向左移动以达到平衡。催化剂可以加速反应，从而达到平衡，进而降低废气中的 CO 浓度。**15.95** 平衡时为 [H$_4$IO$_6^-$]=0.0015M

第 16 章

16.1（a）HCl，H$^+$ 供体，是 Brønsted-Lowry 酸。NH$_3$，H$^+$ 受体，是 Brønsted-Lowry 碱。（b）HCl，电子对受体，是 Lewis 酸。NH$_3$，电子对供体，是 Lewis 碱。**16.5**（a）HY 是一种强酸。溶液中没有中性 HY 分子，只有阳离子 H$^+$ 和阴离子 Y$^-$。（b）HX 的 K_a 值最小。它有大多数中性酸分子和最少的离子。（c）HX 具有最少的 H$^+$，所以 pH 值最高。**16.11**（a）分子 b）酸性更强，因为其共轭碱是共振稳定的，并且离解平衡有利于更稳定的产物的生成。（b）增加 X 的电负性可增加两种酸的强度。当 X 电负性增大而吸引更多的电子密度时，O-H 键变得更弱，极性变大，更容易被电离。因此，一个电负性 X 基团通过使负电荷离域来稳定阴离子共轭碱。平衡态有利于产物生成和 K_a 值的增大。**16.13** HCl 是 Brønsted-Lowry 酸；NH$_3$ 是 Brønsted-Lowry 碱。**16.15**（a）(i) IO$_3^-$ (ii) NH$_3$（b）(i) OH$^-$ (ii) H$_3$PO$_4$

16.17

酸 +	碱 $\rightleftharpoons$	共轭酸	共轭碱
（a）NH$_4^+$(aq)	CN$^-$(aq)	HCN(aq)	NH$_3$(aq)
（b）H$_2$O(l)	(CH$_3$)$_3$N(aq)	(CH$_3$)$_3$NH$^+$(aq)	OH$^-$(aq)
（c）HCOOH(aq)	PO$_4^{3-}$(aq)	HPO$_4^{2-}$(aq)	HCOO$^-$(aq)

16.19（a）　酸：HSO$_3^-$(aq) + H$_2$O(l) $\rightleftharpoons$ SO$_3^{2-}$(aq) + H$_3$O$^+$(aq) 碱：HSO$_3^-$(aq) + H$_2$O(l) $\rightleftharpoons$ H$_2$SO$_3$(aq) + OH$^-$(aq)（b）H$_2$SO$_3$ 是 HSO$_3^{2-}$ 的共轭酸，SO$_3^{2-}$ 是 HSO^{3-} 的共轭碱 **16.21**（a）CH$_3$COO$^-$ 弱碱；CH$_3$COOH，弱酸（b）HCO$_3^-$，

弱碱；H_2CO_3，弱酸（c）O_2^-，强碱；OH^-，强碱（d）Cl^-，弱碱；HCl，强酸（e）NH_3，弱碱；NH_4^+，弱酸 16.23（a）HBr（b）F^-16.25（a）$OH^-(aq) + OH^-(aq)$，平衡向右移动。（b）$H_2S(aq) + CH_3COO^-(aq)$，平衡向右移动。（c）$HNO_3(aq)+OH^-(aq)$，平衡向左移动。16.27 说法（ii）是正确的。

16.29（a）$[H^+] = 2.2 \times 10^{-11}M$，碱性（b）$[H^+] = 1.1 \times 10^{-6}M$，酸性（c）$[H^+] = 1.0 \times 10^{-8}M$，碱性 16.31 $[H^+]=[OH^-]=3.5 \times 10^{-8}M$

16.33（a）$[H^+]$ 变化了 100 倍。（b）$[H^+]$ 变化了 3.2 倍。

16.35

$[H^+]$	$[OH^-]$	pH	pOH	酸碱性
$7.5 \times 10^{-3}M$	$1.3 \times 10^{-12}M$	2.12	11.88	酸性
$2.8 \times 10^{-5}M$	$3.6 \times 10^{-10}M$	4.56	9.44	酸性
$5.6 \times 10^{-9}M$	$1.8 \times 10^{-6}M$	8.25	5.75	碱性
$5.0 \times 10^{-9}M$	$2.0 \times 10^{-6}M$	8.30	5.70	碱性

16.37 $[H^+] = 4.0 \times 10^{-8}M$，$[OH^-] = 6.0 \times 10^{-7}M$，pOH = 6.22
16.39（a）酸性（b）溶液的可能 pH 范围为 4~6。（c）甲基红有助于更精确地测定溶液的 pH 值。16.41（a）正确（b）正确（c）错误
16.43（a）$[H^+] = 8.5 \times 10^{-3}M$, pH = 2.07
（b）$[H^+] = 0.0419M$, pH = 1.377
（c）$[H^+] = 0.0250M$, pH = 1.602
（d）$[H^+] = 0.167M$, pH = 0.778
16.45（a）$[OH^-] = 3.0 \times 10^{-3}M$, pH = 11.48
（b）$[OH^-] = 0.3758M$, pH = 13.5750
（c）$[OH^-] = 8.75 \times 10^{-5}M$, pH = 9.942
（d）$[OH^-] = 0.17M$, pH = 13.23 16.47 $3.2 \times 10^{-3}M$ NaOH

16.49（a）$HBrO_2(aq) \rightleftharpoons H^+(aq) + BrO_2^-(aq)$,
$K_a = [H^+][BrO_2^-]/[HBrO_2]$；
$HBrO_2(aq) + H_2O(l) \rightleftharpoons H_3O^+(aq) + BrO_2^-(aq)$
$K_a = [H_3O^+][BrO_2^-]/[HBrO_2]$
（b）$C_2H_5COOH(aq) \rightleftharpoons H^+(aq) + C_2H_5COO^-(aq)$
$K_a = [H^+][C_2H_5COO^-]/[C_2H_5COOH]$；
$C_2H_5COOH(aq) + H_2O(l) \rightleftharpoons H_3O^+(aq) + C_2H_5COO^-(aq)$
$K_a = [H_3O^+][C_2H_5COO^-]/[C_2H_5COOH]$
16.51 $K_a = 1.4 \times 10^{-4}$16.53 $[H^+] = [ClCH_2COO^-] = 0.0110M$, $[ClCH_2COOH] = 0.089M$, $K_a = 1.4 \times 10^{-3}$16.55 $0.089M$ CH_3COOH 16.57 $[H^+] = [C_6H_5COO^-] = 1.8 \times 10^{-3}M$, $[C_6H_5COOH] = 0.048M$
16.59（a）$[H^+] = 1.1 \times 10^{-3}M$, pH = 2.95
（b）$[H^+] = 1.7 \times 10^{-4}M$, pH = 3.76
（c）$[OH^-] = 1.4 \times 10^{-5}M$, pH = 9.15
16.61 $[H^+] = 2.0 \times 10^{-2}M$, pH = 1.71
16.63（a）$[H^+]=2.8 \times 10^{-3}M$，电离度 0.69%
（b）$[H^+]=1.4 \times 10^{-3}M$，电离度 1.4%

（c）$[H^+]=8.7 \times 10^{-4}M$，电离度 2.2%
16.65（a）$[H^+] = 5.1 \times 10^{-3}M$, pH = 2.30.（b）是。我们开始计算时假设只有第一步对 $[H^+]$ 和 pH 有显著贡献，计算证明了这一假设是正确的。接下来，我们假设第一次电离产生的 $[H^+]$ 相对于 $0.040M$ 的檬酸来说很小；这个假设是无效的。最后我们假设 $[H_2C_6H_5O_7^-]$ 的附加电离很小，这是正确的。（c）$[C_6H_5O_7^{3-}]$ 远小于 $[H^+]$。16.67（a）$HONH_3^+$（b）当羟胺作为碱时，氮原子接受质子。（c）在羟胺中，O 和 N 是具有非键电子对的原子；在中性分子中，两者都没有形式电荷。氮的电负性比氧小，而且更可能与一个（缺电子）H^+ 共享一对孤电子。N 上带 +1 价的形式电荷的阳离子比 O 上带 +1 价的形式电荷的阳离子更稳定。16.69
（a）$(CH_3)_2NH(aq) + H_2O(l) \rightleftharpoons (CH_3)_2NH_2^+(aq) + OH^-(aq)$；
$K_b = [(CH_3)_2NH_2^+][OH^-]/[(CH_3)_2NH]$
（b）$CO_3^{2-}(aq) + H_2O(l) \rightleftharpoons HCO_3^-(aq) + OH^-(aq)$；
$K_b = [HCO_3^-][OH^-]/[(CO_3^{2-})]$
（c）$HCOO^-(aq) + H_2O(l) \rightleftharpoons HCOOH(aq) + OH^-(aq)$；
$K_b = [HCOOH][OH^-]/[HCOO^-]$
16.71 根据二次公式，$[OH^-] = 6.6 \times 10^{-3}M$, pH = 11.82
16.73（a）$[C_{10}H_{15}ON] = 0.033M$, $[C_{10}H_{15}ONH^+] = [OH^-] = 2.1 \times 10^{-3}M$（b）$K_b = 1.4 \times 10^{-4}$16.75（a）$C_6H_5OH(aq) + H_2O(l) \leftrightarrows H_3O^+(aq) + C_6H_5O^-(aq)$（b）$K_b = 7.7 \times 10^{-5}$（c）苯酚酸性比水强。16.77（a）乙酸较强。（b）ClO^- 离子碱性更强。（c）对于 CH_3COO^-，$K_b=5.6 \times 10^{-10}$；对于 ClO^-，$K_b=3.3 \times 10^{-7}$.
16.79（a）$[OH^-]=6.3 \times 10^{-4}M$，pH=10.80
（b）$[OH^-]=9.2 \times 10^{-5}M$，pH=9.96
（c）$[OH^-]=3.3 \times 10^{-6}M$，pH=8.52 16.81 $4.5M$ $NaCH_3COO$
16.83（a）酸性（b）酸性（c）碱性（d）中性（e）酸性 16.85 未知盐的阴离子的 K_b 为 1.4×10^{-11}；F^- 的 K_b 为 1.5×10^{-11}；未知盐为 NaF。16.87（a）HNO_3 比 HNO_2 酸性强（b）H_2S 比 H_2O 酸性强。（c）H_2SO_4 比 H_2SeO_4 酸性强。（d）CCl_3COOH 比 CH_3COOH 酸性强 16.89（a）BrO^-（b）BrO^-（c）HPO_4^{2-}16.91（a）正确（b）错误。在具有相同中心原子的一系列酸中，酸强度随着键合到中心原子的非质子氧原子的数量而增加。（c）错误。H_2Te 是一种比 H_2S 更强的酸，因为 H—Te 键比 H—S 键更长、更弱、更容易电离。

16.93 $NH_3(aq)+H_2O(l) \rightleftharpoons NH_4^+(aq)+OH^-(aq)$。氨，$NH_3$，作为 Arrhenius 碱，因为它增加了水溶液中 OH^- 的浓度；氨也是 Brønsted-Lowry 碱，因为它是质子受体；氨也是 Lewis 碱，因为它是电子对供体。
16.95（a）酸，$Fe(ClO_4)_3$ 或 Fe^{3+}；碱，H_2O（b）酸，H_2O；碱，CN^-（c）酸，BF_3；碱，$(CH_3)_3N$（d）酸，HIO；碱，NH_2^-16.97（a）Cu^{2+}，较高的阳离子电荷（b）Fe^{3+}，较高的阳离子电荷（c）Al^{3+}，较小的阳离子半径，相同的电荷 16.101 $K=3.3 \times 10^7$16.106 pH=7.01（不是 5.40，按传统的计算来看，这是不合理的）通常我们假设来自水的自电离的 $[H^+]$ 和 $[OH^-]$ 对整个 $[H^+]$ 和 $[OH^-]$ 是没有贡献的。然而，对于小于 1×10^{-6} M 的酸或碱溶液，水的自电离产生的 $[H^+]$ 和 $[OH^-]$ 不能忽略，我们在计算 pH 值时必须考虑到这一点。16.109（a）$pK_b=9.16$（b）pH=3.07（c）pH=8.77 16.113 尼古丁，质子化；咖啡因，中性碱；士的宁，质子化；奎宁，质子化 16.116. H^+ 离子浓度：6.0×10^{13}

16.119（a）准确到报告日期，40 年前雨水的 pH 值为 5.4，与今天的 pH 值不同。以有效数字表示，$[H^+]=3.61 \times 10^{-6}M$，pH=5.443（b）一桶 20.0L 的今天的雨水含有 0.02L（以有效数字表示是 0.0200L）溶解的二氧化碳。16.123 R_x 1，$\Delta H = 104kJ$；R_x 2，$\Delta H = -32kJ$。反应 2 是放热的，而反应 1 是吸热的。同一族中对于含有重原子 (X) 的二元酸，H—X 键越长越弱，酸性越强（且电离反应的放热程度越高）。

16.126（a）$K_{(i)}=5.6 \times 10^3$，$K_{(ii)}=10$（b）（i）和（ii）均有 $K > 1$，所以两者都可以用一个箭头来表示。

第 17 章

17.1 中间方框的 pH 值最高。对于等量的酸 HX，共轭碱 X^- 的量越大，H^+ 的量越小，pH 值越高。17.7（a）红色曲线对应于浓度更高的酸溶液。（b）在弱酸的滴定曲线上，pH=pK_a 时，体积达到定量点的一半时。从两条曲线中读取 pK_a 值，红色曲线的 pK_a 值较小，K_a 值较大。17.9（a）最右边的图表示添加 HNO_3 时 $BaCO_3$ 的溶解度。（b）最左边的图表示添加 Na_2CO_3 时 $BaCO_3$ 的溶解度。（c）中心图表示添加 $NaNO_3$ 时 $BaCO_3$ 的溶解度。17.13 说法（a）正确。17.15（a）$[H^+]=1.8 \times 10^{-5}M$，pH=4.73（b）$[OH^-]=4.8 \times 10^{-5}M$，pH=9.68（c）$[H^+]=1.4 \times 10^{-5}M$，pH=4.87 17.17（a）电离百分比为 4.5%（b）电离百分比为 0.018% 17.19 仅溶液（a）为缓冲液。

17.21（a）pH = 3.82（b）pH = 3.96 17.23（a）pH = 5.26（b）$Na^+(aq) + CH_3COO^-(aq) + H^+(aq) + Cl^-(aq) \longrightarrow CH_3COOH(aq) + Na^+(aq) + Cl^-(aq)$

（c）$CH_3COOH(aq) + Na^+(aq) + OH^-(aq) \longrightarrow CH_3COO^-(aq) + H_2O(l) + Na^+(aq)$

17.25（a）pH = 1.58（b）36g NaF 17.27（a）pH = 4.86（b）pH = 5.0（c）pH = 4.71

17.29（a）$[HCO_3^-]/[H_2CO_3] = 11$（b）$[HCO_3^-]/[H_2CO_3] = 5.4$ 17.31 360mL 的 $0.10M$ HCOONa，640mL $0.10M$ HCOOH

17.33（a）曲线 B（b）曲线 A 近似等当点处的 pH 为 8.0，曲线 B 近似等当点处的 pH 为 7.0（c）对于等体积的 A 和 B，酸 B 的浓度更大，因为它需要更大体积的碱才能达到等当点。（d）弱酸的 pK_a 值约为 4.5 17.35（a）错误（b）正确（c）正确 17.37（a）pH 大于 7（b）pH 小于 7（c）pH 等于 7 17.39 酚蓝的第二次颜色变化在 pH 正确的范围内，以显示弱酸与强碱滴定的等当点。17.41（a）42.4mL NaOH 溶液（b）35.0mL NaOH 溶液（c）29.8mL NaOH 溶液 17.43（a）pH=1.54（b）pH=3.30（c）pH=7.00（d）pH=10.69（e）pH=12.74

17.45（a）pH = 2.78（b）pH = 4.74（c）pH = 6.58（d）pH =

8.81（e）pH = 11.03（f）pH = 12.42 17.47（a）pH = 7.00（b）$[HONH_3^+] = 0.100\,M$，pH = 3.52（c）$[C_6H_5NH_3^+] = 0.100\,M$，pH = 2.82 17.49（a）正确（b）错误（c）错误（d）正确

17.51 $K_{sp} = [Ag^+][I^-]$；$K_{sp} = [Sr^{2+}][SO_4^{2-}]$；$K_{sp} = [Fe^{2+}][OH^-]^2$；$K_{sp} = [Hg_2^{2+}][Br^-]^2$

17.53（a）$K_{sp} = 7.63 \times 10^{-9}$（b）$K_{sp} = 2.7 \times 10^{-9}$（c）$5.3 \times 10^{-4}$ mol $Ba(IO_3)_2$/L 17.55 $K_{sp} = 2.3 \times 10^{-9}$

17.57（a）7.1×10^{-7} mol AgBr/L（b）1.7×10^{-11} mol AgBr/L（c）5.0×10^{-12} mol AgBr/L 17.59（a）烧杯底部的固体 CaF_2（s）含量增加。（b）溶液中 $[Ca^{2+}]$ 增加；（c）溶液中 $[F^-]$ 减少。17.61（a）1.4×10^{-3}g $Mn(OH)_2$/L（b）0.014g/L（c）3.6×10^{-7} g/L 17.63 更易溶于酸：（a）$ZnCO_3$（b）ZnS（d）AgCN（e）$Ba_3(PO_4)_2$ 17.65 $[Ni^{2+}] = 1.3 \times 10^{-6}\,M$，$[Ni(NH_3)_6^{2+}] = 0.0964M$ 17.67（a）每 L 纯水中含有 9.1×10^{-9}mol AgI（b）$K = K_{sp} \times K_f = 8 \times 10^4$（c）每升 $0.100\,M$ NaCN 中含有 0.0500 mol AgI 17.69（a）$Q < K_{sp}$；无 Ca（OH）$_2$ 沉淀（b）$Q < K_{sp}$；无 Ag_2SO_4 沉淀 17.71 pH=11.5 17.73 在 $[I^-]=4.2 \times 10^{-13}\,M$ 时，AgI 将先沉淀。17.75 AgCl 将先沉淀。17.77 Ag^+（组 1）和 Mg^{2+}（组 4）肯定不存在。Al^{3+}（组 3）肯定存在，Na^+（组 5）可能存在。

17.79（a）用 0.2 M HCl 使溶液呈酸性；用 H_2S 饱和。CdS 会沉淀；ZnS 不会沉淀。（b）添加过量的碱；$Fe(OH)_3$(s) 沉淀，但 Cr^{3+} 形成可溶络合物 $Cr(OH)_4^-$。（c）添加 $(NH_4)_2HPO_4$；Mg^{2+} 沉淀为 $MgNH_4PO_4$；K^+ 可溶。（d）添加 6M HCl；沉淀 Ag^+ 为 AgCl(s)；Mn^{2+} 可溶。17.81（a）碱需要增加 $[PO_4^{3-}]$，使其超过金属磷酸盐的溶解度积，并且磷酸盐沉淀。（b）第 3 组阳离子的 K_{sp} 要大得多；要增大 K_{sp}，需要更高的 $[S^{2-}]$。（c）它们都应重新溶解在强酸性溶液中。17.83 pOH=pK_b+log $\{[BH^-]/[B]\}$ 17.89 6.5mL 冰醋酸，5.25g CH_3COONa 17.91（a）酸的摩尔质量为 94.6 g/mol。（b）K_a=1.4×10^{-3} 17.97（a）$[Pb^{2+}]=2.7 \times 10^{-7}\,M$（b）56ppb Pb^{2+}（c）$PbCO_3$ 的溶解度随着 pH 值的降低而增加。（d）铅浓度为 56 ppb 的碳酸铅饱和溶液超过了 EPA 可接受的铅水平 15ppb。17.102 $Mg(OH)_2$ 在 $0.50M$ NH_4Cl 中的溶解度为 0.11mol/L 17.108 $[OH^-] \geq 1.0 \times 10^{-2}\,M$ 或 pH $\geq$ 12.02 17.111（a）酸的摩尔质量为 94.5g/mol。（b）K_a=1.3×10^{-5}（c）由附录 D，丁酸是 K_a 和摩尔质量最接近的匹配物，但该一致性并不确切。17.113 在给出胃的环境下，99.7% 的阿司匹林以中性分子存在。17.117（a）AgCl 中的 $[Ag^+]$ 为 1.4×10^3 ppb 或 1.4 ppm。（b）AgBr 中的 $[Ag^+]$ 为 76ppb（c）AgI 的 $[Ag^+]$ 为 0.98ppb。AgBr 将 $[Ag^+]$ 控制在一个合适的范围内。

部分想一想答案

第 10 章

第 2 页表 10.1 中最重的气体是 SO_2，其摩尔质量为 64g/mol 比 Xe 的一半还小，其摩尔质量为 131g/mol。第 4 页（a）6.2×10^3N，（b）1.5×10^3N。第 4 页（a）745mm Hg, (b) 0.980atm, (c) 99.3kPa, (d) 0.993 bar。第 7 页它将被减半。第 8 页否，因为绝对温度没有减半，它只会从 373K 降低到 323K。第 10 页 28.2cm。第 14 页密度更小，因为 H_2O 的摩尔质量 18g/mol 比 $N_2$28g/mol 小。第 17 页氮气的分压不受另一种气体的影响，但是总的压力会增加。第 20 页由慢至快 HCl $< O_2 <$ H_2。第 22 页 $U_{rms} > U_{mp} = \sqrt{3/2}$。这个比率不会随着温度的变化而变化，而且对所有气体来说都是一样的。第 25 页（a）减少，（b）不变。第 26 页（b）100 K 和 5 atm。第 27 页负偏差源于分子间吸引力。

第 11 章

第 44 页 H_2O(g)；在沸腾过程中，提供能量以克服 H_2O 分子之间的分子间作用力，从而形成蒸汽。第 46 页 $CH_4 < CCl_4 < CBr_4$。因为这三种分子都是非极性的，所以色散力的强度决定了相对沸点。极化率随分子大小和分子量的增加而增加，$CH_4 < CCl_4 < CBr_4$，因此，色散力和沸点也随之增加。第 50 页主要是氢键，它把液体中的水分子结合在一起。第 50 页因为 $Ca(NO_3)_2$ 是一种形成离子的强电解质，而水是一种具有偶极矩的极性分子。CH_3OH/H_2O 混合物中不存在离子偶极力，因为 CH_3OH 不形成离子。第 54 页减少。第 56 页熔化，吸热。第 58 页由于水可以形成氢键，所以水分子间的吸引力比 H_2S 分子间的吸引力强得多。分子间作用力越大，临界温度和临界压力越高。第 60 页 CCl_4。这两种化合物都是非极性的；因此，分子之间只存在分散力。因为对于更大、更重的 CBr_4，色散力更强，所以它的蒸汽压比 CCl_4 低。在一定温度下蒸汽压越大的物质越易挥发。

第 12 章

第 82 页正方。有两个三维晶格，它有一个正方形底，第三个向量垂直于基底，四边形和立方，但在立方晶格中是 *a*、*b* 和 *c* 向量的长度都是一样的。第 85 页离子固体由离子组成的。带相反电荷的离子从它们身边滑过时，其他的会产生静电排斥，所以离子固体是易碎的第 89 页填充效率随着最近邻数的减少而降低。具有最高堆积效率的结构，六边形和立方紧密堆积，都有配位数为 12 的原子。配位数为 8 的体心立方填料具有较低的填充效率，配位数为 6 的原始立方填充具有较低的填充效率。第 90 页因为硼是一个很小的非金属原子，可以放在较大的钯原子之间的空隙里。是填隙式合金第 95 页金，Au 在

反键轨道上应该有更多的电子。钨，W，位于过渡金属系的中间，在过渡金属系中，*d* 轨道和 *s* 轨道产生的能带大约一半被填满。这个电子数应该填满成键轨道，使反成键轨道大部分是空的。由于这两种元素在成键轨道上的电子数量相似，但钨在反成键轨道上的电子数量较少，所以钨的熔点较高。第 96 页在晶体中，晶格点必须相同。因此，如果一个原子位于晶格点的顶部，那么同一类型的原子必须位于所有晶格点上。在离子化合物中，至少有两种不同类型的原子，只有一种原子可以位于晶格点上。第 99 页 4。氧化钾的经验式为 K_2O，重新排列方程 12.1，可以确定钾的配位数为阴离子配位数 × （每个配方单元的阴离子数 / 每个配方单元的阳离子数）=8(1/2)=4。第 110 页缩合聚合物。—COOH 和 —NH_2 基团的存在允许分子相互反应形成 C—N 键并消除 H_2O。第 111 页随着醋酸乙烯含量的增加，出现更多的侧链分支，抑制结晶区的形成，从而降低熔点第 113 页没有。发射的光子能量与半导体的带隙相似。如果晶体的尺寸减小到纳米范围内，带隙就会增大。然而，由于 340nm 的光落在电磁光谱的紫外区域，增加带隙的能量只会使光更深地移动到紫外区域。

第 13 章

第 133 页随着墨水分子分散到水中，熵增加。第 134 页为了分离 Na^+ 和 Cl^- 离子并将它们分散到溶剂中，必须克服 NaCl（s）的晶格能。C_6H_{14} 是非极性的。离子和非极性分子之间的相互作用往往很弱。因此，分离 NaCl 中离子所需的能量不会以离子—C_6H_{14} 相互作用的形式恢复。第 136 页将溶剂分子彼此分离需要能量，因此是吸热的。（b）形成溶质 - 溶剂相互作用是放热的。第 137 页添加的溶质为固体从溶液中开始结晶提供晶种，并形成沉淀。第 140 页在水中的溶解度将大大降低，因为与水不再有能增加溶解度的氢键存在。第 144 页 230ppm（1ppm 为百万分之一）；2.30×10^5ppb（1ppb 为千亿分之一）。第 146 页稀溶液的质量摩尔浓度几乎等于物质的量浓度。质量摩尔浓度是每千克溶剂中溶质的物质的量，而物质的量浓度是每升溶液中溶质的物质的量。因为溶液是很稀的，所以溶剂的质量基本上等于溶液的质量。此外，稀水溶液的密度为 1.0kg/L。因此，溶液的体积（L）和溶剂的质量（kg）基本相等。第 149 页在更大程度上，蒸汽压的降低取决于总溶质浓度（见式 13.11）。1mol-NaCl（强电解质）提供 2mol 粒子（1mol Na^+ 和 1mol Cl^-），而 1mol（非电解质）仅提供 1mol 粒子。第 152 页不一定；如果溶质是强电解质或弱电解质，它可能具有较低的质量摩尔浓度，但仍会导致 0.51℃ 的升高。

溶液中所有粒子的总质量摩尔浓度为 $1m$。**第 154 页** $0.20m$ 溶液相对于 $0.5m$ 溶液是低渗的。（低渗溶液的浓度较低，因此渗透压也较低）。**第 156 页**，它们的渗透压相同，因为它们的粒子浓度相同。（两者都是强电解质，离子总量为 $0.20M$）**第 159 页**否，疏水基团会向外与疏水脂质接触。

第 14 章

第 176 页增加分压会增加分子间的碰撞次数。对于任何依赖于碰撞的反应（几乎都是碰撞），我们预计速率会随着分压的增加而增加。**第 180 页**可以直观地看到，连接 0s 和 600s 的直线的坡度小于 0s 处的坡度，大于 600s 处的坡度。因此，从最快到最慢的顺序是（ii）>（i）>（iii）。**第 183 页**否，反应速率通常取决于浓度，但速率常数不是。**第 183 页**一般情况下，速率的单位总是 M/s。速率常数的单位取决于具体的速率定律，我们将在本章中看到这一点。**第 184 页**反应速率将加倍，因为速率定律在 $[H_2]$ 中是一阶的。**第 191 页**经过 3 个半衰期后，浓度将为原值的 1/8，因此保留 1.25g 物质。**第 193 页**是的，使用 $t=t_{1/2}$ 和 $[A]_t=[A]_0/2$，零级反应的半衰期为 $t_{1/2}=[A]_0/2k$。**第 195 页**如图所示，正向势垒低于反向势垒。因此，更多的分子将有足够的能量在正向穿过势垒。远期速率会更高。**第 196 页**不，如果 B 可以被隔离，它就不能对应于能量势垒的顶部。上面的每个反应都有过渡态。**第 199 页**双分子**第 204 页**三个分子同时相撞的可能性很小。**第 210 页**非均相催化剂与反应物处于不同的相，因此很容易从混合物中除去。由于均相催化剂与反应物存在于同一相中，因此要去除均相催化剂会困难得多。**第 211 页**正确。酶起催化剂的作用，因此提高了反应速度。

第 15 章

第 232 页（b）正向和反向反应速率**第 233 页**正确**第 236 页**不取决于起始浓度。**第 237 页**是的，当气体产物的物质的量和气体反应物的物质的量相等时，$K_c=K_p$。**第 238 页** 0.00140 **第 240 页** $K_c = 91$ **第 240 页**立方**第 242 页** $K_p = P_{H_2O}$ **第 244 页** $K_c = [NH_4^+][OH^-]/[NH_3]$ **第 253 页**（a）向右，（b）向左，**第 254 页**（底部）向左移动，即气体物质的量较大的一侧。**第 256 页**吸热。提高吸热反应的温度会使平衡向右移动，从而增加气体产物的蒸气压**第 258 页**。它将保持不变。催化剂的存在可以加速反应，但不会改变 K 值，这就是限制产物产量的原因。

第 16 章

第 272 页 H^+ 离子代表酸，OH^- 离子代表碱。**第 274 页** CH_3NH_2 是基础，因为当反应从方程的左侧移到右侧时，它接受 H_2S 中的 H^+。**第 277 页**作为强酸的共轭碱，我们将 ClO_4^- 归为具有可忽略的碱度。**第 281 页** pH 值定义为 $-\log[H^+]$。如果 H^+ 浓度超过 $1M$（这是可能的），则该量将变为负值。这样的溶液会是酸性强的。**第 283 页** pH = 14.00 − 3.00 = 11.00。这个溶液是碱性的，因为 pH > 7。**第 285 页** NaOH 和 $Ba(OH)_2$ 都是可溶性氢氧化物。所以 NaOH 中 OH^- 的浓度是 $0.001M$，$Ba(OH)_2$ 中 OH^- 的浓度是 $0.002M$。因为 $Ba(OH)_2$ 溶液中有更高的 $[OH^-]$，所以它碱性更强，pH 值也更高。**第 286 页**因为 CH_3^- 是一种可忽略不计酸度的共轭碱，所以 CH_3^- 一定是一种强碱。从水分子中提取的 H^+ 强于 OH^- 的碱：$CH_3^-+H_2O \longrightarrow CH_4+OH^-$。**第 287 页**氧气。**第 290 页** pH<7 我们必须考虑由水的自电离引起的 $[H^+]$。极稀酸溶液中的额外 $[H^+]$ 将使溶液呈酸性。**第 294 页** $HPO_4^{2-}(aq) \rightleftharpoons H^+(aq) + PO_4^{3-}(aq)$ **第 300 页** 4 **第 302 页**硝酸根是硝酸的共轭碱。强酸的共轭碱不起碱的作用，因此 NO_3^- 不会影响 pH 值。碳酸根是碳酸氢盐的共轭碱，HCO_3^- 是弱酸。弱酸的共轭碱起弱碱的作用，所以 CO_3^{2-} 会增加 pH 值。**第 308 页** $HBrO_3$。对于含氧酸，随着中心离子的电负性增加，酸性增加，这将使 $HBrO_2$ 比 HIO_2 酸性更强。酸性也随着与中心原子结合的氧的数量增加而增加，这将使 $HBrO_3$ 比 $HBrO_2$ 酸性更强。结合这两种关系，我们可以根据酸离解常数的大小对这些酸进行排序 $HIO_2 < HBrO_2 < HBrO_3$。**第 309 页**碱性**第 310 页**它必须有一个空轨道，可以与路易斯碱上的孤对电子对相互作用。

第 17 章

第 327 页（上）Cl^- 离子是唯一的旁观离子。pH 值由平衡决定 $NH_3(aq) + H_2O(l) \rightleftharpoons OH^-(aq) + NH_4^+(aq)$。**第 327 页**（底部）$HNO_3$ 和 NO_3^-。为了形成一个缓冲液，我们需要一定浓度的弱酸及其共轭碱。HNO_3 和 NO_3^- 不会形成缓冲，因为 HNO_3 是强酸而 NO_3^- 离子只是一个旁观离子。**第 329 页**（a）NaOH（一种强碱）的 OH^- 与缓冲对（CH_3COOH）的酸性分子反应，提取出一个质子。因此，$[CH_3COOH]$ 减少，$[CH_3COO^-]$ 增加。（b）HCl（强酸）的 H^+ 与缓冲 $[CH_3COO^-]$ 的碱分子反应。因此，$[CH_3COO^-]$ 减少，$[CH_3COOH]$ 增加。**第 332 页** HClO 更适合于配制 pH=7.0 的缓冲溶液。同时，我们还需要一种含有 ClO^- 的盐，如 NaClO。**第 338 页** pH=7。强碱与强酸的中和作用在等当点处产生盐溶液。盐中含有的离子不会改变水的 pH 值。**第 342 页**在等当点，弱酸的共轭碱是溶液中的主要成份，这种共轭碱与水反应（K_b）生成 OH^-。因此，弱酸/强碱滴定在等当点时溶液的 pH 值大于 7.00。

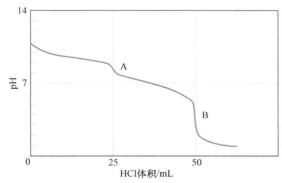

第 345 页 上述滴定曲线显示了用 HCl 滴定 25mLNa₂CO₃，两者的浓度均为 0.1M。两者的总体反应是

$$Na_2CO_3(aq)+HCl(aq) \longrightarrow 2NaCl(aq)+CO_2(g)+H_2O(l)$$

初始值（仅限水中的 pH 碳酸钠）接近 11，因为 CO_3^{2-} 是水中的弱碱。图中显示了两个等当点 A 和 B。第一个点 A 在 pH 值约为 9 时达到：

$$Na_2CO_3(aq) + HCl(aq) \longrightarrow NaCl(aq)+ NaHCO_3(aq)$$

HCO_3^- 在水中呈弱碱性，比碳酸盐离子的碱性弱。第二个点 B 在 pH 值约为 4 时达到：

$$NaHCO_3(aq)+HCl(aq) \longrightarrow NaCl(aq)+CO_2(g)+H_2O(l)$$

H_2CO_3 是一种弱酸，形成并分解为二氧化碳和水。

第 347 页 AgCl。由于三种化合物产生的离子数量相同，它们的相对稳定性与 K_{sp} 值直接对应，其中 K_{sp} 值最大的化合物最易溶解。**第 361 页** 银，因为 AgCl 相对不溶。

部分图例解析答案

第 10 章

图 10.2 将增加。图 10.4 减少。图 10.5 1520torr 或 2atm。图 10.8 一个。图 10.9 氯、Cl_2。图 10.12 约六分之一。图 10.13 O_2 具有最大摩尔质量 32g/mol，H_2 摩尔质量最小，2.0g/mol。图 10.15 n，气体物质的量。图 10.19 正确。图 10.21 它将增加。

第 11 章

图 11.2 液体的密度比气体更接近固体。图 11.3 固体黑线表示的分子内距离（共价键距离）小于红色虚线表示的分子间距离。图 11.5 卤素是双原子分子，比单原子惰性气体具有更大的尺寸和质量，因此具有更大的极化率。图 11.8 它们基本上保持不变，因为分子有相同的分子量。因此，沸点从左向右移动的变化主要是由于偶极 - 偶极吸引的增加。图 11.9 两种化合物都是非极性的，不能形成氢键。因此，沸点由分散力决定，对于较大、较重的 AsH_3，分散力更强。图 11.10 非氢原子必须具有非键电子对。图 11.11 水分子中氧周围有四个电子对。其中两个电子对用于在水分子内与氢形成共价键，而另两个电子对则用于与相邻分子形成氢键。由于电子对的几何结构是四面体的（围绕中心原子的四个电子区域），H—O⋯H 键角约为 109°。图 11.13 O 原子是极性 H_2O 分子的负极；偶极子的负极被正离子吸引。图 11.14 是的，虽然不太可能。图 11.19 蜡是一种不能形成氢键的碳氢化合物。因此，在管内涂蜡可显著降低水与管之间的粘附力，使水弯液面形状变为倒 U 型。蜡和玻璃都不能与汞形成金属键，因此汞弯液面的形状都是相同的，呈倒 U 型。图 11.20 由于能量是一个状态函数，所以无论过程是在一个或两个步骤中发生，将气体转化为固体的能量都是相同的。因此，沉积的能量等于凝结的能量加上冻结的能量。图 11.21 因为水有更强的分子间作用力。图 11.22 液态水的温度在升高。图 11.24 增加，因为随着温度的升高，分子具有更多的动能，可以更容易地逃逸。图 11.25 当蒸气压等于大气压 760 torr 时，包括乙二醇在内的所有液体都达到了它们的沸点。图 11.27 它必须低于三相点的温度。

第 12 章

图 12.5 没有一个中心正方形晶格，因为如果平铺正方形，并将晶格点放在角落和每个正方形的中心，就有可能绘制一个更小的正方形（旋转 45°），只有晶格点在角落。因此，"中心正方形晶格"将无法与具有较小单元的原始正方形晶格区分开来。

图 12.12 面心立方，假设球体尺寸和单元边缘长度相似，由于这个单元的每体积原子比另外两个单元多。图 12.13 六边形晶格图 12.15 溶剂是主要成分，溶质是次要成分。因此，溶剂原子比溶质原子多。图 12.17 钐原子位于单元的角上，因此每个单元只有 $8 \times (1/8) = 1$ 个 Sm 原子。九个钴原子中有八个位于单位晶胞的表面，另一个位于单位电池的中间，因此每个单位晶胞中有 $8 \times (1/2) + 1 = 5$ 个 Co 原子。图 12.19 P_4、S_8 和 Cl_2 都是分子，因为它们在原子之间有很强的化学键，每个分子有明确的原子数。图 12.21 在第四阶段，钒和铬的熔点非常相似。钼和钨的熔点分别在第五和第六周期最高。所有这些元素都位于周期的中间，其中键轨道大部分是填充的，反键轨道大部分是空的。图 12.22 分子轨道在能量上变得更加紧密。图 12.23 钾原子每 $(4s^1)$ 只有一个价电子。因此，我们预计 $4s$ 轨道是半满。如果我们把 $4s$ 轨道填满一半，少量的电子可能会溢出，并开始填充 $3d$ 轨道。$4p$ 轨道应该是空的。图 12.24 离子物质分裂是因为，如果原子移动，使具有相同电荷的离子（阳离子-阳离子和阴离子-阴离子）相互接触，近邻的相互作用从吸引变为排斥。金属不会断裂，因为原子通过金属键被晶体中所有其他原子吸引。图 12.25 不，相同电荷的离子在离子化合物中不接触，因为它们彼此排斥。在离子化合物中，阳离子接触阴离子。图 12.27 在 NaF 中，每单位晶胞有 4 个 Na^+ 离子（$12 \times 1/4 + 1$）和 4 个 F^- 离子（$8 \times 1/8 + 6 \times 1/2$）。在 MgF_2 中，每单位晶胞有 2 个 Mg^{2+} 离子（$8 \times 1/8 + 1$）和 4 个 F^- 离子（$4 \times 1/2 + 2$）。在 ScF_3 中，每单位晶胞有 1 个 Sc^{3+} 离子（$8 \times 1/8$）和 3 个 F^- 离子（$12 \times 1/4$）。图 12.28 甲苯的分子间作用力更强，其沸点较高。分子在苯中的堆积效率更高，这解释了它的熔点更高，尽管分子间作用力较弱。图 12.30 绝缘体的带隙比半导体的带隙大。图 12.31 如果你在面板（b）中的掺杂量增加了一倍，那么导带的蓝色阴影也会增加一倍。图 12.45 减少。当量子点变小时，带隙增大，发射光移向较短波长。图 12.49 C_{60} 中的每个碳原子通过共价键与三个相邻的碳原子结合。因此，这种结合更像石墨，碳原子也与三个邻元素结合，而不像金刚石，碳原子与四个邻元素结合。

第 13 章

图 13.1 气体分子以恒定的随机方式运动。图 13.2 相反电荷相互吸引。水分子上的氧原子（偶极子的负端）带部分负电荷，被带正电荷的钠离子吸

引。图 13.4 对于放热溶液过程，$\Delta H_{混合}$ 的大小将大于 $\Delta H_{溶质}+\Delta H_{溶剂}$ 的大小图 13.7 46 g。图 13.12 如果气体在溶液上的分压加倍，溶液中的气体浓度就会加倍。图 13.13 是最高的。图 13.15 查看 KCl 和 NaCl 的溶解度曲线与 80℃ 线相交的位置，我们发现 KCl 的溶解度约为 51g/100g H_2O，而 NaCl 的溶解度约为 39g/100g H_2O。因此，在此温度下，KCl 比 NaCl 更易溶解。图 13.16 N_2 的分子量与 CO 相同，但为非极性，因此可以预测其曲线将略低于 CO。图 13.22 水将通过半透膜流向更浓的溶液。这样，左侧的液位就会升高。图 13.23 水会向红细胞内更浓的溶质溶液移动，导致红细胞发生溶血。图 13.26 带负电的两组都含有—CO_2^-。图 13.28 回忆以下溶解规则。油滴由非极性分子组成，这些分子通过色散力与硬脂酸盐离子的非极性部分相互作用。

第 14 章

图 14.1 不。钢钉的表面积远小于相同质量钢丝绒的表面积，因此与 O_2 的反应不会那么剧烈。它的燃烧取决于温度的高低。图 14.2 我们的第一个猜测可能是在 20s 到 40s 之间的一半，即 0.42molA。然而，我们也看到在 0s 到 20s 之间 A 的物质的量的变化是大于 20 到 40 秒，换言之，转换率随着 A 的减少而变小。所以我们猜测从 20 秒到 30 秒的变化大于从 30 秒到 40 秒的变化，我们估计 A 的物质的量在 0.42 到 0.30mol 之间。图 14.3 瞬时速率随着反应的进行而降低。图 14.7 反应为一级反应。图 14.9 在反应开始时，两个曲线都是线性的或接近线性的。图 14.13 不，它不会变小。速率常数随温度的升高而单调增加，因为碰撞分子的动能继续增加。图 14.15 球与障碍物顶部之间的高度差。图 14.16 如图所示，克服能量势垒所需的能量大小大于反应中能量变化的大小。图 14.17 会更分散，曲线的最大值会更低，大部分分子的动能都大于 E_a，大于红色曲线表示的动能。图 14.19 将中间体转化为产物的速度将更快，因为该反应的势垒比将中间体转化为反应物的反应低。图 14.20 不，因为交通堵塞地区，或速控，需要通过收费站 A。图 14.21 颜色是溴分子的特征，Br_2 是该反应的中间产物。图 14.22 有一个峰谷对应于中间体的生成，所以反应总共两步。图 14.25 研磨增加了比表面积，暴露出更多的过氧化氢酶与过氧化氢反应。图 14.26 底物必须更紧密地结合，以便进行所需的反应。产物能够从活性位点释放。

第 15 章

图 15.2 相同，因为一旦系统达到平衡，NO_2 和 N_2O_4 的浓度就会停止变化。图 15.3 是因为反应物的浓度正在降低，降低了碰撞的频率，因此降低了正向反应的速率。图 15.4 是的。反应化学计量学表明 H_2 的消失速度是 N_2 消失速度的三倍。图 15.6 实验 4 图 15.7 反应物与产物的框大小大致相同。图 15.8 它会降低。为了重建平衡，$CO_2(g)$ 的浓度需要恢复到以前的值。唯一的办法就是让更多的 $CaCO_3$ 分解，产生足够的 $CO_2(g)$ 来替代失去的 CO_2。图 15.10 高压和低温，500atm 和 400℃。图 15.11 氮必须与添加的氢反应，以生成氨并恢复平衡。图 15.16（a）初始状态和过渡状态之间的能量差。图 15.17 约 5×10^{-4}

第 16 章

图 16.2 氢键。图 16.4O^{2-}(aq)+H_2O(l) ⟶ 2OH⁻(aq)。图 16.5 碱性的。两种溶液的混合物仍然是 [H^+] < [OH^-]。图 16.6 柠檬汁。它的 pH 值约为 2，而黑咖啡的 pH 值约为 5。pH 值越低，溶液的酸性越强。图 16.8 酚酞从无色（pH 值小于 8）变为粉红色（pH 值大于 10）。粉红色表示 pH> 10。图 16.9 溴百里酚蓝最合适，因为它在 pH 值为 7 的范围内发生颜色变化。甲基红在 pH> 6 时对 pH 值变化不敏感，而酚酞在 pH<8 时对 pH 值变化不敏感，因此在 pH 值为 7 时也不改变颜色。图 16.12 是的。平衡反应式为 $H_3CCOOH \rightleftharpoons H^+ + H_3CCOO^-$。如果电离百分比随酸浓度的增加而保持不变，三种物质的浓度都会以相同的速率增加，但由于有两种产物，只有一种反应物，产物浓度的乘积会比反应物的浓度增加得快。因为平衡常数是恒定的，所以电离百分比随酸浓度的增加而降低。图 16.13 3。图 16.15 羟胺中的氮原子接受质子形成 NH_3OH^+。一般来说，氮原子上的非键电子对比氧原子上的非键电子对更显碱性。图 16.17 pH 值的范围太大，我们不能用单一的指示剂来显示效果（见图 16.8）。图 16.20 左侧的 HOY 分子，因为它是弱酸。大多数 HOY 分子难电离。

第 17 章

图 17.6 添加碱溶液后，pH 值将增加。图 17.7 25.00 mL。达到等当点所需的添加碱的物质的量保持不变。因此，通过将添加碱的浓度加倍，达到等效点所需的体积将减半。图 17.9 达到等当点时所需的碱体积不变，因为该量不取决于酸的强度。然而，由于盐酸是一种强酸，当弱酸 - 强碱滴定的等当点大于 7 时，其 pH 值将降至 7。图 17.11 当酸变弱时，等当点的 pH 值增加（碱性变强）。达到等当点所需的碱的体积保持不变。图 17.12 不，pH 值为 6 时，它会改变颜色，pH 值为 7 时，颜色消失。图 17.15 $H_2PO_3^-$ 在第一个等当点，HPO_3^{2-} 在第二个等当点。图 17.22 因为溶液是碱性的。图 17.23 是的。第 2 步中，当 H_2S 加入到酸性溶液中时，CuS 会析出，而 Zn^{2+} 离子仍留在溶液中。

部分实例解析答案

第 10 章

实例解析 10.1
实践练习 2：1.6M

实例解析 10.2
实践练习 2：807.3torr

实例解析 10.3
实践练习 2：5.30×10^3L

实例解析 10.4
实践练习 2：2.0atm

实例解析 10.5
实践练习 2：$3.83 \times 10^3 m^3$

实例解析 10.6
实践练习 2：27℃

实例解析 10.7
实践练习 2：5.9g/L

实例解析 10.8
实践练习 2：29.0g/mol

实例解析 10.9
实践练习 2：14.8L

实例解析 10.10
实践练习 2：2.86atm

实例解析 10.11
实践练习 2：1.0×10^3torr N_2，1.5×10^2torr Ar，and 73 torr CH_4

实例解析 10.12
实践练习 2：（a）增加，（b）不影响，（c）不影响

实例解析 10.13
实践练习 2：1.36×10^3m/s

实例解析 10.14
实践练习 2：$r_{N_2}/r_{O_2} = 1.07$

实例解析 10.15
实践练习 2：（a）7.472atm，（b）7.181atm

第 11 章

实例解析 11.1
实践练习 2：氯化胺，NH_2Cl

实例解析 11.2
实践练习 2：（a）CH_3CH_3 只有分散力，而另外两种物质同时具有分散力和氢键，（b）CH_3CH_2OH

实例解析 11.3
实践练习 2：$-20.9kJ - 33.4kJ - 6.09kJ = -60.4kJ$

实例解析 11.4
实践练习 2：约 340torr（0.45atm）

实例解析 11.5
实践练习 2：（a）−162℃；（b）当压力小于 0.1atm 时，它就会升华；（c）液体可以存在的最高温度是由临界温度定义的。所以温度不宜高于 −80℃。

实例解析 11.6
实践练习 2：因为 C—C 单键可以发生旋转，其骨架主要由 C—C 单键组成的分子太灵活；分子往往以随机的方式卷曲，因此，不是杆状的。

第 12 章

实例解析 12.1
实践练习 2：0.68 或 68%

实例解析 12.2
实践练习 2：$a = 4.02$Å 和密度 = 4.31g/cm^3

实例解析 12.3
实践练习 2：更小

实例解析 12.4
实践练习 2：一组 5A 元素可以用来取代 Se

第 13 章

实例解析 13.1
实践练习 2：$C_5H_{12} < C_5H_{11}Cl < C_5H_{11}OH < C_5H_{10}(OH)_2$
（以极性和氢键能力提高的顺序排列）

实例解析 13.2
实践练习 2：$1.0 \times 10^{-5} M$

实例解析 13.3
实践练习 2：NaOCl 90.5g

实例解析 13.4
实践练习 2：0.670 m

实例解析 13.5
实践练习 2：（a）9.00×10^{-3}，（b）0.505 m

实例解析 13.6
实践练习 2：（a）10.9m，（b）$X_{C_3H_8O_3} = 0.163$，（c）5.97M

实例解析 13.7
实践练习 2：0.290

实例解析 13.8
实践练习 2：−65.6℃

实例解析 13.9
实践练习 2：0.048 atm

实例解析 13.10
实践练习 2：110g/mol

实例解析 13.11
实践练习 2：4.20×10^4g/mol

第 14 章

实例解析 14.1
实践练习 2：$1.8 \times 10^{-2}M$/s

实例解析 14.2
实践练习 2：$1.1 \times 10^{-4}M$/s

实例解析 14.3

实践练习 2：（a）$8.4 \times 10^{-7} M/s$，（b）$2.1 \times 10^{-7} M/s$

实例解析 14.4

实践练习 2：$2 = 3 < 1$

实例解析 14.5

实践练习 2：（a）1，（b）$M^{-1}s^{-1}$

实例解析 14.6

实践练习 2：（a）速率 $= k[NO]^2[H_2]$，（b）$k = 1.2M^{-2}s^{-1}$，（c）速率 $= 4.5 \times 10^{-4} M/s$

实例解析 14.7

实践练习 2：51 torr

实例解析 14.8

实践练习 2：$[NO_2] = 1.00 \times 10^{-3}M$

实例解析 14.9

实践练习 2：（a）0.478 年 $= 1.51 \times 10^7 s$，（b）它需要两个半衰期，2×0.478 年 $= 0.956$ 年

实例解析 14.10

实践练习 2：$2 < 1 < 3$ 因为，如果你从右边接近势垒，反应 2 逆反应的 E_a 值为 40kJ/mol，反应 1 逆反应的 E_a 值为 25 kJ/mol，反应 3 逆反应的 E_a 值为 15 kJ/mol。

实例解析 14.11

实践练习 2：3×10^{13} s^{-1}

实例解析 14.12

实践练习 2：（a）是的，这两个方程式相加得到了反应的方程式。（b）第一个基本反应是单分子的，第二个是双分子的（c）Mo(CO)$_5$

实例解析 14.13

实践练习 2：（a）速率 $= k[NO]^2[Br_2]$，（b）不，因为分子反应是非常罕见的。

实例解析 14.14

实践练习 2：因为第一步符合速率定律，所以第一步必须是速率控制步骤。第二步必须比第一步快得多。

实例解析 14.15

实践练习 2：$[Br] = \left(\dfrac{k_1}{k_{-1}}[Br_2] \right)^{1/2}$

第 15 章

实例解析 15.1

实践练习 2：

（a）$K_c = \dfrac{[HI]^2}{[H_2][I_2]}$，（b）$K_c = \dfrac{[CdBr_4^{2-}]}{[Cd^{2+}][Br^-]^4}$

实例解析 15.2

实践练习 2：0.335

实例解析 15.3

实践练习 2：在较低的温度下，因为 K_p 在较低的温度下更大

实例解析 15.4

实践练习 2：$\dfrac{(54.0)^3}{1.04 \times 10^{-4}} = 1.51 \times 10^9$

实例解析 15.5

实践练习 2：

（a）$K_c = \dfrac{[Cr^{3+}]}{[Ag^+]^3}$，（b）$K_p = \dfrac{(P_{H_2})^4}{(P_{H_2O})^4}$

实例解析 15.6

实践练习 2：$H_2(g)$

实例解析 15.7

实践练习 2：1.79×10^{-5}

实例解析 15.8

实践练习 2：33

实例解析 15.9

实践练习 2：$Q_p=16$；$Q_p>K_p$，所以反应将从右向左进行，形成更多的 SO_3

实例解析 15.10

实践练习 2：1.22atm

实例解析 15.11

实践练习 2：$P_{PCl_5}=0.967$atm，$P_{PCl_3}=P_{Cl_2}=0.693$atm

实例解析 15.12

实践练习 2：（a）右，（b）左，（c）右，(d) 左

第 16 章

实例解析 16.1

实践练习 2：H_2SO_3,HF,HPO_4^{2-},HCO^+

实例解析 16.2

实践练习 2：$O^{2-}(aq)+H_2O(l) \longrightarrow OH^-(aq)+OH^-(aq)$。$OH^-$ 既是 O^{2-} 的共轭酸也是 H_2O 的共轭碱。

实例解析 16.3

实践练习 2：（a）左,（b）右

实例解析 16.4

实践练习 2：（a）碱性,（b）中性,（c）酸性

实例解析 16.5

实践练习 2：（a）$5 \times 10^{-9}M$,（b）$1.0 \times 10^{-7}M$,（c）$7.1 \times 10^{-9}M$

实例解析 16.6

实践练习 2：（a）3.42,（b）$H^+=5.3 \times 10^{-9}M$，因此，pH=8.28

实例解析 16.7

实践练习 2：$H^+=6.6 \times 10^{-10}$

实例解析 16.8

实践练习 2：$0.0046M$

实例解析 16.9

实践练习 2：（a）$7.8 \times 10^{-3}M$,（b）$2.4 \times 10^{-3}M$

实例解析 16.10

实践练习 2：1.5×10^{-5}

实例解析 16.11

实践练习 2：2.7%

实例解析 16.12

实践练习 2：3.41

实例解析 16.13

实践练习 2：（a）3.9%，（b）12%

实例解析 16.14

实践练习 2：（a）pH=1.80，（b）$[C_2O_4^{2-}]=6.4 \times 10^{-5}M$

实例解析 16.15

实践练习 2：甲胺（因为在列表中甲胺具有较大 K_b 值）

实例解析 16.16

实践练习 2：$0.12M$

实例解析 16.17

实践练习 2：（a）PO_4^{3-}（$K_b=2.4 \times 10^{-2}$），（b）$K_b=7.9 \times 10^{-10}$

实例解析 16.18

实践练习 2：（a）$Fe(NO_3)_3$，（b）KBr，（c）CH_3NH_3Cl，（d）NH_4NO_3

实例解析 16.19

实践练习 2：酸性

实例解析 16.20

实践练习 2：（a）HBr，（b）H_2S，（c）HNO_3，（d）H_2SO_3

第 17 章

实例解析 17.1

实践练习 2：3.42

实例解析 17.2

实践练习 2：$[HCOO^-]=9.0 \times 10^{-5}$，pH=1.00

实例解析 17.3

实践练习 2：4.50

实例解析 17.4

实践练习 2：4.62（使用二次幂）。

实例解析 17.5

实践练习 2：$0.13M$

实例解析 17.6

实践练习 2：（a）4.68，（b）1.70

实例解析 17.7

实践练习 2：（a）10.30，（b）3.70

实例解析 17.8

实践练习 2：（a）4.20，（b）9.26

实例解析 17.9

实践练习 2：（a）8.21，（b）5.28

实例解析 17.10

实践练习 2：

（a）$K_{sp}=[Ba^{2+}][CO_3^{2-}]=5.0 \times 10^{-9}$，

（b）$K_{sp}=[Ag^+]^2[SO_4^{2-}]=1.5 \times 10^{-5}$

实例解析 17.11

实践练习 2：1.6×10^{-12}

实例解析 17.12

实践练习 2：$9 \times 10^{-6}mol/L$

实例解析 17.13

实践练习 2：$4.0 \times 10^{-10}M$

实例解析 17.14

实践练习 2：

（a）$CuS(s)+H^+(aq) \rightleftharpoons Cu^{2+}(aq)+HS^-(aq)$，

（b）$Cu(N_3)_2(s)+2H^+(aq) \rightleftharpoons Cu^{2+}(aq)+2HN_3(aq)$

实例解析 17.15

实践练习 2：$1 \times 10^{-16}M$

实例解析 17.16

实践练习 2：是的，CaF_2 沉淀是因为 $Q=4.6 \times 10^{-7}$ 大于 $K_{sp}=3.9 \times 10^{-11}$

实例解析 17.17

实践练习 2：$Cu(OH)_2$ 首先开始沉淀，当 $[OH^-] > 1.5 \times 10^{-9}M$。$Mg(OH)_2$ 开始沉淀，当 $[OH^-] > 1.9 \times 10^{-5}M$。